嵌入式软件工程方法与实践丛书

面向AWorks框架和接口的C编程(上)

周立功　主编

AWorks团队　参编

北京航空航天大学出版社

内 容 简 介

本书作为 AWorks 的基础教材，重点介绍 ZLG 在平台战略中所推出的 AWorks 开发平台。全书分为 3 部分：第一部分为简介篇，由第 1 章组成，主要介绍 AWorks 的基本概念，包括 AWorks 诞生的背景、AWorks 架构及 AWorks 的重大意义等；第二部分为硬件篇，包括第 2～5 章，介绍了一系列支持 AWorks 的核心板及评估底板；第三部分为软件篇，包括第 6～ 15 章，重点介绍 AWorks 中基础服务的使用方法，主要包括常用设备（LED、按键、数码管等）、常用外设（GPIO、PWM、SPI 等）、时间管理、内存管理、OS 内核、文件系统，以及 AWBus - lite 框架，完整展示了 AWorks 中驱动的实现原理，并在最后介绍了一系列信号采集模块、接口扩展模块、常用外围器件等模块或器件的使用方法。

本书适合从事嵌入式软件开发、工业控制或工业通信的工程技术人员使用，也可作为大学本科、高职高专电子信息、自动化、机电一体化等专业的教学参考书。

图书在版编目(CIP)数据

面向 AWorks 框架和接口的 C 编程. 上/周立功主编
. -- 北京 ：北京航空航天大学出版社，2018.11
ISBN 978 - 7 - 5124 - 2871 - 3

Ⅰ. ①面… Ⅱ. ①周… Ⅲ. ①C 语言—程序设计
Ⅳ. ①TP312.8

中国版本图书馆 CIP 数据核字(2018)第 257888 号

面向 AWorks 框架和接口的 C 编程(上)
周立功　主编
AWorks 团队　参编
责任编辑　杨　昕
*
北京航空航天大学出版社出版发行
北京市海淀区学院路 37 号(邮编 100191)　http：//www.buaapress.com.cn
发行部电话：(010)82317024　传真：(010)82328026
读者信箱：emsbook@buaacm.com.cn　邮购电话：(010)82316936
涿州市新华印刷有限公司印装　各地书店经销
*
开本：710×1 000　1/16　印张：37.25　字数：794 千字
2018 年 11 月第 1 版　2018 年 11 月第 1 次印刷　印数：3 000 册
ISBN 978 - 7 - 5124 - 2871 - 3　定价：108.00 元

AWorks的哲学思想

一、思维差异

苹果公司之所以能成为全球最赚钱的公司，关键在于其产品的性能超越了用户的预期，并且具备大量可重用的核心领域知识，使综合成本达到了极致。Yourdon 和 Constantine 在《结构化设计》一书中，将经济学作为软件设计的底层驱动力，认为软件设计应该致力于降低整体成本。人们发现软件的维护成本远远高于它的初始成本，这是因为理解现有代码需要花费时间，且容易出错；而改动代码之后，还要进行测试和部署。

在很多时候，程序员不是在编码，而是在阅读程序。由于阅读程序需要从细节和概念上理解，因此修改程序的投入会远远大于最初编程的投入。基于这样的共识，我们考虑一系列事情时，就要不断地总结使之可以重用，这就是方法论的源起。

通过财务数据分析可知，由于早期决策失误和缺乏科学的软件工程方法，我们开发了一些周期长、技术难度大且回报率极低的产品，不仅软件难以重用，而且扩展和维护难度很大，从而导致开发成本居高不下。

由此可见，从软件开发来看，软件工程与计算机科学是完全不同的两个领域的知识，其主要区别在于人，因为软件开发是以人为中心的过程。如果考虑人的因素，软件工程更接近经济学，而非计算机科学。显然，如果我们不改变思维方式，就很难开发出既好卖成本又低的产品。

二、利润模型

产品的 BOM 成本很低，而毛利又很高，为何很多上市公司的年利润却买不起一套房？房子到底被谁买走了，这个问题值得我们反思！

成功的企业除了愿景、使命和价值观之外，其核心指标就是利润。作为开发人员，最大的痛苦之一就是很难精准地开发出好卖的产品。因为很多企业都不知道利润是如何来的，所以有必要建立一个利润模型，即“利润＝需求－设计”。需求是致力于解决“产品如何好卖”的问题,设计是致力于解决“如何降低成本”的问题。

代码的优劣不仅直接决定了软件的质量,还将直接影响软件成本。软件成本是由开发成本和维护成本组成的,而维护成本却远高于开发成本,蛮力开发的现象比比皆是,大量来之不易的资金被无声无息地吞没,造成社会资源的严重浪费。

为何不将复杂的技术高度抽象呢?如果实现了就能做到让专业的人做专业的事,AWorks 就是在这样的背景下诞生的。由于其中融入了更多的软件工程技术方法,因此就能做到将程序员彻底从非核心域中解脱出来,专注于核心竞争力。

三、核心域和非核心域

其实一个软件系统封装了若干领域的知识,其中有一个领域的知识代表了系统的核心竞争力,则这个领域就称为“核心域”,而其他领域就称为“非核心域”。虽然更通俗的说法是“业务”和“技术”,但使用“核心域”和“非核心域”更严谨。

非核心域就是别人的领域,比如,底层驱动、操作系统和组件,即便你有一些优势,那也是暂时的,竞争对手也能通过其他渠道获得。虽然非核心域的改进是必要的,但不充分,还是要在核心域上深入挖掘,让竞争对手无法轻易从第三方获得。因为只有在核心域上深入挖掘,达到基于核心域的复用,才是获得和保持竞争力的根本手段。

要达到基于核心域的复用,有必要将核心域和非核心域分开考虑。因为过早地将各个领域的知识混杂,会增加不必要的负担,从而导致开发人员腾不出脑力思考核心域中更深刻的问题。由于核心域与非核心域的知识都是独立的,解决问题的规模一旦变大,而人脑的容量和运算能力又有限,就会顾此失彼,故必须分而治之。

四、共性与差异性

如果没有 ARM 公司的 IP 授权模式,那么在设计 MCU 时势必会消耗大量来之不易的财富。虽然 ARM 公司的规模相对来说不大,但是毫不影响 ARM 成为一个伟大的企业,其为人类做出的贡献是有目共睹的。

尽管如此,如果没有软件的支持,那么硬件就是一坨废铁。由于需求五花八门,人们尽管也做出了巨大的努力,期望最大限度地降低开发成本,但期望的实现有,却遥遥无期,无法做到高度地重用人类通过艰苦努力积累的知识。由于商业利益的驱使,伟大企业的不伟大之处,是企图将客户绑在他们的战车上,让竞争对手绝望,大凡成功的企业无不如此。

有没有破解的办法呢?有,那就是“共性与差异性分析”抽象工具。实际上,不管是基于何种内核的 MCU,也不管是哪家公司的 OS,其设计原理都是一样的,只是实现方法和实体(硬件和程序)不一样,但只要将其共性抽象为统一接口,差异性用特殊的接口应对即可。

基于此,我们不妨做一个大胆的假设。虽然 PCF85063、RX8025T 和 DS1302 来自不同的半导体公司，但其共性都是 RTC 实时日历时钟芯片，即可高度抽象共用相同的驱动接口，其差异性可用特殊的驱动接口应对。虽然 FreeRTOS 或 μC/OS－Ⅱ或 sysBIOS、Linux、Windows 各不相同，但它们都是 OS，多线程、信号量、消息、邮箱、队列等是其特有的共性，显然 QT 和 emWin 同样可以高度抽象为 GUI 框架。也就是说，不管是什么 MCU，也不管是否使用操作系统，只要修改相应的头文件，即可复用应用代码。

由此可见，无论选择何种 MCU 和 OS，只要 AWorks 支持它，就可以在目标板上实现跨平台运行。因为无论何种 OS，它只是 AWorks 的一个组件，针对不同的 OS，AWorks 都会提供相应的适配器，那么所有的组件都可以根据需要互换。

由于 AWorks 制定了统一的接口规范，并对各种 MCU 内置的功能部件与外围器件进行了高度的抽象，因此无论你选用的是 ARM 还是 DSP，只要以高度复用的软件设计原则和只针对接口编程的思想为前提，应用软件就可实现"一次编程、终生使用、跨平台"，显然 AWorks 所带来的最大价值就是不需要重新发明轮子。

五、生态系统

如果仅有 OS 和应用软件框架，要构成生态系统，这是远远不够的。在万物互联的时代，一个完整的 IoT 系统，还包括传感器、信号调理电路、算法和接入云端的技术，可以说异常复杂，包罗万象。这不是一个公司拿到需求就可以在几个月之内完成的，需要长时间的大量积累。

ZLG 集团(ZLG 集团目前包含两个子公司：广州致远电子有限公司和广州周立功单片机科技有限公司，后文将 ZLG 集团简称为 ZLG，两个子公司分别简称为致远电子和周立功单片机)在成立之初就做了长远的布局，并没有将自己定位于芯片代理或设计，也没有将自己定位于仪器制造，更没有将自己定位于方案供应商，而是随着时间的推移和时代的发展，经过艰苦的努力自然而然地成为了"工业互联网生态系统"的领导品牌。这不是刻意为之的，而是通过长期的奋斗顺理成章的结果。

ZLG 通过"芯片＋AWorks"设计了高附加值的模块、板卡和高端测量仪器，通过有线和无线通信接口接入 ZWS(ZLG Web Services) IoT 云端处理系统，实现了大数据处理，构成工业互联网生态系统。

ZLG 的商业模式既可以销售硬件，也可以销售平台，还可以针对某个特定的行业提供系统服务于终端用户。与此同时，ZLG 将在全国 50 所大学建立工业互联网生态系统联合实验室，通过产学研的模式培养人才服务于工业界，还将通过天使投资打造 ZLG 系，帮助更多的人取得更大的成功，推动"中国制造 2025"计划的高速发展。

六、专家与通才

任何一个组织和系统的成功都离不开专家和通才的鼎力配合与奋斗。这 12 年一路走来很不容易，但欣慰的是 AWorks 生态系统的开发，培养了一些专家和核心骨干人才。我深深地体会到卓越人才的价值，多么高的评价都不为过，所以今后我的主要工作就是寻找和发现卓越人才，为他们提供一个衣食无忧的，能够静下心来创新的平台，大家共同努力改变这世界的某一小部分。欢迎自我推荐或读者向我推荐有理想有抱负的人才，如果你有心就一定能找到我。

七、丛书简介

这套丛书命名为《嵌入式软件工程方法与实践丛书》，目前已经完成《程序设计与数据结构》《面向 AMetal 框架和接口的 C 编程(上)》，后续还将推出《面向 AWorks 框架和接口的 C 编程(下)》《面向 AMetal 框架和接口的 LoRa 编程》《面向 AWorks 框架和接口的 C++编程》《面向 AWorks 框架和接口的 GUI 编程》《面向 AWorks 框架和接口的 CAN 编程》《面向 AWorks 框架和接口的网络编程》《面向 AWorks 框架和接口的 EtherCAT 编程》《嵌入式系统应用设计》等图书，最新动态详见 www. zlg. cn(致远电子官网)和 www. zlgmcu. com(周立功单片机官网)。

周立功

2018 年 5 月 4 日

目 录

第一部分 简介篇

第二部分 硬件篇

第三部分 软件篇

第一部分

简介篇

第 1 章

AWorks 简介

本章导读

经过十多年的不断研发、积累和完善，ZLG 推出了全新的 AWorks 平台——IoT 物联网生态系统，并已成功地应用到 ZLG 的示波器、功率计、功率分析仪、电压监测仪、电能质量分析仪、数据记录仪与工业通信等系列高性能仪器和工业 IoT 产品中。AWorks 的诞生将极大地降低开发者门槛，为开发者提供便利，使其可以忽略底层技术细节，专注产品“核心域”，更快地开发出具有竞争力的产品。同时，AWorks 为开发者提供的是高度抽象的通用接口，基于 AWorks 平台的软件与底层硬件无关，可以“随心所欲”的跨平台复用（如更换 MCU、外围器件等）。

AWorks 是在怎样的背景下诞生的？AWorks 究竟是什么？怎样使用 AWorks？本章将逐一解答这些疑问，使读者对 AWorks 有一个初步的认识。

1.1 诞生的背景

虽然嵌入式系统和通用计算机系统同源，但由于应用领域和研发人员的不同，嵌入式系统很早就走向了相对独立的发展道路。通用计算机软件帮助人们解决了各种繁杂的问题，但随着需求的提升，所面临的问题也越来越复杂，软件领域的大师们对这些问题进行了深入研究和实践，于是诞生了科学的软件工程理论。无需多言，通用计算机软件的发展是我们有目共睹的。

再回过头来看嵌入式系统的发展，其需求相对来说较为简单，比如，通过热电阻传感器测温、上下限报警与继电器的动作等，因此嵌入式系统的应用开发似乎没有必要使用复杂的软件工程方法，从而使通用计算机系统和嵌入式系统走上了不同的发展道路。

嵌入式系统发展到今天，所面对的问题也日益变得复杂起来，而编程模式却没有多大的进步，这就是其所面临的困境。相信大家都或多或少地感觉到了，嵌入式系统行业的环境已经开始发生根本的改变，智能硬件和工业互联网等都让人始料不及，危机感油然而生。

尽管企业投入了巨资并不遗余力地组建了庞大的开发团队，当产品开发完成后，从原材料 BOM 与制造成本角度来看，毛利还算不错，但当扣除研发投入和合理的营销成本后，企业的利润所剩无几，即便这样员工依然感到不满意，这就是传统企业管理者的窘境。

虽然 ZLG 投入了大量的人力资源，但重复劳动所造成的损耗仍以亿元计算。上千种 MCU、大量的片上外设、众多的外围器件，操作方式不尽相同。由于缺乏平台化的技术，即便是相同的外围器件，几乎都要重新编写相应的代码和文档并进行测试，所有的应用软件很难做到完美地复用。

在开发同一系列高中低三个层次的产品时，通常会遇到这样的问题，主芯片可能使用 ARM9、双核 A9 和 DSP，其操作系统分别为 μC/OS－Ⅱ、Linux 和 SysBIOS。不仅驱动代码不兼容，而且应用层代码也不一样，如此一来，仅仅维护这些各不相同的代码就要耗费大量的人力资源。同时，对于开发人员，每天都处在这种繁重的维护工作中，很难再专注于产品本身，发现新的创新点。

传统的嵌入式开发门槛很高，从硬件到软件，从底层驱动到各种协议栈、中间件，再到应用程序，这些都是嵌入式开发必须要掌握的技能。例如，要使用一个新的 MCU，就不得不阅读上百页甚至上千页的数据手册；要进行多任务管理，就要选择使用某一个 RTOS，这就不得不深入底层，了解原理，完成 RTOS 在具体硬件平台上的移植，例如，临界区、现场保护和恢复等；要使用到一些通信技术，例如，SPI、I^2C、UART、USB、CAN、ModBus、SDIO、Wi－Fi 等，又不得不花费大量的时间和精力去逐个学习。相信很多开发者都有过从项目最底层的寄存器操作开始，一步一步地构建整个开发平台的惨痛经历。虽然项目投入了大量的人力、物力、财力，但结果往往不甚理想。这是因为要做的东西太多，包含了方方面面，而我们并非是各个方面的专家，不可能每一面都能做得很好，做项目自然会为此而付出巨大的代价。“什么都要做，却什么也做不好”，这就是当前嵌入式开发的真实写照。同时，对于一个具体产品来讲，这些技术仅仅是产品的基础“工具”，并非“核心域”，产品的价值并不在于这些基础“工具”的实现，而在于产品本身的创新。若在产品开发前，开发者需要花大量的时间和精力去学习这些新技术、新知识，则不仅严重影响产品的开发进度，延误上市时机，而且随着时间的推移，最初的创意和灵感，很可能就被这些技术细节消磨殆尽，开发者也就很难在产品本身的“核心域”上有所创新、有所突破，进而也就更难开发出具有核心竞争力的产品。

在“万物互联”的大趋势下，物联网成为了非常热门的领域。传统的嵌入式软件工程师，要开发物联网应用，其所面临的门槛将更高，主要有以下几个原因：

(1) 协议更多

随着物联网的快速发展，产生了一些新的无线通信技术，例如，NB－IoT、LoRa

等。与此同时,原有的一些技术也经历了一系列发展和更新,例如,Bluetooth、zigbee、WLAN 等。此外,还产生了一些新的协议栈(例如,6LoWPAN、LoRaWAN、LoRaNet 等)和物联网应用协议(例如,MQTT、LwM2M、CoAP 等)。人们要掌握这些技术和协议,并应用到实际产品中,就需要花费大量的时间去学习、研究和开发,必然产生极大的投入。

(2) 资源更小

在物联网系统中,部分应用程序需要运行在极小资源(RAM 和 ROM 只有几十 KB 甚至几 KB)的 MCU 中。这就要求系统中的各部分软件(底层软件、中间件、OS 内核、应用程序等)是高质量的、十分精练的,不允许有任何冗余。实际上,这对软件工程师提出了很高的要求:软件必须经过精心的设计,必须简洁、可裁剪,不能仅仅以“实现功能”为目的。

(3) 功耗更低

物联网设备大多使用无线通信方式,并采用电池供电,以使设备布局变得十分简单。在电池供电的场合,设备最重要的一个特性就是低功耗。在绝大部分应用中,对功耗都有着很高甚至是严苛的要求,比如,要求使用两节 5 号干电池供电能使设备运行数年。当然,低功耗需要硬件和软件两方面共同保证:硬件方面,芯片选型、器件选型、电路设计等都需要精心考虑;软件方面,需要合理地使用硬件,控制 MCU、时钟、外围器件、电源等,尽可能地降低功耗。对于软件工程师来讲,这将是一个非常复杂的系统,要求在设计系统中的各部分软件(包括底层驱动、中间件、OS、应用程序等)时,就考虑到低功耗,以使各个部分精妙地组织在一起,在合适的时间运行,在合适的时间休眠。如果没有一个很好的低功耗框架,则很难将系统的各个部分恰当地整合起来,实现超低功耗。

除此之外,还有一系列其他技术的要求,例如,安全技术、OTA 技术等,都与传统嵌入式领域存在差异,在效率方面具有更高的要求。

为了解决传统嵌入式领域和物联网领域的种种痛点,经过十多年的不断研发、积累和完善,ZLG 推出了 AWorks 平台。

1.2 基本概念

AWorks 是 ZLG 开发的 IoT 物联网生态系统。AWorks 标识符如图 1.1 (a)所示。“AWorks”作为一个专有名称,“AW”两个字母定义为大写,其余字母定义为小写。通过图标也可以看到,AWorks 的定位是“ZLG Internet of Things”,即 ZLG 推出的 IoT 物联网生态系统。AWorks 生态系统主要包括三个方面:硬件平台、OS、云,其示意图如图 1.1 (b)所示。

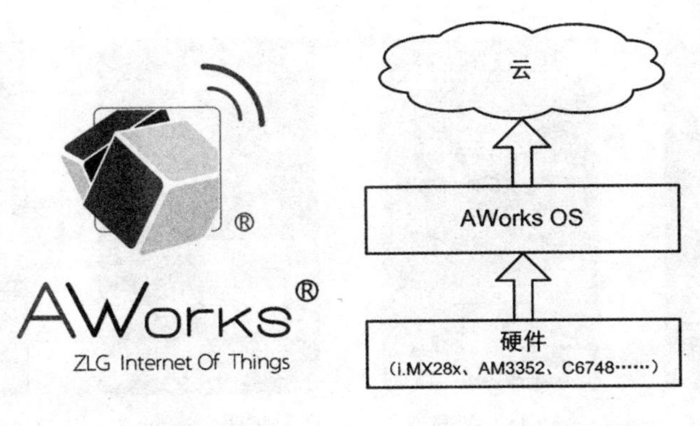

图 1.1　AWorks 标识符及结构示意图

1.3　硬件平台

各式各样的硬件是物联网的基础，所有对外部世界的感知和控制最终都需要通过具体的硬件来实现。针对不同的 MCU，ZLG 推出了一系列核心板，例如，i. MX28x 核心板、C6748 核心板、M6G2C 核心板、M3352 核心板等，如图 1.2 所示。

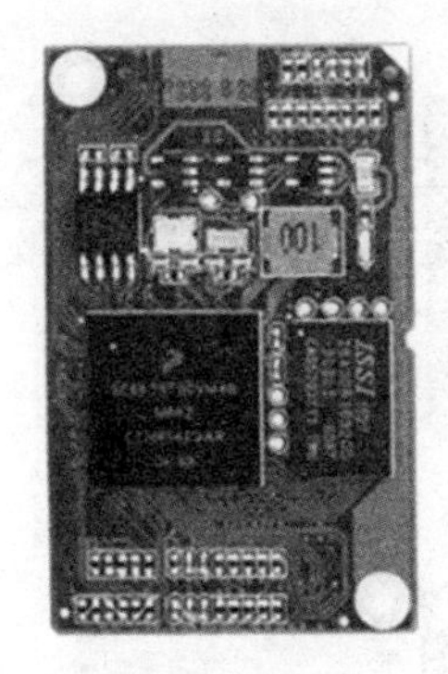
i.MX280（ARM9）

C6748（DSP）

M6G2C（A7）

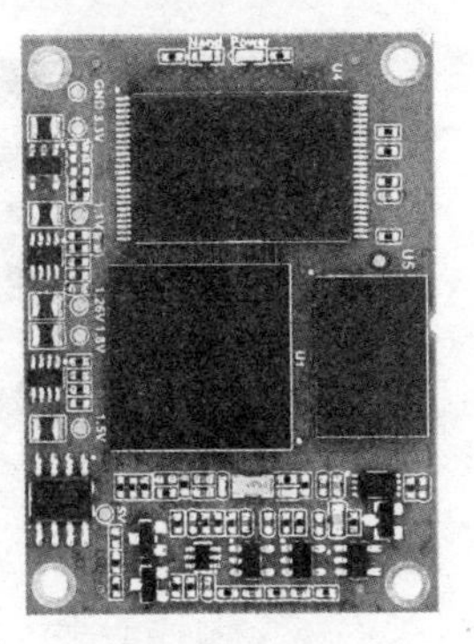
M3352（A8）

图 1.2　各种内核的核心板

此外，针对不同的无线领域，ZLG 还推出了“MCU＋无线”的可供二次开发的核心板，例如，“MCU＋Wi－Fi”“MCU＋zigbee”“MCU＋无线读卡（RFID）”“MCU＋蓝牙”等系列核心板，如图 1.3 所示。

每个核心板都设计了对应的底板，方便用户快速地对核心板进行评估。例如，EPC－AW280 底板可以分别与 A280－W64F8AWI（Wi－Fi 核心板）、A280－Z64F8AWI（zigbee 核心板）和 A280－M64F8AWI（无线读卡核心板）组成 3 套开发

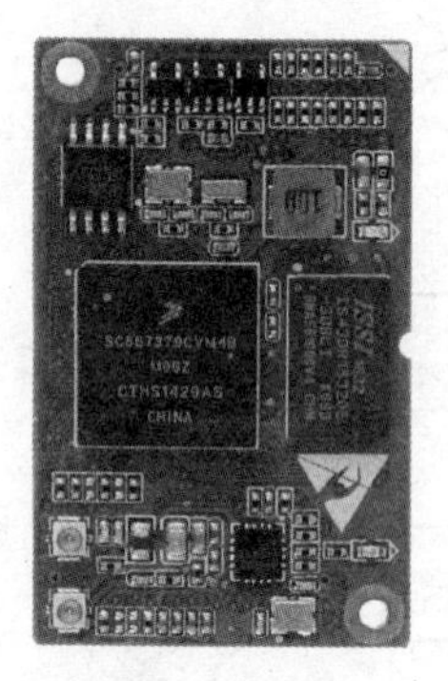
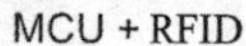

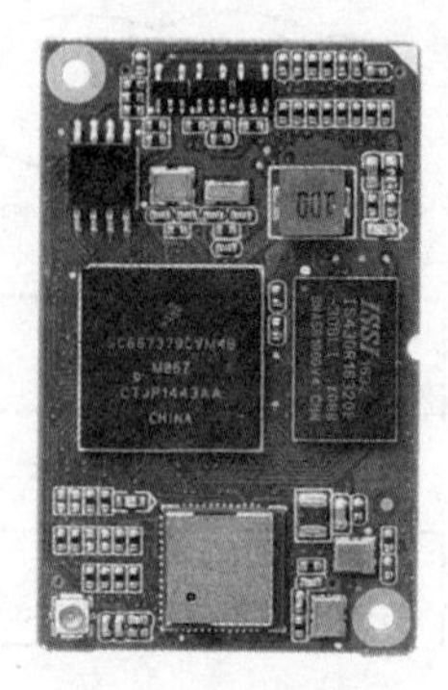

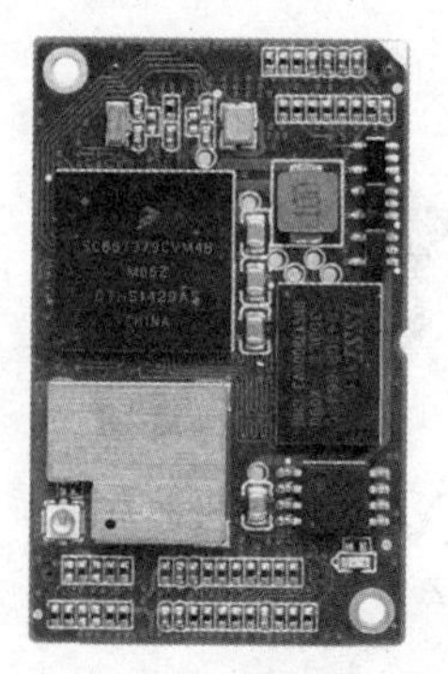

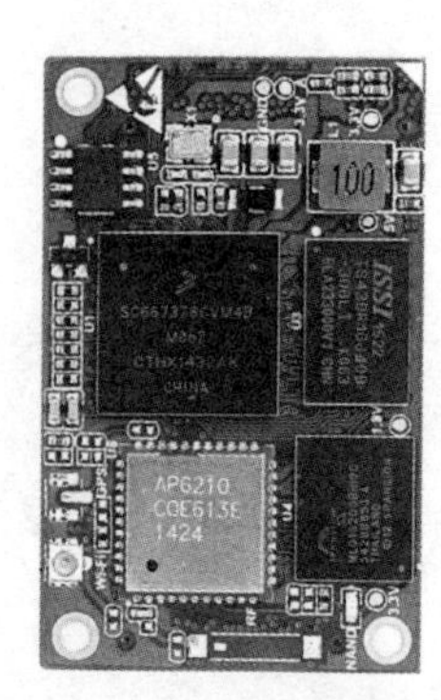

图 1.3　各种"MCU＋无线"核心板

套件，如图 1.4 所示。

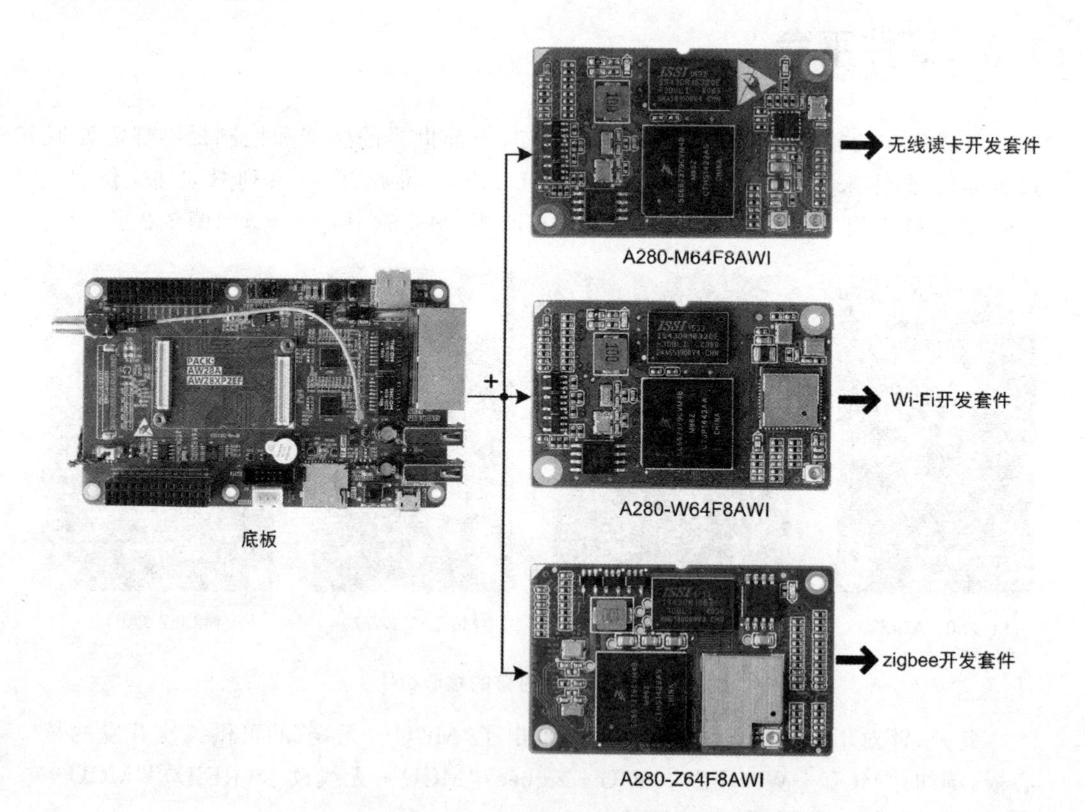

图 1.4　底板与 3 个核心板可以组成 3 套开发套件

同时，为了帮助用户快速搭建产品原型，ZLG 还提供了一系列具有标准硬件扩展接口的配板，例如，丰富的传感器配板、数码管显示配板、存储器配板、按键输入配板、Wi-Fi 配板等，如图 1.5 所示。这些配板都具有某种通用的硬件扩展接口（例如,MicroPort、MiniPort 等),基于这些通用的硬件接口,可以使扩展板在不同的底板上使用。

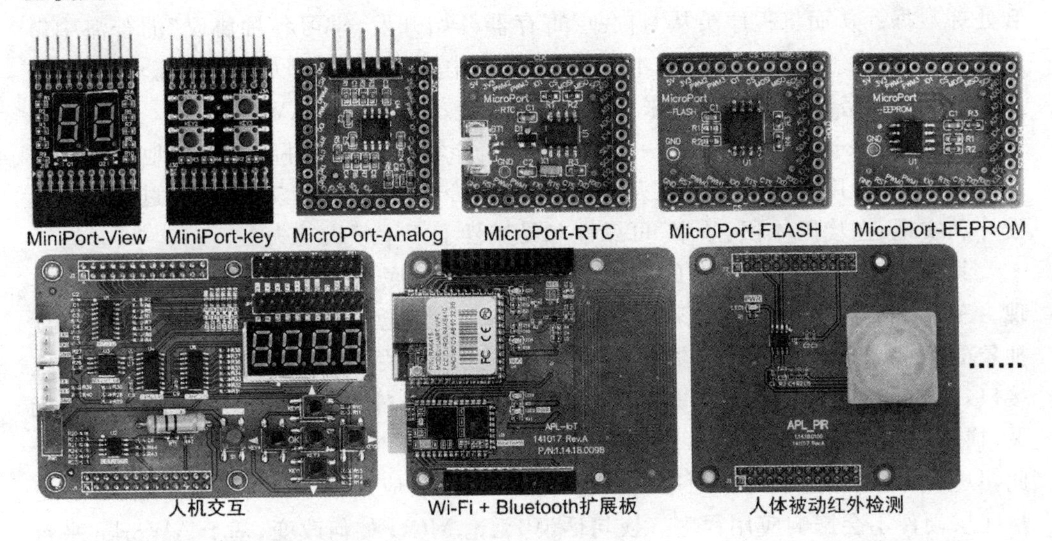

图 1.5 丰富的扩展配板

本书的第二部分(硬件篇),包括第 2 章～第 5 章,详细介绍了各种内核系列的核心板及评估板,读者可以根据实际需求,查看快速选型表,选择合适的硬件开发套件,快速搭建产品原型。

1.4 AWorks OS

AWorks OS 作为生态系统的核心,为用户提供了操作系统级别的服务,其标识符如图 1.6 所示。

图 1.6 AWorks OS 标识符

实际上,AWorks OS 除了提供操作系统常见的服务外,例如,多任务、信号量、Shell、消息队列、消息邮箱等,还包含了大量丰富的组件,例如,ModBus、TCP/IP、GUI、多媒体等,因此,往往将 AWorks OS 直接称为 AWorks 平台。

虽然“硬件”和“云”均为 AWorks 整个生态系统的一部分,但对于开发者来讲,主要是基于 AWorks OS 开发嵌入式/物联网应用的,硬件的使用和云端的接入都是基于 AWorks OS 编程实现的。也就是说,开发者重点是基于 AWorks OS 进行编程,因此,在大部分场合中,“AWorks”往往特指 AWorks OS,本书重点介绍 AWorks OS,在后文中,不特意区分“AWorks”“AWorks 平台”“AWorks OS”,如果没有特殊说明,它们均指 AWorks OS。

AWorks 平台的宗旨是“软件定义一切”,使应用与具体硬件平台彻底分离,实现

“一次编程、终生使用”和“跨平台”。AWorks 提供了大量高质量、可复用的组件,行业合作伙伴可以在该平台上直接开发各种应用,通过有线接入和无线接入收集、管理和处理数据。从而将程序员从“自底层寄存器开始开发、学习各种协议”的苦海中解放出来,使开发者可以回归产品本质,以应用为中心,将主要精力集中在需求、算法和用户体验等业务逻辑上。具体来说,可以从两个方面来理解 AWorks。

首先,AWorks 平台提供了一种通用机制,能够将各种软件组件有机地集成在一起,使其可以为用户提供数量庞大且高质量、高价值的服务。这些组件经过了精心地设计和实现,在代码体积、效率、可靠性和易用性上下了很大功夫。

其次,AWorks 是跨平台的,这里的平台指的是底层硬件平台或具体软件的实现。AWorks 规范了各种类型组件的通用接口,这些通用接口是对某一类功能高度抽象的结果,与具体芯片、外设、器件及实现方式均无关。例如,定义了一组文件系统接口,接口与具体存储硬件、具体文件系统实现方法(FAT、YaFFS、UFFS 等)均无关,换言之,存储硬件、文件系统的实现都可以任意更换,不会影响通用接口。基于此,只要应用程序基于这些通用接口进行开发,那么,应用程序就可以跨平台使用,更换底层硬件不会影响应用程序。换句话说,无论 MCU 如何改变,基于 AWorks 平台的应用软件均可复用。

下面,首先简述 AWorks 的基本特点,然后向读者展示 AWorks 的架构图,最后,简要叙述 AWorks 的发布形式和使用方法。

1.4.1 特　点

AWorks 平台具有以下特点:

- 所有内部组件均可静态实例化,避免内存泄漏,提高系统运行的确定性和实时性。
- 深度优化了组件的初始化过程,使系统能以极短的时间(通常短于 1 s)启动。
- 所有组件可插拔、可替换、可配置(可通过便捷的图形配置工具完成)。
- 领先的驱动管理框架 AWbus - lite,使驱动程序可以得到最大限度的复用。
- 先进的电源管理框架,最大限度地降低功耗。
- 包含极微小的原生内核,任务数量无限制,高达 1 024 优先级,支持同优先级任务,最小能在 1 KB RAM、2 KB ROM 中运行,包含多任务管理、信号量、互斥量、消息队列等多种 OS 服务。
- 提供常用的通用组件:文件系统、时间管理、动态内存管理等。
- 支持常用的协议栈:TCP/IP 协议栈、USB 协议栈、ModBus 协议栈等。
- 主要目标领域:IoT 物联网。提供 Wi - Fi、Bluetooth、zigbee、GPRS、3G、4G 等无线接入方式,支持 6LoWPAN、TLS、DTLS、CoAP、MQTT、LwM2M 等物联网关键协议。云端接入方面,支持机智云、阿里云等第三方云服务平台应用程序框架,很快还将推出 ZLG 自主研发的云平台。

- 除原生内核外，μC/OS、SysBIOS、FreeRTOS 等 RTOS 也可作为 AWorks 的内核。
- 提供第三方组件的适配器，方便用户跳过移植阶段，直接使用第三方组件，例如，LwIP、FatFS、SQLite 等。

简单地说，AWorks 平台提供了标准化的、与硬件无关的 API，提供了大量高质量的组件，这些组件都是可剪裁、可配置的。基于 AWorks 中大量的组件，开发者无需关心与 MCU、OS 有关的基础知识，只要会 C 语言就能快速将需求开发成产品。

1.4.2 架　构

AWorks 的架构图如图 1.7 所示。

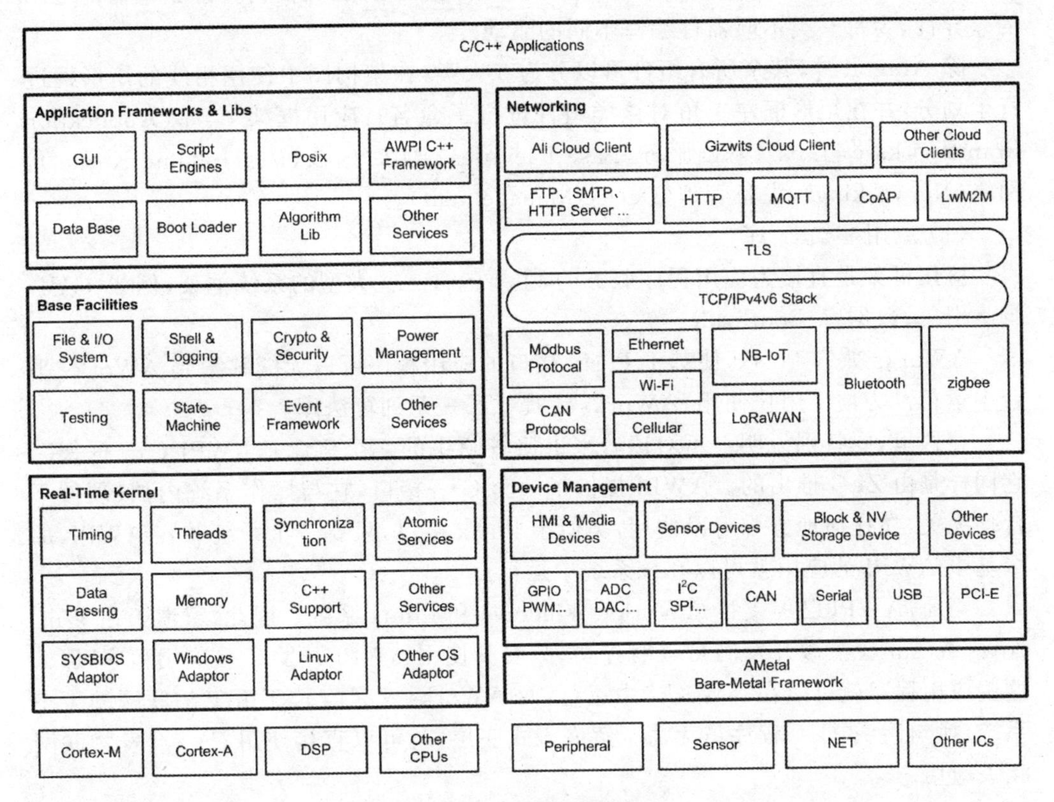

图 1.7　AWorks 的架构图

可以简单地将 AWorks 看作 3 层结构：应用层、中间层和硬件层。

1. 应用层

应用层包含用户编写的应用程序。应用程序可以使用 C 语言开发，也可以使用 C++语言开发。对于部分硬件平台，AWorks 还提供了 Python（MicroPython）的支持，用户可以直接使用 Python 语言开发应用程序。

2. 中间层

中间层是 AWorks 的主体部分,包含了各式各样的组件。在 AWorks 中,一切软件都可以视为组件,常见的有:驱动软件(如 PCF85063 驱动)、通用工具软件(如链表、环形缓冲区)、一些大型的协议栈(如 TCP/IP)等。

虽然 AWorks 集成的组件繁多,但都是可裁剪的,AWorks 甚至能够在只有几 KB 内存的小资源平台上运行。

其中,AMetal 是一个特殊的组件,其位于外设和外围器件之上,本质上是一个裸机支持包,负责与底层硬件打交道,完成寄存器级别的操作,封装底层硬件的功能,并完成基础功能的抽象,为系统上层提供统一的硬件操作接口。换言之,AMetal 处理了底层硬件的差异性,使系统上层专注于硬件功能的使用,无需再处理繁杂器件之间的差异性,为每一类不同器件编写不同的驱动。

除 AMetal 外,其余所有组件可以分为 5 大类(在架构图中使用粗线的矩形框进行了划分,并在矩形框左上角对该类组件进行了命名):应用框架 & 库(Application Frameworks & Libs)、基础服务(Base Facilities)、实时内核(Real - Time Kernel)、网络(Networking)、设备管理(Device Management)。

(1) 应用框架 & 库

应用框架是直接为应用程序服务的,主要包含一些大型的系统框架,例如,GUI、脚本引擎、数据库、Bootloader 等。

AWorks 兼容 Posix,使基于 Posix 接口的应用程序可以无缝移植到 AWorks 平台中运行。为便于用户使用,AWorks 还提供了一系列算法库。

在这里,要特别说明一下对读者来讲比较陌生的一个概念:“AWPI C++框架”,它同样是由 ZLG 推出的。AWPI 提供了一套 C++接口,它与操作系统内核、硬件平台均无关,在任何地方都可以使用,类似于 Posix 接口,只要一个系统兼容 AWPI,那么基于 AWPI 的应用就可以在该系统中运行。

当前,AWPI 已经支持 AWorks、Windows 和 Linux 系统。因此,习惯于在 Windows 或 Linux 上做开发的 C++程序员,只要其使用 AWPI 开发 C++应用程序,那么这些应用程序就可以在 AWorks 中运行,而 AWorks 又是定位于 IoT 物联网的生态系统,换句话说,C++程序员无需了解嵌入式底层,就可以直接使用 C++开发物联网相关应用。

(2) 基础服务

AWorks 提供了一系列基础服务,这是一些高效的、功能完善的组件,其主要包括:文件系统、I/O 系统、Shell 服务、加密(安全)服务、电源管理(低功耗)、测试框架、状态机框架、事件管理框架等。

AWorks 支持对产品进行加密,以确保用户产品对应的程序固件只能在指定的硬件平台上运行,保证了固件的安全性,也有效地保护了公司产权。

(3) 实时内核

实时内核用于提供OS基础服务：时间管理、任务管理、线程服务、同步（互斥锁、信号量、消息邮箱等）、原子操作、数据传递、内存管理等。

通常情况下，AWorks默认使用的OS内核是ZLG自主研发的轻量级实时内核：RTK(Real-Time Kernel)。但实际上，AWorks并不限制必须使用某一特定的内核，内核如同驱动代码一样，仅仅是一个可以根据需要任意更换的组件。

在AWorks中，要使用某一OS内核，仅需提供一个对应的适配器即可。内核适配器直接驻留在操作系统接口之上，主要用于屏蔽各类实时内核和硬件接口的差异，从而大大增强了AWorks的可移植性和可维护性。

当前，AWorks已经为常见的操作系统提供了适配器，例如，SysBIOS Adaptor、Windows Adaptor、Linux Adaptor等，以支持在AWorks中使用这些操作系统内核。

(4) 网　络

网络是AWorks非常重要的组成部分，也是其作为IoT生态系统的必备条件。在万物互联的大趋势下，网络相关技术也得到了快速的发展。AWorks紧随时代潮流，支持众多传统的通信技术以及最新的通信协议。用户基于AWorks平台开发，无需再深入研究网络协议，直接使用这些协议即可。

目前，AWorks支持常见的通信技术，主要有：ModBus协议、CAN协议（这里的CAN侧重于CAN协议栈，而设备管理中的CAN则侧重于CAN硬件通信接口）、Cellular（蜂窝）、Wi-Fi、以太网、LoRaWAN、NB-IoT、Bluetooth、zigbee等。

同时，AWorks具有TCP/IP协议栈，支持IPv6、TLS（使用TLS加密通信）以及大量基于TCP/IP的应用协议，例如，FTP、SMTP、HTTP、MQTT、CoAP、LWM2M等。

特别地，随着物联网的发展，越来越多的设备需要接入“云”，AWorks已经针对第三方云（主要包括阿里云、机智云等）进行了适配，提供了相应的适配器，基于AWorks的应用可以轻松地接入这些“云”，第三方云的支持可以方便用户将之前的程序迁移到AWorks平台。除此之外，AWorks还将推出自主研发的云平台。

(5) 设备管理

设备管理用于管理一系列硬件设备，在嵌入式系统中，设备的种类非常多，例如，GPIO、PWM、ADC、DAC、I²C、SPI、I²S、CAN、Serial、USB、PCIe、看门狗、传感器、人机界面、媒体设备、存储设备等。使用一个统一的设备管理框架可以实现对众多设备进行“有条不紊”的管理。

3. 硬件层

硬件层表示了当前AWorks支持的硬件设备，包含了这些设备对应的驱动程序，主要分为以下两大类：

(1) 支持的CPU内核

当前支持的CPU内核有：Cortex-M0/3/4/7、Coterx-A7/8/9、ARM7/9、

DSP 等。

(2) 支持的外设和外围器件

外设主要是指 MCU 的片上外设,例如,ADC、DAC、GPIO、UART、SPI、I^2C 等;外围器件主要是指一些 IC 芯片,例如,各类传感器芯片(比如 LM75 温度传感器)、存储器芯片(比如 EEPROM)、接口扩展芯片(比如 UART 转两路 SPI 芯片)、专用芯片(比如以太网 PHY 芯片)等。

1.4.3 发布形式

AWorks 的发布形式是 SDK(Software Development Kit),其中包含了文档、工具、示例代码、模板工程等,如图 1.8 所示。

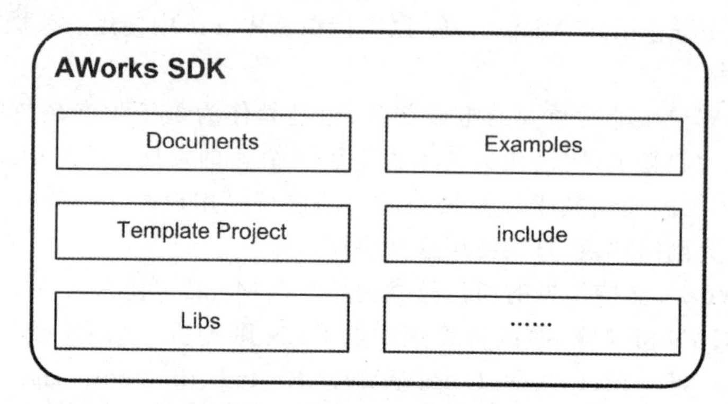

图 1.8 SDK 发布形式

详尽的文档旨在帮助用户快速上手 AWorks。例如,《入门指南》可以帮助用户快速搭建好开发环境;《用户手册》可以使用户对 SDK 有更深入的了解,包括目录结构、平台资源(ADC 通道数目、PWM 通道数目等)等,并掌握硬件平台相关资源的定义和配置(如 LED0 对应的 I/O 口)。

示例代码展示了各种组件的使用方法,例如,多任务、文件系统、定时器等。当用户使用一个新的组件时,可以参考 SDK 中提供的示例代码,快速理解各个接口的使用方法。

模板工程用于帮助用户快速创建自己的应用工程,基于模板工程创建新的工程非常简单:复制一份模板工程并重命名即可。

AWorks 内部核心功能组件主要以库的形式提供,相应的 API 通过头文件引出。用户仅需了解各个 API 的使用方法,直接基于这些 API 开发应用程序,无需关心各个功能组件的底层实现,进而可以更加专注于应用程序的开发。

需要注意的是,AWorks SDK 与具体硬件开发套件相对应,不同硬件平台使用的 SDK 是不同的。ZLG 推出了一系列嵌入式硬件开发套件,供用户二次开发,快速搭建产品原型。例如,EPC - AW280 底板可以分别与 A280 - W64F8AWI(Wi - Fi 核心板)、A280 - Z64F8AWI(zigbee 核心板)和 A280 - M64F8AWI(无线读卡核心板)组成 3 套开发套件(见图 1.4)。

为了便于用户使用,ZLG 为每套硬件都提供了对应的 AWorks SDK,即 SDK 与具体硬件开发套件一一对应。在使用 AWorks 前,可以联系 ZLG 获取对应硬件的最新版 SDK。

不同硬件对应的 SDK 是不同的,不建议混用。不同 SDK 对底层硬件的不同分别进行了处理,屏蔽了底层硬件的差异性。对于用户来讲,无论使用何种硬件,应用程序使用的 API 是完全相同的,应用程序不会与某一硬件平台捆绑,可以很容易地跨平台复用。

1.4.4 使用方法

对于用户来讲,获取到 AWorks SDK 后,即可基于 AWorks 快速开发应用程序。在开发某一应用程序前,需要先建立一个新的工程,在 AWorks SDK 中,已经提供了模板工程,"新建工程"只需简单复制一下即可。

新建工程的详细步骤可以参考 SDK 中的《入门指南》,新建工程的方法可以简要描述为:将模板工程文件夹复制一份,并将复制得到的文件夹重命名为与具体应用相关的名字,例如,要编写一个 LED 闪烁应用,则可以命名为:led_blinking。由此可见,通过简单的复制和重命名,即可完成工程的建立。

打开工程后(更详细的操作可以参考 SDK 中的《入门指南》),即可在 user_code 分组下的 main.c 文件中添加具体的应用程序代码。作为示例,可以编写一个简单的 LED 闪烁程序,详见程序清单 1.1。

程序清单 1.1 LED 闪烁范例程序

```
1    #include "aworks.h"
2    #include "aw_led.h"
3    #include "aw_delay.h"
4
5    int aw_main (void)
6    {
7        while(1) {
8            aw_led_toggle(0);                    //翻转 LED0 的状态
9            aw_mdelay(500);                      //延时 500 ms
10       }
11   }
```

将该程序编译、链接后即可生成程序固件,并可以下载到开发板上运行,具体操作方法详见 SDK 中的《入门指南》。

在 AWorks 中,函数的命名以“aw_”开头,其中,aw_led_toggle()在 aw_led.h 文件中声明,用于翻转 LED;aw_mdelay()在 aw_delay.h 文件中声明,用于延时指定的时间(单位:ms)。这些接口的详细使用方法将在后续相关的章节予以介绍。需要特别注意的是,在 AWorks 平台中编写应用程序时,所有源文件都应该首先包含 aworks.h 文件。

这里,初步体会了 LED 和延时服务两类 API。在实际中,任何模块或服务的使用方法都是类似的:首先,包含该模块或服务对应的头文件(“aw_xxx.h”);然后,使用头文件中提供的 API。后续章节将详细介绍 AWorks 提供的一些基础服务,例如,常用设备(LED、按键、数码管等)、常用外设(GPIO、PWM、SPI 等)、时间管理、内存管理、OS 内核、文件系统等。

本书的第三部分(软件篇),包括第 6～15 章,将重点介绍 AWorks OS,由于篇幅的限制,本书仅介绍基础的软件组件,一些复杂的组件(TCP/IP、ModBus、GUI 等)将在后续系列丛书中再做讲述。

1.5 云接入

随着物联网的快速发展,越来越多的设备需要接入云端,事实上,所有设备联网也是物联网的初衷。在 AWorks 生态系统中,可以使用第三方“云”,例如,阿里云、机智云等,使之前使用这些“云”的用户不受任何影响,在使用 AWorks 生态系统提供的 OS(对这些“云”进行了适配)和硬件平台时,仍然可以使用原先使用的“云”。同时,ZLG 还将推出自主研发的云平台。

由于篇幅的限制,本书不涉及“云”的介绍,将在后续系列丛书中单独讲述。

第二部分

硬件篇

第2章

Cortex-M 系列无线核心板

✍ 本章导读

作为成千上万的智能物联网产品的核心，嵌入式处理器的独特之处在于其对功能和性能的精确定制。单一的嵌入式处理器与千变万化的物联网需求之间存在的差距正在不断增大，需要不同的处理器来为应用提供不同的功耗需求、不同的可扩展性、不同的计算性能、不同的安全性，来应对产品的不同用户体验。为满足这一需求，ZLG凭借数十年来为工业和物联网市场提供MCU和应用处理器的领导经验，研发出了一系列全新的无线核心板，来满足产品设计师自由选择最能为其设计带来创新的方案，而不让硬件的选择限制了其最终设计中可能实现的创新。

2.1 M105x 无线核心板(M7 核)

2.1.1 概 述

在当今更智能的互联世界的技术创新发展趋势下，智能硬件已经不再受限于MCU和应用处理器、有线控制与无线通信之间的选择。嵌入式产品设计师更希望能自由选择最能为其设计带来创新的方案，而不是让硬件的选择限制了其最终设计中可能实现的创新。他们需要采用一类新的跨界嵌入式硬件来打破技术鸿沟，这些跨界嵌入式硬件主要面向智能硬件、工业4.0和不断发展的物联网应用，能够为设计提供应用处理器的高性能处理能力、丰富的功能外设以及多样化的入网接口方式，同时兼具MCU的易用性、低功耗、实时运行以及低中断延迟特性。

M105x系列无线核心板又叫M105x系列跨界硬件核心板，采用NXP的Cortex-M7内核的RT105x跨界嵌入式处理器，主频最高可达528 MHz，集成了SDRAM、Nand-Flash、SPI Flash、硬件看门狗，除了保留传统的UART、I²C、SPI、CAN、Ethernet、USB和SDIO等通信接口的之外，还额外集成了Wi-Fi、zigbee、LoRa、RFID等无线通信模块，实现处理器性能、控制与通信、有线与无线的嵌入式硬件跨界。

M105x跨界硬件核心板不仅硬件上跨界，而且还支持一系列关键特性：易用性、低成本、实时软件和工具链的兼容性，保证了以M105x为核心的解决方案的可用性。M105x跨界硬件核心板提供全新的物联网操作系统AWorks IoT OS，旨在让开发者能够轻松使用这些新型跨界硬件，而无需投入大量精力来开发新软件、学习新工具或更高级别的操作系统。完整的软硬件架构使开发者只需专注于开发产品的应用程序，极大地提高了智能硬件产品应用开发效率，大大缩短了产品的开发周期，使产品能够更快地投入市场。AWorks IoT OS 制定了统一的接口规范，对各种微处理器内置的功能部件与外围器件进行了高度的抽象，以高度复用的软件设计原则和只针对接口编程的思想为前提，应用软件即可以实现"一次编程，终生使用和跨平台"。

M105x 核心板可以在工业温度范围内稳定工作，能够满足各种条件苛刻的工业应用，比如：工业控制、现场通信、数据采集等领域。图 2.1(a)所示为核心板的产品示意图，其评估板如图 2.1(b)所示。

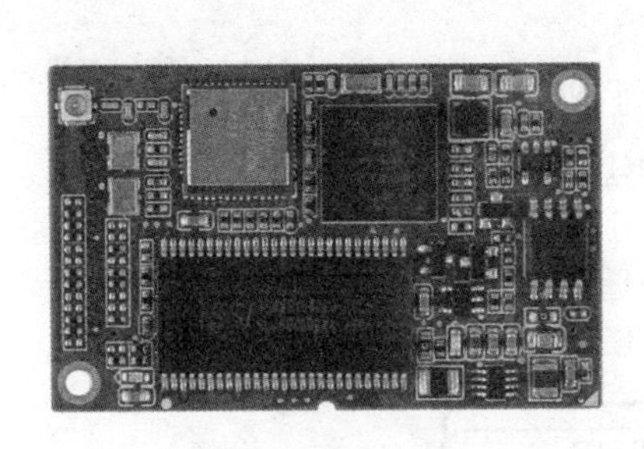

(a) 核心板

(b) 评估板

图 2.1　M7 核心板(M1052-W16F128AWI-T)及评估板(M105x-EV-Board)图片(以实际产品为准)

2.1.2　产品特性

M105x 产品特性如下：

- CPU：NXP RT105x 系列处理器；
- 运行频率：最高可达 528 MHz；
- 板载 16 MB SDRAM；
- 板载 128 MB NandFlash 或 8 MB SPI Flash；
- 内置电源管理单元 PMU；
- 板载 AWorks 系统；
- 内置独立硬件看门狗；
- 支持各种上云协议；
- 支持多种文件系统操作 SD/MMC 卡、U 盘读/写；
- 支持 1 路 10M/100M 以太网接口；
- 支持 1 路 SD Card 接口；

- 支持 1 路 USB 2.0 Host、1 路 USB 2.0 OTG；
- 可选 Wi－Fi、zigbee、LoRa 或 RFID 功能的无线通信；
- 支持 7 路串口(含一路调试串口,串口功能可复用)；
- 支持 2 路 CAN 接口；
- 支持 1 路 I^2C 和 1 路 SPI 接口；
- 支持 JTAG 调试接口；
- 采用 6 层板 PCB 工艺；
- 尺寸:30 mm×48 mm；
- 工作电压:5×(1±0.02) V。

2.1.3 产品功能框图

M105x 系列无线核心板将 i.MX RT105x 系列处理器、SDRAM、NandFlash、SPI Flash、硬件看门狗、Wi－Fi / zigbee / LoRa / RFID 等集成到一个 30 mm×48 mm 的模块中,使其具备了极高的性价比,其中 M1052 功能框图如图 2.2 所示。

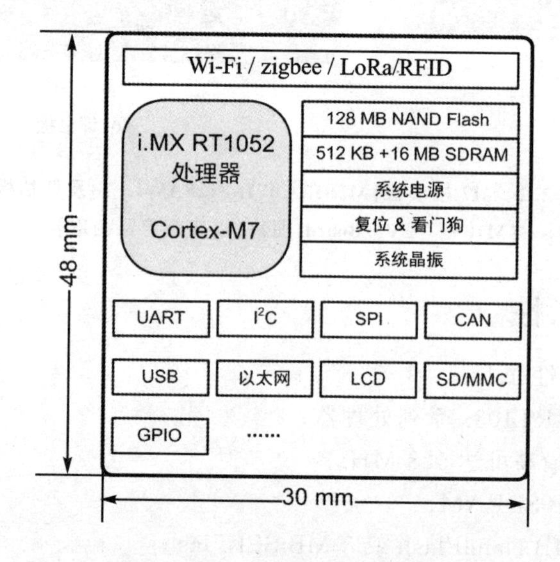

图 2.2 M1052 核心板功能框图

2.1.4 产品选型

M105x 系列无线核心板的具体参数如表 2.1 所列,用户可以根据自己的项目技术需求选择合适的核心板做二次开发。

在列举核心板型号时,为便于区分,将型号分为 3 行进行展示。由此可见,型号的前缀均为 M1052，后缀均为 16F128AWI-T，中间用“-?”区分不同类型的核心板：-(不带无线)、-W(Wi-Fi)、-Z(zigbee)、-L(LoRa)、-M(RFID)。表 2.1 中共列举了 5 个核心板产品，它们对应的完整型号分别为：M1052-16F128AWI-T、M1052-W16F128AWI-T 、M1052-Z16F128AWI-T、M1052-L16F128AWI-T、M1052-M16F128AWI-T。

表 2.1　M105x 系列无线核心板参数表

资　源	核心板型号				
	M1052				
	-(不带无线)	-W(Wi-Fi)	-Z(zigbee)	-L(LoRa)	-M(RFID)
	16F128AWI-T				
操作系统	AWorks				
处理器	i.MX RT1052				
主频	528 MHz				
运行内存	512 KB+16 MB				
电子硬盘	128 MB				
看门狗	支持				
Wi-Fi	—	支持	—	—	—
zigbee	—	—	支持	—	—
LoRa	—	—	—	支持	—
RFID	—	—	—	—	支持
串口	7 路	6 路	7 路	7 路	7 路
I^2C	1 路				
SPI	1 路	—	1 路	—	—
CAN-Bus	2 路				
USB	2 路				
以太网	1 路				
SD 卡接口	2 路	1 路	2 路	2 路	2 路
LCD	1 路				

2.1.5　I/O 信息

M105x 系列无线核心板为了配合标准驱动软件开发，产品的出厂固件为 I/O 设置了默认功能，用户如果需要更换引脚功能属性，可以参考相关手册，认真了解驱动架构，并在提供的 SDK 开发包基础上自行修改驱动，适配需要的功能。配置完成后，检查每个引脚配置是否正确，避免驱动冲突。如图 2.3 所示为核心板产品引脚排列示意图，核心板采用了 J1(A1～A60)和 J2(B1～B80)两个精密的板对板连接器将处理器的资源从背面引出。J1 和 J2 两个连接器对应引脚的出厂默认功能分别如表 2.2 和表 2.3 所列。

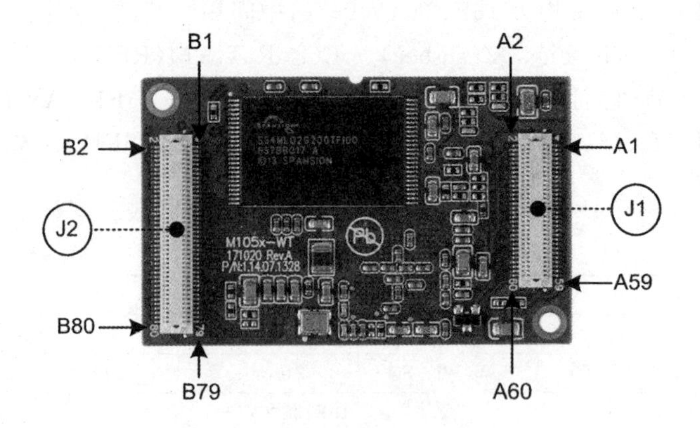

图 2.3　M105x 系列连接器引脚排列

表 2.2　M105x 无线核心板引脚定义(J1)

引　脚	标　号	默认功能	功能描述	参考电平/V	输入/输出	处理器引脚
A1	5V_SYS	5 V	核心板电源输入	5	—	—
A2	GND	GND	电源地	0	—	—
A3	5V_SYS	5 V	核心板电源输入	5	—	—
A4	VDD_SNVS_BAT	3.0 V	处理器 RTC 电源输入	3.0	—	M9
A5	SEMC_ADDR0	SEMC	外部总线地址线	3.3	输入/输出	C2
A6	SEMC_ADDR1	SEMC	外部总线地址线	3.3	输入/输出	G1
A7	SEMC_ADDR2	SEMC	外部总线地址线	3.3	输入/输出	G3
A8	SEMC_ADDR3	SEMC	外部总线地址线	3.3	输入/输出	H1
A9	SEMC_ADDR4	SEMC	外部总线地址线	3.3	输入/输出	A6
A10	SEMC_ADDR5	SEMC	外部总线地址线	3.3	输入/输出	B6
A11	SEMC_ADDR6	SEMC	外部总线地址线	3.3	输入/输出	B1
A12	SEMC_ADDR7	SEMC	外部总线地址线	3.3	输入/输出	A5
A13	SEMC_ADDR8	SEMC	外部总线地址线	3.3	输入/输出	A4
A14	SEMC_ADDR9	SEMC	外部总线地址线	3.3	输入/输出	B2
A15	SEMC_ADDR10	SEMC	外部总线地址线	3.3	输入/输出	G2
A16	SEMC_ADDR11	SEMC	外部总线地址线	3.3	输入/输出	B4
A17	SEMC_ADDR12	SEMC	外部总线地址线	3.3	输入/输出	A3
A18	NC	NC	NC	—	—	—
A19	SEMC_CSX0	SEMC	NandFlash 片选信号	3.3	输出	C7
A20	SEMC_RDY	SEMC	NandFlash 忙信号	3.3	输入	A7
A21	GND	GND	电源地	0	—	—
A22	GND	GND	电源地	0	—	—

续表 2.2

引 脚	标 号	默认功能	功能描述	参考电平/V	输入/输出	处理器引脚
A23	SEMC_DATA15	SEMC	外部总线数据线	3.3	输入/输出	E4
A24	SEMC_DATA14	SEMC	外部总线数据线	3.3	输入/输出	C3
A25	SEMC_DATA13	SEMC	外部总线数据线	3.3	输入/输出	E5
A26	SEMC_DATA12	SEMC	外部总线数据线	3.3	输入/输出	D4
A27	SEMC_DATA11	SEMC	外部总线数据线	3.3	输入/输出	C4
A28	SEMC_DATA10	SEMC	外部总线数据线	3.3	输入/输出	D5
A29	SEMC_DATA9	SEMC	外部总线数据线	3.3	输入/输出	C5
A30	SEMC_DATA8	SEMC	外部总线数据线	3.3	输入/输出	C6
A31	SEMC_DATA7	SEMC	外部总线数据线	3.3	输入/输出	H4
A32	SEMC_DATA6	SEMC	外部总线数据线	3.3	输入/输出	H5
A33	SEMC_DATA5	SEMC	外部总线数据线	3.3	输入/输出	G5
A34	SEMC_DATA4	SEMC	外部总线数据线	3.3	输入/输出	F2
A35	SEMC_DATA3	SEMC	外部总线数据线	3.3	输入/输出	G4
A36	SEMC_DATA2	SEMC	外部总线数据线	3.3	输入/输出	F4
A37	SEMC_DATA1	SEMC	外部总线数据线	3.3	输入/输出	F3
A38	SEMC_DATA0	SEMC	外部总线数据线	3.3	输入/输出	E3
A39	GND	GND	电源地	0	—	—
A40	WDO_EN	WDO	看门狗使能控制	3.3	输入	—
A41	FLEXSPI_A_SS0_B	SPI	SPI Flash 片选	3.3	输出	L3
A42	WAKEUP	GPIO	唤醒信号	3.3	输入	L6
A43	FLEXSPI_A_SCLK	SPI	SPI Flash 时钟	3.3	输出	L4
A44	GND	GND	电源地	0	—	—
A45	FLEXSPI_A_DATA0	SPI	SPI Flash 数据	3.3	输入/输出	P3
A46	USDHC1_DATA3	SDIO	SDIO1 接口数据线	3.3	输入/输出	J2
A47	FLEXSPI_A_DATA1	SPI	SPI Flash 数据	3.3	输入/输出	N4
A48	USDHC1_DATA2	SDIO	SDIO1 接口数据线	3.3	输入/输出	H2
A49	FLEXSPI_A_DATA2	SPI	SPI Flash 数据	3.3	输入/输出	P4
A50	USDHC1_DATA1	SDIO	SDIO1 接口数据线	3.3	输入/输出	K1
A51	FLEXSPI_A_DATA3	SPI	SPI Flash 数据	3.3	输入/输出	P5
A52	USDHC1_DATA0	SDIO	SDIO1 接口数据线	3.3	输入/输出	J1
A53	ONOFF	ONOFF	按键开关机控制	3.3	输入	M6
A54	USDHC1_CLK	SDIO	SDIO1 接口时钟线	3.3	输出	J3
A55	nRST_IN	RESET	外部复位信号输入	3.3	输入	复位
A56	USDHC1_CMD	SDIO	SDIO1 接口命令线	3.3	输出	J4
A57	SRC_BOOT_MODE0	BOOT	启动模式设置	3.3	输入	F11
A58	CCM_CLK1_P	NC	差分时钟输入/输出	3.3	输入/输出	N13
A59	SRC_BOOT_MODE1	BOOT	启动模式设置	3.3	输入	G14
A60	CCM_CLK1_N	NC	差分时钟输入/输出	3.3	输入/输出	P13

表 2.3　M105x 无线核心板引脚定义(J2)

引　脚	标　号	默认功能	功能描述	参考电平/V	输入/输出	处理器引脚
B1	LCD_ENABLE	LCD	LCD 输出使能	3.3	输出	E7
B2	LCD_CLK	LCD	LCD 点时钟	3.3	输出	D7
B3	LCD_HSYNC	LCD	LCD 行同步	3.3	输出	E8
B4	LCD_VSYNC	LCD	LCD 场同步	3.3	输出	D8
B5	LCD_DATA0	LCD	LCD 数据信号	3.3	输出	C8
B6	LCD_DATA1	LCD	LCD 数据信号	3.3	输出	B8
B7	LCD_DATA2	LCD	LCD 数据信号	3.3	输出	A8
B8	LCD_DATA3	LCD	LCD 数据信号	3.3	输出	A9
B9	LCD_DATA4	LCD	LCD 数据信号	3.3	输出	B9
B10	LCD_DATA5	LCD	LCD 数据信号	3.3	输出	C9
B11	LCD_DATA6	LCD	LCD 数据信号	3.3	输出	D9
B12	LCD_DATA7	LCD	LCD 数据信号	3.3	输出	A10
B13	LCD_DATA8	LCD	LCD 数据信号	3.3	输出	C10
B14	LCD_DATA9	LCD	LCD 数据信号	3.3	输出	D10
B15	LCD_DATA10	LCD	LCD 数据信号	3.3	输出	E10
B16	LCD_DATA11	LCD	LCD 数据信号	3.3	输出	E11
B17	LCD_DATA12	LCD	LCD 数据信号	3.3	输出	A11
B18	LCD_DATA13	LCD	LCD 数据信号	3.3	输出	B11
B19	LCD_DATA14	LCD	LCD 数据信号	3.3	输出	C11
B20	LCD_DATA15	LCD	LCD 数据信号	3.3	输出	D11
B21	GND	GND	电源地	0	—	—
B22	GND	GND	电源地	0	—	—
B23	ENET_RX_DATA0	ENET	以太网接收数据信号	3.3	输入	E12
B24	ENET_RX_DATA1	ENET	以太网接收数据信号	3.3	输入	D12
B25	ENET_RX_EN	ENET	以太网接收使能	3.3	输入	C12
B26	ENET_TX_DATA0	ENET	以太网发送数据信号	3.3	输出	B12
B27	ENET_TX_DATA1	ENET	以太网发送数据信号	3.3	输出	A12
B28	ENET_TX_EN	ENET	以太网发送使能	3.3	输出	A13
B29	ENET_TX_CLK	ENET	以太网发送时钟	3.3	输出	B13
B30	ENET_RX_ER	ENET	以太网接收错误	3.3	输入	C13
B31	ENET_MDC	ENET	以太网配置时钟	3.3	输出	C14
B32	ENET_MDIO	ENET	以太网配置数据	3.3	输入/输出	B14
B33	JTAG_TMS	JTAG	JTAG 模式信号	3.3	输入	E14
B34	LPI2C1_SCL	I^2C	I^2C1 时钟线	3.3	输出	J11
B35	JTAG_TCK	JTAG	JTAG 时钟信号	3.3	输入	F12
B36	LPI2C1_SDA	I^2C	I^2C1 数据线	3.3	输入/输出	K11
B37	JTAG_TDI	JTAG	JTAG 数据输入	3.3	输入	F14
B38	LPUART2_RX	UART	UART2 接收信号	3.3	输入	M12
B39	JTAG_TRSTB	JTAG	JTAG 复位信号	3.3	输入	G10

续表 2.3

引　脚	标　号	默认功能	功能描述	参考电平/V	输入/输出	处理器引脚
B40	LPUART2_TX	UART	UART2 发送信号	3.3	输出	L11
B41	JTAG_TDO	JTAG	JTAG 数据输出	3.3	输出	G13
B42	LPUART2_RTS_B	UART	UART2 请求发送信号	3.3	输出	K11
B43	JTAG_MOD	JTAG	JTAG 模式选择	3.3	输入	F13
B44	LPUART2_CTS_B	UART	UART2 清除发送信号	3.3	输入	J11
B45	LPUART3_CTS_B	UART	UART3 清除发送信号	3.3	输入	L12
B46	LPUART3_RTS_B	UART	UART3 请求发送信号	3.3	输出	K12
B47	LPUART3_RX	UART	UART3 接收信号	3.3	输入	K10
B48	LPUART3_TX	UART	UART3 发送信号	3.3	输出	J12
B49	LPUART5_RX	UART	UART5 接收信号	3.3	输入	D14
B50	LPUART5_TX	UART	UART5 发送信号	3.3	输出	D13
B51	LPUART6_RX	UART	UART6 接收信号	3.3	输入	G11
B52	LPUART6_TX	UART	UART6 发送信号	3.3	输出	M11
B53	LPUART8_RX	UART	UART8 接收信号	3.3	输入	J13
B54	LPUART8_TX	UART	UART8 发送信号	3.3	输出	L13
B55	FLEXCAN1_TX	CAN	CAN1 发送信号	3.3	输出	H13
B56	FLEXCAN1_RX	CAN	CAN1 接收信号	3.3	输入	M13
B57	FLEXCAN2_TX	CAN	CAN2 发送信号	3.3	输出	H14
B58	FLEXCAN2_RX	CAN	CAN2 接收信号	3.3	输入	L10
B59	GND	GND	电源地	0	—	—
B60	GND	GND	电源地	0	—	—
B61	LPSPI3_SDO	SPI	SPI3 数据输出	3.3	输出	G12
B62	USDHC2_CMD	SDIO	SDIO2 接口命令线	3.3	输入	N3
B63	LPSPI3_PCS0	SPI	SPI3 片选信号	3.3	输出	H12
B64	USDHC2_CLK	SDIO	SDIO2 接口时钟线	3.3	输出	P2
B65	LPSPI3_SCK	SPI	SPI3 时钟信号	3.3	输出	J14
B66	USDHC2_DATA0	SDIO	SDIO2 接口数据线	3.3	输入/输出	M4
B67	LPSPI3_SDI	SPI	SPI3 数据输入	3.3	输入	H11
B68	USDHC2_DATA1	SDIO	SDIO 接口数据线	3.3	输入/输出	M3
B69	LPI2C1_SDAS	I²C	I²C1 数据线	3.3	输入/输出	H10
B70	USDHC2_DATA2	SDIO	SDIO2 接口数据线	3.3	输入/输出	M5
B71	USB_OTG1_CHD_B	USB	USB1 充电指示信号	3.3	输入	N12
B72	USDHC2_DATA3	SDIO	SDIO2 接口数据线	3.3	输入/输出	L5
B73	5V_USB_OTG1	USB	USB1 VBUS 信号	5	输入	N6
B74	5V_USB_OTG2	USB	USB2 VBUS 信号	5	输入	P6
B75	USB_OTG1_DP	USB	USB1 数据＋	5	输入/输出	L8
B76	USB_OTG2_DN	USB	USB2 数据－	5	输入/输出	N7
B77	USB_OTG1_ID	USB	USB1 ID 信号	3.3	输入	H10
B78	USB_OTG2_DP	USB	USB2 数据＋	5	输入/输出	P7
B79	GND	GND	电源地	0	—	—
B80	USB_OTG2_ID	USB	USB2 ID 信号	3.3	输入	M14

2.2 AW54101 无线核心板(M4 核)

2.2.1 概　述

AW54101 系列 Wi-Fi 无线核心板是 ZLG 采用 NXP LPC54101 精心设计的无线核心板，MCU 集成了 104 KB 片上 SRAM，512 KB Flash。核心板板载 Wi-Fi 模组采用高性价比的 ZW6201，可选 1 MB 或 4 MB 的 SPI Flash，可选外置天线或板载 PCB 天线，同时支持多种通信接口方式，比如：UART、SPI、I^2C 等接口。

AW54101 系列无线核心板提供全新的物联网操作系统 AWorks IoT OS，旨在让开发者能够轻松使用这些无线核心板，而无需投入大量精力来开发新的软件实现工具或学习更高级别的操作系统。完整的软硬件架构使开发者只需专注于开发产品的应用程序，极大地提高了智能硬件产品应用开发效率，大大缩短了产品的开发周期，使产品能够更快地投入市场。

AW54101 系列无线核心板可以在工业温度范围内稳定工作，能够满足各种条件苛刻的工业应用，比如：工业控制、现场通信等领域。图 2.4(a)所示为 AW54101 无线核心板产品示意图，图 2.4(b)所示为 AW54101 系列核心板评估板。

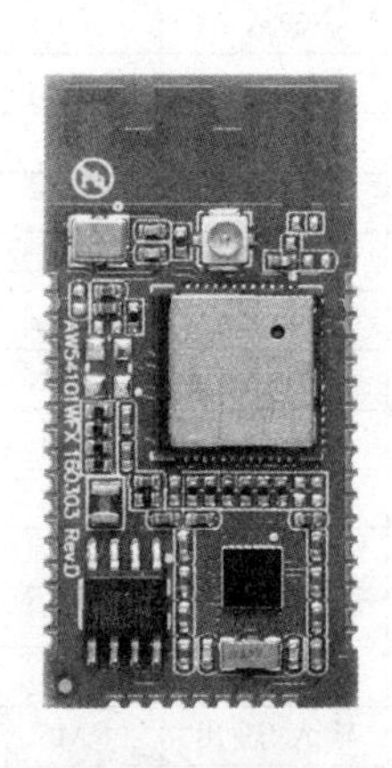

(a) 核心板

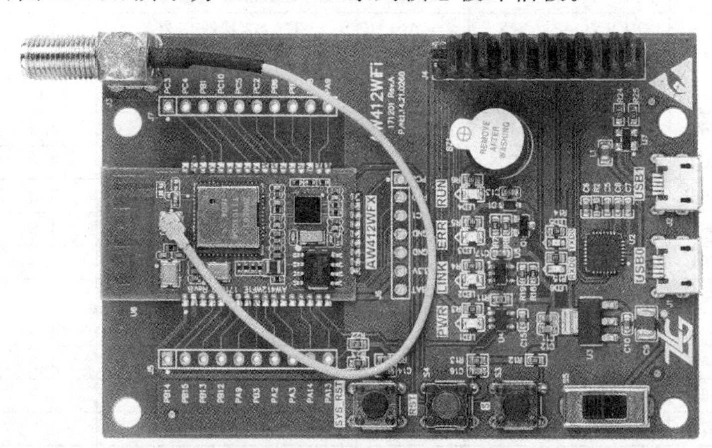

(b) 评估板

图 2.4　AW54101 系列核心板及评估板图片(以实际产品为准)

2.2.2 产品特性

AW54101 产品特性如下：

- MCU：NXP LPC54101；
- 最高主频：100 MHz；
- 内核：Cortex-M4；

- SRAM:104 KB;
- SPI Flash:可选 1 MB 或 4 MB;
- I^2C:2 路(每一路都可以配置成 GPIO);
- SPI:1 路(可以配置成 GPIO);
- UART:3 路(每一路都可以配置成 GPIO);
- ADC:12 通道 12 位 5 Msps ADC;
- GPIO:30 个;
- PWM:2 通道;
- 支持 JTAG 调试接口;
- 工作电压:3.3×(1±0.05) V;
- 最大输出功率:17 dBm;
- 接收灵敏度:−90 dBm;
- 温度范围:−30～+85 ℃;
- Wi-Fi 协议支持无线 IEEE 802.11 b/g/n 标准;
- 采用 4 层 PCB 工艺;
- 尺寸:18 mm×36 mm。

2.2.3 产品功能框图

AW54101 系列无线核心板将 MCU、Wi-Fi 芯片、2.4 GHz 天线等集成到一个 18 mm×36 mm 的模块中,使其具备了极高的性价比,功能框图如图 2.5 所示。

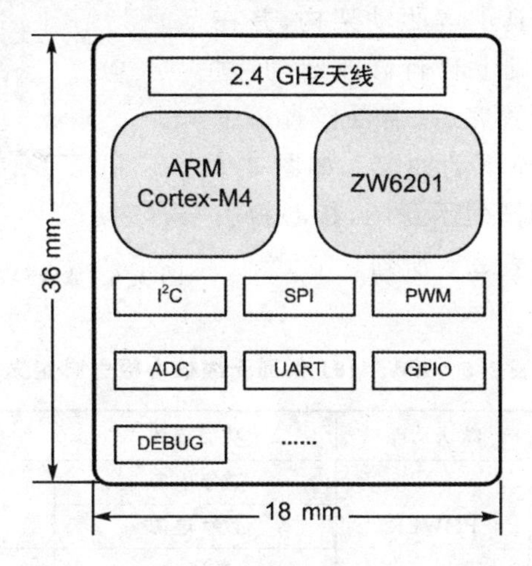

图 2.5 AW54101 无线核心板功能框图

2.2.4 产品选型

AW54101 系列无线核心板的具体参数如表 2.4 所列,用户可以根据自己的项目技术需求选择合适的核心板做二次开发。

表 2.4 AW54101 无线核心板产品选型表

资　源	AW54101WF1P	AW54101WF1E	AW54101WF4P	AW54101WF4E
ARM 处理器	ARM Cortex - M4	ARM Cortex - M4	ARM Cortex - M4	ARM Cortex - M4
ARM 主频	100 MHz	100 MHz	100 MHz	100 MHz
运行 Flash	512 KB+1 MB	512 KB+1 MB	512 KB+4 MB	512 KB+4 MB
Wi - Fi 协议	IEEE 802.11 b/g/n	IEEE 802.11 b/g/n	IEEE 802.11 b/g/n	IEEE 802.11 b/g/n
USB	无	无	无	无
SPI	1 路	1 路	1 路	1 路
UART	3 路	3 路	3 路	3 路
I^2C	2 路	2 路	2 路	2 路
ADC	2 路	2 路	2 路	2 路
PWM	2 路	2 路	2 路	2 路
GPIO	6 路	6 路	6 路	6 路
天线类型	板载天线	外接天线	板载天线	外接天线

2.2.5 I/O 信息

AW54101 系列无线核心板为了配合标准驱动软件开发,产品出厂时的固件为 I/O 设置了默认功能,用户如果需要更换引脚功能属性,可以参考相关手册,认真了解驱动架构,并在提供的 SDK 开发包基础上自行修改驱动,适配自己需要的功能。配置完后,需要检查每个引脚配置是否正确,避免驱动冲突。如图 2.6 所示为核心板产品引脚排列示意图,核心板引脚出厂软件默认功能如表 2.5 所列。

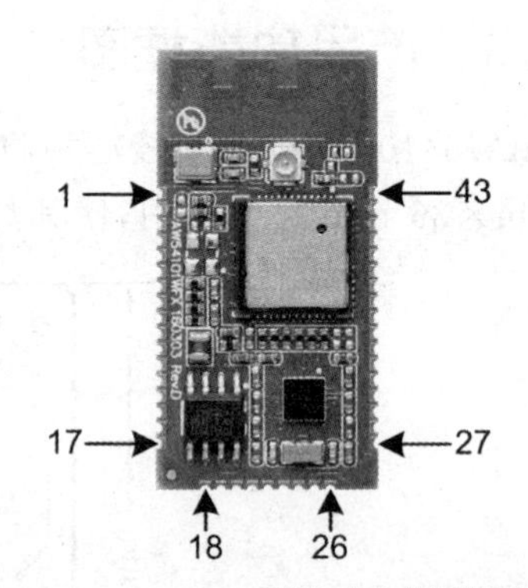

图 2.6 AW54101 无线核心板引脚排列

表 2.5 AW54101 系列无线核心板引脚定义

引　脚	名　称	默认功能	功能描述	参考电平/V	输入/输出
1	VDD	POWER	数字电源	3.3	—
2	VDD		数字电源		—
3	GND		数字地	0	—
4	SPI1_MISO	SPI1	主入从出	3.3	输入
5	SPI1_MOSI		主出从入	3.3	输出
6	SPI1_CLK		时钟信号	3.3	输出
7	SPI1_SSEL1		片选	3.3	输出

续表 2.5

引　脚	名　称	默认功能	功能描述	参考电平/V	输入/输出
8	U0_TXD	UART0	串口 0 发送	3.3	输出
9	U0_RXD		串口 0 接收	3.3	输入
10	U2_TXD	UART2	串口 2 发送	3.3	输出
11	U2_RXD		串口 2 接收	3.3	输入
12	U2_RTS_N		I/O 引脚	3.3	输出
13	U2_CTS_N		I/O 引脚	3.3	输出
14	SWCLK	SWCLK	串行线时钟	3.3	输入
15	SWDIO	SWDIO	串行线调试数据	3.3	输入/输出
16	nRST	nRST	MCU 复位信号	3.3	输入
17	NC	NC	悬空	—	—
18	NC	NC	悬空	—	—
19	GPIO1	GPIO	I/O 引脚	3.3	输入/输出
20	GPIO2		I/O 引脚	3.3	输入/输出
21	GPIO3	GPIO	I/O 引脚	3.3	输入/输出
22	ADC0_1	ADC	ADC 输入	3.3	输入
23	ADC0_0		ADC 输入	3.3	输入
24	AGND	POWER	模拟地	0	—
25	3.3_AP		模拟电源	3.3	—
26	NC	NC	悬空	—	—
27	NC	NC	悬空	—	—
28	I2C2_SDA	I^2C2	I^2C2 数据线	3.3	输入/输出
29	I2C2_SCL		I^2C2 时钟线	3.3	输出
30	I2C0_SDA	I^2C0	I^2C0 数据线	3.3	输入/输出
31	I2C0_SCL		I^2C0 时钟线	3.3	输出
32	GPIO4	GPIO	I/O 引脚	3.3	输入/输出
33	U3_RXD	URAT3	串口 3 接收	3.3	输入
34	U3_TXD		串口 3 发送	3.3	输出
35	PWM0	PWM	PWM 输出	3.3	输出
36	PWM1			3.3	输出
37	U1_RXD	UART1	串口 1 接收	3.3	输入
38	U1_TXD		串口 1 发送	3.3	输出
39	GPIO5	GPIO	I/O 引脚	3.3	输入/输出
40	GPIO6	GPIO	I/O 引脚	3.3	输入/输出
41	GND	POWER	数字地	0	—
42	GND	POWER	数字地	0	—
43	NC	NC	悬空	—	—

2.3 AW412 无线核心板(M4 核)

2.3.1 概　述

AW412 系列无线核心板是 ZLG 采用 ST 的 Cortex - M4 的 STM32F412(集成了 256 KB 片上 SRAM,1 MB Flash)精心设计的无线核心板,板载 Wi - Fi 模组采用高性价比的 ZW6201,支持多种接口通信方式,比如:UART、SPI、I^2C 通信接口,“邮票孔”接口统一,封装向下兼容 AW54101 系列模块。

AW412 系列无线核心板支持 AWorks IoT OS 二次开发,用户无需关注硬件底层细节,只需要按提供的 SDK 即可轻松开发,缩短了开发周期并降低了研发成本。

AW412 系列无线核心板可以在工业温度范围内稳定工作,能够满足各种条件苛刻的工业应用,比如:智慧工业、智慧照明、智慧农业以及高端医疗设备等领域。图 2.7(a)所示为 AW412 无线核心板产品示意图,图 2.7(b)所示为 AW54101 系列核心板评估板。

(a) 核心板

(b) 评估板

图 2.7　AW412 系列核心板及评估板图片(以实际产品为准)

2.3.2 产品特性

AW412 产品特性如下:

- MCU:STM32F412RGY6;
- 最高主频:100 MHz;
- 内核 Cortex - M4;
- SRAM:256 KB;
- Flash 存储器:1 024 KB+1 MB;

- I^2C:2 路(每一路都可以配置成 GPIO);
- SPI:1 路(可以配置成 GPIO);
- UART:3 路(每一路都可以配置成 GPIO);
- 支持 16 通道 12 位 SAR ADC;
- 支持 1 路 USB 2.0;
- GPIO:30 个;
- PWM:2 通道;
- 支持 JTAG 调试接口;
- 工作电压:3.3×(1±0.05)V;
- 最大输出功率:17 dBm;
- 接收灵敏度:−90 dBm;
- 温度范围:−30~+85 ℃;
- Wi - Fi 协议支持无线 IEEE 802.11 b/g/n 标准;
- 采用 4 层 PCB 工艺;
- 尺寸:18 mm×36 mm。

2.3.3 产品功能框图

AW412 系列无线核心板将 MCU、Wi - Fi 芯片、2.4 GHz 天线等集成到一个 18 mm×36 mm 的模块中,使其具备了极高的性价比,功能框图如图 2.8 所示。

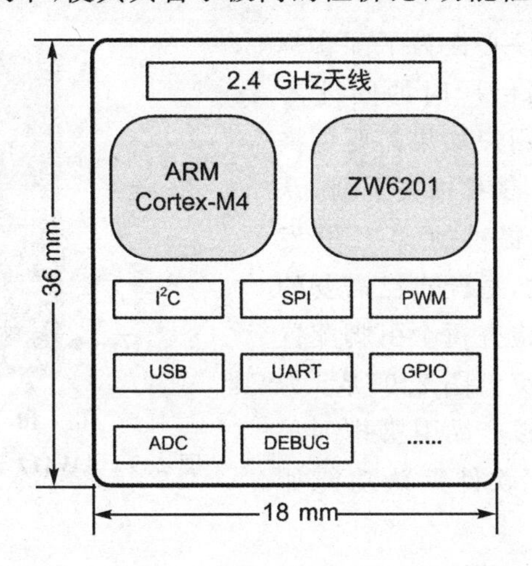

图 2.8 AW412 系列无线核心板功能框图

2.3.4 产品选型

AW412 系列无线核心板的具体参数如表 2.6 所列,用户可以根据自己的项目技术需求选择合适的核心板做二次开发。

表 2.6　AW412 系列无线核心板产品选型表

资　源	AW412WF1P	AW412WF1E
ARM 处理器	ARM Cortex－M4	ARM Cortex－M4
ARM 主频	100 MHz	100 MHz
SRAM	256 KB	256 KB
Flash	1 024 KB＋1 MB	1 024 KB＋1 MB
Wi－Fi 协议	IEEE 802.11 b/g/n	IEEE 802.11 b/g/n
USB	无	1 路
SPI	1 路	1 路
UART	3 路	3 路
I^2C	2 路	2 路
ADC	2 路	2 路
PWM	2 路	2 路
GPIO	6 路	6 路
天线类型	板载天线	外接天线

2.3.5　I/O 信息

AW412 系列无线核心板为了配合标准驱动软件开发，产品出厂时的固件为 I/O 设置了默认功能，用户如果需要更换引脚功能属性时，可以参考相关手册，认真了解驱动架构，并在提供的 SDK 开发包基础上自行修改驱动，适配自己需要的功能。配置完后，需要检查每个引脚配置是否正确，避免驱动冲突。图 2.9 所示为 AW412 系列无线核心板产品引脚排列示意图，核心板引脚出厂软件默认功能如表 2.7 所列。

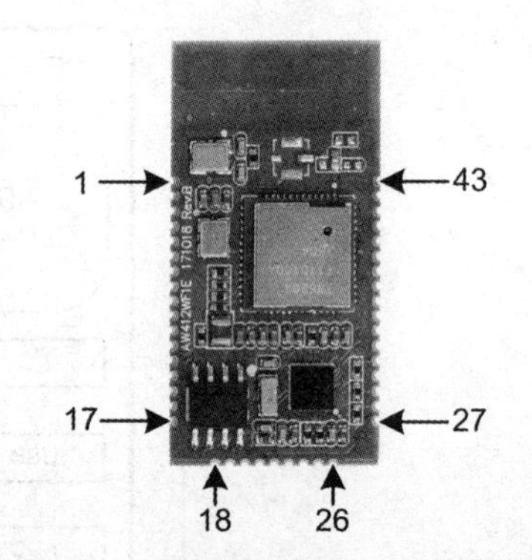

图 2.9　AW412 无线核心板引脚排列

表 2.7　AW412 系列无线核心板引脚定义

引　脚	名　称	默认功能	功能描述	参考电平/V	输入/输出
1	VDD	POWER	数字电源	3.3	—
2	VDD		数字电源		—
3	GND		数字地	0	—

续表 2.7

引 脚	名 称	默认功能	功能描述	参考电平/V	输入/输出
4	SPI1_MISO	SPI1	主入从出	3.3	输入
5	SPI1_MOSI		主出从入	3.3	输出
6	SPI1_CLK		时钟信号	3.3	输出
7	SPI1_SSEL1		片选	3.3	输出
8	U0_TXD	UART0	串口 0 发送	3.3	输出
9	U0_RXD	UART0	串口 0 接收	3.3	输入
10	U2_TXD	UART2	串口 2 发送	3.3	输出
11	U2_RXD		串口 2 接收	3.3	输入
12	U2_RTS_N		I/O 引脚	3.3	输出
13	U2_CTS_N		I/O 引脚	3.3	输出
14	SWCLK	SWCLK	串行线时钟	3.3	输入
15	SWDIO	SWDIO	串行线调试数据	3.3	输入/输出
16	nRST	nRST	MCU 复位信号	3.3	输入
17	NC	NC	悬空	—	—
18	NC	NC	悬空	—	—
19	GPIO1	GPIO	I/O 引脚	3.3	输入/输出
20	GPIO2		I/O 引脚	3.3	输入/输出
21	GPIO3		I/O 引脚	3.3	输入/输出
22	ADC0_1	ADC	ADC 输入	3.3	输入
23	ADC0_0		ADC 输入	3.3	输入
24	AGND	POWER	模拟地	0	—
25	3.3_AP		模拟电源	3.3	—
26	NC	NC	悬空	—	—
27	NC	NC	悬空	—	—
28	I2C2_SDA	I^2C2	I^2C2 数据线	3.3	输入/输出
29	I2C2_SCL		I^2C2 时钟线	3.3	输出
30	I2C0_SDA	I^2C0	I^2C0 数据线	3.3	输入/输出
31	I2C0_SCL		I^2C0 时钟线	3.3	输出
32	GPIO4	GPIO	I/O 引脚	3.3	输入/输出
33	U3_RXD	URAT3	串口 3 接收	3.3	输入
34	U3_TXD		串口 3 发送	3.3	输出
35	PWM0	PWM	PWM 输出	3.3	输出
36	PWM1			3.3	输出
37	U1_RXD	UART1	串口 1 接收	3.3	输入
38	U1_TXD		串口 1 发送	3.3	输出
39	GPIO5	GPIO	I/O 引脚	3.3	输入/输出

续表 2.7

引　脚	名　称	默认功能	功能描述	参考电平/V	输入/输出
40	GPIO6	GPIO	I/O 引脚	3.3	输入/输出
41	GND	POWER	数字地	0	—
42	GND	POWER	数字地	0	—
43	NC	NC	悬空	—	—

2.4　Cortex - M 系列无线核心板快速选型

Cortex - M 系列无线核心板快速选型表如表 2.8 所列，为了便于用户区分各产品型号之间的差异，表中将产品型号分为三行进行展示，实际产品型号即为 3 个部分顺序连接的结果。由此可见，表中共列举对比了 9 个型号的产品，它们对应的完整型号如下：

① AW54101WF1P/E；

② AW54101WF4E/P；

③ AW412W1E/P；

④ M1051 - F8AWI - T；

⑤ M1052 - 16F128AWI - T；

⑥ M1052 - W16F128AWI - T；

⑦ M1052 - Z16F128AWI - T；

⑧ M1052 - L16F128AWI - T；

⑨ M1052 - M16F128AWI - T。

表 2.8　Cortex - M 系列无线核心板快速选型表

<table>
<tr><td rowspan="4">资　源</td><td colspan="9">产品型号</td></tr>
<tr><td colspan="2">AW54101</td><td>AW412</td><td>M1051</td><td colspan="5">M1052</td></tr>
<tr><td colspan="2">W</td><td>W</td><td>-</td><td>-</td><td>- W</td><td>- Z</td><td>- L</td><td>- M</td></tr>
<tr><td>F1P/E</td><td>F4E/P</td><td>1E/P</td><td>F8AWI - T</td><td colspan="5">16F128AWI - T</td></tr>
<tr><td>CPU 内核</td><td colspan="3">ARM Cortex - M4</td><td colspan="6">ARM Cortex - M7</td></tr>
<tr><td>CPU 型号</td><td colspan="2">LPC54101</td><td>STM32F412</td><td>RT1051</td><td colspan="5">RT1052</td></tr>
<tr><td>CPU 主频</td><td colspan="3">100 MHz</td><td colspan="6">528 MHz</td></tr>
<tr><td>Flash</td><td>512 KB+
1 MB</td><td>512 KB+
4 M</td><td>1 MB+
1 MB</td><td>8 MB</td><td colspan="5">128 MB</td></tr>
<tr><td>内存</td><td colspan="2">104 KB</td><td>256 KB</td><td>512 KB</td><td colspan="5">512 KB+16 MB</td></tr>
<tr><td>操作系统</td><td colspan="9">AWorks</td></tr>
</table>

续表 2.8

资源	产品型号								
	AW54101		AW412	M1051	M1052				
	W		W	-	-	-W	-Z	-L	-M
	F1P/E	F4E/P	1E/P	F8AWI-T	16F128AWI-T				
zigbee	—	—	—	—	—	—	支持	—	—
Wi-Fi	支持	支持	支持	—	—	支持	—	—	—
蓝牙	—	—	—	—	—	—	—	—	—
RFID	—	—	—	—	—	—	—	—	支持
LoRa	—	—	—	—	—	—	—	支持	—
天线类型	外置天线/板载 PCB 天线			—	—	外置天线			
以太网	—	—	—	1 路					
CAN	—	—	—	2 路					
UART	3 路			8 路					
I^2C	2 路			1 路					
SPI	1 路								
USB	—	—	1 路	2 路 OTG					
SD	—	—	—	2 路		1 路			
LCD	—	—	—	—	16 位 RGB(565)				
触摸屏	—	—	—	—	支持				
CSI	—	—	—	—	支持				
I^2S/SAI	—	—	—	支持					
PWM	2 路			4 路					
ADC	2 路			最多 20 路					
GPIO	6 路			最多 80 路					
硬件看门狗	—	—	—	支持					
工作温度	−30～+85 ℃		−40～+85 ℃	−30～+85 ℃			−40～+85 ℃		
机械尺寸	18 mm×36 mm			30 mm×48 mm					

第3章

ARM9、DSP、Cortex - A 系列核心板

本章导读

本章主要介绍基于 ARM9、DSP、Cortex - A 系列处理器开发的嵌入式 SoC 核心板。本系列核心板集成了 MCU、DDR、NandFlash、硬件复位和看门狗，并搭载运行 AWorks 操作系统，为用户提供稳定、易用的开发环境，缩短了产品的开发周期。

3.1 A280 核心板(ARM9 核)

3.1.1 概 述

A280 MiniARM 核心板(AW280 - 64F8 核心板的简称)是 ZLG 精心设计的低功耗、高性能的嵌入式 SoC 核心板，处理器采用 NXP 基于 ARM9 内核的 i.MX28 处理器，主频最高 454 MHz，集成了 DDR2、SPI Flash、硬件看门狗，支持多种通信方式，比如，UART、I^2C、I^2S、Ethernet、USB、SSP 等，同时内部集成了电源管理单元 PMU，大大简化了系统电源设计，降低了产品设计成本。

A280 核心板可以在工业温度范围内稳定工作，能够满足各种条件苛刻的工业应用，比如，工业控制、现场通信、数据采集等领域。图 3.1(a)所示为 AW280 - 64F8 核心板，其评估板如图 3.1(b)所示。

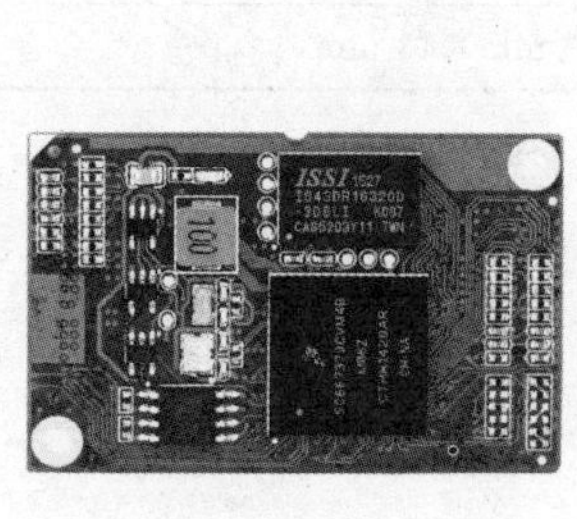

(a) 核心板

(b) 评估板

图 3.1 AW280 核心板(AW280 - 64F8)及评估板(AW280 - EV - Board)

3.1.2 产品特性

A280 产品特性如下：

- CPU：NXP i. MX28 ARM9 处理器；
- 运行频率：454 MHz；
- 板载 64 MB DDR2；
- 板载 8 MB SPI Flash；
- 内置电源管理单元 PMU；
- 预装 AWorks 操作系统；
- 板载独立硬件看门狗；
- 支持 TCP/IP 协议栈；
- 支持多种文件系统，支持 SD/MMC 卡、U 盘读/写；
- 支持 2 路 10M/100M 以太网接口；
- 支持 1 路 SD Card 接口；
- 支持 1 路 USB 2.0 Host、1 路 USB 2.0 OTG；
- 支持 6 路串口；
- 支持 2 路 CAN 接口；
- 支持 2 路 I^2C、1 路 SPI、8 路 12 位 ADC（含 1 路高速 ADC）；
- 支持 JTAG 调试接口；
- 采用 6 层板 PCB 工艺；
- 尺寸：30 mm×48 mm；
- 工作电压：3.3×(1±0.02) V。

3.1.3 产品功能框图

A280 核心板将 i. MX28 处理器、DDR2、SPI Flash、硬件看门狗等集成到一个 30 mm×48 mm 的模块中，使其具备了极高的性价比，其功能框图如图 3.2 所示。

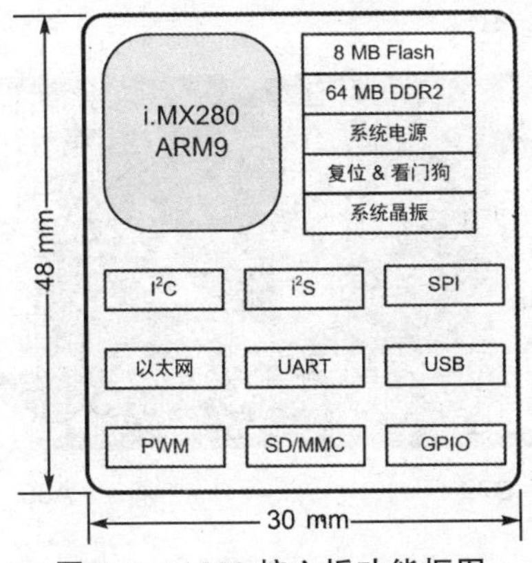

图 3.2 A280 核心板功能框图

3.1.4 产品选型

A280 核心板的具体参数如表 3.1 所列。

表 3.1 A280 核心板参数表

资　源	AW280－64F8	资　源	AW280－64F8
操作系统	AWorks	USB	1 路 HOST,1 路 OTG
ARM 处理器	i.MX28 处理器	串口	6 路(含调试串口)
ARM 主频	454 MHz	CAN－Bus	2 路
运行内存	64 MB	以太网	2 路
电子硬盘	8 MB	SD 卡接口	2 路
zigbee	—	音频接口	1 路(复用)
Wi－Fi	—	I^2C	2 路
RFID	—	ADC	8 路
独立看门狗	支持	PWM	8 路(复用)

3.1.5 I/O 信息

A280 核心板为了配合标准驱动软件开发,产品的出厂固件为 I/O 设置了默认功能,用户如果需要更换引脚功能属性,可以参考相关手册,认真了解驱动架构,并在提供的 SDK 开发包基础上自行修改驱动,适配需要的功能。配置完成后,检查每个引脚的配置是否正确,避免驱动冲突。

图 3.3 所示为核心板产品引脚排列示意图,核心板采用了 J1(A1～A80)和 J2(B1～B80)两个精密的板对板连接器将处理器的资源从背面引出。J1 和 J2 两个连接器对应引脚的出厂默认功能如表 3.2 和表 3.3 所列。

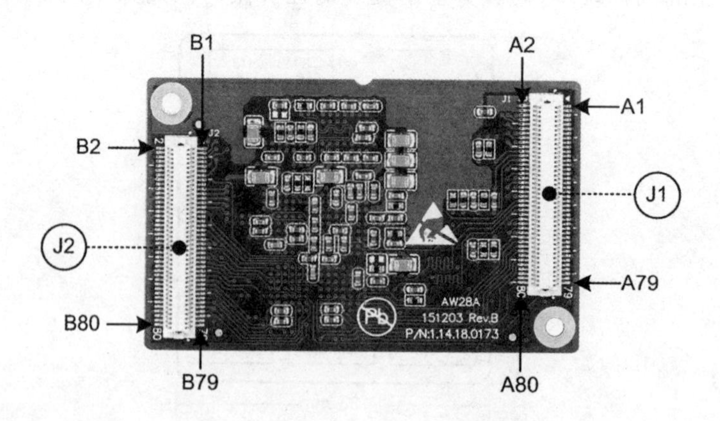

图 3.3 A280 系列连接器引脚排列

表 3.2 A280 核心板引脚定义(J1)

引 脚	标 号	默认功能	功能描述	参考电平/V	输入/输出	处理器引脚
A1	USB_DEV_DET	USB Device 识别	USB Device 检测	5	输入	E17
A2	3.3V	电源	3.3 V 电源引脚	3.3	输入	—
A3	GND	电源地	电源地,固定功能	0	—	—
A4	3.3V	电源	3.3 V 电源引脚	3.3	输入	—
A5	ADC0	ADC,12 位	低速 ADC0 (最大 428 kHz 采样率)	1.8	输入	C15
A6	GND	电源地	电源地,固定功能	0	—	—
A7	ADC1	ADC	低速 ADC1 (最大 428 kHz 采样率)	1.8	输入	C9
A8	JTAG_TRST	JTAG	JTAG 复位输入	3.3	输入	D14
A9	ADC6	ADC	低速 ADC6 (最大 428 kHz 采样率)	1.8	输入	C14
A10	JTAG_RTCK/GPIO4_20	JTAG	JTAG 返回时钟输出	3.3	输出	E14
A11	HSADC	ADC	高速 ADC (最大 2 MHz 采样率)	1.8	输入	B14
A12	JTAG_TDO	JTAG	JTAG 串行数据输出	3.3	输出	E13
A13	USB_OTG_ID/GPIO3_18	USB OTG	USB OTG 主/从识别	3.3	输入	K8
A14	JTAG_TCK	JTAG	JTAG 时钟输入	3.3	输入	E11
A15	USB_OTG_P	USB OTG	USB OTG 差分线 P	5	输入/输出	B10
A16	JTAG_TMS	JTAG	JTAG 测试模式选择输入	3.3	输入	D12
A17	USB_OTG_N	USB OTG	USB OTG 差分线 N	5	输入/输出	A10
A18	JTAG_TDI	JTAG	JTAG 串行数据输入	3.3	输入	E12
A19	USB_H_P	USB HOST	USB HOST 差分线 P	5	输入/输出	A8
A20	GND	电源地	电源地,固定功能	0	—	—
A21	USB_H_N	USB HOST	USB HOST 差分线 N	5	输入/输出	B8
A22	nRST_OUT	复位输出	看门狗复位信号输出,在设计底板时,如需 USB0_DEVICE 功能,则需要使用该引脚切断外部 USB HOST 提供的 5 V 电源	3.3	输出	复位芯片输出

续表 3.2

引 脚	标 号	默认功能	功能描述	参考电平/V	输入/输出	处理器引脚
A23	BEEP/GPIO3_29	GPIO	按推荐电路接到蜂鸣器	3.3	输入/输出	E10
A24	nRST_IN	复位输入	手动复位信号输入	3.3	输入	复位芯片输入
A25	ERR/GPIO2_5	SYS	ERR指示灯，出错时闪烁	3.3	输出	C5
A26	WDO_EN	看门狗	悬空：看门狗使能；接3.3 V：看门狗禁能；核心板默认固件已对硬件看门狗进行喂狗处理	3.3	输入	复位芯片输入
A27	RUN/GPIO2_6	SYS	RUN指示灯，运行时闪烁	3.3	输出	D5
A28	Factory/GPIO2_4	SYS 模式配置	悬空：正常工作模式；接地：厂商测试模式；推荐用户不使用该引脚	3.3	输入/输出	B5
A29	I2C1_SCL/GPIO3_16	I^2C1	I^2C1时钟线	3.3	输出	K7
A30	I2C0_SCL/GPIO3_24	I^2C0	I^2C0时钟线	3.3	输出	C7
A31	I2C1_SDA/GPIO3_17	I^2C1	I^2C1数据线	3.3	输入/输出	L7
A32	I2C0_SDA/GPIO3_25	I^2C0	I^2C0数据线	3.3	输入/输出	D8
A33	VDD_XTAL	晶振电源	晶振电源	3.3	输出	C12
A34	GND	电源地	电源地	0	—	—
A35	PSWITCH	多功能引脚	多功能引脚(如上电、掉电、固件恢复)	1.2	输入	A11
A36	GPIO3_26	GPIO	GPIO3_26	3.3	输入/输出	E8
A37	GPIO3_21	GPIO	GPIO3_21	3.3	输入/输出	G6
A38	AUART4_RX/GPIO3_22	AUART4	应用串口4接收数据线	3.3	输入	F7
A39	GPIO3_20	GPIO	GPIO3_20	3.3	输入/输出	G7
A40	AUART4_TX/GPIO3_23	AUART4	应用串口4发送数据线	3.3	输出	E7
A41	SD_D0/GPIO2_0	SDIO	SDIO数据信号0	3.3	输入/输出	B6
A42	SD_WP/GPIO0_17	SDIO	SDIO卡写保护信号	3.3	输出	N9
A43	SD_D1/GPIO2_1	SDIO	SDIO数据信号1	3.3	输入/输出	C6
A44	SD_DETECT/GPIO2_9	SDIO	SDIO卡插入检测信号	3.3	输入	D10
A45	SD_D2/GPIO2_2	SDIO	SDIO数据信号2	3.3	输入/输出	D6
A46	SD_SCK/GPIO2_10	SDIO	SDIO时钟信号	3.3	输出	A6

续表 3.2

引 脚	标 号	默认功能	功能描述	参考电平/V	输入/输出	处理器引脚
A47	SD_D3/GPIO2_3	SDIO	SDIO 数据信号 3	3.3	输入/输出	A5
A48	SD_CMD/GPIO2_8	SDIO	SDIO 命令信号	3.3	输出	A4
A49	ENET1_RX_EN/GPIO4_15	NET1	以太网 1 接收数据有效	3.3	输入	J3
A50	GND	电源地	电源地	0	—	—
A51	ENET1_RXD1/GPIO4_10	NET1	以太网 1 接收数据线 1	3.3	输入	J2
A52	ENET1_TX_EN/GPIO4_14	NET1	以太网 1 发送使能	3.3	输出	J4
A53	ENET1_RXD0/GPIO4_9	NET1	以太网 1 接收数据线 0	3.3	输入	J1
A54	ENET1_TXD1/GPIO4_12	NET1	以太网 1 发送数据线 1	3.3	输出	G2
A55	ENET0_RX_CLK/GPIO4_13	NET0	以太网 0 接收时钟	3.3	输入	F3
A56	ENET1_TXD0/GPIO4_11	NET1	以太网 1 发送数据线 0	3.3	输出	G1
A57	ENET0_RX_EN/GPIO4_2	NET0	以太网 0 接收有效	3.3	输入	E4
A58	ENET0_TX_CLK/GPIO4_5	NET0	以太网 0 发送时钟	3.3	输出	E3
A59	ENET0_RXD1/GPIO4_4	NET0	以太网 0 接收数据线 1	3.3	输入	H2
A60	ENET0_TX_EN/GPIO4_6	NET0	以太网 0 发送使能	3.3	输出	F4
A61	ENET0_RXD0/GPIO4_3	NET0	以太网 0 接收数据线 0	3.3	输入	H1
A62	ENET0_TXD1/GPIO4_8	NET0	以太网 0 发送数据线 1	3.3	输出	F2
A63	ENET_MDIO/GPIO4_1	NET 配置	管理接口数据	3.3	输入/输出	H4
A64	ENET0_TXD0/GPIO4_7	NET0	以太网 0 发送数据线 0	3.3	输出	F1
A65	ENET_CLK/GPIO4_16	NET	以太网时钟	3.3	输出	E2
A66	ENET_MDC/GPIO4_0	NET 配置	管理接口时钟	3.3	输出	G4
A67	GND	电源地	电源地	0	—	—
A68	GND	电源地	电源地	0	—	—
A69	GPIO1_30	GPIO	GPIO1_30	3.3	输入/输出	N1
A70	GPIO1_28	GPIO	GPIO1_28	3.3	输入/输出	L1
A71	GPIO1_31	GPIO	GPIO1_31	3.3	输入/输出	N5
A72	GPIO1_29	GPIO	GPIO1_29	3.3	输入/输出	M1
A73	GPIO2_12	GPIO	GPIO2_12	3.3	输入/输出	B1
A74	SPI3_SCK/GPIO2_24	SPI3	SPI3 时钟信号	3.3	输出	A2
A75	GPIO2_13	GPIO	GPIO2_13	3.3	输入/输出	C1
A76	SPI3_MOSI/GPIO2_25	SPI3	SPI3 主出从入	3.3	输入/输出	C2
A77	GPIO2_14	GPIO	GPIO2_14	3.3	输入/输出	D1
A78	SPI3_MISO/GPIO2_26	SPI3	SPI3 主入从出	3.3	输入	B2
A79	GPIO2_15	GPIO	GPIO2_15	3.3	输入/输出	E1
A80	SPI3_SS0/GPIO2_27	SPI3	SPI3 片选信号 0	3.3	输入/输出	D2

表 3.3 A280 核心板引脚定义(J2)

引 脚	标 号	默认功能	功能描述	参考电平/V	输入/输出	处理器引脚
B1	GPIO0_16	GPIO	GPIO0_16	3.3	输入/输出	N7
B2	GPIO0_7	GPIO	GPIO0_7	3.3	输入/输出	T6
B3	GPIO0_20	GPIO	GPIO0_20	3.3	输入/输出	N6
B4	GPIO0_6	GPIO	GPIO0_6	3.3	输入/输出	U6
B5	GPIO0_21	GPIO	GPIO0_21	3.3	输入/输出	N8
B6	GPIO0_5	GPIO	GPIO0_5	3.3	输入/输出	R7
B7	GPIO0_24	GPIO	GPIO0_24	3.3	输入/输出	R6
B8	GPIO0_4	GPIO	GPIO0_4	3.3	输入/输出	T7
B9	GPIO0_25	GPIO	GPIO0_25	3.3	输入/输出	P8
B10	GPIO0_3	GPIO	GPIO0_3	3.3	输入/输出	U7
B11	GPIO0_26	GPIO	GPIO0_26	3.3	输入/输出	P6
B12	GPIO0_2	GPIO	GPIO0_2	3.3	输入/输出	R8
B13	GPIO0_27	GPIO	GPIO0_27	3.3	输入/输出	P7
B14	GPIO0_1	GPIO	GPIO0_1	3.3	输入/输出	T8
B15	GPIO0_28	GPIO	GPIO0_28	3.3	输入/输出	L9
B16	GPIO0_0	GPIO	GPIO0_0	3.3	输入/输出	U8
B17	GND	电源地	功能固定，不可改变	0	—	—
B18	GND			0	—	—
B19	CAN1_TX/GPIO0_18	CAN1	CAN1 发送数据线	3.3	输出	M7
B20	AUART3_TX/GPIO3_13	AUART3	应用串口 3 发送数据线	3.3	输出	L5
B21	CAN1_RX/GPIO0_19	CAN1	CAN1 接收数据线	3.3	输入	M9
B22	AUART3_RX/GPIO3_12	AUART3	应用串口 3 接收数据线	3.3	输入	M5
B23	CAN0_TX/GPIO0_22	CAN0	CAN0 发送数据线	3.3	输出	M8
B24	AUART2_TX/GPIO3_9	AUART2	应用串口 2 发送数据线	3.3	输出	F5
B25	CAN0_RX/GPIO0_23	CAN0	CAN0 接收数据线	3.3	输入	L8
B26	AUART2_RX/GPIO3_8	AUART2	应用串口 2 接收数据线	3.3	输入	F6
B27	GPIO3_15	GPIO	GPIO3_15	3.3	输入/输出	K6
B28	DUART_TX/GPIO3_3	DUART	调试串口发送数据线	3.3	输出	J7
B29	GPIO3_14	GPIO	GPIO3_14	3.3	输入/输出	L6
B30	DUART_RX/GPIO3_2	DUART	调试串口接收数据线	3.3	输入	J6
B31	GPIO3_11	GPIO	GPIO3_11	3.3	输入/输出	H7
B32	AUART1_TX/GPIO3_5	AUART1	应用串口 1 发送数据线	3.3	输出	K4
B33	GPIO3_10	GPIO	GPIO3_10	3.3	输入/输出	H6

续表 3.3

引 脚	标 号	默认功能	功能描述	参考电平/V	输入/输出	处理器引脚
B34	AUART1_RX/GPIO3_4	AUART1	应用串口1接收数据线	3.3	输入	L4
B35	GPIO3_7	GPIO	GPIO3_7	3.3	输入/输出	J5
B36	AUART0_TX/GPIO3_1	AUART0	应用串口0发送数据线	3.3	输出	H5
B37	GPIO3_6	GPIO	GPIO3_6	3.3	输入/输出	K5
B38	AUART0_RX/GPIO3_0	AUART0	应用串口0接收数据线	3.3	输入	G5
B39	GND	电源地	电源地	0	—	—
B40	GND	电源地	电源地	0	—	—
B41	ADC3	ADC	12位，低速ADC3	1.8	输入	D9
B42	ADC5	ADC	12位，低速ADC5	1.8	输入	D15
B43	ADC2	ADC	12位，低速ADC2	1.8	输入	C8
B44	ADC4	ADC	12位，低速ADC4	1.8	输入	D13
B45	GPIO1_27	GPIO	GPIO1_27	3.3	输入/输出	P5
B46	GPIO1_24	GPIO	GPIO1_24	3.3	输入/输出	P4
B47	GPIO1_26	GPIO	GPIO1_26	3.3	输入/输出	M4
B48	GPIO1_25	GPIO	GPIO1_25	3.3	输入/输出	K1
B49	GPIO3_28	GPIO	GPIO3_28	3.3	输入/输出	E9
B50	GPIO3_30	GPIO	GPIO3_30	3.3	输入/输出	M6
B51	GPIO1_23	GPIO	GPIO1_23	3.3	输入/输出	R5
B52	GPIO1_22	GPIO	GPIO1_22	3.3	输入/输出	T5
B53	GPIO1_21	GPIO	GPIO1_21	3.3	输入/输出	U5
B54	GPIO1_20	GPIO	GPIO1_20	3.3	输入/输出	R4
B55	GPIO1_19	GPIO	GPIO1_19	3.3	输入/输出	T4
B56	GPIO1_18	GPIO	GPIO1_18	3.3	输入/输出	U4
B57	GPIO1_17	GPIO	GPIO1_17	3.3	输入/输出	R3
B58	GPIO1_16	GPIO	GPIO1_16	3.3	输入/输出	T3
B59	GPIO1_15	GPIO	GPIO1_15	3.3	输入/输出	U3
B60	GPIO1_14	GPIO	GPIO1_14	3.3	输入/输出	U2
B61	GPIO1_13	GPIO	GPIO1_13	3.3	输入/输出	T2
B62	GPIO1_12	GPIO	GPIO1_12	3.3	输入/输出	T1
B63	GPIO1_11	GPIO	GPIO1_11	3.3	输入/输出	R2
B64	GPIO1_10	GPIO	GPIO1_10	3.3	输入/输出	R1
B65	GPIO1_9	GPIO	GPIO1_9	3.3	输入/输出	P3

续表 3.3

引 脚	标 号	默认功能	功能描述	参考电平/V	输入/输出	处理器引脚
B66	GPIO1_8	GPIO	GPIO1_8	3.3	输入/输出	P2
B67	GPIO1_7	GPIO	GPIO1_7	3.3	输入/输出	P1
B68	GPIO1_6	GPIO	GPIO1_6	3.3	输入/输出	N2
B69	GPIO1_5	GPIO	GPIO1_5	3.3	输入/输出	M3
B70	GPIO1_4	GPIO	GPIO1_4	3.3	输入/输出	M2
B71	GPIO1_3	GPIO	GPIO1_3	3.3	输入/输出	L3
B72	GPIO1_2	GPIO	GPIO1_2	3.3	输入/输出	L2
B73	GPIO1_1	GPIO	GPIO1_1	3.3	输入/输出	K3
B74	GPIO1_0	GPIO	GPIO1_0	3.3	输入/输出	K2
B75	GND	电源地	电源地	0	—	—
B76	GND	电源地	电源地	0	—	—
B77	NC	悬空引脚	NC/悬空防呆	—	—	—
B78	NC			—	—	—
B79	NC	悬空引脚	NC/悬空防呆	—	—	—
B80	NC			—	—	—

3.2 AW6748 核心板(DSP 核)

3.2.1 概 述

AW6748 系列核心板是由 ZLG 精心设计的一款低功耗、高性能的嵌入式 DSP 核心板,处理器采用了 TI 的高性能 C6000 系列 DSP 处理器 TMS320C6748,主频高达 375 MHz。核心板支持多种通用通信接口,比如,UART、I^2C、I^2S、SPI、USB、Ethernet 等,还为用户提供了 RGB 液晶显示接口,支持 EMIF - A 外部总线和高速 uPP 总线接口,使系统能够实现灵活的扩展。核心板使用高效率的电源芯片,降低了系统功耗,使得该处理器非常适用于低功耗、大数据量处理、嵌入式工业控制和测量采集等仪器市场。

AW6748 核心板集成了 DDR2、NandFlash、硬件复位和看门狗、加密芯片,并搭载运行 AWorks 操作系统,为用户提供稳定、易用的开发环境,缩短了用户的产品开发周期。此外,严格的电磁兼容和高低温测试保证了核心板在严酷的环境下也能稳定地工作,满足各种条件苛刻的工业应用。图 3.4(a)所示为核心板的产品示意图,其对应的工控评估底板的产品示意图如图 3.4(b)所示。

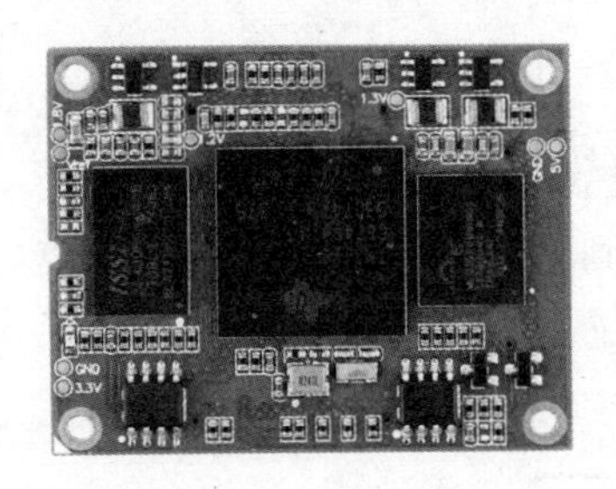

(a) 核心板

(b) 评估板

图 3.4 AW6748 核心板及评估板(EPC - AW6748)

3.2.2 产品特性

AW6748 产品特性如下：

- CPU 采用 TI 高性能的 C6000 系列 DSP 处理器 TMS320C6748；
- 支持定点浮点和硬件浮点运算；
- 运行主频 375 MHz；
- 板载 64 MB/128 MB DDR2；
- 板载 128 MB NandFlash；
- 板载独立硬件复位和看门狗；
- 支持 AWorks 操作系统；
- 支持 TCP/IP 协议栈；
- 支持多种文件系统，支持 SD/MMC 卡和 U 盘读/写；
- 支持 1 路 10M/100M 以太网接口；
- 支持 2 路 SD Card 接口；
- 支持 1 路 USB 1.1 HOST、1 路 USB 2.0 OTG；
- 支持 2 路串口；
- 支持 2 路 I^2C 和 1 路 SPI；
- 支持 EMIF - A 外部总线扩展；
- 支持高速 uPP 接口扩展；
- 支持 LCD 控制器，分辨率高达 1 024×1 024；
- 支持 JTAG 调试接口；
- 支持多种升级方式；
- 采用 6 层 PCB 工艺；

- 尺寸:35 mm×48 mm;
- 工作电压:5×(1±0.05) V。

3.2.3 产品功能框图

AW6748 核心板集成 DSP 系统所必须的最小系统,将 TMS320C6748、DDR2、NandFlash、硬件复位和看门狗、加密和电源芯片等集成到一个 35 mm×48 mm 的模块中,使其具备了极高的性价比,其功能框图如图 3.5 所示,紧凑的设计,大大减小了 PCB 的面积。

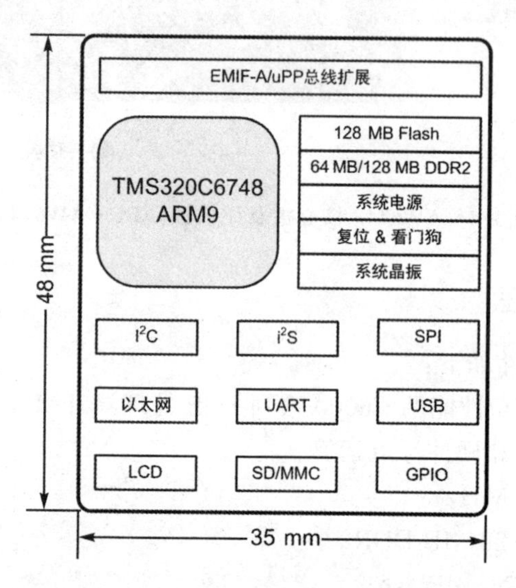

图 3.5 AW6748 核心板功能框图

3.2.4 产品选型

AW6748 系列核心板的具体参数如表 3.4 所列,用户可以根据自己的项目技术需求选择合适的核心板做产品二次开发。

表 3.4 AW6748 系列核心板参数表

资 源	AW6748-128	AW6748-64F128
操作系统	AWorks	AWorks
处理器	TMS320C6748	TMS320C6748
主频	375 MHz	375 MHz
运行内存	128 MB	64 MB
电子硬盘	128 MB	128 MB
硬件加密	支持外部加密芯片	支持外部加密芯片
独立看门狗	支持	支持

续表 3.4

资 源	AW6748－128	AW6748－64F128
显示接口	16 位 RGB(565) 分辨率高达 1 024×1 024	16 位 RGB(565) 分辨率高达 1 024×1 024
EMIF－A 总线	支持	支持
uPP 接口	支持	支持
USB	1 路 OTG，1 路 HOST	1 路 OTG，1 路 HOST
UART	2 路(最高 3 路)	2 路(最高 3 路)
以太网	1 路	1 路
I^2S	1 路(复用)	1 路(复用)
SPI	1 路(最高 2 路)	1 路(最高 2 路)
I^2C	1 路	1 路
SDIO	2 路	2 路
PWM	1 路(最高 2 路)	1 路(最高 2 路)
GPIO	19 路(最高 120 路)	19 路(最高 120 路)

3.2.5 I/O 信息

AW6748 系列核心板为了配合标准驱动软件开发，产品出厂固件为 I/O 设置了默认功能，由于软件采用 AWorks 平台开发，可以实现 I/O 功能的灵活配置，用户如果需要更换引脚的功能属性，可以根据实际需要，参考相关手册，在提供的 SDK 开发包的基础上自行修改驱动，将引脚用作其他复用功能。

核心板的背面示意图如图 3.6 所示，处理器的功能接口和 GPIO 等资源通过 3 个 60 Pin 的精密贴片板对板连接器引出，为了方便描述板对板连接器上的引脚信

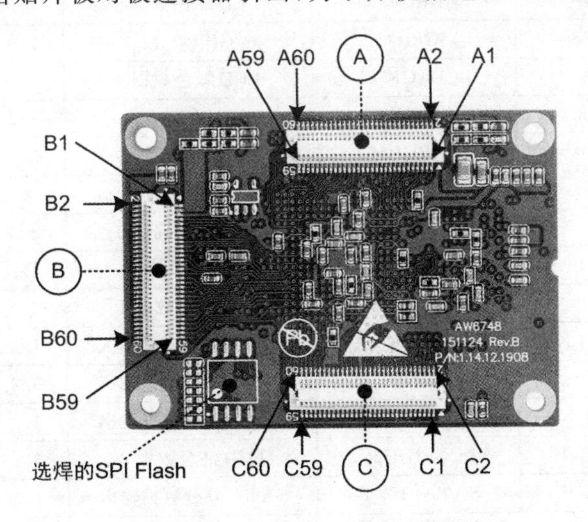

图 3.6 AW6748 核心板背面示意图

息，将 3 个连接器分别编号为 A、B、C，各连接器对应引脚的出厂默认功能如表 3.5～3.7 所列。此外，在背面预留了一个可以选焊 SPI Flash 的位置，可根据需要焊接不同容量的 SPI Flash，其既可以用作程序存储器，使系统从 SPI Flash 启动，也可以用作数据存储器，用于保存参数和其他数据。

表 3.5　AW6748 核心板连接器 A 引脚定义

引　脚	名　称	默认功能	功能描述	参考电平/V	输入/输出	处理器引脚
A1	LCD_D0	LCDRGB565	LCD 蓝色数据 0	3.3	输出	W1
A2	GPIO6_1	GPIO	GPIO6_1	3.3	输入/输出	K4
A3	LCD_D1	LCDRGB565	LCD 蓝色数据 1	3.3	输出	W2
A4	GPIO0_2	GPIO	GPIO0_2	3.3	输入/输出	D4
A5	LCD_D2	LCDRGB565	LCD 蓝色数据 2	3.3	输出	W3
A6	GPIO0_1	GPIO	GPIO0_1	3.3	输入/输出	C3
A7	LCD_D3	LCDRGB565	LCD 蓝色数据 3	3.3	输出	V1
A8	GPIO1_15	GPIO	GPIO1_15	3.3	输入/输出	D2
A9	LCD_D4	LCDRGB565	LCD 蓝色数据 4	3.3	输出	V2
A10	GPIO0_4	GPIO	GPIO0_4	3.3	输入/输出	C4
A11	LCD_D5	LCDRGB565	LCD 绿色数据 0	3.3	输出	V3
A12	GPIO0_12	GPIO	GPIO0_12	3.3	输入/输出	B2
A13	LCD_D6	LCDRGB565	LCD 绿色数据 1	3.3	输出	U1
A14	GPIO0_15	GPIO	GPIO0_15	3.3	输入/输出	A1
A15	LCD_D7	LCDRGB565	LCD 绿色数据 2	3.3	输出	U2
A16	GPIO0_14	GPIO	GPIO0_14	3.3	输入/输出	B1
A17	LCD_D8	LCDRGB565	LCD 绿色数据 3	3.3	输出	U3
A18	GPIO0_13	GPIO	GPIO0_13	3.3	输入/输出	C2
A19	LCD_D9	LCDRGB565	LCD 绿色数据 4	3.3	输出	T1
A20	GPIO0_3	GPIO	GPIO0_3	3.3	输入/输出	C5
A21	LCD_D10	LCDRGB565	LCD 绿色数据 5	3.3	输出	T2
A22	GND	GND	电源地	0	—	—
A23	LCD_D11	LCDRGB565	LCD 红色数据 0	3.3	输出	T3
A24	SATA_REFCLK_N	SATA_REFCLK_N	SATA 差分时钟输入	1.2	输入	N1
A25	LCD_D12	LCDRGB565	LCD 红色数据 1	3.3	输出	R1
A26	SATA_REFCLK_P	SATA_REFCLK_P	SATA 差分时钟输入	1.2	输入	N2
A27	LCD_D13	LCDRGB565	LCD 红色数据 2	3.3	输出	R2
A28	SATA_TX_N	SATA_TX_N	SATA 差分数据输出	1.2	输出	J2
A29	LCD_D14	LCDRGB565	LCD 红色数据 3	3.3	输出	R3
A30	SATA_TX_P	SATA_TX_P	SATA 差分数据输出	1.2	输出	J1
A31	LCD_D15	LCDRGB565	LCD 红色数据 4	3.3	输出	R4

续表 3.5

引 脚	名 称	默认功能	功能描述	参考电平/V	输入/输出	处理器引脚
A32	SATA_RX_N	SATA_RX_N	SATA 差分数据输入	1.2	输入	L2
A33	LCD_VSYNC	LCD_VSYNC	LCD 行同步信号	3.3	输出	G4
A34	SATA_RX_P	SATA_RX_P	SATA 差分数据输入	1.2	输入	L1
A35	LCD_HSYNC	LCD_HSYNC	LCD 帧同步信号	3.3	输出	H4
A36	GND	GND	电源地	0	—	—
A37	LCD_VDEN	LCD_VDEN	LCD 输出使能	3.3	输出	R5
A38	SD1_D0	SD1	SDIO1 数据位 0	3.3	输入/输出	G1
A39	LCD_RST	LCD_RST	LCD 复位信号，可选	3.3	输出	F1
A40	SD1_D1	SD1	SDIO1 数据位 1	3.3	输入/输出	J3
A41	LCD_MCLK	LCD_MCLK	LCD 点时钟	3.3	输出	F2
A42	SD1_D2	SD1	SDIO1 数据位 2	3.3	输入/输出	K3
A43	LCD_PWM	LCD_PWM	LCD 背光控制	3.3	输出	E4
A44	SD1_D3	SD1	SDIO1 数据位 3	3.3	输入/输出	H3
A45	GND	GND	电源地	0	—	—
A46	SD1_CLK	SD1	SDIO1 时钟引脚	3.3	输入/输出	G2
A47	ERR	ERR	系统错误状态指示	3.3	输出	B4
A48	SD1_CMD	SD1	SDIO1 命令控制引脚	3.3	输入/输出	J4
A49	BEEP	BEEP	蜂鸣器	3.3	输出	A4
A50	GPIO0_8	GPIO	GPIO0_8	3.3	输入/输出	F4
A51	RUN	运行灯	系统运行状态指示	3.3	输出	B3
A52	GPIO0_9	GPIO	GPIO0_9	3.3	输入/输出	D5
A53	REG	清除注册表	用于 AWorks 可做普通 GPIO 使用	3.3	输入/输出	G3
A54	GPIO0_10	GPIO	GPIO0_10	3.3	输入/输出	A3
A55	Factory	工厂模式	工厂生产使用	3.3	输入	A5
A56	GPIO0_11	GPIO	GPIO0_11	3.3	输入/输出	A2
A57	UART2_RXD	UART2	UART2 数据接收引脚	3.3	输入	F17
A58	UART1_RXD	UART1	UART1 数据接收引脚	3.3	输入	E18
A59	UART2_TXD	UART2	UART2 数据发送引脚	3.3	输出	F16
A60	UART1_TXD	UART1	UART1 数据发送引脚	3.3	输出	F19

表 3.6　AW6748 核心板连接器 B 引脚定义

引　脚	名　称	默认功能	功能描述	参考电平/V	输入/输出	处理器引脚
B1	UPP_CHA_ENABLE	uPP 控制线	uPP 通道 A 使能信号	3.3	输入/输出	U16
B2	UPP_CHA_D15	uPP 数据线	uPP 通道 A 数据 15	3.3	输入/输出	U18
B3	UPP_CHA_CLOCK	uPP 控制线	uPP 通道 A 时钟信号	3.3	输入/输出	U17
B4	UPP_CHA_D14	uPP 数据线	uPP 通道 A 数据 14	3.3	输入/输出	V16
B5	UPP_CHA_WAIT	uPP 控制线	uPP 通道 A 等待信号	3.3	输入/输出	T15
B6	UPP_CHA_D13	uPP 数据线	uPP 通道 A 数据 13	3.3	输入/输出	R14
B7	UPP_CHA_START	uPP 控制线	uPP 通道 A 起始信号	3.3	输入/输出	W15
B8	UPP_CHA_D12	uPP 数据线	uPP 通道 A 数据 12	3.3	输入/输出	W16
B9	GPIO6_6	GPIO	GPIO6_6	3.3	输入/输出	V15
B10	UPP_CHA_D11	uPP 数据线	uPP 通道 A 数据 11	3.3	输入/输出	V17
B11	GPIO6_7	GPIO	GPIO6_7	3.3	输入/输出	W14
B12	UPP_CHA_D10	uPP 数据线	uPP 通道 A 数据 10	3.3	输入/输出	W17
B13	WatchDog	看门狗控制	3.3 V:禁止看门狗；悬空:使能看门狗	3.3	输入	复位芯片
B14	UPP_CHA_D9	uPP 数据线	uPP 通道 A 数据 9	3.3	输入/输出	W18
B15	SYS_RESETn	复位输入	系统低电平复位输入	3.3	输入	复位芯片
B16	UPP_CHA_D8	uPP 数据线	uPP 通道 A 数据 8	3.3	输入/输出	W19
B17	GND	GND	电源地	0	—	—
B18	UPP_CHA_D7	uPP 数据线	uPP 通道 A 数据 7	3.3	输入/输出	V18
B19	JTAG_TDI	JTAG 接口	仿真数据输入	3.3	输入	M16
B20	UPP_CHA_D6	uPP 数据线	uPP 通道 A 数据 6	3.3	输入/输出	V19
B21	JTAG_TMS	JTAG 接口	仿真模式选择	3.3	输入	L16
B22	UPP_CHA_D5	uPP 数据线	uPP 通道 A 数据 5	3.3	输入/输出	U19
B23	JTAG_TRSTn	JTAG 接口	仿真测试复位	3.3	输入	L17
B24	UPP_CHA_D4	uPP 数据线	uPP 通道 A 数据 4	3.3	输入/输出	T16
B25	JTAG_TCK	JTAG 接口	仿真时钟	3.3	输入	J15
B26	UPP_CHA_D3	uPP 数据线	uPP 通道 A 数据 3	3.3	输入/输出	R18
B27	JTAG_RTCK	JTAG 接口	仿真测试时钟返回	3.3	输入	K17
B28	UPP_CHA_D2	uPP 数据线	uPP 通道 A 数据 2	3.3	输入/输出	R19
B29	JTAG_EMU1	JTAG 接口	仿真模式选择 EMU1	3.3	输入/输出	K16
B30	UPP_CHA_D1	uPP 数据线	uPP 通道 A 数据 1	3.3	输入/输出	R15

续表 3.6

引 脚	名 称	默认功能	功能描述	参考电平/V	输入/输出	处理器引脚
B31	JTAG_EMU0	JTAG 接口	仿真模式选择 EMU0	3.3	输入/输出	J16
B32	UPP_CHA_D0	uPP 数据线	uPP 通道 A 数据 0	3.3	输入/输出	P17
B33	JTAG_TDO	JTAG 接口	仿真数据输出	3.3	输出	J18
B34	GND	GND	电源地	0	—	—
B35	I2C0_SCL	I^2C0 接口	I^2C0 时钟信号线	3.3	输出	G16
B36	USB1_D_P	USB1	USB1 D+信号	5	输入/输出	P19
B37	I2C0_SDA	I^2C0 接口	I^2C0 数据信号线	3.3	输入/输出	G18
B38	USB1_D_N	USB1	USB1 D−信号	5	输入/输出	P18
B39	EMAC_MDIO_CLK	NET0 接口	数据管理时钟，用于配置以太网 PHY	3.3	输出	E16
B40	USB0_D_P	USB0	USB0 D+信号	5	输入/输出	M19
B41	EMAC_MDIO_DAT	NET0 接口	数据管理数据，用于配置以太网 PHY	3.3	输出	D17
B42	USB0_D_N	USB0	USB0 D−信号	5	输入/输出	M18
B43	EMAC_MII_RXER	NET0 接口	以太网接收错误线	3.3	输入	C16
B44	USB0_VBUS	USB0	USB0 VBUS 电源输入	5	输入	N19
B45	EMAC_MII_CRS	NET0 接口	以太网接收载波监控	3.3	输入	C18
B46	USB0_ID	USB0	USB0 ID 信号	5	输入	P16
B47	EMAC_MII_RXDV	NET0 接口	以太网接收数据有效	3.3	输入	C17
B48	USB0_DRVVBUSn	USB0	USB0 VBUS 使能信号	5	输出	K18
B49	EMAC_MII_TXCLK	NET0 接口	以太网接发送时钟	3.3	输出	D19
B50	GND	GND	电源地	0	—	—
B51	EMAC_MII_RXD3	NET0 接口	以太网接收数据线 3	3.3	输入	C19
B52	GPIO2_12	GPIO	GPIO2_12	3.3	输入/输出	H16
B53	EMAC_MII_RXD2	NET0 接口	以太网接收数据线 2	3.3	输入	D18
B54	SPI1_MISO	SPI1	SPI1 数据输入	3.3	输入	H17
B55	EMAC_MII_RXD1	NET0 接口	以太网接收数据线 1	3.3	输入	E17
B56	SPI1_CLK	SPI1	SPI1 输出时钟	3.3	输入	G19
B57	EMAC_MII_RXD0	NET0 接口	以太网接收数据线 0	3.3	输入	D16
B58	SPI1_MOSI	SPI1	SPI1 数据输出	3.3	输出	G17
B59	EMAC_MII_COL	NET0 接口	以太网冲突检测	3.3	输入	D1
B60	SPI1_SCS0	SPI1	SPI1 片选信号	3.3	输出	E19

表 3.7　AW6748 核心板连接器 C 引脚定义

引　脚	名　称	默认功能	功能描述	参考电平/V	输入/输出	处理器引脚
C1	VDD_5V0	核心板电源	5 V 电源输入	5	输入	—
C2	EMA_D15	EMIF-A 数据线	EMIF-A 数据 15	3.3	输入/输出	E6
C3	VDD_5V0	核心板电源	5 V 电源输入	5	输入	
C4	EMA_D14	EMIF-A 数据线	EMIF-A 数据 14	3.3	输入/输出	C7
C5	GND	GND	电源地	0	—	—
C6	EMA_D13	EMIF-A 数据线	EMIF-A 数据 13	3.3	输入/输出	B6
C7	SD0_CLK	SD0	SDIO0 时钟脚	3.3	输出	E9
C8	EMA_D12	EMIF-A 数据线	EMIF-A 数据 12	3.3	输入/输出	A6
C9	SD0_CMD	SD0	SDIO0 命令控制引脚	3.3	输出	A10
C10	EMA_D11	EMIF-A 数据线	EMIF-A 数据 11	3.3	输入/输出	D6
C11	SD0_D0	SD0	SDIO0 数据位 0	3.3	输入/输出	B10
C12	EMA_D10	EMIF-A 数据线	EMIF-A 数据 10	3.3	输入/输出	A7
C13	SD0_D1	SD0	SDIO0 数据位 1	3.3	输入/输出	A11
C14	EMA_D9	EMIF-A 数据线	EMIF-A 数据 9	3.3	输入/输出	D9
C15	SD0_D2	SD0	SDIO0 数据位 2	3.3	输入/输出	C10
C16	EMA_D8	EMIF-A 数据线	EMIF-A 数据 8	3.3	输入/输出	E10
C17	SD0_D3	SD0	SDIO0 数据位 3	3.3	输入/输出	E11
C18	EMA_D7	EMIF-A 数据线	EMIF-A 数据 7	3.3	输入/输出	D7
C19	GPIO4_1	GPIO	GPIO4_1	3.3	输入/输出	B11
C20	EMA_D6	EMIF-A 数据线	EMIF-A 数据 6	3.3	输入/输出	C6
C21	GPIO4_0	GPIO	GPIO4_0	3.3	输入/输出	E12
C22	EMA_D5	EMIF-A 数据线	EMIF-A 数据 5	3.3	输入/输出	E7
C23	GPIO5_15	GPIO	GPIO5_15	3.3	输入/输出	C11
C24	EMA_D4	EMIF-A 数据线	EMIF-A 数据 4	3.3	输入/输出	B5
C25	GPIO5_16	GPIO	GPIO5_16	3.3	输入/输出	A12
C26	EMA_D3	EMIF-A 数据线	EMIF-A 数据 3	3.3	输入/输出	E8
C27	GND	GND	电源地	0	—	—
C28	EMA_D2	EMIF-A 数据线	EMIF-A 数据 2	3.3	输入/输出	B8
C29	EMA_A13	EMIF-A 地址线	EMIF-A 地址 13	3.3	输出	D11
C30	EMA_D1	EMIF-A 数据线	EMIF-A 数据 1	3.3	输入/输出	A8
C31	EMA_A12	EMIF-A 地址线	EMIF-A 地址 12	3.3	输出	D13
C32	EMA_D0	EMIF-A 数据线	EMIF-A 数据 0	3.3	输入/输出	C9
C33	EMA_A11	EMIF-A 地址线	EMIF-A 地址 11	3.3	输出	B12
C34	EMA_RnW	EMIF-A 控制信号线	EMIF-A 读/写控制引脚	3.3	输出	D10
C35	EMA_A10	EMIF-A 地址线	EMIF-A 地址 10	3.3	输出	C12
C36	EMA_WEn	EMIF-A 控制信号	EMIF-A 写使能引脚	3.3	输出	B9

续表 3.7

引　脚	名　称	默认功能	功能描述	参考电平/V	输入/输出	处理器引脚
C37	EMA_A9	EMIF - A 地址线	EMIF - A 地址 9	3.3	输出	D12
C38	EMA_OEn	EMIF - A 控制信号	EMIF - A 使能引脚	3.3	输出	B15
C39	EMA_A8	EMIF - A 地址线	EMIF - A 地址 8	3.3	输出	A13
C40	EMA_WAIT1	EMIF - A 控制信号	EMIF - A 等待引脚	3.3	输入	B19
C41	EMA_A7	EMIF - A 地址线	EMIF - A 地址 7	3.3	输出	B13
C42	EMA_CSn5	EMIF - A 控制信号	EMIF - A 片选 5	3.3	输出	B16
C43	EMA_A6	EMIF - A 地址线	EMIF - A 地址 6	3.3	输出	E13
C44	EMA_CSN4	EMIF - A 控制信号	EMIF - A 片选 4	3.3	输出	F9
C45	EMA_A5	EMIF - A 地址线	EMIF - A 地址 5	3.3	输出	C13
C46	EMA_CSn2	EMIF - A 控制信号	EMIF - A 片选 2	3.3	输出	B17
C47	EMA_A4	EMIF - A 地址线	EMIF - A 地址 4	3.3	输出	A14
C48	GND	GND	电源地	0	—	—
C49	EMA_A3	EMIF - A 地址线	EMIF - A 地址 3	3.3	输出	D14
C50	EMAC_MII_TXCLK	NET0 接口	以太网发送时钟	3.3	输出	D3
C51	EMA_A2	EMIF - A 地址线	EMIF - A 地址 2	3.3	输出	B14
C52	EMAC_MII_TXEN	NET0 接口	以太网发送使能	3.3	输出	C1
C53	EMA_A1	EMIF - A 地址线	EMIF - A 地址 1	3.3	输出	D15
C54	EMAC_MII_TXD3	NET0 接口	以太网发送数据 3	3.3	输出	E3
C55	EMA_A0	EMIF - A 地址线	EMIF - A 地址 0	3.3	输出	C14
C56	EMAC_MII_TXD2	NET0 接口	以太网发送数据 2	3.3	输出	E2
C57	EMA_BA1	EMIF - A Bank 地址线	EMIF - A 地址 BA1	3.3	输出	A15
C58	EMAC_MII_TXD1	NET0 接口	以太网发送数据 1	3.3	输出	E1
C59	EMA_BA0	EMIF - A Bank 地址线	EMIF - A 地址 BA0	3.3	输出	C15
C60	EMAC_MII_TXD0	NET0 接口	以太网发送数据 0	3.3	输出	F3

3.3　M28x - T 核心板(ARM9 核)

3.3.1　概　述

M28x - T 系列 MiniARM(M283 - 64F128LI - T、M283 - 128F128LI - T、M287 - 64F128LI - T、M287 - 128F128LI - T 四款核心板的简称)核心板是 ZLG 精心设计的采用板对板连接器接口的低功耗、高性能的嵌入式核心板，处理器采用 NXP 基于 ARM9 内核的 i.MX283/7，主频高达 454 MHz，集成了 DDR2、Nand Flash、硬件看门狗，支持多种通信方式，比如，UART、I^2C、I^2S、Ethernet、USB 等，同时内部集成了电源管理单元 PMU，降低了系统功耗，大大简化了系统电源设计，并降低了产品设计成本。

M28x－T 系列核心板可以在工业温度范围内稳定工作，能够满足各种条件苛刻的工业应用，比如，工业控制、现场通信、数据采集等领域。如图 3.7 和图 3.8 所示为 M283－T 和 M287－T 系列核心板产品示意图，其工控评估板如图 3.9 所示。

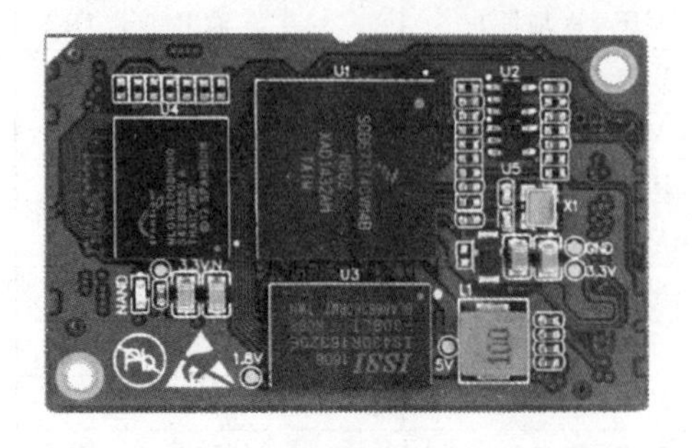

图 3.7　M283－T 系列核心板正面图片

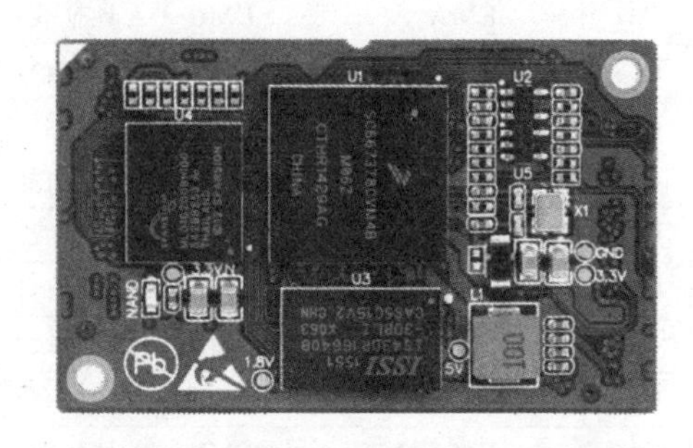

图 3.8　M287－T 系列核心板正面图片

图 3.9　M28x－T 系列核心板评估底板正面图片（以实际产品为准）

3.3.2　产品特性

M28x－T 产品特性如下：

- CPU：NXP i. MX283/ 7；
- 运行频率：454 MHz；
- 支持 64 MB/128 MB DDR2；
- 支持 128 MB NandFlash；
- 内置电源管理单元 PMU；
- 预装 Linux 系统，可支持 AWorks 操作系统；
- 支持独立硬件看门狗；
- 支持多种文件系统，支持 SD/MMC 卡、U 盘读/写；

- 支持 1 路 USB 2.0 HOST、1 路 USB 2.0 OTG；
- 支持 2 路 10M/100M 以太网接口，支持交换机功能；
- 支持多达 6 路串口，2 路 CAN；
- 支持 1 路 SD Card 接口，1 路 SDIO；
- 1 路 I^2C、1 路 SPI、1 路 I^2S 及 4 路 12 位 ADC；
- 内置 LCD 控制器，分辨率最高达 800×480；
- 支持 4 线电阻式触摸屏接口；
- 支持 JTAG 调试接口；
- 支持多种升级方式；
- 采用 6 层 PCB 工艺；
- 尺寸：30 mm×48 mm；
- 工作电压：3.3×(1±0.02) V；
- 采用高精度板对板连接器；
- 所有元器件均符合工业级 -40～+85 ℃要求。

3.3.3 产品功能框图

M28x-T 系列核心板将 i.MX283/287、DDR2、NandFlash、硬件看门狗等集成到一个尺寸只有 30 mm×48 mm 的模块中，使其具备了极高的性价比，其功能框图如图 3.10 所示。

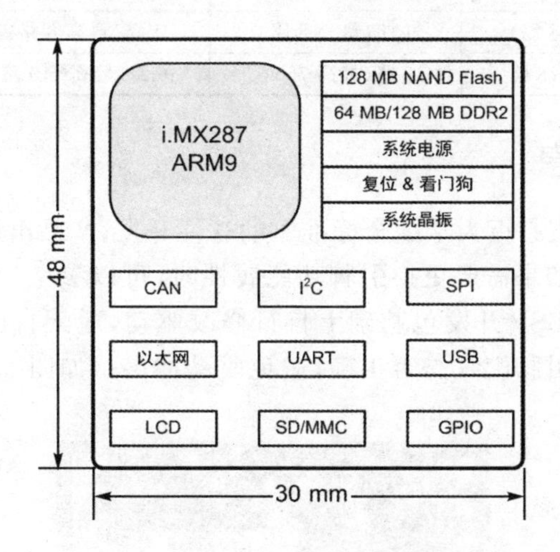

图 3.10 M28x-T 系列核心板功能框图

3.3.4 产品选型

M28x-T 系列核心板的具体参数如表 3.8 所列，用户可以根据自己的项目技术需求选择合适的核心板做二次开发。

表 3.8　M28x－T 系列核心板产品选型表

资　源	M283－64F128LI－T	M283－128F128LI－T	M287－64F128LI－T	M287－128F128LI－T
处理器	i. MX283	i. MX283	i. MX287	i. MX287
主频	454 MHz	454 MHz	454 MHz	454 MHz
运行内存	64 MB	128 MB	64 MB	128 MB
电子硬盘	128 MB	128 MB	128 MB	128 MB
操作系统	Linux，AWorks	Linux，AWorks	Linux，AWorks	Linux，AWorks
看门狗	支持	支持	支持	支持
LCD 接口	分辨率达 800×480	分辨率达 800×480	分辨率达 800×480	分辨率达 800×480
触摸屏	4 线电阻式触摸屏	4 线电阻式触摸屏	4 线电阻式触摸屏	4 线电阻式触摸屏
USB	1 路 HOST，1 路 OTG	1 路 HOST，1 路 OTG	1 路 HOST，1 路 OTG	1 路 HOST，1 路 OTG
串口	6 路(1 路调试串口)	6 路(1 路调试串口)	6 路(1 路调试串口)	6 路(1 路调试串口)
CAN	—	—	2 路	2 路
以太网	1 路	1 路	2 路	2 路
SD 卡接口	1 路	1 路	1 路	1 路
I^2S	1 路(复用)	1 路(复用)	1 路(复用)	1 路(复用)
SDIO	1 路(复用)	1 路(复用)	1 路(复用)	1 路(复用)
I^2C	1 路(最高 2 路)	1 路(最高 2 路)	1 路(最高 2 路)	1 路(最高 2 路)
SPI	(最高 2 路)	(最高 2 路)	1 路(最高 4 路)	1 路(最高 4 路)
HSADC	1 路	1 路	1 路	1 路
LRADC	3 路(最高 7 路)	3 路(最高 7 路)	3 路(最高 7 路)	3 路(最高 7 路)
PWM	1 路(最高 8 路)	1 路(最高 8 路)	1 路(最高 8 路)	1 路(最高 8 路)
GPIO	15 路(最高 75 路)	15 路(最高 75 路)	36 路(最高 110 路)	36 路(最高 110 路)

3.3.5　I/O 信息

M28x－T 系列核心板为了配合标准驱动软件开发，产品出厂时的固件为 I/O 设置了默认功能，用户如果需要更换引脚功能属性时，可以参考相关手册，认真了解驱动架构，并在提供的 BSP 开发包基础上自行修改驱动，适配自己需要的功能。配置完成后，需检查每个引脚配置是否正确，避免驱动冲突。如图 3.11 所示为核心板产

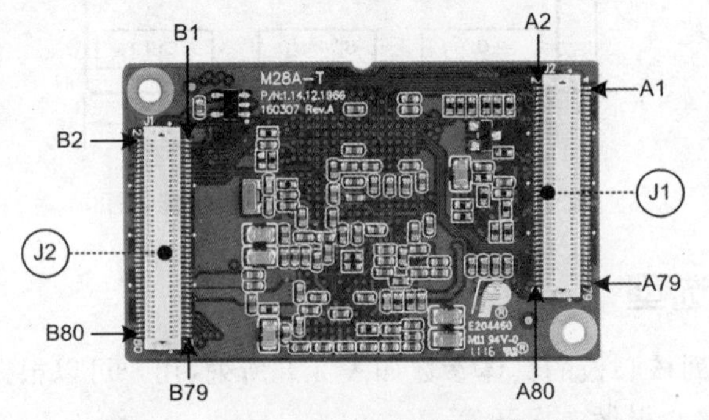

图 3.11　M28x－T 系列连接器引脚排列

品引脚排列示意图，核心板采用了 J1(A1～A80)和 J2(B1～B80)两个精密的板对板连接器将处理器的资源从背面引出。J1 和 J2 两个连接器对应引脚的出厂默认功能如表 3.9 和表 3.10 所列。

表 3.9　M28x－T 核心板引脚定义(J1)

引　脚	名　称	默认功能	功能描述	参考电平/V	输入/输出	处理器引脚
A1	GND	POWER	电源地	0	输入	—
A2	GND		电源地	0	输入	—
A3	nRST_OUT	WDG	复位输出	3.3	输出	—
A4	nRST_IN		手动复位	3.3	输入	—
A5	SPI3_SCK	SPI3	时钟信号	3.3	输出	A2
A6	SPI3_MOSI		主出从入	3.3	输出	C2
A7	SPI3_MISO		主入从出	3.3	输入	B2
A8	SPI3_SS0		片选 0	3.3	输出	D2
A9	AUART2_TX	AUART	串口 2 发送	3.3	输出	C3
A10	AUART3_RX		串口 3 接收	3.3	输入	B3
A11	AUART3_TX		串口 3 发送	3.3	输出	C4
A12	AUART2_RX		串口 2 接收	3.3	输入	A3
A13	AUART4_RX		串口 4 接收	3.3	输入	F7
A14	GPIO3_20	GPIO	GPIO3_20	3.3	输入	G7
A15	AUART4_TX	AUART	串口 4 发送	3.3	输出	E7
A16	GPIO3_21	GPIO	GPIO3_21	3.3	输入	G6
A17	GPIO3_26		GPIO3_26	3.3	输入	E8
A18	GPIO3_27		283 不支持	3.3	输入	D7
A19	GPIO1_28		GPIO1_28	3.3	输入	L1
A20	GPIO1_29		GPIO1_29	3.3	输入	M1
A21	ENET1_TXD0	NET1	发送数据线 0	3.3	输出	G1
A22	GPIO1_30	GPIO	GPIO1_30	3.3	输入	N1
A23	ENET1_TXD1	283 不支持 NET1	发送数据线 1	3.3	输出	G2
A24	ENET1_RX_EN		接收使能	3.3	输入	J3
A25	ENET1_TX_EN		发送使能	3.3	输出	J4
A26	ENET1_RXD0		接收数据线 0	3.3	输入	J1
A27	ENET0_RX_EN		接收使能	3.3	输入	E4
A28	ENET1_RXD1		接收数据线 1	3.3	输入	J2
A29	ENET0_TXD0		发送数据线 0	3.3	输出	F1
A30	ENET0_TXD1		发送数据线 1	3.3	输出	F2
A31	GPIO4_5	GPIO	GPIO4_5	3.3	输入	E3
A32	ENET0_RXD0	NET0	接收数据线 0	3.3	输入	H1

续表 3.9

引　脚	名　称	默认功能	功能描述	参考电平/V	输入/输出	处理器引脚
A33	GPIO4_13	GPIO	GPIO4_13	3.3	输入	F3
A34	ENET0_RXD1	NET0	接收数据线 1	3.3	输入	H2
A35	ENET_MDC	NET	管理时钟	3.3	输出	G4
A36	ENET0_TX_EN		发送使能	3.3	输出	F4
A37	ENET_MDIO		管理数据	3.3	输入/输出	H4
A38	ENET_CLK		参考时钟	3.3	输出	E2
A39	GND	POWER	电源地	0	输入	—
A40	GND	POWER	电源地	0	输入	—
A41	USB_OTG_ID	USB0 OTG	OTG ID 线	3.3	输入	K8
A42	USB_H_N	USB1	差分数据线 N	3.3	输入/输出	B8
A43	GPIO3_29	GPIO	GPIO3_29	3.3	输入	E10
A44	USB_H_P	USB1	差分数据线 P	3.3	输入/输出	A8
A45	USB_OTG_P	USB0 OTG	差分数据线 P	3.3	输入/输出	B10
A46	VDD_XTAL	POWER	晶振电源	3.3	输出	C12
A47	USB_OTG_N	USB0 OTG	差分数据线 N	3.3	输入/输出	A10
A48	PSWITCH	PSWITCH	多功能引脚	3.3	输入	A11
A49	GPIO1_31	GPIO	GPIO1_31	3.3	输入	N5
A50	BOOT_SD	BOOT	SD 启动 BT	3.3	输入	—
A51	WDO_EN	WDG	看门狗禁止	3.3	输入	—
A52	BOOT_USB	BOOT	USB 启动 BT	3.3	输入	—
A53	GND	POWER	电源地	0	输入	—
A54	GND		电源地	0	输入	—
A55	GND		电源地	0	输入	—
A56	GND		电源地	0	输入	—
A57	3.3V	POWER	电源	3.3	输入	—
A58	3.3V		电源	3.3	输入	—
A59	3.3V		电源	3.3	输入	—
A60	3.3V		电源	3.3	输入	—
A61	USB_DEV_DET	POWER	DEVICE 检测	5	输入	E17
A62	USB_DEV_DET		DEVICE 检测	5	输入	
A63	SD_D1	SD0	数据 1	3.3	输入/输出	C6
A64	SD_D0		数据 0	3.3	输入/输出	B6
A65	SD_D3		数据 3	3.3	输入/输出	A5
A66	SD_D2		数据 2	3.3	输入/输出	D6
A67	SD_WP		卡写保护	3.3	输入	N9

续表 3.9

引 脚	名 称	默认功能	功能描述	参考电平/V	输入/输出	处理器引脚
A68	SD_CMD	SD0	命令信号	3.3	输出	A4
A69	SD_CARD_DETE		卡插入检测	3.3	输入	D10
A70	SD_SCK		时钟信号	3.3	输出	A6
A71	ADC0	ADC	低速 ADC0	3.3	输入	C15
A72	HSADC		高速 ADC	3.3	输入	B14
A73	ADC6		低速 ADC6	3.3	输入	C14
A74	ADC1		低速 ADC1	3.3	输入	C9
A75	JTAG_TDO	JTAG	数据输出	3.3	输出	E13
A76	JTAG_TCK		时钟输入	3.3	输入	E11
A77	JTAG_TRST		复位输入	3.3	输入	D14
A78	JTAG_TMS		模式选择	3.3	输入	D12
A79	JTAG_RTCK	JTAG	返回时钟	3.3	输入	E14
A80	JTAG_TDI		串行数据	3.3	输入	E12

表 3.10 M28x - T 核心板引脚定义(J2)

引 脚	名 称	默认功能	功能描述	参考电平/V	输入/输出	处理器引脚
B1	GPIO2_13	GPIO 283 不支持	GPIO2_13	3.3	输入	C1
B2	GPIO2_12		GPIO2_12	3.3	输入	B1
B3	GPIO2_15		GPIO2_15	3.3	输入	E1
B4	GPIO2_14		GPIO2_14	3.3	输入	D1
B5	GPIO3_7	GPIO	GPIO3_7	3.3	输入	J5
B6	GPIO3_6		GPIO3_6	3.3	输入	K5
B7	GPIO3_11		GPIO3_11	3.3	输入	H7
B8	GPIO3_10		GPIO3_10	3.3	输入	H6
B9	GPIO3_14		GPIO3_14	3.3	输入	L6
B10	GPIO3_15		GPIO3_15	3.3	输入	K6
B11	GPIO3_13		GPIO3_13	3.3	输入	L5
B12	GPIO3_12		GPIO3_12	3.3	输入	M5
B13	GPIO3_9		GPIO3_9	3.3	输入	F5
B14	GPIO3_8		GPIO3_8	3.3	输入	F6
B15	AUART1_TX	AUART1	串口 1 发送	3.3	输出	K4
B16	AUART1_RX		串口 1 接收	3.3	输入	L4
B17	AUART0_TX	AUART0	串口 0 发送	3.3	输出	H5
B18	AUART0_RX		串口 0 接收	3.3	输入	G5

续表 3.10

引 脚	名 称	默认功能	功能描述	参考电平/V	输入/输出	处理器引脚
B19	NC	NC	NC	—	—	—
B20	NC		NC	—	—	—
B21	NC		NC	—	—	—
B22	NC		NC	—	—	—
B23	NC		NC	—	—	—
B24	NC		NC	—	—	—
B25	NC		NC	—	—	—
B26	NC		NC	—	—	—
B27	NC		NC	—	—	—
B28	NC		NC	—	—	—
B29	DUART_TX	DUART	调试串口发送	3.3	输出	J7
B30	DUART_RX		调试串口接收	3.3	输入	J6
B31	GPIO1_17	GPIO	GPIO1_17	3.3	输入	R3
B32	GPIO1_16		PHY 复位	3.3	输出	T3
B33	Factory	CFG	悬空,正常模式; 接地,测试模式	3.3	输入- IO1_19	T4
B34	GPIO1_18	GPIO	GPIO1_18	3.3	输入	U4
B35	BEEP	GPIO	蜂鸣器控制	3.3	输出- IO1_21	U5
B36	REG	CFG	悬空,正常模式; 接地,测试模式	3.3	输入- IO1_20	R4
B37	ERR	GPIO	错误灯-IO1_23	3.3	输出	R5
B38	RUN		运行灯-IO1_22	3.3	输出	T5
B39	I2C1_SDA	I^2C1	I^2C1 数据线	3.3	输入/ 输出	L7
B40	I2C1_SCL	I^2C1	I^2C1 时钟线	3.3	输出	K7
B41	TFT_D1	LCD 接口	TFT_B1	3.3	输出	K3
B42	TFT_D0		TFT_B0	3.3	输出	K2
B43	TFT_D3		TFT_B3	3.3	输出	L3
B44	TFT_D2		TFT_B2	3.3	输出	L2
B45	TFT_D5		TFT_G0	3.3	输出	M3
B46	TFT_D4		TFT_B4	3.3	输出	M2
B47	TFT_D7		TFT_G2	3.3	输出	P1
B48	TFT_D6		TFT_G1	3.3	输出	N2

续表 3.10

引脚	名称	默认功能	功能描述	参考电平/V	输入/输出	处理器引脚
B49	TFT_D9	LCD 接口	TFT_G4	3.3	输出	P3
B50	TFT_D8		TFT_G3	3.3	输出	P2
B51	TFT_D11		TFT_R0	3.3	输出	R2
B52	TFT_D10		TFT_G5	3.3	输出	R1
B53	TFT_D13		TFT_R2	3.3	输出	T2
B54	TFT_D12		TFT_R1	3.3	输出	T1
B55	TFT_D15		TFT_R4	3.3	输出	U3
B56	TFT_D14		TFT_R3	3.3	输出	U2
B57	TFT_VCLK		TFT 主时钟	3.3	输出	M4
B58	TFT_RESET		TFT 复位线	3.3	输出	M6
B59	TFT_VSYNC		TFT 帧同步	3.3	输出	P4
B60	TFT_HSYNC		TFT 行同步	3.3	输出	K1
B61	TFT_PWM		背光调节	3.3	输出	E9
B62	TFT_VDEN		数据输出使能	3.3	输出	P5
B63	TS_XP	触摸屏接口	X 方向正极	3.3	输入	C8
B64	TS_XM		X 方向负极	3.3	输入	D13
B65	TS_YP		Y 方向正极	3.3	输入	D9
B66	TS_YM		Y 方向负极	3.3	输入	D15
B67	CAN1_RX	CAN0/1 283 不支持	接收数据	3.3	输入	M9
B68	CAN1_TX		发送数据	3.3	输出	M7
B69	CAN0_RX		接收数据	3.3	输入	L8
B70	CAN0_TX		发送数据	3.3	输出	M8
B71	GPIO3_25	GPIO	GPIO3_25	3.3	输入	D8
B72	GPIO2_4	GPIO	GPIO2_4	3.3	输入	B5
B73	GPIO3_24		GPIO3_24	3.3	输入	C7
B74	GPIO2_5		GPIO2_5	3.3	输入	C5
B75	GPIO2_20		GPIO2_20	3.3	输入	D3
B76	GPIO2_6		GPIO2_6	3.3	输入	D5
B77	GPIO2_21		GPIO2_21	3.3	输入	D4
B78	GPIO2_7		GPIO2_7	3.3	输入	B4
B79	GND	POWER	电源地	0	—	—
B80	GND	POWER	电源地	0	—	—

3.4 M6G2C核心板(A7核)

3.4.1 概 述

M6G2C系列核心板(M6G2C-128LI、M6G2C-256LI、M6Y2C-256F256LI-T三款核心板的简称)是ZLG精心设计的采用板对板连接器接口的低功耗、高性能的嵌入式核心板,处理器采用NXP基于性能更优的Cortex-A7内核处理器,主频可选528 MHz和800 MHz,集成了DDR3、NandFlash、硬件看门狗、自带8路UART、2路USB OTG、最高2路CAN-Bus、2路以太网等强大的工业控制通信接口。

M6G2C系列核心板,具备完整的最小系统功能,可有效缩短用户的产品开发周期。核心板通过严格的EMC和高低温测试,保证核心板在严酷的环境下也能稳定工作。图3.12(a)所示为M6G2C系列核心板产品示意图,其工控评估板如图3.12(b)所示。

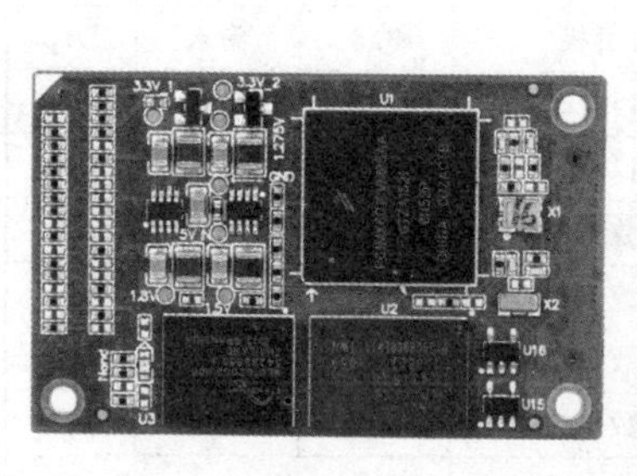

(a) 核心板

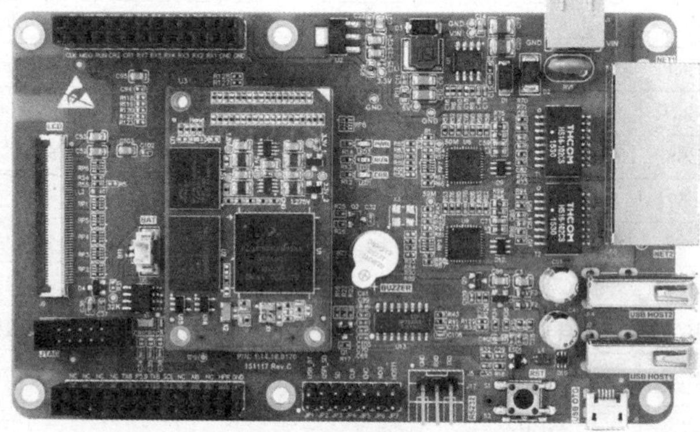

(b) 评估板

图3.12 M6G2C核心板及评估板

3.4.2 产品特性

M6G2C产品特性如下:

- 32位Cortex-A7处理器;
- 频率:528 MHz/800 MHz;
- 内存:128 MB/256 MB DDR3;
- Flash:128 MB/256 MB NandFlash;

- 预装 Linux 系统，可支持 AWorks 操作系统；
- 最高支持多达 8 路串口、两路 CAN - Bus；
- 最高支持 2 路 10M/100M 以太网接口；
- 集成 2 路 USB 2.0 OTG PHY；
- 支持 2 路 SD 卡接口；
- 支持 1 路模拟音频输出 MQS；
- 支持 LCD、SPI、I^2C、I^2S、CSI、ADC 接口；
- 外置独立硬件看门狗；
- 支持 SD 卡、USB、网口等多种升级方式；
- 供电范围：5×(1±0.05)V；
- 采用 6 层板 PCB 工艺；
- 尺寸：30 mm×48 mm；
- 采用高精度板对板连接器；
- 所有元器件均符合工业级－40～＋85 ℃要求。

3.4.3 产品功能框图

M6G2C 系列核心板将 i.MX6UL Cortex - A7 处理器、DDR3、NandFlash、硬件看门狗等集成到一个 30 mm×48 mm 的模块中，使其具备了极高的性价比，其功能框图如图 3.13 所示。

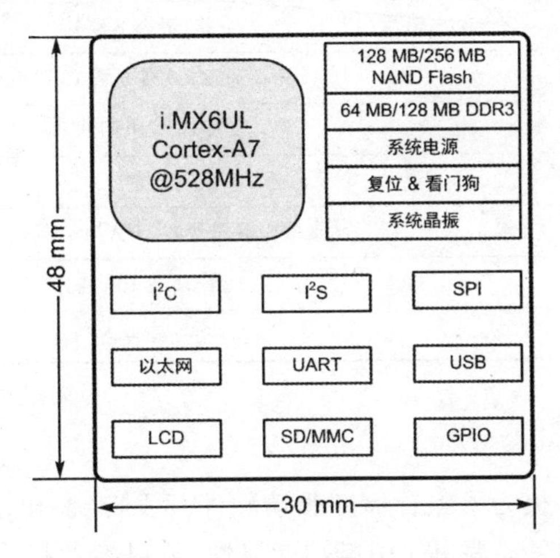

图 3.13 M6G2C 系列核心板功能框图

3.4.4 产品选型

M6G2C 系列核心板的具体参数如表 3.11 所列，用户可以根据自己的需求选择合适的核心板做二次开发。

表 3.11 M6G2C 系列核心板产品选型表

型　号	M6Y2C - 256F256LI - T	M6G2C - 128LI	M6G2C - 256LI
CPU 型号	6Y2CVM08AA	6G2CVM05AA	6G2CVM05AA
处理器主频	800 MHz	528 MHz	528 MHz
NandFlash	256 MB	128 MB	256 MB
内存	256 MB(DDR3)	128 MB(DDR3)	256 MB(DDR3)
操作系统	Linux,AWorks		
以太网	2 路		
USB OTG	2 路		
CAN	1 路		
CSI	1 路(复用)		
LCD	支持(RGB565)		
SD	2 路		
UART	8 路		
I^2C	1 路模拟 I^2C(最高 4 路硬件 I^2C)		
SPI	1 路(最高 4 路)		
I^2S/SAI	最高 2 路(复用)		
PWM	2 路(最高 8 路)		
ADC	1 路 2 通道(最高 2 路 10 通道)		
触摸屏	支持(4 线电阻式)		
JTAG	支持		
模拟音频	支持中等质量,类 PWM 音频输出		
GPIO	6 路(最高 106 路)		
看门狗	支持独立硬件看门狗		

3.4.5 I/O 信息

M6G2C 系列核心板为了配合标准驱动软件开发,产品出厂时的固件为 I/O 设置了默认功能,用户如果需要更换引脚功能属性,可以参考相关手册,认真了解驱动架构,并在提供的 BSP 开发包基础上自行修改驱动,适配自己需要的功能。配置完成后,需要检查每个引脚配置是否正确,避免驱动冲突。如图 3.14 所示为核心板产品引脚排列示意图,核心板采用了 A(A1～A80)和 B(B1～B60)两个精密的板对板连接器将处理器的资源从背面引出。A 和 B 两个连接器对应引脚的出厂默认功能如表 3.12 和表 3.13 所列。

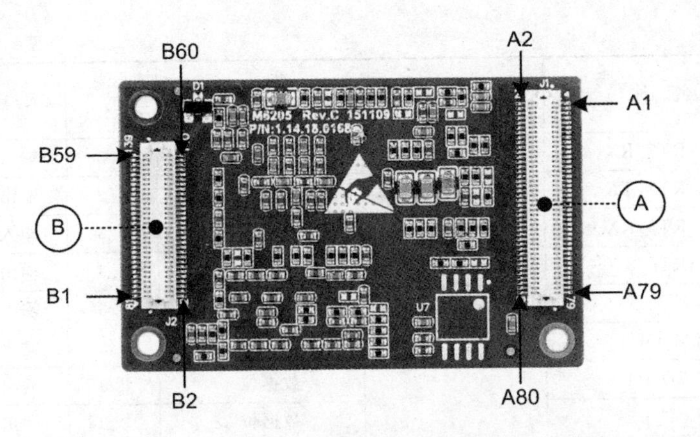

图 3.14 M6G2C 系列连接器引脚排列示意图

表 3.12 M6G2C 核心板引脚定义(A)

引 脚	名 称	默认功能	功能描述	参考电平/V	输入/输出	处理器引脚
A1	ENET_MDIO	ENET1& ENET2	数据接口	3.3	输入/出	K17
A2	ENET_MDC		时钟接口	3.3	输出	L16
A3	ENET1_RXD1		接收信号 1	3.3	输入	E17
A4	ENET2_RXD1		接收信号 1	3.3	输入	C16
A5	ENET1_RXD0		接收信号 0	3.3	输入	F16
A6	ENET2_RXD0		接收信号 0	3.3	输入	C17
A7	ENET1_RXEN		接收使能	3.3	输入	E16
A8	ENET2_RXEN		接收使能	3.3	输入	B17
A9	ENET1_RXER		接收错误	3.3	输入	D15
A10	ENET2_RXER		接收错误	3.3	输入	D16
A11	ENET1_TXD1		发送信号 1	3.3	输出	E14
A12	ENET2_TXD1		发送信号 1	3.3	输出	A16
A13	ENET1_TXD0		发送信号 0	3.3	输出	E15
A14	ENET2_TXD0		发送信号 0	3.3	输出	A15
A15	ENET1_TXEN		发送使能	3.3	输出	F15
A16	ENET2_TXEN		发送使能	3.3	输出	B15
A17	ENET1_TX_CLK		参考时钟 1	3.3	输出	F14
A18	ENET2_TX_CLK		参考时钟 2	3.3	输出	D17
A19	GND	GND	电源地	—	—	—
A20	GND		电源地	—	—	—
A21	MQS_LEFT	模拟音频输出	左声道	—	输出	B16
A22	MOS_RIGHT		右声道	—	输出	A14

续表 3.12

引 脚	名 称	默认功能	功能描述	参考电平/V	输入/输出	处理器引脚
A23	UART7_RX	UART	数据接收	3.3	输入	B13
A24	UART7_TX		数据发送	3.3	输出	C13
A25	UART8_RX		数据接收	3.3	输入	B14
A26	UART8_TX		数据发送	3.3	输出	C14
A27	PWM_OUT6	PWM	PWM 输出	3.3	输出	D14
A28	PWM_OUT5		PWM 输出	3.3	输出	A13
A29	LCD_R4	LCD	数据位 4	3.3	输出	D13
A30	LCD_R3		数据位 3	3.3	输出	A12
A31	LCD_R2		数据位 2	3.3	输出	B12
A32	LCD_R1		数据位 1	3.3	输出	C12
A33	LCD_R0		数据位 0	3.3	输出	D12
A34	LCD_G5		数据位 5	3.3	输出	E12
A35	LCD_G4		数据位 4	3.3	输出	A11
A36	LCD_G3		数据位 3	3.3	输出	B11
A37	LCD_G2		数据位 2	3.3	输出	D11
A38	LCD_G1		数据位 1	3.3	输出	A10
A39	LCD_G0		数据位 0	3.3	输出	B10
A40	LCD_B4		数据位 4	3.3	输出	C10
A41	LCD_B3		数据位 3	3.3	输出	D10
A42	LCD_B2		数据位 2	3.3	输出	E10
A43	LCD_B1		数据位 1	3.3	输出	A9
A44	LCD_B0		数据位 0	3.3	输出	B9
A45	GND	GND	电源地	0	—	—
A46	GND		电源地	0	—	—
A47	LCD_PCLK	LCD	像素时钟	3.3	输出	A8
A48	LCD_HSYNC		水平同步	3.3	输出	D9
A49	LCD_DE		输出使能	3.3	输出	B8
A50	LCD_VSYNC		垂直同步	3.3	输出	C9
A51	GPIO3_4	GPIO	通用 GPIO	3.3	输入	E9
A52	GND	GND	电源地	—	—	—
A53	BT_CFG1_6	BOOT	01 :SD 卡启动	3.3	输入	—
A54	BT_CFG1_7		10:Nand 启动(默认)	3.3	输入	—
A55	GPIO4_14(ERR)	GPIO	ERR 指示灯	3.3	输入/输出	B5
A56	GPIO4_16(RUN)		运行指示灯	3.3	输入/输出	E6
A57	UART6_TX	UART	数据发送	3.3	输出	F5
A58	SD1_CD	SD1	SD 插入检测	3.3	输入	J14

续表 3.12

引　脚	名　称	默认功能	功能描述	参考电平/V	输入/输出	处理器引脚
A59	UART6_RX	UART	数据接收	3.3	输入	E5
A60	SD1_WP	SD1&SD2	SD 卡写保护	3.3	输入	K15
A61	SD2_CLK		SD2 卡时钟	3.3	输出	F2
A62	SD1_CLK		SD1 卡时钟	3.3	输出	C1
A63	SD2_CMD		SD2 卡命令	3.3	输出	F3
A64	SD1_CMD		SD1 卡命令	3.3	输出	C2
A65	SD2_DATA0		数据位 0	3.3	输入/输出	E4
A66	SD1_DATA0		数据位 0	3.3	输入/输出	B3
A67	SD2_DATA1		数据位 1	3.3	输入/输出	E3
A68	SD1_DATA1		数据位 1	3.3	输入/输出	B2
A69	SD2_DATA2		数据位 2	3.3	输入/输出	E2
A70	SD1_DATA2		数据位 2	3.3	输入/输出	B1
A71	SD2_DATA3		数据位 3	3.3	输入/输出	E1
A72	SD1_DATA3		数据位 3	3.3	输入/输出	A2
A73	SPI1_SCK	SPI1	SPI 时钟	3.3	输出	D4
A74	SPI1_SS0		SPI 片选	3.3	输出	D3
A75	SPI1_MOSI		主出从入	3.3	输出	D2
A76	SPI1_MISO		主入从出	3.3	输入	D1
A77	GND	GND	电源地	0	—	—
A78	5V_IN	POWER	5 V 电源	5	输入	—
A79	GND	GND	电源地	0	—	—
A80	5V_IN	POWER	5 V 电源	5	输入	—

表 3.13　M6G2C 核心板引脚定义(B)

引　脚	名　称	默认功能	功能描述	参考电平/V	输入/输出	处理器引脚
B1	BOOT_MODE0	BOOT	01:串行启动	3.3	输入	T10
B2	BOOT_MODE1		10:内部启动	3.3	输入	U10
B3	nRST_OUT	RESET	复位输出	3.3	输出	—
B4	nRST_IN		复位输入	3.3	输入	—
B5	WDO_EN	看门狗控制引脚	看门狗使能	3.3	输入	—
B6	MX6_ONOFF	系统开关机	唤醒/休眠	3.3	输入	R9
B7	CAN1_TX	CAN1&CAN2	数据发送	3.3	输出	H15
B8	CAN1_RX		数据接收	3.3	输入	G14
B9	CAN2_TX		数据发送	3.3	输出	J15
B10	CAN2_RX		数据接收	3.3	输入	H14

续表 3.13

引 脚	名 称	默认功能	功能描述	参考电平/V	输入/输出	处理器引脚
B11	GPIO5_9	GPIO	通用 GPIO	3.3	输入	R6
B12	GPIO5_1(Factory)	GPIO	通用 GPIO	3.3	输入	R9
B13	I2C_SDA	模拟 I^2C	数据引脚	3.3	输入/出	N9
B14	GPIO5_2(CLR)	GPIO	通用 GPIO	3.3	输入	P11
B15	GPIO5_5	GPIO	通用 GPIO	3.3	输入	N8
B16	GPIO5_4	GPIO	通用 GPIO	3.3	输入	P9
B17	I2C_SCL	模拟 I^2C	时钟引脚	3.3	输出	N10
B18	GPIO5_3	GPIO	通用 GPIO	3.3	输入	P10
B19	GPIO5_6	GPIO	通用 GPIO	3.3	输入	N11
B20	GND	GND	电源地	—	—	—
B21	USB_OTG1_VBUS	USB1&USB2	VBUS 输入	5	输入	T12
B22	USB_OTG2_VBUS		VBUS 输入	5	输入	U12
B23	USB_OTG1_ID		ID 信号	3.3	输入	K13
B24	USB_OTG2_ID		ID 信号	3.3	输入	M17
B25	USB_OTG1_D_N		数据负信号	3.3	输入/输出	T15
B26	USB_OTG2_D_N		数据负信号	3.3	输入/输出	T13
B27	USB_OTG1_D_P		数据正信号	3.3	输入/输出	U15
B28	USB_OTG2_D_P		数据正信号	3.3	输入/输出	U13
B29	nUSB_OTG_CHD		充电检测	3.3	输入	U16
B30	GND	GND	电源地	0	—	—
B31	GND		电源地	0	—	—
B32	JTAG_TCK	JTAG	控制器时钟	3.3	输出	M14
B33	PMIC_ON_REQ	电源管理	电源使能	3.3	输出	T9
B34	JTAG_nTRST	JTAG	控制器复位	3.3	输入	N14
B35	CCM_CLK1_N	时钟差分负	输出时钟负	3.3	输出	P16
B36	JTAG_TMS	JTAG	模式选择	3.3	输入	P14
B37	CCM_CLK1_P	时钟差分正	输出时钟正	3.3	输出	P17
B38	JTAG_TDI	JTAG	数据输入	3.3	输入	N16
B39	ADC_CH9	ADC	ADC 通道 9	—	输入	M15
B40	JTAG_TDO	JTAG	数据输出	3.3	输出	N15
B41	ADC_CH8	ADC	ADC 通道 8	—	输入	N17
B42	JTAG_MOD	JTAG	模式控制	3.3	输入	P15
B43	VREF_ADC	ADC	参考电压	—	输入	M13
B44	GND	GND	电源地	0	—	—

续表 3.13

引 脚	名 称	默认功能	功能描述	参考电平/V	输入/输出	处理器引脚
B45	UART1_TX	UART	数据发送	3.3	输出	K14
B46	UART1_RX		数据接收	3.3	输入	K16
B47	UART2_TX		数据发送	3.3	输出	J17
B48	UART2_RX		数据接收	5.0	输入	J16
B49	UART3_TX		数据发送	3.3	输出	H17
B50	UART3_RX		数据接收	3.3	输入	H16
B51	UART4_TX		数据发送	3.3	输出	G17
B52	UART4_RX		数据接收	3.3	输入	G16
B53	UART5_TX		数据发送	3.3	输出	F17
B54	UART5_RX		数据接收	3.3	输入	G13
B55	TS_XN	TOUCH	XPUL 信号	3.3	输入	L17
B56	TS_XP		XNUR 信号	3.3	输入	M16
B57	TS_YN		YPLL 信号	3.3	输入	L15
B58	TS_YP		YNLR 信号	3.3	输入	L14
B59	GND	GND	电源地	0	—	—
B60	3V_BAT	RTC 电池	电池接口	—	输入	—

3.5 M3352 核心板(A8 核)

3.5.1 概 述

M3352 系列 MiniARM 核心板(M3352 - 128LI - F128T、M3352 - 256LI - F256T、M3352 - 512LI - F512T、M3354 - 256LI - F512T、M3354 - 512LI - F1GT 五款核心板的简称)是 ZLG 精心设计的基于 AM335x 处理器的嵌入式核心板模块。800 MHz 主频的 Cortex - A8 内核性能远强于 ARM9,可提供快速的数据处理和流畅的界面切换。M3352 系列核心板拥有丰富的外设资源,6 路 UART、2 路 CAN - Bus、2 路 USB OTG、2 路支持交换机功能的以太网等强大的通信接口。

M3352 系列核心板可以在工业温度范围内稳定工作,能够满足各种条件苛刻的工业应用,比如,工业控制、现场通信、数据采集等领域。如图 3.15(a)所示为核心板产品示意图,其工控评估板如图 3.15(b)所示。

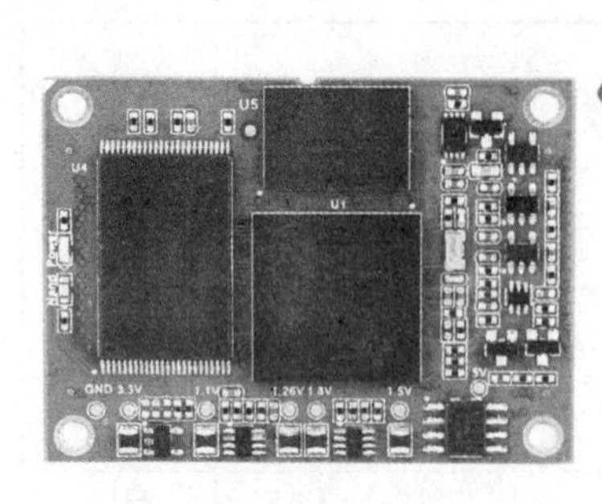

(a) 核心板

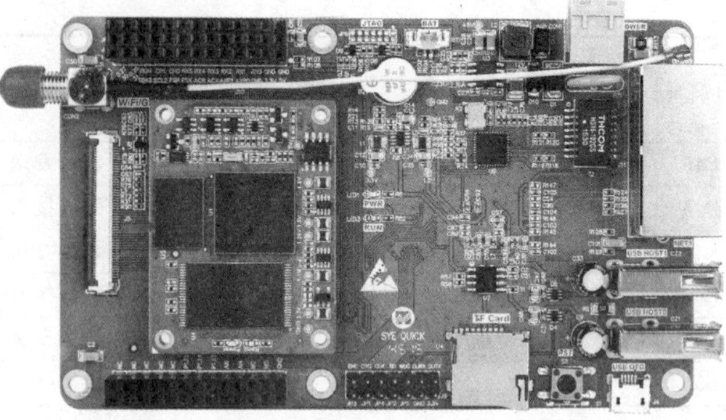

(b) 评估板

图 3.15　M3352核心板及评估底板(IoT-A3352LI)正面图(以实际产品为准)

3.5.2　产品特性

M3352产品特性如下:

- CPU:TI Cortex-A8 AM3352;
- 运行频率:800 MHz;
- 可选128 MB、256 MB、512 MB DDR3;
- 可选128 MB、256 MB、512 MB、1 GB NandFlash;
- 板载独立硬件看门狗;
- 预装Linux系统,可支持AWorks操作系统;
- 支持TCP/IP协议栈;
- 支持多种文件系统,支持SD/MMC卡、U盘读/写;
- 支持2路USB 2.0 OTG;
- 支持1路100M RMII接口,1路可扩展RGMII接口;
- 支持6路串口;
- 支持1路SD Card接口;
- 支持CAN、UART、I^2C等标准通信接口;
- 支持JTAG调试接口;
- 采用6层板PCB工艺;
- 尺寸:35 mm×48 mm;
- 工作电压:5×(1±0.02)V。

3.5.3　产品功能框图

M3352系列核心板将AM335x、DDR3、NandFlash、硬件看门狗等集成到一个

35 mm×48 mm 的模块中，使其具备了极高的性价比，其功能框图如图 3.16 所示。

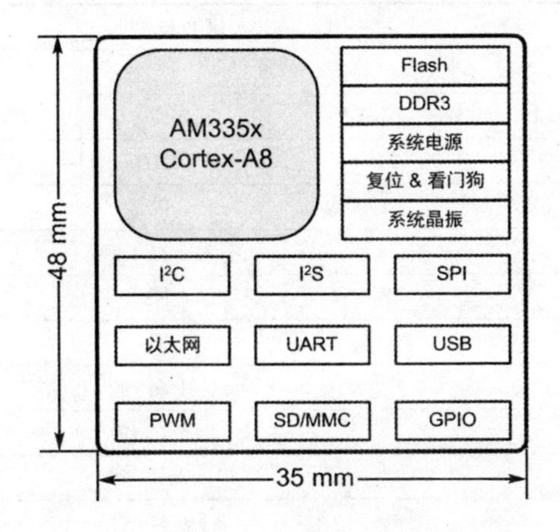

图 3.16　M3352 系列核心板功能框图

3.5.4　产品选型

M3352 系列核心板的具体参数如表 3.14 所列，用户可以根据自己的项目技术需求选择合适的核心板做二次开发。

在列举核心板型号时，为便于区分，将型号分为三行进行展示。第一行表示了所用的 CPU 型号；第二行表示了内存大小；第三行表示了电子硬盘的大小。表 3.14 中共列举了 5 个核心板产品，它们对应的完整型号分别为：M3352 - 128LI - F128T、M3352 - 256LI - F256T、M3352 - 512LI - F512T、M3354 - 256LI - F512T、M3354 - 512LI - F1GT。

表 3.14　M3352 系列核心板参数表

资　源	核心板型号				
	M3352 -			M3354 -	
	128LI -	256LI -	512LI -	256LI -	512LI -
	F128T	F256T	F512T	F512T	F1GT
操作系统	Linux，AWorks				
处理器	AM3352	AM3352	AM3352	AM3354	AM3354
主频	800 MHz				
运行内存	128 MB	256 MB	512 MB	256 MB	512 MB
电子硬盘	128 MB	256 MB	512 MB	512 MB	1 GB
看门狗	支持				
显示最高分辨率	1 366×768				
USB	2 路				
串口	6 路				

续表 3.14

资 源	核心板型号				
	M3352 -			M3354 -	
	128LI - F128T	256LI - F256T	512LI - F512T	256LI - F512T	512LI - F1GT
CAN - Bus	2 路				
以太网	2 路				
SD 卡接口	1 路				
SPI	1 路				
I^2C	1 路				
ADC	4 路 12 位				
音频接口	支持				
PWM	3 路(复用)				

3.5.5 I/O 信息

M3352 系列核心板为了配合标准驱动软件开发,产品出厂时的固件为 I/O 设置了默认功能,用户如果需要更换引脚功能属性,可以参考相关手册,认真了解驱动架构,并在提供的 BSP 开发包基础上自行修改驱动,适配自己需要的功能。配置完成后,需要检查每个引脚配置是否正确,避免驱动冲突。如图 3.17 所示为核心板产品引脚排列示意图,核心板采用了 J1(A1～A80)和 J2(B1～B80)两个精密的板对板连接器将处理器的资源从背面引出。J1 和 J2 两个连接器对应引脚的出厂默认功能如表 3.15 和表 3.16 所列。

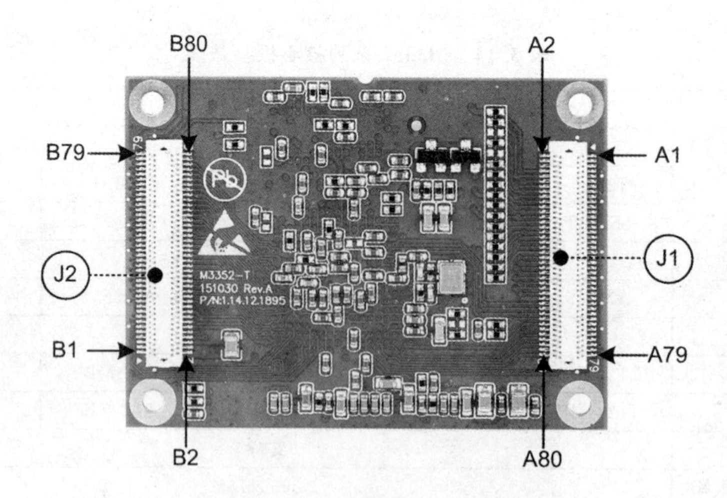

图 3.17 M3352 系列连接器引脚排列

表 3.15　M3352 系列核心板引脚定义(J1)

引　脚	名　称	默认功能	功能描述	参考电平/V	输入/输出	处理器引脚
A1	NC	NC	空脚,悬空即可	—	—	—
A2				—	—	—
A3				—	—	—
A4				—	—	—
A5	GPIO1_15	GPIO	GPIO1_15	3.3	输入/输出	U13
A6	GPIO1_12		GPIO1_12	3.3	输入/输出	T12
A7	TFT_HSYNC	LCD	TFT 水平同步信号	3.3	输出	R5
A8	TFT_B0		16 bit TFT 蓝色分量数据位 0	3.3	输出	R1
A9	TFT_VCLK		TFT 像素时钟	3.3	输出	V5
A10	TFT_B1		16 bit TFT 蓝色分量数据位 1	3.3	输出	R2
A11	TFT_VSYNC		TFT 垂直同步信号	3.3	输出	U5
A12	TFT_B2		16 bit TFT 蓝色分量数据位 2	3.3	输出	R3
A13	TFT_VDEN		TFT 数据输出使能	3.3	输出	R6
A14	TFT_B3		16 bit TFT 蓝色分量数据位 3	3.3	输出	R4
A15	GND	POWER	电源地	0	输出	—
A16	TFT_B4	LCD	16 bit TFT 蓝色分量数据位 4	3.3	输出	T1
A17	NETPHY_RXCLK	RMII1_REF_CLK	以太网接收时钟	3.3	输入	H18
A18	TFT_G0	LCD	16 bit TFT 绿色分量数据位 0	3.3	输出	T2
A19	NETPHY_RXDV	MII1_CRS	以太网接收数据有效	3.3	输入	H17
A20	TFT_G1	LCD	16 bit TFT 绿色分量数据位 1	3.3	输出	T3
A21	NETPHY_TXE＃	MII1_TX_EN	以太网发送数据使能	3.3	输出	J16
A22	TFT_G2	LCD	16 bit TFT 绿色分量数据位 2	3.3	输出	T4
A23	NETPHY_RXER	MII1_RX_ER	以太网接收错误线	3.3	输入	J15
A24	TFT_G3	LCD	16 bit TFT 绿色分量数据位 3	3.3	输出	U1
A25	NETPHY_TXD1	MII1_TXD1	以太网发送数据线 1	3.3	输出	K16
A26	TFT_G4	LCD	16 bit TFT 绿色分量数据位 4	3.3	输出	U2
A27	NETPHY_TXD0	MII1_TXD0	以太网发送数据线 0	3.3	输出	K17
A28	TFT_G5	LCD	16 bit TFT 绿色分量数据位 5	3.3	输出	U3
A29	NETPHY_RXD1	MII1_RXD1	以太网接收数据线 1	3.3	输入	L15
A30	TFT_R0	LCD	16 bit TFT 红色分量数据位 0	3.3	输出	U4
A31	NETPHY_RXD0	MII1_RXD0	以太网接收数据线 0	3.3	输入	M16
A32	TFT_R1	LCD	16 bit TFT 红色分量数据位 1	3.3	输出	V2
A33	GND	POWER	电源地	0	输出	—
A34	TFT_R2	LCD	16 bit TFT 红色分量数据位 2	3.3	输出	V3

续表 3.15

引　脚	名　称	默认功能	功能描述	参考电平/V	输入/输出	处理器引脚
A35	MII_MDC	MDIO	数据管理时钟，用于配置以太网PHY	3.3	输出	M18
A36	TFT_R3	LCD	16 bit TFT红色分量数据位3	3.3	输出	V4
A37	MII_MDIO	MDIO	数据管理数据，用于配置以太网PHY	3.3	输入/输出	M17
A38	TFT_R4	LCD	16 bit TFT红色分量数据位4	3.3	输出	T5
A39	GND	POWER	电源地	0	输出	—
A40	GND	POWER	电源地	0	输出	—
A41	GPMC_A0	RGMII2	RGMII_TCTL	3.3	输出	R13
A42	GPMC_D0	GPMC	GPMC总线数据线0	3.3	输入/输出	U7
A43	GPMC_A1	RGMII3	RGMII_RCTL	3.3	输入	V14
A44	GPMC_D1	GPMC	GPMC总线数据线1	3.3	输入/输出	V7
A45	GPMC_A2	RGMII4	RGMII_TXD3	3.3	输出	U14
A46	GPMC_D2	GPMC	GPMC总线数据线2	3.3	输入/输出	R8
A47	GPMC_A3	RGMII5	RGMII_TXD2	3.3	输出	T14
A48	GPMC_D3	GPMC	GPMC总线数据线3	3.3	输入/输出	T8
A49	GPMC_A4	RGMII6	RGMII_TXD1	3.3	输出	R14
A50	GPMC_D4	GPMC	GPMC总线数据线4	3.3	输入/输出	U8
A51	GPMC_A5	RGMII7	RGMII_TXD0	3.3	输出	V15
A52	GPMC_D5	GPMC	GPMC总线数据线5	3.3	输入/输出	V8
A53	GPMC_A6	RGMII8	RGMII_TCLK	3.3	输出	U15
A54	GPMC_D6	GPMC	GPMC总线数据线6	3.3	输入/输出	R9
A55	GPMC_A7	RGMII9	RGMII_RCLK	3.3	输入	T15
A56	GPMC_D7	GPMC	GPMC总线数据线7	3.3	输入/输出	T9
A57	GPMC_A8	RGMII10	RGMII_RXD3	3.3	输入	V16
A58	GND	POWER	电源地	0	输出	—
A59	GPMC_A9	RGMII11	RGMII_RXD2	3.3	输入	U16
A60	GPMC_nBE0_CLE	GPMC	GPMC总线低字节使能	3.3	输出	T6
A61	GPMC_A10	RGMII12	RGMII_RXD1	3.3	输入	T16
A62	GPMC_nWE	GPMC	GPMC总线写使能	3.3	输出	U6
A63	GPMC_A11	RGMII13	RGMII_RXD0	3.3	输入	V17
A64	GPMC_nAVD_ALE	GPMC	GPMC总线地址使能	3.3	输出	R7
A65	GPMC_nWAIT0		GPMC总线外设等待0	3.3	输入	T17
A66	GPMC_nOE		GPMC总线读使能	3.3	输出	T7
A67	GPIO1_28	工厂模式	内部配置使用，悬空即可	3.3	输入	U18

续表 3.15

引 脚	名 称	默认功能	功能描述	参考电平/V	输入/输出	处理器引脚
A68	GPMC_nWP	GPMC	GPMC 总线写保护	3.3	输出	U17
A69	USB0_D_P	USB	USB0 D+信号	3.3	输入/输出	N17
A70	USB1_DRVVBUS		USB1 VBUS 使能信号	3.3	输出	F15
A71	USB0_D_N		USB0 D−信号	3.3	输入/输出	N18
A72	USB1_D_P		USB0 D+信号	3.3	输入/输出	R17
A73	USB0_DRVVBUS		USB0 VBUS 使能信号	3.3	输出	F16
A74	USB1_D_N		USB0 D−信号	3.3	输入/输出	R18
A75	USB0_VBUS		USB0 VBUS 电源输入	5.0	输入	P15
A76	USB1_ID		USB1 ID 信号	3.3	输入	P17
A77	USB0_ID		USB0 ID 信号	3.3	输入	P16
A78	USB1_CE		USB1 充电使能信号	3.3	输出	P18
A79	USB0_CE		USB0 充电使能信号	3.3	输出	M15
A80	USB1_VBUS		USB1 电源 VBUS 输入	5.0	输入	T18

表 3.16　M3352 系列核心板引脚定义(J2)

引 脚	名 称	默认功能	功能描述	参考电平/V	输入/输出	处理器引脚
B1	VDD_5.0	POWER	5 V 电源输入	5	输入	—
B2				5	输入	—
B3				5	输入	—
B4				5	输入	—
B5	GND	POWER	电源地	0	输出	—
B6	GND	POWER	电源地	0	输出	—
B7	MMC0_D3	SD	SD 卡数据位 3	3.3	输入/输出	F17
B8	nRSTOUT	Reset Out	处理器复位输出,可用于复位外部器件	3.3	输出	A10
B9	MMC0_D2	SD	SD 卡数据位 2	3.3	输入/输出	F18
B10	Vref_ADC	ADC	ADC 参考电压,若不使用悬空即可	—	—	—
B11	MMC0_D1	SD	SD 卡数据位 1	3.3	输入/输出	G15
B12	I2C2_SDA	I^2C	I^2C2_SDA	3.3	输入/输出	A17
B13	MMC0_D0	SD	SD 卡数据位 0	3.3	输入/输出	G16
B14	I2C2_SCL	I^2C	I^2C2_SCL	3.3	输出	B17
B15	MMC0_nCD	SD	SD 卡插入检测	3.3	输入	C15
B16	I2C1_SCL	I^2C	I^2C1_SCL	3.3	输出	A16
B17	MMC0_CLK	SD	SD 卡时钟	3.3	输出	G17
B18	I2C1_SDA	I^2C	I^2C1_SDA	3.3	输入/输出	B16
B19	MMC0_CMD	SD	SD 卡命令	3.3	输入/输出	G18

续表 3.16

引　脚	名　称	默认功能	功能描述	参考电平/V	输入/输出	处理器引脚
B20	GND	POWER	电源地	0	输出	—
B21	GPIO1_13	GPIO	GPIO1_13	3.3	输入/输出	R12
B22	EMU4	GPMC_nCS3	GPIO2_0,用于以太网复位控制	3.3	输出	T13
B23	GPIO1_14	GPIO	GPIO1_14	3.3	输入/输出	V13
B24	EMU2	SD 写保护	GPIO0_19,用于 SD 卡写保护	3.3	输入	A15
B25	GPIO0_7	GPIO	GPIO0_7,用于液晶屏背光控制	3.3	输出	C18
B26	EMU3		GPIO0_20,用于运行指示灯控制	3.3	输出	D14
B27	NAND/SD	启动配置	配置系统从 NAND 或 SD 卡启动	3.3	输入	R3
B28	EMU0	EMU	仿真引脚 EMU0	3.3	输入/输出	C14
B29	PWR_OK	电源使能	底板 3.3 V 电源使能输出	3.3	输出	—
B30	EMU1	EMU	仿真引脚 EMU1	3.3	输入/输出	B14
B31	WDO_EN	硬件看门狗使能/禁止	悬空:看门狗使能; 接高:禁止看门狗	3.3	输出	—
B32	GND	POWER	电源地	0	输出	—
B33	nRST_IN	nRST_IN	冷复位输入,低电平有效	3.3	输入	—
B34	MCASP0_AHCLKX	GPIO	GPIO3_21	3.3	输入	A14
B35	GND	POWER	电源地	0	输出	—
B36	MCASP0_AXR1	MCASP	串行数据 1	3.3	输入/输出	D13
B37	UART0_TXD	UART	UART0 数据发送(调试串口)	3.3	输出	E16
B38	MCASP0_FSR	MCASP	帧同步信号接收	3.3	输入	C13
B39	UART0_RXD	UART	UART0 数据接收(调试串口)	3.3	输入	E15
B40	MCASP0_ACLKX	MCASP	位时钟发送	3.3	输出	A13
B41	UART1_TXD	UART	UART1 数据发送	3.3	输出	D15
B42	MCASP0_FSX	MCASP	帧同步信号发送	3.3	输出	B13

续表 3.16

引 脚	名 称	默认功能	功能描述	参考电平/V	输入/输出	处理器引脚
B43	UART1_RXD	UART	UART1 数据接收	3.3	输入	D16
B44	MCASP0_AHCLKR	蜂鸣器专用GPIO	GPIO3_17,专用于蜂鸣器驱动	3.3	输出	C12
B45	UART2_TXD	UART	UART2 数据发送	3.3	输出	L18
B46	MCASP0_ACLKR	MCASP	位时钟接收	3.3	输入	B12
B47	UART2_RXD	UART	UART2 数据接收	3.3	输入	K18
B48	MCASP0_AXR0	MCASP	串行数据 0	3.3	输入/输出	D12
B49	UART3_TXD	UART	UART3 数据发送	3.3	输出	L16
B50	GND	POWER	电源地	0	输出	—
B51	UART3_RXD	UART	UART3 数据接收	3.3	输入	L17
B52	JTAG_TCK	JTAG	TAP 控制器时钟	3.3	输入	A12
B53	UART4_TXD	UART	UART4 数据发送	3.3	输出	K15
B54	JTAG_TDO	JTAG	TAP 控制器数据输出	3.3	输出	A11
B55	UART4_RXD	UART	UART4 数据接收	3.3	输入	J18
B56	JTAG_TDI	JTAG	TAP 控制器数据输入	3.3	输入	B11
B57	UART5_TXD	UART	UART5 数据发送	3.3	输出	J17
B58	JTAG_TMS	JTAG	TAP 控制器模式选择	3.3	输入	C11
B59	UART5_RXD	UART	UART5 数据接收	3.3	输入	H16
B60	JTAG_nTRST	JTAG	TAP 控制器复位	3.3	输入	B10
B61	CAN0_TXD	CAN	CAN0 数据发送	3.3	输出	D18
B62	AI_7	ADC	模拟量输入第 7 通道	1.8	输入	C9
B63	CAN0_RXD	CAN	CAN0 数据接收	3.3	输入	D17
B64	AI_6	ADC	模拟量输出第 6 通道	1.8	输入	A8
B65	CAN1_TXD	CAN	CAN1 数据发送	3.3	输出	E18
B66	AI_5	ADC	模拟量输入第 5 通道	1.8	输入	B8
B67	CAN1_RXD	CAN	CAN1 数据接收	3.3	输入	E17
B68	AI_4	ADC	模拟量输入第 4 通道	1.8	输入	C8
B69	GPIO0_22	GPIO	GPIO0_22	3.3	输入/输出	U10
B70	AI_3	TOUCH	触摸屏 YNLR 信号	1.8	输入	A7
B71	GPIO0_23	GPIO	GPIO0_23	3.3	输入/输出	T10
B72	AI_2	TOUCH	触摸屏 YPLL 信号	1.8	输入	B7

续表 3.16

引　脚	名　称	默认功能	功能描述	参考电平/V	输入/输出	处理器引脚
B73	GPIO0_26	GPIO	GPIO0_26	3.3	输入/输出	T11
B74	AI_1	TOUCH	触摸屏 XNUR 信号	1.8	输入	C7
B75	GPIO0_27	GPIO	GPIO0_27	3.3	输入/输出	U12
B76	AI_0	TOUCH	触摸屏 XPUL 信号	1.8	输入	B6
B77	GPIO1_31	GPIO	GPIO1_31	3.3	输入/输出	V9
B78	GND	POWER	电源地	0	输出	—
B79	GPIO1_30	GPIO	GPIO1_30	3.3	输入/输出	U9
B80	VBAT	RTC	CPU 内部 RTC 备用电源输入，电压为 3 V	3.0	输入	—

3.6　核心板快速选型表

快速选型表如表 3.17 所列，为了便于用户区分各产品型号之间的差异，表中将产品型号分为多行进行展示，实际产品型号即为多行内容从上至下顺序连接的结果。由此可见，表 3.17 中共列举对比了 15 个型号的产品，它们对应的完整型号如下：

① AW280－64F8；

② M283－64F128LI－T；

③ M283－128F128LI－T；

④ M287－64F128LI－T；

⑤ M287－128F128LI－T；

⑥ AW6748－128；

⑦ AW6748－64F128；

⑧ M6Y2C－256F256LI－T；

⑨ M6G2C－128LI；

⑩ M6G2C－256LI；

⑪ M3352－128LI－F128T；

⑫ M3352－256LI－F256T；

⑬ M3352－512LI－F512T；

⑭ M3354－256LI－F512T；

⑮ M3354－512LI－F1GT。

表 3.17 ARM9、DSP、Cortex－A 系列核心板快速选型表

资源	产品型号														
	AW280－	M283－		M287－		AW6748－		M6Y2C－	M6G2C－		M3352－			M3354－	
	－64	64	128	64	128	128	64	256	128	256	128	256	512	256	512
	F	F					F		LI		LI－F				
	8	128					128	256			128	256	512	512	1G
		LI－T					LI－T				T				
CPU 型号	i.MX					TMS320 C6748		6Y2CVM0			AM3352			AM3354	
	280	283		287				8AA	5AA						
主频/MHz	454					375		800	528		800				
Flash/MB	8	128						256	128	256	128	256	512		1 024
内存/MB	64		128	64	128		64	256	128	256	128	256	512	256	512
操作系统	AWorks	Linux，AWorks				AWorks		Linux，AWorks							
以太网	2 路	1 路		2 路		1 路		2 路			1 路百兆，1 路千兆				
CAN	2 路	—	—	2 路		—	—	2 路							
UART	6 路					2 路		8 路			6 路				
I^2C	2 路	1 路						1 路模拟 I^2C			1 路				
SPI 默认	3 路	—	—	1 路											
SPI 最高	4 路	2 路		4 路		2 路		4 路			2 路				
USB	1 路 HOST，1 路 OTG							2 路 USB 2.0 OTG							
SD	2 路	1 路(复用)				2 路					1 路(最高 2 路)				
LCD	—	16 位 RGB(565)													
触摸屏	—	支持(4 线电阻式)				—	—	支持(4 线电阻式)							
CSI	—	—	—	—	—	—	—	1 路(复用)			—	—	—	—	—
2D/3D 加速	—	—	—	—	—	—	—	—	—	—	—	—	—	支持	
I^2S/SAI	1 路(复用)							最高 2 路(复用)			支持				
PWM	8 路(复用)	1 路(最高 8 路)				1 路(最高 2 路)		2 路			3 路(复用)				
ADC	8 路	4 路(最高 8 路)				—	—	1 路 2 通道			4 路				
模拟音频	—	—	—	—	—	—	—	支持			—	—	—	—	—
GPIO 默认	36	15		36		19		6			—	—	—	—	—
GPIO 最高	110	75		110		120		106			—	—	—	—	—
独立硬件看门狗	支持														
JTAG	支持														
供电电源	3.3 V					5.0 V									
工作温度	－40～＋85 ℃														
机械尺寸	30 mm×48 mm					35 mm×48 mm		30 mm×48 mm					35 mm×48 mm		

第4章

ARM9、Cortex-A无线核心板

本章导读

本章主要介绍基于ARM9、Cortex-A系列处理器开发的高性能的嵌入式SoC无线核心板。本系列无线核心板板载高性能应用处理器，集成Wi-Fi、zigbee、LoRa或RFID无线功能，并搭载AWorks IoT操作系统，主要面向智能硬件、工业4.0和不断发展的物联网应用。

4.1 A280无线核心板(ARM9核)

4.1.1 概　述

A280系列无线核心板(A280-Z64F8AWI-T、A280-W64F8AWI-T、A280-M64F8AWI-T三款核心板的简称)是ZLG精心设计的低功耗、高性能的嵌入式SoC无线核心板，处理器采用NXP基于ARM9内核的i.MX28处理器，主频最高454 MHz，集成了DDR2、SPI Flash、硬件看门狗，支持多种通信方式，比如，Wi-Fi、zigbee、RFID、UART、I^2C、I^2S、Ethernet、USB、SSP等，同时内部集成了电源管理单元PMU，大大简化了系统电源设计，降低了产品设计成本。

A280系列无线核心板可以在工业温度范围内稳定工作，能够满足各种条件苛刻的工业应用，比如，工业控制、现场通信、数据采集等领域。图4.1所示为带zigbee的核心板，图4.2所示为带Wi-Fi的核心板，图4.3所示为带RFID的核心板，其评估板如图4.4所示。

图4.1　A280-Z64F8AWI-T(带zigbee的核心板)

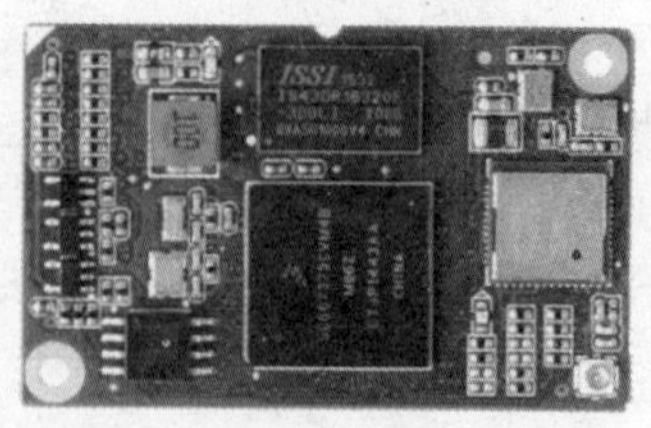

图4.2　A280-W64F8AWI-T(带Wi-Fi的核心板)

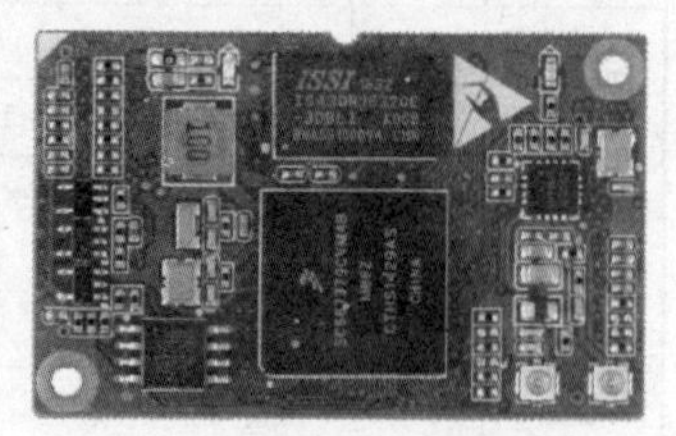

图4.3　A280-M64F8AWI-T(带RFID的核心板)

图 4.4　AW280_EV_Board 评估底板正面图片（以实际产品为准）

4.1.2　产品特性

AW280 产品特性如下：

- CPU：NXP i. MX28 处理器；
- 运行频率：454 MHz；
- 板载 64 MB DDR2；
- 板载 8 MB SPI Flash；
- 内置电源管理单元 PMU；
- 板载独立硬件看门狗；
- 支持 AWorks 操作系统；
- 支持 TCP/IP 协议栈；
- 支持多种文件系统，支持 SD/MMC 卡、U 盘读/写；
- 支持 1 路 10M/100M 以太网接口；
- 支持 1 路 SD Card 接口；
- 支持 1 路 USB 2.0 Host、1 路 USB 2.0 OTG；
- 可选 zigbee、Wi - Fi 或 RFID 功能的无线通信；
- 支持 4 路串口；
- 支持 2 路 I^2C、1 路 SPI、8 路 12 位 ADC（含 1 路高速 ADC）；
- 支持 JTAG 调试接口；
- 采用 6 层板 PCB 工艺；
- 尺寸：30 mm×48 mm；

● 工作电压:3.3×(1±0.02)V。

4.1.3 产品功能框图

A280系列无线核心板将i.MX28处理器、DDR2、SPI Flash、硬件看门狗、Wi-Fi、zigbee、RFID等集成到一个30 mm×48 mm的模组中,使其具备了极高的性价比,A280系列无线核心板功能框图如图4.5所示。

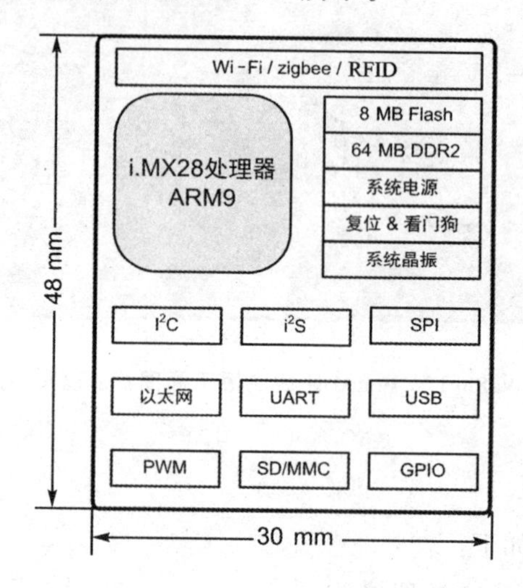

图4.5 A280系列核心板功能框图

4.1.4 产品选型

A280系列无线核心板的具体参数如表4.1所列,用户可以根据自己的项目技术需求选择合适的核心板做二次开发。

表4.1 A280系列核心板参数表

资　源	A280-Z64F8AWI-T	A280-W64F8AWI-T	A280-M64F8AWI-T
操作系统	AWorks		
ARM处理器	i.MX28处理器		
ARM主频	454 MHz		
运行内存	64 MB		
电子硬盘	8MB		
zigbee	支持	—	—
Wi-Fi	—	支持	—
RFID	—	—	支持
独立看门狗	支持		
USB	1路HOST,1路OTG		
串口	5路(含调试串口)	6路(含调试串口)	6路(含调试串口)

续表 4.1

资　源	A280 - Z64F8AWI - T	A280 - W64F8AWI - T	A280 - M64F8AWI - T
CAN - Bus	支持		
以太网	2 路		
SD 卡接口	2 路	1 路	1 路
音频接口	1 路(复用)		
I^2C	2 路		
ADC	8 路		
PWM	8 路(复用)		

4.1.5 I/O 信息

A280 系列无线核心板为了配合标准驱动软件开发，产品的出厂固件为 I/O 设置了默认功能，用户如果需要更换引脚功能属性，可以参考相关手册，认真了解驱动架构，并在提供的 SDK 开发包基础上自行修改驱动，适配需要的功能。配置完成后，检查每个引脚配置是否正确，避免冲突。

图 4.6 所示为核心板产品引脚排列示意图，核心板采用了 J1(A1～A80)和 J2(B1～B80)两个精密的板对板连接器将处理器的资源从背面引出。J1 和 J2 两个连接器对应引脚的出厂默认功能如表 4.2 和表 4.3 所列。

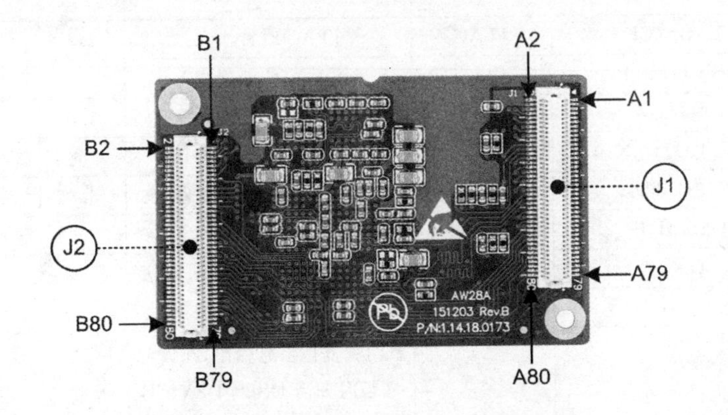

图 4.6　A280 系列连接器引脚排列

表 4.2　A280 无线核心板引脚定义(J1)

引　脚	名　称	默认功能	功能描述	参考电平/V	输入/输出	处理器引脚
A1	USB_DEV_DET	USB Device 识别	USB Device 检测	5	输入	E17
A2	3.3V	电源	3.3 V 电源引脚	3.3	输入	—

续表 4.2

引 脚	名 称	默认功能	功能描述	参考电平/V	输入/输出	处理器引脚
A3	GND	电源地	电源地,功能固定,不可改变	0	—	—
A4	3.3V	电源	3.3 V 电源引脚	3.3	输入	—
A5	ADC0	ADC,12 位	低速 ADC0 (最大 428 kHz 采样率)	1.8	输入	C15
A6	GND	电源地	电源地,功能固定,不可改变	0	—	—
A7	ADC1	ADC	低速 ADC1 (最大 428 kHz 采样率)	1.8	输入	C9
A8	JTAG_TRST	JTAG	JTAG 复位输入	3.3	输入	D14
A9	ADC6	ADC	低速 ADC6 (最大 428 kHz 采样率)	1.8	输入	C14
A10	JTAG_RTCK/ GPIO4_20	JTAG	JTAG 返回时钟输出	3.3	输出	E14
A11	HSADC	ADC	高速 ADC (最大 2 MHz 采样率)	1.8	输入	B14
A12	JTAG_TDO	JTAG	JTAG 串行数据输出	3.3	输出	E13
A13	USB_OTG_ID/ GPIO3_18	USB OTG	USB OTG 主/从识别	3.3	输入	K8
A14	JTAG_TCK	JTAG	JTAG 时钟输入	3.3	输入	E11
A15	USB_OTG_P	USB OTG	USB OTG 差分线 P	5	输入/输出	B10
A16	JTAG_TMS	JTAG	JTAG 测试模式选择输入	3.3	输入	D12
A17	USB_OTG_N	USB OTG	USB OTG 差分线 N	5	输入/输出	A10
A18	JTAG_TDI	JTAG	JTAG 串行数据输入	3.3	输入	E12
A19	USB_H_P	USB HOST	USB HOST 差分线 P	5	输入/输出	A8
A20	GND	电源地	电源地,功能固定,不可改变	0		
A21	USB_H_N	USB HOST	USB HOST 差分线 N	5	输入/输出	B8
A22	nRST_OUT	复位输出	看门狗复位信号输出,在设计底板时如需 USB0_DEVICE 功能,则需要使用该引脚切断外部 USBHOST 提供的 5 V 电源	3.3	输出	复位芯片输出
A23	BEEP/GPIO3_29	GPIO	按推荐电路接到蜂鸣器电路	3.3	输入/输出	E10
A24	nRST_IN	复位输入	手动复位信号输入	3.3	输入	复位芯片输入
A25	ERR/GPIO2_5	SYS	错误指示灯, 运行有错误会闪烁	3.3	输出	C5

续表 4.2

引 脚	名 称	默认功能	功能描述	参考电平/V	输入/输出	处理器引脚
A26	WDO_EN	看门狗	0(悬空):看门狗使能; 1(接 3.3 V):看门狗禁能; 核心板默认固件已对硬件看门狗进行喂狗处理	3.3	输入	复位芯片输入
A27	RUN/GPIO2_6	SYS	正常指示灯,正常运行时灯闪烁	3.3	输出	D5
A28	Factory/GPIO2_4	SYS 模式配置	悬空(推荐):正常工作模式; 接地:厂商测试模式	3.3	输入/输出	B5
A29	I2C1_SCL/GPIO3_16	I^2C1	I^2C1 时钟线	3.3	输出	K7
A30	I2C0_SCL/GPIO3_24	I^2C0	I^2C0 时钟线	3.3	输出	C7
A31	I2C1_SDA/GPIO3_17	I^2C1	I^2C1 数据线	3.3	输入/输出	L7
A32	I2C0_SDA/GPIO3_25	I^2C0	I^2C0 数据线	3.3	输入/输出	D8
A33	VDD_XTAL	晶振电源	晶振电源	3.3	输出	C12
A34	GND	电源地	电源地	0	—	—
A35	PSWITCH	多功能引脚	多功能引脚(如上电、掉电、固件恢复)	1.2	输入	A11
A36	GPIO3_26	GPIO	GPIO3_26	3.3	输入/输出	E8
A37	GPIO3_21	GPIO	GPIO3_21	3.3	输入/输出	G6
A38	AUART4_RX/GPIO3_22	AUART4	应用串口 4 接收数据线	3.3	输入	F7
A39	GPIO3_20	GPIO	GPIO3_20	3.3	输入/输出	G7
A40	AUART4_TX/GPIO3_23	AUART4	应用串口 4 发送数据线	3.3	输出	E7
A41	SD_D0/GPIO2_0	SDIO	SDIO 数据信号 0	3.3	输入/输出	B6
A42	SD_WP/GPIO0_17	SDIO	SDIO 卡写保护信号	3.3	输出	N9
A43	SD_D1/GPIO2_1	SDIO	SDIO 数据信号 1	3.3	输入/输出	C6
A44	SD_DETECT/GPIO2_9	SDIO	SDIO 卡插入检测信号	3.3	输入	D10
A45	SD_D2/GPIO2_2	SDIO	SDIO 数据信号 2	3.3	输入/输出	D6
A46	SD_SCK/GPIO2_10	SDIO	SDIO 时钟信号	3.3	输出	A6
A47	SD_D3/GPIO2_3	SDIO	SDIO 数据信号 3	3.3	输入/输出	A5
A48	SD_CMD/GPIO2_8	SDIO	SDIO 命令信号	3.3	输出	A4
A49	ENET1_RX_EN/GPIO4_15	NET1	以太网 1 接收数据有效	3.3	输入	J3
A50	GND	电源地	电源地	0	—	—
A51	ENET1_RXD1/GPIO4_10	NET1	以太网 1 接收数据线 1	3.3	输入	J2
A52	ENET1_TX_EN/GPIO4_14	NET1	以太网 1 发送使能	3.3	输出	J4
A53	ENET1_RXD0/GPIO4_9	NET1	以太网 1 接收数据线 0	3.3	输入	J1
A54	ENET1_TXD1/GPIO4_12	NET1	以太网 1 发送数据线 1	3.3	输出	G2
A55	ENET0_RX_CLK/GPIO4_13	NET0	以太网 0 接收时钟	3.3	输入	F3
A56	ENET1_TXD0/GPIO4_11	NET1	以太网 1 发送数据线 0	3.3	输出	G1

续表 4.2

引　脚	名　称	默认功能	功能描述	参考电平/V	输入/输出	处理器引脚
A57	ENET0_RX_EN/GPIO4_2	NET0	以太网 0 接收有效	3.3	输入	E4
A58	ENET0_TX_CLK/GPIO4_5	NET0	以太网 0 发送时钟	3.3	输出	E3
A59	ENET0_RXD1/GPIO4_4	NET0	以太网 0 接收数据线 1	3.3	输入	H2
A60	ENET0_TX_EN/GPIO4_6	NET0	以太网 0 发送使能	3.3	输出	F4
A61	ENET0_RXD0/GPIO4_3	NET0	以太网 0 接收数据线 0	3.3	输入	H1
A62	ENET0_TXD1/GPIO4_8	NET0	以太网 0 发送数据线 1	3.3	输出	F2
A63	ENET_MDIO/GPIO4_1	NET 配置	管理接口数据	3.3	输入/输出	H4
A64	ENET0_TXD0/GPIO4_7	NET0	以太网 0 发送数据线 0	3.3	输出	F1
A65	ENET_CLK/GPIO4_16	NET	以太网时钟	3.3	输出	E2
A66	ENET_MDC/GPIO4_0	NET 配置	管理接口时钟	3.3	输出	G4
A67	GND	电源地	电源地	0	—	—
A68	GND	电源地		0	—	—
A69	GPIO1_30	GPIO	GPIO1_30	3.3	输入/输出	N1
A70	GPIO1_28	GPIO	GPIO1_28	3.3	输入/输出	L1
A71	GPIO1_31	GPIO	GPIO1_31	3.3	输入/输出	N5
A72	GPIO1_29	GPIO	GPIO1_29	3.3	输入/输出	M1
A73	GPIO2_12	GPIO	GPIO2_12	3.3	输入/输出	B1
A74	SPI3_SCK/GPIO2_24	SPI3	SPI3 时钟信号	3.3	输出	A2
A75	GPIO2_13	GPIO	GPIO2_13	3.3	输入/输出	C1
A76	SPI3_MOSI/GPIO2_25	SPI3	SPI3 主出从入	3.3	输入/输出	C2
A77	GPIO2_14	GPIO	GPIO2_14	3.3	输入/输出	D1
A78	SPI3_MISO/GPIO2_26	SPI3	SPI3 主入从出	3.3	输入	B2
A79	GPIO2_15	GPIO	GPIO2_15	3.3	输入/输出	E1
A80	SPI3_SS0/GPIO2_27	SPI3	SPI3 片选信号 0	3.3	输入/输出	D2

表 4.3　A280 无线核心板引脚定义(J2)

引　脚	名　称	默认功能	功能描述	参考电平/V	输入/输出	处理器引脚
B1	GPIO0_16	GPIO	GPIO0_16	3.3	输入/输出	N7
B2	GPIO0_7	GPIO	GPIO0_7(zigbee 悬空)	3.3	输入/输出	T6
B3	GPIO0_20	GPIO	GPIO0_20	3.3	输入/输出	N6
B4	GPIO0_6	GPIO	GPIO0_6(zigbee/Wi－Fi 悬空)	3.3	输入/输出	U6
B5	GPIO0_21	GPIO	GPIO0_21(Wi－Fi/Mifare 悬空)	3.3	输入/输出	N8
B6	GPIO0_5	GPIO	GPIO0_5(zigbee/Wi－Fi 悬空)	3.3	输入/输出	R7
B7	GPIO0_24	GPIO	GPIO0_24	3.3	输入/输出	R6

续表 4.3

引脚	名称	默认功能	功能描述	参考电平/V	输入/输出	处理器引脚
B8	GPIO0_4	GPIO	GPIO0_4(zigbee/Wi-Fi 悬空)	3.3	输入/输出	T7
B9	GPIO0_25	GPIO	GPIO0_25(Wi-Fi/Mifare 悬空)	3.3	输入/输出	P8
B10	GPIO0_3	GPIO	GPIO0_3(zigbee/Wi-Fi/Mifare 悬空)	3.3	输入/输出	U7
B11	GPIO0_26	GPIO	GPIO0_26	3.3	输入/输出	P6
B12	GPIO0_2	GPIO	GPIO0_2(zigbee/Wi-Fi/Mifare 悬空)	3.3	输入/输出	R8
B13	GPIO0_27	GPIO	GPIO0_27	3.3	输入/输出	P7
B14	GPIO0_1	GPIO	GPIO0_1(zigbee/Wi-Fi/Mifare 悬空)	3.3	输入/输出	T8
B15	GPIO0_28	GPIO	GPIO0_28	3.3	输入/输出	L9
B16	GPIO0_0	GPIO	GPIO0_0(zigbee/Wi-Fi/Mifare 悬空)	3.3	输入/输出	U8
B17	GND	电源地	功能固定，不可改变	0	—	—
B18	GND			0	—	—
B19	CAN1_TX/GPIO0_18	CAN1	CAN1 发送数据线	3.3	输出	M7
B20	AUART3_TX/GPIO3_13	AUART3	应用串口 3 发送数据线	3.3	输出	L5
B21	CAN1_RX/GPIO0_19	CAN1	CAN1 接收数据线	3.3	输入	M9
B22	AUART3_RX/GPIO3_12	AUART3	应用串口 3 接收数据线	3.3	输入	M5
B23	CAN0_TX/GPIO0_22	CAN0	CAN0 发送数据线	3.3	输出	M8
B24	AUART2_TX/GPIO3_9	AUART2	应用串口 2 发送数据线	3.3	输出	F5
B25	CAN0_RX/GPIO0_23	CAN0	CAN0 接收数据线	3.3	输入	L8
B26	AUART2_RX/GPIO3_8	AUART2	应用串口 2 接收数据线	3.3	输入	F6
B27	GPIO3_15	GPIO	GPIO3_15	3.3	输入/输出	K6
B28	DUART_TX/GPIO3_3	DUART	调试串口发送数据线	3.3	输出	J7
B29	GPIO3_14	GPIO	GPIO3_14	3.3	输入/输出	L6
B30	DUART_RX/GPIO3_2	DUART	调试串口接收数据线	3.3	输入	J6
B31	GPIO3_11	GPIO	GPIO3_11	3.3	输入/输出	H7
B32	AUART1_TX/GPIO3_5	AUART1	应用串口 1 发送数据线 zigbee 悬空	3.3	输出	K4
B33	GPIO3_10	GPIO	GPIO3_10	3.3	输入/输出	H6
B34	AUART1_RX/GPIO3_4	AUART1	应用串口 1 接收数据线 zigbee 悬空	3.3	输入	L4
B35	GPIO3_7	GPIO	GPIO3_7	3.3	输入/输出	J5
B36	AUART0_TX/GPIO3_1	AUART0	应用串口 0 发送数据线	3.3	输出	H5

续表 4.3

引　脚	名　称	默认功能	功能描述	参考电平/V	输入/输出	处理器引脚
B37	GPIO3_6	GPIO	GPIO3_6	3.3	输入/输出	K5
B38	AUART0_RX/GPIO3_0	AUART0	应用串口 0 接收数据线	3.3	输入	G5
B39	GND	电源地	电源地	0	—	—
B40	GND	电源地	电源地	0	—	—
B41	ADC3	ADC	低速 ADC3	1.8	输入	D9
B42	ADC5	ADC	低速 ADC5	1.8	输入	D15
B43	ADC2	ADC，12 位	低速 ADC2	1.8	输入	C8
B44	ADC4	ADC，12 位	低速 ADC4	1.8	输入	D13
B45	GPIO1_27	GPIO	GPIO1_27	3.3	输入/输出	P5
B46	GPIO1_24	GPIO	GPIO1_24	3.3	输入/输出	P4
B47	GPIO1_26	GPIO	GPIO1_26	3.3	输入/输出	M4
B48	GPIO1_25	GPIO	GPIO1_25	3.3	输入/输出	K1
B49	GPIO3_28	GPIO	GPIO3_28	3.3	输入/输出	E9
B50	GPIO3_30	GPIO	GPIO3_30	3.3	输入/输出	M6
B51	GPIO1_23	GPIO	GPIO1_23	3.3	输入/输出	R5
B52	GPIO1_22	GPIO	GPIO1_22	3.3	输入/输出	T5
B53	GPIO1_21	GPIO	GPIO1_21	3.3	输入/输出	U5
B54	GPIO1_20	GPIO	GPIO1_20	3.3	输入/输出	R4
B55	GPIO1_19	GPIO	GPIO1_19	3.3	输入/输出	T4
B56	GPIO1_18	GPIO	GPIO1_18	3.3	输入/输出	U4
B57	GPIO1_17	GPIO	GPIO1_17	3.3	输入/输出	R3
B58	GPIO1_16	GPIO	GPIO1_16	3.3	输入/输出	T3
B59	GPIO1_15	GPIO	GPIO1_15	3.3	输入/输出	U3
B60	GPIO1_14	GPIO	GPIO1_14	3.3	输入/输出	U2
B61	GPIO1_13	GPIO	GPIO1_13	3.3	输入/输出	T2
B62	GPIO1_12	GPIO	GPIO1_12	3.3	输入/输出	T1
B63	GPIO1_11	GPIO	GPIO1_11	3.3	输入/输出	R2
B64	GPIO1_10	GPIO	GPIO1_10	3.3	输入/输出	R1
B65	GPIO1_9	GPIO	GPIO1_9	3.3	输入/输出	P3
B66	GPIO1_8	GPIO	GPIO1_8	3.3	输入/输出	P2
B67	GPIO1_7	GPIO	GPIO1_7	3.3	输入/输出	P1
B68	GPIO1_6	GPIO	GPIO1_6	3.3	输入/输出	N2
B69	GPIO1_5	GPIO	GPIO1_5	3.3	输入/输出	M3
B70	GPIO1_4	GPIO	GPIO1_4	3.3	输入/输出	M2
B71	GPIO1_3	GPIO	GPIO1_3	3.3	输入/输出	L3

续表 4.3

引　脚	名　称	默认功能	功能描述	参考电平/V	输入/输出	处理器引脚
B72	GPIO1_2	GPIO	GPIO1_2	3.3	输入/输出	L2
B73	GPIO1_1	GPIO	GPIO1_1	3.3	输入/输出	K3
B74	GPIO1_0	GPIO	GPIO1_0	3.3	输入/输出	K2
B75	GND	电源地	电源地	0	—	—
B76	GND	电源地	电源地	0	—	—
B77	NC	悬空引脚	NC/悬空防呆	—	—	—
B78	NC			—	—	—
B79	NC			—	—	—
B80	NC			—	—	—

4.2　A287 无线核心板(ARM9 核)

4.2.1　概　述

A287 系列无线核心板(A287 - W128LI、A287 - WB128LI、A287 - W128F256LI - T 三款核心板的简称)是 ZLG 精心设计的采用板对板连接器接口的低功耗、高性能嵌入式无线核心板,处理器采用 NXP 基于 ARM9 内核的 i.MX287,主频最高 454 MHz,集成了 DDR2、NandFlash、Wi - Fi、蓝牙及硬件看门狗等,支持多种通信方式,比如,Wi - Fi、BT、UART、I²C、I²S、Ethernet、USB,同时内部集成了电源管理单元 PMU,降低了系统功耗,大大简化了系统电源设计,并降低了产品设计成本。

A287 系列无线核心板可以在工业温度范围内稳定工作,能够满足各种条件苛刻的工业应用,比如,工业控制、现场通信、数据采集等领域。如图 4.7 和图 4.8 所示为 A287 - W128LI 及 A287 - WB128LI 无线核心板产品示意图,其工控评估板如图 4.9 所示。

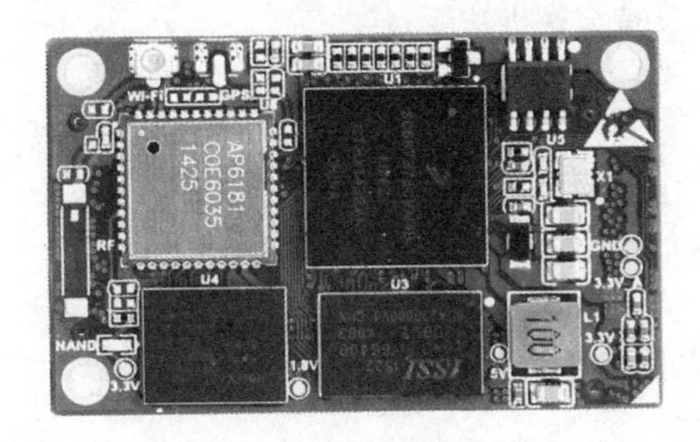

图 4.7　A287 - W128LI 正面图片

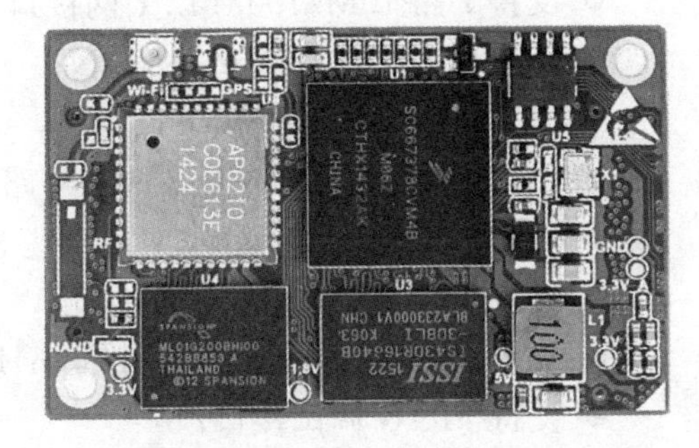

图 4.8　A287 - WB128LI 正面图片

图 4.9　A287 系列无线核心板评估底板正面图片(以实际产品为准)

4.2.2　产品特性

A287 产品特性如下：

- CPU：NXP i. MX287；
- 运行频率：454 MHz；
- 板载 128 MB DDR2；
- 板载 128 MB NandFlash；
- 内置电源管理单元 PMU；
- 预装 Linux 系统，可支持 AWorks 操作系统；
- 板载独立硬件看门狗；
- 支持多种文件系统，支持 SD/MMC 卡、U 盘读/写；
- 支持 1 路 USB 2.0 HOST、1 路 USB 2.0 OTG；
- 支持 2 路 10M/100M 以太网接口，支持交换机功能；
- 支持多达 6 路串口、2 路 CAN；
- 支持 1 路 SD Card 接口；
- 1 路 I^2C、1 路 SPI、1 路 I^2S 及 4 路 12 位 ADC；
- 内置 LCD 控制器，分辨率最高达 800×480；
- 支持 4 线电阻式触摸屏接口；
- 支持无线 Wi-Fi(802.11 b/g/n)以及蓝牙 4.0 无线通信；
- 支持 JTAG 调试接口；
- 支持多种升级方式；
- 采用 6 层 PCB 工艺；

- 尺寸:30 mm×48 mm;
- 工作电压:3.3×(1+0.05) V。

4.2.3 产品功能框图

A287 系列无线核心板将 i.MX287、DDR2、NAND Flash、Wi-Fi、BT、硬件看门狗等集成到一个 30 mm×48 mm 的模组中,使其具备了极高的性价比,A287 系列无线核心板功能框图如图 4.10 所示。

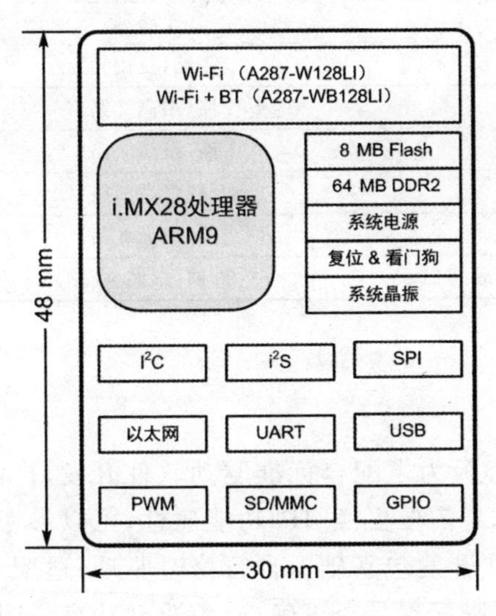

图 4.10 A287 系列无线核心板功能框图

4.2.4 产品选型

A287 系列无线核心板的具体参数如表 4.4 所列,用户可以根据自己的项目技术需求选择合适的核心板做二次开发。

表 4.4 A287 系列无线核心板产品选型表

资 源	A287-W128LI	A287-WB128LI	A287-W128F256LI-T
ARM 处理器	i.MX287	i.MX287	i.MX287
ARM 主频	454 MHz	454 MHz	454 MHz
操作系统	Linux,AWorks	Linux,AWorks	Linux,AWorks
运行内存	128 MB	128 MB	128 MB
电子硬盘	128 MB	128 MB	256 MB
Wi-Fi	IEEE 802.11 b/g/n	IEEE 802.11 b/g/n	IEEE 802.11 b/g/n
蓝牙	—	蓝牙 V4.0	蓝牙 V4.0
独立看门狗	支持	支持	支持
显示接口	16 位 RGB(565),分辨率高达 800×480		

续表 4.4

资　源	A287 - W128LI	A287 - WB128LI	A287 - W128F256LI - T
触摸屏	支持 4 线电阻式触摸屏		
USB	1 路 HOST,1 路 OTG		
串口	6 路(含 1 路调试串口)	5 路(含 1 路调试串口)	5 路(含 1 路调试串口)
CAN - Bus	2 路		
以太网	2 路(支持交换机功能)		
SD 卡接口	1 路		
音频接口	1 路(复用)		
SPI	1 路(最高 2 路)		
I^2C	1 路(最高 2 路)		
ADC	4 路(最高 8 路)		
PWM	1 路(最高 6 路)		
GPIO	23 路(最高 99 路)	23 路(最高 95 路)	23 路(最高 95 路)

4.2.5 I/O 信息

A287 系列无线核心板为了配合标准驱动软件开发,产品出厂时的固件为 I/O 设置了默认功能,用户如果需要更换引脚功能属性,可以参考相关手册,认真了解驱动架构,并在提供的 BSP 开发包基础上自行修改驱动,适配自己需要的功能。配置完成后,需要检查每个引脚配置是否正确,避免驱动冲突。图 4.11 所示为核心板产品引脚排列示意图,核心板采用了 A(A1～A80)和 B(B1～B60)两个精密的板对板连接器将处理器的资源从背面引出。A 和 B 两个连接器对应引脚的出厂默认功能如表 4.5 和表 4.6 所列。

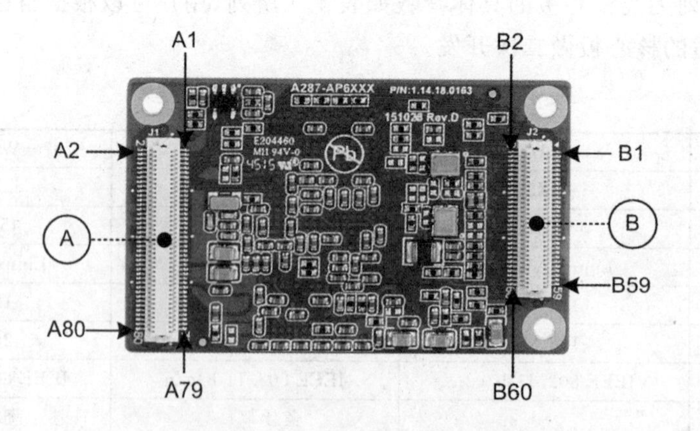

图 4.11　A287 系列无线核心板连接器引脚排列

表 4.5　A287 系列无线核心板引脚定义(A)

引　脚	名　称	默认功能	功能描述	参考电平/V	输入/输出	处理器引脚
A1	GND	POWER	电源地	0	输入	—
A2	GND		电源地	0	输入	—
A3	nRST_OUT	WDG	复位输出	3.3	输出	—
A4	nRST_IN		手动复位	3.3	输入	—
A5	SPI3_SCK	SPI3	时钟信号	3.3	输出	A2
A6	SPI3_MOSI		主出从入	3.3	输出	C2
A7	SPI3_MISO		主入从出	3.3	输入	B2
A8	SPI3_SS0		片选 0	3.3	输出	D2
A9	AUART2_TX	AUART	串口 2 发送	3.3	输出	C3
A10	AUART3_RX		串口 3 接收	3.3	输入	B3
A11	AUART3_TX		串口 3 发送	3.3	输出	C4
A12	AUART2_RX	AUART	串口 2 接收	3.3	输入	A3
A13	AUART4_RX		串口 4 接收	3.3	输入	F7
A14	GPIO3_20	GPIO	GPIO3_20	3.3	输入	G7
A15	AUART4_TX	AUART	串口 4 发送	3.3	输出	E7
A16	GPIO3_21	GPIO	GPIO3_21	3.3	输入	G6
A17	GPIO3_26		GPIO3_26	3.3	输入	E8
A18	GPIO3_27		283 不支持	3.3	输入	D7
A19	GPIO1_28		GPIO1_28	3.3	输入	L1
A20	RESERVED	NC	NC	—	—	—
A21	ENET1_TXD0	NET1	发送数据线 0	3.3	输出	G1
A22	RESERVED	NC	NC	—	—	—
A23	ENET1_TXD1	NET1	发送数据线 1	3.3	输出	G2
A24	ENET1_RX_EN		接收使能	3.3	输入	J3
A25	ENET1_TX_EN		发送使能	3.3	输出	J4
A26	ENET1_RXD0		接收数据线 0	3.3	输入	J1
A27	ENET0_RX_EN	NET0	接收使能	3.3	输入	E4
A28	ENET1_RXD1	NET1	接收数据线 1	3.3	输入	J2
A29	ENET0_TXD0	NET0	发送数据线 0	3.3	输出	F1
A30	ENET0_TXD1		发送数据线 1	3.3	输出	F2
A31	ENET0_TX_CLK		默认为 GPIO	3.3	输入	E3
A32	ENET0_RXD0		接收数据线 0	3.3	输入	H1
A33	ENET0_RX_CLK		默认为 GPIO	3.3	输入	F3
A34	ENET0_RXD1		接收数据线 1	3.3	输入	H2
A35	ENET_MDC	管理接口	管理时钟	3.3	输出	G4
A36	ENET0_TX_EN	NET0	发送使能	3.3	输出	F4

续表 4.5

<table>
<tr><th>引 脚</th><th>名 称</th><th>默认功能</th><th>功能描述</th><th>参考
电平/V</th><th>输入/输出</th><th>处理器
引脚</th></tr>
<tr><td>A37</td><td>ENET_MDIO</td><td>管理接口</td><td>管理数据</td><td>3.3</td><td>输入/出</td><td>H4</td></tr>
<tr><td>A38</td><td>ENET_CLK</td><td>NET CLK</td><td>参考时钟</td><td>3.3</td><td>输出</td><td>E2</td></tr>
<tr><td>A39</td><td>GND</td><td rowspan="2">POWER</td><td>电源地</td><td>0</td><td>输入</td><td>—</td></tr>
<tr><td>A40</td><td>GND</td><td>电源地</td><td>0</td><td>输入</td><td>—</td></tr>
<tr><td>A41</td><td>USB_OTG_ID</td><td>USB OTG</td><td>OTG ID 线</td><td>3.3</td><td>输入</td><td>K8</td></tr>
<tr><td>A42</td><td>USB_H_N</td><td>USB HOST</td><td>差分数据线 N</td><td>3.3</td><td>输入/出</td><td>B8</td></tr>
<tr><td>A43</td><td>GPIO3_29</td><td>GPIO</td><td>GPIO3_29</td><td>3.3</td><td>输入</td><td>E10</td></tr>
<tr><td>A44</td><td>USB_H_P</td><td>USB1</td><td>差分数据线 P</td><td>3.3</td><td>输入/出</td><td>A8</td></tr>
<tr><td>A45</td><td>USB_OTG_P</td><td>USB0 OTG</td><td>差分数据线 P</td><td>3.3</td><td>输入/出</td><td>B10</td></tr>
<tr><td>A46</td><td>VDD_XTAL</td><td>POWER</td><td>晶振电源</td><td>3.3</td><td>输出</td><td>C12</td></tr>
<tr><td>A47</td><td>USB_OTG_N</td><td>USB OTG</td><td>差分数据线 N</td><td>3.3</td><td>输入/出</td><td>A10</td></tr>
<tr><td>A48</td><td>PSWITCH</td><td>PSWITCH</td><td>多功能引脚</td><td>3.3</td><td>输入</td><td>A11</td></tr>
<tr><td>A49</td><td>GND</td><td>POWER</td><td>电源地</td><td>0</td><td>输入</td><td>—</td></tr>
<tr><td>A50</td><td>BOOT_SELECT</td><td>BOOT</td><td>SD 启动 BT</td><td>3.3</td><td>输入</td><td>—</td></tr>
<tr><td>A51</td><td>WDO_EN</td><td>WDG</td><td>禁止看门狗</td><td>3.3</td><td>输入</td><td>—</td></tr>
<tr><td>A52</td><td>BOOT_MODE</td><td>BOOT</td><td>USB 启动 BT</td><td>3.3</td><td>输入</td><td>—</td></tr>
<tr><td>A53</td><td rowspan="8">3.3V</td><td rowspan="8">POWER</td><td>电源</td><td>3.3</td><td>输入</td><td>—</td></tr>
<tr><td>A54</td><td>电源</td><td>3.3</td><td>输入</td><td>—</td></tr>
<tr><td>A55</td><td>电源</td><td>3.3</td><td>输入</td><td>—</td></tr>
<tr><td>A56</td><td>电源</td><td>3.3</td><td>输入</td><td>—</td></tr>
<tr><td>A57</td><td>电源</td><td>3.3</td><td>输入</td><td>—</td></tr>
<tr><td>A58</td><td>电源</td><td>3.3</td><td>输入</td><td>—</td></tr>
<tr><td>A59</td><td>电源</td><td>3.3</td><td>输入</td><td>—</td></tr>
<tr><td>A60</td><td>电源</td><td>3.3</td><td>输入</td><td>—</td></tr>
<tr><td>A61</td><td>USB_DEV_DET</td><td rowspan="2">POWER</td><td>DEVICE 检测</td><td>5</td><td>输入</td><td rowspan="2">E17</td></tr>
<tr><td>A62</td><td>USB_DEV_DET</td><td>DEVICE 检测</td><td>5</td><td>输入</td></tr>
<tr><td>A63</td><td>SD_D1</td><td rowspan="8">SD</td><td>数据 1</td><td>3.3</td><td>输入/出</td><td>C6</td></tr>
<tr><td>A64</td><td>SD_D0</td><td>数据 0</td><td>3.3</td><td>输入/出</td><td>B6</td></tr>
<tr><td>A65</td><td>SD_D3</td><td>数据 3</td><td>3.3</td><td>输入/出</td><td>A5</td></tr>
<tr><td>A66</td><td>SD_D2</td><td>数据 2</td><td>3.3</td><td>输入/出</td><td>D6</td></tr>
<tr><td>A67</td><td>SD_WP</td><td>卡写保护</td><td>3.3</td><td>输入</td><td>N9</td></tr>
<tr><td>A68</td><td>SD_CMD</td><td>命令信号</td><td>3.3</td><td>输出</td><td>A4</td></tr>
<tr><td>A69</td><td>SD_CARD_DETE</td><td>卡插入检测</td><td>3.3</td><td>输入</td><td>D10</td></tr>
<tr><td>A70</td><td>SD_SCK</td><td>时钟信号</td><td>3.3</td><td>输出</td><td>A6</td></tr>
</table>

续表 4.5

引 脚	名 称	默认功能	功能描述	参考电平/V	输入/输出	处理器引脚
A71	ADC0	ADC	低速 ADC0	3.3	输入	C15
A72	HSADC		高速 ADC	3.3	输入	B14
A73	ADC6		低速 ADC6	3.3	输入	C14
A74	ADC1		低速 ADC1	3.3	输入	C9
A75	JTAG_TDO	JTAG	数据输出	3.3	输出	E13
A76	JTAG_TCK		时钟输入	3.3	输入	E11
A77	JTAG_TRST		复位输入	3.3	输入	D14
A78	JTAG_TMS		模式选择	3.3	输入	D12
A79	JTAG_RTCK		返回时钟	3.3	输入	E14
A80	JTAG_TDI		串行数据	3.3	输入	E12

表 4.6　A287 系列无线核心板引脚定义(B)

引 脚	名 称	默认功能	功能描述	参考电平/V	输入/输出	处理器引脚
B1	GPIO2_13	GPIO	GPIO2_13	3.3	输入	C1
B2	GPIO2_12		GPIO2_12	3.3	输入	B1
B3	GPIO2_15		GPIO2_15	3.3	输入	E1
B4	GPIO2_14		GPIO2_14	3.3	输入	D1
B5	GPIO3_7		GPIO3_7	3.3	输入	J5
B6	GPIO3_6		GPIO3_6	3.3	输入	K5
B7	GPIO3_11		GPIO3_11	3.3	输入	H7
B8	GPIO3_10		GPIO3_10	3.3	输入	H6
B9	GPIO3_14		GPIO3_14	3.3	输入	L6
B10	GPIO3_15		GPIO3_15	3.3	输入	K6
B11	GPIO3_13		GPIO3_13	3.3	输入	L5
B12	GPIO3_12		GPIO3_12	3.3	输入	M5
B13	GPIO3_9		GPIO3_9	3.3	输入	F5
B14	GPIO3_8		GPIO3_8	3.3	输入	F6
B15	AUART1_TX	AUART1	串口 1 发送	3.3	输出	K4
B16	AUART1_RX		串口 1 接收	3.3	输入	L4
B17	AUART0_TX	AUART0	串口 0 发送	3.3	输出	H5
B18	AUART0_RX		串口 0 接收	3.3	输入	G5
B19	DUART_TX	DUART	调试串口发送	3.3	输出	J7
B20	DUART_RX		调试串口接收	3.3	输入	J6
B21	GPIO1_17	GPIO	GPIO1_17	3.3	输入	R3
B22	GPIO1_16		PHY 复位	3.3	输出	T3

续表 4.6

引 脚	名 称	默认功能	功能描述	参考电平/V	输入/输出	处理器引脚
B23	Factory	CFG	悬空-正常模式 接地-测试模式	3.3	输入-IO1_19	T4
B24	GPIO1_18	GPIO	GPIO1_18	3.3	输入	U4
B25	BEEP	GPIO	蜂鸣器控制	3.3	输出-IO1_21	U5
B26	REG	CFG	悬空-正常模式 接地-测试模式	3.3	输入-IO1_20	R4
B27	ERR	GPIO	错误灯-IO1_23	3.3	输出	R5
B28	RUN		运行灯-IO1_22	3.3	输出	T5
B29	I2C1_SDA	I^2C1	I^2C1 数据线	3.3	输入/出	L7
B30	I2C1_SCL		I^2C1 时钟线	3.3	输出	K7
B31	TFT_D1	LCD 接口	TFT_B1	3.3	输出	K3
B32	TFT_D0		TFT_B0	3.3	输出	K2
B33	TFT_D3		TFT_B3	3.3	输出	L3
B34	TFT_D2		TFT_B2	3.3	输出	L2
B35	TFT_D5		TFT_G0	3.3	输出	M3
B36	TFT_D4		TFT_B4	3.3	输出	M2
B37	TFT_D7		TFT_G2	3.3	输出	P1
B38	TFT_D6		TFT_G1	3.3	输出	N2
B39	TFT_D9		TFT_G4	3.3	输出	P3
B40	TFT_D8		TFT_G3	3.3	输出	P2
B41	TFT_D11		TFT_R0	3.3	输出	R2
B42	TFT_D10		TFT_G5	3.3	输出	R1
B43	TFT_D13		TFT_R2	3.3	输出	T2
B44	TFT_D12		TFT_R1	3.3	输出	T1
B45	TFT_D15		TFT_R4	3.3	输出	U3
B46	TFT_D14		TFT_R3	3.3	输出	U2
B47	TFT_VCLK		TFT 主时钟	3.3	输出	M4
B48	TFT_RESET		TFT 复位线	3.3	输出	M6
B49	TFT_VSYNC		TFT 帧同步	3.3	输出	P4
B50	TFT_HSYNC		TFT 行同步	3.3	输出	K1
B51	TFT_PWM		背光调节	3.3	输出	E9
B52	TFT_VDEN		数据输出使能	3.3	输出	P5
B53	TS_XP	触摸屏接口	X 方向正极	3.3	输入	C8
B54	TS_XM		X 方向负极	3.3	输入	D13

续表 4.6

引　脚	名　称	默认功能	功能描述	参考电平/V	输入/输出	处理器引脚
B55	TS_YP	触摸屏接口	Y 方向正极	3.3	输入	D9
B56	TS_YM		Y 方向负极	3.3	输入	D15
B57	CAN1_RX	CAN1	接收数据	3.3	输入	M9
B58	CAN1_TX		发送数据	3.3	输出	M7
B59	CAN0_RX	CAN0	接收数据	3.3	输入	L8
B60	CAN0_TX		发送数据	3.3	输出	M8

4.3 A6G2C 无线核心板(A7 核)

4.3.1 概　述

A6G2C 系列无线核心板（A6G2C－W128LI、A6G2C－W256LI、A6G2C－WB128LI、A6G2C－WB256LI、A6G2C－5WB128LI－T、A6G2C－Z128F128LI－T、A6G2C－M128F128LI－T 七款核心板的简称）是 ZLG 精心设计的采用板对板连接器接口的低功耗、高性能嵌入式无线核心板，处理器采用 NXP 基于性能更优的 Cortex－A7 内核处理器，主频高达 528 MHz，集成了 DDR3、NandFlash、Wi－Fi、蓝牙、zigbee、RFID、硬件看门狗等外设，同时产品自带 8 路 UART、2 路 USB OTG、最高 2 路 CAN－Bus、2 路以太网等十分强大的工业控制通信接口。

A6G2C 系列无线核心板可以在工业温度范围内稳定工作，能够满足各种条件苛刻的工业应用，比如，工业控制、现场通信、数据采集等领域。图 4.12 和图 4.13 所示为 A6G2C－W256LI 和 A6G2C－WB256LI 无线核心板产品示意图，其工控评估板如图 4.14 所示。

图 4.12　A6G2C－W256LI 正面图片

图 4.13　A6G2C－WB256LI 正面图片

4.3.2 产品特性

A6G2C 产品特性如下：

图 4.14　A6G2C 系列无线核心板评估底板正面图片(以实际产品为准)

- CPU:NXP Cortex - A7 处理器;
- 运行频率:528 MHz;
- 板载内存:128 MB/256 MB DDR3;
- 板载 Flash:128 MB/256 MB NandFlash;
- 预装 Linux 系统,可支持 AWorks 操作系统;
- 可选 Wi - Fi、蓝牙、zigbee、RFID 无线功能;
- 内置 LCD 控制器,分辨率最高达 1 366×768;
- 支持 4 线电阻式触摸屏接口;
- 最高支持多达 8 路串口;
- 最高支持两路 CAN - Bus;
- 最高支持 2 路 10M/100M 以太网接口;
- 集成 2 路 USB 2.0 OTG PHY;
- 板载独立硬件看门狗;
- 支持 1 路 SD/MMC 卡;
- 支持 CAN、UART、I^2C 等标准通信接口;
- 支持 JTAG 调试接口;
- 支持多种升级方式;
- 采用 6 层 PCB 工艺;
- 尺寸:30 mm×48 mm。

4.3.3 产品功能框图

A6G2C系列无线核心板将i.MX6UL、DDR3、NandFlash、Wi－Fi、蓝牙、zigbee、RFID、硬件看门狗等集成到一个30 mm×48 mm的模组中，使其具备了极高的性价比，A6G2C系列无线核心板功能框图如图4.15所示。

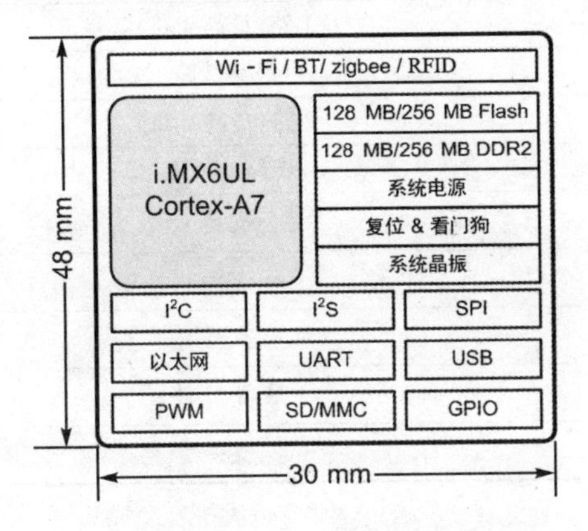

图4.15 A6G2C系列无线核心板功能框图

4.3.4 产品选型

A6G2C系列无线核心板的具体参数如表4.7所列，用户可以根据自己的项目技术需求选择合适的核心板做二次开发。

表4.7 A6G2C系列无线核心板部分产品选型表

资源	产品型号(当前所有核心板前缀为A6G2C)：A6G2C－					
	5WB128LI－T	W128LI	W256LI	WB256LI	Z128F128LI－T	M128F128LI－T
CPU	6G2CVM05AA					
内存	128 MB	128 MB	256 MB	256 MB	128 MB	128 MB
硬盘	128 MB	128 MB	256 MB	256 MB	128 MB	128 MB
系统	Linux，AWorks					
Wi－Fi	支持5G Wi－Fi	支持	支持	支持	—	—
蓝牙	蓝牙V4.2	—	—	蓝牙V4.0	—	—
zigbee	—	—	—	—	支持	—
RFID	—	—	—	—	—	支持
以太网	2路					
USB	2路					
CAN	1路	2路	2路	1路	1路	2路
LCD	支持(RGB565)					
SD	1路					

续表 4.7

资 源	产品型号(当前所有核心板前缀为 A6G2C):A6G2C -					
	5WB128LI - T	W128LI	W256LI	WB256LI	Z128F128LI - T	M128F128LI - T
UART	7 路	8 路	8 路	7 路	7 路	8 路
I²C	1 路模拟 I²C					
SPI	1 路(最高 4 路)					
I²S/SAI	最高 2 路					
PWM	2 路(最高 8 路)					
ADC	1 路 2 通道					
触摸屏	支持					
JTAG	支持					
音频	支持					
GPIO	最高 91 路					
看门狗	支持					

4.3.5 I/O 信息

A6G2C 系列无线核心板为了配合标准驱动软件开发,产品出厂时的固件为 I/O 设置了默认功能,用户如果需要更换引脚功能属性,可以参考相关手册,认真了解驱动架构,并在提供的 BSP 开发包基础上自行修改驱动,适配自己需要的功能。配置完成后,需要检查每个引脚配置是否正确,避免驱动冲突。图 4.16 所示为核心板产品引脚排列示意图,核心板采用了 J1(A1～A80)和 J2(B1～B60)两个精密的板对板连接器将处理器的资源从背面引出。J1 和 J2 两个连接器对应引脚的出厂默认功能如表 4.8 和表 4.9 所列。

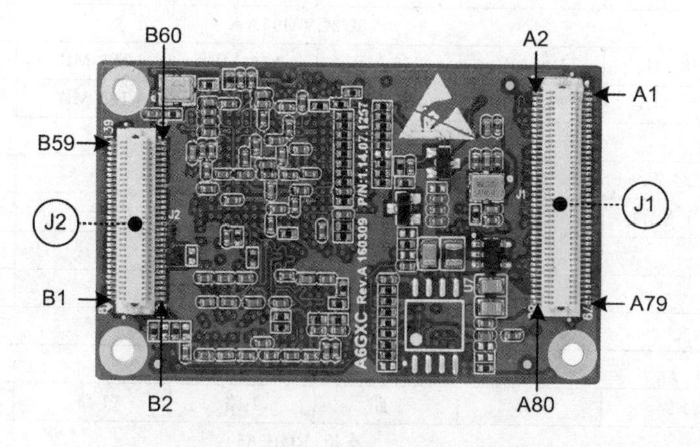

图 4.16 A6G2C 系列无线核心板连接器引脚排列

表 4.8　A6G2C 系列无线核心板引脚定义(J1)

引　脚	名　称	默认功能	功能描述	参考电平/V	输入/输出	处理器引脚
A1	ENET_MDIO	ENET1&ENET2	数据接口	3.3	输入/输出	K17
A2	ENET_MDC		时钟接口	3.3	输出	L16
A3	ENET1_RXD1		接收信号 1	3.3	输入	E17
A4	ENET2_RXD1		接收信号 1	3.3	输入	C16
A5	ENET1_RXD0		接收信号 0	3.3	输入	F16
A6	ENET2_RXD0		接收信号 0	3.3	输入	C17
A7	ENET1_RXEN		接收使能	3.3	输出	E16
A8	ENET2_RXEN		接收使能	3.3	输出	B17
A9	ENET1_RXER		接收错误	3.3	输入	D15
A10	ENET2_RXER		接收错误	3.3	输入	D16
A11	ENET1_TXD1		发送信号 1	3.3	输出	E14
A12	ENET2_TXD1		发送信号 1	3.3	输出	A16
A13	ENET1_TXD0		发送信号 0	3.3	输出	E15
A14	ENET2_TXD0		发送信号 0	3.3	输出	A15
A15	ENET1_TXEN		发送使能	3.3	输出	F15
A16	ENET2_TXEN		发送使能	3.3	输出	B15
A17	ENET1_TX_CLK		参考时钟 1	3.3	输出	F14
A18	ENET2_TX_CLK		参考时钟 2	3.3	输出	D17
A19	GND	GND	电源地	0	—	—
A20	GND		电源地	0	—	—
A21	MQS_LEFT	模拟音频输出	左声道	—	输出	B16
A22	MOS_RIGHT		右声道	—	输出	A14
A23	UART7_RX	UART	数据接收	3.3	输入	B13
A24	UART7_TX		数据发送	3.3	输出	C13
A25	UART8_RX		数据接收	3.3	输入	B14
A26	UART8_TX		数据发送	3.3	输出	C14
A27	PWM_OUT6	PWM	PWM 输出	3.3	输出	D14
A28	PWM_OUT5		PWM 输出	3.3	输出	A13
A29	LCD_R4	LCD	数据位 4	3.3	输出	D13
A30	LCD_R3		数据位 3	3.3	输出	A12
A31	LCD_R2		数据位 2	3.3	输出	B12
A32	LCD_R1		数据位 1	3.3	输出	C12
A33	LCD_R0		数据位 0	3.3	输出	D12
A34	LCD_G5		数据位 5	3.3	输出	E12
A35	LCD_G4		数据位 4	3.3	输出	A11

续表 4.8

引　脚	名　称	默认功能	功能描述	参考电平/V	输入/输出	处理器引脚
A36	LCD_G3	LCD	数据位 3	3.3	输出	B11
A37	LCD_G2		数据位 2	3.3	输出	D11
A38	LCD_G1		数据位 1	3.3	输出	A10
A39	LCD_G0		数据位 0	3.3	输出	B10
A40	LCD_B4		数据位 4	3.3	输出	C10
A41	LCD_B3		数据位 3	3.3	输出	D10
A42	LCD_B2		数据位 2	3.3	输出	E10
A43	LCD_B1		数据位 1	3.3	输出	A9
A44	LCD_B0		数据位 0	3.3	输出	B9
A45	GND	GND	电源地	0	—	—
A46			电源地	0	—	—
A47	LCD_PCLK	LCD	像素时钟	3.3	输出	A8
A48	LCD_HSYNC		水平同步	3.3	输出	D9
A49	LCD_DE		输出使能	3.3	输出	B8
A50	LCD_VSYNC		垂直同步	3.3	输出	C9
A51	GPIO3_4	GPIO	GPIO	3.3	输入/输出	E9
A52	GND	GND	电源地	0	—	—
A53	BT_CFG1_6	BOOT	01:SD 卡启动	3.3	输入	—
A54	BT_CFG1_7		10:Nand 启动	3.3	输入	—
A55	GPIO4_14(ERR)	GPIO	ERR 指示灯	3.3	输入	B5
A56	GPIO4_16(RUN)		运行指示灯	3.3	输入	E6
A57	UART6_TX	UART	数据发送	3.3	输出	F5
A58	SD1_CD	SD1	SD 插入检测	3.3	输入	J14
A59	UART6_RX	UART	数据接收	3.3	输入	E5
A60	SD1_WP	SD1	SD 卡写保护	3.3	输入	K15
A61	NC		—	—	—	—
A62	SD1_CLK		SD1 卡时钟	3.3	输出	C1
A63	NC		—	—	—	—
A64	SD1_CMD		SD1 卡命令	3.3	输出	C2
A65	NC		—	—	—	—
A66	SD1_DATA0		数据位 0	3.3	输入/输出	B3
A67	NC		—	—	—	—
A68	SD1_DATA1		数据位 1	3.3	输入/输出	B2
A69	NC		—	—	—	—
A70	SD1_DATA2		数据位 2	3.3	输入/输出	B1
A71	NC		—	—	—	—
A72	SD1_DATA3		数据位 3	3.3	输入/输出	A2

续表 4.8

引 脚	名 称	默认功能	功能描述	参考电平/V	输入/输出	处理器引脚
A73	SPI1_SCK	SPI1	SPI 时钟	3.3	输出	D4
A74	SPI1_SS0		SPI 片选	3.3	输出	D3
A75	SPI1_MOSI		主出从入	3.3	输出	D2
A76	SPI1_MISO		主入从出	3.3	输入	D1
A77	GND	GND	电源地	0	—	—
A78	5V_IN	POWER	5 V 电源	5	输入	—
A79	GND	GND	电源地	0	—	—
A80	5V_IN	POWER	5 V 电源	5	输入	—

表 4.9　A6G2C 系列无线核心板引脚定义(J2)

引 脚	名 称	默认功能	功能描述	参考电平/V	输入/输出	处理器引脚
B1	BOOT_MODE0	BOOT	01:串行启动	3.3	输入	T10
B2	BOOT_MODE1		10:内部启动	3.3	输入	U10
B3	nRST_OUT	RESET	复位输出	3.3	输出	—
B4	nRST_IN		复位输入	3.3	输入	—
B5	WDO_EN	看门狗控制	看门狗使能	3.3	输入	—
B6	MX6_ONOFF	系统开关机	唤醒/休眠	3.3	输入	R9
B7	CAN1_TX	CAN1/CAN2,B9/B10 使用见数据手册	数据发送	3.3	输出	H15
B8	CAN1_RX		数据接收	3.3	输入	G14
B9	CAN2_TX		数据发送	3.3	输出	J15
B10	CAN2_RX		数据接收	3.3	输入	H14
B11	NC	NC	—	—	—	—
B12	GPIO5_1(Factory)	GPIO	通用 GPIO	3.3	输入/输出	R9
B13	I2C_SDA	I^2C	数据引脚	3.3	输入/输出	N9
B14	GPIO5_2(CLR)	GPIO	通用 GPIO	3.3	输入/输出	P11
B15	NC	NC	—	—	—	—
B16	GPIO5_4	GPIO	通用 GPIO	3.3	输入/输出	P9
B17	I2C_SCL	I^2C	时钟引脚	3.3	输出	N10
B18	GPIO5_3	GPIO	通用 GPIO	3.3	输入/输出	P10
B19	GPIO5_6		通用 GPIO	3.3	输入/输出	N11
B20	GND	GND	电源地	0	—	—
B21	USB_OTG1_VBUS	USB1&USB2	VBUS 输入	5	输入	T12
B22	USB_OTG2_VBUS		VBUS 输入	5	输入	U12
B23	USB_OTG1_ID		ID 信号	3.3	输入	K13
B24	USB_OTG2_ID		ID 信号	3.3	输入	M17

续表 4.9

引 脚	名 称	默认功能	功能描述	参考电平/V	输入/输出	处理器引脚
B25	USB_OTG1_D_N	USB1&USB2	数据负信号	3.3	输入/输出	T15
B26	USB_OTG2_D_N		数据负信号	3.3	输入/输出	T13
B27	USB_OTG1_D_P		数据正信号	3.3	输入/输出	U15
B28	USB_OTG2_D_P		数据正信号	3.3	输入/输出	U13
B29	nUSB_OTG_CHD		充电检测	3.3	输入	U16
B30	GND	GND	电源地	0	—	—
B31	GND		电源地	0	—	—
B32	JTAG_TCK	JTAG	控制器时钟	3.3	输出	M14
B33	PMIC_ON_REQ	电源管理	电源使能	3.3	输出	T9
B34	JTAG_nTRST	JTAG	控制器复位	3.3	输入	N14
B35	CCM_CLK1_N	时钟差分负	输出时钟负	3.3	输出	P16
B36	JTAG_TMS	JTAG	模式选择	3.3	输入	P14
B37	CCM_CLK1_P	时钟差分正	输出时钟正	3.3	输出	P17
B38	JTAG_TDI	JTAG	数据输入	3.3	输入	N16
B39	ADC_CH9	ADC	ADC 通道 9	—	输入	M15
B40	JTAG_TDO	JTAG	数据输出	3.3	输出	N15
B41	ADC_CH8	ADC	ADC 通道 8	—	输入	N17
B42	JTAG_MOD	JTAG	模式控制	3.3	输入	P15
B43	VREF_ADC	ADC	参考电压	—	输入	M13
B44	GND	GND	电源地	0	—	—
B45	UART1_TX	UART B47/B48 的使用见核心板数据手册	数据发送	3.3	输出	K14
B46	UART1_RX		数据接收	3.3	输入	K16
B47	UART2_TX		数据发送	3.3	输出	J17
B48	UART2_RX		数据接收	5.0	输入	J16
B49	UART3_TX		数据发送	3.3	输出	H17
B50	UART3_RX		数据接收	3.3	输入	H16
B51	UART4_TX		数据发送	3.3	输出	G17
B52	UART4_RX		数据接收	3.3	输入	G16
B53	UART5_TX		数据发送	3.3	输出	F17
B54	UART5_RX		数据接收	3.3	输入	G13
B55	TS_XN	TOUCH	X 方向正极	3.3	输入	L17
B56	TS_XP		X 方向负极	3.3	输入	M16
B57	TS_YN		Y 方向正极	3.3	输入	L15
B58	TS_YP		Y 方向负极	3.3	输入	L14
B59	GND	GND	电源地	0	—	—
B60	3V_BAT	RTC 电池	电池接口	—	输入	—

4.4 A3352 无线核心板(A8 核)

4.4.1 概 述

A3352 系列无线核心板(A3352 - W128LI、A3352 - WB128LI、A3352 - M128F128LI - T)是 ZLG 精心设计的低功耗、高性能的嵌入式 SoC 无线核心板，基于 AM3352 处理器，并采用工业级 Wi - Fi、BT4.0、RFID 无线通信芯片，让产品无线连接更可靠稳定，方便组网。A3352 主频高达 800 MHz，可提供快速的数据处理和流畅的界面切换。同时 A3352 还拥有丰富的有线通信接口：6 路 UART、2 路 CAN - Bus、2 路 USB、2 路支持交换机的以太网等接口。A3352 系列核心板能够满足各种条件苛刻的工业应用环境，可应用于物联网、智能交通、移动通信、煤矿等行业。如图 4.17(a)所示为 A3352 核心板产品示意图，其工控评估板如图 4.17(b)所示。

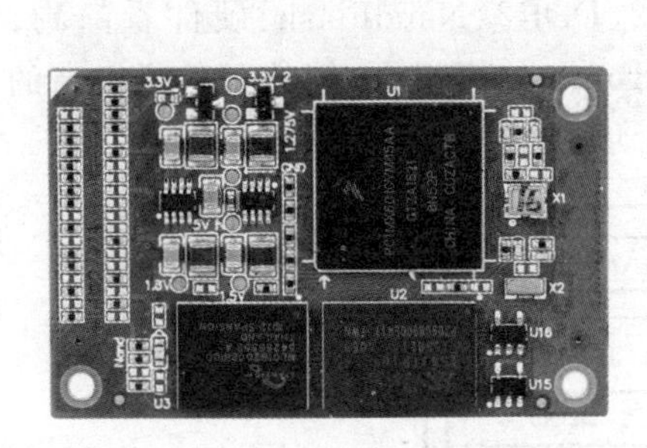

(a) 核心板

(b) 评估板

图 4.17 A3352 无线核心板及工控评估板正面图片(以实际产品为准)

4.4.2 产品特性

A3352 产品特性如下：

- CPU：TI AM3352；
- 运行频率：800 MHz；
- 板载 128 MB DDR2；
- 板载 128 MB NandFlash；
- 板载独立硬件看门狗；
- 预装 Linux 系统，可支持 AWorks 操作系统；

- 支持多种文件系统,支持 SD/MMC 卡、U 盘读/写;
- 支持 1 路 USB OTG、1 路 USB HOST;
- 支持 1 路百兆、1 路千兆以太网接口;
- 可选 Wi-Fi、BT4.0、RFID 无线通信;
- 支持 16bpp RGB565,1 366×768 显示接口、4 线电阻式触摸屏;
- 支持 6 路串口(含 1 路调试串口);
- 支持 2 路 CAN-Bus 接口;
- 支持 1 路 SD Card 接口;
- 支持外部扩展总线(8 位数据,12 位地址);
- 支持 1 路音频接口(复用);
- 支持 2 路 I^2C、2 路 SPI(复用)、4 路 12 位 ADC、3 路 PWM(复用);
- 采用 6 层板 PCB 工艺;
- 尺寸:35 mm×48 mm;
- 工作电压:5×(1±0.03) V。

4.4.3 产品功能框图

A3352 系列核心板将 Cortex-A8 AM3352、DDR2、NandFlash、硬件看门狗、Wi-Fi、BT4.0、RFID 等集成到一个 35 mm×48 mm 的模组中,使其具备了极高的性价比,A3352 系列核心板功能框图如图 4.18 所示。

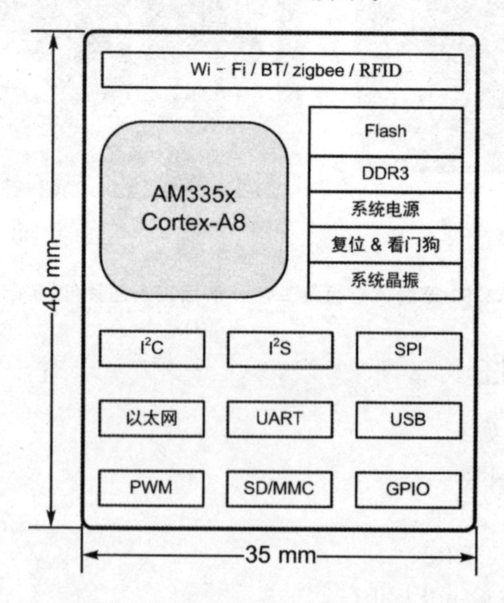

图 4.18 A3352 系列核心板功能框图

4.4.4 产品选型

A3352 系列核心板的具体参数如表 4.10 所列，用户可以根据自己的项目需求选择合适的型号做产品开发。

表 4.10 A3352 系列核心板参数表

资　源	A3352－W128LI	A3352－WB128LI	A3352－M128F128LI－T
操作系统	Linux，AWorks	Linux，AWorks	Linux，AWorks
ARM 处理器	Cortex－A8 AM3352	Cortex－A8 AM3352	Cortex－A8 AM3352
ARM 主频	800 MHz	800 MHz	800 MHz
运行内存	128 MB	128 MB	128 MB
电子硬盘	128 MB	128 MB	128 MB
Wi－Fi	802.11 b/g/n	802.11 b/g/n	—
蓝牙	—	BT V4.0	—
RFID	—	—	支持
独立看门狗	支持	支持	支持
显示接口	16bpp RGB565，1 366×768	16bpp RGB565，1 366×768	16bpp RGB565，1366×768
触摸屏	支持 4 线电阻式触摸屏	支持 4 线电阻式触摸屏	支持 4 线电阻式触摸屏
USB	1 路 OTG、1 路 HOST	1 路 OTG、1 路 HOST	1 路 OTG、1 路 HOST
串口	6 路	5 路	6 路
CAN－Bus	2 路	1 路	2 路
以太网	2 路	2 路	2 路
SD 卡接口	1 路	1 路	1 路
音频接口	1 路(复用)	1 路(复用)	1 路(复用)
SPI	2 路(复用)	2 路(复用)	2 路(复用)
I^2C	2 路	2 路	2 路
ADC	4 路 12 bit	4 路 12 bit	4 路 12 bit
PWM	3 路(复用)	3 路(复用)	3 路(复用)
GPIO	最高 32 路(复用)	最高 21 路(复用)	最高 32 路(复用)

4.4.5 I/O 信息

A3352 系列无线核心板为了配合标准驱动软件开发，产品出厂时的固件为 I/O 设置了默认功能，用户如果需要更换引脚功能属性，可以参考相关手册，认真了解驱动架构，并在提供的 BSP 开发包基础上自行修改驱动，适配自己需要的功能。配置完成后,需要检查每个引脚配置是否正确,避免驱动冲突。图 4.19 所示为核心板产品引脚排列示意图,核心板采用了 A(A1～A80)和 B(B1～B80)两个精密的板对板连接器将处理器的资源从背面引出。A 和 B 两个连接器对应引脚的出厂默认功能如表 4.11 和表 4.12 所列。

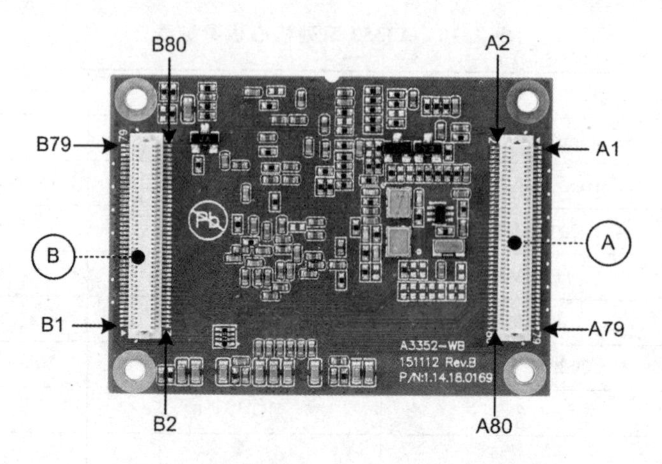

图 4.19　A3352 系列无线核心板连接器引脚排列

表 4.11　A3352 接口引脚定义(A)

引　脚	名　称	默认功能	功能描述	参考电平/V	输入/输出	处理器引脚
A1	NC	NC	空脚,悬空即可	—	—	—
A2						
A3						
A4						
A5						
A6						
A7	TFT_HSYNC	LCD	TFT 水平同步信号	3.3	输出	R5
A8	TFT_B0		16 bit TFT 蓝色分量数据位 0	3.3	输出	R1
A9	TFT_VCLK		TFT 像素时钟	3.3	输出	V5
A10	TFT_B1		16 bit TFT 蓝色分量数据位 1	3.3	输出	R2
A11	TFT_VSYNC		TFT 垂直同步信号	3.3	输出	U5
A12	TFT_B2		16 bit TFT 蓝色分量数据位 2	3.3	输出	R3
A13	TFT_VDEN		TFT 数据输出使能	3.3	输出	R6
A14	TFT_B3		16 bit TFT 蓝色分量数据位 3	3.3	输出	R4
A15	GND	POWER	电源地	0	输出	—
A16	TFT_B4	LCD	16 bit TFT 蓝色分量数据位 4	3.3	输出	T1
A17	NETPHY_RXCLK	RMII1_REF_CLK	以太网接收时钟	3.3	输入	H18

续表 4.11

引 脚	名 称	默认功能	功能描述	参考电平/V	输入/输出	处理器引脚
A18	TFT_G0	LCD	16 bit TFT 绿色分量数据位 0	3.3	输出	T2
A19	NETPHY_RXDV	MII1_CRS	以太网接收数据有效	3.3	输入	H17
A20	TFT_G1	LCD	16 bit TFT 绿色分量数据位 1	3.3	输出	T3
A21	NETPHY_TXE#	MII1_TX_EN	以太网发送数据使能	3.3	输出	J16
A22	TFT_G2	LCD	16 bit TFT 绿色分量数据位 2	3.3	输出	T4
A23	NETPHY_RXER	MII1_RX_ER	以太网接收错误线	3.3	输入	J15
A24	TFT_G3	LCD	16 bit TFT 绿色分量数据位 3	3.3	输出	U1
A25	NETPHY_TXD1	MII1_TXD1	以太网发送数据线 1	3.3	输出	K16
A26	TFT_G4	LCD	16 bit TFT 绿色分量数据位 4	3.3	输出	U2
A27	NETPHY_TXD0	MII1_TXD0	以太网发送数据线 0	3.3	输出	K17
A28	TFT_G5	LCD	16 bit TFT 绿色分量数据位 5	3.3	输出	U3
A29	NETPHY_RXD1	MII1_RXD1	以太网接收数据线 1	3.3	输入	L15
A30	TFT_R0	LCD	16 bit TFT 红色分量数据位 0	3.3	输出	U4
A31	NETPHY_RXD0	MII1_RXD0	以太网接收数据线 0	3.3	输入	M16
A32	TFT_R1	LCD	16 bit TFT 红色分量数据位 1	3.3	输出	V2
A33	GND	POWER	电源地	0	输出	—
A34	TFT_R2	LCD	16 bit TFT 红色分量数据位 2	3.3	输出	V3
A35	MII_MDC	MDIO	数据管理时钟，用于配置以太网 PHY	3.3	输出	M18
A36	TFT_R3	LCD	16 bit TFT 红色分量数据位 3	3.3	输出	V4
A37	MII_MDIO	MDIO	数据管理数据，用于配置以太网 PHY	3.3	输入/输出	M17
A38	TFT_R4	LCD	16 bit TFT 红色分量数据位 4	3.3	输出	T5
A39	GND	POWER	电源地	0	输出	—
A40	GND	POWER	电源地	0	输出	—
A41	GPMC_A0	RGMII2	RGMII_TCTL	3.3	输出	R13
A42	GPMC_D0	GPMC	GPMC 总线数据线 0	3.3	输入/输出	U7
A43	GPMC_A1	RGMII3	RGMII_RCTL	3.3	输入	V14
A44	GPMC_D1	GPMC	GPMC 总线数据线 1	3.3	输入/输出	V7
A45	GPMC_A2	RGMII4	RGMII_TXD3	3.3	输出	U14
A46	GPMC_D2	GPMC	GPMC 总线数据线 2	3.3	输入/输出	R8
A47	GPMC_A3	RGMII5	RGMII_TXD2	3.3	输出	T14
A48	GPMC_D3	GPMC	GPMC 总线数据线 3	3.3	输入/输出	T8
A49	GPMC_A4	RGMII6	RGMII_TXD1	3.3	输出	R14
A50	GPMC_D4	GPMC	GPMC 总线数据线 4	3.3	输入/输出	U8
A51	GPMC_A5	RGMII7	RGMII_TXD0	3.3	输出	V15

续表 4.11

引 脚	名 称	默认功能	功能描述	参考电平/V	输入/输出	处理器引脚
A52	GPMC_D5	GPMC	GPMC 总线数据线 5	3.3	输入/输出	V8
A53	GPMC_A6	RGMII8	RGMII_TCLK	3.3	输出	U15
A54	GPMC_D6	GPMC	GPMC 总线数据线 6	3.3	输入/输出	R9
A55	GPMC_A7	RGMII9	RGMII_RCLK	3.3	输入	T15
A56	GPMC_D7	GPMC	GPMC 总线数据线 7	3.3	输入/输出	T9
A57	GPMC_A8	RGMII10	RGMII_RXD3	3.3	输入	V16
A58	GND	POWER	电源地	0	输出	—
A59	GPMC_A9	RGMII11	RGMII_RXD2	3.3	输入	U16
A60	GPMC_nBE0_CLE	GPMC	GPMC 总线低字节使能	3.3	输出	T6
A61	GPMC_A10	RGMII12	RGMII_RXD1	3.3	输入	T16
A62	GPMC_nWE	GPMC	GPMC 总线写使能	3.3	输出	U6
A63	GPMC_A11	RGMII13	RGMII_RXD0	3.3	输入	V17
A64	GPMC_nAVD_ALE	GPMC	GPMC 总线地址使能	3.3	输出	R7
A65	GPMC_nWAIT0	GPMC	GPMC 总线外设等待 0	3.3	输入	T17
A66	GPMC_nOE	GPMC	GPMC 总线读使能	3.3	输出	T7
A67	GPIO1_28	工厂模式	用于工厂模式,ZLG 内部配置使用,用户悬空即可	3.3	输入	U18
A68	GPMC_nWP	GPMC	GPMC 总线写保护	3.3	输出	U17
A69	USB0_D_P	USB0	USB0 D+信号	3.3	输入/输出	N17
A70	USB1_DRVVBUS	USB1	USB1 VBUS 使能信号	3.3	输出	F15
A71	USB0_D_N	USB0	USB0 D−信号	3.3	输入/输出	N18
A72	USB1_D_P	USB1	USB0 D+信号	3.3	输入/输出	R17
A73	USB0_DRVVBUS	USB0	USB0 VBUS 使能信号	3.3	输出	F16
A74	USB1_D_N	USB1	USB0 D−信号	3.3	输入/输出	R18
A75	USB0_VBUS	USB0	USB0 VBUS 电源输入	5.0	输入	P15
A76	USB1_ID	USB1	USB1 ID 信号	3.3	输入	P17
A77	USB0_ID	USB0	USB0 ID 信号	3.3	输入	P16
A78	USB1_CE	USB1	USB1 充电使能信号	3.3	输出	P18
A79	USB0_CE	USB0	USB0 充电使能信号	3.3	输出	M15
A80	USB1_VBUS	USB1	USB1 电源 VBUS 输入	5.0	输入	T18

表 4.12　A3352 接口引脚定义(B)

引　脚	名　称	默认功能	功能描述	参考电平/V	输入/输出	处理器引脚
B1	VDD_5.0	POWER	5 V 电源输入	5	输入	—
B2						—
B3						—
B4						—
B5	GND		电源地	0	输出	—
B6						—
B7	MMC0_D3	SD	SD 卡数据位 3	3.3	输入/输出	F17
B8	nRSTOUT	Reset Out	处理器 Reset_Out 复位输出	3.3	输出	A10
B9	MMC0_D2	SD	SD 卡数据位 2	3.3	输入/输出	F18
B10	Vref_ADC	ADC	ADC 参考电压输入	—	—	—
B11	MMC0_D1	SD	SD 卡数据位 1	3.3	输入/输出	G15
B12	I2C2_SDA	I^2C	I^2C2_SDA	3.3	输入/输出	A17
B13	MMC0_D0	SD	SD 卡数据位 0	3.3	输入/输出	G16
B14	I2C2_SCL	I^2C	I^2C2_SCL	3.3	输出	B17
B15	MMC0_nCD	SD	SD 卡插入检测	3.3	输入	C15
B16	I2C1_SCL	I^2C	I^2C1_SCL	3.3	输出	A16
B17	MMC0_CLK	SD	SD 卡时钟	3.3	输出	G17
B18	I2C1_SDA	I^2C	I^2C1_SDA	3.3	输入/输出	B16
B19	MMC0_CMD	SD	SD 卡命令	3.3	输入/输出	G18
B20	GND	POWER	电源地	0	输出	—
B21	GPIO1_13	GPIO	GPIO1_13	3.3	输入/输出	R12
B22	EMU4	EMU4/GPMC_nCS3	GPIO2_0,用于以太网复位控制	3.3	输出	T13
B23	GPIO1_14	GPIO	GPIO1_14	3.3	输入/输出	V13
B24	EMU2	SD 写保护专用 GPIO	GPIO0_19,专用于 SD 卡写保护	3.3	输入	A15
B25	GPIO0_7	液晶屏背光专用 GPIO	GPIO0_7,专用于液晶屏背光控制	3.3	输出	C18
B26	EMU3	GPIO	GPIO0_20,专用于运行指示灯控制	3.3	输出	D14
B27	NAND/SD	启动配置	配置系统从 NAND 或 SD 卡启动	3.3	输入	R3
B28	EMU0	EMU	仿真引脚 EMU0	3.3	输入/输出	C14
B29	PWR_OK	底板 3.3 V 电源使能	底板 3.3 V 电源使能输出	3.3	输出	—
B30	EMU1	EMU	仿真引脚 EMU1	3.3	输入/输出	B14
B31	WDO_EN	硬件看门狗使能/禁止	悬空,使能看门狗；接高,禁止看门狗	3.3	输出	—

续表 4.12

引 脚	名 称	默认功能	功能描述	参考电平/V	输入/输出	处理器引脚
B32	GND	POWER	电源地	0	输出	—
B33	nRST_IN	nRST_IN	冷复位输入,低电平有效	3.3	输入	—
B34	MCASP0_AHCLKX	清除注册表专用 GPIO	GPIO3_21,WCE7 系统用于复位注册表,启动时若为低电平,则清除注册表。其他系统可用作普通 GPIO	3.3	输入	A14
B35	GND	POWER	电源地	0	输出	—
B36	MCASP0_AXR1	MCASP	串行数据 1	3.3	输入/输出	D13
B37	UART0_TXD	UART	UART0 数据发送(调试串口)	3.3	输出	E16
B38	MCASP0_FSR	MCASP	帧同步信号接收	3.3	输入	C13
B39	UART0_RXD	UART	UART0 数据接收(调试串口)	3.3	输入	E15
B40	MCASP0_ACLKX	MCASP	位时钟发送	3.3	输出	A13
B41	UART1_TXD	UART	UART1 数据发送	3.3	输出	D15
B42	MCASP0_FSX	MCASP	帧同步信号发送	3.3	输出	B13
B43	UART1_RXD	UART	UART1 数据接收	3.3	输入	D16
B44	MCASP0_AHCLKR	蜂鸣器专用 GPIO	GPIO3_17,专用于蜂鸣器驱动	3.3	输出	C12
B45	UART2_TXD	UART	UART2 数据发送	3.3	输出	L18
B46	MCASP0_ACLKR	MCASP	位时钟接收	3.3	输入	B12
B47	UART2_RXD	UART	UART2 数据接收	3.3	输入	K18
B48	MCASP0_AXR0	MCASP	串行数据 0	3.3	输入/输出	D12
B49	UART3_TXD	UART	UART3 数据发送	3.3	输出	L16
B50	GND	POWER	电源地	0	输出	—
B51	UART3_RXD	UART	UART3 数据接收	3.3	输入	L17
B52	JTAG_TCK	JTAG	TAP 控制器时钟	3.3	输入	A12
B53	UART4_TXD	UART	UART4 数据发送	3.3	输出	K15
B54	JTAG_TDO	JTAG	TAP 控制器数据输出	3.3	输出	A11
B55	UART4_RXD	UART	UART4 数据接收	3.3	输入	J18
B56	JTAG_TDI	JTAG	TAP 控制器数据输入	3.3	输入	B11
B57	UART5_TXD	UART	UART5 数据发送	3.3	输出	J17
B58	JTAG_TMS	JTAG	TAP 控制器模式选择	3.3	输入	C11
B59	UART5_RXD	UART	UART5 数据接收	3.3	输入	H16
B60	JTAG_nTRST	JTAG	TAP 控制器复位	3.3	输入	B10
B61	CAN0_TXD	CAN	CAN0 数据发送	3.3	输出	D18
B62	AI_7	ADC	模拟量输入第 7 通道	1.8	输入	C9
B63	CAN0_RXD	CAN	CAN0 数据接收	3.3	输入	D17

续表 4.12

引 脚	名 称	默认功能	功能描述	参考电平/V	输入/输出	处理器引脚
B64	AI_6	ADC	模拟量输出第 6 通道	1.8	输入	A8
B65	CAN1_TXD	CAN	CAN1 数据发送	3.3	输出	E18
B66	AI_5	ADC	模拟量输入第 5 通道	1.8	输入	B8
B67	CAN1_RXD	CAN	CAN1 数据接收	3.3	输入	E17
B68	AI_4	ADC	模拟量输入第 4 通道	1.8	输入	C8
B69	NC	NC	空脚，悬空即可	—	—	—
B70	AI_3	TOUCH	触摸屏 YNLR 信号	1.8	输入	A7
B71	NC	NC	空脚，悬空即可	—	—	—
B72	AI_2	TOUCH	触摸屏 YPLL 信号	1.8	输入	B7
B73	NC	NC	空脚，悬空即可	—	—	—
B74	AI_1	TOUCH	触摸屏 XNUR 信号	1.8	输入	C7
B75	NC	NC	空脚，悬空即可	—	—	—
B76	AI_0	TOUCH	触摸屏 XPUL 信号	1.8	输入	B6
B77	NC	NC	空脚，悬空即可	—	—	—
B78	GND	POWER	电源地	0	输出	—
B79	NC	NC	空脚，悬空即可	—	—	—
B80	VBAT	RTC	CPU 内部 RTC 备用电源输入，若不使用 CPU RTC，悬空即可	3.0	输入	—

4.5 无线核心板快速选型表

ARM9、Cortex-A 系列无线核心板快速选型表快速选型表如表 4.13 所列，为了便于区分各产品之间的差异，表中将型号分为了 5 个部分（各占一行），各部分的含义说明如下：第一部分为型号前缀，包含了使用的 CPU 信息，比如：280、287 等；第二部分表示无线类型，“Z”代表 zigbee，“W”代表 Wi-Fi（若“W”前有“5”，则表示支持 5G Wi-Fi），“B”代表 Blutooth，“M”代表 RFID 无线读卡，具有多个字母时，表示支持多种无线通信方式；第三部分表示内存大小，例如，64 表示内存为 64 MB；第四部分表示 Flash 的容量，例如，F8 表示 Flash 的容量为 8 MB，该部分是可选的，内容可能为空，为空时表示其 Flash 容量与内存容量相同；第五部分表示其他附加信息，比如，温度、操作系统等信息，具体以相关产品手册为准。完整型号为各部分顺序连接的结果。表中列举的 13 个产品对应的型号为：

① A280-Z64F8AWI-T；

② A280-W64F8AWI-T；

③ A280-M64F8AWI-T；

④ A287－W128LI；

⑤ A287－WB128LI；

⑥ A287－W128F256LI－T；

⑦ A6G2C－5WB128LI－T；

⑧ A6G2C－W256LI；

⑨ A6G2C－WB128LI；

⑩ A6G2C－WB256LI；

⑪ A6G2C－Z128F128LI－T；

⑫ A3352－W128LI；

⑬ A3352－WB128LI。

表 4.13 ARM9、Cortex－A 系列无线核心板快速选型表

资 源	产品型号												
	A280－			A287－			A6G2C－					A3352－	
	Z	W	M	W	WB	W	5WB	W	WB	WB	Z	W	WB
	64	64	64	128	128	128	128	256	128	256	128	128	128
	F8	F8	F8			F256					F128		
	AWI－T	AWI－T	AWI－T	LI	LI	LI－T	LI－T	LI	LI	LI	LI－T	LI	LI
CPU 型号	i. MX28			i. MX287			6G2CVM05AA					AM3352	
CPU 主频	454 MHz						528 MHz					800 MHz	
Flash/MB	8			128		256	128	256	128	256	128		
内存/MB	64			128				256	128	256	128		
操作系统	AWorks			Linux，AWorks									
zigbee	支持	—	—	—	—	—	—	—	—	—	支持	—	—
Wi－Fi	—	支持	—	支持			支持 5G Wi－Fi	支持			—	支持	
蓝牙	—	—	—	—	蓝牙 4.0		蓝牙 4.2	—	蓝牙 4.0		—	—	蓝牙 4.0
RFID	—	—	支持	—	—	—	—	—	—	—	—	—	—
以太网	2 路			2 路（支持交换机功能）			2 路					1 路百兆，1 路千兆	
CAN	2 路						1 路	2 路	1 路			2 路	1 路
UART	5 路	6 路		5 路			7 路	8 路	7 路			6 路	5 路
I^2C	2 路			1 路			1 路模拟 I^2C					2 路	
SPI	1 路											2 路	
USB	2 路												
SD	2 路	1 路											
LCD	—	—	—	16 位 RGB(565)									

续表 4.13

资源	产品型号												
	A280-			A287-			A6G2C-					A3352-	
	Z	W	M	W	WB	W	5WB	W	WB	WB	Z	W	WB
	64	64	64	128	128	128	128	256	128	256	128	128	128
	F8	F8	F8			F256					F128		
	AWI-T	AWI-T	AWI-T	LI	LI	LI-T	LI-T	LI	LI	LI	LI-T	LI	LI
触摸屏	—	—	—	支持									
CSI	—	—	—	—	—	—	1路					—	—
2D/3D 加速	—	—	—	—	—	—	—	—	—	—	—	—	—
I^2S/SAI	1路						2路					1路	
PWM	8路			1路			2路					3路	
ADC	8路			4路			1路2通道					4路	
模拟音频	—	—	—	—	—	—	支持					—	—
GPIO	36路			23路			91路					32路	21路
独立硬件看门狗	支持												
JTAG	支持												
工作温度/℃	−40～+85	−30～+85	−40～+85	−30～+85									
机械尺寸	30 mm×48 mm											35 mm×48 mm	

第5章

ARM9、Cortex－A 工控主板

本章导读

本章主要介绍基于 ARM9、Cortex－A 系列处理器开发的柔性扩展工控主板。本系列柔性扩展工控主板的扩展接口可适配和扩展 zigbee、LoRa、Wi－Fi、GPRS、3G/4G、以太网、CAN－Bus、RS232、RS485 等各类有线和无线通信模块，满足各式各样以不同通信方式接入的 IoT 应用。

5.1 i.MX28x 无线工控板(ARM9 核)

5.1.1 概　述

i.MX28x 系列无线工控板(EPC－287C－L、EPC－283C－L、EPC－280I－L、IoT－A28LI 四款产品的简称)是 ZLG 精心推出的一系列工控板，它是集产品设计功能与评估为一体的无线开发主板，主板以 Freescale 公司的基于 ARM9 内核的 i.MX280、i.MX283、i.MX287 多媒体应用处理器为核心，主频 454 MHz，内置 128 MB DDR2 和 128 MB NandFlash，具有极其丰富的外设资源，可为用户提供多达 6 路 UART(1 路为调试串口)、1 路 I^2C、2 路 SPI(含复用)、4 路 12 位 ADC(含 1 路高速 ADC)、2 路 10M/100M 自适应以太网接口(可实现交换机功能)、1 路 SD 接口、1 路 I^2S 接口(含复用)、1 路 USB HOST、1 路 USB OTG 接口，支持 4 线电阻式触摸屏及 16 位 TFT 液晶显示，其分辨率最高可达 800×480；此外，主板可选 Wi－Fi(802.11 b/g/n)及蓝牙 4.0 无线通信，丰富的外设资源使该主板可满足数据采集和工业控制等应用。

针对 i.MX28x 系列无线工控板，ZLG 提供了实用的 Linux 和 AWorks 的 BSP 支持包、测试 DEMO 和配套文档，极大地提高了 Linux 和 AWorks 系统移植、驱动和应用程序开发的效率，使用户能顺利地在实践中熟悉 i.MX28x 系列处理器及其 Linux 和 AWorks 开发平台，大大降低了开发门槛，可帮助用户在短期内实现产品设计阶段的功能验证和开发。

i.MX28x 系列无线工控板中的 IoT－A28LI 主板整体布局如图 5.1 所示。

图 5.1 IoT－A28LI 无线主板正面图片(以实际产品为准)

5.1.2 产品特性

i.MX28x 产品特性如下：

- CPU：i.MX280/283/287；
- 主频：454 MHz；
- 内存：128 MB DDR2 SDRAM；
- 存储：128 MB NandFlash；
- 预装 Linux 操作系统，可支持 AWorks 操作系统；
- 外置独立看门狗复位监控电路；
- 可选 802.11 b/g/n 及蓝牙 4.0；
- USB 2.0：1 路 HOST，1 路 OTG；
- 串口：5 路应用串口、1 路调试串口；
- CAN－Bus：可选 2 路 CAN 2.0B 通信接口；
- 支持 L2 交换机的双 10M/100M 以太网；
- 支持 SD 卡、SPI、I^2C、I^2S 通信接口；
- 4 路 12 位 ADC，包含 1 路高速 ADC；
- 支持 4 线电阻式触摸屏；
- 支持 TFT 液晶屏，分辨率高达 800×480；
- 引用 A28 系列无线核心板，采用 6 层 PCB 工艺；
- 主板尺寸：75 mm×122 mm。

5.1.3 产品选型

i. MX28x 系列无线工控板的具体参数如表 5.1 所列。

表 5.1 i. MX28x 系列无线工控板参数表

资 源	EPC-287C-L	EPC-283C-L	EPC-280I-L	IoT-A28LI
系统	Linux,AWorks	Linux,AWorks	Linux,AWorks	Linux,AWorks
CPU	Freescale i. MX287	Freescale i. MX283	Freescale i. MX280	Freescale i. MX287
主频	454 MHz	454 MHz	454 MHz	454 MHz
内存	128 MB	128 MB	64 MB	128 MB
NAND Flash	128 MB	128 MB	128 MB	128 MB
Wi-Fi	—	—	—	IEEE 802.11 b/g/n
蓝牙	—	—	—	蓝牙 V4.0
液晶	分辨率 800×480	分辨率 800×480	无	分辨率 800×480
触摸屏	支持 4 线电阻式	支持 4 线电阻式	无	支持 4 线电阻式
TTL 串口	5 路、1 路调试串口	3 路、1 路调试串口	5 路、1 路调试串口	4 路、1 路调试串口
CAN	2 路	无	无	2 路
以太网	2 路	1 路	1 路	2 路
硬件看门狗	支持	支持	支持	支持
USB Device	1 路(与 Host0 复用)	1 路(与 Host0 复用)	1 路(与 Host0 复用)	1 路(与 Host0 复用)
USB Host	2 路	2 路	2 路	2 路
TF 卡接口	1 路	1 路	1 路	1 路
SPI	3 路	1 路	1 路	1 路
I^2C	1 路	1 路	1 路	1 路
GPIO	14～37 路	9～24 路	5～24 路	14～30 路
ADC	4 路，12 位	4 路，12 位	8 路，12 位	4 路，12 位
I^2S	1 路	1 路	1 路	1 路

5.2 IoT-3968L 网络控制器(ARM9 核)

5.2.1 概 述

IoT-3968L 网络控制器是 ZLG 精心设计推出的一款物联网 IoT 网络控制器。该控制器主板采用 NXP 的 ARM9 内核，以 i. MX287 多媒体应用处理器为核心，主频 454 MHz，内置 128 MB DDR2 和 128 MB NandFlash。IoT-3968L 网络控制器为了满足不同的 IoT 产品应用需求，在硬件接口上面，精心设计了两个 MiniPCIE 接口以及一个牛角座柔性扩展接口，可适配 zigbee、LoRa、Wi-Fi、GPRS、3G/4G、以太网、CAN - Bus、RS232、RS485 等各类有线和无线通信接口，满足 IoT 产品的各种不同通信方式的接入选择。同时硬件还提供了 USB、TF 卡等大容量存储，满足产品的现场数据存储以及数据导出等应用功能。

IoT - 3968L 网络控制器所有接口都通过严格的抗干扰、抗静电等测试，可在 −40～+85 ℃温度范围内稳定工作，满足各种条件苛刻的工业应用。同时为了让用户能够快速地熟悉该控制器主板，控制器主板预装实用操作系统，并提供完善的测试 DEMO 和配套文档，完整的软硬件架构使您只需专注于开发产品的应用程序，极大地提高了 IoT 产品的应用开发效率，大大缩短了产品的开发周期，使产品能够更快地投入市场，尽早抢占市场先机。

IoT - 3968L 网络控制器整体布局如图 5.2 所示。

图 5.2　IoT - 3968L 网络控制器正面图片(以实际产品为准)

5.2.2　产品特性

IoT - 3968L 产品特性如下：

- CPU：NXP ARM9 i.MX287；
- 运行频率：454 MHz；
- 128 MB DDR2；
- 128 MB NandFlash；
- 板载独立硬件看门狗；

- 预装 Linux 操作系统,可支持 AWorks 操作系统;
- 支持 1 个 TF 卡接口;
- 支持 2 路 10M/100M 以太网接口;
- 支持 2 路带隔离 CAN 总线接口;
- 支持 2 路 MiniPCIE 接口,可支持 PCIE - ZW6201 (Wi - Fi)、PCIE - ZM5161 (zigbee)、PCIE - MP1278(LoRa)、PCIE - SIM800G(GPRS)、U9300C (2G/3G/4G)等无线模块;
- 支持 5 路 TTL UART 串口,包含 1 路 TTL 调试串口;
- 支持 1 路 USB Host 接口;
- 支持 16 位 TFT 液晶屏显示,最大分辨率可达 800×480;
- 支持 JTAG 调试接口;
- 支持牛角座柔性扩展接口,16 路 GPIO 直接引出,4 路 UART 和 4 路 ADC 直接引出,方便用户进行二次扩展开发;
- 支持 1 个蜂鸣器;
- 尺寸:102 mm×146 mm;
- 工作电压:9～36 V。

5.3 Cortex - A7 无线工控板(A7 核)

Cortex - A7 系列无线工控板包括 EPC - 6G2C - L、IoT - 6G2C - L 两款产品,它们是 ZLG 推出的集教学、竞赛与产品功能评估于一身的无线工控开发套件。该套件采用 Freescale 的 ARM Cortex - A7 内核,以 i. MX6UL 应用处理器为核心,处理器主频最高达 528 MHz,支持 DDR3 和 NandFlash,并提供 1 路 Wi - Fi、8 路 UART、2 路 CAN、1 路 I^2C、2 路 12 位 ADC、2 路 10M/100M 以太网接口、1 路 SDIO、1 路左右声道模拟音频接口、2 路 USB Host 接口(与 USB Device 共用同一路 USB OTG)、1 路 USB Device 接口、1 路 8 位 CSI 数字摄像头接口,满足数据采集等多种消费电子和工业控制应用。

Cortex - A7 系列无线工控板套件为入门级工控开发套件。ZLG 提供实用的 Linux 的 BSP 包、测试例程和配套文档,极大地提高了 Linux 系统移植、驱动和应用程序开发的效率,使用户能顺利地在实践中熟悉 i. MX6UL 列处理器及其 Linux 开发平台,大大降低了 Linux 开发的门槛,联合 ARM、Freescale、CSDN、嵌入式 Linux 中文站论坛等社区提供免费的技术支持,可帮助更多的创客实现梦想,共同见证中国嵌入式应用技术傲立于世界之林!

EPC - 6G2C - L 工控板整体布局如图 5.3 所示。

图 5.3 EPC－6G2C－L 工控板正面图片(以实际产品为准)

5.3.1 产品特性

Cortex－A7 产品特性如下：

- 处理器采用 Freescale 基于 ARM Cortex－A7 内核的 i. MX6UL 处理器，主频 528 MHz；
- 预装 Linux 系统，可支持 AWorks 操作系统；
- 可选 128 MB/256 MB DDR3；
- 可选 128 MB/256 MB NandFlash；
- 2 路 USB 2.0 Host(USB Host1 与 USB Device 共用)；
- 2 路 10M/100M 以太网控制器接口；
- 可选 Wi－Fi、蓝牙功能的无线通信；
- 1 路 SD(TF 卡)接口；
- 支持 8 路(包括 1 路调试串口)串口；
- 1 路模拟 I^2C、1 路 SPI(复用)；
- 2 路 12 位 ADC；
- 集成带看门狗的复位监控电路；
- 集成左右声道数字音频接口；
- 支持 16 位 TFT 液晶显示和 4 线电阻式触摸屏；
- 采用 PC104 连接器，便于扩展板的上下堆叠；

- 工控主板尺寸:75 mm×122 mm;
- 核心板采用 6 层 PCB 工艺,尺寸 30 mm×48 mm;
- 工作电压:12×(1±0.02)V。

5.3.2 产品选型

Cortex-A7 系列无线工控板的具体参数如表 5.2 所列。

表 5.2 Cortex-A7 系列无线工控板参数表

资　源	EPC-6G2C-L	IoT-6G2C-L
处理器	Freescale Cortex-A7	Freescale Cortex-A7
操作系统	Linux,AWorks	Linux,AWorks
主频	528 MHz	528 MHz
内存	256 MB	256 MB
电子硬盘	256 MB	256 MB
LCD 显示最高分辨率	16 位色,1 366×768	16 位色,1 366×768
触摸屏	支持 4 线电阻式	支持 4 线电阻式
USB Host	2 路	2 路
USB Device	1 路(与 USB HOST0 复用)	1 路(与 USB HOST0 复用)
串口	8 路(含 1 路调试串口)	8 路(含 1 路调试串口)
CAN-Bus	2 路	2 路
以太网	2 路 10M/100M	2 路 10M/100M
音频接口	支持 1 路模拟音频输出接口	支持 1 路模拟音频输出接口
ADC	2 通道 12 位	2 通道 12 位
TF 卡	1 路	1 路
I^2C	1 路(模拟 I^2C)	1 路(模拟 I^2C)
SPI	1 路	1 路
摄像头接口	1 路 CSI 数字摄像头 (支持模拟摄像头扩展)	1 路 CSI 数字摄像头 (支持模拟摄像头扩展)
GPIO	31 路(复用)	31 路(复用)
Wi-Fi	—	支持
蓝牙	—	支持
独立硬件看门狗	支持	支持
机械尺寸	75 mm×122 mm	75 mm×122 mm

5.4 IoT7000A－LI 网络控制器(A7 核)

5.4.1 概 述

IoT7000A－LI 网络控制器是 ZLG 精心设计推出的一款物联网 IoT 网络控制器。控制器主板采用 NXP 的 Cortex－A7 内核，以 i.MX6UL 多媒体应用处理器为核心，主频 528 MHz，内置 256 MB DDR3 和 256 MB NandFlash。IoT7000A－LI 网络控制器为了满足不同的 IoT 产品应用需求，在硬件接口上面，精心设计了两个 MiniPCIE 接口以及一个牛角座柔性扩展接口，可适配 zigbee、LoRa、Wi－Fi、GPRS、3G/4G、以太网、CAN－Bus、RS232、RS485 等各类有线和无线通信接口，满足 IoT 产品的各种不同通信方式的接入选择。同时硬件还提供了 USB、TF 卡等大容量存储，满足产品的现场数据存储以及数据导出等应用功能。

IoT7000A－LI 网络控制器的所有接口都通过了严格的抗干扰、抗静电等测试，可在－40～＋85 ℃温度范围内稳定工作，满足各种条件苛刻的工业应用。同时，为了让用户能够快速地熟悉该控制器主板，控制器主板预装实用操作系统，并提供完善的测试 DEMO 和配套文档，完整的软硬件架构使用户只需专注于开发产品的应用程序，极大地提高了 IoT 产品应用的开发效率，缩短了产品的开发周期，使产品能够更快地投入市场，尽早抢占市场先机。IoT7000A－LI 产品布局如图 5.4 所示。

图 5.4 IoT7000A－LI 网络控制器正面图片(以实际产品为准)

5.4.2 产品特性

IoT7000A - LI 产品特性如下：

- CPU：NXP Cortex - A7 i. MX6UL；
- 运行频率：528 MHz；
- 256 MB DDR3；
- 256 MB NandFlash；
- 板载独立硬件看门狗；
- 预装 Linux 操作系统，可支持 AWorks 操作系统；
- 支持 1 个 TF 卡接口；
- 支持 2 路 10 M/100 M 以太网接口；
- 支持 1 路带隔离 CAN 总线接口；
- 支持 1 路带隔离 RS485 总线接口；
- 支持 2 路 MiniPCIE 接口，可支持 PCIE - ZW6201 (Wi - Fi)、PCIE - ZM5161 (zigbee)、PCIE - MP1278(LoRa)、PCIE - SIM800G(GPRS)、U9300C (2G/3G/4G)等无线模块；
- 支持 5 路 TTL UART 串口，包含 1 路 TTL 调试串口；
- 支持 1 路 USB Host 接口；
- 支持 16 位 TFT 液晶屏显示，最大分辨率可达 1 366×768；
- 支持 JTAG 调试接口；
- 支持牛角座柔性扩展接口，16 路 GPIO 直接引出，4 路 UART 和 1 路 CAN 直接引出，方便用户进行二次扩展开发；
- 支持 1 个蜂鸣器；
- 尺寸：102 mm×146 mm；
- 工作电压：9～36 V。

5.5 IoT - A3352LI 无线工控板(A8 核)

5.5.1 概　述

IoT - A3352LI 无线工控主板是 ZLG 精心设计推出的一款物联网 IoT 工控主板。该主板采用 TI 的 Cortex - A8 内核，以 AM3352 多媒体应用处理器为核心，主频 800 MHz，内置 128 MB DDR2 和 128 MB NandFlash。IoT - A3352LI 无线工控主板为了满足不同的 IoT 产品应用需求，在硬件接口上面，除搭配满足核心板特有的无线功能，还精心设计了两组类 PC104 可堆叠扩展接口，可适配 Wi - Fi、双以太网、CAN - Bus、RS232、RS485 等各类无线和有线通信接口，满足 IoT 产品的各种不同通信方式的接入选择。同时硬件还提供了 USB、TF 卡等大容量存储，满足产品的现场数据存储以及数据导出等应用功能。

IoT - A3352LI 工控主板所有接口都通过严格的抗干扰、抗静电等测试，可在 −40～+85 ℃温度范围内稳定工作，满足各种条件苛刻的工业应用。同时为了让用户能够快速地熟悉该控制器主板，控制器主板预装实用操作系统，并提供完善的测试 DEMO 和配套文档，完整的软硬件架构使您只需专注于开发产品的应用程序，极大地提高了 IoT 产品的应用开发效率，大大缩短了产品的开发周期，使产品能够更快地投入市场，尽早抢占市场先机。

IoT - A3352LI 无线工控主板整体布局如图 5.5 所示。

图 5.5　IoT - A3352LI 无线工控主板正面图片(以实际产品为准)

5.5.2　产品特性

IoT - A3352LI 产品特性如下：

- CPU：TI Cortex - A8 AM3352；
- 运行频率：800 MHz；
- 128 MB DDR2；
- 128 MB NandFlash；
- 板载独立硬件看门狗；
- 预装 Linux 操作系统，可支持 AWorks 操作系统；
- 支持 1 路 TF 卡接口；
- 支持 1 路 10M/100M 以太网接口；
- 支持 1 路 1 000M 以太网接口；

- 支持 TCP/IP 协议栈;
- 可选 Wi-Fi、蓝牙功能的无线通信;
- 支持 6 路 TTL UART 串口,包含 1 路 TTL 调试串口;
- 支持 1 路 USB Host 接口;
- 支持 1 路 USB Device/USB Host 接口;
- 支持 16 位 TFT 液晶屏显示,最大分辨率可达 1 366×768;支持 4 线电阻式触摸屏;
- 支持 JTAG 调试接口;
- 支持 2 路 CAN-Bus 接口;
- 支持 1 路 SD Card 接口;
- 支持外部扩展总线(8 位数据,12 位地址);
- 支持 1 路音频接口(复用);
- 支持 2 路 I^2C、2 路 SPI(复用)、4 路 12 位 ADC、3 路 PWM(复用);
- 支持 1 路蜂鸣器,1 路 RTC 时钟;
- 尺寸:75 mm×122 mm。

5.6 IoT3000A-AWI 网络控制器

5.6.1 概 述

IoT3000A-AWI 网络控制器是 ZLG 精心设计推出的一款物联网 IoT 网络控制器。控制器主板采用 Freescale 公司的 ARM9 内核,以 i.MX28 系列多媒体应用处理器为核心,主频 454 MHz,内置 64 MB DDR2 和 8MB SPI Flash。IoT3000A-AWI 网络控制器为了满足不同的 IoT 产品应用需求,在硬件接口上面,精心设计了两个 MiniPCIE 接口以及两个牛角座柔性扩展接口,可适配和扩展 zigbee、LoRa、Wi-Fi、GPRS、3G/4G、以太网、CAN-Bus、RS232、RS485 等各类有线和无线通信接口,满足 IoT 产品的各种不同通信方式的接入选择。同时硬件还提供了 USB、TF 卡等大容量存储,满足产品的现场数据存储以及数据导出等应用功能。

IoT3000A-AWI 网络控制器所有接口都通过严格的抗干扰、抗静电等测试,可在 −40～+85 ℃温度范围内稳定工作,满足各种条件苛刻的工业应用。同时为了让用户能够快速地熟悉该控制器主板,控制器主板预装实用操作系统,并提供完善的测试 DEMO 和配套文档,完整的软硬件架构使您只需专注于开发产品的应用程序,极大地提高了 IoT 产品的应用开发效率,大大缩短了产品的开发周期,使产品能够更快地投入市场,尽早抢占市场先机。

IoT3000A-AWI 网络控制器整体布局如图 5.6 所示。

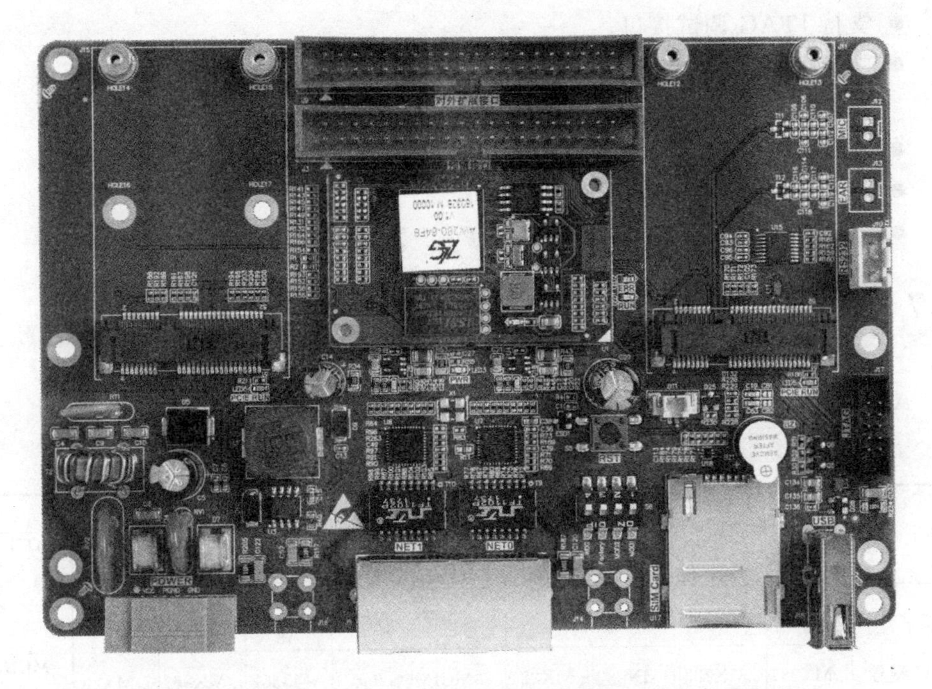

图 5.6 IoT3000A - AWI 网络控制器正面图片(以实际产品为准)

5.6.2 产品特性

IoT3000A - AWI 产品特性如下：

- CPU：i. MX28 系列；
- 64 MB DDR2；
- 8 MB SPI Flash；
- 外置独立看门狗复位监控电路；
- 预装 AWorks 操作系统；
- 2 路 10M/100M 自适应以太网；
- 支持双网口交换机功能；
- 2 路 CAN 预留接口；
- 支持 1 路 USB Host 接口；
- 支持 1 路 TF 卡接口；
- 支持 2 路 MiniPCIE 接口，可支持 PCIE - ZW6201 (Wi - Fi)、PCIE - ZM5161 (zigbee)、PCIE - MP1278(LoRa)、PCIE - SIM800G(GPRS)、U9300C (2G/3G/4G)等无线模块；
- 支持 5 路 TTL UART 串口，包含 1 路 TTL 调试串口；
- 支持 1 路 USB Host 接口；

- 支持 JTAG 调试接口；
- 支持牛角座柔性扩展接口，37 路 GPIO 直接引出，4 路 UART 和 2 路 CAN 直接引出，方便用户进行二次扩展开发；
- 支持 1 个蜂鸣器；
- 尺寸：102 mm×146 mm；
- 工作电压：9～36 V。

5.7 工控主板快速选型表

ARM9、Cortex－A 工控主板快速选型表如表 5.3 所列。

表 5.3 ARM9、Cortex－A 工控主板快速选型表

<table>
<tr><th rowspan="2">资 源</th><th colspan="10">工控主板型号</th></tr>
<tr><th>EPC－287C－L</th><th>EPC－283C－L</th><th>EPC－280I－L</th><th>IoT－A28LI</th><th>EPC－6G2C－L</th><th>IoT－6G2C－L</th><th>IoT－A3352LI</th><th>IoT－3968L</th><th>IoT3000A－AWI</th><th>IoT7000A－LI</th></tr>
<tr><td>CPU 内核</td><td colspan="4">ARM9</td><td colspan="2">Cortex－A7</td><td>Cortex－A8</td><td colspan="2">ARM9</td><td>Cortex－A7</td></tr>
<tr><td>CPU 型号</td><td>i. MX287</td><td>i. MX283</td><td>i. MX280</td><td>i. MX287</td><td colspan="2">MCIM6G2C</td><td>AM3352</td><td>i. MX287</td><td>i. MX28</td><td>MCIM6G2C</td></tr>
<tr><td>CPU 主频/MHz</td><td colspan="4">454</td><td colspan="2">528</td><td>800</td><td colspan="2">454</td><td>528</td></tr>
<tr><td>Flash/MB</td><td colspan="4">128</td><td colspan="2">256</td><td colspan="2">128</td><td>8</td><td>256</td></tr>
<tr><td>内存/MB</td><td colspan="2">128</td><td>64</td><td>128</td><td colspan="2">256</td><td colspan="2">128</td><td>64</td><td>256</td></tr>
<tr><td>操作系统</td><td colspan="8">Linux，AWorks</td><td>AWorks</td><td>Linux，AWorks</td></tr>
<tr><td>zigbee</td><td>—</td><td>—</td><td>—</td><td>—</td><td>—</td><td>—</td><td>—</td><td colspan="3">选配</td></tr>
<tr><td>Wi－Fi</td><td>—</td><td>—</td><td>—</td><td>支持</td><td>—</td><td>支持</td><td>支持</td><td colspan="3">选配</td></tr>
<tr><td>蓝牙</td><td>—</td><td>—</td><td>—</td><td>蓝牙 4.0</td><td>—</td><td>蓝牙 4.0</td><td>蓝牙 4.0</td><td colspan="3">选配</td></tr>
<tr><td>LoRa</td><td>—</td><td>—</td><td>—</td><td>—</td><td>—</td><td>—</td><td>—</td><td colspan="3">选配</td></tr>
<tr><td>以太网</td><td>2 路</td><td colspan="2">1 路</td><td colspan="7">2 路</td></tr>
<tr><td>CAN</td><td>2 路</td><td>—</td><td>—</td><td colspan="7">2 路</td></tr>
<tr><td>UART</td><td colspan="4">6 路</td><td colspan="2">8 路</td><td>6 路</td><td colspan="3">5 路</td></tr>
<tr><td>USB</td><td colspan="10">2 路</td></tr>
<tr><td>TF</td><td colspan="10">1 路</td></tr>
<tr><td>LCD/触摸屏</td><td colspan="2">16 位 RGB(565)</td><td>—</td><td colspan="5">16 位 RGB(565)</td><td>—</td><td>16 位 RGB(565)</td></tr>
<tr><td>GPIO</td><td>14～37 路（复用）</td><td>9～24 路（复用）</td><td>5～24 路（复用）</td><td>14～30 路（复用）</td><td colspan="2">31 路(复用)</td><td colspan="4">16 路</td></tr>
<tr><td>机械尺寸</td><td colspan="7">75 mm×122 mm</td><td colspan="3">102 mm×146 mm</td></tr>
</table>

第三部分

软件篇

第6章

通用设备接口

本章导读

AWorks对常见的外部设备进行了统一的抽象，定义了访问外部设备的通用接口，比如，LED、蜂鸣器、数码管、按键等。应用程序基于通用接口编程，将使应用程序不与具体的硬件设备绑定，换句话说，应用程序可以跨平台复用，可在任何运行AWorks的硬件平台上运行。

6.1 通用LED接口

AWorks提供了操作LED的通用接口，如表6.1所列。

表6.1 通用LED接口(aw_led.h)

函数原型	功能简介
aw_err_t aw_led_set (int id, aw_bool_t on);	设置LED的状态(点亮或熄灭)
aw_err_taw_led_on(int id);	点亮LED
aw_err_taw_led_off(int id);	熄灭LED
aw_err_t aw_led_toggle(int id);	翻转LED的状态

1. 设置LED的状态

设置LED状态的函数原型为：

```
aw_err_taw_led_set (int id, aw_bool_t on);
```

其中，id为LED编号，系统为每个LED都分配了一个唯一的ID，通常都是从0开始顺序为各个LED编号。如有2个LED，则LED的编号为0～1。布尔类型on参数表明是否点亮LED，若其值为AW_TRUE，则表示点亮LED；若其值为AW_FALSE，则表示熄灭LED。

aw_bool_t类型是AWorks在aw_types.h文件中自定义的布尔类型，使用该类型定义的数据，其值只能为真(AW_TRUE)或假(AW_FALSE)。

点亮编号为0的LED范例程序详见程序清单6.1。

程序清单 6.1　使用 aw_led_set()点亮 LED 的范例程序

```
1    aw_led_set(0, AW_TRUE);
```

熄灭编号为 0 的 LED 范例程序详见程序清单 6.2。

程序清单 6.2　使用 aw_led_set()熄灭 LED 范例程序

```
1    aw_led_set(0, AW_FALSE);
```

函数的返回值表示本次操作的结果，其类型为 aw_err_t，该类型在 aw_errno.h 文件中定义为一个有符号的整数类型。若接口返回值的类型为 aw_err_t，则具有的通用含义如下：

- 若返回值为 AW_OK(常量宏，值为 0)，则表示操作成功；
- 若返回值为负值，则表示操作失败，失败的原因通过返回值确定；
- 若返回值为正数，则具体含义由接口定义，无特殊说明时，表明不会返回正数。

实际上 AW_OK 是在 aw_common.h 文件中定义的常量宏，其值为 0，定义如下：

```
#define    AW_OK0
```

若返回负值，则表示操作失败，具体失败的原因可根据返回值查找 aw_errno.h 文件中定义的错误号，通过错误号的含义即可确定失败的原因，如表 6.2 所列。

表 6.2　常见错误号的含义(aw_errno.h)

错误号	含　义	错误号	含　义
AW_EPERM	操作不允许	AW_EINVAL	参数无效
AW_ENOENT	文件或目录不存在	AW_ENOTSUP	不支持该操作
AW_EIO	I/O 错误	AW_EAGAIN	资源暂不可用，需重试
AW_ENODEV	设备不存在	AW_ENOSPC	设备剩余空间不足

若操作不存在的 LED 编号(比如在只有两个 LED 的系统中，操作编号为 100 的 LED)，则函数将返回 -AW_ENODEV，表示设备不存在。**注意**：AW_ENODEV 的前面有一个负号。操作无效 ID 的范例程序详见程序清单 6.3。

程序清单 6.3　操作无效 ID 的范例程序

```
1    aw_err_t  ret = aw_led_set(100, AW_TRUE);
2    if (ret != AW_OK) {                          // 操作失败
3        if (ret == -AW_ENODEV) {                 // 设备不存在
4            // 设备不存在相关的处理
5        }
6    }
```

通常操作 LED,只要 LED 编号是有效的,操作均会成功,其返回值为 AW_OK。

2. 点亮 LED

点亮 LED 的函数原型为:

```
aw_err_taw_led_on(int id);
```

其中,id 为 LED 编号,函数的返回值为标准错误号,点亮编号为 0 的 LED 范例程序详见程序清单 6.4。

程序清单 6.4　aw_led_on()范例程序

```
1    aw_led_on(0);
```

3. 熄灭 LED

熄灭 LED 的函数原型为:

```
aw_err_taw_led_off(int id);
```

其中,id 为 LED 编号,函数的返回值为标准错误号,熄灭编号为 0 的 LED 范例程序详见程序清单 6.5。

程序清单 6.5　aw_led_off()范例程序

```
1    aw_led_off(0);
```

4. 翻转 LED 的状态

翻转 LED 的状态就是使 LED 由点亮状态转变为熄灭状态,或由熄灭状态转变为点亮状态,其函数原型为:

```
aw_err_t aw_led_toggle(int id);
```

其中,id 为 LED 编号,函数的返回值为标准错误号,通过翻转 LED 状态的接口可以实现 LED 闪烁,其范例程序详见程序清单 6.6。

程序清单 6.6　aw_led_toggle()范例程序

```
1    while (1) {
2        aw_led_toggle(0);                    // 翻转 LED0 的状态
3        aw_mdelay(500);                      // 延时 500 ms
4    }
```

为了展示各个接口的使用方法,程序清单 6.7 使用了 3 种方式实现 LED 的闪烁。

程序清单 6.7　LED 闪烁范例程序

```
1    #include "aworks.h"
2    #include "aw_delay.h"
3    #include "aw_led.h"
4
```

```
5    int aw_main (void)
6    {
7        while (1) {
8            // 使用 aw_led_on()和 aw_led_off()使 LED 闪烁一次
9            aw_led_on(0);
10           aw_mdelay(500);
11           aw_led_off(0);
12           aw_mdelay(500);
13           // 使用 aw_led_set()使 LED 闪烁一次
14           aw_led_set(0, TRUE);
15           aw_mdelay(500);
16           aw_led_set(0, FALSE);
17           aw_mdelay(500);
18           // 使用 aw_led_toggle()使 LED 闪烁一次
19           aw_led_toggle(0);
20           aw_mdelay(500);
21           aw_led_toggle(0);
22           aw_mdelay(500);
23       }
24   }
```

6.2 通用键盘接口

AWorks 实现了一个输入子系统架构,可以统一管理按键、鼠标、触摸屏等外部输入事件。这里以使用按键为例,讲述输入系统的使用方法。

对于键盘,无论是独立键盘、矩阵键盘还是外接的外围键盘管理芯片(如 ZLG72128),均可以使用输入系统进行管理。

对于用户来讲,要使用按键,即需要对外部输入的按键事件进行处理,为此,需要向系统中注册一个输入事件处理器,该处理器中,包含了用户自定义的事件处理函数,当有按键事件发生时,系统将自动回调事件处理器中的用户函数。

AWorks 提供了注册输入事件处理器的接口,其函数原型为:

```
aw_err_t aw_input_handler_register (
    aw_input_handler_t              * p_input_handler,
    aw_input_cb_t                     pfn_cb,
    void                            * p_usr_data);
```

其中,p_input_hadler 为指向输入事件处理器的指针,pfn_cb 为指向用户自定义的输入事件处理函数的指针,p_usr_data 为按键处理函数的用户参数。当输入事件发生时,系统会回调 pfn_cb 指向的用户处理函数,并将 p_usr_data 作为参数传递给用户处理函数。

1. 输入事件处理器

p_input_handler 指向输入事件处理器。aw_input_handler_t 为输入事件处理器类型,其在 aw_input.h 文件中定义,用户无需关心该类型的具体定义,仅需使用该类型定义输入事件处理器的实例即可,比如:

```
aw_input_handler_t      key_handler;   // 定义一个输入事件处理器实例,用于处理按键事件
```

其中,key_handler 为用户自定义的输入事件处理器,其地址可以作为 p_input_handler 的实参传递。

2. 用户自定义事件处理函数

pfn_cb 为指向用户自定义的输入事件处理函数,其类型 aw_input_cb_t 为事件处理函数的类型,其在 aw_input.h 文件中定义如下:

```
typedef void( * aw_input_cb_t)( aw_input_event_t * p_input_data, void * p_usr_data);
```

当输入事件发生时,无论是按键事件,还是其他坐标事件,如鼠标、触摸屏等。均会调用 pfn_cb 指针指向的函数,当该函数被调用时,p_input_data 为输入事件相关的数据,包含事件类型(区分按键事件或坐标事件,如鼠标、触摸屏等)、按键编码、坐标等信息,用户可以根据这些数据作出相应的处理动作。p_usr_data 为用户自定义的参数,其值与注册事件处理器时传递的 p_usr_data 参数一致,若不使用该参数,则可以在注册事件处理器时,将 p_usr_data 参数的值设为 NULL。

p_input_data 的类型为 aw_input_event_t 指针类型,aw_input_event_t 类型在 aw_input.h 文件中定义如下:

```
1    typedef struct aw_input_event {
2        int ev_type;                                    // 事件类型码
3    } aw_input_event_t;
```

其本质上是一个结构体类型,仅包含一个数据成员,用于表示事件的类型,若为按键事件,则该值为 AW_INPUT_EV_KEY;若为绝对事件(比如触摸屏上的触摸事件),则该值为 AW_INPUT_EV_ABS。

若 p_input_data 指向的数据中,ev_type 的值为 AW_INPUT_EV_KEY,则表示其指向的数据本质上是一个完整的按键事件数据,其类型为 aw_input_key_data_t,该类型在 aw_input.h 文件中定义如下:

```
1    typedef struct aw_input_key_data {
2        aw_input_event_t           input_ev;      // 事件类型
3        int                        key_code;      // 按键编码
4        int                        key_state;     // 按键状态
5        int                        keep_time;     // 按键保持时间,用于按键长按,
                                                  // 时间单位为:ms
6    } aw_input_key_data_t;
```

该类型的第一个数据成员为 input_ev,其中包含了事件的具体类型。也正因为其第一个数据成员的类型为 aw_input_event_t,系统才可以在回调用户自定义的函数时,将 aw_input_key_data_t 类型的指针转换为指向 aw_input_event_t 类型的指针使用。

key_code 为按键编码,用于区分系统中多个不同的按键。例如,系统中存在 4 个按键,则各个按键对应的编码可能分别为:KEY_0、KEY_1、KEY_2、KEY_3。这些编码都是在 aw_input_code.h 文件中使用宏的形式定义的。

key_state 表示本次按键事件具体对应的按键状态,用于区分按键事件是按下事件还是释放事件。若该值不为 0,则表示按键按下;否则,表示按键释放。

keep_time 表示状态保持时间(单位:ms),常用于按键长按应用(例如,按键长按 3 s 关机)。按键首次按下时,keep_time 为 0,若按键一直保持按下,则系统会以一定的时间间隔上报按键按下事件(调用用户回调),keep_time 的值不断增加,表示按键按下已经保持的时间。特别地,若按键不支持长按功能,则 keep_time 始终为−1。

基于此,为了获取到更多的按键相关信息,比如,按键编码、按键状态(按下还是释放)等。可以将 p_input_data 强制转换为 aw_input_key_data_t 指针类型使用,详见程序清单 6.8。

程序清单 6.8 根据输入事件的类型使用数据

```
1    void key_process (aw_input_event_t * p_input_data, void * p_usr_data)
2    {
3        if (p_input_data ->ev_type == AW_INPUT_EV_KEY) {          // 处理按键事件
4            // 将数据转换为按键数据类型
5            aw_input_key_data_t * p_data = (aw_input_key_data_t * )p_input_data;
6            // 按键事件的处理代码
7            // 使用 key_code   : p_data ->key_code
8            // 使用 key_state : p_data ->key_state
9            // 使用 keep_time : p_data ->keep_time
10       }
11   }
```

实际上,不同类型的输入事件,其需要包含的数据是不同的,例如,对于触摸屏事件,则需要包含横坐标和纵坐标。为了统一各种不同类型的事件处理函数类型,将 aw_input_event_t 类型的数据作为所有事件实际数据类型的第一个成员。这样,可以统一使用 aw_input_event_t 类型的指针指向实际的数据,以此统一事件处理函数的类型,用户在事件处理函数中,通过查看事件类型,即可进一步将该指针强制转换为指向实际数据类型的指针,使用其中更多的信息。图 6.1 所示的类图表示了这种关系,实际数据类型均是从基类派生而来的,aw_input_prt_data_t 是指针型输入事件,比如触摸屏触摸事件等,其包含了具体坐标信息。

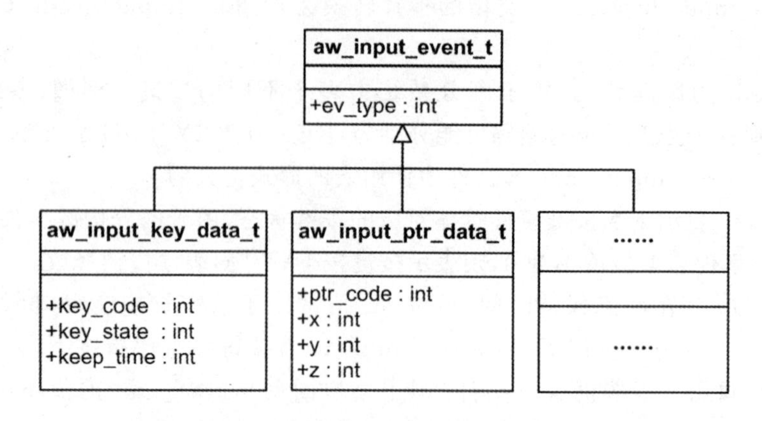

图 6.1 各种类型的输入事件对应的实际数据类图

例如,使用一个按键(按键编码为 KEY_0)控制 LED0,当按键按下时,则 LED0 点亮;当按键释放后,则 LED0 熄灭,相应的按键处理函数详见程序清单 6.9。

程序清单 6.9 按键处理函数范例程序(1)

```
1    void key_process (aw_input_event_t * p_input_data, void * p_usr_data)
2    {
3        if (p_input_data->ev_type == AW_INPUT_EV_KEY) {// 处理按键事件
4            // 将数据转换为按键数据类型
5            aw_input_key_data_t  * p_data = (aw_input_key_data_t  * )p_input_data;
6            if (p_data->key_code == KEY_0) {           // 编码为 KEY_0 的按键事件
7                if (p_data->key_state != 0) {          // 值不为 0,按键按下
8                    aw_led_on(0);                      // 按键按下,点亮 LED0
9                } else {                               // 值为 0,按键释放
10                   aw_led_off(0);                     // 按键释放,熄灭 LED0
11               }
12           }
13       }
14   }
```

也可使用按键长按功能模拟开关机,例如:按键长按 3 s,LED0 状态翻转,模拟切换"开关机"状态,LED0 亮表示"开机";LED0 熄灭表示"关机",按键处理范例程序详见程序清单 6.10。

程序清单 6.10　按键处理函数范例程序(2)

```
1    void key_process (aw_input_event_t * p_input_data, void * p_usr_data)
2    {
3        if (p_input_data->ev_type == AW_INPUT_EV_KEY) {  // 处理按键事件
4            // 将数据转换为按键数据类型
5            aw_input_key_data_t * p_data = (aw_input_key_data_t * )p_input_data;
6            if (p_data->key_code == KEY_0) {               // 编码为 KEY_0 的按键事件
7                if ((p_data->key_state != 0) && (p_data->keep_time == 3000)) {
                                                              // 长按时间达到 3 s
8                    aw_led_toggle(0);                        // LED0 状态翻转
9                }
10           }
11       }
12   }
```

完成按键处理函数的定义后,函数名可作为参数传递给 aw_input_handler_register()函数的 pfn_cb 形参。综合范例程序详见程序清单 6.11。

程序清单 6.11　注册事件处理器范例程序

```
1     #include "aworks.h"
2     #include "aw_led.h"
3     #include "aw_delay.h"
4     #include "aw_input.h"
5
6     static void __key_process (aw_input_event_t * p_input_data, void * p_usr_data)
7     {
8         if (p_input_data->ev_type == AW_INPUT_EV_KEY) {  // 处理按键事件
9             // 将数据转换为按键数据类型
10            aw_input_key_data_t  * p_data = (aw_input_key_data_t  * )p_input_data;
11            if (p_data->key_code == KEY_0) {               // 编码为 KEY_0 的按键事件
12                if (p_data->key_state != 0) {              // 值不为 0,按键按下
13                    aw_led_on(0);                          // 按键按下,点亮 LED0
14                } else {                                   // 值为 0,按键释放
15                    aw_led_off(0);                         // 按键释放,熄灭 LED0
16                }
17            }
18        }
19    }
20
```

```
21    int aw_main()
22    {
23        static aw_input_handler_t  key_handler;
24        aw_input_handler_register(&key_handler, __key_process, NULL);
25        while(1) {
26            aw_mdelay(1000);
27        }
28    }
```

注册按键处理器后，当按键被按下或释放时，均会调用注册按键处理器时指定的回调函数，即程序清单 6.11 中的__key_process()函数。

若系统中存在多个按键，且各个按键的处理毫不相关，为了分离各个按键的处理代码，可以注册多个按键事件处理器，每个处理器处理一个按键事件，范例程序详见程序清单 6.12。

程序清单 6.12　注册多个按键处理器范例程序

```
1     #include "aworks.h"
2     #include "aw_input.h"
3
4     static void __key0_process(aw_input_event_t * p_input_data, void * p_usr_data)
5     {
6         if (p_input_data->ev_type == AW_INPUT_EV_KEY) {
7             aw_input_key_data_t  * p_data = (aw_input_key_data * )p_input_data;
8             if (p_data->key_code == KEY_0) {         // 编码为 KEY_0 的按键事件
9                 // 处理按键 0
10            }
11        }
12    }
13
14    static void __key1_process(aw_input_event * p_input_data, void * p_usr_data)
15    {
16        if (p_input_data->ev_type == AW_INPUT_EV_KEY) {
17            aw_input_key_data_t  * p_data = (aw_input_key_data * )p_input_data;
18            if (p_data->key_code == KEY_1) {         // 编码为 KEY_1 的按键事件
19                // 处理按键 1
20            }
21        }
22    }
23
24    static void __key2_process(aw_input_event_t * p_input_data, void * p_usr_data)
25    {
```

```
26        if (p_input_data->ev_type == AW_INPUT_EV_KEY) {
27            aw_input_key_data_t  *p_data = (aw_input_key_data_t  *)p_input_data;
28            if (p_data->key_code == KEY_2) {          // 编码为 KEY_2 的按键事件
29                // 处理按键 2
30            }
31        }
32    }
33
34    static void __key3_process(aw_input_event_t *p_input_data, void *p_usr_data)
35    {
36        if (p_input_data->ev_type == AW_INPUT_EV_KEY) {
37            aw_input_key_data_t  *p_data = (aw_input_key_data_t  *)p_input_data;
38            if (p_data->key_code == KEY_3) {          // 编码为 KEY_3 的按键事件
39                // 处理按键 3
40            }
41        }
42    }
43
44    static aw_input_handler_t     g_key0_handler;
45    static aw_input_handler_t     g_key1_handler;
46    static aw_input_handler_t     g_key2_handler;
47    static aw_input_handler_t     g_key3_handler;
48
49    int aw_main (void)
50    {
51        aw_input_handler_register(&g_key0_handler, __input_key0_proc, NULL);
52        aw_input_handler_register(&g_key1_handler, __input_key1_proc, NULL);
53        aw_input_handler_register(&g_key2_handler, __input_key2_proc, NULL);
54        aw_input_handler_register(&g_key3_handler, __input_key3_proc, NULL);
55        while (1){
56            aw_mdelay(1000);
57        }
58    }
```

6.3 通用蜂鸣器接口

AWorks 提供了操作蜂鸣器的通用接口，如表 6.3 所列。

表 6.3 通用蜂鸣器接口(aw_buzzer.h)

函数原型	功能简介
aw_err_t aw_buzzer_loud_set (unsigned int beep_level);	设置蜂鸣器鸣叫的响度(音量)
aw_err_t aw_buzzer_on (void);	打开蜂鸣器
aw_err_t aw_buzzer_off (void);	关闭蜂鸣器
aw_err_t aw_buzzer_beep (uint32_t ms);	蜂鸣器鸣叫指定时间(同步)
aw_err_t aw_buzzer_beep_async (uint32_t ms);	蜂鸣器鸣叫指定时间(异步)

1. 设置蜂鸣器的响度

该函数用于设置蜂鸣器鸣叫的响度,即控制蜂鸣器发声的音量。其函数原型为:

```
aw_err_t aw_buzzer_loud_set (unsigned int beep_level);
```

beep_level 即为鸣叫的响度,其值被量化为百分比,有效值为 0~100。为 0 时表示静音,为 100 时表示声音最大。设置响度为 80%的范例程序详见程序清单 6.13。

程序清单 6.13 aw_buzzer_loud_set()范例程序

```
1    aw_buzzer_loud_set(80);
```

该接口仅用于设置蜂鸣器的响度,并不会使蜂鸣器立即发声,必须调用 aw_buzzer_on()或 aw_buzzer_beep()接口,才能使蜂鸣器发声。默认情况下,响度为 0,因此,在调用相关接口使蜂鸣器鸣叫前,必须正确设置响度。

特别地,部分硬件不支持响度设置,响度是固定的,这种情况下,调用该接口是无效的,返回值为-AW_ENOTSUP(错误号,表示不支持)。

2. 打开蜂鸣器

打开蜂鸣器的函数原型为:

```
aw_err_t aw_buzzer_on(void);
```

打开蜂鸣器,使蜂鸣器开始鸣叫的范例程序详见程序清单 6.14。

程序清单 6.14 aw_buzzer_on()范例程序

```
1    aw_buzzer_on();
```

打开蜂鸣器后,蜂鸣器开始鸣叫,若响度为 0,则听不到声音。

3. 关闭蜂鸣器

关闭蜂鸣器的函数原型为:

```
aw_err_t aw_buzzer_off(void);
```

关闭蜂鸣器,使蜂鸣器停止鸣叫的范例程序详见程序清单 6.15。

程序清单 6.15 aw_buzzer_off()范例程序

```
1    aw_buzzer_off();
```

4. 蜂鸣器鸣叫指定时间(同步)

该函数用于打开蜂鸣器,使蜂鸣器鸣叫指定时间后自动关闭,该函数会一直等到蜂鸣器鸣叫结束后返回。其函数原型为:

```
aw_err_t aw_buzzer_beep(uint32_t ms);
```

使蜂鸣器鸣叫 50 ms("嘀"一声)的范例程序详见程序清单 6.16。

程序清单 6.16 aw_buzzer_beep()范例程序

```
1    aw_buzzer_beep(50);
```

注意:由于该函数会一直等到蜂鸣器鸣叫结束后才会返回,因此主程序调用该函数后,会阻塞 50 ms。

5. 蜂鸣器鸣叫指定时间(异步)

该函数用于打开蜂鸣器,使蜂鸣器鸣叫指定时间后自动关闭,与 aw_buzzer_beep()函数不同的是,该函数会立即返回,不会等待蜂鸣器鸣叫结束。其函数原型为:

```
aw_err_t aw_buzzer_beep_async(uint32_t ms);
```

使蜂鸣器鸣叫 50 ms("嘀"一声)的范例程序详见程序清单 6.17。

程序清单 6.17 aw_buzzer_beep_async()范例程序

```
1    aw_buzzer_beep_async(50);
```

注意:由于该函数不会等待蜂鸣器鸣叫结束,因此,当调用该函数后,会立即返回,不会被阻塞。这是其与 aw_buzzer_beep()接口的本质区别。

基于蜂鸣器通用接口,可以编写一个简易测试程序,按键按下,蜂鸣器鸣叫;按键释放,蜂鸣器停止鸣叫。范例程序详见程序清单 6.18。

程序清单 6.18 蜂鸣器使用范例程序

```
1     #include "aworks.h"
2     #include "aw_buzzer.h"
3     #include "aw_delay.h"
4     #include "aw_input.h"
5
6     static void __key_process (aw_input_event_t *p_input_data, void *p_usr_data)
7     {
8         if (p_input_data->ev_type == AW_INPUT_EV_KEY) {  // 处理按键事件
9             // 将数据转换为按键数据类型
10            aw_input_key_data_t  *p_data = (aw_input_key_data_t  *)p_input_data;
11            if (p_data->key_code == KEY_0) {          // 编码为 KEY_0 的按键事件
```

```
12                if (p_data ->key_state != 0) {          // 值不为 0,按键按下
13                    aw_buzzer_on();                     // 按键按下,打开蜂鸣器
14                } else {                                // 值为 0,按键释放
15                    aw_buzzer_off();                    // 按键释放,关闭蜂鸣器
16                }
17            }
18        }
19    }
20
21    int aw_main()
22    {
23        static aw_input_handler_t  key_handler;
24        aw_input_handler_register(&key_handler, __key_process, NULL);
25        aw_buzzer_loud_set(100);                        // 设置响度为 100
25        while(1) {
26            aw_mdelay(1000);
27        }
28    }
```

基于此,若需要实现一个按键被按下,蜂鸣器“嘀”一声的效果,则可按照上述示例,简单修改事件处理函数,使用 aw_buzzer_beep()函数实现“嘀”一声的效果,范例程序详见程序清单 6.19。

程序清单 6.19　事件处理函数修改(1)

```
1    static void __key_process (aw_input_event_t * p_input_data, void * p_usr_data)
2    {
3        if (p_input_data ->ev_type == AW_INPUT_EV_KEY) {
4            aw_input_key_data_t  * p_data = (aw_input_key_data_t  * )p_input_data;
5            if (p_data ->key_code == KEY_0) {
6                if (p_data ->key_state != 0) {
7                    aw_buzzer_beep(50);            // 蜂鸣器“嘀”一声(同步)
8                }
9            }
10       }
11   }
```

实际测试会发现,上述程序并不能正常工作,不能观察到预期的现象。这是由于 aw_buzzer_beep()函数会阻塞调用者一定的时间,而按键事件回调函数是在中断环境中运行的,中断上下文不能被阻塞,因此,aw_buzzer_beep()接口不能直接在按键事件回调函数中使用。为了实现该应用,可以使用不阻塞的蜂鸣器鸣叫接口 aw_buzzer_beep_async()替代,范例程序详见程序清单 6.20。

程序清单 6.20 事件处理函数修改(2)

```
1    static void __key_process (aw_input_event_t * p_input_data, void * p_usr_data)
2    {
3        if (p_input_data ->ev_type == AW_INPUT_EV_KEY) {
4            aw_input_key_data_t  * p_data = (aw_input_key_data_t  * )p_input_data;
5            if (p_data ->key_code == KEY_0) {
6                if (p_data ->key_state != 0) {
7                    aw_buzzer_beep_async(50);            // 蜂鸣器“嘀”一声(异步)
8                }
9            }
10       }
11   }
```

6.4 通用数码管接口

AWorks 提供了操作数码管的通用接口,如表 6.4 所列。

表 6.4 通用数码管接口(aw_digitron_disp.h)

函数原型	功能简介
aw_err_t aw_digitron_disp_decode_set (int id, uint16_t (* pfn_decode)(uint16_t ch));	设置段码解码函数
aw_err_t aw_digitron_disp_blink_set (int id, int index, aw_bool_t blink);	设置数码管闪烁
aw_err_t aw_digitron_disp_at (int id, int index, uint16_t seg);	显示指定的段码图形
aw_err_t aw_digitron_disp_char_at (int id, int index, const char ch);	显示字符
aw_err_t aw_digitron_disp_str (int id, int index, int len, const char * p_str);	显示字符串
aw_err_t aw_digitron_disp_clr (int id);	显示清屏
aw_err_t aw_digitron_disp_enable (int id);	使能数码管显示
aw_err_t aw_digitron_disp_disable (int id);	禁能数码管显示

1. 设置段码解码函数

数码管的各个段可以组合显示出多种图形,使用该函数可以自定义字符的解码函数,其函数原型为:

```
aw_err_t aw_digitron_disp_decode_set (int id, uint16_t ( * pfn_decode) (uint16_t ch));
```

其中,id 表示设置数码管显示器的编号,这里的 id 指的是显示器的编号,而不是数码管的位索引,一个数码管显示器可以包含多位数码管,比如,MiniPort - View 显示器,其包含两位数码管。系统中的数码管显示器通常从 0 开始编号,例如,系统中有 3 个数码管显示器,则 id 为 0～2。绝大部分情况下,系统中仅有一个数码管显示器,此时,其 id 为 0。

pfn_decode 为函数指针,其指向的函数即为设置的解码函数,解码函数的参数为 uint16_t 类型的字符,返回值为 uint16_t 类型的编码。

实际应用中,对于 8 段数码管,字符 '0'～'9' 等都是有默认编码的,为此,AWorks 提供了默认的 8 段数码管解码函数,可以支持常见的字符 '0'～'9' 以及 'A'、'B'、'C'、'D'、'E'、'F' 等字符的解码。其在 aw_digitron_disp.h 文件中声明:

```
uint16_t aw_digitron_seg8_ascii_decode (uint16_t ascii_char);
```

如无特殊需求,可以直接将该函数作为相应数码管显示器的字符解码函数,将该函数作为 pfn_decode 的实参传递,范例程序详见程序清单 6.21。

程序清单 6.21 aw_digitron_disp_decode_set()范例程序

```
1    aw_digitron_disp_decode_set(0, aw_digitron_seg8_ascii_decode);
```

若由于应用特殊需求,要求字符使用自定义的特殊编码,例如,要使字符 'O' 的编码为 0xFC,则可以自定义如下解码函数:

```
1    uint16_t my_decode(uint16_t ch)
2    {
3        //……其他字符的解码
4        if (ch == 'O') {
5            return 0xFC;
6        }
7    }
```

然后将该函数作为 pfn_decode 的实参传递即可。

```
aw_digitron_disp_decode_set(0, my_decode);
```

注意:对于一个数码管显示器,只能设置一个解码函数。

2. 设置数码管闪烁

该函数可以指定数码管显示器的某一位数码管闪烁,其函数原型为:

```
aw_err_t  aw_digitron_disp_blink_set (int id, int index, aw_bool_t blink);
```

其中,id 为数码管显示器编号;index 为数码管索引,当一个数码管显示器存在多位数码管时,使用 index 参数指定具体操作的数码管的位置,如 MiniPort - View 有两位数码管,则两个数码管的索引分别为 0 和 1;blink 表示该位是否闪烁,若其值为 AW_TRUE,则闪烁;反之,则不闪烁,默认情况下,所有数码管均处于不闪烁状态。设置 1 号数码管闪烁的范例程序详见程序清单 6.22。

程序清单 6.22　aw_digitron_disp_blink_set()范例程序

```
1    aw_digitron_disp_blink_set(0, 1, AW_TRUE);
```

3. 显示指定的段码图形

该函数用于不经过解码函数解码，直接显示段码指定的图形，可以灵活地显示任意特殊图形，其函数原型为：

```
int aw_digitron_disp_at (int id, int index, uint16_t seg);
```

其中，id 为数码管显示器编号；index 为数码管索引；seg 为显示的段码。如在 8 段数码管上显示字符'-'，即需要 g 段点亮，对应的段码为 0x02(即 0000 0010)，范例程序详见程序清单 6.23。

程序清单 6.23　aw_digitron_disp_at()范例程序

```
1    aw_digitron_disp_at(0, 1, 0x02);
```

4. 显示单个字符

该函数用于在指定位置显示一个字符，字符经过解码函数解码后显示，若解码函数不支持该字符，则不显示任何内容，其函数原型为：

```
aw_err_t aw_digitron_disp_char_at (int id, int index, const char ch);
```

其中，id 为数码管显示器编号；index 为数码管索引；ch 为显示的字符。显示字符 'H' 的范例程序详见程序清单 6.24。

程序清单 6.24　aw_digitron_disp_char_at()范例程序

```
1    aw_digitron_disp_char_at (0, 1, 'H');
```

5. 显示字符串

该函数用于从指定位置开始显示一个字符串，其函数原型为：

```
int aw_digitron_disp_str (int id, int index, int len, const char *p_str);
```

其中，id 为数码管显示器编号；index 为显示字符串的数码管起始索引，即从该索引指定的数码管开始显示字符串；len 指定显示的长度；p_str 指向需要显示的字符串。

实际显示的长度是 len 和字符串长度的较小值，若数码管位数不够，则多余字符不显示。显示字符"HELLO"的范例程序详见程序清单 6.25。

程序清单 6.25　aw_digitron_disp_str()范例程序

```
1    aw_digitron_disp_str(0, 0, 5,"HELLO");
```

若使用的是 MiniPort - View，由于只存在两个数码管，则最终只会显示"HE"。

通常情况下，需要显示一些数字，如显示变量的值，此时，可以先将变量通过格式化字符串函数输出到字符串缓冲区中,然后再使用 aw_digitron_disp_str()函数显示该字符串。显示一个变量 num 的值,范例程序详见程序清单 6.26。

程序清单 6.26　使用 aw_digitron_disp_str()显示整数变量值的范例程序

```
1    int         num = 53;
2    char        buf[3];
3    aw_snprintf(buf, 3, "%2d", num);
4    aw_digitron_disp_str(0, 0, 2, buf);
```

其中,aw_snprintf()与标准 C 函数 snprintf()函数功能相同,均用于格式化字符串到指定的缓冲区中,其函数原型为(aw_vdebug.h):

```
int aw_snprintf (char *buf, size_t sz, const char *fmt, ...);
```

其与 aw_kprintf()函数的区别是,aw_kprintf()将信息直接通过调试串口打印输出,而 aw_snprintf()函数将信息输出到大小为 sz 的 buf 缓冲区中。

6. 显示清屏

该函数用于显示清屏,清除数码管显示器中的所有内容,其函数原型为:

```
int aw_digitron_disp_clr (int id);
```

其中,id 为数码管显示器编号,范例程序详见程序清单 6.27。

程序清单 6.27　aw_digitron_disp_clr()范例程序

```
1    aw_digitron_disp_clr(0);
```

7. 使能数码管显示

数码管默认是处于使能状态的,只有当被禁能后,才需要使用该函数重新使能。数码管仅在使能状态下才可以正常显示。

该函数用于使能数码管显示,其函数原型为:

```
aw_err_t  aw_digitron_disp_enable (int id);
```

其中,id 为数码管显示器编号,范例程序详见程序清单 6.28。

程序清单 6.28　aw_digitron_disp_enable()范例程序

```
1    aw_digitron_disp_enable(0);
```

8. 禁能数码管显示

数码管默认处于使能状态,可以正常显示。清屏状态下只是清空了数码管显示的内容,数码管实际上还是处于工作状态的,对于动态扫描类数码管,依然处于动态扫描状态,需要消耗 CPU 资源。若长时间不使用数码管,则可以彻底关闭数码管显示器,关闭数码管扫描,节省 CPU 资源,甚至是关闭数码管的电源,降低系统功耗。关闭数码管显示器的函数原型为:

```
aw_err_t  aw_digitron_disp_disable (int id);
```

其中,id 为数码管显示器编号,范例程序详见程序清单 6.29。

程序清单 6.29 aw_digitron_disp_disable()范例程序

```
1    aw_digitron_disp_disable(0);
```

数码管被禁能后,将不能再正常显示,若需正常显示,则必须使用 aw_digitron_disp_enable()接口重新使能数码管。

基于数码管通用接口,可以编写一个简易的 60 s 倒计时程序,当倒计时还剩 5 s 时,数码管闪烁。范例程序详见程序清单 6.30。

程序清单 6.30 倒计时应用程序实现

```
1     #include "aworks.h"
2     #include "aw_delay.h"
3     #include "aw_vdebug.h"
4     #include "aw_digitron_disp.h"
5
6     #define     __DIGITRON_ID        0                  // 本应用使用的数码管显示器编号
7
8     static void __digitron_show_num (int id, int num)
9     {
10        char buf[3];
11        aw_snprintf(buf, 3, "%2d", num);
12        aw_digitron_disp_str(id, 0, 2, buf);
13    }
14
15    int aw_main()
16    {
17        unsigned int num = 60;                        // 60 s 倒计时,初始值为 60
18        aw_digitron_disp_decode_set(__DIGITRON_ID, aw_digitron_seg8_ascii_decode);
19        while(1) {
20            __digitron_show_num(__DIGITRON_ID, num);// 显示 count 值
21            if (num < 5) {                            // 小于 5 时,开启闪烁
22                aw_digitron_disp_blink_set(__DIGITRON_ID, 1, AW_TRUE);
23            } else {
24                aw_digitron_disp_blink_set(__DIGITRON_ID, 1, AW_FALSE);
25            }
26            if (num) {                                // count 值不为 0,则减 1
27                num--;
28            } else {                                  // count 值为 0,重新赋值为 60
```

```
29                  num = 60;
30              }
31              aw_mdelay(1000);
32          }
33      }
```

程序中,将应用程序使用的数码管显示器编号使用宏__DIGITRON_ID 进行了定义,若一个系统中存在多个数码管显示器,则仅需修改该宏对应的宏值,就可以使该倒计时应用程序在不同的数码管显示器上运行。

6.5 通用传感器接口

AWorks 提供了通用的传感器接口,适用于各式各样的传感器,例如,温度、湿度、电压、电流、压强、加速度、角速度、光照传感器等。

在一个系统中,可能存在多种类型的传感器,例如,温度、湿度、电流、压强等。同时,还可能存在多个同种类型的传感器,例如,可能连接 10 个温度传感器以测试 10 个温度检测点的温度。此外,部分传感器可以采集多路信号,例如,温湿度传感器 SHT11 可以同时采集温度和湿度。

为了实现对各式各样的传感器进行统一管理,在 AWorks 中,定义了“传感器通道”的抽象概念,一个传感器通道用于完成一路物理信号的采集。对于只能采集单一信号的传感器,每个传感器只能为系统提供一路传感器通道,例如,LM75 温度传感器仅能采集一路温度信号;对于可以采集多路信号的传感器,则每个传感器可以为系统提供多路传感器通道,例如,SHT11 可以同时采集温度和湿度,其可以为系统提供一路温度传感器通道和一路湿度传感器通道。此外,也可能存在多个相同的传感器,以便为系统提供多个同类型的传感器通道。

因此,一个系统中可能存在多个传感器通道,为了区分各个传感器通道,在 AWorks 中,为每个传感器通道分配了一个唯一 id。例如,某一系统中存在温度、加速度、角速度等多种传感器,各传感器通道对应的 id 分配范例如表 6.5 所列。

表 6.5 传感器通道 id 分配(仅作示意)

传感器类型	通道数	ID
温度传感器	10	0～9
加速度传感器	3(x,y,z 轴)	10～12
角速度传感器	3(x,y,z 轴)	13～15
湿度传感器	8	16～23
光照传感器	2	25～26

实际中,id 与具体硬件平台相关,用户应查看 SDK 中的用户手册,获知系统中可

用的传感器通道资源，以正确使用各个传感器通道。

对于应用程序来讲，仅需通过 id 使用各个传感器通道即可，无需关心这些通道具体是由哪个传感器提供的。例如，某一应用需要采集一路温度和一路湿度，底层硬件可以是一个 SHT11 温湿度传感器，也可以是一个温度传感器和一个湿度传感器。

常用的传感器接口如表 6.6 所列。

表 6.6 通用传感器接口(aw_sensor.h)

函数原型	功能简介
aw_err_t aw_sensor_type_get (int id);	获取传感器通道的类型
aw_err_t aw_sensor_enable (int id);	使能传感器通道
aw_err_t aw_sensor_data_get (int id, aw_sensor_val_t * p_val);	获取传感器通道的数据
aw_err_t aw_sensor_disable (int id);	禁能传感器通道
aw_err_t aw_sensor_group_enable (const int * p_ids, int num, aw_sensor_val_t * p_result);	使能一组传感器通道
aw_err_t aw_sensor_group_data_get (const int * p_ids, int num, aw_sensor_val_t * p_buf);	获取一组传感器通道的数据
aw_err_t aw_sensor_group_disable (const int * p_ids, int num, aw_sensor_val_t * p_result);	禁能一组传感器通道

1. 获取传感器通道类型

传感器通道有类型之分，不同类型的传感器通道采集的物理信号不同，不同的物理信号具有不同的基本单位。例如，电压的基本单位为伏特(V)；电流的基本单位为安培(A)；温度的基本单位为℃。为便于使用，在 AWorks 中，将传感器类型使用宏的形式进行了定义，常用的传感器类型如表 6.7 所列。

表 6.7 常用的传感器类型定义(aw_sensor.h)

传感器类型	类型对应的宏	基本单位
电压	AW_SENSOR_TYPE_VOLTAGE	伏特(V)
电流	AW_SENSOR_TYPE_CURRENT	安培(A)
温度	AW_SENSOR_TYPE_TEMPERATURE	℃
压强	AW_SENSOR_TYPE_PRESS	帕斯卡(Pa)
光照度	AW_SENSOR_TYPE_LIGHT	勒克斯(lx)
距离	AW_SENSOR_TYPE_DISTANCE	米(m)
加速度	AW_SENSOR_TYPE_ACCELEROMETER	m/s^2
角速度(陀螺仪)	AW_SENSOR_TYPE_GYROSCOPE	rad/s

在 AWorks 中，提供了获取传感器通道类型的接口，其函数原型为：

```
aw_err_t  aw_sensor_type_get (int id);
```

其中，id 为传感器通道的编号。若函数返回值为非负数(>=0)，则表示获取传感器类型成功，此时，返回值即为以 AW_SENSOR_TYPE_ 为前缀的宏值；否则，表示获取传感器类型失败，此时，返回值为标准错误码，表示了获取类型失败的原因。例如，返回值为-AW_ENODEV 时，表示 id 对应的传感器通道不存在，没有与之对应的传感器设备。判断通道 0 是否为温度传感器的范例程序详见程序清单 6.31。

程序清单 6.31 获取传感器通道类型的范例程序

```
1     aw_err_t ret = aw_sensor_type_get(0);
2     if (ret < 0) {
3         // 获取类型失败，可能是通道不存在
4     } else {
5         if (ret == AW_SENSOR_TYPE_TEMPERATURE) {
6             // 该通道是温度传感器通道
7         } else {
8             // 该通道是其他类型的传感器通道
9         }
10    }
```

2. 使能传感器通道

在 AWorks 中，使用一个传感器通道采集数据的一般流程为：

① 使能通道；

② 获取数据(可以多次获取)；

③ 禁能通道，不再使用时可以禁能通道，以使传感器进入最佳的低功耗状态(若支持)。

AWorks 为每一个步骤都提供了两类接口：一类接口用于操作单个传感器通道，该类接口适用于仅使用单个传感器通道的应用程序；一类接口用于操作一组(多个)传感器通道，该类接口适用于需要使用多个传感器通道的应用程序。当应用需要使用多个传感器通道时，建议使用操作一组(多个)传感器通道的接口，而不是多次使用操作单个传感器通道的接口，后者效率较低，影响系统性能。

在获取数据前，必须使能传感器通道，AWorks 提供了两类接口，分别用于使能单个传感器通道和使能一组(多个)传感器通道。

(1) 使能单个传感器通道

使能单个传感器通道的函数原型为：

```
aw_err_t  aw_sensor_enable (int id);
```

其中,id 为传感器通道的编号。若函数返回值为 AW_OK,则表示通道使能成功;否则,表示通道使能失败,返回值为标准错误码,例如,返回值为－AW_ENODEV 时,表示 id 对应的传感器通道不存在。使能通道 0 的范例程序详见程序清单 6.32。

程序清单 6.32　使能单个传感器通道的范例程序

```
1    aw_err_t    ret = aw_sensor_enable(0);
2    if (ret < 0) {
3        // 通道使能失败
4    } else {
5        // 通道使能成功
6    }
```

(2) 使能一组(多个)传感器通道

使能一组(多个)传感器通道的函数原型为:

```
aw_err_t  aw_sensor_group_enable (const int              * p_ids,
                                  int                      num,
                                  aw_sensor_val_t          * p_result);
```

其中,p_ids 为指向传感器通道 id 列表的指针;num 表示通道的数目,即 id 列表的大小;p_result 指向用于存储各个通道使能结果的缓存,缓存大小应该与 num 一致。其类型 aw_sensor_val_t 为传感器数据类型,其详细定义详见程序清单 6.33。

程序清单 6.33　aw_sensor_val_t 类型定义(aw_sensor.h)

```
1    typedef struct aw_sensor_val {
2        int32_t    val;              // 传感器数值
3        int32_t    unit;             // 单位
4    } aw_sensor_val_t;
```

该类型的本意是表示一个传感器数据,如电压、电流、温度等,当表示一个传感器数据时,val 和 unit 都有着特殊的含义,具体含义将在数据获取接口中详细介绍。当该类型使用于此时,unit 的值无效,仅使用 val 值表示各个通道使能的结果,此时,val 值即为标准错误码,若其值为 AW_OK,则表示相应的通道使能成功;否则,表示相应的通道使能失败,例如,值为－AW_ENODEV 时,表示对应通道不存在。

aw_sensor_group_enable()函数的返回值同样为标准错误码,若其值为 AW_OK,则表示所有通道使能成功,此时,p_result 中所有数据的 val 值均为 AW_OK,因此,当返回值为 AW_OK 时,无需判断 p_result 中的值即可断定所有通道使能成功;否则,表示存在使能失败的通道,此时,可以逐一检查 p_result 中的值来判断具体哪些通道使能成功,哪些通道使能失败。使能一组通道(通道 0、3、5、6、8、9)的范例程序详见程序清单 6.34。

程序清单 6.34 使能一组(多个)传感器通道的范例程序

```
1    const int              id[6] ={0, 3, 5, 6, 8, 9};    // 假定应用程序使用 6 个通
                                                          // 道：0、3、5、6、8、9
2    aw_sensor_val_t        buf[6];                       // 存储 6 个通道使能结果的
                                                          // 缓存
3
4    aw_err_t ret = aw_sensor_group_enable(id, 6, buf);
5
6    if (ret < 0) {    // 存在使能失败的通道,可以逐一检查哪些通道使能失败
7        int i;
8        for (i = 0; i < 6; i++) {
9            if (buf[i].val < 0) {
10               // 通道 i 使能失败
11           } else {
12               // 通道 i 使能成功
13           }
14       }
15   } else {
16       // 所有通道均使能成功,无需检查 buf  中的值
17   }
```

3. 获取传感器数据

通道使能后,可以获取传感器中的数据，AWorks 提供了两类接口,分别用于获取单个传感器通道的数据和获取一组(多个)传感器通道的数据。

(1) 获取单个传感器通道的数据

该函数用于获取单个传感器通道的数据,其函数原型为：

```
aw_err_t  aw_sensor_data_get (int id, aw_sensor_val_t *p_val);
```

其中,id 为传感器通道的编号,p_val 为输出参数,用以返回获取到的传感器值。函数返回值为标准错误码,若其值为 AW_OK,则表示数据获取成功;否则,表示数据获取失败。

aw_sensor_val_t 表示传感器数据类型,回顾(首次定义详见程序清单 6.33)其定义如下：

```
1    typedef struct aw_sensor_val {
2        int32_t   val;              // 传感器数值
3        int32_t   unit;             // 单位
4    } aw_sensor_val_t;
```

其中,val 表示传感器数值,unit 表示数据单位,例如,“M”(10^6,“兆”)、“k”(10^3,“千”),“m”(10^{-3},“毫”)等,unit 使用 10 的幂进行表示,例如,单位为“m”,则

unit 的值为－3。

为了规范 unit 的使用，unit 不可以为任意值，AWorks 根据国际单位制(SI)定义的词头(比如："m""μ""p""n"等)对其可用取值进行了定义，如表 6.8 所列。

表 6.8　uint 可用取值

可用取值宏	中文读音	英文前缀	单位符号	值
AW_SENSOR_UNIT_YOTTA	尧(它)	Yotta	Y	24
AW_SENSOR_UNIT_ZETTA	泽(它)	Zetta	Z	21
AW_SENSOR_UNIT_EXA	艾(可萨)	Exa	E	18
AW_SENSOR_UNIT_PETA	拍(它)	Peta	P	15
AW_SENSOR_UNIT_TERA	太(拉)	Tera	T	12
AW_SENSOR_UNIT_GIGA	吉(咖)	Giga	G	9
AW_SENSOR_UNIT_MEGA	兆	Mega	M	6
AW_SENSOR_UNIT_KILO	千	kilo	k	3
AW_SENSOR_UNIT_HECTO	百	hecto	h	2
AW_SENSOR_UNIT_DECA	十	deca	da	1
AW_SENSOR_UNIT_BASE	无符号，使用基本单位	—	—	0
AW_SENSOR_UNIT_DECI	分	deci	d	－1
AW_SENSOR_UNIT_CENTI	厘	centi	c	－2
AW_SENSOR_UNIT_MILLI	毫	milli	m	－3
AW_SENSOR_UNIT_MICRO	微	micro	μ	－6
AW_SENSOR_UNIT_NANO	纳(诺)	nano	n	－9
AW_SENSOR_UNIT_PICO	皮(可)	pico	p	－12
AW_SENSOR_UNIT_FEMTO	飞(母托)	femto	f	－15
AW_SENSOR_UNIT_ATTO	阿(托)	atto	a	－18
AW_SENSOR_UNIT_ZEPTO	仄(普托)	zepto	z	－21
AW_SENSOR_UNIT_YOCTO	幺(科托)	yocto	y	－24

表中的最后一列即为 unit 的值，其值表示了 10 的幂，比如，－9 表示的是 10^{-9}。单位符号区分大小写，例如，"m"表示"毫"，对应 10^{-3}；而"M"表示"兆"，对应 10^{6}。英文前缀表示在英文单词中，通常可以在计量单位的单词前增加该前缀形成新的单词，例如，长度单位米的英文单词为：meter；而千米对应的单词为：kilometer，这里列出英文单词前缀，可以方便读者理解宏值和单位符号的定义。中文读音为该单位符号的一般读法，括号内的字在不致混淆的情况下可以省略(通常均省略)。

传感器 val 值的实际单位为将表中所示"单位符号"作为基本单位(基本单位与传感器类型相关，见表 6.7)的前缀形成的单位。例如，电压传感器的基本单位为 V，若一个电压传感器数据的 val 为 1 234，unit 为 AW_SENSOR_UNIT_MILLI(即－3)，由于－3 对应的单位符号为"m"，因此，该传感器数据的单位为"mV"，对应的电压值即为 1 234 mV。

如需将传感器数据的单位转换为基本单位,可以使用如下公式:

$$data = val \times 10^{unit}$$

式中:data 值的数据单位即为基本单位,比如,安培(A)、伏特(V)等。

使用一个“整数”和一个“单位”来表示传感器数据,可以有效地避免使用浮点数(为了保证系统性能,AWorks 内部不直接使用浮点数,当然,应用程序依然可以使用浮点数)。例如,电压传感器采集到的电压可能为 1.234 V,为了避免使用小数,可以缩小单位至 mV(“m”表示“毫”,10^{-3}),表示为 1 234 mV。若使用 aw_sensor_val_t 类型的数据表示该电压值,则 val 值为 1 234,unit 为 −3(表示 10^{-3},对应了单位前缀:“m”,即“毫”)。

由此可见,unit 为负数时可以表示一个小数。此外,val 值的类型为有符号 32 位整数,其可以表示的数据范围为:−2 147 483 648～2 147 483 647。若数据超过该范围,则也可以将 unit 设置为正数,例如,若传感器数据为 2 147 483 647 000,则可以将 val 的值设置为 2 147 483 647,unit 的值设置为 AW_SENSOR_UNIT_KILO(即 3,表示 10^3,对应了符号:“k”,即“千”)。

假设传感器通道 0 为一个温度传感器通道,那么获取温度的范例程序详见程序清单 6.35。

程序清单 6.35 获取单通道传感器数据的范例程序

```
1    aw_sensor_val_t     temp_val;
2    aw_err_t            ret;
3
4    aw_sensor_enable(0);          // 使能失败时,获取数据也会失败,这里可不处理返回值
5    ret = aw_sensor_data_get(0, &temp_val);       // 获取温度值
6    if (ret < 0) {
7        // 获取数据失败
8    } else {
9        // 获取数据成功,可以将温度值转换为以基本单位℃为单位的浮点数,便于进一步处理
10       float temp = temp_val.val * pow(10, temp_val.unit);
11   }
```

其中,pow()函数为标准 C 库提供的数学运算函数(在 math.h 文件中声明),用于求取一个数的幂,其函数原型为:

```
double pow(double x, double y);
```

其返回值即为 x 的 y 次方,即 x^y。该函数的操作数均为 double 类型的双精度浮点数,运算效率较低。

通常情况下,如非必要,不建议引入浮点运算。若一个传感器数据只需要打印显

示,则不需要将其转换为浮点数,仅需将小数点显示至合适的位置即可。例如,对于一个温度数据,若其 unit 为−3,则以基本单位℃为单位进行数值的打印显示时,val 值应显示 3 位小数(比如 45 087 应显示为 45.087 ℃),基于此,分别显示整数部分和小数部分即可。

```
aw_kprintf("The temp 0 is : %d.%03d℃\r\n", temp_val.val / 1000,  temp_val.val % 1000);
```

程序中,将 val 值整除 1 000 作为整数部分,对 1 000 取余作为小数部分(打印小数部分时,位宽固定为 3 位,且不足 3 位时,应在前面补 0,比如 45 087 对 1 000 取余的结果为 87,但应显示为 087)。

由此可见,打印显示时,完全可以避免浮点运算。需要注意的是,unit 的值不一定为−3,也可能为−6 或其他值。在这种情况下,就要分别处理,例如,为−6 时,应打印显示 6 位小数。

```
aw_kprintf("The temp 0 is : %d.%06d℃\r\n", temp_val.val / 1000000,  temp_val.val %
1000000);
```

显然,这样处理起来略显复杂,需要分别为不同的 unit 值打印不同的小数位数。但在实际应用中,显示的小数位数往往是固定的,其通常由实际显示器(比如:数码管位数,显示器位宽等)或具体应用需求决定,不难想象,如果一个显示器一会儿显示 3 位小数,一会儿显示 6 位小数,用户体验将很难得到保证。

如果应用需要将显示的小数位数固定为 3,那么当 unit 为−6 时,可以将 unit 转换为−3 后再按照 3 位小数进行显示,例如:

```
temp_val.unit += 3;
temp_val.val /= 1000;
aw_kprintf("The temp 0 is : %d.%03d℃\r\n", temp_val.val / 1000,  temp_val.val % 1000);
```

程序中,首先将 unit 的值增加了 3,即表示将数据扩大了 10^3,即 1 000 倍。为了使数据保持不变,需要将 val 值缩小 1/1 000 倍。这样 temp_val 中的 unit 值又变为−3 了,而后即可按照 3 位小数进行打印显示。由于 val 值整除了 1 000,那么原来低三位的数据均会丢失,也就意味着,精度会存在损失,实际上,6 位小数仅显示 3 位,本身就是一种精度的舍弃。例如,原 val 值为 25 234 167,unit 为−6,表示了 25.234 167 ℃。经过转换后,val 值为 25 234,unit 为−3,表示了 25.234 ℃,即完成了由 6 位小数精度到 3 位小数精度的转换。

如果一个系统中固定温度显示的精度为 3 位小数,那么可以将所有温度数据的 unit 转换为−3。为便于用户使用,AWorks 提供了传感器数据单位转换函数,其转换原理如下:

① 若是扩大单位(增加 unit 的值),假定 unit 增加的值为 n,则会将 val 的值整除 10^n,由于存在整除,将会使原 val 值的精度减小。当精度减小时,将遵循四舍五入法则。例如,原数据为 1 860 mV,若将单位转换为 V,则转换的结果为 2 V;原数据

为 1 245 mV，若将单位转换为 V，则转换的结果为 1 V。由于存在精度的损失，单位的扩大应该谨慎使用。

② 若是缩小单位(减小 unit 的值)，假定 unit 减小的值为 n，则会将 val 的值乘以 10^n，但应特别注意，val 值的类型为 32 位有符号数，其能够表示的数据范围为：－2 147 483 648～2 147 483 647。不应使 val 值扩大 10^n 后超过该范围。缩小单位不存在精度的损失，但应注意数据的溢出，不应将一个数据缩小至太小的单位。若数据可能溢出，则转换会失败，原数据的值和单位均会保持不变。

③ 特别地，若转换前后的单位没有发生变化，则整个传感器的值保持不变。

传感器数据单位转换函数的原型为：

```
aw_err_t aw_sensor_val_unit_convert (aw_sensor_val_t * p_buf, int num, int32_t to_unit);
```

其中，p_buf 为传感器数据缓存；num 为缓存大小，表示需要转换单位的数据个数，to_unit 表示目标单位，其值为 AW_SENSOR_UNIT_＊（比如：AW_SENSOR_UNIT_MILLI）。若返回值为 AW_OK，则表示所有数据转换成功；否则，表明存在转换失败的数据，转换失败可能是由于在缩小单位时，val 值无法完成扩大，即扩大 10^n 后会超过有符号 32 位数所能够表示的范围。转换失败的数据 val 值和 unit 值将保持不变，用户可以根据数据转换结束后的单位是否为目标单位来判断某一数据是否转换成功。

从传感器中获取数据，并按 3 位小数进行打印显示的范例程序详见程序清单 6.36。

程序清单 6.36　传感器数据单位转换的范例程序

```
1     aw_sensor_val_t       temp_val;
2     aw_err_t              ret;
3     aw_sensor_enable(0);        // 使能失败时，获取数据也会失败，这里可不处理返回值
4     ret = aw_sensor_data_get(0, &temp_val);     // 获取温度值
5     if (ret < 0) {
6         // 获取数据失败
7     } else {
8         // 将传感器数据的单位转换为 AW_SENSOR_UNIT_MILLI，即 - 3
9         aw_sensor_val_unit_convert(&temp_val, 1, AW_SENSOR_UNIT_MILLI);
10        aw_kprintf("The temp 0 is : %d.%03d℃\r\n", temp_val.val / 1000,
                  temp_val.val % 1000);
11    }
```

程序中，假定了通道 0 为温度传感器通道，由于 val 值能够表示的数据范围为－2 147 483 648～2 147 483 647，当 unit 为－3 时，其可以表示的温度范围为－2 147 483.648～2 147 483.647 ℃。在一般应用环境中，温度不会超过该范围，因此，单位转换必然会成功，当能够确定数据不会超过表示范围时，可以不用判断单位

转换函数的返回值。

(2) 获取一组(多个)传感器通道的数据

该函数用于获取一组(多个)传感器通道的数据,其函数原型为:

```
aw_err_t  aw_sensor_group_data_get (const int          *p_ids,
                                    int                 num,
                                    aw_sensor_val_t    *p_buf);
```

其中,p_ids 为指向传感器通道 id 列表的指针;num 表示通道的数目,即 id 列表的大小;p_buf 指向用于存储各通道数据的缓存,缓存大小应该与 num 一致,函数执行结束后,将包含各个通道的数据。

若返回值为 AW_OK,则表示所有通道的数据均获取成功,p_buf 所指缓存中存放了有效的数据;否则,表示存在数据获取失败的通道,此时,p_buf 所指缓存中,这些失败通道对应的数据将为无效值,即使用 AW_SENSOR_VAL_IS_VALID()宏判断数据有效性时,将返回 FALSE,用户可以使用 AW_SENSOR_VAL_IS_VALID()宏逐一检查各个通道的数据,以判断哪些通道的数据获取成功,哪些通道的数据获取失败。特别注意,当数据为无效值时,val 值将为标准错误码,用户可以根据 val 值判断该通道失败的原因,例如,值为-AW_ENODEV 时,表示对应通道不存在。

AW_SENSOR_VAL_IS_VALID()是一个用于判断传感器数据有效性的宏,其在 aw_sensor.h 文件中定义,原型为:

```
AW_SENSOR_VAL_IS_VALID(data)
```

其中,data 为 aw_sensor_val_t 类型的数据,仅当该宏返回 TRUE 时,才表示 data 为有效的传感器数据;否则,data 为无效值,此时,unit 值无效,val 值表示标准错误码,其反映了数据无效(即某种操作失败)的原因。

获取一组通道(通道 0、3、5、6、8、9)数据的范例程序详见程序清单 6.37。

程序清单 6.37　获取一组(多个)通道数据的范例程序(1)

```
1     const int          id[6] ={0, 3, 5, 6, 8, 9};    // 假定应用程序使用 6 个通道:0、3、
                                                       // 5、6、8、9
2     aw_sensor_val_t    buf[6];                       // 存储 6 个通道数据的缓存
3     aw_err_t           ret;
4
5     // 使能通道,使能失败的通道在获取数据时会失败,这里可以暂不检查返回值
6     aw_sensor_group_enable(id, 6, buf);
7
8     ret = aw_sensor_group_data_get(id, 6, buf);
9
10    if (ret < 0) {    // 存在数据获取失败的通道,逐一检查哪些通道的数据获取失败
```

```
11          int i;
12          for (i = 0; i < 6; i++) {
13              if (AW_SENSOR_VAL_IS_VALID(buf[i])) {
14                  // 该通道数据有效,可以正常使用
15              } else {
16                  // 该通道数据无效,数据获取失败,失败原因可通过 buf[i].val 判断
17              }
18          }
19      } else {
20      // 所有通道的数据均获取成功,无需使用 AW_SENSOR_VAL_IS_VALID()逐一检查 buf 中的值
21      }
```

通常情况下,为了使程序更加简洁,也可以不判断函数的返回值,仅需在最后使用传感器数据前,判断传感器数据是否有效即可,范例程序详见程序清单6.38。

程序清单6.38 获取一组(多个)通道数据的范例程序(2)

```
1    const int         id[6] ={0, 3, 5, 6, 8, 9};   // 假定应用程序使用6个通道:0、3、
                                                    // 5、6、8、9
2    aw_sensor_val_t   buf[6];                      // 存储6个通道数据的缓存
3    int               i;
4
5    aw_sensor_group_enable(id, 6, buf);            // 使能通道
6    aw_sensor_group_data_get(id, 6, buf);          // 获取数据
7
8    for (i = 0; i < 6; i++) {
9        if (AW_SENSOR_VAL_IS_VALID(buf[i])) {
10           // 该通道数据有效,可以正常使用
11       } else {
12           // 该通道数据无效,数据获取失败,失败原因可通过 buf[i].val 判断
13       }
14   }
```

4. 禁能传感器通道

当某些传感器通道使用完毕,暂时不需要从其中获取数据时,可以禁能相应的通道,使其进入一种最佳的低功耗状态(若支持)。AWorks提供了两类禁能接口,分别用于禁能单个传感器通道和禁能一组(多个)传感器通道。

(1) 禁能单个传感器通道

禁能单个传感器通道的函数原型为:

```
aw_err_t  aw_sensor_disable (int id);
```

其中,id为传感器通道的编号。若函数返回值为AW_OK,则表示通道禁能成

功;否则,表示通道禁能失败,返回值为标准错误码,若返回值为-AW_ENODEV时,则 id 对应的传感器通道不存在。禁能通道 0 的范例程序详见程序清单 6.39。

程序清单 6.39　禁能单个传感器通道的范例程序

```
1    aw_err_t    ret = aw_sensor_disable(0);
2    if (ret < 0) {
3        // 通道禁能失败
4    } else {
5        // 通道禁能成功
6    }
```

(2) 禁能一组(多个)传感器通道

禁能一组(多个)传感器通道的函数原型为:

```
aw_err_t  aw_sensor_group_disable (const int              * p_ids,
                                   int                    num,
                                   aw_sensor_val_t        * p_result);
```

其中,p_ids 为指向传感器通道 id 列表的指针;num 表示通道的数目,即 id 列表的大小;p_result 指向用于存储各个通道禁能结果的缓存,缓存大小应该与 num 一致。函数执行结束后,将包含各个通道禁能的结果,其数据含义与使能通道时的数据含义一致,即 unit 的值无效,仅使用 val 值表示各个通道禁能的结果。此时,val 值即为标准错误码,若其值为 AW_OK,则表示相应的通道禁能成功;否则,表示相应的通道禁能失败,例如,值为-AW_ENODEV 时,表示对应通道不存在。

aw_sensor_group_disable()函数的返回值同样为标准错误码,若其值为 AW_OK,则表示所有通道禁能成功,此时,p_result 中所有数据的 val 值均为 AW_OK。因此,当返回值为 AW_OK 时,无需判断 p_result 中的值即可断定所有通道禁能成功;否则,表示存在禁能失败的通道,此时,可以逐一检查 p_result 中的值来判断具体是哪些通道禁能成功,哪些通道禁能失败。禁能一组通道(通道 0、3、5、6、8、9)的范例程序详见程序清单 6.40。

程序清单 6.40　禁能一组(多个)传感器通道的范例程序

```
1    const int            id[6] ={0, 3, 5, 6, 8, 9};  // 假定应用程序使用 6 个通道:0、
                                                      // 3、5、6、8、9
2    aw_sensor_val_t      buf[6];                     // 存储 6 个通道禁能结果的缓存
3
4    aw_err_t ret = aw_sensor_group_disable(id, 6, buf);
5
6    if (ret < 0) {    // 存在禁能失败的通道,可以逐一检查哪些通道禁能失败
7        int i;
```

```
8          for (i = 0; i < 6; i++) {
9              if (buf[i].val < 0) {
10                 // 通道 i 禁能失败
11             } else {
12                 // 通道 i 禁能成功
13             }
14         }
15     } else {
16         // 所有通道均禁能成功,无需检查 buf 中的值
17     }
```

基于数码管接口和通用传感器接口,可以实现一个简单的应用:使用数码管实时显示当前温度值。范例程序详见程序清单 6.41。

程序清单 6.41　使用数码管实时显示温度的范例程序

```
1      #include "aworks.h"
2      #include "aw_delay.h"
3      #include "aw_vdebug.h"
4      #include "aw_digitron_disp.h"
5      #include "aw_sensor.h"
6      #include "string.h"
7
8      #define __APP_SENSOR_TEMP_ID       0        // 应用使用的温度传感器通道 ID
9      #define __APP_DIGITRON_DISP_ID     0        // 应用使用的数码管显示器 ID
10
11     static void __digitron_disp_num (int num)  // 使用数码管显示一个数值
12     {
13         char buf[3];
14         aw_snprintf(buf, 3, "%2d", num);
15         aw_digitron_disp_str(__APP_DIGITRON_DISP_ID, 0, strlen(buf), buf);
16     }
17
18     int aw_main()
19     {
20         aw_sensor_val_t      temp_val;
21         aw_sensor_enable(__APP_SENSOR_TEMP_ID);                        // 使能通道
22         while(1) {
23             if (aw_sensor_data_get(__APP_SENSOR_TEMP_ID, &temp_val) < 0) {
                                                                          // 获取温度值
24                 // 显示 "ER",表示错误,不存在温度传感器
25                 aw_digitron_disp_str(__APP_DIGITRON_DISP_ID, 0, 2, "ER");
26             } else {
```

```
27                // 仅两位数码管,只显示整数部分,将单位转换为 AW_SENSOR_UNIT_BASE,即℃
28                aw_sensor_val_unit_convert(&temp_val, 1, AW_SENSOR_UNIT_BASE);
29                __digitron_disp_num(temp_val.val);
30            }
31            aw_mdelay(1000);
32        }
33    }
```

应用程序中,将需要使用到的传感器通道 id 和数码管显示器 id 使用宏的形式在程序前进行了定义(详见程序清单 6.41 的第 7～8 行),当前 id 均定义为 0,若实际使用的 id 发生变化,仅需修改这两个宏值即可。

6.6 温控器

下面将结合此前介绍的接口,使用 LED、蜂鸣器、数码管、矩阵键盘和温度采集,实现一个简易的温控器。

1. 功能简介

使用标准 I^{2}C 接口的 LM75B 温度传感器采集温度并在数码管上显示,由于只有两位数码管,因此只显示整数部分;当温度为负数时,也不显示负号,仅显示温度值。

可设置温度上限值和温度下限值,当温度高于上限值或低于下限值时,蜂鸣器鸣叫。

2. 状态指示

在调节过程中,使用 LED0 和 LED1 两个 LED 用于状态指示。

- LED0 亮:表明当前值为上限值,数码管显示上限值;
- LED1 亮:表明当前值为下限值,数码管显示下限值;
- 两灯闪烁:表明正常运行状态,数码管显示环境温度值。

3. 操作说明

设置上下限值时,共使用 4 个按键,即

- SET 键:用于进入设置状态。按下 SET 键后首先进入温度上限值设定,再按可进入温度下限值设定,再次按下 SET 键将回到正常运行状态。
- 左移/右移键:用于切换当前调节的位。当进入设置状态后,当前调节的位会不断闪烁,按下该键可以切换当前调节的位,由个位切换到十位,或由十位切换到个位。
- 加 1 键:当进入设置状态后,当前调节的位会不断闪烁,按下该键可以使该位上的数值增加 1。
- 减 1 键:当进入设置状态后,当前调节的位会不断闪烁,按下该键可以使该位上的数值减小 1。

(1) 设置上限值

首次按下 SET 键进入上限值设置,此时 LED0 点亮,数码管显示上限值温度,个位不停地闪烁。按“加 1 键”或“减 1 键”可以对当前闪烁位上的值进行调整,按下“左移/右移键”可以切换当前调节的位。

(2) 设置下限值

在设置上限值的基础上,再次按下 SET 键即可进入下限值的设定,此时 LED1 点亮,数码管显示下限值温度,个位不停地闪烁。按“加 1 键”或“减 1 键”可以对当前闪烁位上的值进行调整,按“左移/右移键”可以切换当前调节的位。

4. 功能实现

温控器的实现范例程序详见程序清单 6.42。程序中比较烦琐的是按键的处理程序。为了使程序结构更加清晰,分别对 3 种按键:切换状态(KEY0)、切换当前调节位(KEY2)、调节当前位的值(KEY1 和 KEY3)写了 3 个函数,各个函数直接在 __key_callback()按键回调函数中调用。其他部分均在 while(1)主循环中完成,主要完成 3 件事情:温度值的采集,每隔 500 ms 进行一次;温度值的判断,判断是否过高或过低,以便报警;正常状态下 LED0 和 LED1 的闪烁。

程序清单 6.42 使用通用接口实现温控器代码

```
1     #include "aworks.h"
2     #include "aw_vdebug.h"
3     #include "aw_delay.h"
4     #include "aw_buzzer.h"
5     #include "aw_led.h"
6     #include "aw_input.h"
7     #include "aw_digitron_disp.h"
8     #include "aw_sensor.h"
9     #include "string.h"
10
11    #define     __APP_SENSOR_TEMP_ID        0        // 应用使用的温度传感器通道 ID
12    #define     __APP_DIGITRON_DISP_ID      0        // 应用使用的数码管显示器 ID
13
14    /* g_adj_state 状态值,分别表示正常状态、调节上限值状态、调节下限值状态   */
15    #define     __STATE_NORMAL              0
16    #define     __STATE_ADJ_HIGH            1
17    #define     __STATE_ADJ_LOW             2
18
19    /* 值调节的类型:加或减,用于调节值处理函数 key_val_process() */
20    #define     __VAL_ADJ_TYPE_ADD          1
```

```
21    #define      __VAL_ADJ_TYPE_SUB          0
22
23    static uint8_t      g_temp_high      =      30;    // 温度上限值,初始为 30 摄氏度
24    static uint8_t      g_temp_low       =      28;    // 温度下限值,初始为 28 摄氏度
25    static uint8_t      g_adj_state      =      0;
                                        // 0 为正常状态,1 为调节上限状态，2 为调节下限状态
26    static uint8_t      g_adj_pos        =      0;
                                           // 当前调节位,仅调节模式时有效,初始为调节个位
27
28    static void __digitron_disp_num (int num)                  // 使用数码管显示一个数值
29    {
30        char buf[3];
31        aw_snprintf(buf, 3, "%2d", num);
32        aw_digitron_disp_str(__APP_DIGITRON_DISP_ID, 0, strlen(buf), buf);
33    }
34
35    static void key_state_process (void)                       // 状态处理函数,KEY0
36    {
37        g_adj_state  = (g_adj_state  + 1) % 3;                  // 状态切换,0～2
38        if (g_adj_state == __STATE_ADJ_HIGH) {                  // 状态切换到调节上限状态
39            aw_led_on(0);
40            aw_led_off(1);
41            g_adj_pos = 1;                                     // 调节位为个位,对应索引为 1
42            aw_digitron_disp_blink_set(0,g_adj_pos, AW_TRUE); // 调节位个位闪烁
43            __digitron_disp_num(g_temp_high);                 // 显示温度上限值
44        } else if (g_adj_state == __STATE_ADJ_LOW) {          // 状态切换到调节下限状态
45            aw_led_on(1);
46            aw_led_off(0);
47            aw_digitron_disp_blink_set(0, g_adj_pos, AW_FALSE); // 当前调节位停止闪烁
48            g_adj_pos = 1;                                      // 调节位恢复为个位
49            aw_digitron_disp_blink_set(0, g_adj_pos, AW_TRUE);
50            __digitron_disp_num(g_temp_low);                    // 显示温度下限值
51        } else {                                                // 切换为正常状态
52            aw_led_off(0);
53            aw_led_off(1);
54            aw_digitron_disp_blink_set(0, g_adj_pos, AW_FALSE); // 当前调节位停止闪烁
55            g_adj_pos = 1;                                      // 调节位恢复为个位
56        }
57    }
58
59    static void key_val_process(uint8_t type)          // 调节值设置函数(1 为加,0 为减)
```

```
60   {
61       uint8_t    num_single       =    0;    // 调节数值时,临时记录个位调节
62       uint8_t    num_ten          =    0;    // 调节数值时,临时记录十位调节
63       uint8_t    num_temp;                   // 临时记录调节后的值
64       if (g_adj_state == __STATE_ADJ_HIGH) {
65           num_single     =     g_temp_high % 10;        // 调节上限值
66           num_ten        =     g_temp_high / 10;
67       } else if (g_adj_state == __STATE_ADJ_LOW){
68           num_single     =     g_temp_low % 10;         // 调节下限值
69           num_ten        =     g_temp_low / 10;
70       } else {                                          // 正常状态,不允许调节
71           return;
72       }
73       if (type == __VAL_ADJ_TYPE_ADD) {                 // 加 1 操作
74           if (g_adj_pos == 1) {
75               num_single = (num_single + 1) % 10;       // 个位加 1,0～9
76           } else {
77               num_ten    = (num_ten + 1) % 10;          // 十位加 1,0～9
78           }
79       } else {                                          // 减 1 操作
80           if (g_adj_pos == 1) {
81               num_single = (num_single - 1 + 10) % 10;  // 个位减 1,0～9
82           } else {
83               num_ten    = (num_ten - 1 + 10) % 10;     // 十位减 1,0～9
84           }
85       }
86       num_temp = num_ten * 10 + num_single;             // 调节后的值
87       /* 确保是有效的设置:调节后的上限值必须大于下限值,调节后的下限值必须小
             于上限值 */
88       if ((g_adj_state == __STATE_ADJ_HIGH) && (num_temp >= g_temp_low)) {
89           g_temp_high = num_temp;                    // 更新温度上限值
90           __digitron_disp_num(g_temp_high);          // 显示调节后的温度上限值
91       } else if ((g_adj_state == __STATE_ADJ_LOW) && (num_temp <= g_temp_high)) {
92           g_temp_low = num_temp;                     // 更新温度下限值
93           __digitron_disp_num(g_temp_low);           // 显示调节后的温度下限值
94       }
95   }
96
97   static void key_pos_process(void)                  // 调节位切换
98   {
99       if (g_adj_state != __STATE_NORMAL) {   // 当前是在调节模式中才允许切换调节位
100          aw_digitron_disp_blink_set(0, g_adj_pos, AW_FALSE);
```

```
101             g_adj_pos = ! g_adj_pos; // 通过取反操作,使调节位在个位和十位之前切换
102             aw_digitron_disp_blink_set(0, g_adj_pos, AW_TRUE);
103         }
104     }
105
106     static void __key_callback (aw_input_event_t * p_input_data, void * p_usr_data)
107     {
108         if (p_input_data ->ev_type == AW_INPUT_EV_KEY) {        // 处理按键事件
109             // 将数据转换为按键数据类型
110             aw_input_key_data_t * p_data = (aw_input_key_data_t * )p_input_data;
111             if (p_data ->key_state != 0) {                       // 值不为 0,键按下
112                 switch (p_data ->key_code) {
113                     case KEY_0: key_state_process();break;     // 调节状态切换
114                     case KEY_1: key_val_process(__VAL_ADJ_TYPE_ADD); break;
                                                                 // 当前调节位加 1
115                     case KEY_2: key_pos_process();break;       // 切换当前调节位
116                     case KEY_3: key_val_process(__VAL_ADJ_TYPE_SUB); break;
                                                                 // 当前调节位减 1
117                     default:break;
118                 }
119             }
120         }
121     }
122
123     int aw_main (void)
124     {
125         static aw_input_handler_t           key_handler;
126         aw_sensor_val_t                     temp_val;
127
128         aw_sensor_enable(__APP_SENSOR_TEMP_ID);                  // 使能通道
129         aw_digitron_disp_decode_set(__APP_DIGITRON_DISP_ID,  aw_digitron_seg8_
                                     ascii_decode);
130         aw_input_handler_register(&key_handler, __key_callback, NULL);
                                                                 // 注册按键处理器
131
132         while(1) {
133             if (g_adj_state == __STATE_NORMAL) { // 正常模式下,执行温度读取等操作
134                 if (aw_sensor_data_get(__APP_SENSOR_TEMP_ID, &temp_val) < 0) {
                                                                 // 获取温度值
```

```
135                     aw_digitron_disp_str(__APP_DIGITRON_DISP_ID, 0, 2, "ER");
                                                                           // 显示 "ER"
136                 } else {
137         // 仅两位数码管,只显示整数部分,将单位转换为 AW_SENSOR_UNIT_BASE,即℃
138                     aw_sensor_val_unit_convert(&temp_val, 1, AW_SENSOR_UNIT_BASE);
139                     __digitron_disp_num(temp_val.val);     // 显示温度值
140                     if (temp_val.val > g_temp_high || temp_val.val < g_temp_low ) {
141                         aw_buzzer_on();                    // 温度异常,蜂鸣器鸣叫
142                     } else {
143                         aw_buzzer_off();
144                     }
145                 }
146                 aw_led_toggle(0);                          // 正常模式下,LED0 和 LED1 闪烁
147                 aw_led_toggle(1);
148                 aw_mdelay(500);
149             }
150         }
151     }
```

第7章 通用外设接口

✍ 本章导读

在嵌入式系统中，主控 MCU 往往集成了多种片上外设，例如，GPIO、PWM、I^2C、SPI、UART、ADC 等。通过它们可以使 MCU 轻松地与“外部世界”相互连接、相互通信，从而与“外部世界”交互。在 AWorks 中，对这些外设进行了抽象，为同一类外设提供相同的使用接口。对于用户来讲，无论使用什么 MCU，只要该 MCU 具有相应的外设，均可以使用相同的外设接口进行操作，因而使用某一外设的应用程序可以轻松地跨平台（移到另外一个硬件平台）复用。同时，由于直接为用户提供了外设的使用接口，因此，用户不再需要了解底层的寄存器操作，因此可以将用户从阅读寄存器手册、编写底层驱动中解脱出来，使用户更加专注于产品本身的“核心域”，提升产品的竞争力。

7.1 GPIO

在使用一个 I/O 口前，必须正确地配置 I/O 的功能和模式。同时，由于一个 I/O 口往往可用于多种功能，但同一时刻只能用于某一确定的功能，为了避免冲突，在将一个引脚用作某一功能前，应该向系统申请，使用完毕后再释放。

当将 I/O 口用作 GPIO（General Purpose Input Output）功能时，GPIO 作为一种通用输入/输出接口，有两种常用的使用方式：一种是用作普通的输入/输出接口；一种是用作中断输入接口，即当指定的输入状态事件发生（比如：下降沿）时，触发用户自定义回调函数。

7.1.1 I/O 配置

通常情况下，一个引脚往往可以用作多种功能，例如，在 i.MX280 中，PIO3_0 可以用于下面 4 种功能：

- 应用串口 0 的接收引脚；
- I^2C0 的时钟引脚；
- 调试串口的 CTS 引脚；
- 通用 GPIO。

同时,GPIO 还往往具有多种模式,比如:上拉、下拉、开漏、推挽等。为了正确使用一个 I/O 口,必须先将其配置为正确的功能和模式。AWorks 提供了 I/O 配置接口,其原型为:

```
aw_err_t aw_gpio_pin_cfg(int pin, uint32_t flags);
```

其中,pin 为引脚编号;flags 为配置的功能和模式标志。返回值为标准的错误号,若返回 AW_OK 则表示配置成功;否则,表示配置失败,其可能是由于部分功能和模式不支持造成的。

引脚编号 pin 用于指定需要配置的引脚,在 GPIO 标准接口层中,所有函数的第一个参数均为 pin,用于指定具体操作的引脚,具体的引脚编号在{chip}_pin. h 文件中定义(chip 代表芯片名,例如,对于 i. mx28x 系列 MCU,chip 即为 imx28x,对应文件名为 imx28x_pin. h),宏名的格式为 PIOx_y,比如:PIO3_0。

flags 为配置标志,由"通用功能 | 通用模式 | 平台功能 | 平台模式"(其中的"|"就是 C 语言中的按位或运算符)组成。

1. 通用功能和模式

通用功能和模式是 AWorks 抽象的 GPIO 最通用的功能和模式,它们在 aw_gpio. h 文件中使用宏的形式进行了定义,宏名格式为 AW_GPIO_ * 。通用功能相关宏定义与含义如表 7.1 所列,通用模式相关宏定义与含义如表 7.2 所列。

表 7.1 引脚通用功能

引脚通用功能宏	含 义
AW_GPIO_INPUT	设置引脚为输入
AW_GPIO_OUTPUT	设置引脚为输出
AW_GPIO_OUTPUT_INIT_HIGH	设置引脚为输出,并初始化电平为高电平
AW_GPIO_OUTPUT_INIT_LOW	设置引脚为输出,并初始化电平为低电平

表 7.2 引脚通用模式

引脚通用模式宏	含 义
AW_GPIO_PULL_UP	上拉
AW_GPIO_PULL_DOWN	下拉
AW_GPIO_FLOAT	浮空模式,既不上拉,也不下拉
AW_GPIO_OPEN_DRAIN	开漏模式
AW_GPIO_PUSH_PULL	引脚推挽输出模式

通用功能和模式相关的宏定义在标准接口层中,不会随芯片的改变而改变,使用通用功能和模式的应用程序是与具体芯片无关的,可以跨平台复用。使用通用功能和模式配置引脚的范例程序详见程序清单 7.1。

程序清单 7.1 使用通用功能和模式配置引脚的范例程序

```
1    aw_gpio_pin_cfg(PIO2_6, AW_GPIO_OUTPUT);                          // 配置为输出模式
2    aw_gpio_pin_cfg(PIO2_6, AW_GPIO_OUTPUT_INIT_HIGH);
                                                        // 配置为输出模式,初始化为高电平
3    aw_gpio_pin_cfg(PIO2_6, AW_GPIO_OUTPUT_INIT_LOW);
                                                        // 配置为输出模式,初始化为低电平
4
5    aw_gpio_pin_cfg(PIO2_6, AW_GPIO_OUTPUT | AW_GPIO_PUSH_PULL);  // 配置为推挽输出
6    aw_gpio_pin_cfg(PIO2_6, AW_GPIO_OUTPUT | AW_GPIO_OPEN_DRAIN); // 配置为开漏输出
7    aw_gpio_pin_cfg(PIO2_6, AW_GPIO_INPUT | AW_GPIO_PULL_UP);     // 配置为上拉输入
8    aw_gpio_pin_cfg(PIO2_6, AW_GPIO_INPUT | AW_GPIO_FLOAT);       // 配置为浮空输入
```

2. 平台功能和模式

平台功能和模式与具体芯片相关,会随着芯片的不同而不同,主要包括引脚的复用功能和一些特殊的模式,平台功能和模式相关的宏定义在{chip}_pin.h文件中,宏名的格式为PIOx_y_*,比如:PIO3_0_AUART0_RX,即PIO3_0的串口0接收引脚。

如需查找某一引脚(比如:PIO3_0)相关的平台功能和平台模式,可以打开{chip}_pin.h文件,找到以PIO或引脚编号PIO3_0为前缀的所有宏定义。若一个宏定义以引脚编号为前缀,则表明该宏仅可用于引脚编号对应的引脚,例如,PIO3_0_AUART0_RX仅可用于配置PIO3_0;若一个宏定义没有以具体引脚编号为前缀,仅以PIO作为前缀,则表明该宏对应的功能或模式可用于所有引脚。

以PIO3_0引脚为例,该引脚相关的平台功能和平台模式如表7.3和表7.4所列。在表7.4中,所有平台模式都以PIO作为前缀,而非PIO3_0作为前缀。表明这些平台模式不是PIO3_0引脚所特有的,而是所有引脚都可能支持的模式,即这些模式对应的宏可以在配置任意引脚时使用。

表 7.3 PIO3_0 平台功能

引脚平台功能宏	含 义
PIO3_0_AUART0_RX	应用串口0接收引脚
PIO3_0_I2C0_SCL	I^2C0时钟线引脚
PIO3_0_DUART_CTS	调试串口的CTS引脚
PIO3_0_GPIO	通用GPIO口

表 7.4 引脚平台模式

引脚平台模式宏	含 义
PIO_MODE_1V8	引脚高电平电压为1.8 V
PIO_MODE_3V3	引脚高电平电压为3.3 V
PIO_MODE_4MA	引脚驱动电流为4 mA
PIO_MODE_8MA	引脚驱动电流为8 mA
PIO_MODE_12MA	引脚驱动电流为12 mA

使用平台功能和模式配置引脚的范例程序详见程序清单7.2。

程序清单 7.2　使用平台功能和模式配置引脚的范例程序

```
1    aw_gpio_pin_cfg(PIO3_24, PIO3_24_I2C0_SCL | PIO_MODE_3V3);
                                              // 配置 PIO3_24 为 I²C0 的 SCL
2    aw_gpio_pin_cfg(PIO3_25, PIO3_25_I2C0_SDA | PIO_MODE_3V3);
                                              // 配置 PIO3_25 为 I²C0 的 SDA
3
4    aw_gpio_pin_cfg(PIO2_10, PIO2_10_SSP0_SCK | PIO_MODE_3V3);
                                              // 配置 PIO2_10 为 SSP0 的 SCK
5    aw_gpio_pin_cfg(PIO2_8,  PIO2_8_SSP0_CMD | PIO_MODE_3V3);
                                              // 配置 PIO2_8 为 SSP0 的 MOSI
6    aw_gpio_pin_cfg(PIO2_0,  PIO2_0_SSP0_D0   | PIO_MODE_3V3);
                                               // 配置 PIO2_0 为 SSP0 的 D0
7
8    aw_gpio_pin_cfg(PIO3_2, PIO3_2_DUART_RX | PIO_MODE_3V3);
                                             // 配置 PIO3_2 为调试串口的 RX
9    aw_gpio_pin_cfg(PIO3_3, PIO3_3_DUART_TX | PIO_MODE_3V3);
                                             // 配置 PIO3_3 为调试串口的 TX
```

特别地，平台功能和模式可以和通用功能和模式组合使用。例如，在配置 I^2C 引脚时，可以开启内部上拉，范例程序详见程序清单 7.3。

程序清单 7.3　通用模式和平台模式混合使用

```
1    aw_gpio_pin_cfg(PIO3_24, PIO3_24_I2C0_SCL | PIO_MODE_3V3| AW_GPIO_PULL_UP);
2    aw_gpio_pin_cfg(PIO3_25, PIO3_25_I2C0_SDA | PIO_MODE_3V3| AW_GPIO_PULL_UP);
```

7.1.2　I/O 的申请和释放

如表 7.3 所列，PIO3_0 可以被用作 4 种功能。虽然 PIO3_0 的功能众多，但是，在同一时刻，其只能被用作某一确定功能，并不能同时使用多种功能。

随着系统复杂度的上升，用户往往很难保证某一引脚只被用作一种功能，稍有不慎，就可能将某一引脚同时配置为多种功能，此时，部分使用某种功能的应用程序将不能正常工作。在这种情况下，用户往往很难发现工作异常的原因。

例如，PIO3_0 已经被用作 I^2C0 的时钟引脚，但由于程序员的不小心，又将其配置为串口 0 的接收引脚，此时，若不加以保护，则引脚会以最后一次配置的功能为准，这将使 PIO3_0 最终被用作串口 0 的接收引脚，这将导致 I^2C0 工作不正常。

为了保证引脚功能的互斥使用，AWorks 提供了一种申请机制，在将引脚用作某一功能前，必须向系统申请，若该引脚处于空闲状态，还未被申请过，则本次申请成功，同时标记该引脚已被使用。若在申请时，该引脚已被申请，则本次申请失败。当一个引脚使用完毕时，应该释放该引脚，以便系统将该引脚分配给下一个申请者。

实际上，在设计硬件电路时，一个引脚往往只会用作某一确定的功能，不会将一个引脚同时用作多个外设功能引脚,因此,在软件设计正确无误的情况下,通常不会出现申请失败的情况。申请失败,往往是由于软件开发人员的错误导致的,这就需要软件开发人员引起足够的重视,当出现申请失败的情况时,必须立即解决,找到某一引脚被非法占用的位置。

引脚申请机制包括两个接口,相关接口的函数原型如表 7.5 所列。

表 7.5　引脚申请机制相关接口(aw_gpio.h)

函数原型	功能简介
aw_err_t aw_gpio_pin_request(const char * p_name, const int * p_pins, int num);	申请引脚
aw_err_t aw_gpio_pin_release(const int * p_pins, int num);	释放引脚

1. 申请引脚

当需要使用一组引脚时,应该向系统申请,申请的函数原型为:

```
aw_err_t aw_gpio_pin_request(const char * p_name, const int * p_pins, int num);
```

其中,p_name 为申请者的名字;p_pins 指向引脚列表;num 为本次申请的引脚个数。返回值为标准的错误号,若返回 AW_OK 则表示申请成功,可以正常使用相关的引脚;否则,表示申请失败,相关引脚已经被占用,无法使用。

p_name 为申请者的名字,其指向一个字符串,例如,“LED”“UART”“SSP0”“I2C0”等,名字仅作标记,便于引脚的跟踪,可以任意设定。

p_pins 为引脚列表,例如,要申请 PIO3_2 和 PIO3_3 这两个引脚用作串口功能,则引脚列表可以定义为:

```
static const int uart0_pins_table[] ={
    PIO3_2,
    PIO3_3
};
```

num 表示本次申请的引脚个数,其值应该与 p_pins 指向的列表中的引脚个数相等。申请 PIO3_2 和 PIO3_3 这两个引脚用作串口功能的范例程序详见程序清单 7.4。

程序清单 7.4　引脚申请范例程序(1)

```
1    if (aw_gpio_pin_request("UART", uart0_pins_table, 2) == AW_OK) {
2        // 配置 PIO3_2 和 PIO3_3 为串口功能
3        aw_gpio_pin_cfg(PIO3_2, PIO3_2_DUART_RX | PIO_MODE_3V3);
4        aw_gpio_pin_cfg(PIO3_3, PIO3_3_DUART_TX | PIO_MODE_3V3);
5    }
```

只有当引脚申请成功后,才能配置相应的引脚用作串口功能。

特别地,即使将一个 I/O 口用作通用的 GPIO 口,也需要先申请,例如,要将

PIO2_6 用作通用 I/O 口,用于控制 LED0,同样需要在将其配置为通用 I/O 功能前向系统申请,范例程序详见程序清单 7.5。

程序清单 7.5　引脚申请范例程序(2)

```
1    const int pin_led0   = PIO2_6;
2    if (aw_gpio_pin_request("pin_led0", &pin_led0, 1) == AW_OK) {
3        aw_gpio_pin_cfg(pin_led0, AW_GPIO_OUTPUT);     // 配置 PIO2_6 为输出模式
4    }
```

关于需要申请引脚的时机,一个简单的原则就是:在调用 aw_gpio_pin_cfg()前,应该确保已经向系统申请到该引脚的使用权。

2. 释放引脚

当引脚使用完毕,暂时不再使用时,应该释放引脚,清除每个引脚的使用记录,便于其他模块申请使用。其函数原型为:

```
aw_err_t aw_gpio_pin_release(const int * p_pins, int num);
```

其中, p_pins 指向引脚列表;num 为本次释放的引脚个数。返回值为标准的错误号,若返回 AW_OK 则表示释放成功;否则,表示释放失败,可能是由于参数错误导致的。

p_pins 为引脚列表,其应该与申请引脚时的引脚列表一致,例如,要释放之前申请的 PIO3_2 和 PIO3_3 这两个引脚,引脚列表定义为:

```
static const int uart0_pins_table[] ={
    PIO3_2,
    PIO3_3
};
```

num 表示本次释放的引脚个数,其值应该与 p_pins 指向的列表中的引脚个数相等。释放 PIO3_2 和 PIO3_3 这两个引脚的范例程序详见程序清单 7.6。

程序清单 7.6　释放引脚范例程序

```
1    aw_gpio_pin_cfg(PIO3_2, AW_GPIO_INPUT | AW_GPIO_FLOAT);          // 配置为浮空输入
2    aw_gpio_pin_cfg(PIO3_3, AW_GPIO_INPUT | AW_GPIO_FLOAT);          // 配置为浮空输入
3    aw_gpio_pin_release(uart0_pins_table, 2);                        // 释放引脚
```

在释放引脚前,可以将 I/O 口配置为通用 GPIO 功能,以使其不再作为串口的功能引脚。特别注意,这一配置操作只能在释放前完成,释放后将失去引脚的控制权,不可再对其进行配置操作。

7.1.3　普通 I/O 接口

当将一个引脚配置为通用 I/O 接口时(输入或输出),可以通过相关的 I/O 接口

控制其输出状态或获取其输入状态。相关接口的函数原型如表 7.6 所列。

表 7.6 GPIO 通用接口(aw_gpio.h)

函数原型	功能简介
aw_err_t aw_gpio_get(int pin);	读取 GPIO 引脚的输入值/输出值
aw_err_t aw_gpio_set(int pin, int value);	设置 GPIO 引脚的输出值
aw_err_t aw_gpio_toggle(int pin);	翻转 GPIO 引脚的输出值

1. 获取引脚电平

无论当前引脚是处于输出模式还是输入模式,都可以通过该接口获取当前的引脚电平状态。其函数原型为:

```
aw_err_t aw_gpio_get(int pin);
```

其中的 pin 为引脚编号。返回值为标准的错误号,若返回值小于 0,则表示获取失败,失败的原因可能是由于引脚不存在。若返回值为非负数,则表明获取成功,其值为 0 时,表明当前引脚的电平为低电平;其值大于 0 时,表明当前引脚的电平为高电平。范例程序详见程序清单 7.7。

程序清单 7.7 获取引脚电平范例程序

```
1    if (aw_gpio_get(PIO0_5)   ==   0) {
2        // 检测到引脚 PIO0_5 为低电平
3    }
```

2. 设置引脚电平

当引脚处于输出模式时,可以通过该接口设置引脚的输出电平,其函数原型为:

```
aw_err_t aw_gpio_set(int pin, int value);
```

其中,pin 为引脚编号;value 为设置的值,当 value 为 0 时,输出低电平,否则输出高电平。返回值为标准的错误号,若返回 AW_OK 则表示设置成功;否则,表示设置失败。

例如,可以控制 GPIO 的输出电平,达到控制 LED 状态的目的。在 EPC-AW280 上板载了一个运行指示灯,标识为 RUN,其对应的原理图如图 7.1 所示。

其中,发光二极管的阴极与 MCU 的 PIO2_6 相连,当 I/O 输出低电平时,由于 LED 阳极加了 3.3 V 电压(高电平 1),因而形成了电位差,所以有电流流动,LED 发光二极管导通,即 LED 发光;当 I/O 输出高电平 1 时,由于无法形成电位差,LED 二极管不导通,即 LED 熄灭。

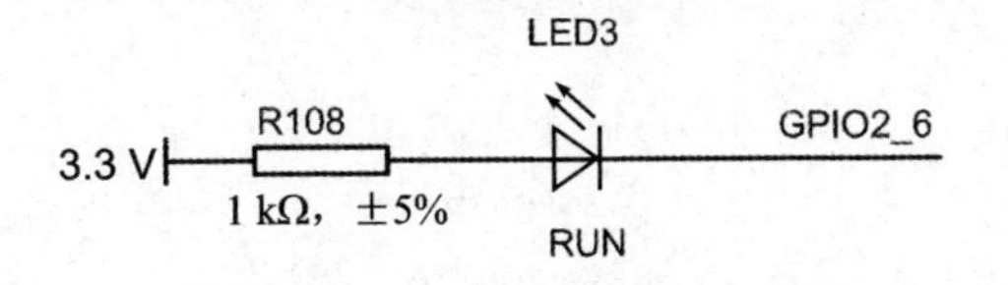

图 7.1 板载 LED 电路

基于此,可以使 PIO2_6 输出低电平以点亮 LED,范例程序详见程序清单 7.8。

程序清单 7.8　设置引脚电平范例程序

```
1    #include "aworks.h"
2    #include "aw_gpio.h"
3    #include "aw_delay.h"
4
5    int aw_main (void)
6    {
7        const int pin_led0   = PIO2_6;
8        if (aw_gpio_pin_request("pin_led0", &pin_led0, 1) == AW_OK) { // 申请引脚
9            aw_gpio_pin_cfg(pin_led0, AW_GPIO_OUTPUT_INIT_HIGH);
                                                          // 配置为输出,初始为高电平
10           aw_gpio_set(pin_led0, 0);                        // 输出低电平,点亮 LED
11       }
12       while(1) {
13           aw_mdelay(1000);
14       }
15   }
```

程序中,首先将 PIO2_6 配置为了输出模式,并将初始值设定为高电平,以便初始化完成后,LED 默认处于熄灭状态。

同理,点亮 LED 后,可以控制 PIO2_6 输出高电平,以熄灭 LED。如以一定的频率交替使 PIO2_6 输出高电平和低电平,则可以看到 LED 闪烁,范例程序详见程序清单 7.9。

程序清单 7.9　交替输出高低电平的范例程序

```
1    #include "aworks.h"
2    #include "aw_gpio.h"
3    #include "aw_delay.h"
4
5    int aw_main (void)
6    {
7        const int pin_led0   = PIO2_6;
8        if (aw_gpio_pin_request("pin_led0", &pin_led0, 1) == AW_OK) {  // 申请引脚
9            aw_gpio_pin_cfg(pin_led0, AW_GPIO_OUTPUT_INIT_HIGH);
                                                          // 配置为输出,初始为高电平
10           while(1) {
11               aw_gpio_set(pin_led0, 0);                    // 输出低电平,点亮 LED
12               aw_mdelay(200);
13               aw_gpio_set(pin_led0, 1);                    // 输出高电平,熄灭 LED
14               aw_mdelay(200);
```

```
15              }
16          }
17          while(1) {                                     // 当申请失败时,才会进入此循环
18              aw_mdelay(1000);
19          }
20      }
```

这里通过 GPIO 的输出控制 LED,仅为介绍 GPIO 接口的使用方法。实际中,AWorks 已经定义了通用的 LED 接口,在应用中操作 LED 时,建议使用通用的 LED 接口。

3. 翻转引脚电平

该接口用于翻转 GPIO 引脚的输出电平,如果 GPIO 当前输出的是低电平,则当调用该函数后,GPIO 将输出高电平,反之则输出变为低电平。其函数原型为:

```
aw_err_t aw_gpio_toggle(int pin);
```

其中,pin 为引脚编号。返回值为标准的错误号,若返回 AW_OK 则表示翻转成功;否则,表示翻转失败。在程序清单 7.9 中,通过交替输出高电平和低电平实现了 LED 闪烁。而交替输出高低电平的本质就是不断翻转 GPIO 的输出电平。基于此,若以一定的频率翻转 GPIO 的输出电平,同样可以实现 LED 闪烁,范例程序详见程序清单 7.10。

程序清单 7.10　翻转引脚电平的范例程序

```
1       #include "aworks.h"
2       #include "aw_gpio.h"
3       #include "aw_delay.h"
4
5       int aw_main (void)
6       {
7           const int pin_led0    = PIO2_6;
8           if (aw_gpio_pin_request("pin_led0", &pin_led0, 1) == AW_OK) {    // 申请引脚
9               aw_gpio_pin_cfg(pin_led0, AW_GPIO_OUTPUT_INIT_HIGH);
                                                          // 配置为输出,初始为高电平
10              while(1) {
11                  aw_gpio_toggle(pin_led0);                            // 翻转输出电平
12                  aw_mdelay(200);
13              }
14          }
15          while(1) {                                    // 当申请失败时,才会进入此循环
16              aw_mdelay(1000);
17          }
18      }
```

7.1.4 中断 I/O 接口

由对普通 I/O 接口的介绍可知，若需获取某一引脚的状态，可以通过 aw_gpio_get()接口得到引脚的当前输入状态。若用户需要监控 GPIO 某一状态事件(比如 GPIO 由高电平变为低电平)，即当出现某一状态时，才执行相应的操作。若还是使用普通 I/O 接口，则必须不断地调用 aw_gpio_get()接口，直到读取到引脚电平为 0。显然，使用这种方式需要不断地轮询，因此非常消耗 CPU。为此，AWorks 提供了中断 I/O 接口，可以使 GPIO 工作在中断状态，实时监控引脚的输入状态，只有当用户期望的状态发生时，才通知用户，进而执行相关的处理，当期望的状态没有发生时，用户完全可以不用关心引脚的状态，无需对引脚进行不断的轮询。

AWorks 为 I/O 中断相关的操作定义了一套触发接口，用户期望的状态称为触发条件，当 GPIO 的输入状态满足触发条件时，将自动调用引脚触发回调函数，以通知用户做相关的处理。相关接口的函数原型如表 7.7 所列。

表 7.7 GPIO 触发相关接口函数

函数原型	功能简介
aw_err_t aw_gpio_trigger_connect(int pin, aw_pfuncvoid_t pfunc_callback, void * p_arg);	连接引脚触发回调函数
aw_err_t aw_gpio_trigger_disconnect(int pin, aw_pfuncvoid_t pfunc_callback, void * p_arg);	断开引脚触发回调函数
aw_err_t aw_gpio_trigger_cfg(int pin, uint32_t flags);	配置引脚触发条件
aw_err_t aw_gpio_trigger_on(int pin);	打开引脚触发
aw_err_t aw_gpio_trigger_off(int pin);	关闭引脚触发

1. 连接引脚触发回调函数

在使用引脚的触发功能前，应该首先连接一个回调函数到触发引脚，当相应引脚的触发事件产生时，则会调用本函数连接的触发回调函数。其函数原型为：

```
aw_err_t aw_gpio_trigger_connect (int                pin,
                                  aw_pfuncvoid_t  pfunc_callback,
                                  void            * p_arg);
```

其中，pin 为引脚编号；pfunc_callback 为指向回调函数的指针，其指向的函数即为本次连接的回调函数；p_arg 为传递给回调函数的用户参数。返回值为标准的错误号，若返回 AW_OK 则表示连接成功；否则，表示连接失败，失败可能是由于该引脚不支持触发模式。

pfunc_callback 为指向回调函数的指针，其类型为 aw_pfuncvoid_t，该类型在 aw_types.h 文件中定义如下：

```
typedef void ( * aw_pfuncvoid_t) (void * );
```

由此可见，回调函数的类型是无返回值，具有一个 void * 类型参数的函数。当触发事件发生时，将自动调用 pfunc_callback 指向的函数，并将连接触发回调函数时设定的 p_arg 作为回调函数的参数。例如，要将引脚 PIO3_6 用作触发功能，则首先需要连接触发回调函数，范例程序详见程序清单 7.11。

程序清单 7.11　连接引脚触发回调函数范例程序

```
1    // 定义一个回调函数，用于当触发事件产生时，调用该函数
2    static void __gpio_trigger_callback (void * p_arg)
3    {
4        // 添加需要处理的程序
5    }
6
7    aw_gpio_trigger_connect(PIO3_6, __gpio_trigger_callback, NULL);  // 连接回调函数
```

2. 断开引脚触发回调函数

与 aw_gpio_trigger_connect()函数的功能相反，当一个引脚不再需要用作触发功能时，可以断开引脚与回调函数的连接；当需要将一个引脚的回调函数重新连接到另外一个函数时，应该先断开当前连接的回调函数，再重新连接到新的回调函数。其函数原型为：

```
aw_err_t aw_gpio_trigger_disconnect(int             pin,
                                    aw_pfuncvoid_t  pfunc_callback,
                                    void            * p_arg);
```

其中，pin 为引脚编号；pfunc_callback 为指向回调函数的指针，其值应该与连接回调函数时设定的回调函数一致；p_arg 为回调函数的参数，其值同样应该与连接回调函数时设定的 p_arg 一致。返回值为标准的错误号，若返回 AW_OK 则表示断开连接成功；否则，表示断开连接失败，失败可能是由于参数错误造成的。使用范例详见程序清单 7.12。

程序清单 7.12　断开引脚触发回调函数范例程序

```
1    // 定义一个回调函数，用于当触发事件产生时，调用该函数
2    static void __gpio_trigger_callback (void * p_arg)
3    {
4        //添加需要处理的程序
5    }
```

```
6    aw_gpio_trigger_connect(PIO3_6, __gpio_trigger_callback, NULL);// 连接回调函数
7    // ……
8    aw_gpio_trigger_disconnect(PIO3_6, __gpio_trigger_callback, NULL);
                                                              // 断开连接回调函数
```

3. 配置引脚触发条件

连接触发回调函数后,需要配置引脚触发的条件,其函数原型如下:

```
aw_err_t aw_gpio_trigger_cfg(int pin, uint32_t flags);
```

其中,pin 为引脚编号;flags 用于指定触发条件。返回值为标准的错误号,若返回 AW_OK 则表示配置成功;否则,表示配置失败,配置失败可能是该引脚不支持配置的触发条件。

触发条件决定了引脚触发的时机,所有可选的触发条件如表 7.8 所列。

表 7.8　GPIO 触发条件配置宏

触发条件宏	含　义
AW_GPIO_TRIGGER_HIGH	高电平触发
AW_GPIO_TRIGGER_LOW	低电平触发
AW_GPIO_TRIGGER_RISE	上升沿触发
AW_GPIO_TRIGGER_FALL	下降沿触发
AW_GPIO_TRIGGER_BOTH_EDGES	上升沿和下降沿均触发

实际中,并不是每一个引脚都支持表中所有的触发条件,当配置触发条件时,应检测返回值,确保相应引脚支持所配置的触发条件。特别地,部分引脚可能不支持触发模式,配置任何触发条件都会失败。

配置 PIO3_6 为触发模式,触发条件为下降沿触发,范例程序详见程序清单 7.13。

程序清单 7.13　配置触发条件的范例程序

```
1    // 配置 PIO3_6 为下升沿触发
2    if (aw_gpio_trigger_cfg(PIO3_6, AW_GPIO_TRIGGER_FALL)  != AW_OK) {
3        //配置失败
4    }
```

4. 打开引脚触发

当正确连接回调函数并设置相应的触发条件后,可以打开引脚触发,使引脚触发开始工作。其函数原型为:

```
aw_err_t aw_gpio_trigger_on(int pin);
```

其中,pin 为引脚编号。返回值为标准的错误号,若返回 AW_OK 则表示打开成功;否则,表示打开失败,打开失败可能是由于未正确连接回调函数或设置触发条件。

综合连接引脚触发回调函数和配置引脚触发条件的接口，可以实现一个完整的引脚触发范例程序，详见程序清单 7.14。

程序清单 7.14 打开引脚触发范例程序

```
1    #include "aworks.h"
2    #include "aw_gpio.h"
3    #include "aw_delay.h"
4    #include "aw_led.h"
5
6    static void __gpio_trigger_callback (void * p_arg)
7    {
8        aw_led_toggle(0);                                          // 翻转 LED 的状态
9    }
10
11   int aw_main (void)
12   {
13       const int pin_test    = PIO3_6;
14       if (aw_gpio_pin_request("pin_test", &pin_test, 1) == AW_OK) {   // 申请引脚
15           aw_gpio_pin_cfg(pin_test, AW_GPIO_INPUT | AW_GPIO_PULL_UP);
                                                                    // 配置引脚为输入
16           aw_gpio_trigger_connect(pin_test, __gpio_trigger_callback, NULL);
                                                                    // 连接回调函数
17           aw_gpio_trigger_cfg(pin_test, AW_GPIO_TRIGGER_FALL);   // 下降沿触发
18           aw_gpio_trigger_on(pin_test);                          // 打开触发
19       }
20       while(1) {
21           aw_mdelay(1000);
22       }
23   }
```

程序中，由于需要使用 aw_gpio_pin_cfg()将引脚配置为输入模式，因此，在引脚配置前，同样需要先向系统申请引脚的控制权。特别地，在 aw_gpio_trigger_cfg()前，无需再次申请。

程序运行后，若 PIO3_6 引脚出现下降沿(可以使用导线将 PIO3_6 与 GND 轻触几次)，则可以观察到 LED 的状态发生变化。实际中，若采用轻触 GND 的方式产生下降沿，由于轻触时会有抖动，可能在短时间内产生多个下降沿，此时，可能观察到 LED 无规律地翻转。

注意：必须先连接回调函数，再配置引脚的触发条件，这个顺序不能颠倒，即不能颠倒程序清单 7.14 中第 16 行和第 17 行的顺序。

特别地，当将引脚用作触发功能时，往往需要将引脚配置为输入模式。程序清单 7.14 的第 15 行程序将引脚配置为输入模式，并开启了上拉，使得 PIO3_6 在外部

悬空状态时,仍能处于确定的高电平状态。

5. 关闭引脚触发

当暂时不使用引脚触发功能时,可以关闭引脚触发,引脚触发将停止工作,此时,即使满足配置的触发条件,也不会触发调用引脚相应的回调函数。其函数原型为:

```
aw_err_t aw_gpio_trigger_off(int pin);
```

其中,pin 为引脚编号。返回值为标准的错误号,若返回 AW_OK 则表示关闭成功;否则,表示关闭失败。使用范例详见程序清单 7.15。

程序清单 7.15　关闭引脚触发范例程序

```
1    // 定义一个回调函数,用于当触发事件产生时,调用该函数
2    static void __gpio_trigger_callback (void * p_arg)
3    {
4        // 添加 I/O 中断需要处理的程序
5    }
6    int aw_main (void)
7    {
8        const int pin_test    = PIO3_6;
9        if (aw_gpio_pin_request("pin_test", &pin_test, 1) == AW_OK) {     // 申请引脚
10           aw_gpio_pin_cfg(pin_test, AW_GPIO_INPUT | AW_GPIO_PULL_UP);
                                                                    // 配置引脚为输入
11           aw_gpio_trigger_connect(pin_test, __gpio_trigger_callback, NULL);
                                                                    // 连接回调函数
12           aw_gpio_trigger_cfg(pin_test, AW_GPIO_TRIGGER_FALL);
                                                                    // 配置为下降沿触发
13           aw_gpio_trigger_on(pin_test);                          // 打开触发
14           //……
15           aw_gpio_trigger_off(pin_test);                         // 关闭触发
16       }
17       //……
18   }
```

当引脚触发关闭后,若需引脚触发重新开始工作,则可以使用 aw_gpio_trigger_on()再次打开引脚触发功能。

7.2　PWM

7.2.1　PWM 简介

大小和方向随时间发生周期性变化的电流称为交流,交流中最基本的波形称为

正弦波，除此之外的波形称为非正弦波。计算机、电视机、雷达等装置中使用的信号称为脉冲波、锯齿波等，其电压和电流波形都是非正弦交流的一种。

PWM(Pulse Width Modulation)是脉冲宽度调制的意思，一种脉冲编码技术，即可以按照信号电平改变脉冲宽度。脉冲宽度调制波的周期是固定的，用占空比(高电平/周期，有效电平在整个信号周期中的时间比率，范围为0%～100%)来表示编码数值。PWM可以用于对模拟信号电平进行数字编码，也可以通过高电平(或低电平)在整个周期中的时间来控制输出的能量，从而控制电机转速或LED亮度。

PWM信号是由计数器和比较器产生的，比较器中设定了一个阈值，计数器以一定的频率自加。当计数器的值小于阈值时，输出一种电平状态，如高电平；当计数器的值大于阈值时，输出另一种电平状态，如低电平。当计数器溢出清0时，又回到最初的电平状态，如此循环，I/O引脚将发生周期性的翻转，从而产生PWM波形，如图7.2所示。

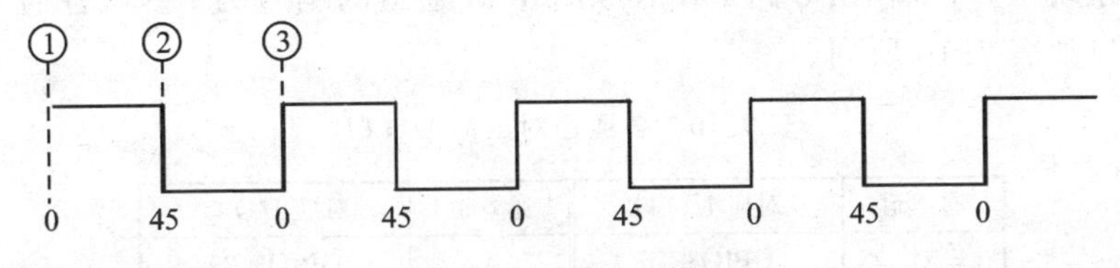

图7.2 PWM波形图

当计数器的值小于阈值时，输出高电平；当计数器的值大于阈值时，输出低电平。阈值为45，计数器的值最大为100。PWM波形有三个关键点：起始点①，此时计数器的值为0；计数器值达到阈值②，I/O状态发生翻转；计数器达到最大值③，I/O状态发生翻转，计数器的值回到0重新开始计数。

7.2.2 PWM接口

AWorks提供了用于控制PWM的接口函数，相关接口的函数原型如表7.9所列。

表7.9 PWM接口函数(aw_pwm.h)

函数原型	功能简介
aw_err_taw_pwm_config (int pid, unsigned long duty_ns, unsigned long period_ns)；	配置PWM通道
aw_err_t aw_pwm_enable(int pid)；	使能PWM输出
aw_err_t aw_pwm_disable(int pid)；	禁能PWM输出

1. 配置 PWM 通道

配置一个 PWM 通道的周期时间和高电平时间,其函数原型为:

```
aw_err_t aw_pwm_config (
    int                  pid,
    unsigned long        duty_ns,
    unsigned long        period_ns);
```

其中,pid 为 PWM 通道的 id 号;duty_ns 为脉宽时间(单位:ns);period_ns 为周期时间(单位:ns)。返回值为标准的错误号,若返回 AW_OK 则表示配置成功;否则,表示配置失败。

在 AWorks 中,一个系统往往可以输出多个通道的 PWM,各个通道通过 pid 区分,一个系统实际可以输出 PWM 的通道数与具体硬件平台相关。例如,在 i.MX28x 系统中,可以输出 8 路 PWM,则 PWM 通道的编号为 0~7,各通道对应的默认 I/O 口如表 7.10 所列。

表 7.10 各通道对应的 I/O 口

通　道	对应 I/O 口	通　道	对应 I/O 口
0	GPIO3_16	4	GPIO3_29
1	GPIO3_17	5	GPIO3_22
2	GPIO3_18	6	GPIO3_23
3	GPIO3_28	7	GPIO3_26

注意:实际中,各个 PWM 通道对应的 I/O 口是可以配置的,具体配置方法详见 SDK 配套资料中的《用户手册》。

输出 PWM 的频率由周期时间 period_ns 决定,例如,需要输出 1 kHz 的 PWM,周期时间为 1 ms,则 period_ns 的值为 1 000 000。

输出 PWM 的脉宽由 duty_ns 决定,它和周期值决定了输出 PWM 的占空比,占空比为:$\frac{duty\_ns}{period\_ns}$。duty_ns 的值不能超过 period_ns。配置 PWM 通道 0 输出 PWM 的频率为 1 kHz,占空比为 50%的范例程序详见程序清单 7.16。

程序清单 7.16 配置 PWM 通道的范例程序

```
1    // 配置 PWM 的周期为 1 000 000 ns(1 ms),高电平时间为 500 000 ns(0.5 ms)
2    aw_pwm_config (0, 500000, 1000000);
```

2. 使能 PWM 输出

PWM 通道配置完成后,并不会输出 PWM。只有使能通道输出后,才能使相应通道开始输出 PWM,其函数原型为:

```
aw_err_t aw_pwm_enable(int pid);
```

其中,pid 为 PWM 通道的 id 号。返回值为标准的错误号,若返回 AW_OK 则表示使能成功,PWM 开始输出;否则,表示使能失败,PWM 不能正常输出,失败原因可能是通道号设置有误。使能 PWM 通道 0 输出的范例程序详见程序清单 7.17。

程序清单 7.17　使能 PWM 输出范例程序

```
1    // 配置 PWM 的周期为 1 000 000 ns(1 ms),高电平时间为 500 000 ns(0.5 ms)
2    aw_pwm_config (0, 500000, 1000000);
3    aw_pwm_enable(0);          // 使能 PWM 通道 0
```

3. 禁能 PWM 输出

若需关闭 PWM 通道的输出,则可以禁能相应的 PWM 通道,其函数原型为:

```
aw_err_t aw_pwm_disable(int pid);
```

其中,pid 为 PWM 通道的 id 号。返回值为标准的错误号,若返回 AW_OK 则表示禁能成功,PWM 停止输出;否则,表示禁能失败,失败原因可能是通道号设置有误。禁能 PWM 通道 0 输出的范例程序详见程序清单 7.18。

程序清单 7.18　禁能 PWM 输出范例程序

```
1    // 配置 PWM 的周期为 1 000 000 ns(1 ms),高电平时间为 500 000 ns(0.5 ms)
2    aw_pwm_config (0, 500000, 1000000);
3    aw_pwm_enable(0);                    // 使能 PWM 通道 0
4    //……
5    aw_pwm_disable(0);                   // 禁能 PWM 通道 0
```

EPC-AW280 上板载了一个无源蜂鸣器,其对应的原理图如图 7.3 所示,蜂鸣器的控制引脚与 GPIO3_29 连接,当 GPIO3_29 输出高电平时,三极管导通,向蜂鸣器供电;当 GPIO3_29 输出低电平时,三极管截止,停止向蜂鸣器供电。对于无源蜂鸣器,只要以一定的频率"通电"和"断电",即可产生机械振动,其声音的频率与"通电"和"断电"的频率相同,只要频率在人耳的听觉范围内,人们即可听到蜂鸣器发出的声音。

基于此,可以通过 GPIO3_29 输出一定频率的 PWM,使蜂鸣器发声。由表 7.10 可知,GPIO3_29 对应的 PWM 通道 id 为 4。因此,控制 PWM 通道 4 输出 PWM 即可听到蜂鸣器发声。范例程序详见程序清单 7.19。

程序清单 7.19　使用 PWM 输出驱动蜂鸣器发声的范例程序

```
1      #include "aworks.h"
2      #include "aw_pwm.h"
3      #include "aw_delay.h"
4
5      int aw_main()
```

```
6     {
7         aw_pwm_config(4, 500000, 1000000);          // 配置频率为 1 kHz,占空比为 50 %
8         aw_pwm_enable(4);                           // 使能通道 4 输出
9         while(1) {
10            aw_mdelay(1000);
11        }
12    }
```

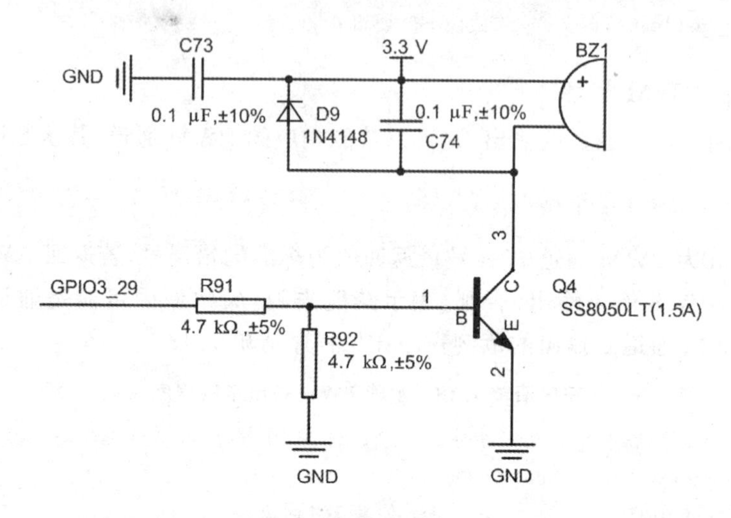

图 7.3 板载蜂鸣器电路

运行程序,可以听到蜂鸣器发出的声音。由于一直输出 PWM(程序中仅使能了 PWM 输出,没有禁能 PWM 输出),因此,蜂鸣器会一直鸣叫。若仅需蜂鸣器每秒"嘀"一声,则可以在不需要蜂鸣器发声时禁能 PWM 输出,范例程序详见程序清单 7.20。

程序清单 7.20 使用 PWM 控制蜂鸣器每秒"嘀"一声的范例程序

```
1     #include "aworks.h"
2     #include "aw_pwm.h"
3     #include "aw_delay.h"
4
5     int aw_main()
6     {
7         aw_pwm_config(4, 500000, 1000000);      // 配置频率为 1 kHz,占空比为 50 %
8         while(1) {
9             aw_pwm_enable(4);                   // 使能通道 4 输出,蜂鸣器发声
10            aw_mdelay(100);                     // 延时 100 ms,即蜂鸣器鸣叫了 100 ms
11            aw_pwm_disable(4);                  // 禁能 PWM 输出,蜂鸣器停止发声
12            aw_mdelay(1000);                    // 延时 1 s,隔 1 s 再控制蜂鸣器发声
13        }
14    }
```

这里通过控制PWM的输出来驱动蜂鸣器发声，仅为介绍PWM接口的使用方法。实际中，AWorks已经定义了通用的蜂鸣器接口，在应用中操作蜂鸣器时，建议直接使用通用的蜂鸣器接口。

7.3 SPI总线

7.3.1 SPI总线简介

SPI(Serial Peripheral Interface)是一种全双工同步串行通信接口，常用于短距离高速通信，其数据传输速率通常可达到几兆甚至几十兆。SPI通信采用主/从结构，主/从双方通信时，需要使用到4根信号线：SCLK、MOSI、MISO、CS。其典型的连接示意图如图7.4所示。

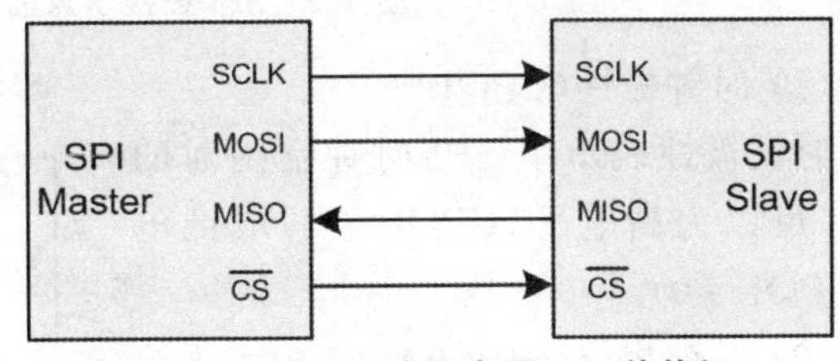

图7.4 SPI连接示意图——单从机

4根信号线的说明如下：

- SCLK：时钟信号，由主设备产生；
- MOSI：主机数据输出，从机数据输入；
- MISO：从机数据输出，主机数据输入；
- CS：片选信号，由主设备控制。

数据传输是由主机发起的，主机在串行数据传输前驱动CS信号，使之变为有效状态(通常情况下，有效状态为低电平)，接着，在SCLK上输出时钟信号，在时钟信号的同步下，每个时钟传输一位数据，主机数据通过MOSI传输至从机，从机数据通过MISO传输至主机，数据传输完毕后，主机释放CS信号，使之变为无效状态，一次数据传输完成。

一个主机可以连接多个从机，多个从机共用SCLK、MOSI、MISO三根信号线，每个从机的片选信号CS是独立的，因此，若主机连接多个从机，则需要多个片选控制引脚，连接示意图如图7.5所示。当一个主机连接多个从机时，同一时刻最多只能使一个片选信号有效，以选择一个确定的从机作为数据通信的目标对象。也就是说，在某一时刻，最多只能激活寻址一个从机，以使各个从机之间相互独立地使用，互不干扰。**注意**：*在单个通信网络中，可以有多个从机，但有且只能有一个主机。*

除了需要了解上述SPI的基本概念外，读者还应该理解SPI的传输模式，以便在操作SPI从机器件时，可以正确地设置SPI主机的传输模式。

SPI数据传输是在片选信号有效时，数据位在时钟信号的同步下，每个时钟传输一位数据。根据时钟极性和时钟相位的不同，将SPI分为了4种传输模式，如表7.11所列。

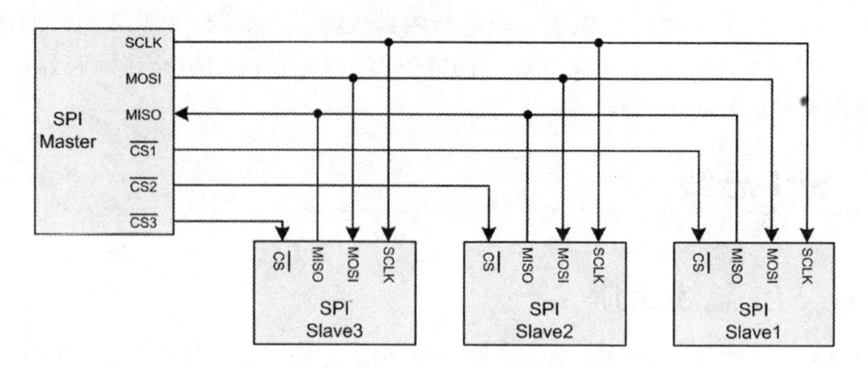

图 7.5 SPI 连接示意图——多从机

(1) 时钟极性(CPOL)

时钟极性表示了 SPI 时钟空闲时的极性,可以为高电平(CPOL=1)或低电平(CPOL=0)。

表 7.11 SPI 模式

模　式	极性(CPOL)	相位(CPHA)
0	0	0
1	0	1
2	1	0
3	1	1

(2) 时钟相位(CPHA)

时钟相位决定了数据采样的时机,若 CPHA=0,则表示数据在时钟的第一个边沿采样;若 CPHA=1,则表示数据在时钟的第二个边沿采样。

当 CPHA=0 时,对应 SPI 模式 0(CPOL=0)和模式 2(CPOL=1),示意图如图 7.6 所示。

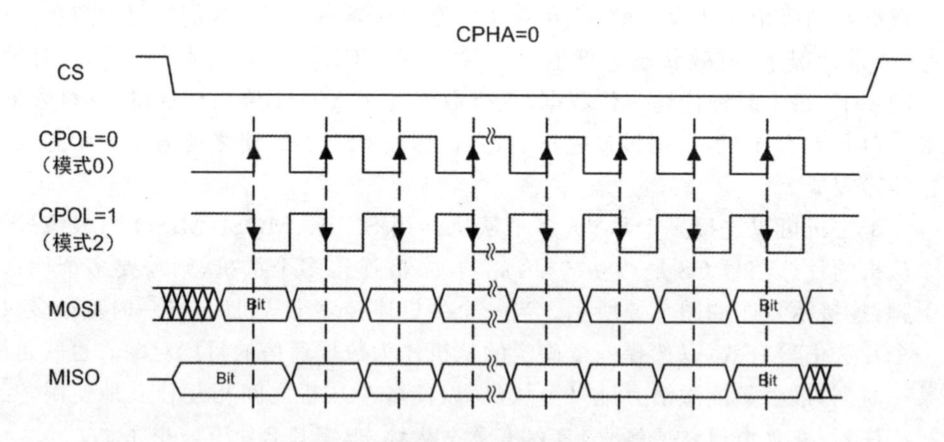

图 7.6 SPI 模式 0 和模式 2 示意图

在 SPI 模式 0(CPOL=0,CPHA=0)中,时钟空闲电平为低电平,在传输数据时,每一位数据在第一个边沿(即上升沿)采样。

在 SPI 模式 2(CPOL=1,CPHA=0)中,时钟空闲电平为高电平,在传输数据时,每一位数据在第一个边沿(即下降沿)采样。

当 CPHA＝1 时，对应 SPI 模式 1（CPOL＝0）和模式 3（CPOL＝1），示意图如图 7.7 所示。

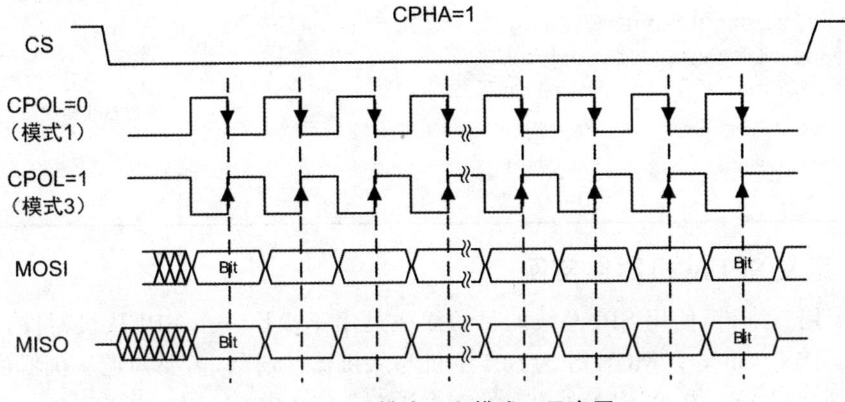

图 7.7　SPI 模式 1 和模式 3 示意图

在 SPI 模式 1（CPOL＝0，CPHA＝1）中，时钟空闲电平为低电平，在传输数据时，每一位数据在第二个边沿（即下降沿）采样。

在 SPI 模式 3（CPOL＝1，CPHA＝1）中，时钟空闲电平为高电平，在传输数据时，每一位数据在第二个边沿（即上升沿）采样。

7.3.2　SPI 总线接口

在绝大部分情况下，MCU 都作为 SPI 主机与 SPI 从机器件通信，因此这里仅介绍 AWorks 中将 MCU 作为 SPI 主机的相关接口，接口的函数原型如表 7.12 所列。

表 7.12　SPI 标准接口函数

函数原型	功能简介
void aw_spi_mkdev(　　aw_spi_device_t　　*p_dev, 　　uint8_t　　busid, 　　uint8_t　　bits_per_word, 　　uint16_t　　mode, 　　uint32_t　　max_speed_hz, 　　int　　cs_pin, 　　void　　(*pfunc_cs)(aw_spi_device_t *p_dev, int state))；	初始化 SPI 从机实例
aw_err_t aw_spi_setup(aw_spi_device_t *p_dev)；	设置 SPI 从机实例
aw_err_t aw_spi_write_then_read(　　aw_spi_device_t　　*p_dev, 　　const uint8_t　　*p_txbuf 　　size_t　　n_tx, 　　uint8_t　　*p_rxbuf, 　　size_t　　n_rx)；	SPI 先写后读

续表 7.12

函数原型	功能简介
aw_err_t aw_spi_write_then_write (aw_spi_device_t *p_dev, const uint8_t *p_txbuf0, size_t n_tx0, const uint8_t *p_txbuf1, size_t n_tx1);	执行 SPI 两次写

1. 定义 SPI 从机器件实例

对于用户来讲,使用 SPI 总线的目的往往是用于操作一个 SPI 从机器件,比如,HC595、SPI Flash 等。MCU 作为 SPI 主机与从机器件通信,需要知道从机器件的相关信息,比如,SPI 模式、SPI 速率、数据位宽等。在 AWorks 中,定义了统一的 SPI 从机器件类型:aw_spi_device_t,用于包含从机器件相关的信息,以便主机能正确地与之通信。该类型的具体定义用户无需关心,在使用 SPI 操作一个从机器件前,必须先使用该类型定义一个与从机器件对应的器件实例,即

```
aw_spi_device_t  spi_dev;                          // 定义一个 SPI 从机实例
```

其中,spi_dev 为用户自定义的从机实例,其地址可作为接口函数中 p_dev 的实参传递。

2. 初始化 SPI 从机器件实例

当完成 SPI 从机器件实例的定义后,还需要完成其初始化,指定从机器件相关的信息,初始化函数的原型为:

```
void aw_spi_mkdev (
        aw_spi_device_t       * p_dev,
        uint8_t               busid,
        uint8_t               bits_per_word,
        uint16_t              mode,
        uint32_t              max_speed_hz,
        int                   cs_pin,
        void                  ( * pfunc_cs)(aw_spi_device_t * p_dev, int state)) ;
```

其中,p_dev 为指向 SPI 从机器件实例的指针;busid 为 SPI 总线编号;bits_per_word 为数据位宽;mode 为使用的 SPI 模式;max_speed_hz 为从设备支持的最高时钟频率;cs_pin 为从机设备的片选引脚;pfunc_cs 为自定义的片选引脚控制函数。

在 AWorks 中,一个系统往往具有多条 SPI 总线,各总线之间通过 busid 区分,一个系统实际支持的 SPI 总线条数与具体硬件平台相关。例如,在 i. MX28x 系统中,最高可以支持 5 条 SPI 总线,对应的总线编号为 0~4。busid 参数用于指定使用

哪条 SPI 总线与从机器件进行通信。

bits_per_word 指定数据传输的位宽，一般来讲，数据为 8 位，即每个数据为一字节。

mode 为从机使用的 SPI 模式（模式 0～模式 3，对应的宏定义见表 7.13），从机器件一般支持固定的一种或几种 SPI 模式，这里的 mode 用于指定使用何种 SPI 模式与从机器件通信。

表 7.13　SPI 模式标志

模式标志	含　义	解　释
AW_SPI_MODE_0	SPI 模式 0	CPOL=0,CPHA=0
AW_SPI_MODE_1	SPI 模式 1	CPOL=0,CPHA=1
AW_SPI_MODE_2	SPI 模式 2	CPOL=1,CPHA=0
AW_SPI_MODE_3	SPI 模式 3	CPOL=1,CPHA=1

max_speed_hz 为从机器件支持的最大速率（SCLK 最高时钟频率），一般在从机器件对应的数据手册上有定义。通常情况下，从机器件支持的最大速率都是很高的，有时可能会超过 MCU 中 SPI 主机能够输出的最大时钟频率，此时，将直接使用 MCU 中 SPI 主机能够输出的最大时钟频率。

cs_pin 和 pfunc_cs 均与片选引脚相关。pfunc_cs 是指向自定义片选引脚控制函数的指针，若 pfunc_cs 的值为 NULL，则驱动将自动控制由 cs_pin 指定的引脚实现片选控制；若 pfunc_cs 的值不为 NULL，指向了有效的自定义片选控制函数，则 cs_pin 不再被使用，片选控制将完全由 pfunc_cs 指向的函数实现。当需要片选引脚有效时（SPI 数据传输前），系统将自动调用 pfunc_cs 指向的函数，并传递 state 的值为 1。当需要片选引脚无效时（SPI 数据传输结束后），也会调用 pfunc_cs 指向的函数，并传递 state 的值为 0。一般情况下，片选引脚自动控制即可，即设置 pfunc_cs 的值为 NULL，cs_pin 的值设置为片选引脚，比如：PIO2_19。

例如，要使用 SPI0（SPI 总线的 busid 为 0）操作 74HC595。首先应该定义并初始化一个与 74HC595 对应的从机器件。这就需要知道几点重要的信息：数据位宽、模式、最高速率和片选引脚。

要获取这些信息，就必须查看芯片相关的数据手册和相应的硬件电路。74HC595 是一种常用的串行输入/并行输出转换芯片，其引脚分布图如图 7.8 所示。

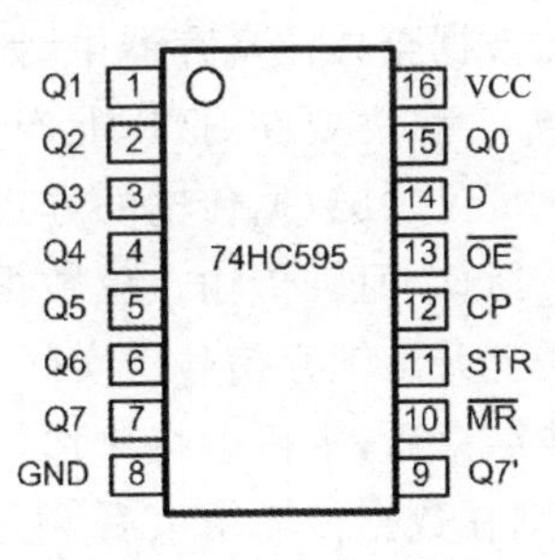

图 7.8　74HC595 引脚图

74HC595 内部有两个 8 位寄存器：一个移位寄存器和一个数据锁存寄存器。移位寄存器的 8 位数据使用 Q0'～Q7' 表示，其中仅 Q7' 位对应的电平通过 Q7' 引脚输出，其余位未使用引脚输出。数据锁存寄存器的

8 位数据使用 Q0～Q7 表示，并使用 Q0～Q7 引脚将 8 位数据输出。

移位寄存器在时钟信号 CP 的作用下，每个上升沿将 D 引脚电平移至移位寄存器的最低位，其余位依次向高位移动，移位寄存器的值发生改变，Q7' 引脚的输出随着值的改变而改变，但此时，数据锁存寄存器中的值保持不变，即 Q0～Q7 的输出保持不变。由此可见，由于移位作用，原移位寄存器中的最高位 Q7' 将被完全移除，数据丢失。若希望数据不丢失，即并行输出的数据超过 8 位，则可以将多个 74HC595 串接，将 Q7' 引脚连接至下一个 74HC595 的数据输入端 D。这样，每次移位时，原先的 Q7' 将移动至下一个 74HC595 中，这也是为什么单独将 Q7' 通过引脚引出的原因，通过多个 74HC595 级联，可以将并行输出扩展为 16 位、24 位、32 位等。

数据锁存寄存器的值可以通过 STR 引脚输入上升沿信号更新，当 STR 引脚输入上升沿信号时，数据锁存寄存器中的值将更新为移位寄存器中的值，即 Q0～Q7 的值更新为 Q0'～Q7' 的值。这样的设计可以保证同时改变所有并行输出，将 8 位数据一次性地在 Q0～Q7 端输出，如果不使用数据锁存寄存器，而是直接将移位寄存器的值输出，则输出将受到移位过程的影响，即每次移位，数据输出都可能发生变化。

除基本的 CP 时钟信号、D 数据输入信号、STR 锁存信号、Q0～Q7 输出信号、Q7' 输出信号外，还有 $\overline{OE}$ 和 $\overline{MR}$ 两个控制信号。$\overline{OE}$ 为锁存寄存器的输出使能信号，当 $\overline{OE}$ 为低电平时，使能输出，数据锁存寄存器中的值输出到 Q0～Q7 引脚上；当 $\overline{OE}$ 为高电平时，禁能输出，Q0～Q7 将处于高阻状态。$\overline{OE}$ 引脚不影响寄存器中的值，也不会影响 Q7' 的输出。$\overline{MR}$ 为复位信号，当 $\overline{MR}$ 为低电平时，复位移位寄存器的值为 0x00，此时，Q7' 将输出 0。$\overline{MR}$ 不会影响数据锁存寄存器中值，也不会影响 Q0～Q7 的输出。如需将数据锁存寄存器中的值清零，则可以在 $\overline{MR}$ 为低电平时，在 STR 上输入一个上升沿，以将移位寄存器中的值(0x00)更新到数据锁存寄存器中。

74HC595 传输数据的过程为：D 端为数据输入口，在时钟 CP 的作用下每次传输一位数据至移位寄存器中，如需传输 8 位数据，则应在 CP 端输入 8 个时钟信号，传输结束后，需要在 STR 上产生一个上升沿信号，以便将移位寄存器中的数据输出。由此可见，其数据传输的方式和 SPI 传输数据的方式极为相似，均是在时钟信号的同步下，每个时钟传输一位数据，特殊地，74HC595 在传输结束后需要在 STR 上输入一个上升沿锁存信号。实际上，在 SPI 传输中，传输数据前，主机会将片选信号拉低，传输结束后，主机会将片选信号拉高，显然，若将 STR 作为从机片选信号由主机控制，则在数据传输结束后，主机会将片选信号拉高，同样可以达到在 STR 上产生上升沿的效果。

基于此，可以将 74HC595 看作一个 SPI 从机器件，SPI 主机的 SCLK 时钟信号与 CP 相连，MOSI 作为主出从入，与 D 相连，CS 作为片选信号，与 STR 相连。此外，74HC595 作为一个串转并芯片，只能输出数据，不能输入数据，即 SPI 主机只需向 74HC595 发送数据，不需要从 74HC595 接收数据，因此，无需使用 SPI 的 MISO 引脚。

MiniPort－595 模块采用 74HC595 扩展 8 路 I/O，可以直接驱动 LED 显示模块，其等效电路如图 7.9 所示。由此可见，模块仅有 3 路信号输入，但可并行输出 8 位数据。电路中，将 $\overline{OE}$ 直接接地，固定为低电平，使能了数据锁存寄存器的输出。将 $\overline{MR}$ 直接与电源连接，固定为高电平，即不使用其复位功能，使其不影响移位寄存器的值。

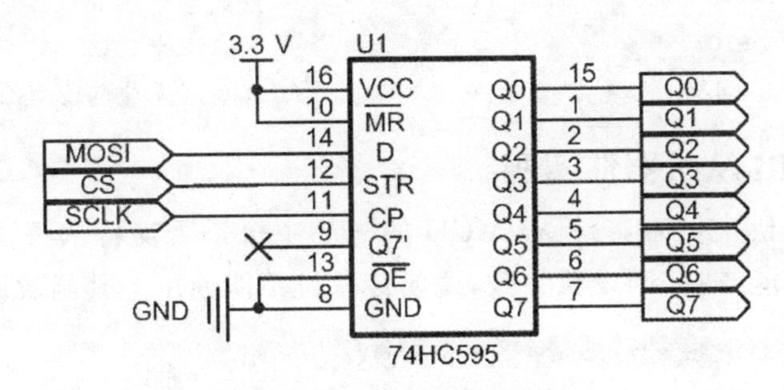

图 7.9　74HC595 电路图

实际中，当 MiniPort－595 与 i. MX28x 的扩展板连接时，MOSI、SCLK 与 i. MX28x 的 SPI0 连接，片选信号 CS 与 PIO2_19 连接。

在初始化与 74HC595 对应的 SPI 从机器件时，还需要获取数据宽度、SPI 模式、最高时钟频率等信息。

(1) 数据宽度

74HC595 只有 8 个并行输出口，内部寄存器也均为 8 位，因此，单次传输的数据为 8 位，SPI 传输时的数据宽度即为 8。

(2) SPI 模式

数据在 CP 时钟信号的上升沿被采样送入 74HC595 的移位寄存器，对空闲时钟电平没有要求，根据 SPI 几种模式的定义可知(见图 7.6 和图 7.7)，模式 0 和模式 3 均是在时钟上升沿采样数据，因此，使用模式 0 和模式 3 均可，后续的程序选择模式 3 作为范例。

(3) 最高时钟频率

虽然 74HC595 支持的最高时钟频率可达 100 MHz，但实际中，受到 MCU 处理速度的限制以及 MCU 输出引脚翻转频率的限制，往往并不能达到该值。因此，最高时钟频率可以先设置在一个相对合理的范围，比如，3 000 000 Hz(3 MHz)。后续若 3 MHz 不满足应用需求，可以在此基础上根据需要调大或调小即可。

基于以上信息，可以定义并初始化一个与 74HC595 对应的 SPI 从机器件实例，范例详见程序清单 7.21。

程序清单 7.21　初始化从机器件实例的范例程序

```
1   aw_spi_device_t    hc595_dev;              // 定义与 HC595 关联的从机设备
2   // 初始化与 74HC595 对应的 SPI 从机实例
3   aw_spi_mkdev (&hc595_dev,
4               0,                              // 使用 SPI 总线 0
5               8,                              // 数据宽度为 8 bit
6               AW_SPI_MODE_3,                  // 选择模式 3
7               30000000,                       // 最大频率 3 MHz
8               PIO2_19,                        // 片选引脚 PIO2_19
9               NULL);                          // 无自定义片选控制函数 NULL
```

3. 设置 SPI 从机器件实例

设置 SPI 从机实例时，会检查 MCU 的 SPI 主机是否支持从机实例的相关参数和模式。如果不能支持，则设置失败，说明该从机不能使用。其函数原型为：

```
aw_err_t aw_spi_setup(aw_spi_device_t * p_dev);
```

其中，p_dev 是指向 SPI 从机器件实例的指针。返回值为标准的错误号，若返回 AW_OK 则表示设置成功；否则，表示设置失败，存在不支持的位宽、速率或模式等。

例如，在完成 74HC595 的初始化后，可以通过该接口设置 74HC595 器件实例，范例程序详见程序清单 7.22。

程序清单 7.22　设置 SPI 从机器件实例的范例程序

```
1   aw_err_t             ret;
2   aw_spi_device_t      hc595_dev;          // 定义与 HC595 关联的从机设备
3
4   // 初始化与 74HC595 对应的 SPI 从机实例
5   aw_spi_mkdev(&hc595_dev, 0, 8, AW_SPI_MODE_3, 30000000, PIO2_19, NULL);
6
7   ret = aw_spi_setup(&hc595_dev);          // 设置 SPI 从设备
8   if (ret < 0) {
9       // 设置失败
10  } else {
11      // 设置成功
12  }
```

4. 先写后读

当设定好从机实例后，即可与从机器件进行数据交互。虽然 SPI 协议是可以全双工通信的，即数据的发送和接收同时进行，但绝大部分情况下，并不会同时发送数据和接收数据，数据传输往往是单向进行的，即发送的时候不接收数据，或接收的时候不发送数据。

基于常见的SPI从机器件的操作方法，AWorks定义了两种情形下的数据通信：先写入一段数据至从机，再读取一段数据；先写入一段数据至从机，再写入一段数据。之所以均是先写入一段数据，是因为绝大多数数从机器件在操作前，首先都要发送一段命令数据至从机，以指定接下来的具体操作（读数据或写数据）。

先写后读即主机先发送数据至从机（写），再自从机接收数据（读）。其函数原型为：

```
aw_err_t  aw_spi_write_then_read(
            aw_spi_device_t     *p_dev,
            const uint8_t       *p_txbuf,
            size_t               n_tx,
            uint8_t             *p_rxbuf,
            size_t               n_rx);
```

其中，p_dev指向从机器件实例，表示本次数据通信的目标对象；p_txbuf指向需要首先写入从机的数据；n_tx为写入数据的字节数；p_rxbuf指向数据发送完成后，接收数据的缓冲区；n_rx为接收数据的个数。返回值为标准的错误号，若返回AW_OK则表示数据传输成功；否则，表示数据传输失败。**注意：**该函数会等待数据传输完成后才会返回，因此该函数是阻塞式的，不应在中断环境中调用。

若仅需写入数据，不读取数据，则可以将p_rxbuf设置为NULL，n_rx设置为0，同理，若仅需读取数据，不发送数据，则可以将p_txbuf设置为NULL，n_tx设置为0。发送8位数据0x55至74HC595的范例程序详见程序清单7.23。

程序清单7.23　先写后读范例程序(1)

```
1    #include "aworks.h"
2    #include "aw_delay.h"
3    #include "aw_vdebug.h"
4    #include "aw_spi.h"
5
6    int aw_main()
7    {
8        uint8_t            tx_buf[1] ={0x55};          // 假定发送一个8位数据0x55
9        aw_spi_device_t    hc595_dev;                  // 定义与HC595关联的从机设备
10
11         // 初始化与74HC595对应的SPI从机实例
12         aw_spi_mkdev(&hc595_dev, 0, 8, AW_SPI_MODE_3, 30000000, PIO2_19, NULL);
13
14         aw_spi_setup(&hc595_dev);                    // 设置SPI从设备
15
16         aw_spi_write_then_read(&hc595_dev,
```

```
17                          tx_buf,                    // 发送数据缓冲区
18                          1,                         // 发送 1 个数据
19                          NULL,                      // 无需接收数据
20                          0);                        // 无需接收数据,长度为 0
21      while (1) {
22          aw_mdelay(1000);
23      }
24  }
```

为了更加直观地观察输出数据是否正确，可以将 MiniPort-LED 与 MiniPort-595 连接，等效电路图如图 7.10 所示，由此可见，74HC595 的输出端为低电平时，对应 LED 点亮，0x55 对应的二进制为 01010101，若数据成功输出，则应观察到 LED1、LED3、LED5 和 LED7 被点亮，其他 LED 保持熄灭状态。

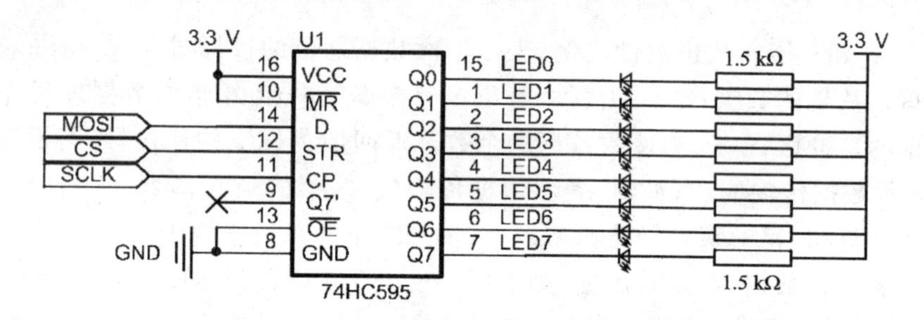

图 7.10　MiniPort-595 + MiniPort-LED 等效电路图

由于 74HC595 使用简单，只能写入数据，因此，上述范例程序并没有用到读取数据。实际上，对于常见的 SPI 从机器件，其通信协议往往都是采用“命令”+“数据”的格式。如典型的 SPI Flash 从机器件：MX25L1606，在对其操作时，需要先写 1 字节的命令，后续才是具体的数据，具体数据的含义随着命令的不同而不同。例如，每个 MX25L1606 内部具有一个 3 字节的电子 ID 号(RDID)，如需读取该 ID，则需要先发送单字节的命令 0x9f。使用先写后读接口读取 ID 的关键语句详见程序清单 7.24。

程序清单 7.24　先写后读范例程序(2)

```
1   uint8_t  cmd = 0x9f;                              // RDID 命令
2   uint8_t  id[3];                                   // 存储读取的 3 字节 ID
3
4   aw_spi_write_then_read(&spi _dev,
5                          &cmd,                      // 先发送单字节命令
6                          1,
7                          id,                        // 再读取 3 字节的 ID
8                          3);
```

更多命令以及 RDID 的含义详见相应的数据手册，这里仅用于说明对于这种常

见的操作方法如何正确地使用 SPI 接口。

5. 连续两次写

连续两次写，即主机先发送一段数据至从机（写），发送结束后，再发送一段数据至从机（写）。其函数原型为：

```
aw_err_t  aw_spi_write_then_write(
          aw_spi_device_t     * p_dev,
          const uint8_t       * p_txbuf0,
          size_t                n_tx0,
          const uint8_t       * p_txbuf1,
          size_t                n_tx1);
```

其中，p_dev 指向从机器件实例，表示本次数据通信的目标对象；p_txbuf0 指向需要首先写入从机的数据；n_tx0 为写入数据的字节数；p_txbuf0 指向数据发送完成后，开始发送下一段数据；p_txbuf1 指向需要再次写入从机的数据；n_tx1 为写入数据的字节数。返回值为标准的错误号，若返回 AW_OK 则表示数据传输成功；否则，表示数据传输失败。**注意：**该函数会等待数据传输完成后才会返回，因此该函数是阻塞式的，不应在中断环境中调用。

若只需要写入一段数据，则可以将 p_txbuf1 设置为 NULL，n_tx1 设置为 0。同样可以使用该接口发送数据至 74HC595，例如，使用 MiniPort－595 控制 MiniPort－LED，使 LED0～LED7 依次循环点亮，实现简易的流水灯效果，范例程序详见程序清单 7.25。

程序清单 7.25　执行连续两次写的范例程序(1)

```
1    #include "aworks.h"
2    #include "aw_delay.h"
3    #include "aw_vdebug.h"
4    #include "aw_spi.h"
5
6    int aw_main()
7    {
8        aw_spi_device_t     hc595_dev;                  // 定义与 HC595 关联的从机设备
9        uint8_t             data  = 0x01;               // 初始化 bit0 为 1,表示点亮 LED0
10
11        // 初始化与 74HC595 对应的 SPI 从机实例
12        aw_spi_mkdev(&hc595_dev, 0, 8, AW_SPI_MODE_3, 30000000, PIO2_19, NULL);
13
14        aw_spi_setup(&hc595_dev);                     // 设置 SPI 从设备
15        while (1) {
16            uint8_t temp = ~data;           // data 取反,使相应位为 0,点亮对应的 LED
```

```
17            aw_spi_write_then_read(&hc595_dev,
18                                   &temp,         // 发送数据缓冲区 0 的数据
19                                   1,             // 发送 1 个数据
20                                   NULL,          // 发送数据缓冲区 1 无数据
21                                   0);            // 无数据,则长度为 0
22            aw_mdelay(100);                       // LED 点亮 100 ms
23            data <<= 1;                           // 移位,下次循环将点亮下一个 LED
24            if (data == 0) {                      //  8 次循环结束,重新从 0x01 开始
25                data = 0x01;
26            }
27        }
28    }
```

程序中,由于 LED 是低电平点亮,因此,通过 74HC595 输出数据时,需要将 data 取反,以便使数据中与需要点亮的 LED 相应位的值为 0。

由于 74HC595 只能写入单字节数据,因此,上述范例程序并没有使用到第二次的数据写入,第二次写入的数据缓冲区被设定为了 NULL。为了更全面地说明该接口的用法,同样以 MX25L1606 为例,如果要在 SPI Flash 存储器中存入一段数据,则应先发送命令 0x02 和存储数据的起始地址(3 字节,24 位),接着再发送实际的待存储的数据。写入数据至指定地址的关键语句详见程序清单 7.26。

程序清单 7.26　执行连续两次写的范例程序(2)

```
1     int __mx25xx_data_write (aw_spi_device_t    * p_dev,
2                               uint32_t           addr,
3                               uint8_t            * p_buf,
4                               uint32_t           len)
5     {
6         uint8_t cmd_buf[4];
7
8         cmd_buf[0] = 0x02;                       // 写入数据命令
9         cmd_buf[1] = (addr >> 16) & 0xFF;        // 24 位数据存储起始地址,高 8 位先发送
10        cmd_buf[2] = (addr >> 8 ) & 0xFF;
11        cmd_buf[3] = addr & 0xFF;
12
13        return aw_spi_write_then_write(p_dev,
14                                       cmd_buf,
15                                       4,
16                                       p_buf,
17                                       len);
18    }
```

实际中，写入数据前，应确保相应区域被擦除，更多命令以及数据存储的注意事项详见相应的数据手册，这里仅用于说明连续两次写接口的使用方法。

7.4 I^2C 总线

7.4.1 I^2C 总线简介

I^2C 总线(Inter Integrated Circuit)是 NXP 公司开发的用于连接微控制器与外围器件的两线制总线，不仅硬件电路非常简洁，而且还具有极强的复用性和可移植性。I^2C 总线不仅适用于电路板内器件之间的通信，而且通过中继器还可以实现电路板与电路板之间长距离的信号传输，因此使用 I^2C 器件非常容易构建系统级电子产品开发平台。其特点如下：

- 总线仅需 2 根信号线，减少了电路板的空间和芯片引脚的数量，降低了互连成本；
- 同一条 I^2C 总线上可以挂接多个器件，器件之间按不同的编址区分，因此不需要任何附加的 I/O 或地址译码器；
- 非常容易实现 I^2C 总线的自检功能，以便及时发现总线的异常情况；
- 总线电气兼容性好，I^2C 总线规定器件之间以开漏 I/O 互连，因此只要选取适当的上拉电阻就能轻易实现 3 V/5 V 逻辑电平的兼容；
- 支持多种通信方式，一主多从是最常见的通信方式，此外还支持双主机通信、多主机通信和广播模式；
- 通信速率高，其标准传输速率为 100 kbps(每秒 100k 位)，在快速模式下为 400 kbps，按照后来修订的版本，位速率可高达 3.4 Mbps。

7.4.2 I^2C 接口

绝大部分情况下，MCU 都作为 I^2C 主机与 I^2C 从机器件通信，因此这里仅介绍 AWorks 中将 MCU 作为 I^2C 主机的相关接口，接口的函数原型如表 7.14 所列。

表 7.14　I^2C 标准接口函数

函数原型	功能简介
voidaw_i2c_mkdev (aw_i2c_device_t * p_dev, uint8_t busid, uint16_t addr, uint16_t flags);	初始化 I^2C 从机实例

续表 7.14

函数原型	功能简介
aw_err_t aw_i2c_read(aw_i2c_device_t * p_dev, uint32_t subaddr, uint8_t * p_buf, size_t nbytes);	I²C 读操作
aw_err_t aw_i2c_write(aw_i2c_device_t * p_dev, uint32_t subaddr, const void * p_buf, size_t nbytes);	I²C 写操作

1. 定义 I²C 从机器件实例

对于用户来讲,使用 I²C 总线的目的往往是用于操作一个从机器件,比如,LM75、EEPROM 等。MCU 作为 I²C 主机与从机器件通信,需要知道从机器件的相关信息,比如,I²C 从机地址等。在 AWorks 中,定义了统一的从机器件类型:aw_i2c_device_t,用于包含从机器件相关的信息,以便主机能正确地与之通信。该类型的具体定义用户无需关心,在使用 I²C 操作一个从机器件前,必须先使用该类型定义一个与从机器件对应的器件实例,例如:

```
aw_i2c_device_t  dev;                        // 定义一个 I²C 从机实例
```

其中,dev 为用户自定义的从机实例,其地址可以作为接口函数中 p_dev 的实参传递。

2. 初始化从机器件实例

当完成从机器件实例的定义后,还需要完成其初始化,指定从机器件相关的信息,初始化函数的原型为:

```
void aw_i2c_mkdev (
        aw_i2c_device_t      * p_dev,
        uint8_t                busid,
        uint16_t               addr,
        uint16_t               flags);
```

其中,p_dev 为指向 I²C 从机实例的指针;busid 为 I²C 总线编号;addr 为从机器件地址;flags 为从机器件相关的一些标志。

在 AWorks 中,一个系统往往具有多条 I²C 总线,各总线之间通过 busid 区分,一个系统实际支持的 I²C 总线条数与具体硬件平台相关。例如,在 i. MX28x 系统中,最高可以支持 2 条 I²C 总线,对应的总线编号为 0~1。busid 参数即用于指定使用哪条 I^{2}C 总线与从机器件进行通信。

addr 为从机器件的 I^{2}C 地址，由于读/写方向位由系统自动控制，因此，地址中不需要包含读/写方向位，地址可以为 7 位地址和 10 位地址。

flags 为从机器件相关的属性标志，可分为 3 大类：从机地址的位数、是否忽略无应答和器件内子地址（通常又称为“寄存器地址”）的字节数。具体可用的属性标志如表 7.15 所列，可使用“|”操作连接多个属性标志。

表 7.15 从机设备属性

设备属性	I^{2}C 从机实例属性标志	含 义
从机地址	AW_I2C_ADDR_7BIT	从机地址为 7 位（默认）
	AW_I2C_ADDR_10BIT	从机地址为 10 位
应答	AW_I2C_IGNORE_NAK	忽略从机设备的无应答
器件内子地址	AW_I2C_SUBADDR_MSB_FIRST	器件内子地址高位字节先传输（默认）
	AW_I2C_SUBADDR_LSB_FIRST	器件内子地址低位字节先传输
	AW_I2C_SUBADDR_NONE	无子地址（默认）
	AW_I2C_SUBADDR_1BYTE	子地址宽度为 1 字节
	AW_I2C_SUBADDR_2BYTE	子地址宽度为 2 字节

例如，要使用 I^{2}C0（I^{2}C 总线的 busid 为 0）操作温度传感器芯片 LM75B，则应该首先定义并初始化一个与 LM75B 对应的从机器件。这就需要知道两点重要的信息：器件从机地址和实例属性。

要获取这些信息，就必须查看芯片相关的数据手册，对于 LM75B，其引脚分布图如图 7.11 所示。LM75B 的器件地址为 7 位地址：$1001A_2A_1A_0$，其中，A2、A1、A0 分别为引脚 A2、A1、A0 的状态。在扩展板中，LM75B 等效的应用电路如图 7.12 所示。

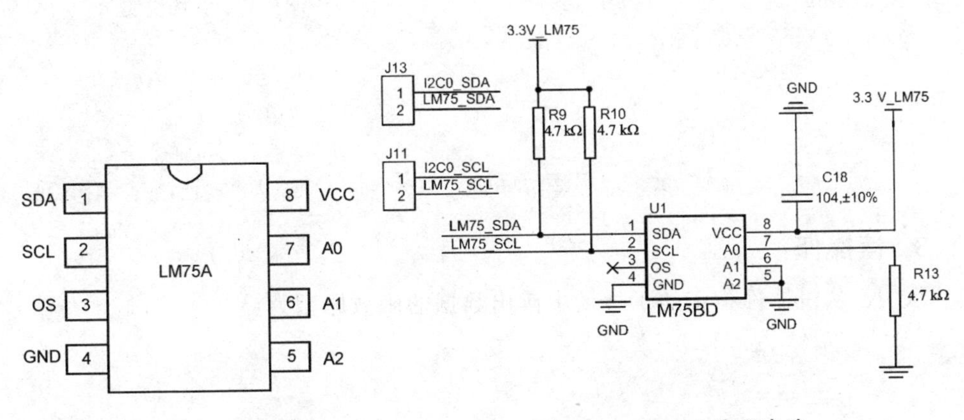

图 7.11 LM75B 引脚图　　图 7.12 LM75B 应用电路

其中，R9 和 R10 是 I^{2}C 总线的上拉电阻，只要短接 J13_1、J13_2 与 J11_1、J11_

2,LM75 的 SCL 和 SDA 引脚分别与 I²C0 总线的 SCL 和 SDA 相连。图中,LM75B 的 A2、A1、A0 均与地连接,由此可得 LM75B 的 7 位地址为:1001000,即 0x48。

从机属性分为从机地址属性、应答属性和器件内子地址属性。LM75B 的从机地址为 7 位,其对应的属性标志为 AW_I2C_ADDR_7BIT。如果从机实例不能应答,则设置 AW_I2C_IGNORE_NAK 标志。一般来说,标准的 I²C 从机器件均可产生应答信号,除非特殊说明,否则都不需要使用该标志。LM75B 内部共有 4 个寄存器,它们的定义如表 7.16 所列。

表 7.16 LM75B 内部寄存器列表

寄存器名	地 址	含 义	读/写特性
温度值	0x00	当前温度值(2 字节)	只读
配置	0x01	配置寄存器值(1 字节)	读/写
THYST	0x02	温度上限值(2 字节)	读/写
TOS	0x03	温度上限值(2 字节)	读/写

由表 7.16 中地址栏的内容可知,寄存器的地址均为 8 位,即器件内子地址为 1 字节,对应的属性标志为:AW_I2C_SUBADDR_1BYTE。子地址只有 1 字节,没有高字节与低字节之分,因此无需使用 AW_I2C_SUBADDR_MSB_FIRST 或 AW_I2C_SUBADDR_LSB_FIRST 标志。最终的从机属性为从机地址属性、应答属性和器件内子地址属性对应标志宏的“或”值,由此可得,LM75B 的从机属性为:AW_I2C_ADDR_7BIT | AW_I2C_SUBADDR_1BYTE。

通过以上分析,得到了 LM75B 相关的从机信息,基于此,可以定义并初始化一个与 LM75B 对应的从机器件实例,范例程序详见程序清单 7.27。

程序清单 7.27 从机器件实例初始化函数范例程序

```
1    aw_i2c_device_t        lm75_dev;                              // 定义 LM75B 从机实例
2    aw_i2c_mkdev(
3            &lm75_dev,                                            // LM75B 从机实例初始化
4            0,                                                    // 使用 I²C0
5            0x48,                                                 // 器件的 7 位地址为 0x48
6            AW_I2C_ADDR_7BIT | AW_I2C_SUBADDR_1BYTE);             // 7 位从机地址,1 字节子地址
```

3. 读操作

从 I²C 从机器件指定的子地址中读出数据的函数原型为:

```
aw_err_t aw_i2c_read(
    aw_i2c_device_t      *p_dev,
    uint32_t              subaddr,
    uint8_t              *p_buf,
    size_t                nbytes);
```

其中，p_dev 为指向 I^2C 从机实例的指针；subaddr 为器件子地址，以指定读取数据的位置；p_buf 指向存放读取数据的缓冲区；nbytes 指定读取数据的字节数。返回值为标准的错误号，若返回 AW_OK 则表示读取成功；否则，表示读取失败。

由表 7.16 可知，在 LM75B 中，地址 0 存放了 2 字节的温度值，如需读取温度，则可以直接从地址 0 中读取 2 字节数据，范例程序详见程序清单 7.28。

程序清单 7.28　读取数据范例程序

```
1    uint8_t  temp_buf[2];                             // 存放温度值的 2 字节缓冲区
2    aw_i2c_read (&lm75_dev, 0x00, temp_buf, 2);  // 从 0x00 寄存器地址处读出 2 字节温度值
```

读取的 2 字节数据表示的温度值是多少呢？这 2 字节具体表示的温度值含义可从芯片的数据手册中获取。温度使用 16 位二进制补码表示，最高位为符号位，为 1 时，表示温度为负数。读取温度时，读取的首个字节是高 8 位数据，紧接着的字节是低 8 位数据。各个位表示的温度权重如表 7.17 所列。

表 7.17　温度值数据各个位的含义

字节 0(高 8 位数据)								字节 1(低 8 位数据)							
bit15	14	13	12	11	10	9	8	7	6	5	4	3	2	1	0
符号位	2^6	2^5	2^4	2^3	2^2	2^1	2^0	2^{-1}	2^{-2}	2^{-3}	2^{-4}	2^{-5}	2^{-6}	2^{-7}	2^{-8}

表中 2 的 n 次方表示温度的权重。实际中，LM75B 的温度分辨率有限，只能达到小数点后 3 位，低 5 位的值通常为 0，是无效的，因此，LM75B 实际温度的分辨率为 2^{-3}，即 0.125 ℃。

基于此，可以将字节 0 和字节 1 合并为一个有符号的 16 位整数，例如：

```
int16_t temp = (temp_buf[0] << 8) | (temp_buf[1] & 0xE0);
```

由于低 5 位无效，因此，将字节 1 与 0xE0(1110 0000)作了“与”运算，将低 5 位可靠地清 0。同时，将整数部分左移了 8 位，小数部分也使用整数表示，相当于把原温度值扩大了 256(2^8)倍。因此，temp 值为实际温度值的 256 倍，由此得到了 LM75B 采集到的温度值。使用 LM75B 采集温度的范例程序详见程序清单 7.29。

程序清单 7.29　温度采集范例程序

```
1    #include "aworks.h"
2    #include "aw_i2c.h"
3    #include "aw_delay.h"
4    #include "aw_vdebug.h"
5
6    int aw_main()
7    {
8        aw_i2c_device_t          lm75_dev;               // 定义 LM75B 从机实例
```

```
9           uint8_t              temp_buf[2];              // 存放温度值的两字节缓冲区
10          int16_t              temp;
11
12          aw_i2c_mkdev(
13              &lm75_dev,                                  // LM75B 从机实例初始化
14              0,                                          // 使用 I2C0
15              0x48,                                       // 器件的 7 bit 地址为 0x48
16              AW_I2C_ADDR_7BIT | AW_I2C_SUBADDR_1BYTE);  // 7 位从机地址,1 字节子地址
17
18          while(1) {
19              aw_i2c_read (&lm75_dev, 0x00, temp_buf, 2);
                                              // 从 0x00 寄存器地址处读出 2 字节温度值
20              temp = (temp_buf[0] << 8) | (temp_buf[1] & 0xE0);
21              aw_kprintf("Cur temp is : %d.%03d\r\n", temp / 256, (temp * 1000 / 256)
                           % 1000);
22              aw_mdelay(1000);
23          }
24      }
```

程序中,每秒采集一次温度值,并使用 aw_kprintf()打印输出。打印输出当前的温度值时,由于 aw_kprintf()暂时不支持直接打印浮点数,例如:

```
aw_kprintf("Cur temp : %f\r\n", temp / 256.0f);
```

因此,分别打印了整数部分和小数部分,整数部分可以将 temp 整除 256 得到。计算小数部分时,先将 temp 扩大 1 000 倍,再除以 256,得到的值即为实际温度的 1 000 倍,最后对 1 000 取余,即可得到实际温度小数点后 3 位的值。例如,实际温度为 11.375 ℃,则 temp 的值为 11.375 的 256 倍,即 2 912,整数部分即为该值整除 256。

```
整数部分的值 = temp / 256
             = 2912 / 256                    // C 语言的整除
             = 11
```

小数部分的值计算过程如下:

```
小数部分的值 = (temp * 1000 / 256) % 1000
             = (2912 * 1000 / 256) % 1000
             = 2912000 / 256 % 1000
             = 11375 % 1000
             = 375
```

最终打印输出的结果如下:

```
Cur temp is : 11.375
```

这样的计算过程虽然看起来复杂了一些，但却从根本上避免了浮点运算，保证了程序运行的效率。在没有硬件浮点运算单元(FPU)的MCU中，浮点运算是通过软件模拟的，效率较低。在AWorks中，如非必要，都应该尽可能避免浮点运算。即使是在有浮点运算单元的MCU中，也应该在一些基础的运算中避免使用浮点运算，因为在少量简单的浮点运算中，使用硬件浮点运算单元计算时，效率并不能得到明显的提升，反而增加了系统的负担，例如，当外部中断产生时，需要保护现场，如果使用了硬件浮点运算单元，那么保护现场的数据量将大大增加。一般来讲，只有在需要大量浮点运算的场合(比如，在一些算法计算中，很难使用整数运算来避免浮点运算)，才使用浮点运算。

需要特别说明的是，这里通过I^2C总线直接读取了LM75B温度传感器中的温度值，仅用于介绍I^2C总线接口的使用方法。实际中，AWorks已经定义了通用的传感器接口，在应用中读取温度时，建议直接使用通用的传感器接口。

4. 写操作

向I^2C从机实例指定的子地址中写入数据的函数原型为：

```
aw_err_t aw_i2c_write(
        aw_i2c_device_t          * p_dev,
        uint32_t                   subaddr,
        const void               * p_buf,
        size_t                     nbytes);
```

其中，p_dev为指向I^2C从机实例的指针；subaddr为器件子地址，以指定写入数据的位置；p_buf指向存放待写入数据的缓冲区；nbytes指定写入数据的字节数。返回值为标准的错误号，若返回AW_OK则表示写入成功；否则，表示写入失败。

由表7.16可知，在LM75B中，地址0x02和0x03中分别存放了2字节的温度上限值(T_{HYST})和下限值(T_{OS})，T_{HYST}必须小于T_{OS}，两个温度值均是可读可写的，默认情况下，T_{HYST}的值为75 ℃，T_{OS}的值为80 ℃。它们存储温度值的格式和地址0中温度值的格式类似，唯一不同的是，其表示温度的分辨率只有0.5 ℃，因此，小数部分只有一位有效，低7位全为0。例如，同样将2字节数据看作一个有符号的16位整数temp，则temp的值为温度值的256倍。由此可得，若要表示80.5 ℃，则对应的16位数据的值为$80.5\times256 = 20\,608$，即0x5080。

LM75B每次采集到新的温度时，都将与这两个温度值作比较，比较的结果将决定OS引脚的输出，以作为一种温度报警的机制。具体比较的方法与LM75B所处的模式相关，LM75B可以工作在比较模式或中断模式(可通过配置寄存器配置)：若LM75B工作在比较模式，则当采样温度大于T_{OS}时，OS引脚输出激活电平(激活电平可以通过配置寄存器配置为高电平或低电平)，当采样温度降低到T_{HYST}以下时，

OS 引脚恢复到正常电平；若 LM75B 工作在中断模式，首先，采样温度与 T_{OS} 比较，当采样温度大于 T_{OS} 时，OS 引脚输出激活电平，直到主机读取一次 LM75B 后，OS 引脚将自动恢复为正常电平。接着，采样温度将切换为与 T_{HYST} 比较，当采样温度低于 T_{HYST} 时，OS 引脚输出激活电平，直到主机读取一次 LM75B 后，OS 引脚将自动恢复为正常电平。接着，又将采样温度切换为与 T_{OS} 比较，当采样温度大于 T_{OS} 时，OS 引脚输出激活电平，以此类推，示意图如图 7.13 所示。

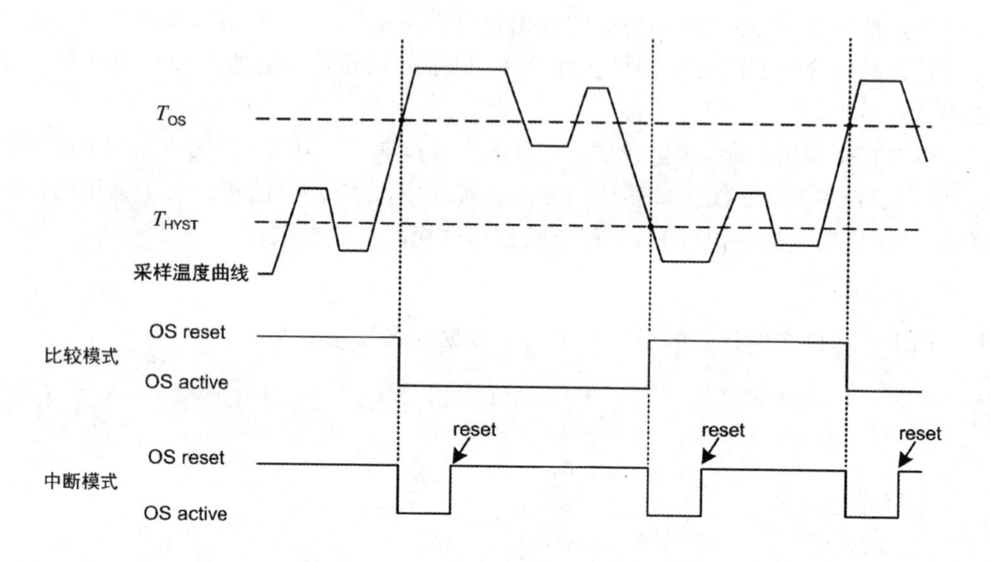

图 7.13　LM75B 的 OS 引脚输出示意图

注意：图 7.13 中以激活电平为低电平，正常电平为高电平为例，在中断模式下，OS 引脚可以被两种操作复位为正常电平：被主机读取一次数据；主机通过写配置寄存器，使 LM75B 进入关机模式。更多详细的内容可以查阅 LM75B 的数据手册，这里仅为简单介绍使用 AWorks 的 I^2C 接口操作 I^2C 从机器件的方法。

例如，要修改 T_{OS} 的值为 80.5 ℃，则需要修改 T_{OS} 寄存器的值为 0x5080，写入时，高字节先写入，低字节后写入，即先写入 0x50，后写入 0x80。范例程序详见程序清单 7.30。

程序清单 7.30　写入数据范例程序

```
1    uint8_t  temp_buf[2];                            // 存放温度上限值的缓冲区
2    temp_buf[0] = 0x50;                              // 高字节在前
3    temp_buf[1] = 0x80;                              // 低字节在后
4    aw_i2c_write (&lm75_dev, 0x03, temp_buf, 2);     // 向 0x03 寄存器地址处写入 Tos 温度值
```

由于 T_{OS} 寄存器是可读可写的，为了验证是否写入成功，可以通过 I^2C 读取接口，再读取出 T_{OS} 寄存器的值，如果读/写数据一致，则表明写入成功，范例程序详见程序清单 7.31。

程序清单 7.31 验证写入数据是否成功的范例程序

```
1    #include "aworks.h"
2    #include "aw_i2c.h"
3    #include "aw_delay.h"
4    #include "aw_vdebug.h"
5    int aw_main()
6    {
7        aw_i2c_device_t     lm75_dev;                      // 定义 LM75B 从机实例
8        uint8_t              temp_buf[2];                  // 存放温度值的 2 字节缓冲区
9        aw_i2c_mkdev(&lm75_dev,                            // LM75B 从机实例初始化
10                    0,                                    // 使用 I2C0
11                   0x48,                                  // 器件的 7bit 地址为 0x48
12                   AW_I2C_ADDR_7BIT | AW_I2C_SUBADDR_1BYTE);
13       temp_buf[0] = 0x50;                                // 高字节在前
14       temp_buf[1] = 0x80;                                // 低字节在后
15       aw_i2c_write (&lm75_dev, 0x03, temp_buf, 2);
                                             // 向 0x03 寄存器地址处写入 Tos 温度值
16
17       temp_buf[0] = 0x00;                                // 清空原始数据
18       temp_buf[1] = 0x00;
19       aw_i2c_read (&lm75_dev, 0x03, temp_buf, 2);
                                              // 从 0x03 寄存器地址处读出 Tos 的值
20
21       if ((temp_buf[0] == 0x50) && (temp_buf[1] == 0x80)) {
22           aw_kprintf("Write Tos successful! \r\n"); // 读/写数据一致,成功
23       } else {
24           aw_kprintf("Write Tos failed! \r\n");      // 读/写数据不一致,失败
25       }
26       while(1) {
27           aw_mdelay(1000);
28       }
29   }
```

7.5 UART 总线

7.5.1 UART 简介

UART(Universal Asynchronous Receiver/Transmitter)是一种通用异步收发传输器,其使用串行的方式在双机之间进行数据交换,实现全双工通信。数据引脚仅

包含用于接收数据的 RXD 和用于发送数据的 TXD。数据在数据线上按位一位一位的串行传输,要正确解析这些数据,必须遵循 UART 协议,作为了解,这里仅简要讲述几个关键的概念。

(1) 波特率

波特率决定了数据传输速率,其表示每秒传送数据的位数,值越大,数据通信的速率越高,数据传输得越快。常见的波特率有 4 800、9 600、14 400、19 200、38 400、115 200 等,若波特率为 115 200,则表示每秒钟可以传输 115 200 位(**注意**:是 bit,不是 Byte)数据。

(2) 空闲位

数据线上没有数据传输时,数据线处于空闲状态。空闲状态的电平逻辑为“1”。

(3) 起始位

起始位表示一帧数据传输的开始,起始位的电平逻辑为“0”。

(4) 数据位

紧接起始位后,即为实际通信传输的数据,数据的位数可以是 5、6、7、8 等,数据传输时,从最低位开始依次传输。

(5) 奇偶校验位

奇偶校验位用于接收方对数据进行校验,及时发现由于通信故障等问题造成的错误数据。奇偶校验位是可选的,可以不使用奇偶校验位。奇偶校验有奇校验和偶校验两种形式,该位的逻辑电平与校验方法和所有数据位中逻辑“1”的个数相关。

奇校验:通过设置该位的值(“1”或“0”),使该位和数据位中逻辑“1”的总个数为奇数。例如,数据位为 8 位,值为 10011001,1 的个数为 4 个(偶数),则奇校验时,为了使 1 的个数为奇数,就要设置奇偶校验位的值为 1,使 1 的总个数为 5 个(奇数)。

偶校验:通过设置该位的值(“1”或“0”),使该位和数据位中逻辑“1”的总个数为偶数。例如,数据位为 8 位,值为 10011001,1 的个数为 4 个(偶数),则偶校验时,为了使 1 的个数为偶数,就要设置奇偶校验位的值为 0,使 1 的个数保持不变,为 4(偶数)。

通信双方使用的校验方法应该一致,接收方通过判断“1”的个数是否为奇数(奇校验)或偶数(偶校验)来判定数据在通信过程中是否出错。

(6) 停止位

停止位表示一帧数据的结束,其电平逻辑为“1”,其宽度可以是 1 位、1.5 位、2 位。其持续的时间为位数乘以传输一位的时间(由波特率决定),例如,波特率为 115 200,则传输一位的时间为 1/115 200 s,约为 8.68 μs。若停止位的宽度为 1.5 位,则表示停止位持续的时间为:$1.5 \times 8.68\ \mu s \approx 13\ \mu s$。

常见的帧格式为:1 位起始位,8 位数据位,无校验,1 位停止位。由于起始位的宽度恒为 1 位,不会变化,而数据位、校验位和停止位都是可变的,因此,往往在描述串口通信协议时,都只是描述其波特率、数据位、校验位和停止位,不再单独说明起始位。

注意：通信双方必须使用完全相同的协议，包括波特率、起始位、数据位、停止位等。如果协议不一致，则通信数据会错乱，不能正常通信。在通信中，若出现乱码的情况，则应该首先检查通信双方所使用的协议是否一致。

7.5.2 串行接口

在 AWorks 中，定义了通用的串行接口，可以使用串行接口操作 UART，实现数据的收发，相关接口的函数原型如表 7.18 所列。

表 7.18 串行接口(aw_serial.h)

函数原型	功能简介
aw_err_taw_serial_ioctl (int com, int request, void * p_arg);	UART 控制
ssize_taw_serial_write (int com, const char * p_buffer, size_t nbytes);	发送数据
ssize_taw_serial_read (int com, char * p_buffer, size_t maxbytes);	接收数据

1. UART 控制

在使用 UART 进行数据传输前，需要正确配置串行通信协议，例如，波特率、数据位、停止位、校验位等，其函数原型为：

```
aw_err_t  aw_serial_ioctl (int com, int request, void * p_arg);
```

其中，com 为串口设备的 ID；request 表示本次请求控制的命令；p_arg 为与 request 对应的参数，其具体类型与 request 的值相关。返回值为标准的错误号，若返回 AW_OK 则表示本次控制成功；否则，表示控制失败。

在一个系统中，往往具有多路串口。例如，在 i.MX28x 中，有 1 路调试串口和 5 路应用串口，为了区分各个串口，需要为各个串口设备分配唯一的编号，如表 7.19 所列。

表 7.19 各串口设备对应的编号

串口设备	对应的串口 ID	串口设备	对应的串口 ID
DUART	COM0	AUART2	COM3
AUART0	COM1	AUART3	COM4
AUART1	COM2	AUART4	COM5

其中，COM0～COM5 是在 aw_serial.h 文件中定义的宏，即

```
#define COM0    0
#define COM1    1
#define COM2    2
#define COM3    3
#define COM4    4
#define COM5    5
```

request 表示本次请求控制的命令，p_arg 为与之对应的参数，类型与具体命令相关。常用命令与对应 p_arg 参数的实际类型如表 7.20 所列。

表 7.20 UART 常用控制命令

控制命令	request	对应的 p_arg 参数
设置波特率	SIO_BAUD_SET	类型为 uint32_t，如 115 200
获取波特率	SIO_BAUD_GET	类型为 uint32_t *，用于获取波特率的指针
设置硬件参数	SIO_HW_OPTS_SET	类型为 uint32_t，多个硬件参数宏的“或”(“|”)值
获取硬件参数	SIO_HW_OPTS_GET	类型为 uint32_t *，获取的值为多个硬件参数宏的“|”值

(1) 设置波特率

设置波特率使用 SIO_BAUD_SET 命令，该命令(包括后文以“SIO_”为前缀的各个命令宏定义)在 aw_sio_common.h 文件中定义，aw_serial.h 文件已经自动包含该文件，用户无需再额外包含。设置波特率为 115 200 的范例程序详见程序清单 7.32。

程序清单 7.32 设置波特率范例程序

```
1    aw_serial_ioctl(COM1, SIO_BAUD_SET, (void *)115200);
```

(2) 获取波特率

获取波特率使用 SIO_BAUD_GET 命令，获取波特率的范例程序详见程序清单 7.33。

程序清单 7.33 获取波特率范例程序

```
1    uint32_t   baud;
2    aw_serial_ioctl(COM1, SIO_BAUD_GET, (void *)&baud);
3    aw_kprintf("The baud rate is %d\r\n", baud);
```

(3) 设置硬件参数

设置硬件参数包括通信协议相关的参数，比如：数据位、校验位、停止位等。设置硬件参数对应的命令为 SIO_HW_OPTS_SET，其对应的 p_arg 为 32 位整数，是由多个参数宏通过“或”(“|”)运算符连接组成。相关的参数宏如表 7.21 所列。

表 7.21 UART 硬件参数(aw_sio_common.h)

硬件参数相关宏	含 义
CS5	数据宽度为 5 位
CS6	数据宽度为 6 位
CS7	数据宽度为 7 位
CS8	数据宽度为 8 位
STOPB	停止位为 2 位，默认为 1 位
PARENB	使能奇偶校验，默认奇偶校验是关闭的
PARODD	奇偶校验为奇校验，默认是偶校验

几种常见的配置范例详见程序清单 7.34。

程序清单 7.34 设置硬件参数的范例程序

```
1     // 8 位数据位，1 位停止位，无奇偶校验
2     aw_serial_ioctl(COM1, SIO_HW_OPTS_SET, (void *)(CS8));
3
4     // 8 位数据位，2 位停止位，无奇偶校验
5     aw_serial_ioctl(COM1, SIO_HW_OPTS_SET, (void *)(CS8 | STOPB));
6
7     // 8 位数据位，1 位停止位，使用偶校验
8     aw_serial_ioctl(COM1, SIO_HW_OPTS_SET, (void *)(CS8 | PARENB));
9
10    // 8 位数据位，1 位停止位，使用奇校验
11    aw_serial_ioctl(COM1, SIO_HW_OPTS_SET, (void *)(CS8 | PARENB | PARODD));
```

(4) 获取硬件参数

获取当前硬件参数的命令为 SIO_HW_OPTS_GET。例如，通过获取硬件参数，判断当前使用何种校验方式的范例程序详见程序清单 7.35。

程序清单 7.35 获取硬件参数的范例程序

```
1     aw_serial_ioctl(COM1, SIO_HW_OPTS_GET, (void *)&ops);
2
3     if (ops & PARENB) {
4         if (ops & PARODD) {
5             // 使用奇校验
6         } else {
7             // 使用偶校验
8         }
9     } else {
10            // 未使用校验
11    }
```

此外，在发送或接收数据时，还会使用到几个命令，这些命令在讲解发送数据和接收数据时再详细介绍。

2. 发送数据

在 AWorks 中，为每个串口设备都分配了一个发送数据缓冲区(默认大小为 128 字节)，用于缓存用户发送的数据。当用户发送数据时，首先会将数据加载到缓冲区中，加载到缓冲区后，串口设备将按照设定的波特率自动发送缓冲区中的数据。用户将数据写入缓冲区后，就可不用再处理串口的发送，转而处理其他事务。发送数据的函数原型为：

```
ssize_t aw_serial_write (int com, const char * p_buffer, size_t nbytes);
```

其中,com 为串口设备的编号;p_buffer 指向待发送数据的缓冲区;nbytes 为发送数据的字节数。返回值为成功写入缓冲区的数据个数。比如,发送一个字符串"Hello World!",范例程序详见程序清单 7.36。

程序清单 7.36　发送数据范例程序

```
1    uint8_t str[] = "Hello World!";
2    aw_serial_write(COM1, str, sizeo(str));
```

3. 接收数据

在 AWorks 中,同样为每个串口设备都分配了一个接收数据缓冲区(默认大小为 128 字节),用于缓存串口设备接收到的数据,用户可以通过命令查询当前接收到的数据字节数,其对应的命令为:AW_FIONREAD,获取 COM1 的接收缓冲区中已接收数据个数的范例程序详见程序清单 7.37。

程序清单 7.37　获取接收缓冲区中已接收数据个数的范例程序

```
1    int          nread;
2    aw_serial_ioctl(COM1, AW_FIONREAD, (void *)&nread);
```

用户可通过接收数据接口读取缓冲区中的数据,其函数原型为:

```
ssize_t aw_serial_read (int com, char * p_buffer, size_t maxbytes);
```

其中,com 为串口设备的编号;p_buffer 指向存储读取数据的缓冲区;maxbytes 为读取数据的最大字节数,其值往往与 p_buffer 指向的缓冲区大小一致。返回值为成功读取的数据个数。接收数据的范例程序详见程序清单 7.38。

程序清单 7.38　接收数据范例程序

```
1    char rxbuf[10];
2    aw_serial_read (COM1, rxbuf, 10);                    // 接收 10 个数据
```

若当前接收缓冲区中具有足够的数据,即已接收数据不小于 maxbytes,则成功读取 maxbytes 字节的数据,函数立即返回。若没有足够的数据,即已接收数据小于 maxbytes,则在默认情况下,会一直阻塞等待,直到接收的数据量达到 maxbytes。若用户不希望一直阻塞等待,则可以设定一个超时时间,当等待时间达到该值时,无论是否接收到 maxbytes 字节的数据,函数都会返回。设定超时时间的命令为:AW_TIOCRDTIMEOUT(在 aw_ioctl.h 文件中定义)。设置超时时间为 100 ms 的范例程序详见程序清单 7.39。

程序清单 7.39　设置读等待的超时时间为 100 ms

```
1    aw_serial_ioctl(COM1, AW_TIOCRDTIMEOUT, (void *)100);
```

例如,通过串口控制 LED0 的亮灭,当接收到"on"时,点亮 LED0,当接收到"off"时,熄灭 LED0。同时,当接收到可以识别的"on"或"off"命令时,回复"OK!",若是非

法命令，无法识别，则回复“Failed! Unknown Command!”，范例程序详见程序清单 7.40。

程序清单 7.40　使用串口控制 LED0 的范例程序

```
1   #include "aworks.h"
2   #include "aw_serial.h"
3   #include "aw_delay.h"
4   #include "aw_vdebug.h"
5   #include "aw_ioctl.h"
6   #include "aw_led.h"
7   #include "string.h"
8
9   int aw_main()
10  {
11      char        rxbuf[3];                  // 用于存放读取的数据
12      ssize_t         nread;
13      const char *p_help_str = "Send on to turn on the led0, send off to turn off the
                               led0! \r\n";
14      const char *p_failed_str = "Failed! Unknown Command!";
15
16      // 设置波特率为 115 200,数据位位 8 位,无奇偶校验,1 位停止位
17      aw_serial_ioctl(COM1, SIO_BAUD_SET, (void *)115200);
18      aw_serial_ioctl(COM1, SIO_HW_OPTS_SET, (void *)(CS8));
19
20      // 设置读超时时间为 100 ms
21      aw_serial_ioctl(COM1, AW_TIOCRDTIMEOUT, (void *)100);
22
23      // 发送帮助信息
24      aw_serial_write(COM1, p_help_str, strlen(p_help_str));
25
26      while(1) {
27          nread = aw_serial_read (COM1, rxbuf, 3);
28          if (nread > 0) {
29              if (strncmp((const char *)rxbuf, "on", 2) == 0) {
30                  aw_led_on(0);
31                  aw_serial_write(COM1, "OK!", strlen("OK!"));     // 回复"OK!"
32              } else if (strncmp((const char *)rxbuf, "off", 3) == 0) {
33                  aw_led_off(0);
34                  aw_serial_write(COM1, "OK!", strlen("OK!"));     // 回复"OK!"
35              } else {
36                  aw_serial_write (COM1, p_failed_str, strlen (p_failed_
                    str));        // 回复失败信息
```

```
37              }
38          }
39      }
40  }
```

7.6 A/D 转换器

7.6.1 模/数信号转换

1. 基本原理

我们经常接触的噪声和图像信号都是模拟信号，要将模拟信号转换为数字信号，必须经过采样、保持、量化与编码几个过程，如图 7.14 所示。

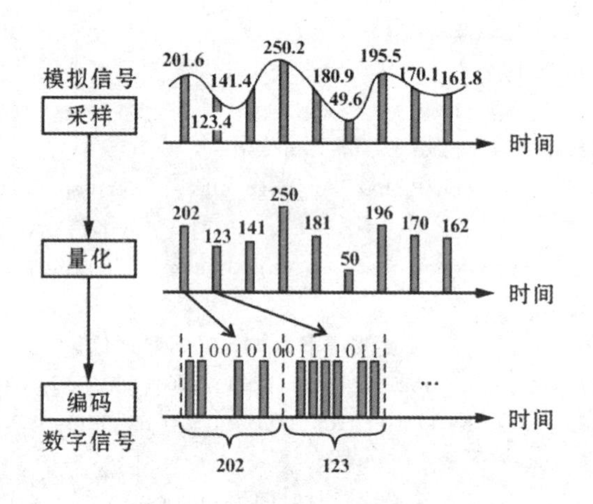

图 7.14　模数信号转换示意图

将以一定的时间间隔提取信号的大小的操作称为采样，其值为样本值，提取信号大小的时间间隔越短越能正确地重现信号。由于缩短时间间隔会导致数据量增加，所以缩短时间间隔要适可而止。**注意**：取样频率大于或等于模拟信号中最高频率的 2 倍，就能够无失真地恢复原信号。

将采样所得信号转换为数字信号往往需要一定的时间，为了给后续的量化编码电路提供一个稳定值，采样电路的输出还必须保持一段时间，而采样与保持过程都是同时完成的。虽然通过采样将在时间轴上连续的信号转换成了不连续的(离散的)信号，但采样后的信号幅度仍然是连续的值(模拟量)。此时可以在振幅方向上以一定的间隔进行划分，决定个样本值属于哪一区间，将记在其区间的值分配给其样本值。图 7.14 将区间分割为 0～0.5、0.5～1.5、1.5～2.5，再用 0,1,2,…代表各区间，对小数点后面的值按照四舍五入处理，比如，201.6 属于 201.5～202.5，则赋值 202；123.4 属于 122.5～123.5，则赋值 123，这样的操作称为量化。

量化前的信号幅度与量化后的信号幅度出现了不同，这一差值在重现信号时将会以噪声的形式表现出来，所以将此差值称为量化噪声。为了降低这种噪声，只要将量化时阶梯间的间隔减小就可以了。但减小量化间隔会引起阶梯数目的增加，导致数据量增大。所以量化的阶梯数也必须适当，可以根据所需的信噪比(S/N)确定。

将量化后的信号转换为二进制数，即用 0 和 1 的组合来表示的处理过程称为编码，“1”表示有脉冲，“0”表示无脉冲。当量化级数取为 64 级时，表示这些数值的二进制的位数必须是 6 位；当量化级数取为 256 级时，则必须用 8 位二进制数表示。

2. 基准电压

基准电压就是模/数转换器可以转换的最大电压，以 8 位 A/D 模/数转换器为例，这种转换器可以将 0 V 到其基准电压范围内的输入电压转换为对应的数值表示。其输入电压范围分别对应 256 个数值（步长），其计算方法为：参考电压/256＝5 V/256＝19.5 mV。

现在很多 MCU 都内置 A/D，即可以使用电源电压作为其基准电压，也可以使用外部基准电压。如果将电源电压作为基准电压使用，假设该电压为 5 V，则对 3 V 输入电压的测量结果为：(输入电压/基准电压)×255＝(3/5)×255＝99H。显然，如果电源电压升高 1%，则输出值为(3/5.05)×255＝97H。实际上典型电源电压的误差一般在 2%～3%，其变化对 A/D 的输出影响是很大的。

3. 转换精度

A/D 的输出精度是由基准输入和输出字长共同决定的，输出精度定义了 A/D 可以进行转换的最小电压变化。转换精度就是 A/D 最小步长值，该值可以通过计算基准电压和最大转换值的比例得到。对于上面给出的使用 5 V 基准电压的 8 位 A/D 来说，其分辨率为 19.5 mV，也就是说，所有低于 19.5 mV 的输入电压的输出值都为 0，在 19.5～39 mV 之间的输入电压的输出值为 1，而在 39～58.6 mV 之间的输入电压的输出值为 2，以此类推。

提高分辨率的一种方法是降低基准电压，如果将基准电压从 5 V 降到 2.5 V，则分辨率上升到 2.5 V/256＝9.7 mV，但最高测量电压降到了 2.5 V。而不降低基准电压又能提高分辨率的唯一方法是增加 A/D 的数字位数，对于使用 5 V 基准电压的 12 位 A/D 来说，其输出范围可达 4 096，其分辨率为 1.22 mV。

在实际的应用场合是有噪声的，显然该 12 位 A/D 会将系统中 1.22 mV 的噪声作为其输入电压进行转换。如果输入信号带有 10 mV 的噪声电压，则只能通过对噪声样本进行多次采样并对采样结果进行平均处理，否则该转换器无法对 10 mV 的真实输入电压进行响应。

4. 累积精度

如果在放大器前端使用误差 5%的电阻，则该误差将会导致 12 位 A/D 无法正常工作。也就是说，A/D 的测量精度一定小于其转换误差、基准电压误差与所有模拟放大器误差的累计之和。虽然转换精度会受到器件误差的制约，但通过对每个系统单独进行定标，也能够得到较为满意的输出精度。如果使用精确的定标电压作为标准输入，且借助存储在 MCU 程序中的定标电压常数对所有输入进行纠正，则可以有效地提高转换精度，但无论如何无法对温漂或器件老化而带来的影响进行校正。

5. 基准源选型

引起电压基准输出电压背离标称值的主要因素是:初始精度、温度系数与噪声,以及长期漂移等,因此在选择一个电压基准时,需根据系统要求的分辨率精度、供电电压、工作温度范围等情况综合考虑,不能简单地以单个参数为选择条件。

比如,要求 12 位 A/D 分辨到 1 LSB,即相当于 $1/2^{12}=2.44\times10^{-4}$。如果工作温度范围在 10 ℃,那么一个初始精度为 0.01%(相当于 100×10^{-6}),温度系数为 100×10^{-6}/℃(温度范围内偏移 100×10^{-6})的基准已能满足系统的精度要求,因为基准引起的总误差为 200×10^{-6},但如果工作温度范围扩大到 15 ℃以上,该基准就不适用了。

6. 常用基准源

(1) 初始精度的确定

初始精度的选择取决于系统的精度要求,对于数据采集系统来说,如果采用 n 位的 ADC,那么其满刻度分辨率为 $1/2^n$,若要求达到 1 LSB 的精度,则电压基准的初始精度为:

$$\text{初始精度}\leqslant 1/2^n = 1/2^n \times 100\%$$

如果考虑其他误差的影响,则实际的初始精度要选得比上式更高一些,比如,按 1/2 LSB 的分辨率精度来计算,即上式所得结果再除以 2,即

$$\text{初始精度}\leqslant 1/2^{n+1} = 1/2^{n+1} \times 100\%$$

(2) 温度系数的确定

温度系数是选择电压基准另一个重要的参数,除了与系统要求的精度有关外,温度系数还与系统的工作温度范围有直接的关系。对于数据采集系统来说,假设所用 ADC 的位数是 n,要求达到 1 LSB 的精度,工作温度范围是 ΔT,那么基准的温度系数 T_C 可由下式确定:

$$T_C \leqslant \frac{10^6}{2^n \times \Delta T}$$

同样地,考虑其他误差的影响,实际的 T_C 值还要选得比上式更小一些。温度范围 ΔT 通常以 25 ℃为基准来计算,以工业温度范围−40～+85 ℃为例,ΔT 可取 60 ℃(85 ℃−25 ℃),因为制造商通常在 25 ℃附近将基准因温度变化引起的误差调到最小。

如图 7.15 所示是一个十分有用的速查工具,它以 25 ℃为变化基准,温度在 1～100 ℃变化时,8～20 位 ADC 在 1 LSB 分辨精度的要求下,将所需基准的 T_C 值绘制成图,由该图可迅速查得所需的 T_C 值。

TL431 和 REF3325/3330 均为典型的电压基准源产品,如表 7.22 所列。TL431 的输出电压仅用两个电阻就可以在 2.5～36 V 范围内实现连续可调,负载电流 1～100 mA。可调压电源、开关电源、运放电路常用它代替稳压二极管。REF3325 输出 2.5 V,REF3330 输出 3.0 V。

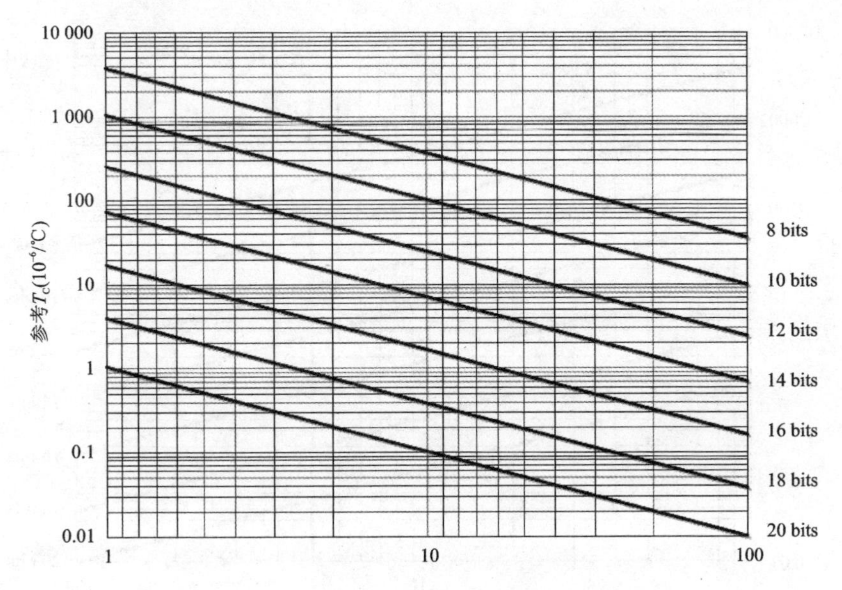

图 7.15　系统精度与基准温度系数 T_C 的关系

表 7.22　电压基准源选型参数表

型　号	初始精度/%	输出电压/V	工作电流/mA	输入电压/V	输出电流/mA	温漂/(10^{-6}/℃)	工作温度/℃
TL431	0.5	2.495～36	1～100		100	50	－40～85
REF3325	0.15	2.5		2.7～5.5	5	30	－40～125
REF3330	0.15	3.0		3.2～5.5	5	30	－40～125

REF33xx 是一种低功耗、低压差、高精密度的电压基准产品，采用小型的 SC70－3 和 SOT23－3 封装。体积小和功耗低(最大电流为 5 μA)的特点使得 REF33xx 系列产品成为众多便携式和电池供电应用的最佳选择。在负载正常的情况下，REF33xx 系列产品可在高于指定输出电压 180 mV 的电源电压下工作，但 REF3312 除外，因为它的最小电源电压为 1.8 V。

从初始精度和温漂特性来看，REF3325/3330 均优于 TL431，但是 TL431 的输出电压范围很宽，且工作电流范围很大，甚至可以代替一些 LDO。由于基准的初始精度和温漂特性是影响系统整体精度的关键参数，因此它们都不能用于高精密的采集系统和高分辨率的场合。而对于 12 位的 A/D 来说，精度要求在 0.1%左右的采集系统，到底选哪个型号呢？测量系统的初始精度，均可通过对系统校准消除初始精度引入的误差；对于温漂的选择，必须参考 1 LSB 分辨精度来进行选择，如图 7.16 所示。如果不是工作在严苛环境下，通常工作温度为－10～50 ℃，温度变化在 60 ℃，如果考虑 0.1%系统精度，温度特性低于 50×10^{-6}，则选择 REF3325/3330。

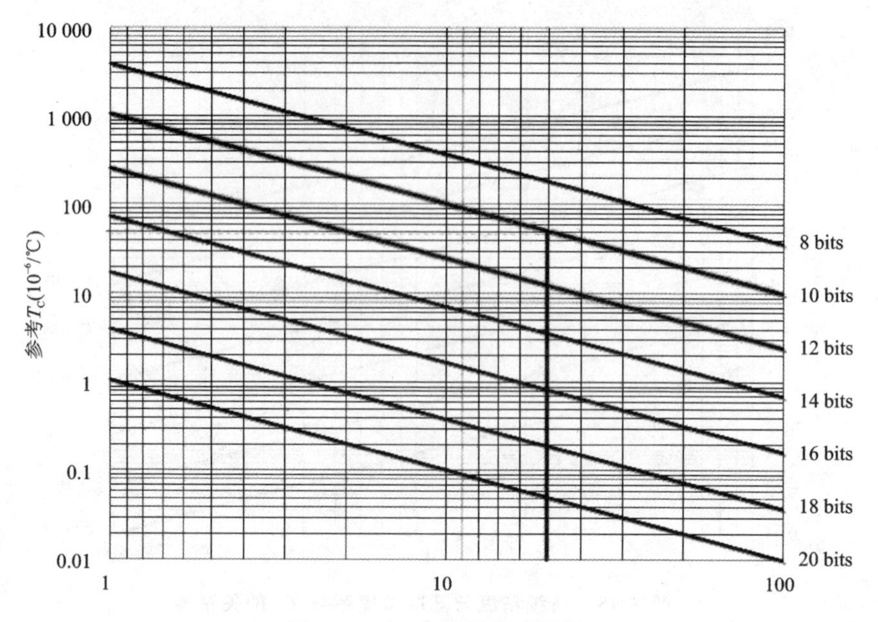

图 7.16　12 位系统基准选择

7.6.2　A/D 转换接口

AWorks 提供了 A/D 转换接口,可以直接通过接口获取相应引脚输入的模拟电压大小。为便于描述,将相关接口接口分为 3 大类:基础配置接口、获取采样值接口(同步方式)和获取采样值接口(异步方式),如表 7.23 所列。

表 7.23　ADC 通用接口函数

接口类别	函数原型	功能简介
基础配置接口	aw_err_t　aw_adc_rate_get(　　aw_adc_channel_t　　ch, 　　uint32_t　　* p_rate);	获取 ADC 通道的采样率
	aw_err_t　aw_adc_rate_set(　　aw_adc_channel_t ch, 　　uint32_t rate);	设置 ADC 通道的采样率
	int aw_adc_vref_get(aw_adc_channel_t ch);	获取基准电压
	int aw_adc_bits_get(aw_adc_channel_t ch);	获取 ADC 通道的转换位数
获取采样值接口 (同步方式)	aw_err_t　aw_adc_sync_read(　　aw_adc_channel_t ch, 　　void * p_val, 　　uint32_t samples, 　　bool_t urgent);	读取指定通道的采样值

续表 7.23

接口类别	函数原型	功能简介
	void aw_adc_mkbufdesc (aw_adc_buf_desc_t * p_desc, void * p_buf, uint32_t length, pfn_adc_complete_t pfn_complete, void * p_arg);	初始化一个 ADC 数据缓冲区描述符(设置缓冲区的相关参数)
获取采样值接口(异步方式)	aw_err_t aw_adc_client_init (aw_adc_client_t * p_client, aw_adc_channel_t ch, bool_t urgent);	初始化一个异步采集客户端
	aw_err _t aw_adc_client_start (aw_adc_client_t * p_client, aw_adc_buf_desc_t * p_desc, int desc_num, uint32_t count);	启动客户端(开始采集)
	aw_err_t aw_adc_client_cancel(aw_adc_client_t * p_client);	取消客户端(停止采集)

接口虽然看似较多,但在实际中,通常都仅需使用同步方式获取采样值(仅一个接口),非常简单。异步方式仅在一些特殊的应用场合才可能用到。下面依次对每类接口作详细介绍。

1. 基础配置接口

基础配置接口包含采样率的设置和获取、参考电压和 ADC 位数等信息的获取。

(1) 获取 ADC 通道的采样率

获取当前 ADC 通道的采样率,采样率的单位为 samples/s(简称 sps),表示每秒进行多少次采样,其函数原型为:

```
aw_err_t aw_adc_rate_get(aw_adc_channel_t ch, uint32_t * p_rate);
```

其中,ch 为 ADC 的通道号;p_rate 为输出参数,用于得到指定通道的采样率。返回值为标准的错误号,若返回 AW_OK 则表示获取成功;否则,表示获取失败,失败的原因可能是通道号不存在。

通常情况下,一个 A/D 转换器往往支持多个通道,即可以支持多路模拟信号输入,在部分微控制器中,还存在多个 A/D 转换器。在 AWorks 中,为了区分各个模拟信号输入的通道,为每个通道定义了一个唯一的通道号。例如,在 i. MX28x 中,有 LRADC 和 HSADC 两个 A/D 转换器,它们分别支持 16 个通道和 8 个通道。各通道对应的编号在{chip}_adc_def. h 文件中使用宏的形式进行了定义。例如,在

i.MX28x 中，各个通道号在 imx28x_adc_def.h 文件中定义如下：

```
#define    IMX28_LRADC_CH0              0
#define    IMX28_LRADC_CH1              1
#define    IMX28_LRADC_CH2              2
#define    IMX28_LRADC_CH3              3
#define    IMX28_LRADC_CH4              4
#define    IMX28_LRADC_CH5              5
#define    IMX28_LRADC_CH6              6
#define    IMX28_LRADC_BAT_CH7          7
#define    IMX28_LRADC_TMP0_CH8         8
#define    IMX28_LRADC_TMP1_CH9         9
#define    IMX28_LRADC_VDDIO_CH10       10
#define    IMX28_LRADC_VTH_CH11         11
#define    IMX28_LRADC_VDDA_CH12        12
#define    IMX28_LRADC_VDDD_CH13        13
#define    IMX28_LRADC_VBG_CH14         14
#define    IMX28_LRADC_5VIN_CH15        15

#define    IMX28_HSADC_LRADCPIN0        16
#define    IMX28_HSADC_LRADCPIN1        17
#define    IMX28_HSADC_LRADCPIN2        18
#define    IMX28_HSADC_LRADCPIN3        19
#define    IMX28_HSADC_LRADCPIN4        20
#define    IMX28_HSADC_LRADCPIN5        21
#define    IMX28_HSADC_LRADCPIN6        22
#define    IMX28_HSADC_HSADCPIN0        23
```

由此可见，通过宏的形式，将通道号 0～23 使用了更具有意义的宏来表示。用户也可通过查看此文件获知当前硬件平台支持的 ADC 通道数目。

通道号的类型为 aw_adc_channel_t，其本质上是一个无符号整数类型，具体的位宽与平台相关。如一个平台中仅支持 24 个通道，则其类型可能为 uint8_t，即使用 8 位来表示通道号。获取通道 0 的采样率范例程序详见程序清单 7.41。

程序清单 7.41　获取采样率的范例程序

```
1    uint32_t rate;                  // 定义用于保存获取的采样率值的变量
2    aw_adc_rate_get(0, &rate);      // 获取通道 0 的采样率
```

(2) 设置 ADC 通道的采样率

由于采样频率必须大于或等于模拟信号中最高频率的 2 倍，才能够无失真地恢复原信号，因此，实际中，可能需要根据模拟信号的频率调整 A/D 转换器的采样率。设置某一通道采样率的函数原型为：

```
aw_err_t aw_adc_rate_set(aw_adc_channel_t ch, uint32_t rate);
```

其中,ch 为 ADC 的通道号;rate 为设置的采样率。返回值为标准的错误号,若返回 AW_OK 则表示设置成功;否则,表示设置失败。

一般情况下,若对采样率没有特殊的要求,使用默认的采样率即可。此外,A/D 转换器可能只支持部分采样率,并不能支持任意的采样率,当使用该函数设置采样率时,系统会自动设定一个最为接近的采样率,因此,实际采样率可能与设置的采样率存在差异,实际采样率可由 aw_adc_rate_get()函数获取。

注意:通常情况下,一个 A/D 转换器的所有通道共用一个采样率,因此,设置其中一个通道的采样率时,可能会影响其他通道的采样率。

设置通道 0 的采样率为 1 000 的范例程序详见程序清单 7.42。

程序清单 7.42 设置采样率范例程序

```
1    aw_adc_rate_set(0, 1000);
```

采样率 1 000 sps 表示每秒采集 1 000 个数据点,即每 1 ms 采集一个数据点。

(3) 获取 ADC 通道的基准电压

一般来讲,在对精度要求不是特别严格的场合,可以直接使用 MCU 的电源电压作为 ADC 的基准电压。但若对精度要求较高,往往需要使用具有更高精度的外部基准源电压作为 ADC 的基准电压。当前 ADC 实际使用的基准电压可通过该接口获得,其函数原型为:

```
int aw_adc_vref_get(aw_adc_channel_t ch);
```

其中,ch 为 ADC 的通道号。基准电压通过返回值返回:若返回值大于 0,则获取成功,其值即为基准电压(单位:mV);若返回值小于 0,则获取失败。

获取通道 0 的基准电压范例程序详见程序清单 7.43。

程序清单 7.43 获取基准电压范例程序

```
1    int vref = aw_adc_vref_get(0);
2    if (vref < 0 ) {
3        aw_kprintf("The ADC reference voltage get failed! \r\n");
4    } else {
5        aw_kprintf("The ADC reference voltage  is  : %d mv.\r\n", vref);
6    }
```

若基准电压为 2.5 V,则 vref 的值为 2 500。

(4) 获取 ADC 通道的转换位数

获取 ADC 通道的转换位数,其函数原型为:

```
int aw_adc_bits_get(aw_adc_channel_t ch);
```

其中,ch 为 ADC 的通道号。转换位数通过返回值返回:若返回值大于 0,则获取成功,其值即为转换位数;若返回值小于 0,则获取失败。

获取通道 0 的转换位数范例程序详见程序清单 7.44。

程序清单 7.44 获取转换位数范例程序

```
1    int bits = aw_adc_bits_get(0);
2    if (bits < 0 ) {
3        aw_kprintf("The ADC bits get failed! \r\n");
4    } else {
5        aw_kprintf("The ADC bits is  : %d .\r\n", bits);
6    }
```

如在 i. MX28x 中,LRADC 和 HSADC 均为 12 位 A/D 转换器,因此,bits 的值为 12。

2. 读取 ADC 通道的采样值(同步方式)

同步方式获取 ADC 采样值仅包含一个接口,用于读取指定通道的采样值,所谓同步方式,即采样完成后函数才会返回。以同步方式获取采样值的函数原型为:

```
aw_err_t aw_adc_sync_read(aw_adc_channel_t          ch,
                          void                     *p_val,
                          uint32_t                  samples,
                          bool_t                    urgent);
```

其中,ch 为 ADC 的通道号;p_val 为存储采样值的缓冲区;samples 指定本次采样的次数;urgent 指定本次读取操作的优先级。返回值为标准的错误号,若返回 AW_OK 则表示读取成功;否则,表示读取失败。

p_val 指向用于存储采样值的缓冲区,缓冲区实际类型与 ADC 的位数相关:若 ADC 的位数为 1～8,则其类型为 uint8_t;若 ADC 的位数为 9～16,则其类型为 uint16_t;若 ADC 的位数为 17～32,则其类型为 uint32_t。例如,在 i. MX28x 中,ADC 的位数为 12,则应使用 uint16_t 类型的缓冲区来存储 ADC 的采样值。如定义一个大小为 100 的缓冲区,以存储 100 个采样值:

```
uint16_t  adc_val[100];
```

samples 表示本次读取的采样值个数。实际应用中,每次读取操作往往会读取多个采样值,以便通过取平均值等方法对采样值进行处理,得到更加准确的结果。多个采样值将依次存放在 p_val 指向的缓冲区中,需确保 p_val 指向的缓冲区的大小与 samples 保持一致。

实际上,读取采样值的操作包含的完整过程为:首先需要启动 ADC 转换,然后等待转换完成(转换的时间与采样率相关),转换完成后,再将转换结果存储在用户提供的缓冲区中。显然,整个过程需要消耗一定的时间。虽然一个 A/D 转换器往往有多个通道,但同一时刻通常只能对某一个通道的输入进行转换,并不能同时转换多个通道。若当前 A/D 转换器正在转换中，则后续其他通道的转换请求就只能排队等待，urgent 指定了转换请求的紧急性，其决定了排队的方式，若 urgent 为 TRUE，表示紧急转换请求，则排队时将插队到头部，以便当前 A/D 转换结束后，立即启动需要紧急转换的通道；若 urgent 为 FALSE，则排队时将依次排至尾部。一般情况下，没有特殊需求，urgent 均设置为 FALSE。

读取 100 个采样值的范例程序详见程序清单 7.45。

程序清单 7.45　读取采样值的范例程序

```
1    uint16_t  adc_val[100];
2    aw_adc_sync_read(0, adc_val, 100, FALSE);
```

此时，多个采样值存储在 adc_val 中，实际中，每次读取多个采样值只是为了通过处理得到一个更加精确的采样值，最简单的处理方法就是取平均值，范例程序详见程序清单 7.46。

程序清单 7.46　数据处理范例程序（取平均值）

```
1    uint16_t     adc_val[100];
2    uint32_t     sum = 0;
3    uint16_t     code;
4    int          i;
5
6    aw_adc_sync_read(0, adc_val, 100, FALSE);
7
8    for (i = 0; i < 100; i++) {
9        sum += adc_val[i];
10   }
11
12    code = sum / 100;
```

注意：程序中，为了避免 sum 溢出，将 sum 的类型定义为了 32 位无符号数。最终的结果存储在 code 变量中。

至此，获得了一个较为精确的 ADC 采样值，但在实际使用 A/D 转换器时，其目的往往并非简单地获取一个 ADC 采样值，而是获取相应通道的电压值。可以通过基准电压和转换位数将 code 转换为电压值，公式如下：

$$\text{vol} = \text{code} \times V_{\text{ref}} / 2^{\text{bits}}$$

式中：code 为读取的编码值；V_{ref} 为基准电压；bits 为 ADC 的位数。实际中，2 的 bits 次方可以简化为移位运算，即

$$\text{vol} = \text{code} \times V_{\text{ref}} / (1 \ll \text{bits})$$

获取通道 0 输入电压的完整范例程序详见程序清单 7.47。

程序清单 7.47　电压采集综合范例程序

```
1   #include "aworks.h"
2   #include "aw_delay.h"
3   #include "aw_vdebug.h"
4   #include "aw_adc.h"
5
6   #define  N_SAMPLES_PER_READ        100              // 每次读取 100 个采样值
7
8   static uint16_t   __g_adc_val[N_SAMPLES_PER_READ]; // 定义存储采样值的缓冲区
9
10  int aw_main()
11  {
12      uint32_t    sum = 0;
13      uint16_t     code;
14      int          vol;
15      int          i;
16      int          bits     =     aw_adc_bits_get(0);
17      int          vref     =     aw_adc_vref_get(0);
18
19      if ((bits < 0) || vref < 0) {
20          aw_kprintf("ADC info get failed! \r\n");
21          while (1) {
22              aw_mdelay(1000);
23          }
24      }
25      while (1) {
26          aw_adc_sync_read(0, __g_adc_val, N_SAMPLES_PER_READ, FALSE);
27          sum = 0;
28          for (i = 0; i < 100; i++) {
29              sum += __g_adc_val[i];
30          }
31          code = sum / 100;
32          vol   = (float)(code * vref) / (float)(1 << bits);
33          aw_kprintf("The vol of channel 0 is : %d mV \r\n", vol);
34          aw_mdelay(1000);
35      }
36  }
```

在 i.MX28x 中，通道 0 对应的外部输入引脚是 LRADC0 引脚，运行程序后，可以通过向该引脚接入模拟电压来测试 ADC 采集的结果是否正确。

程序中，电压值的计算未使用到浮点运算，仅使用了整数运算，效率较高。但运算结果 vol 的值也只能精确到 mV，若需要提高计算结果的精度，则可以使用浮点数来存储计算的结果，将 vol 的类型定义为 float，即

```
float vol;
```

同时，在计算电压值时，要确保表达式使用浮点运算，即

```
vol = (float)(code * vref) / (float)(1 << bits);
```

3. 获取采样值接口(异步方式)

在以同步方式获取采样值时，应用程序会阻塞在函数调用处，直到采样完成后函数才会返回。在一些应用场合，同步方式可能不再合适：对效率要求很高，不希望应用程序被阻塞；在主程序中使用多个 ADC 同时采样多个通道(同步方式必须等一个通道采集完才能开始下一个通道的采集)。此时，使用异步方式将更为合适，所谓异步方式，即启动 ADC 转换后，函数立即返回，ADC 转换完成后，自动调用特定的回调函数通知用户对采样值进行处理。

(1) 初始化一个 ADC 数据缓冲区描述符

异步采样时，采样数据需要保存在一个缓冲区中，采样完成后，再通知用户对缓冲区中的数据进行处理。缓冲区描述符即用于描述一个缓冲区相关的信息，基本信息包括缓存首地址和缓存大小，除此之外，还包含了回调函数信息，该回调函数在缓存装载满时被调用，以通知用户进行处理。初始化缓冲区描述符的函数原型为：

```
void  aw_adc_mkbufdesc (aw_adc_buf_desc_t          *p_desc,
                       void                        *p_buf,
                       uint32_t                     length,
                       pfn_adc_complete_t           pfn_complete,
                       void                        *p_arg);
```

其中，p_desc 指向待初始化的缓冲区描述符。描述符的类型为 aw_adc_buf_desc_t，该类型的具体定义用户无需关心，仅需在初始化一个描述符之前，使用该类型定义一个描述符实例，以完成描述符相关内存的分配。例如：

```
aw_adc_buf_desc_t  buf_desc;
```

完成定义后，buf_desc 的地址即可作为接口函数中 p_desc 的实参传递。用户不应直接操作 buf_desc 的成员，该初始化函数在本质上就是完成描述符中各成员的初始化。

p_buf 指向实际用于存储采样值的缓冲区，缓冲区实际类型与 ADC 的位数相关：若 ADC 的位数为 1 ～ 8，则其类型为 uint8_t；若 ADC 的位数为 9 ～ 16，则其类型为 uint16_t；若 ADC 的位数为 17 ～ 32，则其类型为 uint32_t。如定义一个大小为 100 的缓冲区，用于存储 12 位 ADC 采样的 100 个采样值：

```
uint16_t  adc_buf[100];
```

length 表示缓存的长度,表示缓存可以容纳的采样值个数。

pfn_complete 为指向回调函数的指针,当 p_buf 所指向的缓存填充满后,即会通过调用 pfn_complete 指向的函数通知用户缓冲区数据已填充完成,可以进行处理。p_arg 为传递给回调函数的参数,在调用回调函数时,p_arg 将作为回调函数的参数传递。

回调函数的类型为 pfn_adc_complete_t,其定义如下(aw_adc.h):

```
typedef void (*pfn_adc_complete_t) (void *p_cookie, aw_err_t state);
```

由此可见,回调函数有两个参数:p_cookie 和 state。其中,p_cookie 即为 aw_adc_mkbufdesc()函数中 p_arg 参数的值;state 表示了 ADC 转换的状态,只有当状态值为 AW_OK 时,才表明缓存正确无误地装载完成,若状态值为其他值,则表明缓存装载失败(采样过程中存在某种错误),转换将自动终止。

定义并初始化一个缓冲区描述符的范例程序详见程序清单 7.48。

程序清单 7.48　初始化缓冲区描述符范例程序

```
1    aw_adc_buf_desc_t  buf_desc;
2    uint16_t           buf[100];  // 大小为 100 的 ADC 采样值缓存,12 位 ADC,
                                   // 使用 uint16_t 类型
3
4    static void __buf_complete (void *p_cookie, aw_err_t state)
5    {
6        if (state == AW_OK) {
7            // 转换成功,处理 buf 中的数据
8        } else {
9            // 转换失败,数据无效
10       }
11   }
12
13   int aw_main (void)
14   {
15       aw_adc_mkbufdesc(&buf_desc,
16                        buf,
17                        100,
18                        __buf_complete,
19                        NULL);
20       // 启动 ADC 转换(接下来会介绍相关接口)...
21   }
```

初始化后的缓冲区描述符将在启动 ADC 转换时使用,用以指定 ADC 启动后,

采样值存储的位置以及 ADC 采样完成后的回调函数。

(2) 初始化一个异步采集客户端

异步采集以客户端为基本的操作对象，每个客户端与一个通道关联，后续通道的启动、停止等都是通过客户端的相关操作完成的。初始化客户端即指定与该客户端关联的通道号。其函数原型为：

```
aw_err_t  aw_adc_client_init(
    aw_adc_client_t                 *p_client,
    aw_adc_channel_t                ch,
    bool_t                          urgent);
```

其中，p_client 指向待初始化的客户端。客户端的类型为 aw_adc_client_t，该类型的具体定义用户无需关心，仅需在初始化一个客户端之前，使用该类型定义一个客户端实例，以完成客户端相关内存的分配。例如：

```
aw_adc_client_t  client;
```

完成定义后，client 的地址即可作为接口函数中 p_client 的实参传递。用户不应操作 client 的成员，该初始化函数在本质上就是完成客户端中各成员的初始化。

ch 参数即用于指定与客户端关联的通道号，后续启动该客户端后，即是对 ch 指定的通道进行采集。

urgent 参数表示该客户端的紧急性，在同步采样方式中提到，虽然一个 A/D 转换器往往有多个通道，但同一时刻通常只能对某一个通道的输入进行转换，并不能同时转换多个通道。若当前 A/D 转换器正在转换中，则后续其他通道的转换请求就只能排队等待，urgent 指定了转换请求的紧急性，其决定了排队的方式，若 urgent 为 TRUE，则表示紧急转换请求，排队时将插队到头部；若 urgent 为 FALSE，则排队时将依次排至尾部。一般情况下，没有特殊需求，urgent 均设置为 FALSE。

例如，要采集通道 0，则可以定义一个客户端，并完成初始化，使客户端与通道 0 关联，范例程序详见程序清单 7.49。

程序清单 7.49　初始化客户端范例程序

```
1    aw_adc_client_t  client;
2    aw_adc_client_init(&client, 0, FALSE);
```

若用户需要同时采集多个通道，例如，采集通道 0、1、2，则可以定义三个客户端，并分别关联至通道 0、1、2，范例程序详见程序清单 7.50。

程序清单 7.50　初始化多个客户端范例程序

```
1    aw_adc_client_t  client[3];                      // 定义 3 个客户端
2
3    aw_adc_client_init(&client[0], 0, FALSE);        // 初始化客户端 0,关联至通道 0
4    aw_adc_client_init(&client[1], 1, FALSE);        // 初始化客户端 1,关联至通道 1
5    aw_adc_client_init(&client[2], 2, FALSE);        // 初始化客户端 2,关联至通道 2
```

(3) 启动客户端(开始采集)

完成客户端的初始化之后,即可启动采集,启动采集的函数原型为:

```
aw_err_t  aw_adc_client_start(
    aw_adc_client_t             * p_client,
    aw_adc_buf_desc_t           * p_desc,
    int                           desc_num,
    uint32_t                      count);
```

其中,p_client 指向已初始化的客户端,p_desc 指向 ADC 缓冲区描述符,其描述了缓存相关信息,指定了采样数据存储的位置,desc_num 表示缓冲区描述符的个数,在启动时,可以指定多个(desc_num > 1)缓冲区描述符,此时,系统内部将自动顺序装载各个缓冲区,一个缓冲区填充满后,将自动调用该缓冲区对应的完成回调函数,通知用户对该缓冲区中的数据进行处理。

为什么需要支持多个缓冲区?一个缓冲区填充满后,需要对缓冲区中数据进行处理,显然,处理是需要时间的,若只有一个缓冲区,则在数据处理这段时间内,无法继续采样(缓冲区正在使用中,不能填充新的数据),这将丢失部分数据,若有多个缓冲区,则一个缓冲区填满后,在通知用户处理的同时,可以继续采样,采样数据存储在下一个缓冲区中,保证了采样的连续性。一般应用中,并不需要保持连续采样(通常是每隔一定时间采样一次),使用一个缓冲区即可。但在一些高速采样应用中,可能不期望丢失一个数据,则必须使用多个缓冲区,以保证采样的连续性。

count 表示本次启动客户端需要完成的采样次数。客户端一次完整的采样定义为:desc_num 指定个数的缓冲区依次填充满。若 desc_num 为 2,则两个缓冲区均填充完成才视为一次客户端完整的采样。在完成 count 指定的采样次数后,采样自动停止。特别地,若 count 值为 0,则表示持续采样,ADC 将持续工作,不断采样。

若函数返回值为 AW_OK,则表明启动成功,开始正常采集;否则,表明启动失败(通常是由于参数设置有误造成的)。

仅使用一个缓冲区,启动 ADC 客户端获取 100 个采样值的范例程序详见程序清单 7.51。

程序清单 7.51 异步采样范例程序(1)

```
1    #include "aworks.h"
2    #include "aw_adc.h"
3
4    static aw_adc_client_t         __g_client;
5    static aw_adc_buf_desc_t       __g_buf_desc;
6    static uint16_t                __g_buf [100];    //大小为 100 的缓存,12 位 ADC 使用
                                                      //uint16_t 类型
7
8    static void __buf_complete (void * p_cookie, aw_err_t state)
```

```
9     {
10        // 处理 __g_buf 中的 100 个采样值数据
11    }
12
13    int aw_main (void)
14    {
15        aw_adc_client_init(&__g_client, 0, FALSE);
16
17        // 初始化缓冲区描述符
18        aw_adc_mkbufdesc(&__g_buf_desc, __g_buf, 100, __buf_complete, NULL);
19
20        aw_adc_client_start(&__g_client, &__g_buf_desc, 1, 1);
21        // ……
22    }
```

数据处理与同步采样类似，可以进行取平均值、换算电压值等操作。实际上，用户回调是中断环境，通常不建议直接在中断环境中对数据进行处理(特别是一些比较耗时的复杂算法等)，避免影响系统的实时性。简单地，可以在中断中设置一个标志，然后在主程序中进行处理。范例程序详见程序清单 7.52。

程序清单 7.52　异步采样范例程序(2)

```
1     # include "aworks.h"
2     # include "aw_adc.h"
3
4     static aw_adc_client_t      __g_client;
5     static aw_adc_buf_desc_t    __g_buf_desc;
6     static uint16_t             __g_buf [100];   //大小为 100 的缓存,12 位 ADC 使用
                                                   //uint16_t 类型
7
8     static volatile int         __g_flag;
9
10    static void __buf_complete (void * p_cookie, aw_err_t state)
11    {
12        __g_flag = 1;
13    }
14
15    int aw_main (void)
16    {
17        aw_adc_client_init(&__g_client, 0, FALSE);
18        // 初始化缓冲区描述符
19        aw_adc_mkbufdesc(&__g_buf_desc, __g_buf, 100, __buf_complete, NULL);
20        __g_flag = 0;
21        aw_adc_client_start(&__g_client, &__g_buf_desc, 1,  1);
```

```
22        while (1) {
23        if (__g_flag == 1) {
24                // 取平均值、换算电压值等
25                // 处理完成,启动下一次转换
26                aw_adc_client_start(&__g_client, &__g_buf_desc, 1,  1);
27            }
28            // 其他处理
29        }
30    }
```

在主程序中,通过查询标志判定数据是否采集完成,采集完成后,在主循环中对数据进行处理。实际中,标志的不断查询是较为低效的,浪费了很多 CPU 周期。在 AWorks 中,支持信号量等 OS 常用的服务,这种情况通常使用信号量,避免循环查询。在第 10 章中,会详细介绍实时内核(包含多任务、信号量、消息邮箱等)相关的内容。

异步采集有一个好处是可以同时启动多个通道采集,例如,系统可以同时转换 3 路 ADC 通道,则可以使用 3 个客户端同时采集 3 个通道,范例程序详见程序清单 7.53。

程序清单 7.53　异步采样范例程序(3)

```
1     #include "aworks.h"
2     #include "aw_adc.h"
3
4    static aw_adc_client_t         __g_client[3];
5    static aw_adc_buf_desc_t       __g_buf_desc[3];
6    static uint16_t                __g_buf[3][100];   //3 个大小为 100 的缓存,12 位 ADC
                                                      //使用 uint16_t 类型
7
8    static void __buf_complete (void * p_cookie, aw_err_t state)
9    {
10       int ch = (int)p_cookie;   // 初始化缓冲区描述符时,p_arg 设置为了通道号
11       if (ch == 0) {
12           // 通道 0 转换完成
13       } else if (ch == 1) {
14           // 通道 1 转换完成
15       } else {
16           // 通道 2 转换完成
17       }
18   }
19
20   int aw_main (void)
21   {
```

```
22        int i;
23        for (i = 0; i < 3; i++) {
24            aw_adc_client_init(&__g_client[i], i, FALSE);   // 将客户端与各个通道关联
25            // 初始化缓冲区描述符
26            aw_adc_mkbufdesc(&__g_buf_desc[i], __g_buf[i], 100, __buf_complete,
                               (void *)i);
27            aw_adc_client_start(&__g_client[i], &__g_buf_desc[i], 1,  1);
28        }
29        // 其他处理
30    }
```

若期望连续不断采集，则可以使用多个缓冲区，例如，使用两个缓冲区，启动ADC不断采样的范例程序详见程序清单7.54。

程序清单7.54　异步采样范例程序(4)

```
1     #include "aworks.h"
2     #include "aw_adc.h"
3
4     static aw_adc_client_t       __g_client;
5     static aw_adc_buf_desc_t     __g_buf_desc[2];
6     static uint16_t              __g_buf[2][100];   // 2个大小为100的缓存,12位ADC
                                                      //使用uint16_t类型
7
8     static void __buf0_complete (void *p_cookie, aw_err_t state)
9     {
10        // 通知主程序处理 __g_buf[0] 中的100个采样值数据
11    }
12
13    static void __buf1_complete (void *p_cookie, aw_err_t state)
14    {
15        // 通知主程序处理 __g_buf[1] 中的100个采样值数据
16    }
17
18    int aw_main (void)
19    {
20        aw_adc_client_init(&__g_client, 0, FALSE);
21
22        // 初始化缓冲区描述符
23        aw_adc_mkbufdesc(&__g_buf_desc[0], __g_buf[0], 100, __buf0_complete, NULL);
24        aw_adc_mkbufdesc(&__g_buf_desc[1], __g_buf[1], 100, __buf1_complete, NULL);
25
26        aw_adc_client_start(&__g_client, &__g_buf_desc[0], 2, 0);
27        // ……
28    }
```

(4) 取消客户端(停止采集)

当客户端启动后,将开始获取相应通道的 ADC 采样值,并填充至相应的缓冲区,若需提前终止 ADC 的采集,则可以取消该客户端。取消客户端的函数原型为:

```
aw_err_t  aw_adc_client_cancel(aw_adc_client_t *p_client);
```

其中,p_client 指向已启动的客户端,若返回值为 AW_OK,则表明取消成功;若返回值为 -AW_EPERM,则表明客户端并未启动,无需取消。

在程序清单 7.54 的基础上,若期望采集 1 小时后停止采样,则可以增加取消客户端的程序代码,范例程序详见程序清单 7.55。

程序清单 7.55　取消客户端范例程序

```
1     #include "aworks.h"
2     #include "aw_adc.h"
3
4     static aw_adc_client_t       __g_client;
5     static aw_adc_buf_desc_t     __g_buf_desc[2];
6     static uint16_t              __g_buf[2][100];
                                       // 2 个大小为 100 的缓存,12 位 ADC 使用 uint16_t 类型
7
8     static void __buf0_complete (void *p_cookie, aw_err_t state)
9     {
10        // 通知主程序处理 __g_buf[0] 中的 100 个采样值数据
11    }
12
13    static void __buf1_complete (void *p_cookie, aw_err_t state)
14    {
15        // 通知主程序处理 __g_buf[1] 中的 100 个采样值数据
16    }
17    int aw_main (void)
18    {
19        aw_adc_client_init(&__g_client, 0, FALSE);
20
21        // 初始化缓冲区描述符
22        aw_adc_mkbufdesc(&__g_buf_desc[0], __g_buf[0], 100, __buf0_complete, NULL);
23        aw_adc_mkbufdesc(&__g_buf_desc[0], __g_buf[1], 100, __buf1_complete, NULL);
24
25        aw_adc_client_start(&__g_client, &__g_buf_desc[0], 2, 0);  // 启动客户端采集
26
27        aw_mdelay(1000 * 60 * 60);                                  // 延时 1 小时
28        aw_adc_client_cancel(&__g_client);                          // 取消客户端采集
29        // ……
30    }
```

7.7 D/A 转换器

7.7.1 数/模信号转换

1. 基本原理

D/A 转换是 A/D 转换的逆过程，用于将数字信号转化为模拟信号。例如，播放一段音乐时，音频文件以数字信号的形式存储在某种存储介质中(如硬盘)，当需要播放时，就需要通过某种转换将存储的数字信号转换输出为驱动喇叭发声的模拟信号。数/模转化示意图如图 7.17 所示。

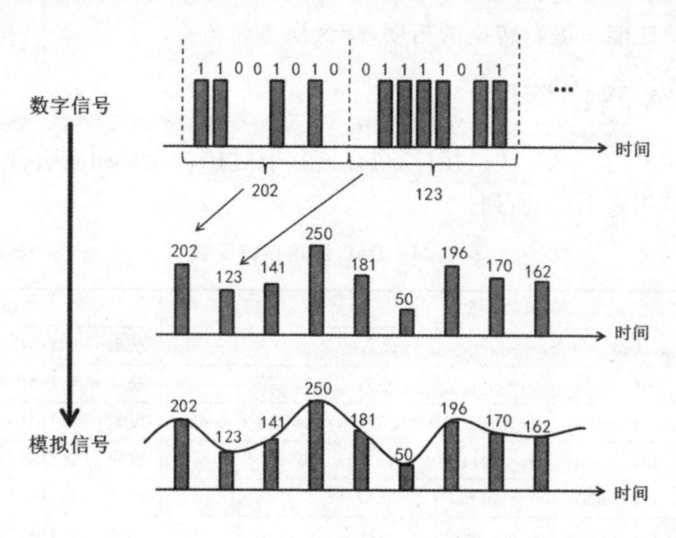

图 7.17 数/模转化示意图

2. 基准电压

基准电压就是 D/A 转换器可以输出的最大电压，转换器可以输出的模拟电压范围为：0 V ～ 基准电压。

3. 分辨率

分辨率是 D/A 转换器对输入微小量变化敏感程度的表征，其定义为 D/A 转换器模拟输出电压可能被分离的等级数。以 8 位 D/A 转换器为例，其数字量输入的范围为 0 ～ 255，共 256 个值，表明其最多可以输出 256 种不同的模拟电压。

显然，N 位 D/A 转换器最多有 2^N 个不同的模拟量输出值，换句话说，基准电压可被分离为 2^N 个不同的电压等级。数字量位数越多，N 值越大，输出电压可被分离的等级也就越多。因此，在实际应用中，往往用输入数字量的位数表示 D/A 转换器的分辨率。

4. 输出电压

输出电压与输入数字量和基准电压相关，即

$$V_{out} = code \times \frac{V_{ref}}{2^{bits}}$$

式中：code 表示输入的数字量；V_{ref} 表示基准电压；bits 表示 D/A 转换器的位数。

同样，以 8 位 D/A 转换器为例，其输出电压分别对应 256 个数值，若基准电压为 5 V，则步长值为：基准电压/256＝5 V/256＝19.5 mV。数值量为 0 时，输出为 0 V；数值量为 1 时，输出为 19.5 mV；数值量为 2 时，输出为 39 mV，依次类推。

由于 D/A 转换器中受到电路元器件误差、基准电压误差、温度漂移等因素的影响，实际输出电压与理想值之间存在一定的误差。可以通过提高 D/A 转换器的性能、基准电压的性能来提高转换的精度，降低误差。

7.7.2 D/A 转换接口

AWorks 提供了 D/A 转换接口，可以直接通过接口设置相应引脚输出的模拟电压值，相关接口如表 7.24 所列。

表 7.24 DAC 通用接口函数

函数原型	功能简介
int aw_dac_bits_get(aw_dac_channel_t ch);	获取一个 DAC 通道的转换位数
int aw_dac_vref_get(aw_dac_channel_t ch);	获取一个 DAC 通道的基准电压
aw_err_t aw_dac_val_set(aw_dac_channel_t ch, aw_dac_val_t val);	设置一个 DAC 通道的数字量值
aw_err_t aw_dac_mv_set(aw_dac_channel_t ch, int mv);	设置一个 DAC 通道的电压值
aw_err_t aw_dac_enable(aw_dac_channel_t ch);	使能一个 DAC 通道输出模拟量
aw_err_t aw_dac_disable(aw_dac_channel_t ch);	禁能一个 DAC 通道输出模拟量

1. 获取 DAC 通道转换位数

获取 DAC 通道的转换位数，其函数原型为：

```
int aw_dac_bits_get(aw_dac_channel_t ch);
```

其中，ch 为 DAC 通道号。通常情况下，一个 D/A 转换器往往支持多个通道，即可以支持多路模拟信号输出，在部分微控制器中，还存在多个 D/A 转换器。在 AWorks 中，为了区分各个模拟信号输出的通道，为每个通道定义了一个唯一的通道号。由于在 i. MX28x 中没有集成 D/A 转换器，因此，在使用 i. MX28x 主控器时，若需使用 D/A 功能，则需要外接 D/A 控制器（如外接 AD5689R 芯片，该芯片的具体使用方法将在第 15 章中详细介绍）。实际上，对于用户来讲，无论使用片上 D/A 转换器还是外接 D/A 转换器，所使用的接口是完全相同的。用户仅需知道系统中的 D/A 通道号即可。

D/A 转换位数通过返回值返回：若返回值大于 0，则获取成功，其值即为转换位数；若返回值小于 0，则获取失败。

例如，用户外接了一个 AD5689R 芯片，其支持两路通道输出，对应的通道号分别为 0 和 1。获取通道 0 的转换位数范例程序详见程序清单 7.56。

程序清单 7.56　获取 DAC 通道转换位数

```
1    int  dac_bits = aw_dac_bits_get(0);            // 读取 DAC 通道 0 的转换位数
```

2. 获取 DAC 通道的基准电压

一般来讲，在对精度要求不是特别严格的场合，可以直接使用 MCU 的电源电压作为 DAC 的基准电压。但若对精度要求较高，则往往需要使用具有更高精度的外部基准源电压作为 DAC 的基准电压。当前 DAC 实际使用的基准电压可通过该接口获得，其函数原型为：

```
int  aw_dac_vref_get(aw_dac_channel_t ch);
```

其中，ch 为 DAC 的通道号。基准电压通过返回值返回：若返回值大于 0，则获取成功，其值即为基准电压（单位：mV），例如，返回值为 2 500，表明基准电压为 2.5 V；若返回值小于 0，则获取失败（通常是由于指定的通道号不存在造成的）。

获取通道 0 的基准电压范例程序详见程序清单 7.57。

程序清单 7.57　获取 DAC 通道基准电压

```
1    int dac_bits = aw_dac_vref_get(0);          // 读取 DAC 通道 0 的基准电压
2    if (vref < 0 ) {
3        aw_kprintf("The DAC reference voltage  get failed! \r\n");
4    } else {
5        aw_kprintf("The DAC reference voltage   is  : %d mv.\r\n", vref);
6    }
```

3. 设置 DAC 通道的数字量

由于 DAC 是简单的将数字信号转变为模拟信号，所以需要有一个确定的数字量写入，其函数原型为：

```
1    aw_err_t  aw_dac_val_set(aw_dac_channel_t ch,  aw_dac_val_t  val);
```

其中，ch 为 DAC 通道号。返回值表示设置输出是否成功，若返回值为 AW_OK，则设置成功；否则，表示设置失败。

通道输出的实际电压与 D/A 转换位数和基准电压的值相关：

$$V_{out} = \text{code} \times \frac{V_{ref}}{2^{bits}}$$

若需要输出某一特定的电压值，则需要先根据公式计算出对应的 code 值：

$$code = V_{out} \times \frac{2^{bits}}{V_{ref}}$$

例如,D/A 转换器的位数为 24 位,基准电压为 3 V,若需输出电压为 2.25 V,则得到的 code 值为

$$code = V_{out} \times \frac{2^{bits}}{V_{ref}} = 2\ 250 \times \frac{2^{24}}{3\ 000} = 12\ 582\ 912$$

设置通道 0 输出的数字量为 12 582 912 的范例程序详见程序清单 7.58。

程序清单 7.58　设置 DAC 输出数字量范例程序

```
1    aw_dac_val_set(0, 12582912); // 设置 DAC 通道 0 的输出数字量为 12 582 912 (对应 2.25 V)
```

4. 设置 DAC 通道的电压值

前面讲解了设置 DAC 输出数字量的接口,当需要设置输出的电压值时,往往需要通过公式进行转换。实际应用中,考虑最多的情况是直接输出电压值,AWorks 直接提供了设置输出电压值的接口,避免用户进行烦琐的转换过程,该函数的接口原型为:

```
aw_err_t  aw_dac_mv_set(aw_dac_channel_t  ch, int mv);
```

其中,ch 为 DAC 通道号,mv 为输出的电压值(单位:mV)。返回值表示设置输出是否成功,若返回值为 AW_OK,则设置成功;否则,表示设置失败。

设置通道 0 输出电压为 2.25 V 的范例程序详见程序清单 7.59。

程序清单 7.59　设置 DAC 输出电压值范例程序

```
aw_dac_mv_set(0,2250);        // 设置 DAC 通道 0 的输出电压为 2.25 V
```

5. 使能 DAC 通道输出

在设置通道输出的数字量或电压值后,DAC 还并未输出相应的电压到实际的引脚上,为了使引脚输出相应的模拟电压,还必须使能相应的 DAC 通道,使能 DAC 通道的函数原型为:

```
aw_err_t  aw_dac_enable(aw_dac_channel_t  ch);
```

其中,ch 为 DAC 通道号。返回值表示使能是否成功,若返回值为 AW_OK,则使能成功;否则,表示使能失败。

使能通道 0 输出的范例程序详见程序清单 7.60。

程序清单 7.60　使能 DAC 通道输出

```
1    #include "aworks.h"
2    #include "aw_delay.h"
3    #include "aw_vdebug.h"
4    #include "aw_dac.h"
```

```
5
6    int aw_main()
7    {
8        aw_dac_mv_set(0, 2250);          // 设置 DAC 通道 0 的输出电压为 2.25 V
9        aw_dac_enable(0);                // 使能输出,输出电压为 2.25 V
10        while(1) {
11        }
12   }
```

6. 禁能 DAC 通道输出

若期望 DAC 不再输出模拟电压,则可以禁能 DAC 通道输出,其函数原型为:

```
aw_err_t  aw_dac_disable (aw_dac_channel_t  ch);
```

其中,ch 为 DAC 通道号。返回值表示禁能是否成功,若返回值为 AW_OK,则禁能成功;否则,表示禁能失败。

禁能通道 0 输出的范例程序详见程序清单 7.61。

程序清单 7.61　禁能 DAC 通道输出

```
1    #include "aworks.h"
2    #include "aw_delay.h"
3    #include "aw_vdebug.h"
4    #include "aw_dac.h"
5
6    int aw_main()
7    {
8        aw_dac_mv_set(0, 2250);          // 设置 DAC 通道 0 的输出电压为 2.25 V
9        aw_dac_enable(0);                // 使能输出,输出电压为 2.25 V
10        aw_mdelay(10000);               // 使输出保持 10 s
11        aw_dac_disable(0);              // 禁能输出
12        while(1) {
13        }
14   }
```

需要注意的是,禁能后,相应引脚不再输出模拟电压,但引脚的状态并不确定,将与具体芯片相关,可能为高电平,也可能为低电平,还可能引脚变为输入模式。一般情况下,禁能输出后,引脚将变为低电平。

7.8 看门狗(WDT)

7.8.1 看门狗简介

1. 看门狗的基本概念

看门狗(WDT,WatchDog Timer),本质上是一个定时器,只不过其作用比较特殊:定时器超时(或称为溢出,指定时器达到设定的定时值)后,会输出复位信号至 MCU(通常是通过直接控制 MCU 的 RST 引脚实现的),致使 MCU 复位。

假定看门狗超时值设定为 255,看门狗在计时脉冲的作用下(计时脉冲的频率与实际硬件相关),每个脉冲加 1,若不"喂狗"(即清零 WDT),则当计数值达到 255 时,将输出复位信号,复位 MCU。看门狗计数示意图如图 7.18 所示(仅作示意,部分 WDT 可能是从一个初始值开始递减,递减至 0 时产生复位信号,基本原理是相同的)。

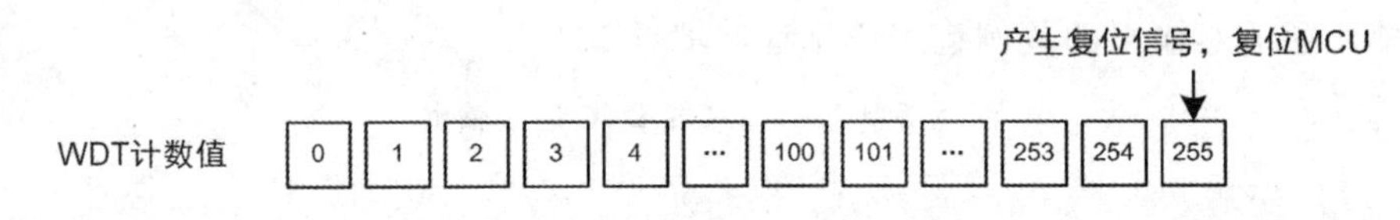

图 7.18 看门狗计数示意图(不喂狗)

正常运行时,为了不使看门狗溢出,软件需要定期"喂狗",使定时器重新开始计数。看门狗计数示意图如图 7.19 所示(假定在计数值达到 100 处执行了"喂狗"操作)。

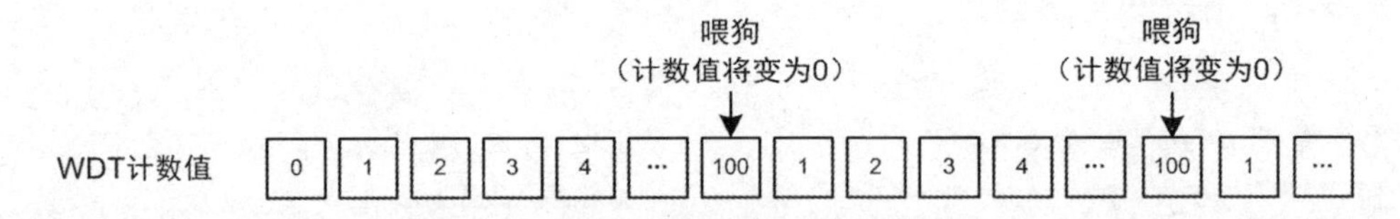

图 7.19 看门狗计数示意图(周期性喂狗)

实际中,"喂狗"的时间并不需要非常精确(见图 7.19 的 100 处),仅需保证在超时前"喂狗"。但通常情况下,不建议在临界处喂狗(比如 253、254 等),这些地方非常危险,程序执行时间稍长,WDT 就可能溢出产生复位信号,一般地,可以选择在 1/2 处左右进行喂狗,保留足够的富余量。

由图可见,当周期性喂狗时,定时器计数值不会达到 255,WDT 不会输出复位信号,应用程序正常运行。若在正常运行过程中,程序跑飞,则正常的"喂狗"程序无法执行,软件将不再"喂狗",WDT 将会超时,进而复位 MCU,使应用程序重新开始执行。

这就好比在平常使用电脑的过程中，电脑可能蓝屏、卡死、无响应等，绝大部分情况下，手动按一下复位键，就可以重启电脑，恢复正常。但在嵌入式产品中，当程序死机时，很多时候可能无法由用户“按一下复位键”，比如，产品布局在偏远的山区、深山的基站中等，“按一下复位键”要付出高昂的代价，此时，WDT 的作用就体现出来了，其可以在程序跑飞时自动给 MCU 一个复位信号。

WDT 通常是应用程序“最后的防线”，在软件开发过程中，应尽可能设计足够健壮的软件，避免程序跑飞。但也不可轻视 WDT 的作用，自认为软件足够健壮而不加入 WDT，实际上，任何产品都可能存在 BUG，通常，在产品开发阶段，应尽可能排除所有问题，在开发完成后，作为一种预防措施，加入 WDT。

2. 看门狗的种类

(1) 内部看门狗

由于 WDT 的重要性，越来越多的芯片厂商直接将 WDT 集成在了芯片内部。例如，以 i.MX28x 为例，其片上集成了一个 WDT，本质上是一个 32 位递减定时器，时钟频率为 1 kHz，即每毫秒 WDT 计数值减 1，当减至 0 时，将产生复位信号。“喂狗”操作即每隔一定时间重置 WDT 的计数值，使其正常运行时不会减至 0。在应用中，若需使用该内部看门狗，则应在工程配置中，使能 i.MX28x 的 WDT 硬件设备(确保 aw_prj_params.h 文件中的 AW_DEV_IMX28_WDT 宏未被注释)。

(2) 外部看门狗

部分 MCU 内部可能没有集成看门狗，或者有时候，在一些条件严苛的应用中，担心程序跑飞时，内部看门狗本身出现故障(例如，计数时钟故障等，实际出现这种情况的概率非常小，MCU 上的看门狗电路通常都是独立设计的)，导致看门狗无法发挥作用。此时，可能会选择使用外部独立看门狗芯片。

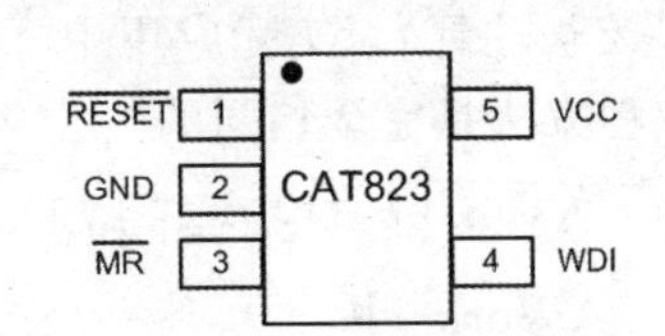

图 7.20 CAT823 引脚图

例如，在 i.MX28x 核心板(AW280-64F8)中，集成了一个外部看门狗芯片(CAT823)，其有 5 个引脚，引脚分布如图 7.20 所示，各引脚的功能说明如表 7.25 所列。

表 7.25 CAT823 引脚说明

编号	标识	功能说明
1	$\overline{\text{RESET}}$	复位信号输出引脚，其通常直接与 MCU 的复位引脚相连，便于 WDT 溢出时，输出复位信号(约 200 ms 的低电平)，复位 MCU
2	GND	电源地
3	$\overline{\text{MR}}$	用户复位信号输入引脚，用于用户强制通过 RESET(1#)输出一个复位信号，其通常外接复位按键，用于手动复位，当该引脚输入一个低电平时，RESET(1#)将输出一个复位信号

续表 7.25

编　号	标　识	功能说明
4	WDI	看门狗定时器输入引脚(Watchdog Timer Input),其有两种功能:若悬空或处于高阻状态,则表示禁能看门狗定时器,看门狗定时器不计数,此时不具有看门狗功能;否则,看门狗定时器正常计数,WDI 将作为"喂狗"引脚,当该引脚出现边沿信号时(上升沿或下降沿),将复位 WDT 计数值,重新开始计数
5	VCC	电源正

该芯片通电后,若 WDI 不处于悬空或高阻状态,内部计时器将开始工作,超时时间是固定的,约为 1.6 s(典型值,其值本身是一个不精确的范围:1.12～3.2 s,为确保在超时前"喂狗",通常将其超时时间视为最小值 1.12 s),"喂狗"操作通过 MCU 在 WDI 引脚输入一个上升沿或下降沿实现(简单地,直接翻转 I/O 输出电平即可)。也就是说,若在超时时间内未"喂狗",则其 RESET 引脚(1＃)将输出约 200 ms 的低电平,进而复位 MCU。

AWorks 已经支持该类 WDT 芯片,提供了相应的驱动,若需使用外部看门狗,则应确保外部看门狗设备已经使能(aw_prj_params.h 文件中的 AW_DEV_GPIO_WDT 宏未被注释)。绝大部分情况下,具有外部看门狗时,都选择使用外部看门狗,此时,内部看门狗不应被使能(确保 aw_prj_params.h 文件中的 AW_DEV_IMX28_WDT 宏被注释)。实际应用中,无论使用外部看门狗还是内部看门狗,对于用户来讲,编程方法是完全相同的。

3. AWorks 中的看门狗

在 AWorks 中,为了使一个应用中的多个模块保持相互独立(例如:LED 闪烁、ADC 采集、DAC 输出等),基于底层硬件看门狗(内部看门狗或外部看门狗),AWorks 实现了一个中间层,使应用可以使用多个看门狗(软件模拟看门狗),每个看门狗独立监控一个模块的运行状态。软件看门狗示意图如图 7.21 所示。

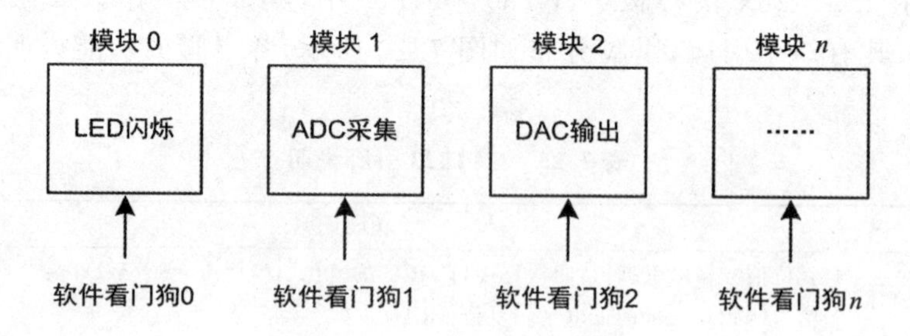

图 7.21　软件看门狗示意图

软件看门狗理论上没有数量上的限制,但实际上,每个软件的看门狗都会占用一定的内存空间,因此,数量还是会受到内存空间的限制。但一般情况下,只要不滥用软件看门狗,都不太可能因为软件看门狗导致内存不足。

在 AWorks 中间层,自动完成了硬件看门狗(内部看门狗或外部看门狗)的“喂狗”操作,其会根据硬件看门狗的超时时间,自行“喂狗”,无需用户干预,如图 7.22 所示。也就是说,正常情况下,硬件看门狗会被正确地周期性“喂狗”,不会超时复位。用户无需直接操作底层的硬件看门狗。

用户实际操作的是软件看门狗,每个软件看门狗本质上也是一个定时器,每个定时器都具有一个可由用户自定义的超时时间,正常情况下,在超时时间内,用户必须对软件看门狗进行“喂狗”,以使定时器重新计时,避免定时器达到超时时间;否则,任何一个软件看门狗对应的定时器达到超时时间后,都将使 AWorks 中间层终止对硬件看门狗的“喂狗”操作,如图 7.23 所示,致使硬件看门狗溢出。

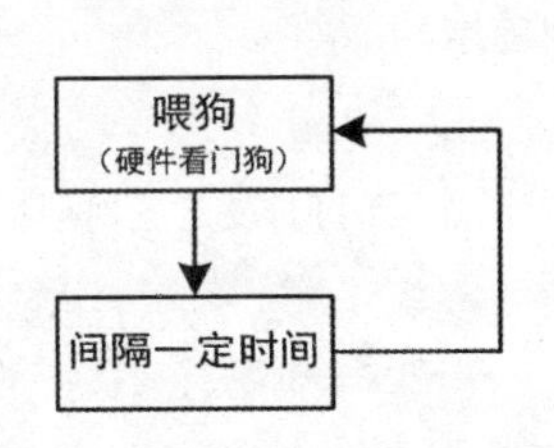

图 7.22　中间层周期性“喂狗”

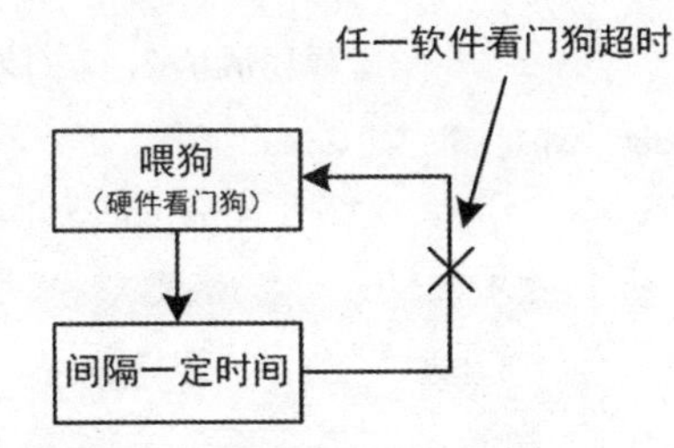

图 7.23　终止中间层周期性“喂狗”

由此可见,软件看门狗的超时复位是通过终止对硬件看门狗的“喂狗”实现的,也就是说,“复位”的动作最终还是由硬件看门狗完成的。

综上所述,应用程序直接操作的是软件看门狗,AWorks 中间层完成了对硬件看门狗的操作。为便于描述,后文统一将应用程序操作的软件看门狗直接称为看门狗。

7.8.2　看门狗接口

在 AWorks 中,看门狗的使用非常简单,仅两个接口,如表 7.26 所列。

表 7.26　看门狗接口函数

函数原型	功能简介
aw_err_t　aw_wdt_add (struct awbl_wdt　*p_wdt,　uint32_t　t_ms);	添加一个看门狗
aw_err_t　aw_wdt_feed (struct awbl_wdt　*p_wdt);	喂狗

1. 添加一个看门狗

为应用添加一个看门狗的函数原型为:

```
aw_err_t  aw_wdt_add (struct awbl_wdt   *p_wdt,  uint32_t  t_ms);
```

其中,p_wdt 指向待添加的看门狗实例,看门狗实例的类型为:struct awbl_wdt,该类型的具体定义用户无需关心,仅需在添加一个看门狗前,使用该类型定义一个看

门狗实例,以完成看门狗相关内存的分配。例如:

```
struct  awbl_wdt      wdt;
```

完成定义后,wdt 的地址即可作为接口函数中 p_wdt 的实参传递。用户不应直接操作 wdt 的成员,在添加看门狗的过程中会自动完成各个成员的初始化。

参数 t_ms 指定了该看门狗的超时时间,单位为 ms。添加看门狗成功后,应用程序必须保证在该时间内完成喂狗操作,否则,看门狗溢出,系统复位。

返回值表明看门狗添加的结果,若返回值为 AW_OK,则表明看门狗添加成功;否则,看门狗添加失败,可能是由于不存在硬件看门狗设备造成的。

添加一个看门狗,并设定超时时间为 1 s 的范例程序详见程序清单 7.62。

程序清单 7.62 添加看门狗范例程序

```
1    struct  awbl_wdt     wdt;
2    aw_err_t             ret = aw_wdt_add(&wdt, 1000);// 添加看门狗,设定超时时间为 1 s
3    if (ret != AW_OK) {
4        // 看门狗添加失败,未成功启动
5    }
```

2. 喂 狗

添加看门狗成功后,看门狗将开始计时,应用程序必须保证在超时时间内完成"喂狗"操作,避免定时器溢出导致系统复位。喂狗函数的原型为:

```
aw_err_t  aw_wdt_feed (struct awbl_wdt   * p_wdt);
```

其中,p_wdt 指向已添加的看门狗。返回值表明喂狗的结果,若返回值为 AW_OK,则喂狗成功;否则,喂狗失败。

在程序清单 7.62 中,添加的看门狗超时时间为 1 s,基于此,在正常运行状态下,应该以小于 1 s 的周期进行喂狗,比如以 500 ms 为周期进行喂狗,范例程序详见程序清单 7.63。

程序清单 7.63 喂狗范例程序

```
1    while (1) {
2        aw_mdelay(500);
3        aw_wdt_feed(&wdt);
4    }
```

在实际应用中,看门狗用于监控一段程序是否正常运行,当系统出现异常时(卡死、崩溃等)能够通过看门狗实现复位,进而再恢复正常运行。例如,使用看门狗来监控一个简单的 LED 闪烁应用,范例程序详见程序清单 7.64。

程序清单 7.64　看门狗应用——使用单个看门狗

```
1    #include "aworks.h"
2    #include "aw_delay.h"
3    #include "aw_wdt.h"
4    #include "aw_led.h"
5
6    int aw_main (void)
7    {
8        struct awbl_wdt wdt;
9        aw_wdt_add(&wdt, 1000);  // 添加一个看门狗,超时时间为 1 s,用于监控 LED 闪烁程序
10       while (1) {
11           aw_led_toggle(0);    // 每隔 500 ms 翻转一次,实现 LED 闪烁
12           aw_mdelay(500);
13           aw_wdt_feed(&wdt);   // 喂狗
14       }
15   }
```

上述程序在正常运行过程中,LED 闪烁,看门狗每隔 500 ms 喂狗一次,不会超时复位。若 LED 闪烁程序出现异常(LED 翻转程序或延时程序存在异常),则看门狗得不到喂狗,系统将在 1 s 超时后复位。该程序仅用于展示看门狗的使用方法,实际应用中,LED 闪烁不太可能出现异常,应用程序往往也会比 LED 闪烁复杂得多。

得益于 AWorks 对看门狗很好的抽象,应用程序可以使用多个看门狗,每个看门狗监控一个模块,使各个模块之间相互独立,互不影响。例如,在程序清单 7.64 的基础上,应用程序还需实现 ADC 采集(假定使用异步采集),为了避免 ADC 采集出现异常,可以再增加一个看门狗用于监控 ADC 采集的运行状态,范例程序详见程序清单 7.65。

程序清单 7.65　看门狗应用——使用多个看门狗

```
1    #include "aworks.h"
2    #include "aw_delay.h"
3    #include "aw_wdt.h"
4    #include "aw_adc.h"
5    #include "aw_led.h"
6
7    static aw_adc_client_t      __g_client;
8    static aw_adc_buf_desc_t    __g_buf_desc;
9    static uint16_t             __g_buf [100];  //大小为 100 的缓存,12 位 ADC 使用
                                                 //uint16_t 类型
10
11   static struct awbl_wdt      __g_wdt_led;
12   static struct awbl_wdt      __g_wdt_adc;
```

```
13
14    static void __buf_complete (void * p_cookie, aw_err_t state)
15    {
16        // 处理 __g_buf 中的 100 个采样值数据
17
18        aw_wdt_feed(&__g_wdt_adc);                     // 喂狗
19        aw_adc_client_start(&__g_client, &__g_buf_desc, 1, 1);  // 再次启动 ADC 采集
20    }
21
22    int aw_main (void)
23    {
24        aw_wdt_add(&__g_wdt_led, 1000);
                                        // 添加一个看门狗,超时时间为 1 s,用于监控 LED 翻转
25        aw_wdt_add(&__g_wdt_adc, 2000);
                                        // 添加一个看门狗,超时时间为 2 s,用于监控 ADC 采集
26
27        aw_adc_client_init(&__g_client, 0, FALSE);
28        aw_adc_mkbufdesc(&__g_buf_desc, __g_buf, 100, __buf_complete, NULL);
29        aw_adc_client_start(&__g_client, &__g_buf_desc, 1, 1);   // 启动 ADC 采集
30
31        while (1) {
32            aw_led_toggle(0);
33            aw_mdelay(500);
34            aw_wdt_feed(&__g_wdt_led);
35        }
36    }
```

程序中针对 ADC 采集新增了一个看门狗。在 aw_main()中,为 ADC 采集添加了一个超时时间为 2 s 的看门狗,并启动了一次 ADC 采集,采集完成后会自动调用 __buf_complete 回调函数,通知用户对采样值进行处理;在回调函数中,对看门狗进行了喂狗操作,紧接着又启动了下一次转换,如此形成一种周期性转换。程序中假定了 ADC 采样 100 次的时间在 2 s 内(可以通过 ADC 采样率计算 100 次采样的真实时间),若 ADC 采集程序出现问题,2 s 时间内未完成采集(未调用回调函数),则看门狗超时,系统复位。

上述范例程序展示了如何同时使用 2 个看门狗,实际上,AWorks 支持多任务管理(第 10 章将详细介绍),在实际项目中往往会存在多个任务,此时,可以为一些关键任务设定一个看门狗,只要有关键任务运行异常,就可以通过看门狗复位,避免应用程序卡死。

第8章 时间管理

本章导读

在实际应用中，时间管理往往是必不可少的。例如，定时完成某件事情、周期性地触发某一动作、测量评估程序运行时间等。AWorks 提供了一系列与时间相关的服务，包括标准时间和定时器等，用户可以据此实现灵活的与时间相关应用。

8.1 时间的表示形式

在 AWorks 中，时间有 3 种表示形式：细分时间、日历时间和精确日历时间。

8.1.1 细分时间

细分时间包含年、月、日、时、分、秒等信息。在 AWorks 中，细分时间使用 aw_tm_t 类型表示，该类型的具体定义详见程序清单 8.1。

程序清单 8.1 细分时间类型定义(aw_time.h)

```
1    typedef struct aw_tm {
2        int     tm_sec;                    // 秒,0～59
3        int     tm_min;                    // 分,0～59
4        int     tm_hour;                   // 小时,0～23
5        int     tm_mday;                   // 日期,1～31
6        int     tm_mon;                    // 月份,0～11
7        int     tm_year;                   // 年
8        int     tm_wday;                   // 星期
9        int     tm_yday;                   // 天数
10       int     tm_isdst;                  // 夏令时
11   } aw_tm_t;
```

其中，tm_sec 表示秒，有效值为 0～59；tm_min 表示分，有效值为 0～59；tm_hour 表示小时，有效值为 0～23；tm_mday 表示日期，有效值为 1～31；tm_mon 表示月份，有效值为 0～11，分别对应 1～12 月，即实际月份为该值加上 1；tm_year 表示 1900 年至今的年数，实际年为该值加上 1 900；tm_wday 表示星期，0～6 分别对应星期日～星期六；tm_yday 表示该年 1 月 1 日至今的天数(0～365)，0 对应 1 月 1 日；

tm_isdst 表示是否使用夏令时,若 tm_isdst 为正,则夏令时有效,系统会在夏季将时间调快 1 小时,若 tm_isdst 为 0 或负数,表示不使用夏令时。现在一般不使用夏令时,tm_isdst 设置为-1 即可。

夏令时(Daylight Saving Time:DST)是一种为节约能源而人为规定地方时间的制度,在这一制度实行期间所采用的统一时间称为“夏令时间”。一般在天亮早的夏季人为将时间提前 1 小时,可以使人早起早睡,从而节约照明用电。每个采用夏时制的国家具体规定不同。目前,全世界有近 110 个国家每年要实行夏令时。我国在 1986 年至 1991 年实行了 6 年的夏令时,每年从 4 月中旬的第一个星期日 2 时整(北京时间)到 9 月中旬第一个星期日的凌晨 2 时整(北京夏令时)。在夏令时实施期间将时间调快 1 小时。1992 年 4 月 5 日后不再实行。

例如,当前时间是 2016 年 8 月 26 日 09:32:30,则可以定义如下细分时间:

```
1       aw_tm_t tm ={
2       30,                   // 30 秒
3       32,                   // 32 分
4       9,                    // 09 时
5       26,                   // 26 日
6       8 - 1,                // 08 月
7       2016 - 1900,          // 2016 年
8       0,                    // 星期(无需设置)
9       0,                    // 一年中的天数(无需设置)
10      -1                    // 夏令时不可用
11  };
```

一般地,星期(tm_wday)和一年中的天数(tm_yday)两个成员的值无需用户手动设置,这些值是在获取细分时间时,反馈给用户的信息。

8.1.2 日历时间

日历时间表示从 1970 年 1 月 1 日 00:00:00 开始至当前时刻经历的秒数。在 AWorks 中,日历时间使用 aw_time_t 类型表示,该类型定义如下(aw_time.h):

```
typedef time_t aw_time_t;
```

例如,当前时间是 2016 年 8 月 26 日 09:32:30,从 1970 年 1 月 1 日 00:00:00 以来的秒数为 1 472 203 950,则可以定义如下日历时间:

```
aw_time_t time = 1472203950;
```

实际中,用户往往并不需要直接计算秒数,而是通过 AWorks 提供的相关接口,将细分时间转换为日历时间,以得到某一细分时间对应的日历时间。

8.1.3 精确日历时间

日历时间精度为秒，精确日历时间的精度可以达到纳秒，精确日历时间在日历时间的基础上，增加了一个纳秒计数器。在 AWorks 中，精确日历时间使用 aw_timespec_t 类型表示，该类型定义如下(aw_time.h)：

```
typedef struct aw_timespec {
    aw_time_t      tv_sec;              // 秒值
    unsigned long  tv_nsec;             // 纳秒值
} aw_timespec_t;
```

其中，tv_sec 是秒值；tv_nsec 是纳秒计数值。纳秒计数值从 0 开始计数，当纳秒计数值达到 1 000 000 000 时，秒值加 1，同时，纳秒计数值复位为 0，重新开始计数。

8.1.4 细分时间与日历时间的相互转换

为了便于用户使用，AWorks 提供了两个接口函数，用于细分时间和日历时间的相互转换。相关函数的原型如表 8.1 所列。

表 8.1 时间转换接口函数(aw_time.h)

函数原型	功能简介
aw_err_t aw_tm_to_time (aw_tm_t * p_tm, aw_time_t * p_time);	细分时间转换为日历时间
aw_err_t aw_time_to_tm (aw_time_t * p_time, aw_tm_t * p_tm);	日历时间转换为细分时间

1. 细分时间转换为日历时间

该函数用于将细分时间转换为日历时间，其函数原型为：

```
aw_err_t aw_tm_to_time (aw_tm_t * p_tm, aw_time_t * p_time);
```

其中，p_tm 为输入参数，指向待转换的细分时间；p_time 为输出参数，用于输出转换的结果(日历时间)。函数返回值为标准的错误号，返回 AW_OK 时表示转换成功，其他值表示转换失败。将细分时间(2016 年 8 月 26 日 09:32:30)转换为日历时间的范例程序详见程序清单 8.2。

程序清单 8.2 细分时间转换为日历时间范例程序

```
1    #include "aworks.h"
2    #include "aw_delay.h"
3    #include "aw_vdebug.h"
4    #include "aw_time.h"
5
6    int aw_main()
7    {
```

```
8       aw_tm_t tm ={
9           30,                                     // 30 秒
10          32,                                     // 32 分
11          9,                                      // 09 时
12          26,                                     // 26 日
13          8 - 1,                                  // 08 月
14          2016 - 1900,                            // 2016 年
15          0,                                      // 星期(无需设置)
16          0,                                      // 一年中的天数(无需设置)
17          -1                                      // 夏令时不可用
18      };
19
20      aw_time_t     time = 0;
21
22      aw_tm_to_time(&tm, &time);
23      aw_kprintf("The time is : %d \r\n", time);
24
25      while(1) {
26          aw_mdelay(1000);
27      }
28  }
```

运行程序,可以得到转换的结果为:1 472 203 950。

2. 日历时间转换为细分时间

该函数用于将日历时间转换为细分时间,其函数原型为:

```
aw_err_t aw_time_to_tm (aw_time_t *p_time, aw_tm_t *p_tm);
```

其中,p_time 为输入参数,指向待转换的日历时间;p_tm 为输出参数,用于输出转换的结果(细分时间)。函数返回值为标准的错误号,返回 AW_OK 时表示转换成功,其他值表示转换失败。将日历时间 1 472 203 950 转换为细分时间的范例程序详见程序清单 8.3。

程序清单 8.3 日历时间转换为细分时间范例程序

```
1   #include "aworks.h"
2   #include "aw_delay.h"
3   #include "aw_vdebug.h"
4   #include "aw_time.h"
5
6   int aw_main()
7   {
8       aw_time_t  time = 1472203950;
```

```
9          aw_tm_t   tm;
10
11         aw_time_to_tm(&time, &tm);
12
13         aw_kprintf("The tm is : %04d-%02d-%02d %02d:%02d:%02d \r\n",
14                                tm.tm_year + 1900,  tm.tm_mon + 1,  tm.tm_mday,
15                                tm.tm_hour,         tm.tm_min,      tm.tm_sec);
16         while(1) {
17             aw_mdelay(1000);
18         }
19     }
```

运行程序,可以得到转换的结果为:2016-08-26 09:32:30。

8.2 RTC 通用接口

RTC(Real-Time Clock)设备是能够提供基本时钟服务的设备。一个系统中若存在 RTC 设备,则可以使用 RTC 通用接口从 RTC 设备中获取到年、月、日、时、分、秒等基本的时间信息。一般地,为了修正时间值,往往还可以设置 RTC 设备当前的时间值。

通常情况下,在硬件设计上,都会为 RTC 设备分配一个独立的后备电源(如电池),当系统主电源掉电后,RTC 设备仍然能够继续正确运行,使得时间信息一直保持有效。

RTC 通用接口包含获取时间和设置时间的接口,相关接口的函数原型如表 8.2 所列。

表 8.2 RTC 通用接口函数(aw_rtc.h)

函数原型	功能简介
aw_err_taw_rtc_time_get (int rtc_id, aw_tm_t * p_tm);	获取时间
aw_err_taw_rtc_time_set (int rtc_id, aw_tm_t * p_tm);	设置时间

1. 获取时间

该函数用于获取 RTC 器件当前的时间值,其函数原型为:

```
aw_err_t aw_rtc_time_get (int rtc_id, aw_tm_t * p_tm);
```

其中,rtc_id 表示 RTC 设备的编号,系统为每个 RTC 设备都分配了一个唯一的 ID,通常都是从 0 开始顺序为各个 RTC 设备编号。例如,i.MX28x 片内具有 RTC 外设,其可以作为一个 RTC 设备使用,若还使用 I^2C 总线外接了 PCF85063 器件,则系统中将新增一个 RTC 设备,此时,系统中共有 2 个 RTC 设备,它们的编号分别为 0、1。p_tm 为指向细分时间的指针,其为输出参数,用以返回获取到的时间值,返回值为标准的错误号,返回 AW_OK 时表示获取成功,否则表示获取失败,失败的原因可能是该 rtc_id 对应的设备不存在。

从 RTC 设备(假定 ID 为 0)中获取当前时间的范例程序详见程序清单 8.4。

程序清单 8.4 获取 RTC 设备时间的范例程序

```
1     #include "aworks.h"
2     #include "aw_delay.h"
3     #include "aw_vdebug.h"
4     #include "aw_rtc.h"
5
6     int aw_main()
7     {
8         aw_tm_t  tm;
9
10        while(1) {
11            aw_rtc_time_get(0, &tm);
12            aw_kprintf("The tm is : %04d-%02d-%02d %02d:%02d:%02d \r\n",
13                        tm.tm_year + 1900,  tm.tm_mon + 1,  tm.tm_mday,
14                        tm.tm_hour,         tm.tm_min,      tm.tm_sec);
15            aw_mdelay(1000);
16        }
17    }
```

2. 设置时间

该函数用于设置 RTC 器件当前的时间值,其函数原型为:

```
aw_err_t aw_rtc_time_set (int rtc_id, aw_tm_t *p_tm);
```

其中,rtc_id 表示 RTC 设备的编号;p_tm 为指向细分时间的指针。返回值为标准的错误号,若返回 AW_OK 则表示设置成功;否则,表示设置失败。

修改 RTC 设备(假定 ID 为 0)时间为 2016-08-26 09:32:30 的范例程序详见程序清单 8.5。

程序清单 8.5 设置 RTC 设备时间的范例程序

```
1     #include "aworks.h"
2     #include "aw_delay.h"
3     #include "aw_vdebug.h"
4     #include "aw_rtc.h"
5
6     int aw_main()
7     {
8       aw_tm_t tm ={
```

```
9             30,                         // 30 秒
10            32,                         // 32 分
11            9,                          // 09 时
12            26,                         // 26 日
13            8 - 1,                      // 08 月
14            2016 - 1900,                // 2016 年
15            0,                          // 星期(无需设置)
16            0,                          // 一年中的天数(无需设置)
17            -1                          // 夏令时不可用
18        };
19
20        aw_rtc_time_set(0, &tm);
21
22        while(1) {
23            aw_rtc_time_get(0, &tm);
24            aw_kprintf("The tm is : %04d-%02d-%02d %02d:%02d:%02d \r\n",
25                                 tm.tm_year + 1900,  tm.tm_mon + 1,  tm.tm_mday,
26                                 tm.tm_hour,         tm.tm_min,      tm.tm_sec);
27            aw_mdelay(1000);
28        }
29    }
```

8.3 系统时间

在使用 RTC 通用接口获取或设置时间时，必须通过 rtc_id 指定一个 RTC 器件，略显烦琐，并且在绝大多数应用中，在获取时间值时，可能并不关心时间是从哪个 RTC 设备中获取到的。为了使应用程序在使用时间服务时更加便捷，AWorks 提供了一个统一的系统时间，用户可以实时获取系统时间，必要时，也可以修改系统时间。

8.3.1 获取系统时间

根据系统时间表示形式的不同，可以有 3 种获取系统时间的方式：细分时间、日历时间和精确日历时间。相关函数的原型如表 8.3 所列。

表 8.3 获取系统时间接口函数(aw_time.h)

函数原型	功能简介
aw_err_t aw_tm_get (aw_tm_t * p_tv);	获取细分时间
aw_time_t aw_time(aw_time_t * p_time);	获取日历时间
aw_err_t aw_timespec_get(struct aw_timespec * p_tv);	获取精确日历时间

1. 获取细分时间

该函数以细分时间的形式获取当前的系统时间,其函数原型为:

```
aw_err_t aw_tm_get (aw_tm_t * p_tv);
```

其中,p_tv 为指向细分时间的指针,用于获取细分时间。函数返回值为标准的错误号,若返回 AW_OK 则表示获取成功,其他值表示获取失败。范例程序详见程序清单 8.6。

程序清单 8.6　获取细分时间范例程序

```
1     #include "aworks.h"
2     #include "aw_delay.h"
3     #include "aw_vdebug.h"
4     #include "aw_time.h"
5
6     int aw_main()
7     {
8         aw_tm_t  tm;
9
10        while(1) {
11            aw_tm_get(&tm);
12            aw_kprintf("The tm is : %04d-%02d-%02d %02d:%02d:%02d \r\n",
13                                  tm.tm_year + 1900,  tm.tm_mon + 1,  tm.tm_mday,
14                                  tm.tm_hour,         tm.tm_min,      tm.tm_sec);
15            aw_mdelay(1000);
16        }
17    }
```

程序中,每隔 1 s 打印一次当前的时间值。初始时,若未对时间作任何设置,则系统时间默认为:1970-01-01 00:00:00。

2. 获取日历时间

该函数以日历时间的形式获取当前的系统时间,其函数原型为:

```
aw_time_t aw_time(aw_time_t * p_time);
```

其中,p_time 为指向日历时间的指针,用于获取日历时间,不需要通过参数获取日历时间时,该值可以为 NULL。返回值同样为日历时间,特别地,若返回值为-1,则表明获取失败。由此可见,既可以通过参数获得日历时间,也可以通过返回值获得日历时间。

通过参数获得日历时间的范例程序详见程序清单 8.7。

程序清单 8.7　通过参数获得日历时间范例程序

```
1    #include "aworks.h"
2    #include "aw_delay.h"
3    #include "aw_vdebug.h"
4    #include "aw_time.h"
5
6    int aw_main()
7    {
8        aw_time_t  time;
9
10       while(1) {
11           aw_time(&time);
12           aw_kprintf("The time is : %d\r\n", time);
13           aw_mdelay(1000);
14       }
15   }
```

程序中，每隔 1 s 打印一次当前的日历时间值。初始时，若未对时间作任何设置，则系统的日历时间默认为 0(即起始时间为:1970－01－01 00:00:00)。

也可以直接通过返回值获取日历时间，范例程序详见程序清单 8.8。

程序清单 8.8　通过返回值获取日历时间范例程序

```
1    #include "aworks.h"
2    #include "aw_delay.h"
3    #include "aw_vdebug.h"
4    #include "aw_time.h"
5
6    int aw_main()
7    {
8        while(1) {
9            aw_kprintf("The time is : %d\r\n", aw_time(NULL));
10           aw_mdelay(1000);
11       }
12   }
```

3. 获取精确日历时间

该函数以精确日历时间的形式获取当前的系统时间，其函数原型为：

```
aw_err_t aw_timespec_get(struct aw_timespec *p_tv);
```

其中，p_tv 为指向精确日历时间的指针，用于获取精确日历时间。函数返回值为标准的错误号，若返回 AW_OK 则表示获取成功，其他值表示获取失败。范例程序详见程序清单 8.9。

程序清单 8.9　获取精确日历时间范例程序

```
1    #include "aworks.h"
2    #include "aw_delay.h"
3    #include "aw_vdebug.h"
4    #include "aw_time.h"
5
6    int aw_main()
7    {
8        aw_timespec_t  tv;
9
10       while(1) {
11           aw_timespec_get(&tv);
12           aw_kprintf("The time is : %d: %d\r\n", tv.tv_sec, tv.tv_nsec);
13           aw_mdelay(50);
14       }
15   }
```

实际中,由于硬件性能的限制,往往并不能每纳秒都更新一次纳秒计数值。不同平台实际纳秒计数值更新的快慢是不同的。例如,可能每隔 2 ms 才更新一次纳秒计数值,使纳秒计数值每次增加 2 000 000。

基于精确日历时间,可以完成一些需要精度高于秒的应用,例如,在用于运动员计时的秒表中,精度往往需要达到 0.1～0.01 s。

8.3.2　设置系统时间

当系统时间不准确,或需要对系统时间进行初始设置时,可以通过接口函数重新设置系统时间的值,以便系统时间准确运行。根据不同的时间表示形式,有 2 种设置系统时间的方式:使用细分时间设置系统时间,使用精确日历时间设置系统时间。相关接口的函数原型如表 8.4 所列。

表 8.4　设置系统时间接口函数(aw_time.h)

函数原型	功能简介
aw_err_t aw_tm_set (aw_tm_t * p_tm);	使用细分时间设置系统时间
aw_err_t aw_timespec_set(struct aw_timespec * p_tv);	使用精确日历时间设置系统时间

1. 使用细分时间设置系统时间

该函数用于使用细分时间的形式设置系统时间,其函数原型为:

```
aw_err_t aw_tm_set (aw_tm_t * p_tm);
```

其中,p_tm 为指向细分时间(待设置的时间值)的指针。函数返回值为标准的错误号,若返回 AW_OK 则表示设置成功,其他值表示设置失败。特别注意,当使用细分时间设置时间值时,细分时间的成员 tm_wday、tm_yday 无需用户设置,将在调用设置函数后自动更新。

设置当前时间为 2016-08-26 09:32:30 的范例程序详见程序清单 8.10。

程序清单 8.10　使用细分时间设置系统时间范例程序

```
1    #include "aworks.h"
2    #include "aw_delay.h"
3    #include "aw_vdebug.h"
4    #include "aw_time.h"
5
6    int aw_main()
7    {
8        aw_tm_t tm ={
9            30,                                 // 30 秒
10           32,                                 // 32 分
11           9,                                  // 09 时
12           26,                                 // 26 日
13           8 - 1,                              // 08 月
14           2016 - 1900,                        // 2016 年
15           0,                                  // 星期(无需设置)
16           0,                                  // 一年中的天数(无需设置)
17           -1                                  // 夏令时不可用
18       };
19       aw_tm_set(&tm);                         // 设置时间
20       while(1) {
21           aw_kprintf("The tm is : %04d-%02d-%02d %02d:%02d:%02d \r\n",
22                      tm.tm_year + 1900,  tm.tm_mon + 1,  tm.tm_mday,
23                      tm.tm_hour,         tm.tm_min,      tm.tm_sec);
24
25           aw_mdelay(1000);
26       }
27   }
```

程序中,将时间设置为 2016 年 8 月 26 日 09:32:30。并在 while(1)主循环中,每隔 1 s 打印一次当前的系统时间。

2. 使用精确日历时间设置系统时间

该函数用于使用精确日历时间的形式设置系统时间,其函数原型为:

```
aw_err_t aw_timespec_set(struct aw_timespec *p_tv);
```

其中,p_tv 为指向精确日历时间(待设置的时间值)的指针。函数返回值为标准的错误号,若返回 AW_OK 则表示设置成功,其他值表示设置失败。范例程序详见程序清单 8.11。

程序清单 8.11 使用精确日历时间设置系统时间范例程序

```
1   #include "aworks.h"
2   #include "aw_delay.h"
3   #include "aw_vdebug.h"
4   #include "aw_time.h"
5
6   int aw_main()
7   {
8       aw_timespec_t  tv ={1472203950, 0};
9       aw_tm_t        tm;
10
11      aw_timespec_set(&tv);
12
13      while(1) {
14          aw_tm_get(&tm);
15          aw_kprintf("The tm is : %04d-%02d-%02d %02d:%02d:%02d \r\n",
16                         tm.tm_year + 1900,  tm.tm_mon + 1,  tm.tm_mday,
17                         tm.tm_hour,         tm.tm_min,      tm.tm_sec);
18          aw_mdelay(1000);
19      }
20  }
```

程序中,将精确日历时间的秒值设置为 1 472 203 950,该值是从 1970 年 1 月 1 日 0 时 0 分 0 秒至 2016 年 8 月 26 日 09 时 32 分 30 秒的秒数,即将时间设置为 2016 年 8 月 26 日 09 时 32 分 30 秒。在 while(1)主循环中,每隔 1 s 按照细分时间的格式打印一次当前的系统时间,用以验证设置的结果。

通常情况下,不会这样设置时间值,而是采用细分时间的方式设置时间值,因为细分时间更加容易阅读和理解。但是,在一些应用场合,使用日历时间将是一种更优的选择,例如,需要通过远程传输时间值来更新本地的时间值,显然,日历时间的长度要远远小于细分时间的长度,这种情况下,在通信过程中,传输日历时间比传输细分时间更节省通信数据量,可以节省一定的带宽。

8.4 系统节拍

系统节拍相当于系统的“心脏”,系统节拍的频率即为“心脏”跳动的频率,每次“跳动”,系统节拍计数器加 1,并处理系统相关的事务。例如,在系统中,可以存在多个软件定时器(下节将详细介绍),在每个系统节拍产生时,系统将自动检查所有的软件定时器,将它们的定时节拍数减 1,当减至 0 时,表明定时器的定时时间到。在

AWorks 中，很多事物的处理都是基于系统节拍的，因而往往将系统节拍看作系统的“心脏”。系统节拍相关接口的函数原型如表 8.5 所列。

表 8.5　系统节拍接口(aw_system.h)

函数原型	功能简介
unsigned long aw_sys_clkrate_get (void)；	获取系统节拍频率
aw_tick_t aw_sys_tick_get (void)；	获取系统当前的节拍计数值
aw_tick_taw_sys_tick_diff(aw_tick_t t0, aw_tick_t t1)；	计算两个时刻的节拍计数值的差值
unsigned int aw_ticks_to_ms (aw_tick_t ticks)；	系统节拍个数转换为时间
aw_tick_t　aw_ms_to_ticks (unsigned int ms)；	时间(毫秒)转换为系统节拍个数

1. 获取系统节拍频率

一个系统节拍对应的实际时间与系统节拍的频率相关。系统节拍频率越高，系统相关的事务处理越频繁，实时性越好，但单位时间内，系统本身占用 CPU 的时间越长，对应的，用户能够使用 CPU 的时间也就越短。反之，系统节拍频率越低，系统相关的事物处理越缓慢，实时性越差，但单位时间内，系统本身占用 CPU 的时间越短，对应的，用户能够使用 CPU 的时间也就越长。因此，系统节拍的频率不能太高，也不能太低，需要设置为一个合理的值，通常在几 Hz 到几 kHz 之间。

系统实际使用的节拍频率可以通过该函数获得，其函数原型为：

```
unsigned long aw_sys_clkrate_get (void);
```

函数返回值即为系统节拍频率，例如，返回值为 1 000，表示节拍频率为 1 kHz，则每个节拍对应的时间为 1 ms。获取并打印当前系统节拍频率的范例程序详见程序清单 8.12。

程序清单 8.12　获取系统节拍频率的范例程序

```
1     #include "aworks.h"
2     #include "aw_delay.h"
3     #include "aw_vdebug.h"
4     #include "aw_system.h"
5
6     int aw_main()
7     {
8         unsigned long rate = aw_sys_clkrate_get();
9         aw_kprintf("The system clkrate is : %d Hz \r\n", rate);
10        while(1) {
11            aw_mdelay(1000);
12        }
13    }
```

2. 获取系统当前的节拍计数值

系统中存在一个系统节拍计数器，初始值为0，系统启动后，其值会在每个系统节拍加1。可以通过该函数在任意时刻获取当前系统节拍的计数值，其函数原型为：

```
aw_tick_t aw_sys_tick_get (void);
```

函数返回值即为当前系统节拍计数器的值。aw_tick_t为一个无符号整数类型，其位数与具体平台相关，在32位系统中，其往往定义为32位。

系统节拍计数值可以用来计算一段程序运行的时间，如在程序运行前，使用该函数获取一个系统节拍计数值，在程序运行结束后，再使用该函数获取一个系统节拍计数值。它们的差值即为程序运行所消耗的系统节拍个数，再由系统节拍频率可以知道每个节拍对应的时间，从而得到程序运行所耗费的时间。范例程序详见程序清单8.13。

程序清单8.13　获取系统节拍计数值的范例程序

```
1     #include "aworks.h"
2     #include "aw_delay.h"
3     #include "aw_vdebug.h"
4     #include "aw_system.h"
5
6     int aw_main()
7     {
8         volatile unsigned int i;
9         aw_tick_t t0, t1;
10        unsigned long rate = aw_sys_clkrate_get();
11
12        t0 = aw_sys_tick_get();
13        for (i = 0; i < 1000000; i++) {
14            ;
15        }
16        t1 = aw_sys_tick_get();
17
18          aw_kprintf("tick used = %d, time = %d ms",
19                     t1 - t0,
20                     (t1 - t0) * 1000 / rate); // 乘以1 000,将时间的单位转换为ms
21        while(1) {
22            aw_mdelay(1000);
23        }
24    }
```

程序中，作为演示，测量的是一个执行1 000 000次空语句的for循环程序段的时间。t1与t0的差值即为for循环程序段耗费的系统节拍数，同时，系统节拍频率的倒数为每个节拍对应的时间(秒),程序中,将时间值扩大了1 000倍,即将时间值的单位转换为了毫秒。

程序中,节拍差值和对应的时间都通过手动计算,实际中,为了方便用户使用,AWorks提供了相关操作对应的接口函数。

3. 计算两个时刻的节拍计数值的差值

该函数用于计算两个时刻的节拍计数值的差值,以计算某一程序段所耗费的时间节拍数,其函数原型为:

```
aw_tick_t aw_sys_tick_diff(aw_tick_t  t0, aw_tick_t  t1);
```

其中,t0为某一程序段开始时刻的系统节拍计数值;t1为对应程序段结束时的系统节拍计数值;返回值即为两个系统节拍计数值的差值。例如,可以优化程序清单8.13中计算节拍差值的语句,改由通过该接口实现,范例程序详见程序清单8.14。

程序清单 8.14 计算节拍差值的范例程序

```
1    #include "aworks.h"
2    #include "aw_delay.h"
3    #include "aw_vdebug.h"
4    #include "aw_system.h"
5
6    int aw_main()
7    {
8        volatile unsigned int i;
9        aw_tick_t            t0,t1;
10       unsigned long rate = aw_sys_clkrate_get();
11
12       t0 = aw_sys_tick_get();
13       for (i = 0; i < 1000000; i++) {
14           ;
15       }
16       t1 = aw_sys_tick_get();
17
18       aw_kprintf("tick used = %d, time = %d ms",
19                  aw_sys_tick_diff(t0, t1),
20                  aw_sys_tick_diff(t0, t1) * 1000 / rate);
                                        // 乘以 1 000,将时间的单位转换为 ms
21       while(1) {
22           aw_mdelay(1000);
23       }
24   }
```

4. 系统节拍个数转换为时间

在上面的例子中，将系统节拍个数转换为时间较为烦琐，需要获取系统节拍的频率，然后进行相关的换算。为了便于用户使用，AWorks提供了直接将系统节拍值转换为时间(单位：毫秒)的接口，其函数原型为：

```
unsigned int aw_ticks_to_ms (aw_tick_t ticks);
```

其中，ticks为系统节拍个数；返回值为转换的时间结果(单位：毫秒)。如优化程序清单8.14中计算时间的语句，改由通过接口实现，范例程序详见程序清单8.15。

程序清单8.15　计算节拍值对应时间的范例程序

```
1    #include "aworks.h"
2    #include "aw_delay.h"
3    #include "aw_vdebug.h"
4    #include "aw_system.h"
5
6    int aw_main()
7    {
8        volatile unsigned int i;
9        aw_tick_t            t0, t1;
10       t0 = aw_sys_tick_get();
11       for (i = 0; i < 1000000; i++) {
12           ;
13       }
14       t1 = aw_sys_tick_get();
15       aw_kprintf("tick used = %d, time = %d ms",
16                  aw_sys_tick_diff(t0, t1),
17                  aw_ticks_to_ms(aw_sys_tick_diff(t0, t1)));
18       while(1) {
19           aw_mdelay(1000);
20       }
21   }
```

5. 时间转换为系统节拍个数

与将系统节拍个数转换为时间对应，AWorks提供了用于将时间(单位：毫秒)转换为系统节拍个数的接口，其函数原型为：

```
aw_tick_t  aw_ms_to_ticks (unsigned int ms);
```

其中，ms是待转换的时间(单位：毫秒)；返回值为转换的结果(系统节拍个数)。将500 ms时间转换为系统节拍个数的范例程序详见程序清单8.16。

程序清单 8.16 计算时间对应节拍个数的范例程序

```
1     #include "aworks.h"
2     #include "aw_delay.h"
3     #include "aw_vdebug.h"
4     #include "aw_system.h"
5
6     int aw_main()
7     {
8         aw_kprintf("The ticks is : %d \r\n", aw_ms_to_ticks(500));
9         while(1) {
10            aw_mdelay(1000);
11        }
12    }
```

8.5 软件定时器

当需要定时完成某件事情时，可以使用软件定时器，其可以提供毫秒级别的定时。当定时时间到时，自动通知用户，以便用户处理相关的事务。软件定时器相关接口的函数原型如表 8.6 所列。

表 8.6 软件定时器相关接口(aw_timer.h)

函数原型	功能简介
void aw_timer_init (aw_timer_t *p_timer, aw_pfuncvoid_t p_func, void *p_arg);	初始化软件定时器
void aw_timer_start (aw_timer_t *p_timer, unsigned int ticks);	启动软件定时器
void aw_timer_stop (aw_timer_t *p_timer);	关闭软件定时器

1. 定义软件定时器实例

每个软件定时器对应了一个事务处理，当定时时间到时，需要通知用户，在AWorks中，“通知”是通过回调机制实现的。初始时，用户将一个函数与定时器绑定，当该定时器定时时间到时，将自动回调用户绑定的函数，以此将“定时时间到”的这一事件通知用户。

在使用软件定时器前，必须定义一个软件定时器实例，软件定时器的类型为aw_timer_t，其在aw_timer.h文件中定义，具体类型的定义用户无需关心，仅需使用该类型定义软件定时器实例，即

```
aw_timer_t  timer;                    // 定义一个软件定时器
```

其中,timer 的地址可作为软件定时器相关接口中 p_timer 参数的实参传递。

此外,系统中可以有多个软件定时器,每个定时器可以有不同的定时时间,以对应多种不同的事务处理。若需使用 3 个软件定时器分别用于定时 1 s、1.5 s、2.5 s,则可以定义 3 个软件定时器实例,如下:

```
aw_timer_t          timer0;                    // 定义软件定时器 timer0
aw_timer_t          timer1;                    // 定义软件定时器 timer1
aw_timer_t          timer2;                    // 定义软件定时器 timer2
```

2. 初始化软件定时器

该函数用于将指定的函数与软件定时器绑定(注册),保存在定时器实例中,当定时时间到时,自动回调此处绑定的函数,即注册回调函数机制。初始化函数的原型为:

```
void aw_timer_init (aw_timer_t * p_timer, aw_pfuncvoid_t p_func, void * p_arg);
```

其中,p_timer 为指向软件定时器实例的指针;p_func 指向需与定时器绑定的回调函数。当定时时间到时,系统将自动调用 p_func 指向的函数,回调函数的类型为 aw_pfuncvoid_t,它是在 aw_types.h 文件中定义的函数指针类型,具体定义如下:

```
typedef void ( * aw_pfuncvoid_t) (void * );
```

由此可见,p_func 指向的函数类型是无返回值的、具有一个 void * 类型参数的函数。

初始化函数的 p_arg 形参即为用户自定义的参数,当定时时间到调用回调函数时,会将此处设置的 p_arg 作为参数传递给回调函数,如果不使用此参数,则设置为 NULL。

初始化一个软件定时器的范例程序详见程序清单 8.17。

程序清单 8.17　初始化软件定时器范例程序

```
1      #include "aworks.h"
2      #include "aw_delay.h"
3      #include "aw_timer.h"
4
5      static   aw_timer_t   __g_my_timer;                    // 定义一个软件定时器实例
6
7      static void __timer_callback (void * p_arg)
8      {
9          // 定时时间到,调用回调函数,执行用户自定义的任务
10     }
11
12     int aw_main()
```

```
13  {
14      aw_timer_init(&__g_my_timer, __timer_callback, NULL);     // 初始化定时器
15      while(1) {
16          aw_mdelay(1000);
17      }
18  }
```

3. 启动软件定时器

完成定时器的初始化后,可以设置定时时间(时间单位:系统节拍)并启动定时器开始工作。启动定时器后,系统在每个系统节拍将软件定时器的节拍值减1,当减到0时,表明定时时间到,将自动调用初始化时注册的回调函数。启动软件定时器的函数原型为:

```
void aw_timer_start (aw_timer_t * p_timer, unsigned int ticks);
```

其中,p_timer 指向软件定时器实例;ticks 为定时的节拍数。启动 500 ms 定时的范例程序详见程序清单 8.18。

程序清单 8.18 启动软件定时器范例程序

```
1   #include "aworks.h"
2   #include "aw_delay.h"
3   #include "aw_timer.h"
4   #include "aw_led.h"
5   #include "aw_system.h"
6
7   static  aw_timer_t  __g_my_timer;                    // 定义一个软件定时器实例
8
9   static void __timer_callback (void * p_arg)
10  {
11      // 定时时间到,调用回调函数,执行用户自定义的任务
12      aw_led_toggle(0);
13  }
14
15  int aw_main()
16  {
17      aw_timer_init(&__g_my_timer, __timer_callback, NULL);       // 初始化定时器
18      aw_timer_start(&__g_my_timer, aw_ms_to_ticks(500));         // 启动软件定时器
19      while(1) {
20          aw_mdelay(1000);
21      }
22  }
```

注意:默认情况下,启动软件定时器后,仅定时一次,即定时时间到后,调用用户

注册的回调函数，整个定时过程结束。因此，上述程序仅能观察到 500 ms 后 LED 点亮，后续不会再有其他任何现象。

如需再次定时，则必须再次启动软件定时器。特别地，若需周期性的定时，则可以在回调函数执行结束时再次启动软件定时器。例如，需要每隔 500 ms 翻转一次 LED，以实现 LED 闪烁，其范例程序详见程序清单 8.19。

程序清单 8.19　软件定时器周期性定时范例程序

```
1    #include "aworks.h"
2    #include "aw_delay.h"
3    #include "aw_timer.h"
4    #include "aw_led.h"
5    #include "aw_system.h"
6
7    static  aw_timer_t  __g_my_timer;                        // 定义一个软件定时器实例
8
9    static void __timer_callback (void * p_arg)
10   {
11       aw_led_toggle(0);
12       aw_timer_start(&__g_my_timer, aw_ms_to_ticks(500));  // 再次启动软件定时器
13   }
14
15   int aw_main()
16   {
17       aw_timer_init(&__g_my_timer, __timer_callback, NULL);     // 初始化定时器
18       aw_timer_start(&__g_my_timer, aw_ms_to_ticks(500));      // 启动软件定时器
19       while(1) {
20           aw_mdelay(1000);
21       }
22   }
```

4. 关闭软件定时器

当不再需要定时服务时，可以关闭软件定时器，其函数原型为：

```
void aw_timer_stop (aw_timer_t * p_timer);
```

其中，p_timer 指向软件定时器实例，用于指定需要关闭的软件定时器。例如，在程序清单 8.19 的基础上，若需 LED 闪烁 10 s 后自动停止闪烁，则可以在启动软件定时器 10 s 后关闭软件定时器，范例程序详见程序清单 8.20。

程序清单 8.20　关闭软件定时器范例程序

```
1    #include "aworks.h"
2    #include "aw_delay.h"
3    #include "aw_timer.h"
4    #include "aw_led.h"
5    #include "aw_system.h"
6
7    static  aw_timer_t   __g_my_timer;                  // 定义一个软件定时器实例
8
9    static void __timer_callback (void * p_arg)
10   {
11       aw_led_toggle(0);
12       aw_timer_start(&__g_my_timer, aw_ms_to_ticks(500)); // 再次启动软件定时器
13   }
14
15   int aw_main()
16   {
17       aw_timer_init(&__g_my_timer, __timer_callback, NULL);// 初始化定时器
18       aw_timer_start(&__g_my_timer, aw_ms_to_ticks(500)); // 启动软件定时器
19
20       aw_mdelay(10000);                              // 延时 10 s 后关闭软件定时器
21       aw_timer_stop(&__g_my_timer);
22
23       while(1) {
24           aw_mdelay(1000);
25       }
26   }
```

注意：在关闭软件定时器后，若需再次启动，则可以重新调用 aw_timer_start()函数。

第9章

内存管理

✍ **本章导读**

在计算机系统中,数据一般存放在内存中,只有当数据需要参与运算时,才从内存中取出,交由CPU运算,运算结束再将结果存回内存中。这就需要系统为各类数据分配合适的内存空间。

其中,一些数据所需要的内存大小在编译前可以确定,主要有两类:一类是全局变量或静态变量,这些数据在程序的整个生命周期均有效,在编译时就为这些数据分配了固定的内存空间,后续直接使用即可,无需额外的管理;另一类是局部变量,这些数据仅在当前作用域中有效(如函数中),它们需要的内存自动从栈中分配,也无需额外的管理,但需要注意的是,由于这些数据的内存从栈中分配,因此,需要确保应用程序有足够的栈空间,尽量避免定义内存占用较大的局部变量(比如:一个占用数K内存的数组),以避免栈溢出,栈溢出可能会破坏系统关键数据,造成系统崩溃。

另外一些数据所需要的内存大小要在程序运行过程中根据实际情况确定,并不能在编译前确定。例如,可能临时需要1 KB内存空间用于存储远端通过串口发过来的数据。这就要求系统具有对内存空间进行动态管理的能力,当用户需要一段内存空间时,向系统申请,系统选择一段合适的内存空间分配给用户,用户使用完毕后,再释放回系统,以便系统将该段内存空间回收再利用。AWorks提供了两种常见的内存管理方法:堆和内存池。

9.1 堆管理器

堆管理器用于管理一段连续的内存空间,可以在满足系统资源的情况下,根据用户需求分配任意大小的内存块,完全“按需分配”,当用户不再使用分配的内存块时,又可以将内存块释放回堆中供其他应用分配使用。类似于C标准库中的malloc()/free()函数实现的功能。

9.1.1 堆管理器的原理概述

在使用堆管理器前,首先通过一个示例对其原理做简要的介绍,以便用户更加有效地使用堆管理器。例如,使用堆管理器对1 024字节的内存空间进行管理。初始时，所有内存均处于空闲状态，可以将整个内存空间看作一个大的空闲内存块，示意图如图 9.1 所示。

1 024

图 9.1　初始状态——单个空闲内存块

内存分配的策略是：当用户申请一定大小的内存空间时，堆管理器会从第一个空闲内存块开始查找，直到找到一个满足用户需求的空闲内存块（即容量不小于用户请求的内存空间大小），然后从该空闲内存块中分配出用户指定大小的内存空间。

例如，用户向该堆管理器申请 100 字节的内存空间。由于第一个空闲块的容量为 1 024，满足需求，因此可以从中分配 100 字节的内存空间，分配后的内存示意图如图 9.2 所示。

100	924

图 9.2　分配 100 字节——分割为两个内存块

注意：图中阴影表示该块已被分配，否则，表示该块未被分配，处于空闲状态，数字表示该块的容量。

同理，若用户再向该堆管理器连续请求三次内存空间，每次请求的内存空间容量分别为：150 字节、250 字节、200 字节，则分配后的内存示意图如图 9.3 所示。

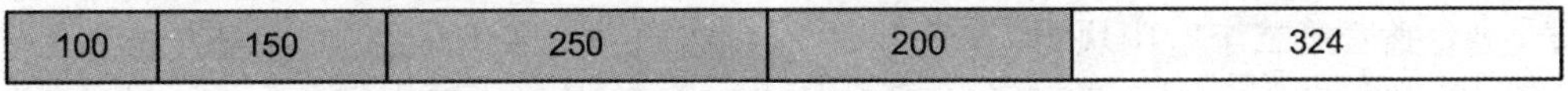

100	150	250	200	324

图 9.3　再分配 150 字节、250 字节、200 字节内存空间——分割为五个内存块

随着分配的继续，内存块可能越来越多。若用户的请求无法满足，则分配会失败，如果在图 9.3 的基础上，用户再请求 400 字节的内存空间，由于仅有的一个空闲块，且容量为 324 字节，无法满足需求，此时，分配会失败，用户无法得到一段有效的内存空间。

当用户申请的某一段内存不再使用时，应该将该内存块释放回堆中，以便回收再利用。回收的策略是：当用户将某一内存块释放回堆中时，首先，将该内存块变为空闲块，若该内存块相邻的内存块也为空闲块，则将它们合并为一个大的空闲内存块。

例如，在图 9.3 的基础上，释放之前分配的 250 字节内存空间，则首先将该内存块变为空闲块，示意图如图 9.4 所示。

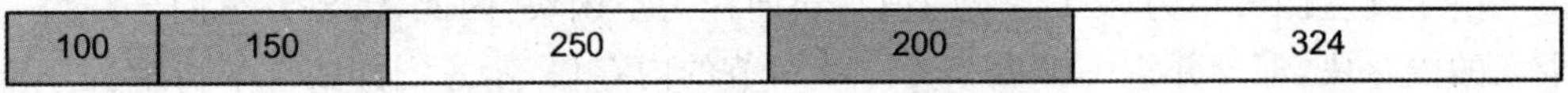

100	150	250	200	324

图 9.4　释放一个内存块——相邻块不为空闲块

由于该内存块前后均不为空闲块，因此，无需做合并操作。此时，释放了 250 字节的空闲空间，堆中共存在 574 字节的内存空间。但是，若用户此时向该堆管理器申请 400 字节的内存空间，由于第一个空闲块和第二个空闲块均不满足需求，因此，内存分配还是会失败。

这里暴露出了一个堆管理器的缺点。频繁地分配和释放大小不一的内存块，将产生诸多内存碎片，即图 9.4 中被已分配的内存块打断的空闲内存块，图中容量为 250 字节和容量为 324 字节的空闲内存块被一个已分配的容量为 200 字节的内存块打断，使得各个空闲块在物理上不连续，无法形成一个大的空闲块。在这种情况下，即使请求的内存空间大小小于当前堆的空闲空间总大小，也可能会由于没有一个大的空闲块而分配失败。

在图 9.4 的基础上，即使再释放掉第一次分配的 100 字节内存空间，使总空闲空间达到 674 字节(见图 9.5)，同样无法满足一个 400 字节内存空间的分配请求。

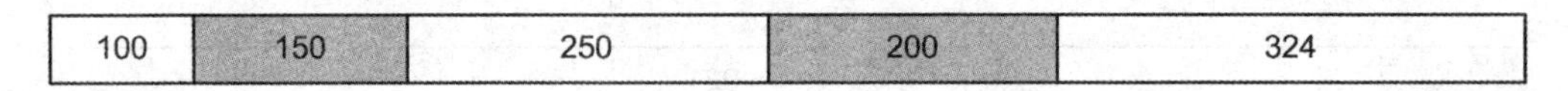

图 9.5　释放容量为 100 字节的内存空间

随着系统中大量内存块的分配和回收，内存碎片将越来越多，一些长时间未被释放的内存块，将始终分割着一些空闲内存块，造成内存碎片。这也告知用户，当不再使用某一内存块时，应尽快释放掉该内存块，以避免造成过多的内存碎片。

在图 9.5 中，有 3 个空闲块，若用户在此基础上再请求一个 280 字节的内存空间，根据分配策略，堆管理器首先查看第一个空闲块，其容量为 100 字节，无法满足需求，接着查看第二个空闲块，其容量为 250 字节，同样无法满足需求，接着查看第三个空闲块，其容量为 324 字节，最终从该块中分配一段空间给用户，分配后的内存示意图如图 9.6 所示。

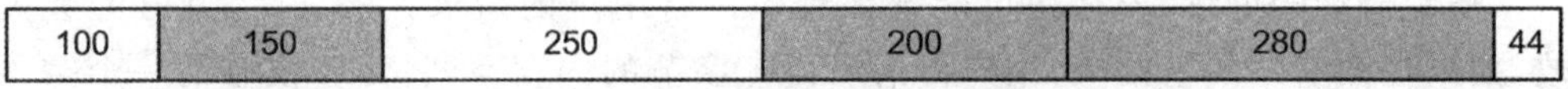

100　150　250　200　280　44

图 9.6　再分配 280 字节的内存空间

在图 9.6 的基础上，若用户再释放 200 字节的内存空间，则首先将其变为空闲块，示意图如图 9.7 所示。

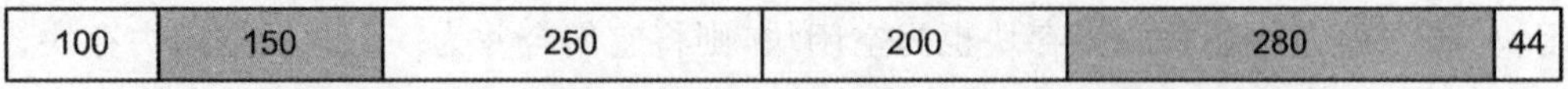

100　150　250　200　280　44

图 9.7　释放 200 字节的内存空间(1)——标记为空闲

由于其左侧大小为 250 字节的内存块同样为空闲块，因此，需要将它们合并为一个大的内存块，即合并为一个大小为 450 字节的内存块，示意图如图 9.8 所示。

此时，由于存在一个大小为 450 字节的空闲块，因此，若此时用户申请 400 字节的内存空间，则可以申请成功。与图 9.5 对比可知，虽然图 9.5 共计有 674 字节的空

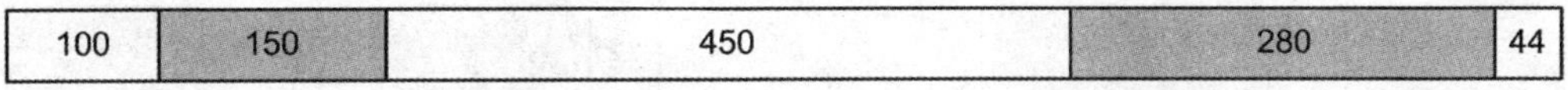

图 9.8 释放 200 字节的内存空间(2)——与相邻空闲块合并

闲空间,而图 9.8 只有 594 字节的空闲空间,但图 9.8 却可以满足一个大小为 400 字节的内存空间请求。由此可见,受内存碎片的影响,总的空闲空间大小并不能决定一个内存请求的成功与否。

申请 400 字节成功后的示意图如图 9.9 所示。

图 9.9 再分配 400 字节的内存空间

在图 9.9 的基础上,若用户再释放 280 字节的内存空间,同样,首先将其变为空闲块,示意图如图 9.10 所示。

图 9.10 释放 280 字节的内存空间(1)——标记为空闲

由于其左右两侧均为空闲块,因此,需要将它们合并为一个大的内存块,即合并为一个大小为 374 字节的内存块,示意图如图 9.11 所示。

图 9.11 释放 280 字节的内存空间(2)——与相邻空闲块合并

之所以要将相邻的空闲内存块合并,主要是避免内存块越来越多,越来越零散,如此下去,将很难再有一个大的空闲块,用户后续再申请大的内存空间时,将无法满足需求。

通过上面一系列内存分配和释放的示例,展示了堆管理器分配和释放内存的策略,使得用户对相关的原理有了一定的了解。

实际上,在堆管理器的软件实现中,为了便于管理,各个内存块是以链表的形式组织起来的,每个内存块的首部会固定存放一些用于内存块管理的相关信息(主要包括 4 个非常重要的信息:magic、used、p_next、p_prev),示意图如图 9.12 所示。

magic 被称为魔数,会被赋值为一个特殊的固定值,它表示了该内存块是堆管理器管理的内存块,可以在一定程度上检查错误的内存操作。例如,若这个区域被改写,magic 的值被修改为了其他值,则表明存在非法的内存操作,可能是用户内存操作越界等,应及时处理;在释放一个内存块时,堆管理器会检查 magic 的值,若其值不为特殊的固定值,则表明这并不是堆管理器分配的内存块,该释放操作是非法的。

used 用于表示该内存块是否已经被使用。若其值为 0,则表示该内存块是空闲

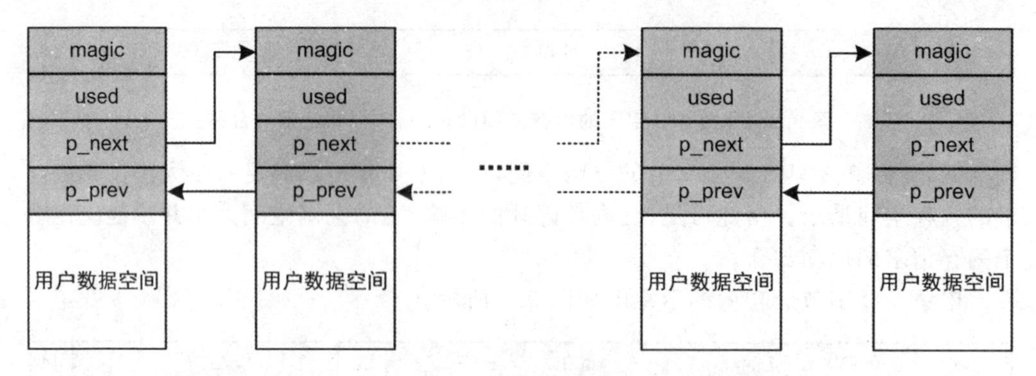

图 9.12　内存块(含空闲内存块和已分配内存块)链表

块;若其值为 1,则表示该内存块已经被分配,不是空闲块。

p_next 和 p_prev 用于将各个内存块使用双向链表的形式组织起来,以便找到当前内存块的下一个或上一个内存块,例如,在释放一个内存块时,需要查看相邻的内存块(上一个内存块和下一个内存块)是否为空闲块,以决定是否将它们合并为一个空闲块。

此外,为了在分配内存块时,加快搜索空闲块的效率,信息中还会增加两个指针,用于将所有空闲块单独组织为一个双向链表。这样,在分配一个内存块时,只需要在空闲链表中查找满足需求的空闲块即可,无需依次遍历所有的内存块。示意图如图 9.13 所示。

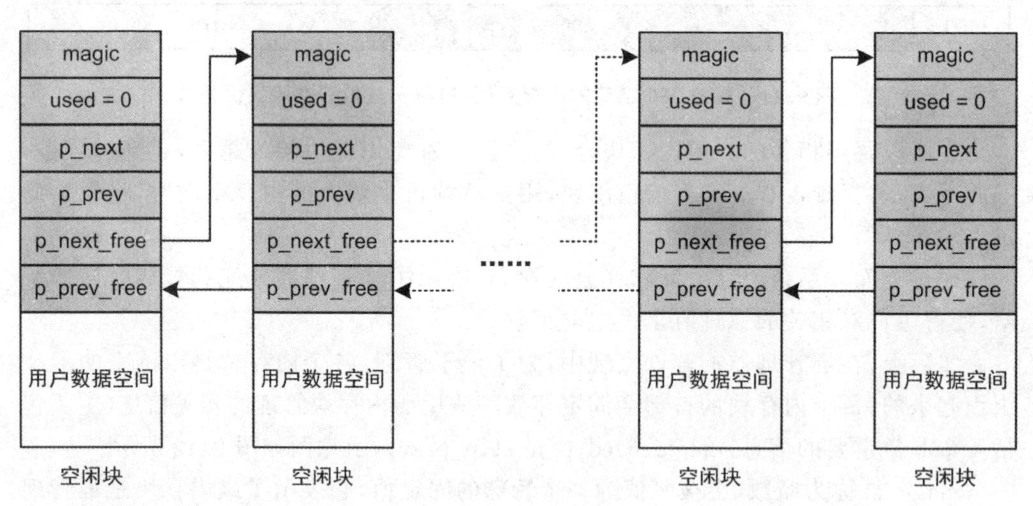

图 9.13　空间块链表

对于用户来讲,其获得的内存空间为用户数据空间(获得的是直接指向用户数据空间的指针),存放在内存块首部的信息对用户是不可见的,用户不应该尝试访问、修改这些信息。

需要用户注意的是，由于内存块的相关信息需要占用一定的内存空间（在 32 位系统中，通常为 24 字节），因此，每个内存块占用的实际大小会大于用户请求的内存空间大小，例如，用户请求一个 100 字节的内存空间，实际中，为了存储内存块的相关信息，会分配一个大小为 124 字节的内存块。基于此，用户实际可以使用的内存空间要略小于堆的总空间。

9.1.2 堆管理器接口

AWorks 提供了堆管理器，用户通过相关接口使用即可。相关函数的原型如表 9.1 所列。

表 9.1 堆管理器接口（aw_memheap.h）

函数原型	功能简介
aw_err_t aw_memheap_init(aw_memheap_t * memheap, const char * name, void * start_addr, uint32_t size);	初始化一个堆管理器
void * aw_memheap_alloc(aw_memheap_t * heap, uint32_t size);	分配一个指定大小的内存块
void * aw_memheap_realloc(aw_memheap_t * heap, void * ptr, size_t newsize);	重新分配内存块
void aw_memheap_free(void * ptr);	释放内存块

1. 定义堆管理器实例

在使用堆管理器前，必须定义堆管理器实例，其类型 aw_memheap_t 在 aw_memheap.h 文件中定义，具体类型的定义用户无需关心，仅需使用该类型定义堆管理器实例，即

```
aw_memheap_tmy_heap;   // 定义一个堆管理器实例
```

其中，my_heap 的地址可作为初始化接口中 memheap 参数的实参传递。

在 AWorks 中，一个堆管理器用于管理一段连续的内存空间，一个系统中，可以使用多个堆管理器分别管理多段连续的内存空间。这就需要定义多个堆管理器实例，例如：

```
aw_memheap_t          heap0;          // 堆管理器 0
aw_memheap_t          heap1;          // 堆管理器 1
aw_memheap_t          heap2;          // 堆管理器 2
```

如此一来，各个应用可以定义自己的堆管理器，以管理该应用中的内存分配与释放，使得各个应用之间的内存使用互不影响。

如果所有应用使用一个堆,那么各个应用之间的内存分配将相互影响。如果某一应用出现内存泄漏,那么随着时间的推移,极有可能造成一个堆的空间被完全泄漏,这将影响所有应用程序。同时,所有应用共用一个堆,也会造成在一个堆中的分配与释放更加频繁,分配的内存块大小更加不一致,更容易产生内存碎片。

2. 初始化堆管理器

定义堆管理器实例后,必须使用该接口初始化后才能使用,以指定其管理的内存空间,其函数原型为:

```
aw_err_t aw_memheap_init (aw_memheap_t              * memheap,
                          const char                * name,
                          void                      * start_addr,
                          uint32_t                    size);
```

其中,memheap 为指向堆管理器实例的指针;name 为堆管理器的名字,名字为一个字符串,仅用作标识;start_addr 指定了其管理的内存空间首地址;size 指定了其管理的内存空间大小(字节数)。函数的返回值为标准的错误号,当返回 AW_OK 时,表示初始化成功;否则,表示初始化失败。

初始化函数的核心在于指定其管理的内存空间,通常情况下,这段连续的内存空间可以通过定义一个全局的数组变量来获得,其大小与实际应用相关,应根据实际情况决定。例如,使用堆管理器管理 1 KB 的内存空间,则初始化堆管理器的范例程序详见程序清单 9.1。

程序清单 9.1　初始化堆管理器范例程序

```
1    #include "aworks.h"
2    #include "aw_delay.h"
3    #include "aw_vdebug.h"
4    #include "aw_memheap.h"
5
6    static uint8_t          __g_my_heap_mem[1024];        // 定义 1 024 字节的内存空间
7    static aw_memheap_t     __g_my_heap;                  // 定义堆管理器实例
8
9    int aw_main (void)
10   {
11       int err = aw_memheap_init(&__g_my_heap,
12                                 "my_heap",               // 内存堆的名字
13                                 __g_my_heap_mem,         // 可用的地址空间
14                                 sizeof(__g_my_heap_mem));  // 地址空间大小
15       if (err == AW_OK) {                                // 初始化成功
```

```
16            aw_kprintf("Init successful! \r\n" );
17        } else {                                                    // 初始化失败
18            aw_kprintf("Init Failed! \r\n");
19        }
20        while(1) {
21            aw_mdelay(200);
22        }
23    }
```

程序中,定义了一个大小为1 024字节的数组,用于分配一个1 KB的内存空间,进而使用堆管理器对其进行管理。

3. 分配内存

堆管理器初始化完毕后,可以使用该接口为用户分配指定大小的内存块,内存块的大小可以是满足资源需求的任意大小。分配内存块的函数原型为:

```
void * aw_memheap_alloc (aw_memheap_t * heap, uint32_t size);
```

其中,heap为指向堆管理器的指针;size为内存块大小。返回值为分配内存块的首地址,特别地,若返回值为NULL,则表明分配失败。

在分配内存块时,由于堆管理器并不知道分配的内存块用来存储何种类型的数据,因此,返回值为通用的无类型指针,即void *类型,代表其指向了某一类型不确定的地址。显然,分配的内存块用于存储何种类型的数据是由用户决定的,因此,用户在使用这段内存空间时,必须将其转换为实际数据类型的指针。

例如,分配用于存储100个无符号8位数据的内存块,其范例程序详见程序清单9.2。

程序清单9.2 分配内存块的范例程序

```
1     uint8_t    * ptr;
2     int         i;
3
4     ptr = (uint8_t * ) aw_memheap_alloc(&__g_my_heap, 100);
5     if (ptr != NULL) {                                          // 分配成功
6         for (i = 0; i < 100; i++ ) {
7             ptr[i] = i;                                         // 使用分配的内存
8         }
9     } else {
10        // 分配失败的处理
11    }
```

程序中,将aw_memheap_alloc()的返回值强制转换为了指向uint8_t数据类型的指针。**注意**:使用aw_memheap_alloc()分配的内存中,数据的初始值是随机的,不一定为0。因此,若不对ptr指向的内存赋值,则其值可能是任意的。

4. 重新调整内存大小

有时候,需要动态调整之前分配的内存块大小,如果一开始分配了一个较小的内存块,但随着数据的增加,内存不够,此时,就可以使用该函数重新调整之前分配的内存块大小。其函数原型为:

```
void * aw_memheap_realloc(aw_memheap_t        * heap,
                          void                * ptr,
                          size_t                newsize);
```

其中,heap 为指向堆管理器的指针;ptr 为使用 aw_memheap_alloc()函数分配的内存块首地址,即调用 aw_memheap_alloc()函数的返回值;new_size 为调整后的内存块大小。返回值为调整大小后的内存空间首地址,特别地,若返回值为 NULL,则表明调整大小失败。

newsize 指定的新的大小可以比原内存块大(扩大),也可以比原内存块小(缩小)。如果是扩大内存块,则新扩展部分的内存不会被初始化,值是随机的,但原内存块中的数据仍然保持不变。如果是缩小内存块,则超出 new_size 部分的内存会被释放,其中的数据被丢弃,其余数据保持不变。特别地,若 newsize 的值为 0,则相当于不再使用 ptr 指向的内存块,此时,将会直接释放整个内存块,在这种情况下,返回值同样为 NULL。

函数返回值与 ptr 的值可能不同,即系统可能重新选择一块合适的内存块来满足调整大小的需求,此时,内存首地址将发生变化。例如,当新的空间比原空间大时,系统先判断原内存块之后是否还有足够的连续空间满足本次扩大内存的要求,如果有,则直接扩大内存空间,内存首地址不变,同样返回原内存块的首地址,即 ptr 的值;如果没有,则重新按照 newsize 分配一个内存块,并将原有数据原封不动地拷贝到新分配的内存块中,而后自动释放原有的内存块,原内存块将不再可用,此时,返回值将是重新分配的内存块首地址,不再为 ptr。

例如,首先使用 aw_memheap_alloc()分配了一个 100 字节的内存块,然后重新将其调整为 200 字节的内存块,范例程序详见程序清单 9.3。

程序清单 9.3 重新调整内存大小

```
1    uint8_t    * ptr;
2    int        i;
3
4    ptr = (uint8_t * ) aw_memheap_alloc(&__g_my_heap, 100);
5    if (ptr != NULL) {                                          // 分配成功
6        for (i = 0; i < 100; i++ ) {
7            ptr[i] = i;                                         // 使用分配的内存
8        }
```

```
9        ptr = (uint8_t *)aw_memheap_realloc(&__g_my_heap, ptr, 200);
                                                        // 调整内存大小为 200 字节
10       if (ptr != NULL) {
11           for (i = 100; i < 200; i++) {
12               ptr[i] = i;                                     // 为扩展的内存赋值
13           }
14       }
15   }
```

值得注意的是,重新调整内存空间失败后,原内存空间还是有效的。因此,若采用程序清单 9.3 第 9 行的调用形式,若内存扩大失败,则返回值为 NULL,这将会导致 ptr 的值被设置为 NULL。此时,虽然原内存空间仍然有效,但由于指向该内存空间的指针信息丢失了,用户无法再访问到对应的内存空间,也无法释放对应的内存空间,造成内存泄漏。

在实际使用时,为了避免调整内存失败时将原 ptr 的值覆盖为 NULL,应该使用一个新的指针保存函数的返回值,详见程序清单 9.4。

程序清单 9.4　重新调整内存大小(使用新的指针保存函数返回值)

```
1    uint8_t *new_ptr;
2    new_ptr = (uint8_t *)aw_memheap_realloc(&__g_my_heap, ptr, 200);
                                                        // 调整内存大小为 200 字节
3    if (new_ptr != NULL) {                             // 调整成功
4        ptr = new_ptr;                                 // 使 ptr 指向新的内存空间
5        for (i = 100; i < 200; i++) {
6            ptr[i] = i;                                // 为扩展的内存赋值
7        }
8    } else {
9        // 调整失败,原 ptr 指向的内存空间仍可使用,只是内存没有被扩大
10   }
```

此时,即使扩大内存空间失败,指向原内存空间的指针 ptr 依然有效,依旧可以使用原先分配的内存空间,避免了内存泄漏。扩大内存空间成功时,直接将 ptr 的值重新赋值为 new_ptr,使其指向扩展完成后的内存空间。

5. 释放内存

当用户不再使用申请的内存块时,必须释放,以避免内存泄漏。释放内存的函数原型为:

```
void aw_memheap_free(void *ptr);
```

其中,ptr 为使用 aw_memheap_alloc()或 aw_memheap_realloc()函数分配的内存块首地址,即调用这些函数的返回值。**注意**:ptr 只能是上述几个函数的返回值,

不能是其他地址值,例如,不能将数组首地址作为函数参数,以释放静态数组占用的内存空间。传入错误的地址值,极有可能导致系统崩溃。

当使用 aw_memheap_free()将内存块释放后,相应的内存块将变为无效,用户不能再继续使用。释放内存块的范例程序详见程序清单 9.5。

程序清单 9.5　释放内存块的范例程序

```
1    #include "aworks.h"
2    #include "aw_delay.h"
3    #include "aw_vdebug.h"
4    #include "aw_memheap.h"
5
6    static uint8_t            __g_my_heap_mem[1024];  // 定义 1 024 字节的内存空间
7    static aw_memheap_t       __g_my_heap;            // 定义堆管理器实例
8
9    int aw_main (void)
10   {
11       uint8_t   *ptr;
12       int       i;
13
14       int err = aw_memheap_init(&__g_my_heap,
15                                 "my_heap",                 // 内存堆的名字
16                                 __g_my_heap_mem,           // 可用的地址空间
17                                 sizeof(__g_my_heap_mem));  // 地址空间大小
18       if (err == AW_OK) {                                  // 初始化成功
19           aw_kprintf("Init successful! \r\n" );
20            ptr = (uint8_t *) aw_memheap_alloc(&__g_my_heap, 100);
21            if (ptr != NULL) {                              // 分配成功
22                for (i = 0; i < 100; i ++) {
23                    ptr[i] = i;                             // 使用分配的内存
24                }
25                aw_memheap_free(ptr);                       // 使用完毕,释放内存
26                ptr = NULL;
27            }
28       } else {                                             // 初始化失败
29           aw_kprintf("Init Failed! \r\n");
30       }
31
32       while(1) {
33           aw_mdelay(200);
34       }
35   }
```

为了避免释放内存块后再继续使用，可以养成一个良好的习惯，每当内存释放后，都将相应的 ptr 指针赋值为 NULL。

9.1.3 系统堆管理

在 AWorks 中，整个内存空间首先用于满足存放一些已知占用内存空间大小的数据，比如：全局变量、静态变量、栈空间、程序代码或常量等。

全局变量和静态变量都比较好理解，其占用的内存大小通过数据的类型即可确定。需要注意的是，在介绍堆管理器时，定义一块待管理的内存空间同样使用了静态数组的方式，详见程序清单 9.1 的第 6 行：

```
static uint8_t      __g_my_heap_mem[1024];
```

这也属于一种静态变量，其所占用的内存大小是已知的。

对于栈空间，在 AWorks 中，栈空间是静态分配的，类似于一个静态数组，其所占用的内存空间大小由用户决定，同样是已知的。

通常情况下，程序代码和常量都存储在 ROM 或 Flash 等只读存储器中，不会放在内存中。但在部分平台中，出于效率或芯片架构的考虑，也可能将程序代码和常量存储在内存中。例如，在 i.MX28x 平台中，程序代码和常量也存储在 DDR 内存中。程序代码和常量占用的内存空间大小在编译后即可确定，占用的内存空间大小也是已知的。

在满足这些数据的存储后，剩下的所有内存空间即作为系统堆空间，便于用户在程序运行过程中动态使用。

为了便于用户使用，需要使用某种合适的方法管理系统堆空间。在 AWorks 中，默认使用前文介绍的堆管理器对其进行管理。出于系统的可扩展性考虑，AWorks 并没有限制必须基于 AWorks 提供的堆管理器管理系统堆空间，如果用户有更加适合特殊应用场合的管理方法，也可以在特定环境下使用自有方法管理系统堆空间。为了保持应用程序的统一，AWorks 定义了一套动态内存管理通用接口，便于用户使用系统堆空间，而无需关心具体的管理方法。相关函数原型如表 9.2 所列。

表 9.2 动态内存管理接口(aw_mem.h)

函数原型	功能简介
void * aw_mem_alloc(size_t size);	分配指定大小的内存块
void * aw_mem_calloc(size_t nelem, size_t size);	分配多个指定大小的内存块
void * aw_mem_align(size_t size, size_t align);	分配一个满足对齐要求的内存块
void * aw_mem_realloc(void * ptr, size_t newsize);	重新调整内存块大小
void aw_mem_free(void * ptr);	释放内存块

通过前文的介绍可知，在使用堆管理器前，需要定义堆管理器实例，然后初始化

该实例,以指定其管理的内存空间,初始化完成后,用户才可向其请求内存。若是使用堆管理器管理系统堆空间(默认),那么,表9.2中的接口均可基于堆管理器接口实现。此时,系统中将定义一个默认的堆管理器实例,并在系统启动时自动完成其初始化操作,指定其管理的内存空间为系统堆空间。这样系统启动后,用户可以直接向系统中默认的堆管理器申请内存块。例如,aw_mem_alloc()用于分配一个内存块,其直接基于堆管理器实现,范例程序详见程序清单9.6。

程序清单9.6　aw_mem_alloc()函数实现范例

```
1    void *aw_mem_alloc(size_t size)
2    {
3    return aw_memheap_alloc(&__g_system_heap, size);
4    }
```

其中,__g_system_heap为系统定义的堆管理器实例,已在系统启动时完成了初始化。程序清单9.6只是aw_mem_alloc()函数实现的一个简单范例,实际中,用户可以根据具体情况,使用最为合适的方法管理系统堆空间,实现AWorks定义的动态内存管理通用接口。

下面,详细介绍各个接口的含义及使用方法。

1. 分配内存

aw_mem_alloc()用于从系统堆中分配指定大小的内存块,用法与C语言标准库中的malloc()相同,其函数原型为:

```
void *aw_mem_alloc(size_t size);
```

参数size指定内存空间的大小,单位为字节。返回值为void *类型的指针,其指向分配内存块的首地址,特别地,若返回值为NULL,则表示分配失败。

例如,申请用于存储一个int类型数据的存储空间,范例程序详见程序清单9.7。

程序清单9.7　申请内存范例程序

```
1    int   *ptr;
2    ptr = (int *)aw_mem_alloc(sizeof(int));   // 分配存储一个int类型数据的内存空间
3    if (ptr != NULL) {                        // 分配成功
4        *ptr = 5;                             // 使用分配的内存
5    }
```

程序中,将aw_mem_alloc()的返回值强制转换为了指向int数据类型的指针。

注意:使用aw_mem_alloc()分配的内存中,数据的初始值是随机的,不一定为0。因此,若不对ptr指向的内存赋值,则其值将是任意的。

2. 分配多个指定大小的内存块

除使用aw_mem_alloc()直接分配一个指定大小的内存块外,还可以使用aw_

mem_calloc()分配多个连续的内存块，用法与C语言标准库中的 calloc()相同，其函数原型为：

```
void * aw_mem_calloc(size_t nelem, size_t size);
```

该函数用于分配 nelem 个大小为 size 的内存块，分配的总的内存空间为：nelem×size，实际上相当于分配一个容量为 nelem×size 的大内存块，返回值同样为分配内存块的首地址。与 aw_mem_alloc()不同的是，该函数分配的内存块会被初始化为 0。例如，分配用以存储 10 个 int 类型数据的内存，则范例程序详见程序清单 9.8。

程序清单 9.8　分配 10 个用于存储 int 类型数据的内存块

```
1    int   * ptr;
2    ptr = (int * )aw_mem_calloc(10, sizeof(int));
                                            // 分配存储 10 个 int 类型数据的内存空间
3    if (ptr != NULL) {                     // 分配成功
4        ptr[0] = 5;                        // 使用分配的内存
5        ptr[1] = 6;
6        //……
7    }
```

分配的内存空间会被初始化为 0，即使不对 ptr 指向的内存赋值，其值也是确定的 0。

3. 分配具有一定对齐要求的内存块

有时候，用户申请的内存块可能用来存储具有特殊对齐要求的数据，要求分配内存块的首地址必须按照指定的字节数对齐。此时，可以使用 aw_mem_align()分配一个满足指定对齐要求的内存块，其函数原型为：

```
void * aw_mem_align(size_t size, size_t align);
```

其中，size 为分配的内存块大小；align 表示对齐要求，其值是 2 的整数次幂，比如，2、4、8、16、32、64 等。返回值同样为分配内存块的首地址，其值满足对齐要求，是 align 的整数倍。如 align 的值为 16，则按照 16 字节对齐，分配内存块的首地址将是 16 的整数倍，地址的低 4 位全为 0。程序范例详见程序清单 9.9。

程序清单 9.9　分配具有一定对齐要求的内存块范例程序

```
1    # include "aworks.h"
2    # include "aw_delay.h"
3    # include "aw_vdebug.h"
4    # include "aw_mem.h"
5    int aw_main (void)
6    {
```

```
7          int   *ptr = (int *)aw_mem_align(sizeof(int), 16);
                                                    // 分配空间,按 16 字节对齐
8          if (ptr != NULL) {                       // 分配成功
9              aw_kprintf("The start address is 0x%x\r\n", (unsigned int)ptr);
10         } else {
11             aw_kprintf("Failed! Memory is not enough! \r\n");
12         }
13         while(1) {
14             aw_mdelay(200);
15         }
16     }
```

程序中,将分配的地址通过 aw_kprintf()打印输出,以查看地址的具体值,实际运行可以发现,地址值是满足 16 字节对齐的。**注意**:该函数与 aw_mem_alloc()分配的内存块一样,其中的数据初始值是随机的,不一定为 0。

在堆管理器中,并没有类似的分配满足一定对齐要求的内存块接口,只有普通的分配内存块接口:aw_memheap_alloc()。其分配的内存块,可能是对齐的,也可能是未对齐的。为了使返回给用户的内存块能够满足对齐要求,在使用 aw_memheap_alloc()分配内存块时,可以多分配 align－1 字节的空间,此时,即使获得的内存块首地址不满足对齐要求,也可以返回从内存块首地址开始,顺序第一个对齐的地址给用户,以满足用户的对齐需求。

例如,要分配 200 字节的内存块,并要求满足 8 字节对齐,则首先使用 aw_memheap_alloc()分配 207 字节(200 ＋ 8－1)的内存块,假定得到的内存块地址范围为 3～209,示意图如图 9.14(a)所示。由于首地址 3 不是 8 的整数倍,因此其不是按 8 字节对齐的,此时,直接返回顺序第一个对齐的地址给用户,即 8。由于用户需要的是 200 字节的内存块,因此,对于用户来讲,其使用的内存块地址范围为 8～207,显然,在实际使用 aw_memheap_alloc()获得的内存块地址范围内,用户获得的内存块是完全有效的,示意图如图 9.14(b)所示。

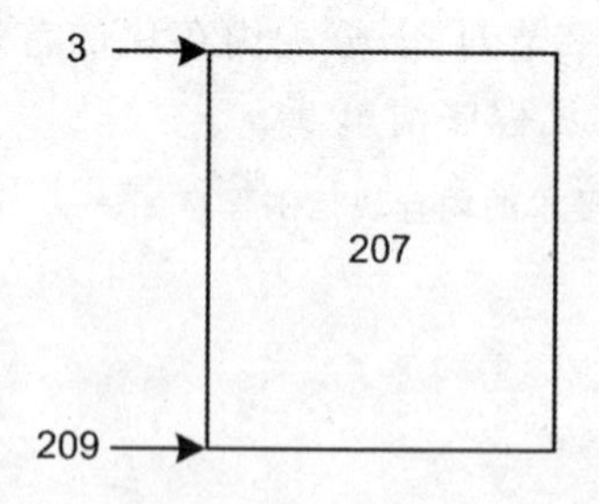

(a) 使用aw_memheap_alloc( )分配得到的内存块

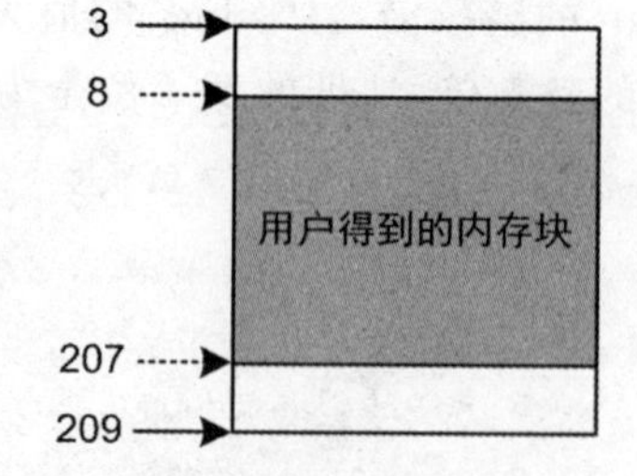

(b) 返回对齐的内存块

图 9.14　内存对齐的处理——多分配 align－1 字节的空间

为什么要多分配 align－1 字节的空间呢？在获得的实际内存块不满足对齐需求时，表明内存块首地址不是 align 的整数倍，即其对 align 取余数的结果（C 语言的%运算符）不为 0，假定其对 align 取余数的结果为 $N(N \geqslant 1)$，则只要将首地址加上 align－N，得到的地址值就是 align 的整数倍。该值也为从首地址开始，顺序第一个对齐的地址。由于在首地址不对齐时，必然有：$N \geqslant 1$，因此 align－$N \leqslant$ align－1，即顺序第一个对齐的地址相对于起始地址的偏移不会超过 align－1。基于此，只要在分配内存块时多分配 align－1 字节的空间，那么就可以在向用户返回一个对齐地址的同时，依旧满足用户请求的内存块容量需求。

若不多分配 align－1 字节的内存空间，例如，只使用 aw_memheap_alloc()分配 200 字节的内存块，得到的内存块地址范围为 3～203，示意图如图 9.15(a)所示。此时，若同样返回顺序第一个对齐的地址给用户，即 8。由于用户需要的是 200 字节的内存块，因此，对于用户来讲，其使用的内存块地址范围为 8～208，显然，204～208 这段空间并不是通过分配得到的有效内存，使用户得到了一段非法的内存空间，一旦访问，极有可能导致应用出错，示意图如图 9.15(b)所示。

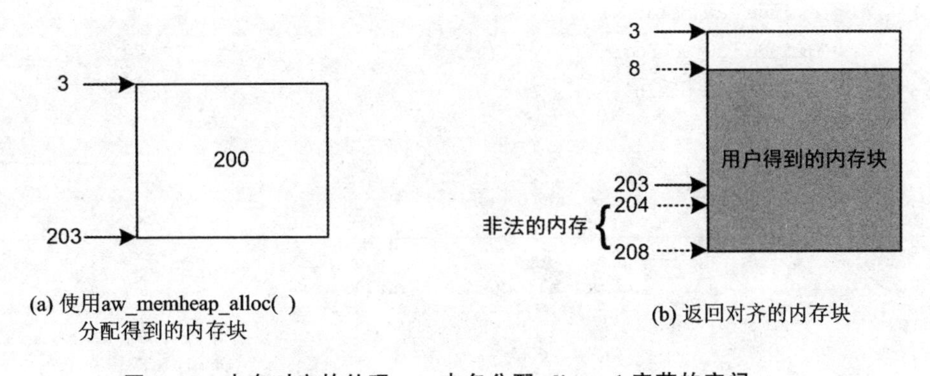

图 9.15　内存对齐的处理——未多分配 align－1 字节的空间

实际中，由于 align－1 的值往往是一些比较特殊的奇数值，例如，3、7、15、31 等，经常如此分配容易把内存块的首地址打乱，出现很多非对齐的地址。因此，往往会直接多分配 align 字节的内存空间。

同时，出于效率考虑，在 AWorks 中，每次分配的内存往往都按照默认的 CPU 自然对齐字节数对齐，例如，在 32 位系统中，默认分配的所有内存都按照 4 字节对齐，基于此，aw_mem_alloc()函数的实现可以更新为如程序清单 9.10 所示的程序。

程序清单 9.10　aw_mem_alloc()函数分配的内存按照 4 字节对齐

```
1    void *aw_mem_alloc(size_t size)
2    {
3        return aw_mem_align(size, 4);
4    }
```

4. 重新调整内存大小

有时候可能需要调整已分配内存块的大小,例如,一开始分配了一块较小的内存,随着数据的增加,内存不够,则可以使用该函数重新调整之前分配的内存块大小,其函数原型为:

```
void * aw_mem_realloc(void * ptr, size_t newsize);
```

其中,ptr 为使用 aw_mem_alloc()、aw_mem_calloc()、aw_mem_align()函数分配的内存块首地址,即调用这些函数的返回值;new_size 为调整后的大小。返回值为调整大小后的内存块首地址,特别地,若调整大小失败,则返回值为 NULL。

例如,首先使用 aw_mem_alloc()分配了存储 1 个 int 类型数据的内存块,然后重新调整内存块的大小,使其可以存储 2 个 int 类型的数据。范例程序详见程序清单 9.11。

程序清单 9.11 内存分配范例程序(重新调整内存大小)

```
1    #include "aworks.h"
2    #include "aw_delay.h"
3    #include "aw_vdebug.h"
4    #include "aw_mem.h"
5
6    int aw_main (void)
7    {
8        int   * ptr;
9        ptr = (int * )aw_mem_alloc(sizeof(int));
10       if (ptr != NULL) {                                   // 分配成功
11           * ptr = 5;                                       // 使用内存
12           ptr = (int * )aw_mem_realloc(ptr, sizeof(int) * 2);
13           if (ptr != NULL) {
14               ptr[1] = 6;                                  // 使用新增的内存
15               aw_kprintf(" % d % d\r\n", ptr[0], ptr[1]);
                                                              // 打印出内存中的两个 int 值
16           }
17       }
18       while(1) {
19           aw_mdelay(200);
20       }
21   }
```

5. 释放内存

前面讲解了 4 种分配内存块的方法,无论使用何种方式动态分配的内存块,在使用结束后，都必须释放，否则将造成内存泄漏。释放内存块的函数原型为：

```
void aw_mem_free(void * ptr);
```

其中，ptr 为使用 aw_mem_alloc()、aw_mem_calloc()、aw_mem_align()、aw_mem_realloc()函数分配的内存块首地址，即调用这些函数的返回值。

当使用 aw_mem_free()将内存块释放后，相应的地址空间将变为无效，用户不能再继续使用。释放内存块的范例程序详见程序清单 9.12。

程序清单 9.12　释放内存块的范例程序

```
1     #include "aworks.h"
2     #include "aw_delay.h"
3     #include "aw_vdebug.h"
4     #include "aw_mem.h"
5     int aw_main (void)
6     {
7         int   * ptr = (int * )aw_mem_alloc(sizeof(int));
                                                  // 分配存储 1 个 int 类型数据的内存块
8         if  (ptr != NULL) {
9             * ptr = 5;                         // 使用分配的内存
10            aw_kprintf("%d\r\n", * ptr);
11        }
12        aw_mem_free(ptr);                      // 释放内存
13        ptr = NULL;
14        while(1) {
15            aw_mdelay(200);
16        }
17    }
```

9.2　内存池

堆管理器极为灵活，可以分配任意大小的内存块，非常方便。但其也存在明显的缺点：一是分配效率不高，在每次分配时，都要依次查找所有空闲内存块，直到找到一个满足需求的空闲内存块；二是容易产生大小各异的内存碎片。

为了提高内存分配的效率，以及避免内存碎片，AWorks 提供了另外一种内存管理方法：内存池(Memory Pool)。其舍弃了堆管理器中可以分配任意大小的内存块这一优点，将每次分配的内存块大小设定为固定值。

由于每次分配的内存块大小是固定值，不会发生变化，因此，在用户每次申请内存块时，分配其第一个空闲内存块即可，无需任何查找过程，同理，在释放一个内存块时，也仅需将其标志为空闲即可，无需任何额外的合并操作，这极大地提高了内存分配和释放的效率。

同时，由于每次申请和释放的内存块都是同样的大小，只要存在空闲块，就可以分配成功，某几个空闲内存块不可能由于被某一已分配的内存块分割而导致无法使用。在这种情况下，任一空闲块都可以被没有限制地分配使用，不再存在任何内存碎片，彻底避免了内存碎片情况的发生。

但是，将内存块大小固定，会限制其使用的灵活性，并可能造成不必要的内存空间浪费，例如，用户只需要很小的一块内存空间，但若内存池中每一块内存都很大，这就会使内存分配时不得不分配出一块很大的内存，造成了内存浪费。这就要求在定义内存池时，应尽可能将内存池中内存块的大小定义为一个合理的值，避免过多的内存浪费。

系统中可以存在多个内存池，每个内存池包含固定个数和大小的内存块。基于此，在实际应用中，为了满足不同大小的内存块需求，可以定义多种尺寸(内存池中内存块的大小)的内存池(比如：小、中、大三种)，然后在实际应用中根据实际用量选择从合适的内存池中分配内存块，这样可以在一定程度上减少内存的浪费。

9.2.1 内存池原理概述

内存池用于管理一段连续的内存空间，由于各个内存块的大小固定，因此，首先将内存空间分为若干个大小相同的内存块，例如，管理 1 024 字节的内存空间，每块大小为 128 字节，则共计可以分为 8 个内存块。初始时，所有内存块均为空闲块，示意图如图 9.16 所示。

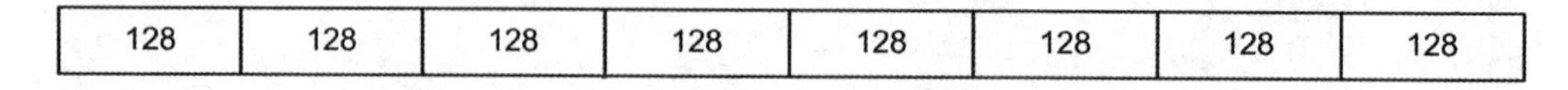

图 9.16 初始状态——8 个空闲块

为便于管理，可以将各个空闲内存块使用单向链表的形式组织起来，示意图如图 9.17 所示。

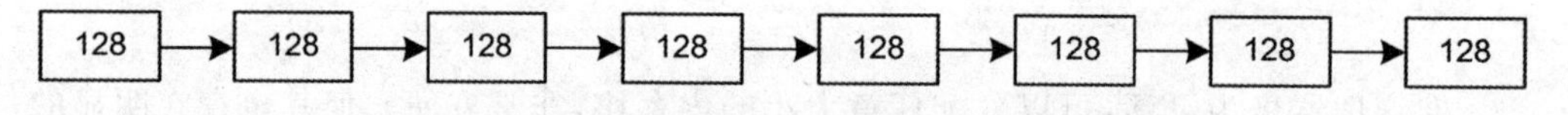

图 9.17 以单向链表的形式组织各个空闲块

这就要求一个空闲块至少能够存放一个 p_next 指针，以便组织链表。在 32 位系统中，指针的大小为 4 字节，因此，要求各个空闲块的大小不能低于 4 字节。此外，出于对齐考虑，各个空闲块的大小必须为自然对齐字节数的正整数倍。例如，在 32 位系统中，块大小应该为 4 字节的整数倍，比如：4、8、12、16 等而不能为 5、7、9、13 等。

基于此，当需要分配一个内存块时，只需从链表中取出第一个空闲块即可。例如，需要在图 9.17 的基础上分配一个内存块，示意图如图 9.18 所示。

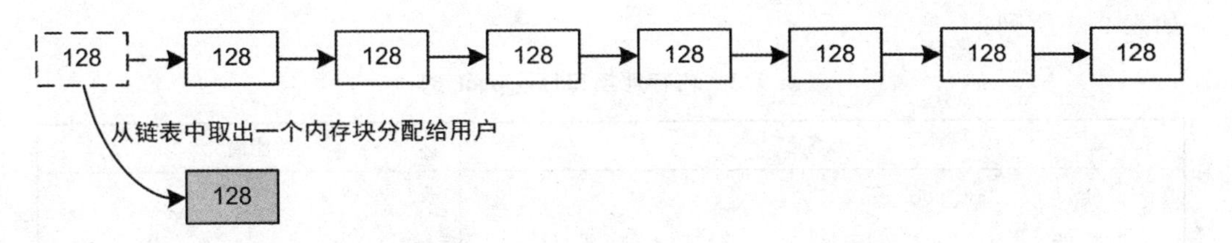

图 9.18　从链表中取出一个内存块

此时，空闲块链表中，将剩下 7 个空闲块，示意图如图 9.19 所示。

图 9.19　剩余 7 个空闲块

值得注意的是，虽然在空闲块链表中，每个内存块中存放了一个 p_next 指针，占用了一定的内存空间，但是，当该内存块从空闲链表中取出，分配给用户使用时，已分配的内存块并不需要组织为一个链表，p_next 的值也就没有任何意义了，因此，用户可以使用内存块中所有的内存，不存在用户不可访问的区域，不会造成额外的空间浪费。而在堆管理器中，无论是空闲块还是已分配的内存块，头部存储的相关信息都必须保持有效，其占用的内存空间用户是不能使用的，对于用户来讲，这相当于造成了一定的内存空间浪费。

当用户不再使用一个内存块时，同样需要释放相应的内存块，释放时，直接将内存块重新加入空闲块链表即可，示意图如图 9.20 所示。

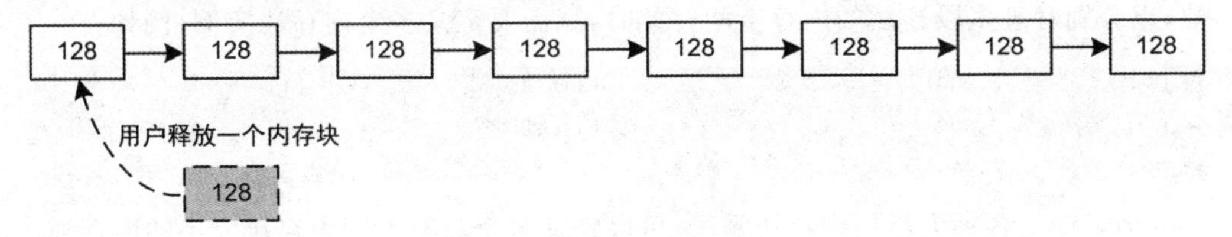

图 9.20　释放一个内存块

释放后，空闲链表中将新增一个内存块，示意图如图 9.20 所示。

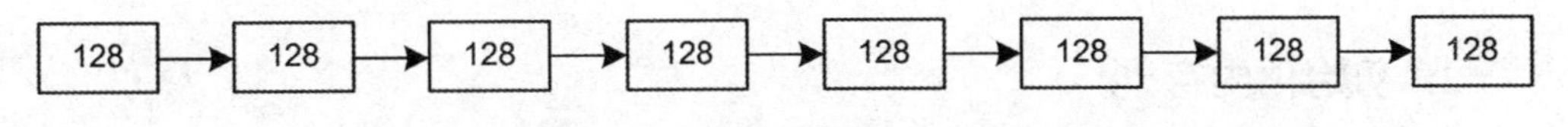

图 9.21　释放后，新增一个内存块

由此可见，整个内存池的分配和释放操作都非常简单。分配时，从空闲链表中取出一个内存块；释放时，将内存块重新加入空闲链表中。

9.2.2　内存池接口

AWorks 提供了内存池软件库，用户通过相关接口使用即可。相关函数的原型如表 9.3 所列。

表 9.3　内存池接口(aw_pool.h)

函数原型	功能简介
aw_pool_id_t　aw_pool_init(　aw_pool_t　　* p_pool, 　void　　　　* p_pool_mem, 　size_t　　　　pool_size, 　size_t　　　　item_size);	初始化一个内存池
size_t　aw_pool_item_size (aw_pool_id_t pool_id);	获取内存池中实际内存块大小
void　* aw_pool_item_get (aw_pool_id_t pool_id);	从内存池中获取一个内存块
aw_err_t　aw_pool_item_return (　aw_pool_id_t　　pool_id, 　void　　　　* p_item);	释放内存块,返还到内存池中

1. 定义内存池实例

在使用内存池前,必须先使用 aw_pool_t 类型定义内存池实例,该类型在 aw_pool.h 中定义,具体类型的定义用户无需关心,仅需使用该类型定义内存池实例,即

```
aw_pool_t pool;// 定义一个内存池
```

其中,pool 的地址即可作为初始化接口中 p_pool 参数的实参传递。

一个内存池可以管理一段连续的内存空间,在 AWorks 中,可以使用多个内存池,以分别管理多段连续的内存空间。此时,就需要定义多个内存池实例,例如:

```
aw_pool_t        pool0;                      // 内存池 0
aw_pool_t        pool1;                      // 内存池 1
aw_pool_t        pool2;                      // 内存池 2
```

为了满足各种大小的内存块需求,可以定义多个具有不同内存块大小的内存池。例如,定义小、中、大三种尺寸的内存池,它们对应的内存块大小分别为 8、64、128。用户根据实际用量选择从合适的内存池中分配内存块,以在一定程度上减少内存的浪费。

2. 初始化内存池

定义内存池实例后,必须使用该接口初始化后才能使用,以指定内存池管理的内存空间,以及内存池中各个内存块的大小,其函数原型为:

```
aw_pool_id_t aw_pool _init(
    aw_pool_t        * p_pool,
    void             * p_pool_mem,
    size_t             pool_size,
    size_t             item_size);
```

其中,p_pool 为指向待初始化的内存池,即使用 aw_pool_t 类型定义的内存池实例;p_pool_mem 为该内存池管理的实际内存空间首地址;pool_size 为指定整个内存空间的大小;item_size 为指定内存池中每个内存块的大小。

函数的返回值为内存池 ID,其类型为 aw_pool_id_t,该类型的具体定义用户无需关心,该 ID 可作为其他功能接口的参数,用于表示需要操作的内存池。特别地,若返回 ID 的值为 NULL,表明初始化失败。

初始化时,系统会将 pool_size 大小的内存空间,分为多个大小为 item_size 的内存块进行管理。例如,使用内存池管理 1 KB 的内存空间,每个内存块的大小为 16 字节,初始化范例程序详见程序清单 9.13。

程序清单 9.13 初始化内存池范例程序

```
1    #include "aworks.h"
2    #include "aw_delay.h"
3    #include "aw_vdebug.h"
4    #include "aw_pool.h"
5
6    static aw_pool_t        __g_pool;                          // 定义内存池
7    static uint8_t          __g_pool_mem[1024];     // 定义内存池使用的实际内存空间
8
9    int aw_main (void)
10   {
11       aw_pool_id_t pool_id;
12       pool_id = aw_pool_init(&__g_pool, __g_pool_mem, 1024, 16);
13       if (pool_id != NULL) {                                  // 初始化成功
14           aw_kprintf("Init successful! \r\n" );
15       } else {                                                // 初始化失败
16           aw_kprintf("Init Failed! \r\n");
17       }
18       while(1) {
19           aw_mdelay(200);
20       }
21   }
```

程序中,将 1 024 字节的空间分成了大小为 16 字节的内存块进行管理。**注意:** 出于效率考虑,块大小并不能是任意值,只能为自然对齐字节数的正整数倍。例如,在 32 位系统中,块大小应该为 4 字节的整数倍,若不满足该条件,则初始化时,将会自动向上修正为 4 字节的整数倍。例如,块大小的值设置为 5,将被自动修正为 8。用户可以通过 aw_pool_item_size()函数获得实际的内存块大小。

3. 获取内存池中实际的块大小

前面提到,初始化时,为了保证内存池的管理效率,可能会对用户传入的块大小

进行适当的修正,用户可以通过该函数获取当前内存池中实际的块大小,其函数原型为:

```
size_t aw_pool_item_size (aw_pool_id_t pool_id);
```

其中,pool_id为初始化函数返回的内存池ID,其用于指定要获取信息的内存池。返回值即为内存池中实际的块大小。

例如,初始化时,将内存池的块大小设定为5,然后通过该函数获取内存池中实际的块大小。范例程序详见程序清单9.14。

程序清单9.14　获取内存池中实际的块大小

```
1     #include "aworks.h"
2     #include "aw_delay.h"
3     #include "aw_vdebug.h"
4     #include "aw_pool.h"
5
6     static aw_pool_t        __g_pool;                          // 定义内存池
7     static uint8_t          __g_pool_mem[1024];                // 定义内存池管理的内存空间
8
9     int aw_main (void)
10    {
11        aw_pool_id_t pool_id;
12        pool_id = aw_pool_init(&__g_pool, __g_pool_mem, 1024, 5);
13        if (pool_id != NULL) {                                 // 初始化成功
14            aw_kprintf("Init successful! The actual item size is %d\r\n", aw_pool_
                      item_size(pool_id));
15        } else {                                               // 初始化失败
16            aw_kprintf("Init Failed! \r\n");
17        }
18        while(1) {
19            aw_mdelay(200);
20        }
21    }
```

运行程序可以发现,实际内存块的大小为8。

实际应用中,为了满足不同容量内存申请的需求,可以定义多个内存池,每个内存池定义不同的块大小。如定义3种块大小尺寸的内存池,分别为8字节(小)、64字节(中)、128字节(大)。范例程序详见程序清单9.15。

程序清单 9.15 定义多种不同块大小的内存池

```
1   #include "aworks.h"
2   #include "aw_delay.h"
3   #include "aw_vdebug.h"
4   #include "aw_pool.h"
5
6   static aw_pool_t        __g_pool_small;             // 定义小型内存块的内存池
7   static uint8_t          __g_pool_small_mem[512];    // 定义内存池管理的实际内存空间
8
9   static aw_pool_t        __g_pool_mid;               // 定义中型内存块的内存池
10  static uint8_t          __g_pool_mid_mem[1024];     // 定义内存池管理的实际内存空间
11
12  static aw_pool_t        __g_pool_big;               // 定义大型内存块的内存池
13  static uint8_t          __g_pool_big_mem[2048];     // 定义内存池管理的实际内存空间
14
15  int aw_main (void)
16  {
17      aw_pool_id_t pool_id_small;
18      aw_pool_id_t pool_id_mid;
19      aw_pool_id_t pool_id_big;
20
21      pool_id_small   =   aw_pool_init(&__g_pool_small,   __g_pool_small_mem,   512,    8);
22      pool_id_mid     =   aw_pool_init(&__g_pool_mid,     __g_pool_mid_mem,     1024,   64);
23      pool_id_big     =   aw_pool_init(&__g_pool_big,     __g_pool_big_mem,     2048,   128);
24
25      // 其他操作……
26      while(1) {
27          aw_mdelay(200);
28      }
29  }
```

程序中,将三种类型内存池的总容量分别定义为512、1 024、2 048。实际中,应根据情况定义,例如,小型内存块需求量很大,应该增大对应内存池的总容量。

4. 获取内存块

内存池初始化完毕后,用户可以从内存池中获取固定大小的内存块,其函数原型为:

```
void * aw_pool_item_get (aw_pool_id_t pool_id);
```

其中,pool_id 为初始化函数返回的内存池 ID,其用于指定内存池,表示从该内存池中获取内存块。返回值为 void * 类型的指针,其指向获取内存块的首地址,特别地,若返回值为 NULL,则表明获取失败。从内存池中获取一个内存块的范例程序详见程序清单 9.16。

程序清单 9.16　获取内存块范例程序

```
1    int   * ptr;
2    ptr = (int * ) aw_pool_item_get(pool_id);          // 获取一个内存块
3    if (ptr != NULL) {                                 // 获取成功
4        ptr[0] = 5;                                    // 使用获取的内存块
5        ptr[1] = 6;
6        //......
7    }
```

5. 释放内存块

当获取的内存块使用完毕后,应该释放该内存块,将其返还到内存池中。其函数原型为:

```
aw_err_t aw_pool_item_return (aw_pool_id_t pool_id, void * p_item);
```

其中,pool_id 为初始化函数返回的内存池 ID,其用于指定内存池,表示将内存块释放到该内存池中;p_item 为使用 aw_pool_item_get()函数获取内存块的首地址,即调用 aw_pool_item_get()函数的返回值,表示要释放的内存块。

返回值为 aw_err_t 类型的标准错误号,若值为 AW_OK,则表示释放成功;否则,表示释放失败,释放失败往往是由于参数错误造成的,例如,释放一个不是由 aw_pool_item_get()函数获取的内存块。**注意:**内存块从哪个内存池中获取,释放时,就必须释放到相应的内存池中,不可将内存块释放到其他不对应的内存池中。

当使用 aw_pool_item_return()将内存块释放后,相应的内存空间将变为无效,用户不能再继续使用。释放内存块的范例程序详见程序清单 9.17。

程序清单 9.17　释放内存块范例程序

```
1    #include "aworks.h"
2    #include "aw_delay.h"
3    #include "aw_vdebug.h"
4    #include "aw_pool.h"
5
6    static aw_pool_t        __g_pool;               // 定义内存池
7    static uint8_t          __g_pool_mem[1024];     // 定义内存池管理的实际内存空间
8
9    int aw_main (void)
```

```
10  {
11      aw_pool_id_t        pool_id;
12      int                 * ptr;
13
14      pool_id = aw_pool_init(&__g_pool, __g_pool_mem, 1024, sizeof(int) * 2);
15      if (pool_id != NULL) {                                  // 初始化成功
16          ptr = (int * ) aw_pool_item_get(pool_id);           // 获取一个内存块
17          if  (ptr != NULL) {                                 // 获取成功
18              ptr[0] = 5;                                     // 使用获取的内存块
19              ptr[1] = 6;
20              aw_kprintf(" %d %d \r\n", ptr[0], ptr[1]);
21              aw_pool_item_return(pool_id, ptr);              // 使用完毕,释放内存块
22              ptr = NULL;                               // 为避免误用,释放后将其置为 NULL
23          }
24      } else {                                                // 初始化失败
25          aw_kprintf("Init Failed! \r\n");
26      }
27      while(1) {
28          aw_mdelay(200);
29      }
30  }
```

第10章 实时内核

本章导读

AWorks是由各式各样的组件构成的，用于提供多任务服务的OS实时内核也不例外。AWorks定义了实时内核的通用接口，实时内核的实现如同驱动代码一样，仅仅是一个可以根据需要任意更换的组件。AWorks并没有限定使用何种操作系统内核，可以是FreeRTOS、μC/OS-Ⅱ、μC/OS-Ⅲ、SysBIOS甚至是Linux、Windows或Android等操作系统的内核。通常情况下，AWorks默认使用的是ZLG自主研发的实时内核：RTK，其特点如下：

① 极微小的原生内核，最小能在1 KB RAM、2 KB ROM的平台上运行；

② 提供任务、信号量、互斥量、消息队列等多种OS服务；

③ 任务数量无限制，最高达1 024个任务优先级，支持同优先级任务；

④ 所有组件(任务、信号量等)均可静态实例化，避免内存泄露的风险。

对于用户来说，无论使用何种实时内核，均可通过AWorks定义的内核通用接口使用常见OS服务，如：任务、信号量、互斥量和消息队列等。

10.1 任务管理

10.1.1 多任务环境简介

在《面向AMetal框架和接口的C编程》一书中介绍了AMetal，其没有提供实时内核服务，属于典型的“裸机”开发模式，其明显的特征是应用程序核心逻辑在一个无限循环(main函数中的while(1)主循环)中完成。

当系统逐渐变得庞大时，单一主循环中的逻辑将变得非常复杂，极大地增加了维护和扩展的难度。比如，尝试实现一个简单的两灯闪烁应用程序，若闪烁的频率一样，均为每秒闪烁一次，则主程序的范例程序详见程序清单10.1。

程序清单 10.1　两灯闪烁范例程序(闪烁频率相同)

```
1    int am_main (void)
2    {
3        while(1) {
4            am_led_toggle(0);           // 翻转 LED0 的状态
5            am_led_toggle(1);           // 翻转 LED1 的状态
6            am_mdelay(500);             // 延时 500 ms
7        }
8    }
```

假如应用需求发生改变,LED0 每秒闪烁 2 次,LED1 每秒闪烁 1 次,则需要修改应用程序,详见程序清单 10.2。

程序清单 10.2　两灯闪烁范例程序(闪烁频率不同)

```
1    int am_main (void)
2    {
3        int i;
4        while(1) {
5            am_led_toggle(1);                  // 翻转 LED1 的状态
6            for (i = 0; i < 2; i++) {          // LED0 闪烁两次,用时 500 ms
7                am_led_toggle(0);              // 翻转 LED0 的状态
8                am_mdelay(250);                // 延时 250 ms
9            }
10       }
11   }
```

该程序本质上是使 LED1 每隔 500 ms 翻转一次,LED0 每隔 250 ms 翻转一次。虽然单一主循环模式可以实现两灯闪烁,但随着闪烁频率的不同,主程序的逻辑将变得复杂,需要小心地控制各个 LED 翻转的时机和延时,程序的可读性会变得越来越差,不利于维护和扩展。显然,如果有更多的 LED 需要以不同的频率闪烁,则主程序的逻辑将会变得更加复杂。

虽然在 AMetal 中可以使用定时器实现 LED 的闪烁,即为每个 LED 分配一个定时器,每个定时器以不同的频率运行,在各个定时器回调函数中翻转 LED,但实际的应用程序不只是控制 LED 闪烁那么简单,这里只是使用一个简单的例子说明使用单一主循环的缺点。

当应用程序使用实时内核实现多任务管理时,情况就大不相同了。由于每个任务都有一个 while(1)主循环,如果有多个任务,则系统中将存在多个 while(1)主循环,如图 10.1 所示。

假设使用两个任务分别控制一个 LED,各自负责单个 LED 的翻转和延时,进而实现两个 LED 闪烁,若两灯均每秒闪烁一次,则对应的示意图如图 10.2 所示。

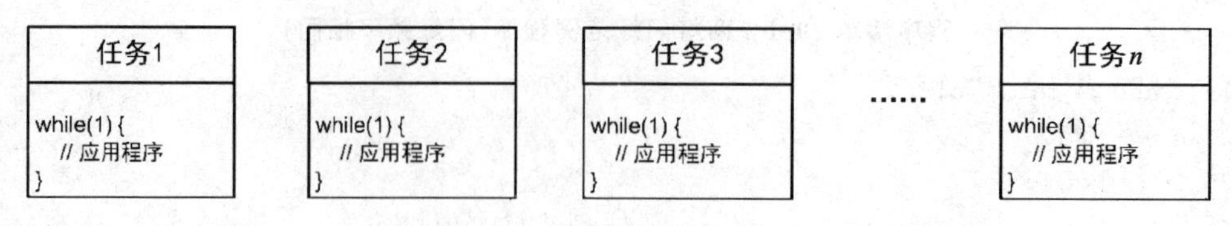

图 10.1　多任务环境示意图

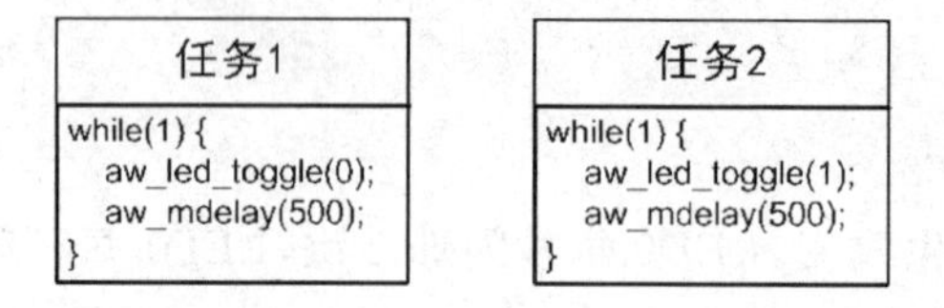

图 10.2　使用两个任务实现 LED 闪烁(频率相同)

若需修改 LED 的闪烁频率,则只需修改相应任务中的延时时间即可,任一 LED 闪烁频率的变化均不会影响另一个任务中对 LED 的控制。例如,修改 LED0 的闪烁频率,使其每秒闪烁 2 次,则仅需修改任务 1 中的延时时间为 250 ms。

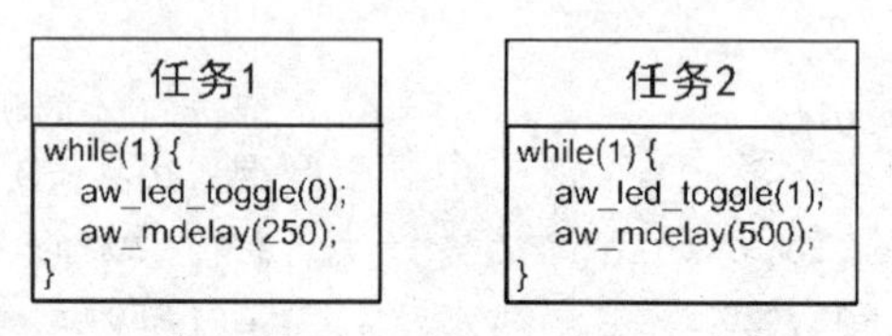

图 10.3　使用两个任务实现 LED 闪烁(频率不同)

当应用程序使用多任务进行管理时,程序简洁明了,LED 闪烁频率的变化并不会使程序的控制变得更加复杂,不会降低应用程序的可读性和扩展性。这是由于在一个任务的 while(1)循环中,仅包含控制单个 LED 的代码,各个 LED 的控制代码是相互独立的,因而具有"高内聚、低耦合"的特点。如果不使用多任务进行管理,那么多个 LED 的控制代码是"耦合"在一起的。

读者也许会有这样的疑虑,对于单核 CPU,同一时刻只能执行一条命令,这里有多个 while(1)主循环,程序是怎么执行的呢？不可能同时执行多个 while(1)中的代码吧？

确实如此,对于单核 CPU 来说,同一时刻只能执行一条命令,因此也就无法同时执行两个 while(1)中的代码,这就需要内核的"任务调度器"进行合适的调度,"调度"CPU 当前时刻去执行哪个任务中的代码。

在基于优先级的调度算法中,会根据优先级决定当前执行哪个任务中的代码。若任务 1 的优先级最高,则首先运行任务 1 中的程序。当任务 1 运行完毕暂时不需要 CPU 时,则释放 CPU,调度器接着"调度"CPU 去执行其他任务中的程序。

既然任务中的程序结构是一个 while(1)死循环,任务不是一直在运行吗？何时不需要 CPU 呢？当任务需要延时一段时间或等待某一事件发生时,则处于阻塞状态，暂时不需要 CPU。只有当延时时间到或等待的事件发生时，才会退出阻塞状态。调度器在重新分配 CPU 的使用权时，会将该任务纳入考虑的范围。若其优先级最高，则会将 CPU 的使用权重新分配给该任务，进而执行任务中的程序。

实际上，每个任务需要占用 CPU 的时间往往都是很短的，比如，LED0 每秒闪烁 2 次，在 1 s 时间内，需要翻转 4 次 LED，翻转 LED 仅需调用一个函数，其执行的时间通常在微妙级别。除翻转 4 次 LED 需要占用 CPU 外，其余时间都处于延时阶段，不需要占用 CPU。由此可见，对于该任务来说，1 s 时间内，占用 CPU 的时间仅为微秒级别。

由于各个任务占用 CPU 的时间都很短，通常在很短的时间内，各个任务都能获得 CPU 的使用权执行各自的程序。对于用户来说，各个任务在很短的时间内都得到了执行，看起来就好像是“并行”运行的。

虽然使用多任务管理应用程序有很多优点，但却是以牺牲一定的性能和内存空间为代价的。当存在多个任务时，需要内核调度器正常工作，在合适的时机调度“CPU”执行某一任务中的代码。显然，调度器本身也需要占用一定的 CPU 时间和内存空间，这些都是除应用程序外额外的消耗。

此外，在单一主循环模式下，整个系统使用一个栈空间，保存函数调用的返回地址与局部变量等信息。当系统中存在多个任务时，每个任务都需要一个独立的栈空间，保存该任务中函数调用的返回地址与局部变量等信息，由于各个任务的栈空间是相互独立的，从而使得系统需要多个栈空间，这将会导致栈空间的消耗会急剧上升。

随着 MCU 的快速发展，内存和主频都得到了极大的提升，少量的资源消耗对整个系统的影响是很微弱的，甚至可以忽略不计。因此绝大多数的应用都建议直接使用 AWorks。而在一些资源极小的 MCU 中，这些性能的损耗和内存空间的占用往往无法容忍，这时就应该优先选择无实时内核的 AMetal。

10.1.2 创建任务

创建任务主要包括三个步骤：定义任务实体、初始化任务和启动任务。AWorks 为这三个步骤定义了相应的宏，用户只需要正确使用这些宏即可完成任务的创建。

1. 定义任务实体

定义任务实体主要为任务分配必要的内存空间（包括栈空间）。AWorks 提供了两个辅助宏用于定义任务实体，宏的原型如表 10.1 所列。

表 10.1 定义任务实体相关的宏（aw_task.h）

宏原型	功能简介
AW_TASK_DECL(task, stack_size)	定义任务实体
AW_TASK_DECL_STATIC(task, stack_size)	定义任务实体（静态）

两个宏的参数是一样的，唯一的区别是使用 AW_TASK_DECL_STATIC() 宏

定义的任务实体增加了 static 修饰符,这样,便可以将任务实体的作用域限制在模块内(文件内),从而避免模块之间的任务命名冲突,同时,还可以在函数内使用本宏定义任务。其中,task 表示任务实体的标识名,stack_size 指定为该任务分配的栈空间大小。每个任务都包含一个 while(1)无限循环,需要栈空间存储局部变量或函数调用时的返回地址等信息。栈的大小应该根据实际情况分配,比如,定义一个任务,指定其标识名为 task_led0,栈空间为 512 字节,则使用 AW_TASK_DECL()定义任务实体的范例程序详见程序清单 10.3。

程序清单 10.3　定义任务实体

```
1    AW_TASK_DECL(task_led0, 512);
```

使用 AW_TASK_DECL()定义任务实体时,可以将任务实体嵌入到另一个数据结构中,其范例程序详见程序清单 10.4。

程序清单 10.4　将任务实体嵌入到结构体中

```
1    struct my_struct {
2         //……其他数据成员
3         AW_TASK_DECL(task_led0, 512);          // 定义 task_led0 任务,栈空间 512 字节
4         //……其他数据成员
5    };
```

使用 AW_TASK_DECL_STATIC ()定义任务实体的范例程序详见程序清单 10.5。

程序清单 10.5　定义任务实体(静态)

```
1    AW_TASK_DECL_STATIC(task_led0, 512);
```

注意:任务实体对应的内存空间必须在任务的整个生命周期有效,建议用户使用 AW_TASK_DECL_STATIC()宏定义任务实体,或在函数外部使用 AW_TASK_DECL()将任务实体定义为全局变量。

2. 初始化任务

定义任务实体后需要初始化任务实体,AWorks 提供了初始化任务实体的宏,其原型为:

```
AW_TASK_INIT(task, name, priority, stack_size, func, arg)
```

其中,task 为使用 AW_TASK_DECL()或 AW_TASK_DECL_STATIC()宏定义的任务实体的标识名;name 为任务的名字,其类型为一个字符串,比如,“task_led0”;priority 为任务的优先级,其值越大,优先级越低,0 为最高优先级;stack_size 为该任务的栈大小,其值必须和定义任务实体时指定的栈大小一致;func 为任务的入口函数,任务启动后,将进入该函数中执行,该函数的典型结构为:

```
1   void task_entry (void * p_arg)
2   {
3       while(1) {
4           // ……
5       }
6   }
```

其中，形参 p_arg 为该函数的入口参数，其值为初始化任务时指定的最后一个 arg 参数。若不使用该参数时，则在初始化时将 arg 设置为 NULL。

例如，使用该宏初始化之前定义的 task_led0 任务实体，指定其优先级为 5，初始化任务实体的范例程序详见程序清单 10.6。

程序清单 10.6 初始化任务

```
1    AW_TASK_DECL_STATIC(task_led0, 512);                  // 定义任务实体
2
3    void task_led0_entry (void * p_arg)                   // 定义任务入口函数
4    {
5        while(1) {
6            aw_led_toggle(0);
7            aw_mdelay(500);
8        }
9    }
10
11   int aw_main()
12   {
13       AW_TASK_INIT(
14           task_led0,                                    // 任务实体
15           "task_led0",                                  // 任务名字
16           5,                                            // 任务优先级
17           512,                                          // 任务堆栈大小
18           task_led0_entry,                              // 任务入口函数
19           NULL);                                        // 任务入口参数
20       while(1) {
21           aw_mdelay(1000);
22       }
23   }
```

AW_TASK_INIT()宏用于初始化一个任务实体，初始化完毕后，将返回该任务的 ID，其类型为 aw_task_id_t。定义一个该类型的变量保存返回的 ID 如下：

```
aw_task_id_t  task_led0_id = AW_TASK_INIT(task_led0, "task_led0", 5, 512, task_led0_entry, NULL);
```

aw_task_id_t 的具体定义用户无需关心,该 ID 可作为后文介绍的其他任务相关接口函数的参数,用于指定要操作的任务。特别地,若返回 ID 的值为 NULL,则表明初始化失败。一般地,若无特殊需求,不会使用该 ID,可以不用保存该 ID。

特别地,由于不同平台使用的优先级数目可能不同,因此当前系统最低优先级的值可能不同,最低优先级的值可以通过 aw_task_lowest_priority()函数获取,其函数原型为:

```
unsigned int aw_task_lowest_priority(void);
```

该函数的返回值为用户可以使用的最低优先级的值。

3. 启动任务

当任务初始化完毕后,可以启动任务,以便进入任务的入口函数执行任务代码。AWorks 提供了启动任务的宏,其原型为:

```
AW_TASK_STARTUP(task)
```

其中, task 为使用 AW_TASK_DECL()或 AW_TASK_DECL_STATIC()宏定义的任务实体的标识名。比如,启动之前已经初始化完成的 task_led0,详见程序清单 10.7。

程序清单 10.7 启动任务范例程序

```
1     #include "aworks.h"
2     #include "aw_led.h"
3     #include "aw_delay.h"
4     #include "aw_task.h"
5
6     AW_TASK_DECL_STATIC(task_led0, 512);                  // 定义任务实体
7
8     static void __task_led0_entry (void * p_arg)          // 定义任务入口函数
9     {
10        while(1) {
11            aw_led_toggle(0);
12            aw_mdelay(250);
13        }
14    }
15
16    int aw_main()
17    {
18        AW_TASK_INIT(
19            task_led0,                                    // 任务实体
20            "task_led0",                                  // 任务名字
21            5,                                            // 任务优先级
```

```
22          512,                              // 任务堆栈大小
23          __task_led0_entry,                // 任务入口函数
24          NULL);                            // 任务入口参数
25      AW_TASK_STARTUP(task_led0);           // 启动任务
26      while(1) {
27          aw_mdelay(1000);
28      }
29  }
```

由于任务入口函数 task_led0 的入口函数仅在文件内部使用，因此增加了 static 修饰符，并在函数名前增加了双下划线，即__task_led0_entry()。

当 task_led0 任务启动后，aw_main()函数的主循环中不再需要处理任何事务。此时可以通过调用延时函数使其释放 CPU，进而使调度器“调度”CPU 去执行其他任务。一般来说，除最低优先级的任务外，任何任务的主循环都应该具有释放 CPU 的语句，比如，延时、等待信号量等，以避免该任务独占 CPU，使其他任务因得不到 CPU 的权限而无法运行，而 aw_main()函数本质上也是在一个主任务中运行的。

基于此，继续创建一个 LED1 闪烁的任务，实现两个 LED 闪烁，详见程序清单 10.8。

程序清单 10.8　继续创建一个 task_led1 的任务

```
1   #include "aworks.h"
2   #include "aw_led.h"
3   #include "aw_delay.h"
4   #include "aw_task.h"
5
6   AW_TASK_DECL_STATIC(task_led0, 512);          // 定义任务实体
7   AW_TASK_DECL_STATIC(task_led1, 512);          // 定义任务实体
8
9   static void __task_led0_entry (void *p_arg)  // 定义任务入口函数
10  {
11      while(1) {
12          aw_led_toggle(0);
13          aw_mdelay(250);
14      }
15  }
16
17  static void __task_led1_entry (void *p_arg)  // 定义任务入口函数
18  {
19      while(1) {
```

```
20            aw_led_toggle(1);
21            aw_mdelay(500);
22        }
23    }
24
25    int aw_main()
26    {
27        AW_TASK_INIT(
28            task_led0,                      // 任务实体
29            "task_led0",                    // 任务名字
30            5,                              // 任务优先级
31            512,                            // 任务堆栈大小
32            __task_led0_entry,              // 任务入口函数
33            NULL);                          // 任务入口参数
34        AW_TASK_INIT(
35            task_led1,                      // 任务实体
36            "task_led1",                    // 任务名字
37            6,                              // 任务优先级
38            512,                            // 任务堆栈大小
39            __task_led1_entry,              // 任务入口函数
40            NULL);                          // 任务入口参数
41        AW_TASK_STARTUP(task_led0);         // 启动任务
42        AW_TASK_STARTUP(task_led1);         // 启动任务
43        while(1) {
44            aw_mdelay(1000);
45        }
46    }
```

实际应用中，不一定要在 aw_main()中创建所有任务，也可以在一个任务的入口函数中创建另外一个任务，比如，在 task_led0 的入口函数中创建 task_led1，详见程序清单 10.9。

程序清单 10.9　在一个任务的入口函数中创建另外一个任务

```
1     #include "aworks.h"
2     #include "aw_led.h"
3     #include "aw_delay.h"
4     #include "aw_task.h"
5
6     AW_TASK_DECL_STATIC(task_led0, 512);                  // 定义任务实体
7     AW_TASK_DECL_STATIC(task_led1, 512);                  // 定义任务实体
8
9     static void __task_led1_entry (void * p_arg)          // 定义任务入口函数
10    {
```

```
11        while(1) {
12            aw_led_toggle(1);
13            aw_mdelay(500);
14        }
15    }
16
17    static void __task_led0_entry (void * p_arg)          // 定义任务入口函数
18    {
19        AW_TASK_INIT(
20            task_led1,                                     // 任务实体
21            "task_led1",                                   // 任务名字
22            6,                                             // 任务优先级
23            512,                                           // 任务堆栈大小
24            __task_led1_entry,                             // 任务入口函数
25            NULL);                                         // 任务入口参数
26        AW_TASK_STARTUP(task_led1);                        // 启动任务
27        while(1) {
28            aw_led_toggle(0);
29            aw_mdelay(250);
30        }
31    }
32
33    int aw_main()
34    {
35        AW_TASK_INIT(
36            task_led0,                                     // 任务实体
37            "task_led0",                                   // 任务名字
38            5,                                             // 任务优先级
39            512,                                           // 任务堆栈大小
40            __task_led0_entry,                             // 任务入口函数
41            NULL);                                         // 任务入口参数
42        AW_TASK_STARTUP(task_led0);                        // 启动任务
43        while(1) {
44            aw_mdelay(1000);
45        }
46    }
```

初始化任务和启动任务的代码仅需执行一次，因此这部分代码应该放在任务入口函数的 while(1)循环之外。

10.1.3 终止任务

当一个任务所处理的事务完成后，可以将其终止，以节省系统资源。AWorks 提供了一个通用宏，用于终止一个任务，终止后，任务不再运行，调度器将不会再“调度”CPU 执行任务入口函数中的程序。其原型为：

```
AW_TASK_TERMINATE(task)
```

其中，task 为使用 AW_TASK_DECL()或 AW_TASK_DECL_STATIC()宏定义的任务实体的标识名。如仅需 LED0 闪烁 10 s，则在启动 task_led0 任务 10 s 后，可以终止该任务，范例程序详见程序清单 10.10。

程序清单 10.10 终止任务范例程序

```
1    #include "aworks.h"
2    #include "aw_led.h"
3    #include "aw_delay.h"
4    #include "aw_task.h"
5
6    AW_TASK_DECL_STATIC(task_led0, 512);                    // 定义任务实体
7
8    static void __task_led0_entry (void * p_arg)            // 定义任务入口函数
9    {
10       while(1) {
11           aw_led_toggle(0);
12           aw_mdelay(250);
13       }
14   }
15
16   int aw_main()
17   {
18        AW_TASK_INIT(
19           task_led0,                                      // 任务实体
20           "task_led0",                                    // 任务名字
21           5,                                              // 任务优先级
22           512,                                            // 任务堆栈大小
23           __task_led0_entry,                              // 任务入口函数
24           NULL);                                          // 任务入口参数
25       AW_TASK_STARTUP(task_led0);                         // 启动任务
26       aw_mdelay(10000);                  // 延时 10 s,期间 task_led0 任务可以正常运行
27       AW_TASK_TERMINATE(task_led0);                       // 终止任务
28       while(1) {
```

```
29            aw_mdelay(1000);
30        }
31    }
```

10.1.4 任务延时

当一个任务需要延时一段时间后再运行时，可以调用任务延时函数，其函数原型为：

```
void aw_task_delay(int ticks);
```

其中，ticks 表示延时时间的长短。任务调用延时函数后，将释放 CPU 使用权，只有当延时时间到后，内核调度器才会重新为任务分配 CPU 使用权。ticks 的单位为系统节拍。例如，延时 500 ms 的范例程序详见程序清单 10.11。

程序清单 10.11 任务延时范例程序

```
1    aw_task_delay(aw_ms_to_ticks(500));
```

使用这种方式延时固定时间，可以提高程序的通用性，即当系统节拍频率发生改变时，程序代码无需做任何修改，也同样表示延时 500 ms。

实际上更习惯使用 aw_mdelay()进行毫秒级别的延时，虽然其本质上也是直接基于任务延时函数实现的，但该延时函数并没有明确的任务延时概念(任务会释放 CPU 使用权)。因此，当明确的需要任务释放 CPU 使用权，延时一段时间时，建议直接使用任务延时函数。例如，将程序清单 10.7 所示单个 LED 闪烁的范例程序中的 aw_mdelay()修改为使用 aw_task_delay()函数实现，范例程序详见程序清单 10.12。

程序清单 10.12 任务延时综合范例程序

```
1     #include "aworks.h"
2     #include "aw_led.h"
3
4     #include "aw_task.h"
5
6     AW_TASK_DECL_STATIC(task_led0, 512);                  // 定义任务实体
7
8     static void __task_led0_entry (void * p_arg)          // 定义任务入口函数
9     {
10        while(1) {
11            aw_led_toggle(0);
12            aw_task_delay(aw_ms_to_ticks(250));           // 任务延时 250 ms
13        }
14    }
15
16    int aw_main()
```

```
17    {
18         AW_TASK_INIT(
19             task_led0,                              // 任务实体
20             "task_led0",                            // 任务名字
21             5,                                      // 任务优先级
22             512,                                    // 任务堆栈大小
23             __task_led0_entry,                      // 任务入口函数
24             NULL);                                  // 任务入口参数
25        AW_TASK_STARTUP(task_led0);                  // 启动任务
26        while(1) {
27            aw_task_delay(aw_ms_to_ticks(1000));    // 任务延时 1 s
28        }
29    }
```

10.1.5 检查栈空间的使用情况

在创建任务时，首先需要使用 AW_TASK_DECL()或 AW_TASK_DECL_STATIC()宏定义任务实体，为任务分配必要的内存空间，包括需要由用户通过 stack_size 指定的栈空间。栈空间主要保存了运行该任务时，调用函数时的返回地址、局部变量等内容。

充足的栈空间是一个任务正常运行的必要条件。实际中，合理的分配栈空间大小并不是一件容易的事情，分配过多，浪费空间；分配过少，栈溢出，可能导致程序崩溃。

为了帮助用户分配栈空间的大小，AWorks 提供了 2 个辅助宏，用于检查任务栈空间的使用情况。宏的原型及功能如表 10.2 所列。

表 10.2 检查栈空间的使用情况相关宏(aw_task.h)

宏原型	功能简介
AW_TASK_STACK_CHECK (task,p_total,p_free)	检查指定任务的栈空间使用情况
AW_TASK_STACK_CHECK_SELF(p_total,p_free)	检查任务自身的栈空间使用情况

1. 检查指定任务的栈空间使用情况

AW_TASK_STACK_CHECK()用于检查指定任务的栈空间使用情况，其原型为：

```
AW_TASK_STACK_CHECK (task,p_total,p_free)
```

其中，参数 task 为使用 AW_TASK_DECL()或 AW_TASK_DECL_STATIC()宏定义的任务实体的标识名；p_total 是 unsigned int 类型的指针，用于获取指定任务的栈空间总大小(字节数)；p_free 是 unsigned int 类型的指针，用于获取当前剩余的栈空间大小(字节数)。

例如，每隔 1 s 检查一次 task_led0 的栈使用情况，范例程序详见程序清单 10.13。

程序清单 10.13　检查指定任务的栈空间使用情况范例程序

```
1    #include "aworks.h"
2    #include "aw_led.h"
3    #include "aw_delay.h"
4    #include "aw_task.h"
5    #include "aw_vdebug.h"
6
7    AW_TASK_DECL_STATIC(task_led0, 512);                    // 定义任务实体
8
9    static void __task0_led_entry (void * p_arg)            // 定义任务入口函数
10   {
11       while(1) {
12           aw_led_toggle(0);
13           aw_mdelay(250);
14       }
15   }
16
17   int aw_main()
18   {
19        unsigned int total, free;
20
21        AW_TASK_INIT(
22            task_led0,                                      // 任务实体
23            "task_led0",                                    // 任务名字
24            5,                                              // 任务优先级
25            512,                                            // 任务堆栈大小
26            __task0_led_entry,                              // 任务入口函数
27            NULL);                                          // 任务入口参数
28       AW_TASK_STARTUP(task_led0);                          // 启动任务
29       while(1) {
30           aw_mdelay(1000);
31           AW_TASK_STACK_CHECK(task_led0, &total, &free);
32           aw_kprintf("Total: %d, free: %d, used: %d\r\n", total, free, total - free);
33       }
34   }
```

其中，aw_kprintf()的函数原型为：

```
int aw_kprintf (const char * fmt, ...);
```

其在 aw_vdebug.h 文件中声明,用法与标准 C 语言库中的 printf()函数用法相同,aw_kprintf()通常将格式化字符串通过调试串口输出,以便用户可以通过串口调试助手查看输出信息。

在本例中,打印的信息为:

```
Total: 512, free: 376, used: 136
```

由此可见,task_led0 任务的栈空间总大小为 512 字节,空闲字节数为 376 字节,实际使用的字节数为 136 字节,使用率约为 26.6%,栈空间是足够的。

这里得出的栈空间剩余大小仅供参考,任务运行时间的长短或运行情况(是否运行了任务中所有函数的调用路径)的不同均可能导致栈的使用情况存在差异。实际中,为了尽可能确保栈不溢出,往往在分配栈空间时,在实际使用的基础上,预留一些余量,使实际空间使用率在 50%~80%。

例如,task_led0 实际使用的栈空间大小为 136 字节,可以将栈空间分配为实际使用的 2 倍,即 272。一般地,建议将栈空间分配为 2 的整数次幂,即 64、128、256、512 等。因此,在这里,为 task_led0 分配的栈空间大小可以为 256。

task_led0 仅仅实现了一个简单的 LED 闪烁任务,却需要为其分配 256 字节的内存空间用作栈空间。同理,如果需要 LED1 闪烁,也需要为 task_led1 分配一定的栈空间。这就是使用多任务时的缺点,需要为每个任务都分配一个独立的栈空间,导致栈空间的总消耗增加。

2. 检查任务自身的栈空间使用情况

AW_TASK_STACK_CHECK_SELF()用于检查当前任务自身(即调用该宏的任务)的栈空间使用情况,其原型为:

```
AW_TASK_STACK_CHECK_SELF(p_total,p_free)
```

由于其检测的对象就是任务自身,因此,无需额外的 task 参数指定任务,仅需使用 unsigned int 指针类型的 p_total 和 p_free 指针,分别用于获取当前任务的栈空间总大小和剩余空间大小。例如,可以在 task_led0 任务中,调用该函数检查任务的栈空间使用情况,范例详见程序清单 10.14。

程序清单 10.14　检查任务自身的栈空间使用情况范例程序

```
1    #include "aworks.h"
2    #include "aw_led.h"
3    #include "aw_delay.h"
4    #include "aw_task.h"
5    #include "aw_vdebug.h"
6
7    AW_TASK_DECL_STATIC(task_led0, 512);            // 定义任务实体
8
```

```
9    static void __task0_led_entry (void * p_arg)           // 定义任务入口函数
10   {
11       unsigned int total, free;
12       while(1) {
13           aw_led_toggle(0);
14           aw_mdelay(250);
15           AW_TASK_STACK_CHECK_SELF(&total, &free);
16           aw_kprintf("Total: %d, free: %d, used: %d \r\n", total, free, total - free);
17       }
18   }
19
20   int aw_main()
21   {
22        AW_TASK_INIT(
23           task_led0,                                     // 任务实体
24           "task_led0",                                   // 任务名字
25           5,                                             // 任务优先级
26           512,                                           // 任务堆栈大小
27           __task0_led_entry,                             // 任务入口函数
28           NULL);                                         // 任务入口参数
29       AW_TASK_STARTUP(task_led0);                        // 启动任务
30       while(1) {
31           aw_mdelay(1000);
32       }
33   }
```

在本例中,打印的信息为如下字符串:

```
Total: 512, free: 268, used: 244
```

由此可见,task_led0 任务的栈空间总大小为 512 字节,空闲字节数为 268 字节,实际使用的字节数为 244 字节,使用率约为 47.7%。显然,这与使用 AW_TASK_STACK_CHECK()宏检查的栈使用情况存在一定的差异,这是因为若在任务体内检查当前任务的栈使用情况,由于检查代码本身也需要占用一定的栈空间,因此,会使检查结果存在一定的偏差。一般地,建议创建一个单独的优先级很低的任务,使用 AW_TASK_STACK_CHECK()宏检查应用中其他任务的栈空间使用情况。

10.2 信号量

信号量是一种轻型的用于解决任务间同步问题的内核对象,任务可以获取或释放它,从而达到同步或互斥的目的,以实现各个任务间有效的合作。信号量就像一把

钥匙,把一段临界区给锁住,只允许有钥匙的线程进行访问:线程拿到了钥匙,才允许它进入临界区;而离开后就把钥匙传递给排在后面的等待线程,让后续线程依次进入临界区。

在 AWorks 中,定义了三种类型的信号量:互斥信号量、二进制信号量和计数信号量。

10.2.1 互斥信号量

互斥信号量(mutex)用于任务间对资源的互斥访问,在一个任务使用共享资源前,获取互斥信号量;在使用共享资源结束后,释放互斥信号量,任务以独占的方式使用共享资源。

例如,当前有两个任务,分别使用 aw_kprintf()访问调试串口(共享的硬件设备),输出一些字符串信息,范例程序详见程序清单 10.15。

程序清单 10.15 两个任务使用调试串口输出信息的范例程序

```
1    #include "aworks.h"
2    #include "aw_led.h"
3    #include "aw_delay.h"
4    #include "aw_task.h"
5    #include "aw_vdebug.h"
6
7    AW_TASK_DECL_STATIC(task0, 512);                      // 定义 task0 任务实体
8    AW_TASK_DECL_STATIC(task1, 512);                      // 定义 task1 任务实体
9
10   static void __task0_entry (void * p_arg)              // task0 任务入口函数
11   {
12       int i;
13       for (i = 0; i < 5; i ++) {
14           aw_kprintf("Task0: 0123456789\r\n");
15           aw_mdelay(1);
16       }
17       while(1) {
18           aw_mdelay(1000);
19       }
20   }
21
22   static void __task1_entry (void * p_arg)              // task1 任务入口函数
23   {
24       int i;
25       for (i = 0; i < 5; i ++) {
26           aw_kprintf("Task1: ABCDEFGHIJKLMNOPQRSTUVWXYZ\r\n");
```

```
27            aw_mdelay(1);
28        }
29        while(1) {
30            aw_mdelay(1000);
31        }
32    }
33
34    int aw_main()
35    {
36         AW_TASK_INIT(
37            task0,                                   // 任务实体
38            "task0",                                 // 任务名字
39            5,                                       // 任务优先级
40            512,                                     // 任务堆栈大小
41            __task0_entry,                           // 任务入口函数
42            NULL);                                   // 任务入口参数
43         AW_TASK_INIT(
44            task1,                                   // 任务实体
45            "task1",                                 // 任务名字
46            6,                                       // 任务优先级
47            512,                                     // 任务堆栈大小
48            __task1_entry,                           // 任务入口函数
49            NULL);                                   // 任务入口参数
50        AW_TASK_STARTUP(task0);                      // 启动任务 task0
51        AW_TASK_STARTUP(task1);                      // 启动任务 task1
52        while(1) {
53            aw_mdelay(1000);
54        }
55    }
```

当 task0 启动后，每隔 1 ms 输出字符串“Task0：0123456789”；当 task1 启动后，每隔 1 ms 输出字符串：“Task1：ABCDEFGHIJKLMNOPQRSTUVWXYZ”。实际的输出结果如下：

```
Task0：0123456789
TaskTask0：0123456789
1：Task0：0123456789
ABCTask0：0123456789
DEFTask0：0123456789
GHIJKLMNOPQRSTUVWXYZ
Task1：ABCDEFGHIJKLMNOPQRSTUVWXYZ
Task1：ABCDEFGHIJKLMNOPQRSTUVWXYZ
Task1：ABCDEFGHIJKLMNOPQRSTUVWXYZ
Task1：ABCDEFGHIJKLMNOPQRSTUVWXYZ
```

由于 task0 的任务优先级更高,因此它可以打断 task1,使用调试串口输出自己的信息。如果 task1 正在使用调试串口输出,则会因频繁地被 task0 打断而使 task1 输出的信息非常混乱。

从输出结果可以看到,task1 第一次输出的字符串分为 5 次才输出完毕“Task、1:ABC、DEF、GHIJKLMNOPQRSTUVWXYZ”。Task1 后面 4 次输出的字符串由于 task0 已经输出完毕,不会再打断 task1 使用调试串口输出,因此,后面 4 次输出的字符串信息是完整的。

可以使用互斥信号量解决这一问题,调试串口作为一种硬件资源,任务间可以使用互斥信号量实现互斥访问,以使当一个任务需要输出信息时,独占调试串口输出信息。

AWorks 提供了使用互斥信号量的几个宏,宏的原型如表 10.3 所列。

表 10.3 互斥信号量相关的宏(aw_sem.h)

宏原型	功能简介
AW_MUTEX_DECL(sem)	定义互斥信号量实体
AW_MUTEX_DECL_STATIC(sem)	定义互斥信号量实体(静态)
AW_MUTEX_INIT(sem, options)	初始化互斥信号量
AW_MUTEX_LOCK(sem, timeout)	获取互斥信号量,上锁
AW_MUTEX_UNLOCK(sem)	释放互斥信号量,解锁
AW_MUTEX_TERMINATE(sem)	终止互斥信号量

1. 定义互斥信号量实体

AW_MUTEX_DECL()和 AW_MUTEX_DECL_STATIC()宏均用于定义一个互斥信号量实体,它们的原型为:

```
AW_MUTEX_DECL(sem)
AW_MUTEX_DECL_STATIC(sem)
```

其中,参数 sem 为互斥信号量实体的标识名。两个宏的区别在于,AW_MUTEX_DECL_STATIC()在定义信号量所需内存时,使用了关键字 static,这样便可以将信号量实体的作用域限制在模块内(文件内),从而避免模块之间的信号量命名冲突,同时,还可以在函数内使用本宏定义互斥信号量实体。

使用 AW_MUTEX_DECL()定义一个标识名为 mutex_test 的互斥信号量实体的范例程序详见程序清单 10.16。

程序清单 10.16 定义互斥信号量实体的范例程序

```
1    AW_MUTEX_DECL (mutex_test);
```

使用 AW_MUTEX_DECL()定义互斥信号量实体时,可以将互斥信号量实体嵌入到另一个数据结构中,范例程序详见程序清单 10.17。

程序清单 10.17　将互斥信号量实体嵌入到结构体中

```
1    struct my_struct {
2    //……其他数据成员
3        AW_MUTEX_DECL(mutex_test);             // 互斥信号量实体
4    //……其他数据成员
5    };
```

也可以使用 AW_MUTEX_DECL_STATIC()定义一个标识名为 mutex_test 的互斥信号量实体，范例程序详见程序清单 10.18。

程序清单 10.18　定义互斥信号量实体(静态)的范例程序

```
1    AW_MUTEX_DECL_STATIC (mutex_test);
```

2. 初始化互斥信号量

定义互斥信号量实体后，必须使用 AW_MUTEX_INIT()初始化后才能使用，其原型为：

```
AW_MUTEX_INIT(sem, options)
```

其中，sem 为由 AW_MUTEX_DECL() 或 AW_MUTEX_DECL_STATIC()定义的互斥信号量。options 为互斥信号量的选项，其决定了阻塞于此信号量的任务的排队方式，即当多个任务在等待该信号量时，任务的排队方式，以便决定当信号量有效时，首先分配给哪个任务。排队方式可以按照任务优先级或先进先出的顺序排队，其对应的宏如表 10.4 所列。

表 10.4　信号量初始化选项宏(aw_sem.h)

选项宏	功能简介
AW_SEM_Q_FIFO	排队方式为 FIFO(先进先出)
AW_SEM_Q_PRIORITY	排队方式为按优先级排队

通常都按照优先级方式排队，初始化互斥信号量实体的范例程序详见程序清单 10.19。

程序清单 10.19　初始化互斥信号量实体的范例程序

```
1    AW_MUTEX_INIT (mutex_test, AW_SEM_Q_PRIORITY);
```

AW_MUTEX_INIT()用于初始化一个互斥信号量实体，初始化完毕后，将返回该互斥信号量的 ID，其类型为 aw_mutex_id_t。定义一个该类型的变量保存返回的 ID 如下：

```
aw_mutex_id_t  mutex_id = AW_MUTEX_INIT(mutex_test, AW_SEM_Q_PRIORITY) ;
```

aw_mutex_id_t 的具体定义用户无需关心，该 ID 可作为后文介绍的其他信号量相关接口函数的参数,用于指定要操作的互斥信号量。特别地,若返回 ID 的值为 NULL,则表明初始化失败。一般地,若无特殊需求,则不会使用该 ID,可以不用保存该 ID。

注意:初始化完毕后,互斥信号量默认处于有效(非空)状。

3. 获取互斥信号量

获取互斥信号量的宏原型为:

```
AW_MUTEX_LOCK(sem, timeout)
```

其中,sem 为由 AW_MUTEX_DECL() 或 AW_MUTEX_DECL_STATIC()定义的互斥信号量。timeout 指定了超时时间。该宏的返回值为 aw_err_t 类型的标准错误号。**注意**:由于中断服务程序不能被阻塞,因此,该函数禁止在中断中调用。

如果信号量不为空,是处于可用状态的,则本次操作将使任务成功获取到互斥信号量,同时,会清空该信号量,使其他任务不能获取到该信号量,直到任务释放此信号量。此时,AW_MUTEX_LOCK()的返回值为 AW_OK。

如果信号量为空,则表明信号量已经被其他任务获取,任务不能立即成功获取到互斥信号量,接下来具体的行为将由超时时间 timeout 的值决定。

① 若 timeout 的值为 AW_SEM_WAIT_FOREVER,则任务会阻塞于此,一直等待,直到该信号量重新变为可用,即当前占用该信号量的其他任务调用 AW_MUTEX_UNLOCK()释放了信号量,范例程序详见程序清单 10.20。

程序清单 10.20 永久阻塞等待互斥信号量的范例程序

```
1    AW_MUTEX_LOCK(mutex_test, AW_SEM_WAIT_FOREVER);
```

② 若 timeout 的值为 AW_SEM_NO_WAIT,则任务不会被阻塞,立即返回,但不会成功获取到信号量,此时,AW_MUTEX_LOCK()的返回值为-AW_EAGAIN(表示当前资源无效,需要重试),范例程序详见程序清单 10.21。

程序清单 10.21 不阻塞等待互斥信号量的范例程序

```
1    AW_MUTEX_LOCK(mutex_test, AW_SEM_NO_WAIT);
```

③ 若 timeout 的值为一个正整数,则表示最长的等待时间(单位为系统节拍),任务会阻塞于此,在 timeout 规定的时间内,若成功等待到信号量重新变为可用,则 AW_MUTEX_LOCK()的返回值为 AW_OK;若在 timeout 规定的时间内,没有等到信号量,则返回值为-AW_ETIME(表明超时),范例程序详见程序清单 10.22。

程序清单 10.22 等待互斥信号量的超时时间为 500 ms 的范例程序

```
1    AW_MUTEX_LOCK(mutex_test, aw_ms_to_ticks(500));
```

总之,只有当 AW_MUTEX_LOCK()返回 AW_OK 时,才表示成功获取到信号量,否则,均表示获取信号量失败。AW_EAGAIN 和 AW_ETIME 都是在 aw_ errno.h 文件中定义的标准错误号常量。

4. 释放互斥信号量

当任务使用 AW_MUTEX_LOCK()成功获取到信号量后，表示其可以使用相应的共享资源，当资源使用完毕后，应该释放互斥信号量，以便其他任务使用共享资源。释放互斥信号量的宏原型为：

```
AW_MUTEX_UNLOCK(sem)
```

其中，sem 为由 AW_MUTEX_DECL()或 AW_MUTEX_DECL_STATIC()定义的互斥信号量。该宏的返回值为 aw_err_t 类型的标准错误号。**注意：**互斥信号量只能由获取互斥信号量的任务释放，不能由其他任务或中断单独释放一个互斥信号量，详见程序清单 10.23。

程序清单 10.23　释放互斥信号量的范例程序

```
1    AW_MUTEX_UNLOCK (mutex_test);
```

5. 终止互斥信号量

当一个互斥信号量不再使用时，可以终止该互斥信号量，宏原型为：

```
AW_MUTEX_TERMINATE(sem)
```

其中，sem 为由 AW_MUTEX_DECL() 或 AW_MUTEX_DECL_STATIC()定义的互斥信号量。当互斥信号量被终止后，若当前系统中还存在等待该互斥信号量的任务，则任何等待此信号量的任务将会解阻塞，并返回－AW_ENXIO(表明资源已不存在)，其相应的范例程序详见程序清单 10.24。

程序清单 10.24　终止互斥信号量的范例程序

```
1    AW_MUTEX_TERMINATE(mutex_test);
```

基于互斥信号量接口，可以优化程序清单 10.15 中的程序，将调试串口使用互斥信号量保护起来，使各个任务独立地使用，其范例程序详见程序清单 10.25。

程序清单 10.25　两个任务使用调试串口输出信息的范例程序(增加互斥信号量)

```
1    #include "aworks.h"
2    #include "aw_led.h"
3    #include "aw_delay.h"
4    #include "aw_task.h"
5    #include "aw_vdebug.h"
6
7    AW_TASK_DECL_STATIC(task0, 512);             // 定义 task0 任务实体
8    AW_TASK_DECL_STATIC(task1, 512);             // 定义 task1 任务实体
9    AW_MUTEX_DECL_STATIC(mutex_test);            // 定义互斥信号量实体
10
```

```
11    static void __task0_entry (void * p_arg)          // task0 任务入口函数
12    {
13        int i;
14        for (i = 0; i < 5; i++ ) {
15            // 获取信号量,若不可用,则一直等待
16            AW_MUTEX_LOCK(mutex_test, AW_SEM_WAIT_FOREVER);
17            aw_kprintf("Task0: 0123456789\r\n");
18            AW_MUTEX_UNLOCK(mutex_test);              // 资源使用完毕,释放互斥信号量
19            aw_mdelay(1);
20        }
21        while(1) {
22            aw_mdelay(1000);
23        }
24    }
25
26    static void __task1_entry (void * p_arg)          // task1 任务入口函数
27    {
28        int i;
29        for (i = 0; i < 5; i++ ) {
30            // 获取信号量,若不可用,则一直等待
31            AW_MUTEX_LOCK(mutex_test, AW_SEM_WAIT_FOREVER);
32            aw_kprintf("Task1: ABCDEFGHIJKLMNOPQRSTUVWXYZ\r\n");
33            AW_MUTEX_UNLOCK(mutex_test);              // 资源使用完毕,释放互斥信号量
34            aw_mdelay(1);
35        }
36        while(1) {
37            aw_mdelay(1000);
38        }
39    }
40
41    int aw_main()
42    {
43         AW_MUTEX_INIT(mutex_test, AW_SEM_Q_PRIORITY);     // 初始化互斥信号量
44         AW_TASK_INIT(
45            task0,                                    // 任务实体
46            "task0",                                  // 任务名字
47            5,                                        // 任务优先级
48            512,                                      // 任务堆栈大小
49            __task0_entry,                            // 任务入口函数
50            NULL);                                    // 任务入口参数
51         AW_TASK_INIT(
52            task1,                                    // 任务实体
```

```
53            "task1",                    // 任务名字
54            6,                          // 任务优先级
55            512,                        // 任务堆栈大小
56            __task1_entry,              // 任务入口函数
57            NULL);                      // 任务入口参数
58        AW_TASK_STARTUP(task0);         // 启动任务 task0
59        AW_TASK_STARTUP(task1);         // 启动任务 task1
60        while(1) {
61            aw_mdelay(1000);
62        }
63    }
```

实际运行该程序时,输出的结果为:

```
Task0: 0123456789
Task1: ABCDEFGHIJKLMNOPQRSTUVWXYZ
Task0: 0123456789
Task0: 0123456789
Task1: ABCDEFGHIJKLMNOPQRSTUVWXYZ
Task0: 0123456789
Task0: 0123456789
Task1: ABCDEFGHIJKLMNOPQRSTUVWXYZ
Task1: ABCDEFGHIJKLMNOPQRSTUVWXYZ
Task1: ABCDEFGHIJKLMNOPQRSTUVWXYZ
```

由此可见,输出不再存在混乱现象,每个任务都能完整地输出自身的字符串信息。

互斥信号量用于任务间的互斥访问,若一个任务已经成功获得了互斥信号量,则后续该任务再次使用 AW_MUTEX_LOCK()获取信号量时,可以无阻塞地直接返回成功。因此,在一个任务体内,互斥信号量可以获取多次,可以递归使用,但必须保证 AW_MUTEX_LOCK()和 AW_MUTEX_UNLOCK()成对出现,获取了多少次,就必须释放多少次。

例如,在程序清单 10.25 的 task0 的任务中,又调用了另外一个功能函数,假定它也用到了调试串口,则在该功能函数中,同样可以使用互斥信号量对调试串口的访问进行保护。task0 的入口函数实现详见程序清单 10.26。

程序清单 10.26 递归使用互斥信号量

```
1     static void __printf_test_data (int data)
2     {
3         AW_MUTEX_LOCK(mutex_test, AW_SEM_WAIT_FOREVER);
4         aw_kprintf("The test data is %d\r\n", data);
5         AW_MUTEX_UNLOCK(mutex_test);
6     }
7
```

```
8     static void __task0_entry (void * p_arg)              // task0 任务入口函数
9     {
10        int i;
11        for (i = 0; i < 5; i++) {
12            // 获取信号量,若不可用,则一直等待
13            AW_MUTEX_LOCK(mutex_test, AW_SEM_WAIT_FOREVER);
14            aw_kprintf("Task0: 0123456789\r\n");
15            __printf_test_data(123456);
15            AW_MUTEX_UNLOCK(mutex_test);               // 资源使用完毕,释放互斥信号量
16            aw_mdelay(1);
17        }
18        while(1) {
19            aw_mdelay(1000);
20        }
21    }
```

在 task0 的任务处理函数中,当使用 AW_MUTEX_LOCK()获取到信号量后,使用 aw_kprintf()打印了字符串信息;接着,并没有立即释放信号量,而是调用了 __printf_test_data()功能函数,在该函数中,也首先使用 AW_MUTEX_LOCK()获取信号量,虽然互斥信号量并没有释放,但由于 task0 任务已经获取到信号量。因此,此时调用 AW_MUTEX_LOCK()时,会立即返回 AW_OK。

10.2.2 二进制信号量

二进制信号量和互斥信号量有相似之处,它们都只有两种状态:有效(1)和无效(0)。二进制信号量也可用于实现共享资源的互斥访问,即在同一个任务中获取(使用共享资源前)和释放(使用共享资源后)信号量。但其不支持在任务内递归使用,当任务获取到信号量时,若没有释放,则在该任务内继续获取信号量时,将会获取失败。而对于互斥信号量,只要任务成功获取到互斥信号量,那么后续在该任务内继续获取互斥信号量时,将会直接获取成功。

一般来讲,当需要任务间互斥访问某一共享资源时,建议都使用互斥信号量。二进制信号量可以用于任务间的同步,即一个任务仅获取信号量,另一个任务(或者中断)仅释放信号量。**注意**:互斥信号量只能用于任务间的互斥,在同一任务中获取和释放互斥信号量,不能由一个任务仅获取互斥信号量,而另外一个任务(或者中断)仅释放互斥信号量。

AWorks 提供了使用二进制信号量的几个宏,宏的原型如表 10.5 所列。

表 10.5　二进制信号量相关的宏(aw_sem.h)

宏原型	功能简介
AW_SEMB_DECL(sem)	定义二进制信号量实体
AW_SEMB_DECL_STATIC(sem)	定义二进制信号量实体(静态)
AW_SEMB_INIT(sem, initial_state, options)	初始化二进制信号量
AW_SEMB_TAKE(sem, timeout)	获取二进制信号量
AW_SEMB_GIVE(sem)	释放二进制信号量
AW_SEMB_TERMINATE(sem)	终止二进制信号量

1. 定义二进制信号量实体

AW_SEMB_DECL()和 AW_SEMB_DECL_STATIC()宏均用于定义一个二进制信号量实体,它们的原型为:

```
AW_SEMB_DECL(sem)
AW_SEMB_DECL_STATIC(sem)
```

其中,参数 sem 为二进制信号量实体的标识名。两个宏的区别在于,AW_SEMB_DECL_STATIC() 在定义信号量所需内存时,使用了关键字 static,这样便可以将信号量实体的作用域限制在模块内(文件内),从而避免模块之间的信号量命名冲突,同时,还可以在函数内使用本宏定义二进制信号量实体。

如使用 AW_SEMB_DECL()定义一个标识名为 semb_test 的二进制信号量实体,其范例程序详见程序清单 10.27。

程序清单 10.27　定义二进制信号量实体的范例程序

```
AW_SEMB_DECL (semb_test);
```

使用 AW_SEMB_DECL()定义二进制信号量实体时,可以将二进制信号量实体嵌入到另一个数据结构中,其范例程序详见程序清单 10.28。

程序清单 10.28　将二进制信号量实体嵌入到结构体中

```
1    struct my_struct {
2        //……其他数据成员
3        AW_SEMB_DECL(semb_test);              // 二进制信号量实体
4        //……其他数据成员
5    };
```

也可以使用 AW_SEMB_DECL_STATIC()定义一个标识名为 semb_test 的二进制信号量实体,其范例程序详见程序清单 10.29。

程序清单 10.29　定义二进制信号量实体(静态)的范例程序

```
1    AW_SEMB_DECL_STATIC (semb_test);
```

2. 初始化二进制信号量

定义二进制信号量实体后,必须使用 AW_SEMB_INIT()初始化后才能使用。其原型为:

```
AW_SEMB_INIT(sem, initial_state, options)
```

其中,sem 为由 AW_SEMB_DECL() 或 AW_SEMB_DECL_STATIC()定义的二进制信号量。initial_state 用于指定初始状态,若初始有效(值为 1),则其值为 AW_SEM_FULL;若初始无效(值为 0),则其值为 AW_SEM_EMPTY。options 为二进制信号量的选项,其决定了阻塞于此信号量的任务的排队方式,排队方式和互斥信号量一样,分为两种:按照任务优先级排队(AW_SEM_Q_PRIORITY)和按照先进先出的顺序排队(AW_SEM_Q_FIFO)。通常都选择按照优先级方式排队,初始化二进制信号量实体的范例程序详见程序清单 10.30。

程序清单 10.30　初始化二进制信号量实体的范例程序

```
1    AW_SEMB_INIT (semb_test, AW_SEM_EMPTY, AW_SEM_Q_PRIORITY);
```

AW_SEMB_INIT()用于初始化一个二进制信号量实体,初始化完毕后,将返回该二进制信号量的 ID,其类型为 aw_semb_id_t。定义一个该类型的变量保存返回的 ID 如下:

```
aw_semb_id_t  semb_id = AW_SEMB_INIT(semb_test, AW_SEM_EMPTY, AW_SEM_Q_PRIORITY) ;
```

aw_semb_id_t 的具体定义用户无需关心,该 ID 可作为后文介绍的其他信号量相关接口函数的参数,用于指定要操作的二进制信号量。特别地,若返回 ID 的值为 NULL,则表明初始化失败。一般地,若无特殊需求,则不会使用该 ID,可以不用保存该 ID。

相比于初始化互斥信号量,在初始化二进制信号量时,需要多传递一个 initial_state 参数,这是由于互斥信号量仅用于对共享资源的互斥访问,初始时,资源未被占用,必然处于有效(非空)状态。而对于二进制信号量,不一定用于互斥访问,更多的是用于任务间的同步通信(一个任务获取信号量,另外一个任务释放信号量),初始时,可能处于无效状态,因此,需要 initial_state 参数指定二进制信号量的初始状态。

3. 获取二进制信号量

获取二进制信号量的宏原型为:

```
AW_SEMB_TAKE(sem, timeout)
```

其中,sem 为由 AW_SEMB_DECL() 或 AW_SEMB_DECL_STATIC()定义的二进制信号量;timeout 指定了超时时间。该宏的返回值为 aw_err_t 类型的标准错误号。**注意:**由于中断服务程序不能被阻塞,因此,该函数禁止在中断中调用。

如果信号量不为空，是处于可用状态的，则本次操作将使任务成功获取到二进制信号量，同时，会清空该信号量，使二进制信号量变得无效。此时，AW_SEMB_TAKE()的返回值为 AW_OK。如果信号量为空，是处于无效状态的，则不能立即成功获取到二进制信号量，接下来具体的行为将由超时时间 timeout 的值决定。

① 若 timeout 的值为 AW_SEM_WAIT_FOREVER，则任务会阻塞于此，一直等待，直到该信号量重新变为可用，即其他任务或中断释放了信号量，范例程序详见程序清单 10.31。

程序清单 10.31　永久阻塞等待二进制信号量的范例程序

```
1    AW_SEMB_TAKE(semb_test, AW_SEM_WAIT_FOREVER);
```

② 若 timeout 的值为 AW_SEM_NO_WAIT，则任务不会被阻塞，立即返回，但不会成功获取到信号量，此时，AW_SEMB_TAKE()的返回值为－AW_EAGAIN(表示当前资源无效，需要重试)，范例程序详见程序清单 10.32。

程序清单 10.32　不阻塞等待二进制信号量的范例程序

```
1    AW_SEMB_TAKE(semb_test, AW_SEM_NO_WAIT);
```

③ 若 timeout 的值为一个正整数，则表示最长的等待时间(单位为系统节拍)，任务会阻塞于此，在 timeout 规定的时间内，若成功等待到信号量重新变为可用，则 AW_SEMB_TAKE()的返回值为 AW_OK；若在 timeout 规定的时间内，没有等到信号量，则返回值为－AW_ETIME(表明超时)，范例程序详见程序清单 10.33。

程序清单 10.33　等待二进制信号量的超时时间为 500 ms 的范例程序

```
1    AW_SEMB_TAKE(semb_test, aw_ms_to_ticks(500));
```

4. 释放二进制信号量

释放二进制信号量的宏原型为：

```
AW_SEMB_GIVE(sem)
```

其中，sem 为由 AW_SEMB_DECL() 或 AW_SEMB_DECL_STATIC()定义的二进制信号量。该宏的返回值为 aw_err_t 类型的标准错误号。可以在任务或中断环境中释放二进制信号量。由于二进制信号量的值只能为 0 或 1，若当前二进制信号量已经处于有效状态，则再次释放时，二进制信号量的值还是为 1，并不能增加为 2，此时，只要信号量被获取，同样会立即变为 0，范例程序详见程序清单 10.34。

程序清单 10.34　释放二进制信号量的范例程序

```
1    AW_SEMB_GIVE (semb_test);
```

5. 终止二进制信号量

当一个二进制信号量不再使用时，可以终止该二进制信号量，宏原型为：

```
AW_SEMB_TERMINATE(sem)
```

其中，sem 为由 AW_SEMB_DECL()或 AW_SEMB_DECL_STATIC()定义的二进制信号量。当二进制信号量被终止后，若当前系统中还存在等待该二进制信号量的任务，则任何等待此信号量的任务将会解阻塞，并返回－AW_ENXIO(表明资源已不存在)，其范例程序详见程序清单 10.35。

程序清单 10.35　终止二进制信号量的范例程序

```
1    AW_SEMB_TERMINATE(semb_test);
```

基于二进制信号量接口，可以实现一个简单的应用：按键每按下一次，LED0 闪烁一次(点亮 500 ms，熄灭 500 ms)。在按键事件处理函数中发送信号，使用一个任务接收信号，接收到信号后，控制 LED 闪烁一次，其范例程序详见程序清单 10.36。

程序清单 10.36　二进制信号量使用范例程序

```
1     #include "aworks.h"
2     #include "aw_led.h"
3     #include "aw_delay.h"
4     #include "aw_task.h"
5     #include "aw_sem.h"
6     #include "aw_input.h"
7
8     AW_TASK_DECL_STATIC(task_led0,  512);               // 定义 task_led0 任务实体
9     AW_SEMB_DECL_STATIC(semb_test);                     // 定义二进制信号量实体
10
11    static void __task_led0_entry (void * p_arg)        // task_led0 任务入口函数
12    {
13        aw_err_t     err;
14        while(1) {
15            err = AW_SEMB_TAKE(semb_test, AW_SEM_WAIT_FOREVER);
16            if (err == AW_OK) {
17                aw_led_on(0);
18                aw_mdelay(500);
19                aw_led_off(0);
20                aw_mdelay(500);
21            }
22        }
23    }
24
```

```
25   static void __key_process (aw_input_event_t * p_input_data, void * p_usr_data)
26   {
27       if (p_input_data ->ev_type == AW_INPUT_EV_KEY) {        // 处理按键事件
28           aw_input_key_data_t * p_data = (aw_input_key_data_t * )p_input_data;
29           if (p_data ->key_state != 0) {          // 按键被按下,发送二进制信号量
30               AW_SEMB_GIVE(semb_test);
31           }
32       }
33   }
34
35   int aw_main()
36   {
37        static aw_input_handler_t  key_handler;
38
39        // 初始化二进制信号量,初始为空
40        AW_SEMB_INIT(semb_test, AW_SEM_EMPTY, AW_SEM_Q_PRIORITY);
41        AW_TASK_INIT(
42           task_led0,                                        // 任务实体
43           "task_led0",                                      // 任务名字
44           5,                                                // 任务优先级
45           512,                                              // 任务堆栈大小
46           __task_led0_entry,                                // 任务入口函数
47           NULL);                                            // 任务入口参数
48       AW_TASK_STARTUP(task_led0);                           // 启动任务 task_led0
49       aw_input_handler_register(&key_handler, __key_process, NULL);
50       while(1) {
51           aw_mdelay(1000);
52       }
53   }
```

在按键事件处理函数中,当检测到有键按下时,释放一个二进制信号量。在 task_led0 任务中,当成功接收信号量后,二进制信号量会被重置为清空状态,然后控制 LED 闪烁一次,即点亮 500 ms,然后熄灭 500 ms。由于 LED 闪烁一次的总耗时为 1 s,因此处理一个二进制信号量的时间为 1 s。若在这 1 s 内,LED 闪烁过程中,又按下了按键,则情况如何呢?

若在 LED 闪烁过程中(已按下一次键),又按下了一次按键,则二进制信号量会被设置为有效状态。当本次 LED 闪烁接收后,task_led0 任务又会成功接收信号量,并将信号量清空,LED 继续闪烁一次。这种情况是与“每按一次键,LED 闪烁一次”的应用预期相符合的,可以通过在 1 s 内连续按 2 次键复现这种情况。

若在 LED 闪烁过程中(已按下一次按键),又连续按下了两次按键,则二进制信

号量还是会被设置为有效状态，当本次 LED 闪烁接收后，task_led0 任务又会成功接收到信号量并将信号量清空，继续闪烁一次 LED。由此可见，在 LED 闪烁过程中，若连续按下了两次按键，则 LED 还是只会闪烁一次。这就与“每按一次按键，LED 闪烁一次”的应用预期不相符合了。可以通过在 1 s 内连续按 3 次按键来复现这种情况。

这是由于，在使用二进制信号量时，若当前二进制信号量已经处于有效状态，则再次释放时，二进制信号量的值还是为 1，并不能增加为 2，此时，只要信号量被获取，同样会立即变为 0(无效状态)。由此可见，当二进制信号量处于有效状态时，释放二进制信号量的操作是无效的，释放的“信号”将会丢失。因此，若 LED 已经在闪烁过程中，又连续按下了两次按键，则第二次按键释放的“信号”将会丢失，LED 只能再闪烁一次，不能闪烁两次了。对于这种应用，为了避免信号丢失，可以使用“计数信号量”(下节介绍)，使信号量的值不仅仅只有 0 和 1，还可以进行更多的计数，例如，0，1，2，3，…。

二进制信号量同样可以实现任务间的互斥访问，可以将程序清单 10.25 所示的程序做少许修改，将使用互斥信号量的语句修改为使用二进制信号量实现，范例程序详见程序清单 10.37。

程序清单 10.37　两个任务使用调试串口输出信息的范例程序(使用二进制信号量)

```
1    #include "aworks.h"
2    #include "aw_led.h"
3    #include "aw_delay.h"
4    #include "aw_task.h"
5    #include "aw_vdebug.h"
6
7    AW_TASK_DECL_STATIC(task0, 512);                // 定义 task0 任务实体
8    AW_TASK_DECL_STATIC(task1, 512);                // 定义 task1 任务实体
9    AW_SEMB_DECL_STATIC(semb_test);                 // 定义二进制信号量实体
10
11   static void __task0_entry (void * p_arg)        // task0 任务入口函数
12   {
13       int i;
14       for (i = 0; i < 5; i++) {
15           // 获取信号量，若不可用，则一直等待
16           AW_SEMB_TAKE(semb_test, AW_SEM_WAIT_FOREVER);
17           aw_kprintf("Task0: 0123456789\r\n");
18           AW_SEMB_GIVE(semb_test);                // 资源使用完毕，释放互斥信号量
19           aw_mdelay(1);
20       }
21       while(1) {
22           aw_mdelay(1000);
```

```
23          }
24      }
25
26      static void __task1_entry (void * p_arg)        // task1 任务入口函数
27      {
28          int i;
29          for (i = 0; i < 5; i++ ) {
30              // 获取信号量,若不可用,则一直等待
31              AW_SEMB_TAKE(semb_test, AW_SEM_WAIT_FOREVER);
32              aw_kprintf("Task1: ABCDEFGHIJKLMNOPQRSTUVWXYZ\r\n");
33              AW_SEMB_GIVE(semb_test);            // 资源使用完毕,释放信号量
34              aw_mdelay(1);
35          }
36          while(1) {
37              aw_mdelay(1000);
38          }
39      }
40
41      int aw_main()
42      {
43          // 初始化二进制信号量,初始为有效状态(非空)
44          AW_SEMB_INIT(semb_test, AW_SEM_FULL, AW_SEM_Q_PRIORITY);
45          AW_TASK_INIT(
46              task0,                          // 任务实体
47              "task0",                        // 任务名字
48              5,                              // 任务优先级
49              512,                            // 任务堆栈大小
50              __task0_entry,                  // 任务入口函数
51              NULL);                          // 任务入口参数
52          AW_TASK_INIT(
53              task1,                          // 任务实体
54              "task1",                        // 任务名字
55              6,                              // 任务优先级
56              512,                            // 任务堆栈大小
57              __task1_entry,                  // 任务入口函数
58              NULL);                          // 任务入口参数
59          AW_TASK_STARTUP(task0);             // 启动任务 task0
60          AW_TASK_STARTUP(task1);             // 启动任务 task1
61          while(1) {
62              aw_mdelay(1000);
63          }
64      }
```

该程序同样可以保证共享资源的互斥访问,输出不会存在混乱现象,每个任务都能完整地输出自身的字符串信息。**注意**:当将二进制信号量用于互斥访问时,由于资源初始时未被占用,且处于有效状态,因此在初始化二进制信号量时,初始状态为 AW_SEM_FULL。

特别地,可以继续测试二进制信号量在互斥访问时递归使用的情况,例如,修改程序清单 10.26 所示的 task0 入口函数的实现,使其在获取到二进制信号量后,再调用功能函数,在功能函数中继续递归获取二进制信号量,其范例程序详见程序清单 10.38。

程序清单 10.38 递归使用二进制信号量的范例程序

```
1    static void __printf_test_data (int data)
2    {
3        AW_SEMB_TAKE(semb_test, AW_SEM_WAIT_FOREVER);
4        aw_kprintf("The test data is %d\r\n", data);
5        AW_SEMB_GIVE(semb_test);
6    }
7
8    static void __task0_entry (void * p_arg)                    // task0 任务入口函数
9    {
10       int i;
11       for (i = 0; i < 5; i++) {
12           // 获取信号量,若不可用,则一直等待
13           AW_SEMB_TAKE(semb_test, AW_SEM_WAIT_FOREVER);
14           aw_kprintf("Task0: 0123456789\r\n");
15           __printf_test_data(123456);
16           AW_SEMB_GIVE(semb_test) ;                  // 资源使用完毕,释放互斥信号量
17           aw_mdelay(1);
18       }
19       while(1) {
20           aw_mdelay(1000);
21       }
22   }
```

实际运行发现,当程序启动后,仅能打印一行信息:

```
Task0: 0123456789
```

这是由于二进制信号量不能递归使用,当在 task0 的任务处理函数中使用 AW_SEMB_TAKE()获取信号量后,使用 aw_kprintf()打印了字符串信息(即输出的一行信息),接着并没有释放信号量,而是调用了__printf_test_data()功能函数。在该函数中,首先也使用了 AW_SEMB_TAKE()获取信号量,由于二进制信号量还未释放,因此此时无法成功获取到信号量,task0 将永远阻塞于此。由于 task0 被永久地

阻塞了,后续释放信号量的语句得不到执行,这就导致 task1 也永远无法获取到信号量,两个任务就这样被“卡死”了。

10.2.3 计数信号量

若当前二进制信号量已经处于有效状态,即便再次释放,二进制信号量的值还是 1,不会递增为 2。此时只要获取信号量,则立即变为 0。由此可见,当二进制信号量处于有效状态时,释放二进制信号量的操作是无效的,释放的“信号”将会丢失。

基于此,AWorks 提供了计数信号量,其使用无符号整数类型的计数器对信号量进行计数,每次释放信号量,其值加 1;每次获取计数信号量,其值减 1。此时多次释放信号量的操作是有效的,不会造成释放“信号”的丢失。

当然,无符号整数类型的计数器是有范围限制的,32 位系统的最大值为 4 294 967 295。如果不断地释放信号量而不获取该信号量,则可能会达到该值,此时将无法再继续释放信号量。在实际应用中,不可能一直释放信号量而不获取信号量,因此往往不可能达到该上限值。AWorks 提供了使用计数信号量的几个宏,宏的原型如表 10.6 所列。

表 10.6 计数信号量相关的宏(aw_sem.h)

宏原型	功能简介
AW_SEMC_DECL(sem)	定义计数信号量实体
AW_SEMC_DECL_STATIC(sem)	定义计数信号量实体(静态)
AW_SEMC_INIT(sem, initial_count, options)	初始化计数信号量
AW_SEMC_TAKE(sem, timeout)	获取计数信号量
AW_SEMC_GIVE(sem)	释放计数信号量
AW_SEMC_TERMINATE(sem)	终止计数信号量

1. 定义计数信号量实体

AW_SEMC_DECL()和 AW_SEMC_DECL_STATIC()宏均用于定义一个计数信号量实体,它们的原型为:

```
AW_SEMC_DECL(sem)
AW_SEMC_DECL_STATIC(sem)
```

其中,参数 sem 为计数信号量实体的标识名。两个宏的区别在于,AW_SEMC_DECL_STATIC() 在定义信号量所需内存时,使用了关键字 static ,这样便可以将信号量实体的作用域限制在模块内(文件内),从而避免模块之间的信号量命名冲突,同时,还可以在函数内使用本宏定义计数信号量实体。

如使用 AW_SEMC_DECL()定义一个标识名为 semc_test 的计数信号量实体,其范例程序详见程序清单 10.39。

程序清单 10.39 定义计数信号量实体的范例程序

```
1    AW_SEMC_DECL (semc_test);
```

使用AW_SEMC_DECL()定义计数信号量实体时，可以将计数信号量实体嵌入到另一个数据结构中，其范例程序详见程序清单10.40。

程序清单 10.40 将计数信号量实体嵌入到结构体中

```
1    struct my_struct {
2            //……其他数据成员
3            AW_SEMC_DECL(semc_test);      // 计数信号量实体
4            //……其他数据成员
5    };
```

也可以使用AW_SEMC_DECL_STATIC()定义一个标识名为semc_test的计数信号量实体，其范例程序详见程序清单10.41。

程序清单 10.41 定义计数信号量实体(静态)的范例程序

```
1    AW_SEMC_DECL_STATIC (semc_test);
```

2. 初始化计数信号量

定义计数信号量实体后，必须使用AW_SEMC_INIT()初始化后才能使用，其原型为：

```
AW_SEMC_INIT(sem, initial_count, options)
```

其中，sem为由AW_SEMC_DECL()或AW_SEMC_DECL_STATIC()定义的计数信号量；initial_count用于指定初始计数值，其值为非负数，若初始信号量处于无效状态，则初始计数值为0；options为计数信号量的选项，其决定了阻塞于此信号量的任务的排队方式，排队方式和二进制信号量一样，分为两种：按照任务优先级排队(AW_SEM_Q_PRIORITY)和按照先进先出的顺序排队(AW_SEM_Q_FIFO)，通常情况下，排队方式都选择按照优先级排队。初始化计数信号量实体的范例程序详见程序清单10.42。

程序清单 10.42 初始化计数信号量实体的范例程序

```
1    AW_SEMC_INIT (semc_test, 0, AW_SEM_Q_PRIORITY);
```

AW_SEMC_INIT()用于初始化一个计数信号量实体，初始化完毕后，将返回该计数信号量的ID，其类型为aw_semc_id_t。定义一个该类型的变量保存返回的ID如下：

```
aw_semc_id_t  semc_id = AW_SEMC_INIT(semc_test, 0, AW_SEM_Q_PRIORITY) ;
```

aw_semc_id_t的具体定义用户无需关心，该ID可作为后文介绍的其他信号量相关接口函数的参数，用于指定要操作的计数信号量。特别地，若返回ID的值为

NULL,则表明初始化失败。一般地,若无特殊需求,不会使用该 ID,可以不用保存该 ID。

3. 获取计数信号量

获取计数信号量的宏原型为:

```
AW_SEMC_TAKE(sem, timeout)
```

其中,sem 为由 AW_SEMC_DECL()或 AW_SEMC_DECL_STATIC()定义的计数信号量;timeout 指定了超时时间。该宏的返回值为 aw_err_t 类型的标准错误号。**注意:**由于中断服务程序不能被阻塞,因此,该函数禁止在中断中调用。

如果计数信号量的计数值不为 0,则本次操作将使任务成功获取到计数信号量,同时,会将计数信号量的计数值减 1。此时,AW_SEMC_TAKE()的返回值为 AW_OK。

如果计数信号量的计数值为 0,则不能立即成功获取到计数信号量,接下来具体的行为将由超时时间 timeout 的值决定。

① 若 timeout 的值为 AW_SEM_WAIT_FOREVER,则任务会阻塞于此,一直等待,直到该信号量的计数值大于 0,即其他任务或中断释放了信号量,范例程序详见程序清单 10.43。

程序清单 10.43　永久阻塞等待计数信号量的范例程序

```
1    AW_SEMC_TAKE(semc_test, AW_SEMC_WAIT_FOREVER);
```

② 若 timeout 的值为 AW_SEM_NO_WAIT,则任务不会被阻塞,立即返回,但不会成功获取到信号量,此时,AW_SEMC_TAKE()的返回值为 -AW_EAGAIN(表示当前资源无效,需要重试),范例程序详见程序清单 10.44。

程序清单 10.44　不阻塞等待计数信号量的范例程序

```
1    AW_SEMC_TAKE(semc_test, AW_SEM_NO_WAIT);
```

③ 若 timeout 的值为一个正整数,则表示最长的等待时间(单位为系统节拍),任务会阻塞于此,在 timeout 规定的时间内,若成功等待到信号量重新变为可用,则 AW_SEMC_TAKE()的返回值为 AW_OK;若在 timeout 规定的时间内,没有等到信号量,则返回值为 -AW_ETIME(表明超时),范例程序详见程序清单 10.45。

程序清单 10.45　等待计数信号量的超时时间为 500 ms 的范例程序

```
1    AW_SEMC_TAKE(semc_test, aw_ms_to_ticks(500));
```

4. 释放计数信号量

释放计数信号量的宏原型为:

```
AW_SEMC_GIVE(sem)
```

其中,sem 为由 AW_SEMC_DECL() 或 AW_SEMC_DECL_STATIC()定义的计数信号量,该宏的返回值为 aw_err_t 类型的标准错误号,可以在任务或中断环境中释放计数信号量。使用该宏释放计数信号量,计数信号量的计数值加 1,范例程序详见程序清单 10.46。

程序清单 10.46 释放计数信号量的范例程序

```
1    AW_SEMC_GIVE (semc_test);
```

5. 终止计数信号量

当一个计数信号量不再使用时,可以终止该计数信号量,宏原型为:

```
AW_SEMC_TERMINATE(sem)
```

其中,sem 为由 AW_SEMC_DECL() 或 AW_SEMC_DECL_STATIC()定义的计数信号量。当计数信号量被终止后,若当前系统中还存在等待该计数信号量的任务,则任何等待此信号量的任务将会解阻塞,并返回－AW_ENXIO(表明资源已不存在),范例程序详见程序清单 10.47。

程序清单 10.47 终止计数信号量的范例程序

```
1    AW_SEMC_TERMINATE(semc_test);
```

在程序清单 10.36 所示的范例程序中,由于二进制信号量的特殊性(值只能为 0 或 1),使得若在 1 s 时间内按下 3 次按键,最后一次的按键信息将丢失。可以将该程序修改为使用计数信号量实现,范例程序详见程序清单 10.48。

程序清单 10.48 计数信号量使用范例程序

```
1     #include "aworks.h"
2     #include "aw_led.h"
3     #include "aw_delay.h"
4     #include "aw_task.h"
5     #include "aw_sem.h"
6     #include "aw_input.h"
7
8     AW_TASK_DECL_STATIC(task_led0,  512);              // 定义 task_led0 任务实体
9     AW_SEMC_DECL_STATIC(semc_test);                    // 定义计数信号量实体
10
11    static void __task_led0_entry (void * p_arg)     // task_led0 任务入口函数
12    {
13        aw_err_t     err;
14        while(1) {
15            err = AW_SEMC_TAKE(semc_test, AW_SEM_WAIT_FOREVER);
16            if (err == AW_OK) {
17                aw_led_on(0);
```

```
18                aw_mdelay(500);
19                aw_led_off(0);
20                aw_mdelay(500);
21            }
22        }
23    }
24
25    static void __key_process (aw_input_event_t * p_input_data, void * p_usr_data)
26    {
27        if (p_input_data ->ev_type == AW_INPUT_EV_KEY) {  // 处理按键事件
28            aw_input_key_data_t * p_data = (aw_input_key_data_t * )p_input_data;
29            if (p_data ->key_state != 0) {                // 按键按下,发送计数信号量
30                AW_SEMC_GIVE(semb_test);
31            }
32        }
33    }
34
35    int aw_main()
36    {
37         static aw_input_handler_t  key_handler;
38
39         // 初始化计数信号量,初始为空
40         AW_SEMC_INIT(semc_test, AW_SEM_EMPTY, AW_SEM_Q_PRIORITY);
41         AW_TASK_INIT(
42             task_led0,                    // 任务实体
43             "task_led0",                  // 任务名字
44             5,                            // 任务优先级
45             512,                          // 任务堆栈大小
46             __task_led0_entry,            // 任务入口函数
47             NULL);                        // 任务入口参数
48        AW_TASK_STARTUP(task_led0);        // 启动任务 task_led0
49        aw_input_handler_register(&key_handler, __key_process, NULL);
50        while(1) {
51            aw_mdelay(1000);
52        }
53    }
```

与程序清单 10.36 对照可知,程序改动非常小,仅仅将“SEMB”修改为“SEMC”。程序中,在按键事件处理函数中,当检测到按键按下时,释放一个计数信号量。在 task_led0 任务中,当成功接收到信号量后,控制 LED 闪烁一次,即点亮 500 ms,然后熄灭 500 ms。

使用计数信号量后,无论 1 s 内连续按下多少次按键,总能被正确地计数,使 LED 闪烁相应的次数,不会再像二进制信号量那样丢失"信号"了。

10.3 邮 箱

前面介绍了用于任务间同步的三种信号量,它们相当于资源的钥匙,获取到钥匙的任务可以访问相关的资源,任务以此确定可以运行的时刻。但是,信号量不能够提供更多的信息内容。比如,按键按下时,释放一个信号量,任务获取到该信号量时,只能知道有按键按下了,但不能知道按键相关的更多信息,比如,具体是哪个按键按下了?

当需要在任务间传递更多的信息时,可以使用 AWorks 提供的邮箱服务。邮箱服务是实时内核中一种典型的任务间通信方法,特点是开销比较低,效率比较高。一个邮箱中可以存储多封邮件,邮箱中的每一封邮件只能容纳固定的 4 字节内容(针对 32 位处理系统,指针的大小即为 4 字节,所以一封邮件恰好能够容纳一个指针)。发送邮件的任务(或中断服务程序)负责将邮件存入邮箱,接收邮件的任务负责从邮箱中提取邮件,示意图如图 10.4 所示。

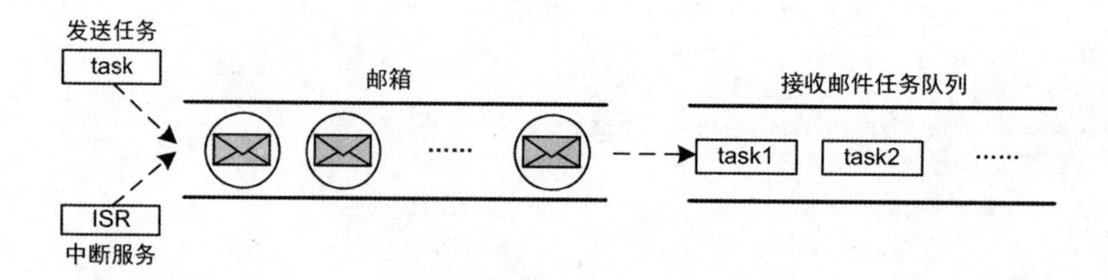

图 10.4 邮箱工作示意图

当邮箱中存在多封邮件时,默认按照先进先出(FIFO)的原则传递给接收邮件的任务。邮件的大小固定为 4 字节,当需要传递的消息内容大于 4 字节时,可以仅将消息的地址作为邮件内容,任务接收到邮件时,通过该地址即可查找到相应的消息。这种方式使得使用邮箱进行消息传递的效率非常高。

AWorks 提供了使用邮箱的几个宏,宏的原型如表 10.7 所列。

表 10.7 邮箱相关的宏(aw_mailbox.h)

宏原型	功能简介
AW_MAILBOX_DECL(mailbox, mail_num)	定义邮箱实体
AW_MAILBOX_DECL_STATIC(mailbox, mail_num)	定义邮箱实体(静态)
AW_MAILBOX_INIT(mailbox, mail_num, options)	初始化邮箱

续表 10.7

宏原型	功能简介
AW_MAILBOX_RECV(mailbox, p_data, timeout)	从邮箱中获取一条消息
AW_MAILBOX_SEND(mailbox, data, timeout, priority)	发送一条消息到邮箱
AW_MAILBOX_TERMINATE(mailbox)	终止邮箱

1. 定义邮箱实体

AW_MAILBOX_DECL()和 AW_MAILBOX_DECL_STATIC()宏均用于定义一个邮箱实体,为邮箱分配必要的内存空间,包括用于存储邮件的空间。它们的原型为:

```
AW_MAILBOX_DECL(mailbox, mail_num)
AW_MAILBOX_DECL_STATIC(mailbox, mail_num)
```

其中,参数 mailbox 为邮箱实体的标识名;mail_num 表示邮箱的容量,即能够存储邮件的数目,由于每封邮件的大小为 4 字节,因此用于存储邮件的总内存为 mail_num×4。

两个宏的区别在于,AW_MAILBOX_DECL_STATIC() 在定义邮箱所需内存时,使用了关键字 static,这样便可以将邮箱实体的作用域限制在模块内(文件内),从而避免模块之间的邮箱命名冲突,同时,还可以在函数内使用本宏定义邮箱实体。

如使用 AW_MAILBOX_DECL()定义一个标识名为 mailbox_test 的邮箱实体,邮件的最大数目为 10,其范例程序详见程序清单 10.49。

程序清单 10.49　定义邮箱实体的范例程序

```
1    AW_MAILBOX_DECL (mailbox_test, 10);
```

使用 AW_MAILBOX_DECL()定义邮箱实体时,可以将邮箱的实体嵌入到另一个数据结构中,其范例程序程序详见清单 10.50。

程序清单 10.50　将邮箱实体嵌入到结构体中

```
1    struct my_struct {
2        //……其他数据成员
3        AW_MAILBOX_DECL(mailbox_test, 10);                    // 定义邮箱实体
4    };
```

也可以使用 AW_MAILBOX_DECL_STATIC()定义一个标识名为 mailbox_test 的邮箱实体,其范例程序详见程序清单 10.51。

程序清单 10.51　定义邮箱实体(静态)的范例程序

```
1    AW_MAILBOX_DECL_STATIC (mailbox_test, 10);
```

2. 初始化邮箱

定义了邮箱实体后，必须使用AW_MAILBOX_INIT()初始化后才能使用。其原型为：

```
AW_MAILBOX_INIT(mailbox, mail_num, options)
```

其中，mailbox为由AW_MAILBOX_DECL()或AW_MAILBOX_DECL_STATIC()定义的邮箱；mail_num表示邮箱可以存储的邮件数量，其值必须与定义邮箱实体时的mail_num相同；options为邮箱的选项，其决定了阻塞于此邮箱（等待消息中）的任务的排队方式，可以按照任务优先级或先进先出的顺序排队，它们对应的宏如表10.8所列。

表10.8　邮箱初始化选项宏(aw_mailbox.h)

选项宏	功能简介
AW_MAILBOX_Q_FIFO	排队方式为FIFO(先进先出)
AW_MAILBOX_Q_PRIORITY	排队方式为按优先级排队

注意：前面讲述了三种信号量，在初始化时同样可以通过选项指定阻塞于信号量的任务的排队方式，分为按照优先级和先进先出两种方式，它们对应的宏名分别为AW_SEM_Q_PRIORITY和AW_SEM_Q_FIFO。与邮箱选项的命名不同，它们不可混用。

通常排队方式都选择按照优先级排队，初始化邮箱的范例程序详见程序清单10.52。

程序清单10.52　初始化邮箱的范例程序

```
1    AW_MAILBOX_INIT (mailbox_test, 10, AW_MAILBOX_Q_PRIORITY);
```

AW_MAILBOX_INIT()用于初始化一个邮箱实体，初始化完毕后，将返回该消邮箱的ID，其类型为aw_mailbox_id_t。定义一个该类型的变量保存返回的ID如下：

```
1    aw_mailbox_id_t  mailbox_id = AW_MAILBOX_INIT(mailbox_test,10,AW_MAILBOX_Q_PRIORITY);
```

aw_mailbox_id_t的具体定义用户无需关心，该ID可作为后文介绍的其他邮箱相关接口函数的参数，用于指定要操作的邮箱。特别地，若返回ID的值为NULL，则表明初始化失败。一般地，若无特殊需求，则不会使用该ID，可以不用保存该ID。

3. 从邮箱中获取一条信息

从邮箱中获取一条消息的宏原型为：

```
AW_MAILBOX_RECV(mailbox, p_data, timeout)
```

其中，mailbox为由AW_MAILBOX_DECL()或AW_MAILBOX_DECL_STATIC()定义的邮箱；p_data指向用于保存消息的缓冲区，消息获取成功后，将存储到 p_data 指向的缓冲区中，由于消息的大小固定为 4 字节(32 位)，因此缓冲区的大小也必须为 4 字节，例如，可以是一个指向 32 位数据的指针；timeout 指定了超时时间。该宏的返回值为 aw_err_t 类型的标准错误号。**注意**：由于中断服务程序不能被阻塞，因此，该函数禁止在中断中调用。

如果邮箱非空，包含有效消息，则本次操作将成功获取到一条消息，同时，会从邮箱中将该条消息删除，有效消息的条数减 1。此时，AW_MAILBOX_RECV()的返回值为 AW_OK。

如果邮箱为空，没有任何有效的消息，则不能立即成功获取到消息，接下来具体的行为将由超时时间 timeout 的值决定。

① 若 timeout 的值为 AW_MAILBOX_WAIT_FOREVER，则任务会阻塞于此，一直等待，直到邮箱中有可用消息，即其他任务或中断发送了消息。范例程序详见程序清单 10.53。

程序清单 10.53　永久阻塞等待邮箱的范例程序

```
1    uint32_t  data;
2    AW_MAILBOX_RECV(mailbox_test, &data, AW_MAILBOX_WAIT_FOREVER);
```

② 若 timeout 的值为 AW_MAILBOX_NO_WAIT，则任务不会被阻塞，立即返回，但不会成功获取到消息，此时，AW_MAILBOX_RECV()的返回值为 -AW_EAGAIN(表示当前资源无效，需要重试)。范例程序详见程序清单 10.54。

程序清单 10.54　不阻塞等待邮箱的范例程序

```
1    uint32_t  data;
2    AW_MAILBOX_RECV(mailbox_test, &data, AW_MAILBOX_NO_WAIT);
```

③ 若 timeout 的值为一个正整数，则表示最长的等待时间(单位为系统节拍)，任务会阻塞于此，在 timeout 规定的时间内，若成功获取到一条消息，则 AW_MAILBOX_RECV()的返回值为：AW_OK；若在 timeout 规定的时间内，没有获取到消息，则返回值为 -AW_ETIME(表明超时)。范例程序详见程序清单 10.55。

程序清单 10.55　等待邮箱的超时时间为 500 ms 的范例程序

```
1    uint32_t  data;
2    AW_MAILBOX_RECV(mailbox_test, &data, aw_ms_to_ticks(500));
```

4. 发送一条消息到邮箱中

发送消息到邮箱中的宏原型为：

```
AW_MAILBOX_SEND(mailbox, data, timeout, priority)
```

其中，mailbox 为由 AW_MAILBOX_DECL() 或 AW_MAILBOX_DECL_STATIC()定义的邮箱；data 为发送的 32 位数据；timeout 指定了超时时间；priority 指定了消息的优先级。该宏的返回值为 aw_err_t 类型的标准错误号。

若邮箱未满,可以继续存储消息,则该消息发送成功,邮箱中的有效消息条数加1。此时,AW_MAILBOX_SEND()的返回值为AW_OK。

若邮箱已满,暂时不能继续存储消息,则不能立即成功发送消息,接下来具体的行为将由超时时间timeout的值决定。

① 若timeout的值为AW_MAILBOX_WAIT_FOREVER,则任务会阻塞于此,一直等待,直到消息成功放入邮箱中,即其他任务从邮箱中获取了消息,邮箱中留出了空闲的空间。范例程序详见程序清单10.56。

程序清单10.56 永久阻塞等待邮箱的范例程序

```
1    uint32_t  data = 5;
2    AW_MAILBOX_SEND(
3        mailbox_test,
4        data,
5        AW_MAILBOX_WAIT_FOREVER,
6        AW_MAILBOX_PRI_NORMAL);
```

注意:priority参数指定了消息的优先级,其值可以为AW_MAILBOX_PRI_NORMAL和AW_MAILBOX_PRI_URGENT中的一个,分别表示普通优先级和紧急优先级。一般地,均使用普通优先级,此时,新的消息按照先进先出的原则,依次排队存入邮箱,该消息将后于当前邮箱中其他消息被取出。若使用紧急优先级,则新的消息插队放在邮箱的最前面,该消息将先于当前邮箱中其他消息被取出,即在下次从邮箱中获取消息时被取出。

② 若timeout的值为AW_MAILBOX_NO_WAIT,则任务不会被阻塞,立即返回,但不会成功发送消息,此时,AW_MAILBOX_SEND()的返回值为-AW_EAGAIN(表示当前资源无效,需要重试)。范例程序详见程序清单10.57。

程序清单10.57 不阻塞等待邮箱的范例程序

```
1    uint32_t  data = 5;
2    AW_MAILBOX_SEND(
3        mailbox_test,
4        data,
5        AW_MAILBOX_NO_WAIT,
6        AW_MAILBOX_PRI_NORMAL);
```

③ 若timeout的值为一个正整数,则表示最长的等待时间(单位为系统节拍),任务会阻塞于此,在timeout规定的时间内,成功发送了消息,则AW_MAILBOX_SEND()的返回值为AW_OK;若在timeout规定的时间内,没有成功发送消息,则返回值为-AW_ETIME(表明超时)。范例程序详见程序清单10.58。

程序清单 10.58　等待邮箱的超时时间为 500 ms 的范例程序

```
1    uint32_t  data = 5;
2    AW_MAILBOX_SEND(
3        mailbox_test,
4        data,
5        aw_ms_to_ticks(500),
6        AW_MAILBOX_PRI_NORMAL);
```

注意：在中断服务程序中（如按键回调函数），可以使用该接口发送消息至邮箱，这是中断和任务之间很重要的一种通信方式，即在中断中发送消息，在任务中接收消息并处理，从而减小中断服务程序的时间。但是，由于中断不能被阻塞，因此，当在中断中发送消息时，timeout 标志只能为 AW_MAILBOX_NO_WAIT。在这种应用中，为了避免消息丢失，应该尽可能避免邮箱被填满，可以通过增加邮箱的容量以及提高处理消息任务的优先级，使邮箱中的消息被尽快处理。

5. 终止邮箱

当一个邮箱不再使用时，可以终止该邮箱，宏原型为：

```
AW_MAILBOX_TERMINATE(mailbox)
```

其中，mailbox 为由 AW_MAILBOX_DECL() 或 AW_MAILBOX_DECL_STATIC()定义的邮箱。当邮箱被终止后，若当前系统中还存在等待该邮箱的任务，则任何等待此邮箱的任务将会解阻塞，并返回－AW_ENXIO（表明资源已不存在），其范例详见程序清单 10.59。

程序清单 10.59　终止邮箱的范例程序

```
1    AW_MAILBOX_TERMINATE(mailbox_test);
```

在讲述计数信号量时，使用了单个按键控制 LED 翻转，由于只使用到了一个按键，因此，在发送按键消息时，只需要使用计数信号量对按键事件进行计数，无需发送更多的消息。若需要使用多个按键控制 LED，则在发送按键消息时，必须携带按键编码信息，以便针对不同的按键做不同的处理。

例如，要实现一个简单的应用，通过 LED 显示当前按键的编码：

- KEY_0 按下，则 LED0 熄灭，LED1 熄灭，显示“00”；
- KEY_1 按下，则 LED0 熄灭，LED1 点亮，显示“01”；
- KEY_2 按下，则 LED0 点亮，LED1 熄灭，显示“02”；
- KEY_3 按下，则 LED0 点亮，LED1 点亮，显示“03”。

显然，为了区分不同按键，发送按键消息时，需要携带按键的编码信息，由于按键编码是 int 类型的数据，在 32 位系统中，其恰好为 32 位，因此，可以使用邮箱来管理按键消息。范例程序详见程序清单 10.60。

程序清单 10.60　邮箱使用范例程序

```
1   #include "aworks.h"
2   #include "aw_led.h"
3   #include "aw_delay.h"
4   #include "aw_task.h"
5   #include "aw_mailbox.h"
6   #include "aw_input.h"
7
8   AW_TASK_DECL_STATIC(task_led,    512);                  // 定义任务实体
9   AW_MAILBOX_DECL_STATIC(mailbox_test, 10);               // 定义邮箱实体
10
11  static void __task_led_entry (void *p_arg)              // task_led 任务入口函数
12  {
13      int         key_code;
14      aw_err_t    err;
15      while(1) {
16          err = AW_MAILBOX_RECV(mailbox_test, &key_code, AW_MAILBOX_WAIT_FOREVER);
17          if (err == AW_OK) {
18              switch (key_code) {
19                  case KEY_0: aw_led_off(0); aw_led_off(1); break;
20                  case KEY_1: aw_led_off(0); aw_led_on(1); break;
21                  case KEY_2: aw_led_on(0); aw_led_off(1); break;
22                  case KEY_3: aw_led_on(0); aw_led_on(1); break;
23                  default :break;
24              }
25          }
26      }
27  }
28
29  static void __key_process (aw_input_event_t *p_input_data, void *p_usr_data)
30  {
31      if (p_input_data->ev_type == AW_INPUT_EV_KEY) {   // 处理按键事件
32          aw_input_key_data_t *p_data = (aw_input_key_data_t *)p_input_data;
33          if (p_data->key_state != 0) {                  // 按键按下,发送按键编码
34             AW_MAILBOX_SEND(
35                         mailbox_test,
36                         p_data->key_code,
37                         AW_MAILBOX_NO_WAIT,
38                         AW_MAILBOX_PRI_NORMAL);
```

```
39          }
40      }
41  }
42
43  int aw_main()
44  {
45      static aw_input_handler_t   key_handler;
46
47      AW_MAILBOX_INIT(mailbox_test, 10, AW_MAILBOX_Q_PRIORITY);
48      AW_TASK_INIT(
49          task_led,                   // 任务实体
50          "task_led",                 // 任务名字
51          5,                          // 任务优先级
52          512,                        // 任务堆栈大小
53          __task_led_entry,           // 任务入口函数
54          NULL);                      // 任务入口参数
55      AW_TASK_STARTUP(task_led);      // 启动任务 task_led0
56      aw_input_handler_register(&key_handler, __key_process, NULL);
57      while(1) {
58          aw_mdelay(1000);
59      }
60  }
```

在按键事件回调函数中发送消息，由于只需要处理按键按下事件，因此，仅当按键按下时(key_state 不为 0)，才向邮箱中发送消息(按键编码)。在 task_led 任务中接收消息，当成功获取到一条消息时，根据消息内容(按键编码)控制 LED。

实际上，这里的按键处理程序仅仅用于控制 LED 灯，耗时时间是非常短的，往往比发送一条消息的时间还短，这里使用邮箱并不能优化程序，只是作为一个使用邮箱的范例，实际应用按键的处理通常会复杂得多，建议使用这种通用模式，即在按键事件的回调函数中，只是将按键编码发送到邮箱中，实际的处理在任务中完成。这样可以避免长时间占用中断，影响系统的实时性，使其他紧急事务得不到处理，同时，邮箱还有一个缓冲的作用，当按键来不及处理时，可以暂存到邮箱中，后续空闲时再及时去处理，这在很大程度上避免了“丢键”的可能性，就像 PC 一样，有时候系统卡顿，显示屏卡住，但按键输入的信息后续还是会显示出来，一般不会丢失。

在上面的范例程序中，由于按键编码的大小为 4 字节，邮件恰好可以容纳，因此，可以直接将按键编码作为消息内容，发送到邮箱中(复制一份，存储至邮箱中)。若要发送的消息大于 4 字节，显然不能直接发送了，此时，可以将传输内容的地址作为邮件内容，发送到邮箱中，接收者接收到邮件后，再将邮件内容作为地址，从中取出实际的消息内容。范例程序详见程序清单 10.61。

程序清单 10.61 邮箱使用范例程序——消息内容大于 4 字节

```
1   #include "aworks.h"
2   #include "aw_mailbox.h"
3   #include "aw_delay.h"
4   #include "aw_task.h"
5   #include "aw_vdebug.h"
6
7   AW_TASK_DECL_STATIC(task0, 512);
8   AW_TASK_DECL_STATIC(task1, 512);
9
10  AW_MAILBOX_DECL_STATIC(mailbox_test, 10);        // 定义邮箱:10 封邮件
11
12  aw_local char __g_str1[] = "The count is an odd number!";
13  aw_local char __g_str2[] = "The count is an even number!";
14
15  // 发送邮件任务入口函数
16  aw_local void __task0_entry (void * p_arg)
17  {
18      uint32_t  count = 0;
19      aw_err_t  ret    = AW_OK;
20      while (1) {
21          count ++ ;
22          if (count & 0x01) {
23              ret = AW_MAILBOX_SEND(
24                               mailbox_test,
25                               (uint32_t)__g_str1,
26                               AW_MAILBOX_WAIT_FOREVER,
27                               AW_MAILBOX_PRI_NORMAL);
28          } else {
29              ret = AW_MAILBOX_SEND(
30                               mailbox_test,
31                               (uint32_t)__g_str2,
32                               AW_MAILBOX_WAIT_FOREVER,
33                               AW_MAILBOX_PRI_NORMAL);
34          }
35          if (AW_OK == ret) {
36              aw_kprintf("task0 send a mail.\n");
37          }
38          aw_mdelay(1000);
```

```
39          }
40      }
41
42      // 接收邮件任务入口函数
43      aw_local void __task1_entry (void * p_arg)
44      {
45          unsigned char * p_str;
46          while (1) {
47              if (AW_MAILBOX_RECV(mailbox_test,
48                                  &p_str,
49                                  AW_MAILBOX_WAIT_FOREVER) == AW_OK) {
50
51                  aw_kprintf("task1 recv a mail,the content is : % s\n", p_str);
52              }
53              aw_mdelay(10);
54          }
55      }
56
57      int aw_main (void)
58      {
59          // 初始化邮箱
60          AW_MAILBOX_INIT(mailbox_test, 10, AW_MAILBOX_Q_PRIORITY);
61
62          // 初始化任务 task0
63          AW_TASK_INIT(
64              task0,                      // 任务实体
65              "task0",                    // 任务名字
66              1,                          // 任务优先级
67              512,                        // 任务堆栈大小
68              __task0_entry,              // 任务入口函数
69              NULL);                      // 任务入口参数
70      // 启动任务 task0
71      AW_TASK_STARTUP(task0);
72
73          // 初始化任务 task1
74          AW_TASK_INIT(
75                  task1,                  // 任务实体
76                  "task1",                // 任务名字
77                  2,                      // 任务优先级
```

```
78              512,                          // 任务堆栈大小
79              __task1_entry,                // 任务入口函数
80              NULL);                        // 任务入口参数
81          // 启动任务 task1
82          AW_TASK_STARTUP(task1);
83          return 0;
84      }
```

程序中，定义了两个任务：task0 和 task1。task0 负责发送消息，每隔 1 s 将 count 值加 1，若 count 为奇数，则发送__g_str1 字符数组中的信息；若 count 为偶数，则发送__g_str2 字符数组中的信息。__g_str1 和__g_str2 两个字符数组分别存放了字符串“The count is an odd number!”和“The count is an even number!”。显然，字符串的长度超过了 4 字节，因此，两个数组的大小也都超过了 4 字节。在 tsak1 发送消息时，将字符串数组的地址作为消息发送到了邮箱中。task1 用于接收消息，当接收到消息时，将其作为字符数组的地址，使用 aw_kprintf()将接收到的字符信息打印出来，以此完成了消息的传递。

由于邮箱仅传输了两个字符数组的地址，为了保证接收任务正确提取地址中的实际消息，必须确保接收任务接收到邮件时，地址中的数据仍然有效。因此，在范例程序中，将两个数组定义为了全局变量，使其内存一直有效(甚至是在消息处理完成后)。

在一些应用中，当消息处理完毕后，消息将没有任何实际意义，其地址中对应的数据可以丢弃，以释放相关内存。此时，可以使用动态内存来管理消息：发送者动态获取一段内存空间，填充相关内容后，将这段内存空间的首地址发送到邮箱中，接收者从邮箱中获取到该地址，然后从地址中提取出实际的消息内容进行处理，处理完毕后，释放内存。

例如，在程序清单 10.60 的基础上，对功能进行简单的修改：当按键按下时，LED 显示当前按键的编码，当按键释放时，熄灭所有 LED。显然，由于需要对按键按下和释放做不同的处理，这就要求在按键事件产生后，除需要发送按键编码信息外，还要发送按键的状态(按下或释放)。此时，消息就需要包含按键编码和按键状态，共计 8 字节。范例程序详见程序清单 10.62。

程序清单 10.62　邮箱使用范例程序——消息内存动态分配

```
1    #include "aworks.h"
2    #include "aw_led.h"
3    #include "aw_delay.h"
4    #include "aw_task.h"
5    #include "aw_mailbox.h"
6    #include "aw_input.h"
```

```
7     #include "aw_mem.h"
8
9     AW_TASK_DECL_STATIC(task_led,             512);              // 定义任务实体
10    AW_MAILBOX_DECL_STATIC(mailbox_test,      10);               // 定义邮箱实体
11
12    // 定义实际消息的类型(含按键编码和按键状态)
13    typedef struct {
14        int  key_code;
15        int  key_state;
16    } __mail_key_info_t;
17
18    static void __task_led_entry (void * p_arg)                  // 定义任务入口函数
19    {
20        aw_err_t               err;
21        __mail_key_info_t      * p_info;
22
23        while(1) {
24            err = AW_MAILBOX_RECV(mailbox_test, &p_info, AW_MAILBOX_WAIT_FOREVER);
25            if (err == AW_OK) {
26                if (p_info->key_state != 0) {
27                    switch (p_info->key_code) {
28                        case KEY_0: aw_led_off(0); aw_led_off(1); break;
29                        case KEY_1: aw_led_off(0); aw_led_on(1); break;
30                        case KEY_2: aw_led_on(0); aw_led_off(1); break;
31                        case KEY_3: aw_led_on(0); aw_led_on(1); break;
32                        default :break;
33                    }
34                } else {
35                    aw_led_off(0);
36                   aw_led_off(1);
37                }
38                aw_mem_free(p_info);                       // 消息处理完毕,释放消息内存
39            }
40        }
41    }
42
43    static void __key_process (aw_input_event_t * p_input_data, void * p_usr_data)
44    {
45        if (p_input_data->ev_type == AW_INPUT_EV_KEY) {      // 仅处理按键事件
46            aw_input_key_data_t * p_data = (aw_input_key_data_t * )p_input_data;
47            __mail_key_info_t * p_info = (__mail_key_info_t * )aw_mem_alloc(sizeof
              (__mail_key_info_t));
```

```
48            if (p_info != NULL) {
49                p_info->key_code    = p_data->key_code;
50                p_info->key_state = p_data->key_state;
51                AW_MAILBOX_SEND(
52                                mailbox_test,
53                               (uint32_t)p_info,
54                               AW_MAILBOX_NO_WAIT,
55                               AW_MAILBOX_PRI_NORMAL);
56            }
57        }
58    }
59
60    int aw_main()
61    {
62         static aw_input_handler_t  key_handler;
63
64         AW_MAILBOX_INIT(mailbox_test, 10, AW_MAILBOX_Q_PRIORITY);
65         AW_TASK_INIT(
66            task_led,                    // 任务实体
67            "task_led",                  // 任务名字
68            5,                           // 任务优先级
69            512,                         // 任务堆栈大小
70            __task_led_entry,            // 任务入口函数
71            NULL);                       // 任务入口参数
72        AW_TASK_STARTUP(task_led);      // 启动任务 task_led0
73        aw_input_handler_register(&key_handler, __key_process, NULL);
74        while(1) {
75            aw_mdelay(1000);
76        }
77    }
```

程序中,使用了 aw_mem_alloc()和 aw_mem_free()进行消息内存的申请和释放。aw_mem_alloc()和 aw_mem_free()与标准 C 语言的 malloc()和 free()功能相同,都用于动态内存的管理。它们在 aw_mem.h 文件中声明。

aw_mem_alloc()的函数原型为:

```
void *aw_mem_alloc(size_t size);
```

其用于分配 size 字节的内存空间,返回 void * 类型的指针,该指针即指向分配空间的首地址,若内存分配失败,则返回值为 NULL。

aw_mem_free()的函数原型为:

```
void aw_mem_free(void *ptr);
```

其用于释放由 aw_mem_alloc()分配的空间，ptr 参数即为内存空间的首地址，其值必须是由 aw_mem_alloc()函数返回的。

为了避免使用常规动态内存分配方法造成内存碎片、内存泄漏、分配效率低等问题，可以使用 AWorks 提供的静态内存池管理技术。

10.4 消息队列

前面介绍了邮箱服务，邮箱固定了消息的大小为 4 字节，当需要传输多余 4 字节的内容时，往往需要使用指针的形式，即使用邮箱传递实际消息的首地址，任务间通过传递的地址共享信息。使用地址共享信息的效率很高。但是，在这种情况下，就需要特别小心地进行内存的申请和释放，一个地址中的消息使用完毕后，需要释放相关内存空间。对于初学者来讲，使用起来相对烦琐，容易出错。

为此，AWorks 提供了另外一种消息通信机制：消息队列。其和邮箱类似，均用于任务间消息的传输，但其支持的消息大小由用户指定，可以超过 4 字节。

消息队列可以存放多条消息，发消息的任务负责将消息发送至队列，接收消息的任务负责从队列中提取消息。AWorks 提供了使用消息队列的几个宏，宏的原型如表 10.9 所列。

表 10.9 消息队列相关的宏(aw_msgq.h)

宏原型	功能简介
AW_MSGQ_DECL(msgq, msg_num, msg_size)	定义消息队列实体
AW_MSGQ_DECL_STATIC(msgq, msg_num, msg_size)	定义消息队列实体(静态)
AW_MSGQ_INIT(msgq, msg_num, msg_size, options)	初始化消息队列
AW_MSGQ_RECEIVE(msgq, p_buf, nbytes, timeout)	从消息队列中获取一条消息
AW_MSGQ_SEND(msgq, p_buf, nbytes, timeout, priority)	发送一条消息到消息队列
AW_MSGQ_TERMINATE(msgq)	终止消息队列

1. 定义消息队列实体

AW_MSGQ_DECL()和 AW_MSGQ_DECL_STATIC()宏均用于定义一个消息队列实体，为消息队列分配必要的内存空间，包括用于存储消息的空间。它们的原型为：

```
AW_MSGQ_DECL(msgq, msg_num, msg_size)
AW_MSGQ_DECL_STATIC(msgq, msg_num, msg_size)
```

其中，参数 msgq 为消息队列实体的标识名；msg_num 和 msg_size 用于分配存储消息的空间，msg_num 表示消息的最大条数，msg_size 表示每条消息的大小(字节数)。用于存储消息的总内存大小即为 msg_num×msg_size。

两个宏的区别在于,AW_MSGQ_DECL_STATIC() 在定义消息队列所需内存时,使用了关键字 static ,这样便可以将消息队列实体的作用域限制在模块内(文件内),从而避免模块之间的消息队列命名冲突,同时,还可以在函数内使用本宏定义消息队列实体。

如使用 AW_MSGQ_DECL()定义一个标识名为 msgq_test 的消息队列实体,消息的最大数目为 10,每条消息为一个 int 类型数据,消息的大小为 4 字节(32 位平台中),其范例程序详见程序清单 10.63。

程序清单 10.63　定义消息队列实体的范例程序(1)

```
1    AW_MSGQ_DECL (msgq_test, 10, 4);
```

通常,当每条消息为一个 int 类型的数据时,其长度最好使用 sizeof 表示,范例程序详见程序清单 10.64。

程序清单 10.64　定义消息队列实体的范例程序(2)

```
1    AW_MSGQ_DECL (msgq_test, 10, sizeof(int));// 10 条消息,每条消息存储 int 类型数据
```

使用 AW_MSGQ_DECL()定义消息队列实体时,可以将消息队列的实体嵌入到另一个数据结构中,其范例程序详见程序清单 10.65。

程序清单 10.65　将消息队列实体嵌入到结构体中

```
1    struct my_struct {
2        //……其他数据成员
3        AW_MSGQ_DECL(msgq_test, 10, sizeof(int)); // 定义消息队列实体
4    };
```

也可以使用 AW_MSGQ_DECL_STATIC()定义一个标识名为 msgq_test 的消息队列实体,其范例程序详见程序清单 10.66。

程序清单 10.66　定义消息队列实体(静态)的范例程序

```
1    AW_MSGQ_DECL_STATIC (msgq_test, 10, sizeof(int));
```

2. 初始化消息队列

定义消息队列实体后,必须使用 AW_MSGQ_INIT()初始化后才能使用。其原型为:

```
AW_MSGQ_INIT(msgq, msg_num, msg_size, options)
```

其中,msgq 为由 AW_MSGQ_DECL() 或 AW_MSGQ_DECL_STATIC()定义的消息队列;msg_num 表示消息队列可以存储的消息条数,其值必须与定义消息队列实体时的 msg_num 相同;msg_size 表示每条消息的大小(字节数),其值必须与定义消息队列实体时的 msg_size 相同;options 为消息队列的选项,其决定了阻塞于此消息队列(等待消息中)的任务的排队方式,可以按照任务优先级或先进先出的顺序

排队，对应的宏如表10.10所列。

表10.10　消息队列初始化选项宏(aw_msgq.h)

选项宏	功能简介
AW_MSGQ_Q_FIFO	排队方式为FIFO(先进先出)
AW_MSGQ_Q_PRIORITY	排队方式为按优先级排队

注意：前面讲述了三种信号量，在初始化时同样可以通过选项指定阻塞于信号量的任务的排队方式，分为按照优先级和先进先出两种方式，它们对应的宏名分别为AW_SEM_Q_PRIORITY和AW_SEM_Q_FIFO。与消息队列的命名不同，不可混用。

通常排队方式都选择按照优先级排队，初始化消息队列的范例程序详见程序清单10.67。

程序清单10.67　初始化消息队列的范例程序

```
1    AW_MSGQ_INIT (msgq_test, 10, sizeof(int), AW_MSGQ_Q_PRIORITY);
```

AW_MSGQ_INIT()用于初始化一个消息队列实体，初始化完毕后，将返回该消息队列的ID，其类型为aw_msgq_id_t。定义一个该类型的变量保存返回的ID如下：

```
1    aw_msgq_id_t  msgq_id = AW_MSGQ_INIT(msgq_test,10,4,AW_MSGQ_Q_PRIORITY);
```

aw_msgq_id_t的具体定义用户无需关心，该ID可作为后文介绍的其他消息队列相关接口函数的参数，用于指定要操作的消息队列。特别地，若返回ID的值为NULL，则表明初始化失败。一般地，若无特殊需求，不会使用该ID，可以不用保存该ID。

3. 从消息队列中获取一条信息

从消息队列中获取一条消息的宏原型为：

```
AW_MSGQ_RECEIVE(msgq, p_buf, nbytes, timeout)
```

其中，msgq为由AW_MSGQ_DECL()或AW_MSGQ_DECL_STATIC()定义的消息队列；p_buf指向用于保存消息的缓冲区，消息成功获取后，将存储到p_buf指向的缓冲区中；nbytes指定了缓冲区的大小，缓冲区大小必须能够容纳一条消息，其值不得小于定义消息队列实体时指定的一条消息的长度，通常情况下，nbytes与一条消息的长度是相等的，例如，msgq_test中的消息长度为4字节，则nbytes的值也为4，即p_buf指向的缓存区大小为4字节；timeout指定了超时时间。该宏的返回值为aw_err_t类型的标准错误号。**注意**：由于中断服务程序不能被阻塞，因此，该函数禁止在中断中调用。

如果消息队列非空，包含有效消息，则将成功获取到一条消息，同时，会从消息队列中将该消息移除，有效消息条数减1。此时，AW_MSGQ_RECEIVE()的返回值为AW_OK。

如果消息队列为空,没有任何有效的消息,则不能立即成功获取到消息,接下来具体的行为将由超时时间 timeout 的值决定。

① 若 timeout 的值为 AW_MSGQ_WAIT_FOREVER,则任务会阻塞于此,一直等待,直到消息队列中有可用消息,即其他任务或中断发送了消息。范例程序详见程序清单 10.68。

程序清单 10.68 永久阻塞等待消息队列的范例程序

```
1    int  data;
2    AW_MSGQ_RECEIVE(msgq_test, &data, sizeof(int), AW_MSGQ_WAIT_FOREVER);
```

② 若 timeout 的值为 AW_MSGQ_NO_WAIT,则任务不会被阻塞,立即返回,但不会成功获取到消息,此时,AW_MSGQ_RECEIVE()的返回值为－AW_EAGAIN(表示当前资源无效,需要重试)。范例程序详见程序清单 10.69。

程序清单 10.69 不阻塞等待消息队列的范例程序

```
1    int  data;
2    AW_MSGQ_RECEIVE(msgq_test, &data, sizeof(int), AW_MSGQ_NO_WAIT);
```

③ 若 timeout 的值为一个正整数,则表示最长的等待时间(单位为系统节拍),任务会阻塞于此,在 timeout 规定的时间内,若成功获取到一条消息,则 AW_MSGQ_RECEIVE()的返回值为 AW_OK;若在 timeout 规定的时间内,没有获取到消息,则返回值为－AW_ETIME(表明超时)。范例程序详见程序清单 10.70。

程序清单 10.70 等待消息队列的超时时间为 500 ms 的范例程序

```
1    int  data;
2    AW_MSGQ_RECEIVE(msgq_test, &data, sizeof(int), aw_ms_to_ticks(500));
```

4. 发送一条消息到消息队列中

发送消息到消息队列中的宏原型为:

```
AW_MSGQ_SEND(msgq, p_buf, nbytes, timeout, priority)
```

其中,msgq 为由 AW_MSGQ_DECL()或 AW_MSGQ_DECL_STATIC()定义的消息队列;p_buf 指向待发送的消息缓冲区;nbytes 为消息缓冲区的大小,消息缓冲区的长度值不得大于定义消息队列实体时指定的一条消息的长度,通常情况下,nbytes 与一条消息的长度是相等的,例如,msgq_test 中的消息长度为 4 字节,则 nbytes 的值也为 4,即 p_buf 指向的缓存区大小为 4 字节;timeout 指定了超时时间;priority 指定了消息的优先级。该宏的返回值为 aw_err_t 类型的标准错误号。

若消息队列未满,可以继续存储消息,则该消息发送成功,消息队列的有效消息条数加 1。此时,AW_MSGQ_SEND()的返回值为 AW_OK。

若消息队列已满，暂时不能继续存储消息，则不能立即成功发送消息，接下来具体的行为将由超时时间 timeout 的值决定。

① 若 timeout 的值为 AW_MSGQ_WAIT_FOREVER，则任务会阻塞于此，一直等待，直到消息成功放入消息队列，即其他任务从消息队列中获取了消息，消息队列留出空闲空间。范例程序详见程序清单 10.71。

程序清单 10.71 永久阻塞等待消息队列的范例程序

```
1    int  data = 5;
2    AW_MSGQ_SEND(
3        msgq_test,
4        &data,
5        sizeof(int),
6        AW_MSGQ_WAIT_FOREVER,
7        AW_MSGQ_PRI_NORMAL);
```

注意：priority 参数指定了消息的优先级，其可能的取值有两个：AW_MSGQ_PRI_NORMAL 和 AW_MSGQ_PRI_URGENT，分别表示普通优先级和紧急优先级。一般地，均使用普通优先级，此时，新的消息按照队列的组织形式，放在队列的尾部，将最后被取出。若使用紧急优先级，则新的消息放在队列的头部，将在下次从消息队列中获取消息时被取出。

② 若 timeout 的值为 AW_MSGQ_NO_WAIT，则任务不会被阻塞，立即返回，但不会成功发送消息，此时，AW_MSGQ_SEND()的返回值为－AW_EAGAIN(表示当前资源无效，需要重试)。范例程序详见程序清单 10.72。

程序清单 10.72 不阻塞等待消息队列的范例程序

```
1    int  data = 5;
2    AW_MSGQ_SEND(
3        msgq_test,
4        &data,
5        sizeof(int),
6        AW_MSGQ_NO_WAIT,
7        AW_MSGQ_PRI_NORMAL);
```

③ 若 timeout 的值为一个正整数，则表示最长的等待时间(单位为系统节拍)，任务会阻塞于此，若在 timeout 规定的时间内，成功发送了消息，则 AW_MSGQ_SEND()的返回值为 AW_OK；若在 timeout 规定的时间内，没有成功发送消息，则返回值为－AW_ETIME(表明超时)。范例程序详见程序清单 10.73。

程序清单 10.73 等待消息队列的超时时间为 500 ms 的范例程序

```
1    int  data = 5;
2    AW_MSGQ_SEND(
3        msgq_test,
4        &data,
5        sizeof(int),
6        aw_ms_to_ticks(500),
7        AW_MSGQ_PRI_NORMAL);
```

注意:在中断服务程序中(如按键回调函数),可以使用该接口发送消息至消息队列,这是中断和任务之间很重要的一种通信方式,即在中断中发送消息,在任务中接收消息并处理,从而减小中断服务程序的时间。但是,由于中断不能被阻塞,因此,当在中断中发送消息时,timeout 标志只能为 AW_MSGQ_NO_WAIT。在这种应用中,为了避免消息丢失,应该尽可能避免消息队列被填满,可以通过增加消息队列的大小以及提高处理消息任务的优先级,使消息队列中的消息被尽快处理。

5. 终止消息队列

当一个消息队列不再使用时,可以终止该消息队列,宏原型为:

```
AW_MSGQ_TERMINATE(msgq)
```

其中,msgq 为由 AW_MSGQ_DECL() 或 AW_MSGQ_DECL_STATIC()定义的消息队列。当消息队列被终止后,若当前系统中还存在等待该消息队列的任务,则任何等待此消息队列的任务将会被解阻塞,并返回-AW_ENXIO(资源不存在),其范例详见程序清单 10.74。

程序清单 10.74 终止消息队列的范例程序

```
1    AW_MSGQ_TERMINATE(msgq_test);
```

在程序清单 10.62 中,使用了动态内存分配来管理消息的存储空间,为了避免使用动态内存分配,可以使用消息队列,将每条消息的长度定义为 8,以便存储按键编码和按键状态。范例程序详见程序清单 10.75。

程序清单 10.75 消息队列使用范例程序

```
1     #include "aworks.h"
2     #include "aw_led.h"
3     #include "aw_delay.h"
4     #include "aw_task.h"
5     #include "aw_msgq.h"
6     #include "aw_input.h"
7
8    // 定义消息队列中消息的类型(含按键编码和按键状态)
9     typedef struct {
```

```
10          int   key_code;
11          int   key_state;
12      } __mail_key_info_t;
13
14      AW_TASK_DECL_STATIC(task_led,   512);                       // 定义任务实体
15      AW_MSGQ_DECL_STATIC(msgq_test, 10, sizeof(__mail_key_info_t)); // 定义消息队列实体
16
17      static void __task_led_entry (void * p_arg)                 // task_led任务入口函数
18      {
19          aw_err_t            err;
20          __mail_key_info_t info;
21          while(1) {
22              err = AW_MSGQ_RECEIVE(
23                              msgq_test,
24                              &info,
25                              sizeof(__mail_key_info_t),
26                              AW_MSGQ_WAIT_FOREVER);
27              if (err == AW_OK) {
28                  if (info.key_state != 0) {
29                      switch (info.key_code) {
30                          case KEY_0: aw_led_off(0); aw_led_off(1); break;
31                          case KEY_1: aw_led_off(0); aw_led_on(1); break;
32                          case KEY_2: aw_led_on(0); aw_led_off(1); break;
33                          case KEY_3: aw_led_on(0); aw_led_on(1); break;
34                          default :break;
35                      }
36                  } else {
37                      aw_led_off(0);
38                     aw_led_off(1);
39                  }
40              }
41          }
42      }
43
44      static void __key_process (aw_input_event_t * p_input_data, void * p_usr_data)
45      {
46          if (p_input_data->ev_type == AW_INPUT_EV_KEY) {         // 仅处理按键事件
47              aw_input_key_data_t * p_data = (aw_input_key_data_t *)p_input_data;
48              __mail_key_info_t info;
49
50              info.key_code       =       p_data->key_code;
```

```
51              info.key_state      =     p_data->key_state;
52              AW_MSGQ_SEND(
53                      msgq_test,
54                      &info,
55                      sizeof(__mail_key_info_t),
56                      AW_MSGQ_NO_WAIT,
57                      AW_MSGQ_PRI_NORMAL);
58          }
59      }
60
61      int aw_main()
62      {
63          static aw_input_handler_t   key_handler;
64
65          AW_MSGQ_INIT(msgq_test, 10, sizeof(__mail_key_info_t), AW_MSGQ_Q_PRIORITY);
66          AW_TASK_INIT(
67              task_led,                       // 任务实体
68              "task_led",                     // 任务名字
69              5,                              // 任务优先级
70              512,                            // 任务堆栈大小
71              __task_led_entry,               // 任务入口函数
72              NULL);                          // 任务入口参数
73              AW_TASK_STARTUP(task_led);      // 启动任务 task_led0
74              aw_input_handler_register(&key_handler, __key_process, NULL);
75              while(1) {
76              aw_mdelay(1000);
77          }
78      }
```

该程序与程序清单 10.62 所示的程序分别使用邮箱和消息队列实现了相同的功能。消息队列避免了使用动态内存分配，在定义消息队列实体时，就完成了相关内存的静态分配，避免了使用动态内存分配的种种缺点。但是，当使用消息队列时，若定义的容量过大，可能造成不必要的内存浪费。

此外，邮箱和消息队列发送消息的方式是不同的，对于邮箱，其仅仅发送了消息的首地址，接收者接收到地址后，直接从地址中取出相应的消息，在这种方式下，消息传递的效率很高。但对于消息队列，发送消息时，是将整个消息内容（如按键编码和按键状态）拷贝到消息队列的缓冲区中，接收消息时，再将存储在消息队列缓冲区中的消息完整地拷贝到用户缓冲区中。由此可见，一次消息传输存在两次消息内容的完全拷贝过程，这种传输方式效率很低，特别是对于一条消息很大的情况。

因此，建议当一条消息很大时，使用邮箱；当一条消息较小时，消息的拷贝对性能

的影响较弱，而使用消息队列更加方便快捷。

10.5 自旋锁

互斥信号量用于任务间对共享资源的互斥访问，在一个任务获取互斥信号量时，若互斥信号量无效，需要等待时，则任务会主动释放 CPU，内核调度器进而调度 CPU 去执行其他任务，当互斥信号量恢复有效时，再重新调度 CPU 继续执行之前的任务。这样，在任务等待互斥信号量有效的这段时间里，CPU 可以被充分利用，去处理其他任务。

但是，调度过程是需要耗费一定时间的，有些时候，对共享资源的访问可能非常简单，消耗 CPU 的时间很短，也就是说，一个任务占用共享资源的时间非常短，其获得互斥信号量后很快就会释放。在这种情况下，当一个任务获取互斥信号量时，即使当前的信号量无效，也意味着该信号量很快就会被释放，变为有效。若任务在此时释放 CPU，执行任务调度，很可能在任务调度过程中，信号量就被释放了，系统又不得不在调度结束后重新将 CPU 再调度回来，这使系统在任务调度上花费了太多的时间成本。而在这种情况下，任务不释放 CPU 将是一种更好的选择，可以提高任务执行的效率。

AWorks 提供了自旋锁，所谓"自旋"，就是一个"自我轮询检查"，当获取自旋锁时，若自旋锁处于无效(被锁)状态，则不会释放 CPU，而是轮询检查自旋锁，直到自旋锁被释放(解锁)。当检查到自旋锁被释放后，立即获取该自旋锁，使之成为锁住状态，接着尽快迅速完成对共享资源的访问，访问结束后，释放自旋锁。

当自旋锁不可用时，任务将一直循环检查自旋锁的状态直到可用而不会释放 CPU，CPU 在轮询等待期间不做任何其他有效的工作，因此，只有在共享资源占用时间极短的情况下，使用自旋锁才是合理的；否则，应该使用互斥信号量。需要特别注意的是，自旋锁不支持递归使用。

AWorks 提供了使用自旋锁的通用接口，接口的原型如表 10.11 所列。

表 10.11 自旋锁通用接口(aw_spinlock.h)

宏原型	功能简介
void aw_spinlock_isr_init(aw_spinlock_isr_t * p_lock, int flags);	初始化自旋锁
void aw_spinlock_isr_take(aw_spinlock_isr_t * p_lock);	获取自旋锁
void aw_spinlock_isr_give(aw_spinlock_isr_t * p_lock);	释放自旋锁

在 AWorks 中，自旋锁可以在中断中使用，因而在接口命名中，含有"isr"关键字。之所以可以在中断中使用，是由于在获取到自旋锁后，会关闭总中断，释放自旋锁时，再打开总中断，使得在访问自旋锁保护的共享资源时，可以独占 CPU，保证其不会被中断打断。若任务在获取到自旋锁还未释放时被中断打断，在中断上下文中

再次获取自旋锁将造成“死锁”:任务未释放自旋锁,中断只能等待;中断占用了CPU,任务只有等待中断结束返回后才能继续执行,以释放自旋锁。

换句话说,在 AWorks 中,自旋锁可以在中断中使用,任务和中断对共享资源的访问是互斥的,当任务访问共享资源时,中断会被关闭,以实现互斥。

1. 定义自旋锁实体

在使用自旋锁前,必须先使用 aw_spinlock_isr_t 类型定义自旋锁实体,该类型在 aw_spinlock.h 中定义,具体类型的定义用户无需关心,仅需使用该类型定义自旋锁实体,即

```
aw_spinlock_isr_tlock;            // 定义一个自旋锁
```

其地址可作为各个接口中 p_lock 参数的实参传递,表示具体要操作的自旋锁。

2. 初始化自旋锁

定义自旋锁实体后,必须对该接口进行初始化后才能使用,其函数原型为:

```
void aw_spinlock_isr_init(aw_spinlock_isr_t * p_lock, int flags);
```

其中,p_lock 指向待初始化的自旋锁;flags 为自旋锁的标志,当前无任何可用标志,该值需设置为 0。初始化自旋锁的范例程序详见程序清单 10.76。

程序清单 10.76 初始化自旋锁

```
1     aw_spinlock_isr_init(&lock,  0);
```

3. 获取自旋锁

获取自旋锁的函数原型为:

```
void aw_spinlock_isr_take(aw_spinlock_isr_t * p_lock);
```

其中,p_lock 指向需要获取的自旋锁。若自旋锁有效,则获取成功,并将自旋锁设置为无效状态;若自旋锁无效,则会轮询等待(不会像互斥信号量那样释放 CPU),直到自旋锁有效(占用该锁的任务释放自旋锁)后返回。该接口可以在中断上下文中使用。获取自旋锁的范例程序详见程序清单 10.77。

程序清单 10.77 获取自旋锁

```
1     aw_spinlock_isr_take(&lock);
```

4. 释放自旋锁

释放自旋锁的函数原型为:

```
void aw_spinlock_isr_give(aw_spinlock_isr_t * p_lock);
```

其中,p_lock 指向需要释放的自旋锁。自旋锁的获取和释放操作应该成对出现,即在一个任务(或中断上下文)中,先获取自旋锁,再访问由该自旋锁保护的共享

资源,访问结束后释放自旋锁。不可一个任务(或中断上下文)仅获取自旋锁,另一个任务(或中断上下文)仅释放自旋锁。释放自旋锁的范例程序详见程序清单 10.78。

程序清单 10.78 释放自旋锁

```
1    aw_spinlock_isr_give(&lock);
```

在互斥信号量的范例程序中(详见程序清单 10.25),使用了两个任务互斥访问共享资源(调试串口)的例子进行说明,由于调试串口输出信息的速度慢,输出一条字符串信息耗时往往在毫秒级别,因此,在这种情况下,使用自旋锁是不合适的。一般来讲,操作硬件设备都不建议使用自旋锁,自旋锁往往用于互斥访问类似于全局变量的共享资源。

例如,有两个任务 task1 和 task2。在 task1 中,每隔 50 ms 对全局变量进行加 1 操作,在 task2 中,检查全局变量的值,若达到 10,则将全局变量的值重置为 0,并翻转一次 LED。

由于两个任务均需对全局变量进行操作,为了避免冲突,需要两个任务互斥访问该全局变量,显然,加值操作是非常快的,占用时间极短,可以使用自旋锁实现互斥访问,范例程序详见程序清单 10.79。

程序清单 10.79 自旋锁使用范例程序

```
1     #include "aworks.h"
2     #include "aw_delay.h"
3     #include "aw_task.h"
4     #include "aw_vdebug.h"
5     #include "aw_spinlock.h"
6
7     AW_TASK_DECL_STATIC(task0, 512);                    // 定义 task0 任务实体
8     AW_TASK_DECL_STATIC(task1, 512);                    // 定义 task1 任务实体
9
10    static    aw_spinlock_isr_t   __g_lock;             // 定义自旋锁实体
11    static      unsigned int      __g_test_data = 0;    // 全局变量,模拟共享资源
12
13    static void __task0_entry (void * p_arg)            // 定义任务入口函数
14    {
15        while(1) {
16            aw_spinlock_isr_take(&__g_lock);
17            __g_test_data ++ ;
18            aw_spinlock_isr_give(&__g_lock);
19            aw_mdelay(50);
20        }
21    }
22
23    static void __task1_entry (void * p_arg)            // 定义任务入口函数
```

```
24  {
25      while(1) {
26          aw_spinlock_isr_take(&__g_lock);
27          if (__g_test_data >= 10) {
28              __g_test_data = 0;
29              aw_led_toggle(0);
30          }
31          aw_spinlock_isr_give(&__g_lock);
32          aw_mdelay(100);
33      }
34  }
35
36  int aw_main()
37  {
38       aw_spinlock_isr_init(&__g_lock,  0);          // 初始化自旋锁
39       AW_TASK_INIT(
40          task0,                                      // 任务实体
41          "task0",                                    // 任务名字
42          5,                                          // 任务优先级
43          512,                                        // 任务堆栈大小
44          __task0_entry,                              // 任务入口函数
45          NULL);                                      // 任务入口参数
46       AW_TASK_INIT(
47          task1,                                      // 任务实体
48          "task1",                                    // 任务名字
49          6,                                          // 任务优先级
50          512,                                        // 任务堆栈大小
51          __task1_entry,                              // 任务入口函数
52          NULL);                                      // 任务入口参数
53      AW_TASK_STARTUP(task0);                         // 启动任务 task0
54      AW_TASK_STARTUP(task1);                         // 启动任务 task1
55      while(1) {
56          aw_mdelay(1000);
57      }
58  }
```

第11章 文件系统

✍ **本章导读**

文件系统是用于管理文件的方法和数据结构。与文件和文件系统相关的数据存储在实际的物理介质中,例如,Nand Flash,Nor Flash 或 SD Card 等。AWorks 定义了文件系统的通用接口,无论底层使用何种文件系统,如常见的 FAT16/32、UFFS 或 YAFFS2 等,均可使用同一套接口进行文件相关的操作。

11.1 文件系统简介

在文件系统中,存储数据的基本单位是文件,即数据是按照一个一个文件的方式进行组织的。当文件较多时,将导致文件繁多、不易分类、重名等问题,为此,在文件的基础上,提出了目录的概念,相当于 Windows 系统中的文件夹,一个目录中,可以包含多个文件。特别地,一个目录中,除包含文件外,还可以包含子目录,子目录可以继续包含子目录。最上层的目录被称为根目录,示意图如图 11.1 所示。

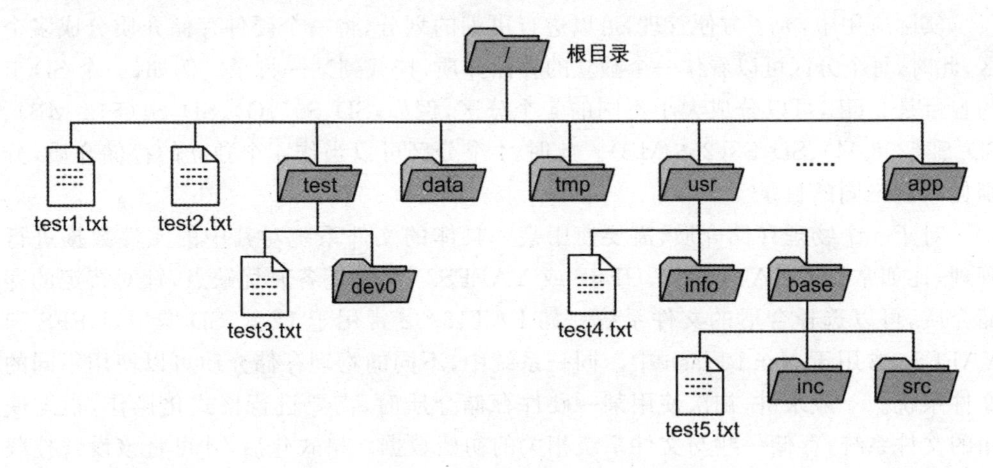

图 11.1 目录结构示意图

图中的目录名和文件名仅用作示例,与实际系统的目录树结构并不存在任何关联。在 AWorks 中,根目录使用斜杠(即"/")表示,应注意与反斜杠(即"\")进行区分,不可混用。存于根目录中的文件,其完整路径直接使用“斜杠 + 文件名”的形式表示,如图 11.1 中的 test1. txt 文件,其路径为“/test1. txt”,若一个文件所在目录不是根目录时,则多个目录之间要使用斜杠(即“/”)分隔,比如,test5. txt 文件对应的完整路径应表示为“/usr/base/test5. txt”。

AWorks 中分隔符使用“/”,这与 UNIX/Linux 的风格是完全相同的,而与 Windows 则不相同,Windows 中使用反斜杠“\”作为分隔符。

11.2 设备挂载管理

在图 11.1 中,为用户展示了一个目录树结构,图中的每个文件都存放在相应的目录中,目录是一个虚拟的逻辑概念,便于用户按照逻辑路径访问各个文件。而实质上,文件数据是存放在物理存储介质中的,例如,Nand Flash,Nor Flash 或 SD Card 等。为此,就需要在系统中将目录与某一物理存储介质相关联,用户存放在某一目录下的文件都自动保存到对应的物理存储介质中,这种关联操作可以通过“设备挂载”来实现。“设备挂载”用于将物理存储介质挂载到某一目录,使该物理存储介质与该目录对应,后续所有在该目录下的文件(或子目录)实际上都存储到了与之对应的存储介质中。

在一个系统中,往往存在多种存储介质,例如,Nand Flash,SD Card 或外接的 U 盘等,无论存在多少存储介质,对于用户来讲,其都是使用图 11.1 所示的一个目录树来进行文件管理的,根目录只有一个,不会因为具有多个存储介质而产生多个根目录。

实际应用中,为了方便管理,可以进行更细的划分,将一个硬件存储介质分成多个区,此时,每个分区可以看作一个独立的存储介质,挂载到某一目录。例如,一个 SD 卡的容量是 2 GB,可以分成大小不同的 4 个分区,例如,SD_S0(1G)、SD_S1(512 MB)、SD_S2(256 M)、SD_S3(256 MB)。此时,4 个分区可以当作 4 个独立的存储介质,分别挂载到不同的目录。

对于一个物理存储介质,需要使用某一具体的文件系统对其中的文件数据进行管理,比如常见的 FAT16/32、UFFS 或 YAFFS2 等,它们各有优缺点,针对特定的存储介质,可以选择合适的文件系统。如 FAT16/32 常用于 U 盘、SD 卡中,UFFS 和 YAFFS2 常用于 Nand Flash 中。同一系统中,不同的物理存储介质可以使用不同的文件系统。一般来讲,初次使用某一硬件存储介质时,需要进行格式化操作,指定使用的文件系统,存储一些与文件系统相关的初始数据。格式化后,才可将该设备挂载到目录树中。通常情况下,存储设备掉电不会丢失数据,因此,格式化操作仅需执行一次,不需要每次上电都执行。

AWorks 提供了抽象的文件系统接口和框架,即使系统中不同存储介质使用了不同的文件系统,对于用户来讲,仍然可以使用相同的接口进行文件相关的操作。

AWorks 提供了管理硬件存储设备的接口，相关接口的函数原型如表 11.1 所列。

表 11.1　存储设备管理相关接口(fs/aw_mount.h)

宏原型	功能简介
int aw_make_fs (const char * dev_name, const char * fs_name, const struct aw_fs_format_arg * fmt_arg)；	格式化存储设备
int aw_mount (const char * mnt, const char * dev, const char * fs, unsigned flags)；	设备挂载
int aw_umount (const char * path, unsigned flags)；	取消挂载

1. 格式化存储设备

格式化存储设备，以指定使用的文件系统，并存储一些与文件系统相关的初始数据。其函数原型为：

```
int aw_make_fs (const char                       * dev_name,
                const char                       * fs_name,
                const struct aw_fs_format_arg    * fmt_arg);
```

其中，dev_name 为存储设备的名字；fs_name 为使用的文件系统的名字；fmt_arg 为格式化相关的附加信息。返回值为标准的错误号，返回 AW_OK 时，表示格式化成功；否则，表示格式化失败，可能是由于硬件设备不存在或文件系统不支持造成的。

存储设备的名字与具体的物理存储介质相关。例如，常见的 SD 卡设备，其对应的设备名为/dev/sdx，其中，x 为 SD 卡所处的 SDIO 总线序号，如 0、1、2 等。为便于叙述，这里将 SD 卡和 TF 卡统称为 SD 卡存储设备，SD 卡就是常见的大卡，常用于相机中，如图 11.2(a)所示。TF 卡又称 Micro SD 卡，其体积比 SD 卡小，很多手机都配备了 TF 卡接口，用于扩展存储容量，如图 11.2(b)所示。除了体积大小的区别外，SD 卡在左侧还有一个 LOCK 开关，用于锁定 SD 卡，从硬件上开启写保护，避免数据损坏。

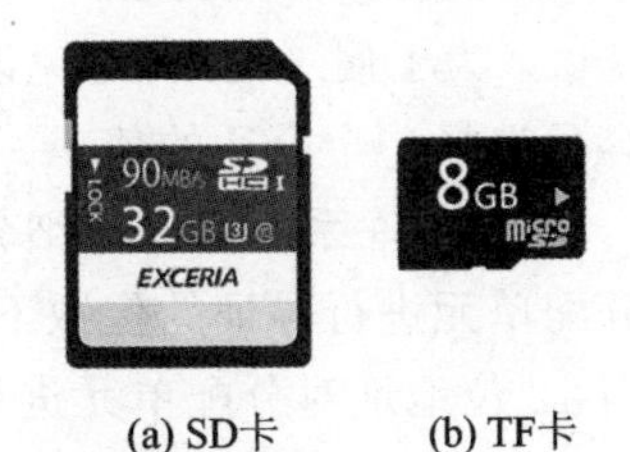

(a) SD卡　　(b) TF卡

图 11.2　SD 卡与 TF 卡

在 i.MX28x 硬件平台中，仅在 SDIO0 总线上设置了一个 TF 卡卡槽，因而仅能插入一张 TF 卡，不能插入 SD 卡。如正确插入了 TF 卡，则该 TF 卡对应的设备名为“/dev/sd0”。为便于验证后续程序，读者可以准备一张 TF 卡。

除使用 TF 卡外，还可以使用 U 盘进行测试，在 i.MX28x 平台中设置了 USB 接口，默认情况下，USB HOST1 接口用于外接 USB 设备，USB HOST0 接口用于外接 USB 主机，将自身模拟为一个 USB 设备。可以通过 USB HOST1 接口外接 U 盘，U 盘在系统中对应的存储设备名为“/dev/ms0-ud0”。

在编程上，不同的物理存储设备仅仅是设备名发生了变化，没有其他任何区别，U 盘和 TF 卡的具体细节差异用户无需关心。为便于叙述，后文统一使用 TF 卡存储设备进行举例说明，若读者使用的是 U 盘，仅需将范例程序中出现的 TF 卡设备名修改为“/dev/ms0-ud0”。

fs_name 为文件系统的名字，比如：“vfat”“uffs”“yaffs”等，其代表了此硬件设备使用的具体文件系统。如使用 FAT，则文件系统名为“vfat”，其会自动根据存储器特性选择使用合适的 FAT 文件系统：FAT12、FAT16 或 FAT32。

fmt_arg 为格式化相关的信息，不同文件系统使用的信息可能会不同，其类型为 struct aw_fs_format_arg (fs/aw_fs_type.h)定义如下：

```
struct aw_fs_format_arg {
    const char          * vol_name;        // 卷名
    size_t                unit_size;       // 分配单元大小
    uint_t                flags;           // 其他标志};
```

对于 FAT 文件系统，其管理的一个存储设备或分区称为“卷”(volume)，vol_name 即为该卷指定一个卷名，当前系统中，卷名仅作标识，未用作其他特殊用途，可任意指定一个合理的名字，比如：“awdisk”。

在 FAT 文件系统中，存储设备是以“分配单元”(allocation unit)为单位进行数据管理的，unit_size 指定了每个分配单元的大小，分配单元在 FAT 中又被称为“簇”(cluster)。在允许范围内，分配单元大小设置越大，读/写速度越快，反之则越慢。但是，需要注意的是，分配单元越大，也越有可能造成空间的浪费，因为即便一个文件的大小远远小于分配单元大小，也会占用一个完整的分配单元。unit_size 必须为硬件存储设备扇区大小(通常固定为 512)的整数倍，且倍数必须是 2 的幂，比如：1、2、4、8 等，可以将 unit_size 设置为 4 096(512×8)，通常情况下，unit_size 的有效范围为 512～32 768。为了便于使用，避免设置错误，也可以将该值设置为 0，系统将自动根据存储器容量选择一个合适的值。

FAT 文件系统又可以细分为 FAT12、FAT16、FAT32，它们最明显的区别就是对分配单元进行寻址的位数不同，分别为 12 位、16 位、32 位。例如，对于 FAT12，其使用 12 位地址对分配单元进行寻址，因此，理论上最大只能管理 $2^{12}=4\ 096$ 个分配单元(实际上，部分地址用作它用，管理的分配单元要略小于该值)，若每个分配单元的大小为 32 KB，则 FAT12 管理存储设备的最大容量为：32 KB×4 096 = 128 MB。同理，可得到 FAT16 管理的存储设备最大容量为 2 GB，虽然 FAT32 理论上可以管理的容量达到 T 级别，但实际中，当存储设备的容量超过 32 GB 时，不再建议使用

FAT,例如,在 Windows 中,可以使用 NTFS 等其他文件系统。用户无需明确指定使用何种 FAT 文件系统,系统将根据设备容量自动进行选择。

对于 FAT 文件系统,flags 标志未使用,设置为 0 即可。基于此,格式化 TF 卡的范例程序详见程序清单 11.1。

程序清单 11.1 格式化范例程序

```
1     #include "aworks.h"
2     #include "aw_delay.h"
3     #include "aw_vdebug.h"
4     #include "fs/aw_mount.h"
5
6     int aw_main()
7     {
8         aw_err_t err;
9         const struct aw_fs_format_arg fmt ={                    // 格式化信息
10            "awdisk",                                           // 卷名为"awdisk"
11             4096,                                              // 单元大小为 4KB
12             0                                                  // 设置 flags 为 0
13        };
14        while (1) {
15            err = aw_make_fs("/dev/sd0", "vfat", &fmt);     // 格式化
16            if (err == -AW_ENODEV) {
17                aw_kprintf("Can't find the device, try again! \r\n");
18                aw_mdelay(1000);
19            } else if (err != AW_OK) {
20                aw_kprintf("make fs failed! \r\n");
21                break;
22            } else {
23                aw_kprintf("make fs OK! \r\n");
24                break;
25            }
26        }
27        while(1) {
28            aw_mdelay(1000);
29        }
30    }
```

若未插入 TF 卡或刚插入 TF 卡但还未初始化完成,则"/dev/sd0"设备是不存在的,此时,aw_make_fs()函数将返回错误号:-AM_ENODEV。

由于程序在系统启动后将立即执行,TF 卡可能还未及时插入或初始化完成。因此,程序中,当格式化函数的返回值为-AM_ENODEV 时,继续重试。为便于测

试,用户应尽快插入 TF 卡。格式化操作通常比较费时,作者在使用程序清单 11.1 所示程序格式化一张 8 GB 的 TF 卡时,耗时约 8 s。

格式化仅需执行一次,若本次格式化成功,则后续再进行其他操作时,无需再格式化。特别地,格式化操作会删除存储设备上所有的原始数据,应谨慎使用。

在程序清单 11.1 中,若 TF 卡还未准备就绪(TF 卡未插入或刚插入但还未初始化完成),则程序将不断重试。为了避免不断重试,使程序逻辑更加清晰易懂,可以在上电后等待设备就绪后再执行格式化操作,等待设备就绪的函数原型为(fs/aw_blk_dev.h):

```
int aw_blk_dev_wait_install (const char * p_name, int timeout);
```

该接口是用于等待一个块设备准备就绪,常见的 U 盘、SD 卡、TF 卡等都属于块设备(即单次读/写的数据量不是以单个字节为单位的,而是以块为单位的,块大小与具体的硬件相关,比如:512 字节、1 024 字节等)。其中 p_name 为设备名,例如,"/dev/sd0",timeout 用于指定超时时间(单位为系统节拍)。

若设备已就绪,则直接返回 AW_OK;若设备未就绪,则具体的行为与 timeout 的值相关。若 timeout 的值为 AW_WAIT_FOREVER,则程序会阻塞于此,永久等待,直到设备准备就绪;若值为 AW_NO_WAIT,则不会阻塞,立即返回错误号 −AW_EAGAIN;若值为一个正整数,则表示最长的等待时间(单位为系统节拍),在超时时间内设备就绪则返回 AW_OK,否则,返回 −AW_ETIME 表示超时。

优化程序清单 11.1,避免不断重试,仅当设备就绪后再执行格式化操作。范例程序详见程序清单 11.2。

程序清单 11.2 格式化范例程序(设备就绪后再执行格式化操作)

```
1    #include "aworks.h"
2    #include "aw_delay.h"
3    #include "aw_vdebug.h"
4    #include "fs/aw_mount.h"
5    #include "fs/aw_blk_dev.h"
6
7    int aw_main()
8    {
9        const struct aw_fs_format_arg fmt ={            // 格式化信息
10           "awdisk",                                   // 卷名为"awdisk"
11           4096,                                       // 单元大小为 4 KB
12           0                                           // 设置 flags 为 0
13       };
14       aw_kprintf("Wait for the device insert...\r\n");
15       aw_blk_dev_wait_install("/dev/sd0", AW_WAIT_FOREVER);        // 等待设备就绪
```

```
16        aw_kprintf("The device is Ready! Start make fs.\r\n");
17
18        if  (aw_make_fs("/dev/sd0", "vfat", &fmt) != AW_OK) {
19            aw_kprintf("make fs failed! \r\n");
20        } else {
21            aw_kprintf("make fs OK! \r\n");
22        }
23        while(1) {
24            aw_mdelay(1000);
25        }
26    }
```

2. 挂载设备

为了使用目录树结构管理文件，并将文件保存到存储设备（如 TF 卡）中，必须将存储设备挂载到某一目录。挂载操作的函数原型为：

```
int aw_mount (const char * mnt, const char * dev, const char * fs, unsigned flags);
```

其中，mnt 为挂载点，其为新建的一个目录结点，使用全路径表示，比如："/test"，其表示在根目录下创建了一个名为 test 的挂载点，后续访问"/test"目录即表示访问本次挂载的存储设备；dev 为存储设备的名字，如果使用 TF 卡，则对应的设备名为"/dev/sd0"；fs 为存储设备使用的文件系统名，如果使用 FAT 文件系统，则文件系统名为"vfat"；flags 为挂载时的一些选项标识，当前无可用标识，预留给后续扩展使用，设置为 0 即可。返回值为标准的错误号，返回 AW_OK 时，表示挂载成功；否则，表示挂载失败。挂载 TF 卡的范例程序详见程序清单 11.3。

程序清单 11.3 挂载 TF 卡范例程序

```
1     #include "aworks.h"
2     #include "aw_delay.h"
3     #include "aw_vdebug.h"
4     #include "fs/aw_mount.h"
5     #include "fs/aw_blk_dev.h"
6
7     int aw_main()
8     {
9         aw_kprintf("Wait for the device insert...\r\n");
10        aw_blk_dev_wait_install("/dev/sd0", AW_WAIT_FOREVER);    // 等待设备就绪
11        aw_kprintf("The device is Ready! Start mount.\r\n");
12
13        if  (aw_mount("/test", "/dev/sd0", "vfat", 0) != AW_OK) {
14            aw_kprintf("mount failed! \r\n");
15        } else {
```

```
16              aw_kprintf("mount OK! \r\n");
17          }
18          while(1) {
19              aw_mdelay(1000);
20          }
21      }
```

注意:当前挂载信息不会保存到存储设备中,相关信息仅保留在内存中,因此,每次重新上电时,都应该执行挂载操作。

挂载完毕后,即在根目录下创建了一个 test 挂载点,对于用户来讲,后续即可在该目录下进行文件相关的操作,例如,创建文件、读取文件、写入文件等操作。此外,还可以在该目录下创建子目录,这些文件和子目录信息都存储在 TF 卡中,掉电不会丢失。

3. 取消挂载

当设备不再使用时,可以取消该设备的挂载,挂载点将删除,用户不可再访问该目录。取消挂载的函数原型为:

```
int aw_umount (const char * path, unsigned flags);
```

其中,path 为路径名,可以是设备名(比如:"/dev/sd0"),也可以是挂载点(即挂载时指定的 mnt 参数,比如:"/test")。flags 为挂载时的一些选项标识,当前无可用标识,预留给后续扩展使用,设置为 0 即可。返回值为标准的错误号,返回 AW_OK 时,表示取消挂载成功;否则,表示取消挂载失败。取消挂载的范例程序详见程序清单 11.4。

程序清单 11.4　取消挂载范例程序

```
1     #include "aworks.h"
2     #include "aw_delay.h"
3     #include "aw_vdebug.h"
4     #include "fs/aw_mount.h"
5     #include "fs/aw_blk_dev.h"
6
7     int aw_main()
8     {
9         aw_kprintf("Wait for the device insert...\r\n");
10        aw_blk_dev_wait_install("/dev/sd0", AW_WAIT_FOREVER);      // 等待设备就绪
11        aw_kprintf("The device is Ready! Start mount.\r\n");
12
13        if  (aw_mount("/test", "/dev/sd0", "vfat", 0) != AW_OK) { // 挂载
14             aw_kprintf("mount failed! \r\n");
15        } else {
```

```
16              aw_kprintf("mount OK! \r\n");
17          }
18          aw_mdelay(10000);                                    // 延时 10 s
19          if   (aw_umount("/test", 0) != AW_OK) {             // 取消挂载
20              aw_kprintf("unmount failed! \r\n");
21          } else {
22              aw_kprintf("unmount OK! \r\n");
23          }
24          while(1) {
25              aw_mdelay(1000);
26          }
27      }
```

由于在挂载设备时,已经将挂载点和设备名进行了关联,因此,在取消挂载时,只要知道挂载点和设备名中任何一个信息,均可得到完整的挂载信息,然后取消挂载。在程序清单 11.4 中,是通过挂载时使用的挂载点取消挂载,也可以通过设备名取消挂载,例如,将第 19 行代码中的"/test"修改为"/dev/sd0"。

11.3 文件基本操作

文件相关的操作主要包括打开文件(创建文件)、关闭文件、读取文件数据、写入数据等。相关接口的原型如表 11.2 所列。

表 11.2 文件基本操作相关接口

宏原型	功能简介	所属头文件
int aw_open (const char * path, int oflag, mode_t mode);	打开文件	io/aw_fcntl. h
int aw_create (const char * path, mode_t mode);	创建文件	
int aw_close (int filedes);	关闭文件	io/aw_unistd. h
ssize_t aw_write (int filedes, const void * buf, size_t nbyte);	写入数据	
ssize_t aw_read (int filedes, void * buf, size_t nbyte);	读取数据	
off_t aw_lseek (int filedes, off_t offset, int whence);	改变文件读/写位置	
int aw_ftruncate(int filedes, off_t length);	截断文件(通过 filedes)	
int aw_truncate (const char * path, off_t length);	截断文件(通过路径)	
int aw_rename (const char * oldpath, const char * newpath);	修改文件名	
int aw_fsync(int fildes);	同步文件	
int aw_unlink (const char * path);	删除文件	
int aw_fstat (int fildes, struct aw_stat * buf);	获取状态(通过 filedes)	io/sys/aw_stat. h
int aw_stat (const char * path, struct aw_stat * buf);	获取状态(通过路径)	
int aw_utime(const char * path, struct aw_utimbuf * times);	修改文件时间	io/aw_utime. h

1. 打开文件

打开或创建一个文件的函数原型为：

```
int aw_open (const char * path, int oflag, mode_t mode);
```

其中，path 为包含文件名的完整路径，如需在 test 目录下创建一个 fs_test.txt 文件，则 path 应为"/test/fs_test.txt"，文件名建议使用 8.3 格式，即主文件名长度不超过 8，扩展名长度不超过 3。因为部分文件系统不支持更长的文件名，使用 8.3 格式的文件名兼容性更好。

oflag 指定打开文件的方式，当前支持的打开方式如表 11.3 所列。

表 11.3　打开文件方式(io/aw_fcntl.h)

错误号	含　义
O_RDONLY	以只读方式打开
O_WRONLY	以只写方式打开
O_RDWR	以读/写方式打开
O_APPEND	以追加方式打开，打开文件后，每次写入的数据都添加到末尾
O_CREAT	若打开的文件不存在，则创建文件
O_EXCL	若同时指定了 O_CREAT，而文件已经存在，则出错，如果不存在则创建
O_TRUNC	如果此文件存在，而且是以写或读/写方式打开，则将其长度截断为 0
O_DIRECTORY	如果 path 引用的不是目录，则出错。可用于检查一个路径是否为目录

mode 用于控制访问权限，其类型为 mode_t，mode_t 是一个整数类型，实际类型与具体平台相关，通常情况下，其为 32 位无符号整数。在当前系统中，mode 为与 POSIX 标准接口兼容的参数，目前没有使用，可以设置为 0。在支持该参数的平台中，其用于控制用户访问文件的权限，仅当创建文件时有效，有效位共计 9 位，每 3 位为 1 组，共计 3 组。3 组分别控制 3 类用户的权限：当前用户、组用户、其他用户。每组 3 位分别控制 3 种权限：读、写、执行，相应位为 1，表明该类用户具有相应的权限。各组用户权限的控制位如表 11.4 所列。

表 11.4　权限控制

组　别	当前用户			组用户			其他用户		
权限	读	写	执行	读	写	执行	读	写	执行
位	8	7	6	5	4	3	2	1	0

由于 mode 中每 3 位为一组，而 3 位二进制数据恰好可以使用 1 位八进制数据(0～7)表示。因此，为了便于阅读，mode 的值往往使用八进制表示。如 0777(在 C 语言中，数据前加 0 表示八进制数据)，表示所有用户都具有读、写、执行的权限。为了使应用程序更具有兼容性，可以将 mode 的值设置为 0777。

若文件打开成功，则返回文件的句柄，后续使用该句柄进行文件的读/写操作。特别地，若返回值为－1，则表示打开文件失败。如打开 test 目录下的 fs_test.txt 文件（若不存在该文件，则创建该文件）的范例程序详见程序清单 11.5。

程序清单 11.5　打开文件范例程序

```
1    int fd = aw_open("/test/fs_test.txt", O_RDWR | O_CREAT, 0777);
2
3    if (fd < 0) {
4        aw_kprintf("Open file failed! \r\n");
5    } else {
6        aw_kprintf("Open file OK! \r\n");
7    }
```

2. 创建文件

创建文件的函数原型为：

```
int aw_create (const char * path, mode_t mode);
```

其中，path 为包含文件名的完整路径。**注意：**创建文件时，需要保证 path 指定的路径是有效的，若其父文件夹不存在，则会创建失败。mode 为文件的模式，其本质上等效于：

```
aw_open(path, O_WRONLY | O_CREAT | O_TRUNC, mode);
```

由此可见，其是以只写方式打开文件的，若文件不存在，由于使用了 O_CREAT 标识，则创建文件；若文件已存在，由于使用了 O_TRUNC 标识，则会将原文件的内容清空，长度截断为 0，相当于创建了一个新文件。

若文件创建成功，则返回文件的句柄，后续使用该句柄进行文件的读/写操作。特别地，若返回值为－1，则表示创建文件失败。如在 test 目录下创建一个 fs_test2.txt 文件的范例程序详见程序清单 11.6。

程序清单 11.6　创建文件范例程序

```
1    int fd = aw_create("/test/fs_test2.txt", 0777);
2    if (fd < 0) {
3        aw_kprintf("Create file failed! \r\n");
4    } else {
5        aw_kprintf("Create file OK! \r\n");
6    }
```

3. 关闭文件

文件打开或创建后，若不再需要使用文件，则必须关闭该文件，文件关闭后，文件相关的数据才会被可靠地写回硬件存储设备。关闭文件的函数原型为：

```
int aw_close (int filedes);
```

其中,filedes 为待关闭文件的句柄,其值是打开文件或创建文件时返回的文件句柄。返回值为错误号,若返回 AW_OK,则表示关闭文件成功;否则,表示关闭文件失败。范例程序详见程序清单 11.7。

程序清单 11.7 关闭文件范例程序

```
1    int fd = aw_open("/test/fs_test.txt", O_RDWR | O_CREAT, 0777);     // 打开文件
2    //……其他文件相关操作,比如:读取数据、写入数据等
3    aw_close(fd);                                                       // 关闭文件
```

4. 写入数据

文件打开后,可以写入数据至文件中,其函数原型为:

```
ssize_t aw_write (int filedes, const void * buf, size_t nbyte);
```

其中,filedes 为文件句柄;buf 为待写入数据的缓冲区;nbytes 为写入数据的字节数。返回值为成功写入的字节数,特别地,若返回值为负值,则表示写入数据失败,可能是由于打开文件的方式不对造成的,例如,打开文件时,使用了只读的方式打开文件;若返回值小于 nbytes,则可能是由于存储设备容量不足造成的。

对于每个打开的文件,系统中都使用了一个与其关联的整数变量来表示该文件的读/写位置,其值为相对于文件起始位置的偏移量。文件读/写位置将决定下一次读/写数据时的位置。打开文件时,若未指定 O_APPEND 标志,则读/写位置初始为 0;否则,读/写位置在文件结尾,例如,文件大小为 10,则读/写位置的值即为 10。每次写入数据完毕后,都将自动更新读/写位置至本次写入数据的尾部,例如,写入 10 个数据,则读/写位置的值将自动增加 10,以便下次写入数据时,紧接着尾部继续写入。

例如,打开文件,写入一串字符串,最后再关闭文件,其完整的范例程序详见程序清单 11.8。

程序清单 11.8 写入数据范例程序

```
1     #include "aworks.h"
2     #include "aw_delay.h"
3     #include "aw_vdebug.h"
4     #include "fs/aw_mount.h"
5     #include "fs/aw_blk_dev.h"
6     #include "io/aw_fcntl.h"
7     #include "io/aw_unistd.h"
8     #include "string.h"
9
10    int aw_main()
```

```
11  {
12      int fd;
13      char * wr_str = "just for test:0123456789";
14
15      aw_blk_dev_wait_install("/dev/sd0", AW_WAIT_FOREVER);  // 等待设备就绪
16
17      if (aw_mount("/test", "/dev/sd0", "vfat", 0) == AW_OK) {         // 挂载设备
18          fd =   aw_open("/test/fs_test.txt", O_RDWR | O_CREAT, 0777);// 打开文件
19          if (aw_write(fd, wr_str, strlen(wr_str)) == strlen(wr_str)) {
20              aw_kprintf("Write data OK! \r\n");
21          }
22          aw_close(fd);                                        // 关闭文件
23      }
24      while(1) {
25          aw_mdelay(1000);
26      }
27  }
```

若程序运行成功，则在 TF 卡中创建了一个 fs_test.txt 文件，同时，在文件中写入了字符串“just for test:0123456789”。为了验证操作是否成功，可以拔下 TF 卡，将 TF 卡通过读卡器连接到 PC 上（Windows 系统），通过 PC 查看 TF 卡中的内容，可以看到 TF 卡目录内容和 fs_test.txt 文件内容如图 11.3 所示。

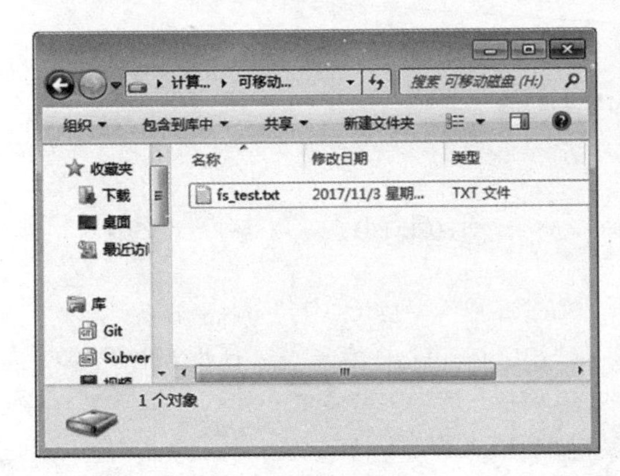

(a) TF卡目录

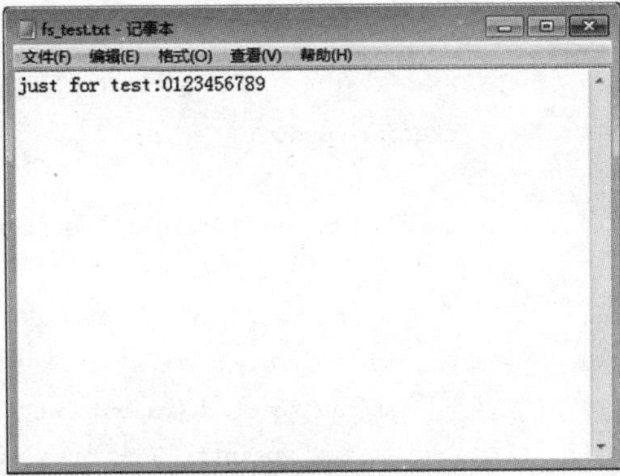

(b) fs_test.txt文件内容

图 11.3　通过 PC 查看 TF 卡的内容(1)

5. 读取数据

文件打开后，可以从文件中读取数据，其函数原型为：

```
ssize_t aw_read (int filedes, void * buf, size_t nbyte);
```

其中，filedes 为文件句柄；buf 为保存读取数据的缓冲区；nbytes 为读取数据的

字节数。返回值为成功读取的字节数，特别地，若返回值为负值，则表示读取数据失败，可能是由于打开文件的方式不对造成的，例如，打开文件时，使用了只写的方式打开文件；若返回值不小于 0，但小于 nbytes，则表示文件数据不足，已经读取至文件结尾。

每次读取数据完毕后，都将自动更新读/写位置至本次读取数据的尾部，例如，读取 10 个数据，则读/写位置的值将自动增加 10，以便下次读取数据时，紧接着尾部继续读取。

例如，以只读方式打开之前创建的/test/fs_test.txt 文件，读取文件内容，以判断读/写是否正确的范例程序详见程序清单 11.9。

程序清单 11.9　读取数据范例程序

```
1     #include "aworks.h"
2     #include "aw_delay.h"
3     #include "aw_vdebug.h"
4     #include "fs/aw_mount.h"
5     #include "fs/aw_blk_dev.h"
6     #include "io/aw_fcntl.h"
7     #include "io/aw_unistd.h"
8     #include "string.h"
9
10    int aw_main()
11    {
12        int    fd;
13        char * wr_str = "just for test:0123456789";
14        char   rd_buf[25] ={0};
15
16        aw_blk_dev_wait_install("/dev/sd0", AW_WAIT_FOREVER);     // 等待设备就绪
17
18        if (aw_mount("/test", "/dev/sd0", "vfat", 0) == AW_OK) {  // 挂载设备
19            fd = aw_open("/test/fs_test.txt", O_RDONLY, 0);       // 打开文件(只读)
20            if (aw_read(fd, rd_buf, strlen(wr_str)) == strlen(wr_str)) {
21                aw_kprintf("Read data is : %s\r\n", rd_buf);
22                if (strcmp(rd_buf, wr_str) == 0) {
23                    aw_kprintf("Data Correct! \r\n");
24                } else {
25                    aw_kprintf("Data Error! \r\n");
26                }
27            }
28            aw_close(fd);                                         // 关闭文件
29        }
```

```
30        while(1) {
31            aw_mdelay(1000);
32        }
33    }
```

6. 改变文件读/写位置

对于每个打开的文件，都有一个"读/写位置(相对于文件起始位置的偏移量)"来表示下一次读/写数据时的起始位置，其值除在每次读/写数据时自动更新外，还可以使用 aw_lseek()函数手动改变，aw_lseek()的函数原型为：

```
off_t aw_lseek (int filedes, off_t offset, int whence);
```

其中，filedes 为文件句柄；offset 为设置的偏移量；whence 为指定 offset 偏移量的基准位置。返回值为新的"读/写位置"。

若 whence 的值为 SEEK_SET，则表示 offset 偏移量是以文件起始位置为基准的，就相当于直接设置"读/写位置"的值为 offset。使用 SEEK_SET 的范例程序详见程序清单 11.10。

程序清单 11.10　SEEK_SET 范例程序

```
1    aw_lseek (fd, 0, SEEK_SET);          // 设置"读/写位置"为 0,使其回到文件头部
2    aw_lseek (fd, 5, SEEK_SET);          // 设置"读/写位置"为 5
```

若 whence 的值为 SEEK_CUR，则表示 offset 偏移量是以当前"读/写位置"为基准的，即将"读/写位置"的值加上 offset 作为新的"读/写位置"。offset 可正可负，为正时，增大"读/写位置"的值，表示"读/写位置"向文件尾部方向移动；为负时，减小"读/写位置"的值，表示"读/写位置"向文件头部方向移动。使用 SEEK_CUR 的范例程序详见程序清单 11.11。

程序清单 11.11　SEEK_CUR 范例程序

```
1    off_t cur = aw_lseek (fd, 0, SEEK_CUR);     // 偏移为 0,即可获取当前的"读/写位置"
2    aw_lseek (fd, 5, SEEK_CUR);                 // "读/写位置"增加 5,向后移动
3    aw_lseek (fd, -5, SEEK_CUR);                // "读/写位置"减小 5,向前移动
```

若 whence 的值为 SEEK_END，则表示 offset 偏移量是以文件尾部为基准的，即将"读/写位置"的值设置为文件大小加上 offset 作为新的"读/写位置"。使用 SEEK_END 的范例程序详见程序清单 11.12。

程序清单 11.12　SEEK_END 范例程序

```
1    off_t filesize = aw_lseek (fd, 0, SEEK_END);    // 偏移为 0,即可获得当前文件的大小
2    aw_lseek (fd, 5, SEEK_END);                     // "读/写位置"增加 5,向后移动
3    aw_lseek (fd, -5, SEEK_END);                    // "读/写位置"减小 5,向前移动
```

值得注意的是，若移动后的"读/写位置"大于当前文件大小，则移动的结果将与

具体的文件系统相关。通常情况下,“读/写位置”被重置为当前文件大小,即原文件尾部,部分特殊情况下,也可能会扩充文件的大小。可以通过返回值判断当前实际的“读/写位置”。出于兼容性考虑,不建议将“读/写位置”移动至当前文件的有效范围之外。

可以修改程序清单 11.9 所示的程序,在读取数据前,设定“读/写位置”为 14,然后读取 10 个字符,即可仅读取出字符串:“0123456789”,范例程序详见程序清单 11.13。

程序清单 11.13 读取指定位置数据段的范例程序

```
1     #include "aworks.h"
2     #include "aw_delay.h"
3     #include "aw_vdebug.h"
4     #include "fs/aw_mount.h"
5     #include "fs/aw_blk_dev.h"
6     #include "io/aw_fcntl.h"
7     #include "io/aw_unistd.h"
8
9     int aw_main()
10    {
11        int fd;
12        char rd_buf[11] ={0};
13        aw_blk_dev_wait_install("/dev/sd0", AW_WAIT_FOREVER);    // 等待设备就绪
14
15        if (aw_mount("/test", "/dev/sd0", "vfat", 0) == AW_OK) { // 挂载设备
16            fd =   aw_open("/test/fs_test.txt", O_RDONLY, 0);
17            aw_lseek(fd, 14, SEEK_SET);                          // 设定读/写位置为 14
18            aw_read(fd, rd_buf, 10);
19            aw_kprintf("Read data is : %s\r\n", rd_buf);
20            aw_close(fd);
21        }
22        while(1) {
23            aw_mdelay(1000);
24        }
25    }
```

7. 截断文件

用于将文件截断为指定长度,超出长度的内容将被删除,一般情况下,都通过文件描述符 filedes 指定要截断的文件,其函数原型如下:

```
int aw_ftruncate(int filedes, off_t length);
```

其中,filedes 为文件句柄;length 为新的文件长度,如果 length 小于原文件长度,则文件将被截断。当返回值为 AW_OK 时,表示截断成功,否则表示截断失败。如将 fs_test.txt 文件长度截断为 14,以删除结尾的字符串:"0123456789",则范例程序详见程序清单 11.14。

程序清单 11.14　截断文件范例程序

```
1    int fd = aw_open("/test/fs_test.txt", O_RDWR, 0777);
2    aw_ftruncate(fd, 14);
3    aw_close(fd);
```

在程序清单 11.14 中,截断一个文件主要分为 3 步:打开文件、截断文件、关闭文件。为了简化截断文件的操作,AWorks 提供了另外一个功能相同的接口,可以通过文件名指定要截断的文件,使用起来更加便捷,其函数原型为:

```
int aw_truncate (const char * path, off_t length);
```

其中,path 为文件的路径;length 为新的文件长度。用户无需在截断文件前打开文件,该函数将在内部打开文件,截断后关闭文件。如使用该接口,则一行代码即可实现与程序清单 11.14 相同的功能,即

```
aw_truncate ("/test/fs_test.txt", 14);
```

8. 修改文件名

该函数用于修改指定文件的文件名,函数原型为:

```
int aw_rename (const char * oldpath, const char * newpath);
```

其中,oldpath 为原文件名;newpath 为新文件名。当返回值为 AW_OK 时表示更名成功,否则表示更名失败。修改"/test/fs_test.txt"为"/test/fs_test3.txt"的范例程序详见程序清单 11.15。

程序清单 11.15　修改文件名范例程序

```
1    if (aw_rename("/test/fs_test.txt", "/test/fs_test3.txt") != AW_OK) {
2        aw_kprintf("file rename failed! \n");
3    } else {
4        aw_kprintf("file rename OK! \n");
5    }
```

注意:若 newpath 指定的文件已存在,则该文件将会被覆盖。特别地,若 newpath 与 oldpath 相同,则函数不做任何处理,直接返回成功。

9. 同步文件

通常情况下,在操作文件的过程中,与文件相关的数据并不会立即写入到存储设

备中，而是保存在内存中，这样可以在一定程度上提高数据读/写的效率。在关闭文件时，再将该文件相关的所有数据保存到存储设备中。在一些比较耗时的文件操作过程中，为了避免中途突然掉电导致数据丢失，也可以通过 aw_fsync()函数立即执行回写操作，使文件相关的数据保存到存储设备中。这就类似于在编写一个 Word 文档的过程中，需要时常单击保存按钮，避免突然掉电导致部分数据丢失。其函数原型为：

```
int aw_fsync(int fildes);
```

其中，filedes 为文件句柄。当返回值为 AW_OK 时表示同步成功，否则表示同步失败。范例程序详见程序清单 11.16。

程序清单 11.16　同步文件范例程序

```
1    int fd = aw_open("/test/fs_test.txt", O_RDWR | O_CREAT, 0777);
2    // ……读/写操作
3    aw_fsync(fd);                          // 同步文件
4    // ……读/写操作
5    aw_fsync(fd);                          // 同步文件
6    // ……读/写操作
7    aw_close(fd);                          // 关闭文件
```

10. 删除文件

当一个文件不再使用，可以删除该文件，删除指定文件的函数原型为：

```
int aw_unlink (const char * path);
```

其中，path 为文件的路径。当返回值为 AW_OK 时表示删除成功，否则表示删除失败。范例程序详见程序清单 11.17。

程序清单 11.17　删除文件范例程序

```
1    int fd = aw_open("/test/fs_test.txt", O_RDWR | O_CREAT, 0777);
2    // ……其他读/写操作
3    aw_close(fd);                              // 关闭文件
4    aw_unlink("/test/fs_test.txt");            // 文件不再使用，删除
```

11. 获取文件状态信息

对于一个文件，除基本数据外(使用读/写接口操作的数据)，还具有一些与文件相关的其他信息，比如：文件实际大小、文件占用大小、修改时间、访问权限等。这些信息统一被称为状态信息，可以通过 aw_fstat()接口获取文件的状态信息，其函数原型为：

```
int aw_fstat (int fildes, struct aw_stat * buf);
```

其中，fildes 为文件句柄，buf 为文件状态信息的缓存。当返回值为 AW_OK 时

表示获取成功，否则表示获取失败。文件状态信息的类型为 struct aw_stat，其完整定义如下(io/sys/aw_stat.h)：

```
struct aw_stat {
    dev_t               st_dev;         // 文件系统设备
    ino_t               st_ino;         // 文件序列号
    mode_t              st_mode;        // 文件类型和权限信息
    nlink_t             st_nlink;       // 文件的符号链接数量
    uid_t               st_uid;         // 用户 id
    gid_t               st_gid;         // 组 id
    dev_t               st_rdev;        // 设备 id
    off_t               st_size;        // 文件长度,单位 byte
    struct timespec     st_atim;        // 最后访问文件的时间
    struct timespec     st_mtim;        // 最后修改文件内容的时间
    struct timespec     st_ctim;        // 最后修改文件状态的时间
    blksize_t           st_blksize;     // 文件占用的块大小
    blkcnt_t            st_blocks;      // 文件占用的块个数
};
```

其中的绝大部分成员在当前系统中并未使用，预留给后续扩展。这里仅简要介绍几个常用的数据成员：st_mode、st_size、st_atim、st_mtim 和 st_ctim。

st_mode 包含了文件类型及权限相关的信息，权限相关信息与创建文件时指定的 mode 参数一致。

st_size 表示文件的实际长度。通常情况下，文件占用的磁盘空间会大于该值。如在 FAT 文件系统中，存储文件的基本单元为“簇”，即使文件小于基本的存储单元大小，也会占用一个完整的存储单元。文件占用的磁盘空间可由 st_blksize 和 st_blocks 获得，st_blksize 表示存储单元的大小，st_blocks 表示文件占用的存储单元个数，两者的乘积则表示文件占用的空间大小。

st_atim、st_mtim、st_ctim 表示文件相关的时间。st_atim 为最后访问文件的时间，st_mtim 为最后修改文件内容的时间，st_ctim 为最后修改文件状态的时间。在部分平台中，可能没有严格细分这些时间，而是统一地使用一个时间表示，此时，各个时间的值将是相同的。这些时间的类型为 struct timespec，其表示精确日历时间，即

```
struct timespec {
aw_time_t         tv_sec;             // 秒值
unsigned long     tv_nsec;            // 纳秒值
};
```

精确日历时间中包含了秒和纳秒的信息，可以通过将该时间转换为细分时间，得到年、月、日、时、分、秒等信息。获取文件状态信息的范例程序详见程序清单 11.18。

程序清单 11.18 获取文件状态信息的范例程序

```
1   #include "aworks.h"
2   #include "aw_delay.h"
3   #include "aw_vdebug.h"
4   #include "aw_time.h"
5   #include "io/sys/aw_stat.h"
6   #include "fs/aw_mount.h"
7   #include "fs/aw_blk_dev.h"
8   #include "io/aw_fcntl.h"
9   #include "io/aw_unistd.h"
10  int aw_main()
11  {
12      int             fd;
13      struct aw_stat  stat;
14      struct aw_tm    tm;
15      aw_time_t       ftime;
16
17      aw_blk_dev_wait_install("/dev/sd0", AW_WAIT_FOREVER);     // 等待设备就绪
18
19      if (aw_mount("/test", "/dev/sd0", "vfat", 0) == AW_OK) { // 挂载设备
20          fd =  aw_open("/test/fs_test.txt", O_RDONLY, 0);
21          aw_fstat(fd, &stat);                                  // 获取文件状态
22          ftime = stat.st_mtim.tv_sec;
23          aw_time_to_tm(&ftime, &tm);
24          aw_kprintf("File size is : %d\r\n", stat.st_size);
25          aw_kprintf("The mtim is : %04d-%02d-%02d %02d:%02d:%02d \r\n",
26                          tm.tm_year + 1900,  tm.tm_mon + 1,  tm.tm_mday,
27                          tm.tm_hour,         tm.tm_min,      tm.tm_sec);
28          aw_close(fd);
29      }
30      while(1) {
31          aw_mdelay(1000);
32      }
33  }
```

与截断文件类似,AWorks 也提供了另外一个功能相同的接口,可以通过文件名指定要获取状态信息的文件,使用起来更加便捷,其函数原型为:

```
int aw_stat (const char * path, struct aw_stat * buf);
```

其中,path 为文件路径;buf 为文件状态信息的缓存。当返回值为 AW_OK 时表示获取成功,否则表示获取失败。可以使用该接口简化程序清单 11.18 中的第

20、21、28 共 3 行代码，使用一行代码代替：

```
aw_stat("/test/fs_test.txt", &stat);                    // 获取文件状态
```

12. 修改文件时间

一个文件的存取和修改时间可以用 aw_utime() 函数更改，其函数原型为：

```
int aw_utime(const char * path, struct aw_utimbuf * times);
```

其中，path 为文件的路径；times 为设置的时间。struct aw_utimbuf 类型的定义(io/aw_utime.h)如下：

```
struct aw_utimbuf {
    time_t    actime;             // 访问时间
    time_t    modtime;            // 修改时间
};
```

其中，actime 表示文件最近一次的访问时间；modtime 表示文件最近一次的内容修改时间，它们的类型均为 time_t；time_t 是日历之间类型，即 actime 和 modtime 均使用日历时间表示。当返回值为 AW_OK 时表示时间设置成功，否则表示时间设置失败。如设置文件访问时间和文件修改时间均为 2016 年 8 月 26 日 09:32:30，则范例程序详见程序清单 11.19。

程序清单 11.19　修改文件时间的范例程序

```
1     #include "aworks.h"
2     #include "aw_delay.h"
3     #include "aw_vdebug.h"
4     #include "aw_time.h"
5     #include "io/sys/aw_stat.h"
6     #include "fs/aw_mount.h"
7     #include "fs/aw_blk_dev.h"
8     #include "io/aw_fcntl.h"
9     #include "io/aw_unistd.h"
10    #include "io/aw_utime.h"
11
12    int aw_main()
13    {
14        struct aw_stat          stat;
15        aw_time_t               ftime;
16        struct aw_utimbuf       utime;
17
18        aw_tm_t tm ={
19            30,                                    // 30 秒
20            32,                                    // 32 分
```

```
21            9,                                          // 09 时
22            26,                                         // 26 日
23            8 - 1,                                      // 08 月
24            2016 - 1900,                                // 2016 年
25            0,                                          // 星期(无需设置)
26            0,                                          // 一年中的天数(无需设置)
27            -1                                          // 夏令时不可用
28        };
29
30        aw_tm_to_time(&tm, &ftime);
31        utime.actime   = ftime;                                 // 设置访问时间
32        utime.modtime = ftime;
                                                                 // 设置文件修改时间
33
34        aw_blk_dev_wait_install("/dev/sd0", AW_WAIT_FOREVER);    // 等待设备就绪
35
36        if (aw_mount("/test", "/dev/sd0", "vfat", 0) == AW_OK) { // 挂载设备
37            aw_utime("/test/fs_test.txt", &utime);               // 修改文件时间
38            aw_stat("/test/fs_test.txt", &stat);                 // 获取文件状态
39            ftime = stat.st_mtim.tv_sec;
40            aw_time_to_tm(&ftime, &tm);
41            aw_kprintf("The mtim is : %04d-%02d-%02d %02d:%02d:%02d \r\n",
42                              tm.tm_year + 1900,  tm.tm_mon + 1,  tm.tm_mday,
43                              tm.tm_hour,         tm.tm_min,      tm.tm_sec);
44        }
45        while(1) {
46            aw_mdelay(1000);
47        }
48    }
```

程序中,首先使用 aw_utime()修改了文件时间,然后使用 aw_stat()获取文件的状态信息,以查看时间是否设置成功。

11.4 目录基本操作

目录相关的操作主要包括创建目录、打开目录、读取目录、关闭目录、删除目录等。相关接口的函数原型如表 11.5 所列。

表 11.5 目录基本操作相关接口

宏原型	功能简介	所属头文件
int aw_mkdir (const char * path, mode_t mode);	创建目录	io/sys/aw_stat.h
struct aw_dir * aw_opendir (const char * dirname);	打开目录	io/aw_dirent.h
struct aw_dirent * aw_readdir (struct aw_dir * dirp);	读取目录	io/aw_dirent.h
int aw_readdir_r (struct aw_dir * dirp, struct aw_dirent * entry, struct aw_dirent * * result);	读取目录(线程安全)	io/aw_dirent.h
int aw_closedir (struct aw_dir * dirp);	关闭目录	io/aw_dirent.h
int aw_rmdir (const char * path);	删除目录	io/aw_unistd.h

1. 创建目录

创建一个空目录,其函数原型为:

```
int aw_mkdir (const char * path, mode_t mode);
```

其中,path 是待创建目录的完整路径,包括待创建目录的父目录和新目录的名字,如需在"/test"目录下创建一个"newdir"目录,则 path 为"/test/newdir"。**注意:必须保证父目录已存在,且父目录下不存在即将创建的同名目录。**mode 指定目录相关的权限,默认使用 0777。

返回值为标准的错误号,若返回 AW_OK,则表示新目录创建成功;否则,表示新目录创建失败。如在"/test"目录下创建一个"newdir"目录,则范例程序详见程序清单 11.20。

程序清单 11.20 创建目录范例程序

```
1     #include "aworks.h"
2     #include "aw_delay.h"
3     #include "aw_vdebug.h"
4     #include "fs/aw_mount.h"
5     #include "fs/aw_blk_dev.h"
6     #include "io/sys/aw_stat.h"
7
8     int aw_main()
9     {
10        aw_blk_dev_wait_install("/dev/sd0", AW_WAIT_FOREVER);     // 等待设备就绪
11
12        if (aw_mount("/test", "/dev/sd0", "vfat", 0) == AW_OK) {  // 挂载设备
13            if (aw_mkdir("/test/newdir", 0777) == AW_OK) {        // 创建 newdir 目录
14                aw_kprintf("Create newdir OK!");
15            } else {
```

```
16                aw_kprintf("Create newdir failed!");
17            }
18        }
19        while(1) {
20            aw_mdelay(1000);
21        }
22    }
```

若程序运行成功,则在TF卡中创建了一个newdir目录。为了验证操作是否成功,可以拔下TF卡,将TF卡通过读卡器连接到PC上(Windows系统),通过PC查看TF卡中的内容,TF卡目录的内容如图11.4 (a)所示,其中新增了newdir目录,且newdir当前是一个空目录,如图11.4(b)所示。

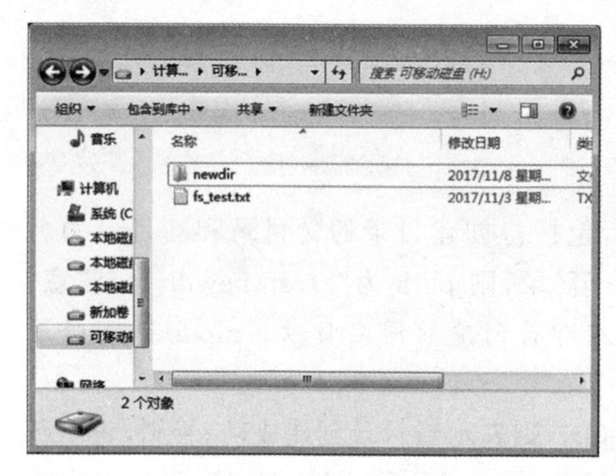

(a) TF卡目录

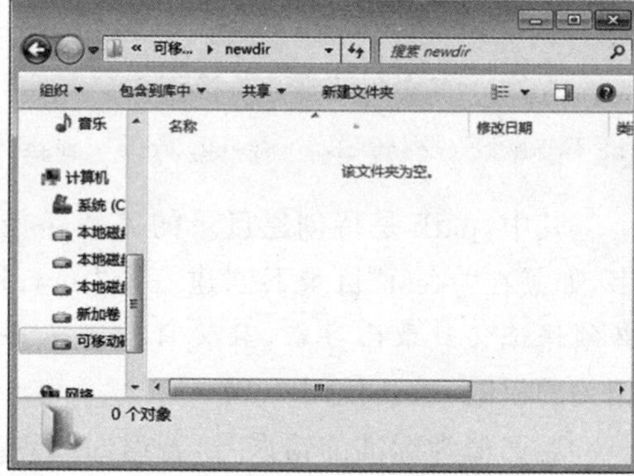

(b) newdir空目录

图11.4 通过PC查看TF卡的内容(2)

可以尝试在newdir目录中新建文件,例如:

```
1   int fd = aw_open("/test/newdir/fs_test2.txt", O_RDWR | O_CREAT, 0777);   // 打开文件
2   // ……其他文件相关操作,比如:读取数据、写入数据等
3   aw_close(fd);
```

2. 打开目录

在目录操作中,遍历已存在的一个目录是一种常见的操作,即遍历一个目录下所有的子项(包括文件和子目录)。遍历过程主要分为3个步骤:打开目录、读取目录、关闭目录。

在遍历一个目录前,首先需要打开该目录,其函数原型为:

```
struct aw_dir *   aw_opendir(const char * dirname);
```

其中,dirname为目录名,如需打开根目录下的test目录,则其值为"/test"。返回值为指向一个目录对象的指针,目录类型struct aw_dir在io/aw_dirent.h文件中定义，其具体定义用户无需掌握，仅需保存该指针，后续使用该指针代表打开的目录即可，特别地，若返回值为 NULL，则表示目录打开失败。打开目录的范例程序详见程序清单 11.21。

程序清单 11.21　打开目录范例程序

```
1    struct aw_dir * p_dir = aw_opendir("/test");
2    if (p_dir != NULL) {
3        aw_kprintf("Open dir OK! \r\n");
4    } else {
5        aw_kprintf("Open dir failed! \r\n");
6    }
```

3. 读取目录

打开目录后，即可依次读取该目录中的各个子项（文件或子目录），获得它们的名字等信息，其函数原型为：

```
struct aw_dirent * aw_readdir (struct aw_dir * dirp);
```

其中，dirp 为指向目录对象的指针，可通过打开目录获得。返回值为目录项指针，即为本次读取的一条目录项，其类型 struct aw_dirent 的定义如下：

```
#define NAME_MAX          255
struct aw_dirent {
    ino_t            d_ino;
    char             d_name[NAME_MAX + 1];
};
```

其中，d_ino 为项目序列号，其值为一个整数，每个子项都有一个对应的序列号，在一个目录中，若共计有 10 个子项，则各子项的序列号依次为 0～9。d_name 为该子项的名字。

打开目录后首次调用读取目录接口，获得的子项序列号为 0，要获取一个目录下所有的子项，可以多次调用读取目录接口，每次调用结束后，都会将序列号加 1，下次读取时将读取到下一个子项。特别地，若读取目录的返回值为 NULL，表示读取结束。

读取一个目录下所有子项的范例程序详见程序清单 11.22。

程序清单 11.22　读取目录范例程序(1)

```
1    struct aw_dir      * p_dir = aw_opendir("/test");
2    struct aw_dirent   * p_diritem;
3
4    if (p_dir != NULL) {
```

```
5        aw_kprintf("Open dir OK! \r\n");
6        while ((p_diritem = aw_readdir(p_dir)) != NULL) {
7            aw_kprintf("Item: %d, %s\r\n", p_diritem->d_ino, p_diritem->d_name);
8        }
9    } else {
10       aw_kprintf("Open dir failed! \r\n");
11   }
```

aw_readdir()接口通过返回值返回一个指向读取目录子项的指针,该指针指向的实际内存是由系统内部分配的静态内存,在多任务环境中,这份内存是共享的,因此,该接口不是线程安全的,例如,在一个任务中读取了一次目录,则静态内存中存放了本次读取的结果,其地址返回给用户,用户通过指针访问读取目录的结果。若在这个过程中,另外一个任务也读取了一次目录,则内存中的数据将发生改变,这将覆盖前一个任务读取目录的结果。由此可见,当多个任务同时访问一个目录时,必须使用互斥机制。

为此,AWorks 提供了另外一个线程安全的接口:aw_readdir_r(),它们在功能上是完全一样的,唯一不同的是,当使用该接口读取目录时,读取结果存储在用户提供的一段内存中,其原型为:

```
int aw_readdir_r (struct aw_dir          *dirp,
                  struct aw_dirent       *entry,
                  struct aw_dirent      **result);
```

其中,dirp 为指向目录对象的指针,可通过打开目录获得;entry 为存储读取结果的缓存;result 为一个二维指针,即一个指针的地址,程序执行结束后,指针的值即被设置为指向本次读取目录的结果。

若返回值为 AW_OK,则读取成功;否则,读取失败。值得注意的是,当目录读取未达结尾,成功读取到一个子项时,由于读取的结果存储在 entry 指向的内存中,因此,result 的值被设置为 entry(即 *result=entry),当目录读取达到结尾时,result 的值将被设置为 NULL(即 *result=NULL)。范例程序详见程序清单 11.23。

程序清单 11.23　读取目录范例程序(2)

```
1    struct aw_dir      *p_dir = aw_opendir("/test");
2    struct aw_dirent   *p_result;
3    struct aw_dirent    entry;            // 定义变量,以分配存储读取目录结果的内存
4    if (p_dir != NULL) {
5        aw_kprintf("Open dir OK! \r\n");
6        while ((AW_OK == aw_readdir_r(p_dir, &entry, &p_result)) && (p_result != NULL)) {
7            aw_kprintf("Item: %d, %s\r\n", p_result->d_ino, p_result->d_name);
8        }
9    } else {
```

```
10          aw_kprintf("Open dir failed! \r\n");
11      }
```

4. 关闭目录

若读取目录完毕,或不再需要读取目录时,则可以关闭目录,其函数原型为:

```
int aw_closedir(struct aw_dir * dirp);
```

其中,dirp 为指向目录对象的指针,可通过打开目录获得。当返回值为 AW_OK 时表示关闭成功,否则表示关闭失败。

综合打开目录、读取目录、关闭目录三个接口,遍历一个目录下所有子项的范例程序详见程序清单 11.24。

程序清单 11.24 遍历目录范例程序

```
1     #include "aworks.h"
2     #include "aw_delay.h"
3     #include "aw_vdebug.h"
4     #include "fs/aw_mount.h"
5     #include "fs/aw_blk_dev.h"
6     #include "io/aw_fcntl.h"
7     #include "io/sys/aw_stat.h"
8     #include "io/aw_dirent.h"
9
10    int aw_main()
11    {
12        struct aw_dir      * p_dir;
13        struct aw_dirent   * p_diritem;
14
15        aw_blk_dev_wait_install("/dev/sd0", AW_WAIT_FOREVER);     // 等待设备就绪
16        if (aw_mount("/test", "/dev/sd0", "vfat", 0) == AW_OK) {  // 挂载设备
17            p_dir    = aw_opendir("/test");
18            if (p_dir != NULL) {
19                aw_kprintf("Open dir OK! \r\n");
20                while ((p_diritem = aw_readdir(p_dir)) != NULL) {
21                    aw_kprintf("Item: %d, %s\r\n", p_diritem ->d_ino, p_diritem ->d_
                      name);
22                }
23                aw_closedir(p_dir);
24            } else {
25                aw_kprintf("Open dir failed! \r\n");
26            }
27        }
28        while(1) {
29            aw_mdelay(1000);
30        }
31    }
```

5. 删除目录

当一个目录不再使用时,可以删除该目录,删除指定目录的函数原型为:

```
int aw_rmdir(const char * path);
```

其中,path 为目录的路径。当返回值为 AW_OK 时表示删除成功,否则表示删除失败。该函数仅可用于删除一个空目录,若目录非空,则删除失败。范例程序详见程序清单 11.25。

程序清单 11.25　删除目录范例程序

```
1    struct aw_dir * p_dir = NULL;
2    aw_mkdir("/test/newdir", 0777) ;              // 创建目录
3    aw_opendir("/test/newdir");                   // 打开目录
4    // ……其他操作
5    aw_closedir(p_dir);                           // 关闭目录
6    aw_rmdir("/test/newdir ");                    // 目录不再使用,删除之
```

11.5　微型数据库

AWorks 提供了一个基于文件系统实现的微型数据库,用以管理信息记录,每条记录由"关键字"和"值"两部分构成,关键字可用于记录的查找、删除等。微型数据库是基于哈希表原理实现的,具有简洁、高效的特点。为了便于理解,本节首先对哈希表进行简要介绍,然后再介绍微型数据库的各个接口。

11.5.1　哈希表

在数据存储应用中,存储的记录往往都具有唯一的关键字,以便于管理。例如,为了管理学生信息(包含姓名、性别、身高、体重等),会为每个学生分配一个学号,通过学号就可以唯一地定位一个学生,这里的学号即为关键字。常见的身份证号也具有类似的作用。

假设需要设计一个信息管理系统,用于管理学生信息,可以将每条学生信息看作一条记录。一条记录包含学号、姓名、性别、身高、体重等信息,可定义与学生记录对应的结构体类型,范例程序详见程序清单 11.26。

程序清单 11.26　学生信息类型定义

```
1    typedef struct _student {
2        unsigned char        id[6];          /* 学号(假定 6 字节长度) */
3        char                 name[10];       /* 姓名(假定最长 10 字符)*/
4        char                 sex;            /* 性别:'M',男;'F' ,女      */
5        float                height;         /* 身高                    */
6        float                weight;         /* 体重                    */
7    } student_t;
```

作为一个信息管理系统，首先要能够实现学生记录的存储，基于文件系统接口可以很容易实现，直接将记录写入到文件中即可。增加一条学生记录的范例程序详见程序清单 11.27。

程序清单 11.27　增加一条学生记录

```
1    #define STUDENTS_FILE_NAME  "/test/students.txt"  /* 存储学生记录的文件名    */
2
3    int student_add (student_t *p_info)
4    {
5        /* 打开文件，使用了 3 个标志：
6         *   -  O_RDWR，可读可写；
7         *   -  O_APPEND，写入数据追加到文件尾部；
8         *   -  O_CREAT，若文件不存在时，则创建文件
9         */
10       int fd = aw_open(STUDENTS_FILE_NAME, O_RDWR | O_APPEND | O_CREAT , 0777);
11       if (p_info == NULL || fd < 0) {
12           return -1;
13       }
14       aw_write(fd, p_info, sizeof(student_t));     /* 写入学生记录(文件尾部) */
15       aw_close(fd);                                /* 关闭文件              */
16       return 0;
17   }
```

程序中，假定了存储学生记录的文件名为："/test/students.txt"，这就要求系统中，将/test 目录挂载到特定的存储器，比如 SD 卡或 U 盘等。增加一条记录的实现非常简单，仅仅是将 p_info 指向的学生记录顺序地存入了文件尾部，因此，使用这种方法增加学生记录的效率还是比较高的。

如果使用 student_add()函数增加了若干学生记录，将学生记录存储在了文件中，接下来，最常见的操作就是根据学号查询学生信息。基于学生信息的存储方式，可以实现一个学生信息查询函数，范例程序详见程序清单 11.28。

程序清单 11.28　根据学号查询学生记录

```
1    int student_search(unsigned char id[6], student_t *p_info)
2    {
3        int fd = aw_open(STUDENTS_FILE_NAME, O_RDONLY , 0777);
                                                  /* 以只读方式打开文件    */
4        if (p_info == NULL || fd < 0) {
5            return -1;
6        }
7        while (aw_read(fd, p_info, sizeof(student_t)) == sizeof(student_t)) {
                                                  /* 成功读取到一条信息    */
```

```
8           if (memcmp(p_info->id, id, 6) == 0) {   /* 学号相同,找到记录      */
9               return 0;
10          }
11      }
12      aw_close(fd);                               /* 关闭文件              */
13      return -1;
14  }
```

由此可见,程序仅仅从文件头部顺序读取文件学生记录,逐一与待查找的学号进行比对,直到查找到与学号完全一致的学生记录。

上述简单的范例程序实现了记录的添加和查找。由于查找学生记录是采用顺序查找的方式,随着学生记录的增加,查找效率将逐步降低。例如,一所大学往往有几万学生,使用该系统管理学生记录时,一次简单的查找则可能要顺序对比上万次学号,显然,效率不高。

如何以更高的效率实现查找呢?在查找算法中,非常经典高效的算法是"二分法查找",按 10 000 条记录算,最多也只需要比较 14 次($\log_2 10\ 000$)。但是,使用"二分法查找"的前提是信息必须有序排列,即要求学生记录必须按照学号从大到小或从小到大的顺序进行存储,这就导致在添加学生信息时,必须将学生记录按照学号顺序,插入到指定位置,而不能像程序清单 11.27 那样,简单地将信息添加至文件尾部。对于文件操作来讲,插入操作是非常烦琐的,若已经有大量学生记录按学号顺序存储在文件中,在此基础上再插入一条记录到这些记录的中间某个位置,则需要将其后的所有记录后移,以预留出一条记录的存储空间,这就意味着需要将后续所有记录读出,再重新写入到其后的地址中。由此可见,虽然使用这种方法可以提高查找效率,却牺牲了添加信息的效率。

"顺序查找"管理方式牺牲了查找记录的效率,"二分法查找"牺牲了写入记录的效率。能否将二者折中一下呢?"二分法查找"的本质是每次缩小一半的查找范围,基于缩小查找范围的思想,可以尝试缩小每次"顺序查找"的范围。同样以 10 000 条记录为例,为了缩小每次"顺序查找"的范围,将记录分为两个部分,例如,制定以下规则:学号小于某一值时,作为第一部分存储在某一文件中;反之,作为第二部分存储在另外一个文件中。

因此,在写入记录时,只需要多一条判断语句,对性能并没太大影响。而在查找时,只要根据学号判断出记录应存储在哪一个文件中,然后按照顺序查找的方式进行查找即可。此时,若用于分界的学号选择恰当,使两个部分的学生记录数量基本相同,则顺序查找需要比较的次数就从最大的 10 000 次降低到了约 5 000 次。由此可见,通过一个简单的方法,将信息分别存储在两个文件中,就可以明显地提高查找效率。

为了继续提高查找的效率,还可以将记录分为更多的部分,比如,分成 250 个部分,序号为 0～249,若划分规则恰当,使各个部分的学生记录数量基本相同,则每个部分的记录数目就约为 40 条,此时,顺序查找需要比较的次数就仅需约 40 次即可,示意图如图 11.5 所示。

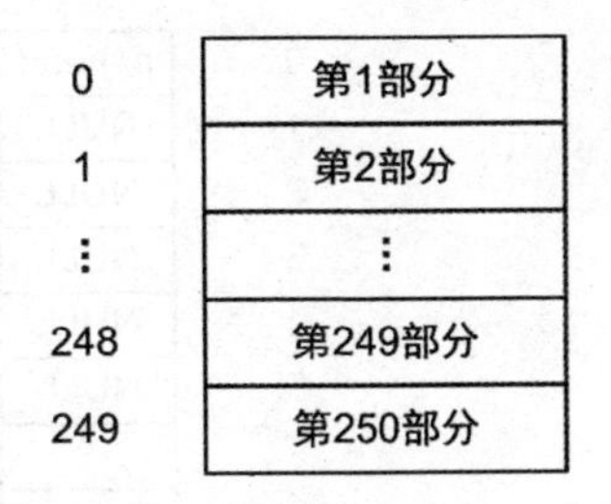

图 11.5　将记录分为多个部分

图 11.5 可以看作大小为 250 的“哈希表”,“哈希表”的每个表项对应了一部分记录。哈希表的核心思想是将一个很大范围的关键字空间(例如,学号为 6 字节,6 字节数据共计 48 位,其表示的数值空间大小为:2^{48},约 280 万亿,是一个相当大的范围),映射到一个较小的空间(范围序号:0～249,大小为 250)。由于是大范围映射到小范围,因此可能有一部分关键字(学号)映射到同一个表项中,也就是每个表项可能包含多条记录。

哈希表的关键是确定映射关系,即如何将关键字(学号)映射到表项的序号,也就是将所有记录划分为多个部分的具体规则。当写入或查找一条记录时,可以通过映射关系确定该记录属于哪一部分。这个映射关系对应的函数即为“哈希函数”,其作用就是将学号转换为哈希表的表项序号。例如,假定学号是均匀分布的,则可以将 6 字节学号直接求和再对 250 取余,进而得到一个 0～249 的数,范例程序详见程序清单 11.29。

程序清单 11.29　映射关系——通过学号得到分组索引

```
1    int db_id_to_idx (unsigned char id[6])
2    {
3        int i;
4        int sum = 0;
5        for (i = 0; i < 6; i++) {
6            sum += id[i];
7        }
8        return sum % 250;
9    }
```

db_id_to_idx()函数就是“哈希函数”,哈希函数的结果(分组索引)称为“哈希值”。“哈希函数”是整个哈希表的关键,哈希函数应尽可能确保记录均匀地分布到各个表项中,不能差异太大。极端地,若哈希函数选择有误,将所有记录分布到了一个表项中,则这样的哈希表将没有任何意义,因为每次查找记录又回到了最初的状态:遍历所有记录。

实际应用中,记录往往是动态管理的,可以随时动态添加、删除。因此,每一部分(哈希表的表项)包含的记录数也会动态增加或减少。为了便于动态管理每一部分的记录,各部分可以使用链表管理该部分中可能存在的多条记录,示意图如图 11.6 所示,图中所示的链式哈希表结构就是 AWorks 中微型数据库原理。

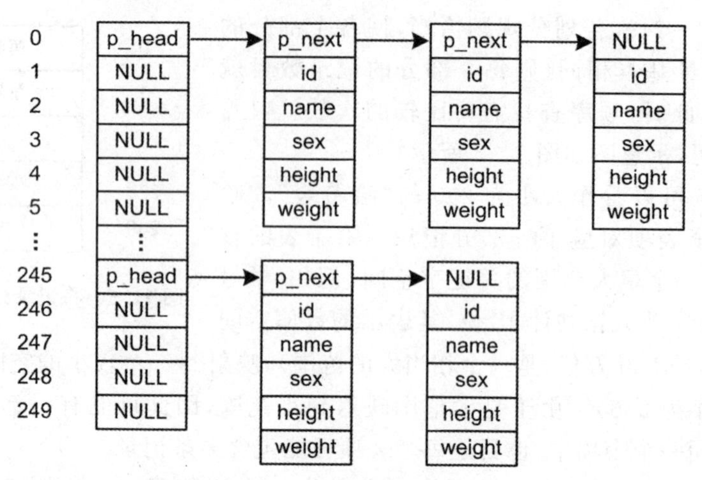

图 11.6 链式哈希表结构

11.5.2 微型数据库接口

前面简要介绍了哈希表的原理，AWorks 提供了一个基于哈希表思想实现的微型数据库，提供了增加、删除、查找等接口，相关接口的原型如表 11.6 所列。

表 11.6 微型数据库接口(aw_db_micro_hash_kv.h)

函数原型	功能简介
int aw_db_micro_hash_kv_init (aw_db_micro_hash_kv_t *p_db, uint16_t size, uint16_t key_size, uint16_t value_size, aw_db_micro_hash_kv_func_t pfn_hash, const char *file_name);	哈希表初始化
int aw_db_micro_hash_kv_add (aw_db_micro_hash_kv_t *p_db, const void *p_key, const void *p_value);	增加一条记录
int aw_db_micro_hash_kv_search (aw_db_micro_hash_kv_t *p_db, const void *p_key, void *p_value);	根据关键字查找记录
int aw_db_micro_hash_kv_del (aw_db_micro_hash_kv_t *p_db, const void *p_key);	删除一条记录
int aw_db_micro_hash_kv_deinit (aw_db_micro_hash_kv_t *p_db);	资源释放

微型数据库相关的文件和接口以“aw_db_micro_hash_kv”作为命名空间，其中，“aw_”表示 AWorks，“db”表示数据库（data base），“micro”表示微型，hash_kv 表示基于的是 hash 关键字和值的思想。

1. 定义数据库实例

所有接口的第一个参数均为 aw_db_micro_hash_kv_t 类型的指针，用于指向待操作的数据库实例。该类型的具体定义（如具体包含哪些成员）用户无需关心，仅需在使用微型数据库前，使用该类型定义一个数据库实例即可，例如：

```
aw_db_micro_hash_kv_t  students_db;     /* 定义一个用于管理学生信息的数据库实例 */
```

其中，students_db 的地址即可作为各个接口 p_db 参数的实参传递。

2. 初始化

在使用数据库前，需要完成数据库的初始化，以指定哈希表大小、关键字长度、值长度以及存储整个数据库的文件名等信息。其函数原型为：

```
int aw_db_micro_hash_kv_init (
      aw_db_micro_hash_kv_t                *p_db,
      uint16_t                              size,
      uint16_t                              key_size,
      uint16_t                              value_size,
      aw_db_micro_hash_kv_func_t            pfn_hash,
      const char                           *file_name);
```

其中，p_db 为指向待初始化的数据库实例。size 表示哈希表的大小，即表项的数目，如需设计图 11.6 所示的哈希表，由于其哈希表的大小为 250，则该值应设置为 250。key_size 为关键字长度，例如，以学号为关键字，由于学号的长度为 6 字节，则该值应设置为 6。

value_size 表示记录中值的长度，以学生记录为例，一条学生记录包含学号、姓名、性别、身高、体重等信息。最初的学生记录对应的结构体类型详见程序清单 11.26。在使用微型数据库时，关键字和值是不同的两个部分，均会被存储到文件中。因此，可以将关键字学号分离出来，剩余的信息作为一条学生记录的“值”。范例程序详见程序清单 11.30。

程序清单 11.30　学生记录信息类型（不包括关键字——学号）

```
1    typedef struct _student {
2        char           name[10];       /* 姓名（假定最长 10 字符）*/
3        char           sex;            /* 性别：'M'，男；'F'，女      */
4        float          height;         /* 身高                       */
5        float          weight;         /* 体重                       */
6    } student_t;
```

基于此，value_size 的值则应设置为 sizeof(student_t)。

pfn_hash 用于指定一个哈希函数，其作用是将关键字转换为一个哈希值，哈希值即为哈希表的索引。其类型 aw_db_micro_hash_kv_func_t 定义如下：

```
typedef unsigned int ( * aw_db_micro_hash_kv_func_t) (const void * p_key);
```

该类型为一个函数指针类型，其指向函数的形参为关键字，返回值为哈希值(类型为无符号整数)，哈希值将作为哈希表的索引。通过对哈希表的介绍可知，哈希函数的选择直接决定了记录的分布，必须尽可能地确保所有记录均匀地分布在各个表项中。不同的关键字数据具有不同的分布特性，因此，哈希函数需要由用户根据实际情况提供，简单的实现可以将关键字按字节求和后再对哈希表大小取余，范例程序详见程序清单 11.31。

程序清单 11.31　简易的哈希函数实现

```
1    int hash_func_id_to_idx (const void * p_key)
2    {
3        const unsigned char * p_id = (const unsigned char * )p_key;
4        int i;
5        int sum = 0;
6        for (i = 0; i < 6; i++) {          /* 按字节求和                         */
7            sum += p_id[i];
8        }
9        return sum % 250;                  /* 取余,使哈希值范围落在哈希表范围内 */
10   }
```

其中，函数名 hash_func_id_to_idx 即可作为 pfn_hash 的实参传递。

file_name 用于指定存储该数据库信息及所有记录的文件名，若一个系统中存在多个数据库(定义了多个数据库实例)，则在初始化各个数据库时，为各个数据库指定的文件名应该不同，以使各个数据库使用不同的文件存储数据。在程序清单 11.27 和程序清单 11.28 所示的简易范例程序中，每次写入记录或查找记录前，都会执行一次打开文件操作，并在写入或查找结束后关闭文件。在实际应用中，可能会频繁地执行写入、查找等操作，这样就会导致频繁地打开、关闭文件，降低了程序运行的效率，为此，AWorks 提供的数据库仅仅在初始化时打开文件，后续其他操作均无需再执行打开文件操作。若初始化时指定的文件名对应文件已经存在，则仅仅打开该文件，然后在该文件的基础上进行记录的管理(添加、删除等)；若文件名对应文件不存在，则创建该文件，以建立一个全新的数据库(数据库中没有任何有效记录)。初始化数据库的范例程序详见程序清单 11.32。

程序清单 11.32 初始化数据库范例程序

```
1    int  ret = aw_db_micro_hash_kv_init (&students_db,
2                                          250,                       /* 哈希表大小:250 */
3                                          6,                         /* 关键字长度:6   */
4                                          sizeof(student_t),         /* 值的长度       */
5                                          hash_func_id_to_idx,       /* 自定义哈希函数 */
6                                          "/test/students_hash.txt");  /* 哈希表文件名   */
7    if (ret < 0) {
8        // 初始化失败,可能是由于文件打开(创建)失败造成的,需确保文件路径有效
9    } else {
10       // 初始化成功,可以执行增加记录、查找记录等操作
11   }
```

3. 增加一条记录

向数据库中增加一条记录的函数原型为:

```
int aw_db_micro_hash_kv_add (
    aw_db_micro_hash_kv_t              *p_db,
    const void                         *p_key,
    const void                         *p_value);
```

其中,p_db 指向已经初始化的数据库实例;p_key 指向本次增加记录的关键字,其长度必须与初始化指定的 key_size 一致;p_value 指向本次增加记录的具体“值”。例如,待增加一条学生记录,其各项信息如表 11.7 所列。

表 11.7 待增加的学生信息举例

信息项	具体值
学号	0x20, 0x16, 0x44, 0x70, 0x02, 0x39,即 201644700239,表示 2016 年入学,专业代码为 4470(假设为计算机专业),2 班的 39 号同学
姓名	"zhangshan"
性别	男,即 'M'
身高	173.54 cm
体重	65.67 kg

向数据库中增加该学生记录的范例程序详见程序清单 11.33。

程序清单 11.33 增加记录范例程序

```
1    unsigned char id[6] ={0x20, 0x16, 0x44, 0x70, 0x02, 0x39};        /* 学号:201644700239  */
2    student_t st_info ={"zhangshan", 'M',  173.54f,  65.67};         /* 学生其他信息       */
3
4    int ret = aw_db_micro_hash_kv_add(&students_db, id, &st_info); /* 增加学生记录       */
5        if (ret < 0) {
```

```
6       // 增加记录失败
7   } else {
8       // 增加记录成功
9   }
```

4. 根据关键字查找记录

向数据库中添加记录后,可以根据关键字查找记录的详细信息,查找记录的函数原型为:

```
int aw_db_micro_hash_kv_search (
    aw_db_micro_hash_kv_t           * p_db,
    const void                      * p_key,
    void                            * p_value);
```

其中,p_db 指向数据库实例;p_key 为输入参数,指向本次查找记录的关键字,关键字长度必须与初始化时指定的 key_size 一致;p_value 为输出参数,返回本次查找到的记录。

例如,使用程序清单 11.33 所示的范例程序增加了一条学生记录,作为测试,可以使用查找记录接口查找学号为 201644700239 的记录,以查看其对应的"值"信息是否与写入的信息一致。范例程序详见程序清单 11.34。

程序清单 11.34　根据关键字查找记录的范例程序

```
1    unsigned char id_search[6] ={0x20, 0x16, 0x44, 0x70, 0x02, 0x39};
                                                  /* 指定查找的关键字          */
2    student_t     st_info_get;                   /* 用于存储查找到的信息      */
3
4    int ret = aw_db_micro_hash_kv_search(&students_db, id_search, &st_info_get);
5
6    if (ret < 0) {
7        aw_kprintf("Search nothing!!");          /* 记录不存在                */
8    } else {
9        aw_kprintf("Searched! name : %s, sex: %c, height : %d.%02d cm, weight : %d.
                 %02d kg\r\n",
10               st_info_get.name,
11               st_info_get.sex,
12               (int)st_info_get.height, (int)(st_info_get.height * 100) % 100,
13               (int)st_info_get.weight, (int)(st_info_get.weight * 100) % 100);
14   }
```

程序中,为了避免使用 aw_kprintf()打印浮点数,将身高和体重分为整数部分和小数部分打印，最终等效于保留 2 位小数的浮点数打印效果。

5. 删除一条记录

从数据库删除一条记录的函数原型为：

```
int aw_db_micro_hash_kv_del (
    aw_db_micro_hash_kv_t          * p_db,
    const void                     * p_key);
```

其中，p_db 指向数据库实例；p_key 指向本次需要删除记录的关键字，关键字长度必须与初始化时指定的 key_size 一致。

例如，使用程序清单 11.33 所示的范例程序增加了一条学生记录，作为测试，可以将学号为 201644700239 的记录删除。范例程序详见程序清单 11.35。

程序清单 11.35 根据关键字删除记录的范例程序

```
1   unsigned char id_del[6] ={0x20, 0x16, 0x44, 0x70, 0x02, 0x39};
2
3   ret = aw_db_micro_hash_kv_del (&students_db, id_del);
4
5       if (ret < 0) {
6       // 删除记录失败，记录不存在。
7   } else {
8       // 删除记录成功
9   }
```

使用程序清单 11.35 所示程序删除记录后，若再查找学号为 201644700239 的记录，将会查找失败。

6. 解初始化

与数据库初始化函数对应。当暂时不使用一个数据库时，可以执行该函数，以释放相关资源。**注意**：解初始化后，数据库中已经存储的内容保持不变。解初始化函数的原型为：

```
int aw_db_micro_hash_kv_deinit (aw_db_micro_hash_kv_t   * p_db);
```

其中，p_db 指向数据库实例。例如，在一次应用中，添加了 100 条学生记录，添加结束后，暂时不再使用该数据库，则可以解初始化该数据库，范例程序详见程序清单 11.36。

程序清单 11.36 解初始化范例程序

```
1   ret = aw_db_micro_hash_kv_deinit(&students_db);
2       if (ret < 0) {
3       // 解初始化失败
4   } else {
5       // 解初始化成功
6   }
```

在初始化函数的介绍中曾提到,为了避免频繁地打开文件和关闭文件,在初始化时打开了文件,使得在添加记录、删除记录、查找记录时,无需再打开文件。与初始化函数对应,在解初始化函数中,关闭了文件。关闭文件后,文件中的内容保持不变。如需再次使用该数据库,则应该重新执行一次初始化操作。

上面介绍了各个接口的使用方法,基于这些接口,可以实现一个学生记录管理的综合范例程序,详见程序清单 11.37。

程序清单 11.37　微型数据库综合范例程序

```
1    #include "aworks.h"
2    #include "aw_vdebug.h"
3    #include "aw_delay.h"
4    #include "aw_db_micro_hash_kv.h"
5
6    typedef struct _student {
7        char          name[10];                  /* 姓名 (假定最长 10 字符)    */
8        char          sex;                       /* 性别:'M',男;'F' ,女       */
9        float         height;                    /* 身高                       */
10       float         weight;                    /* 体重                       */
11   } student_t;
12
13   static int __hash_func_id_to_idx (const void *p_key)
                                                  /* 哈希函数                   */
14   {
15       const unsigned char *p_id = (const unsigned char *)p_key;
16       int i;
17       int sum = 0;
18       for (i = 0; i < 6; i++) {                /* 按字节求和                 */
19           sum += p_id[i];
20       }
21       return sum % 250;    /* 取余,使哈希值范围落在哈希表范围内             */
22   }
23
24   /* 通过调试串口打印输出一条学生记录   */
25   static int student_info_printf (unsigned char *p_id, student_t *p_student)
26   {
27       int i;
28       aw_kprintf("ID:");
29       for (i = 0; i < 6; i++) {
30           aw_kprintf("%02x",p_id[i]);
31       }
```

```
32        aw_kprintf(", name : %s, sex: %c, height : %d.%02d cm, weight : %d.%02d kg\n",
33                p_student->name,
34                p_student->sex,
35                (int)p_student->height, (int)(p_student->height * 100) % 100,
36                (int)p_student->weight, (int)(p_student->weight * 100) % 100);
37        return 0;
38    }
39
40    /* 随机产生一条学生记录  */
41    static int student_info_generate (unsigned char *p_id, student_t *p_student)
42    {
43        int i;
44        for (i = 0; i < 6; i++) {                    /* 随机产生一个学号          */
45            p_id[i] = rand();
46        }
47        for (i = 0; i < 9; i++) {                    /* 随机名字,由 'a'~'z' 组成*/
48            p_student->name[i] = (rand() % ('z' - 'a')) + 'a';
49        }
50        p_student->name[i]= '\0';                    /* 字符串结束符              */
51        p_student->sex = (rand() & 0x01) ? 'F' : 'M';
                                                       /* 随机性别                  */
52        p_student->height = (float)rand() / rand();
53        p_student->weight = (float)rand() / rand();
54        return 0;
55    }
56
57    int test_db_micro_hash_kv (void)
58    {
59        aw_db_micro_hash_kv_t      students_db;
                                    /* 定义一个用于管理学生信息的数据库实例      */
60        unsigned char              id[6];
61        student_t                  stu;
62        int                        i = 0;
63        int                        ret;
64    ret = aw_db_micro_hash_kv_init(&students_db,
65                                   250,     /* 哈希表大小:250              */
66                                   6,       /* 关键字长度:6                */
67                                   sizeof(student_t),
                                              /* 值的长度                    */
68                                   __hash_func_id_to_idx,
                                              /* 自定义哈希函数              */
```

```
69                                   "/test/students_hash.txt");
                                                        /* 哈希表文件名                  */
70      if (ret < 0) {
71          return -1;
72      }
73      while (i < 100) {                               /* 依次添加 100 个学生记录       */
74          student_info_generate(id, &stu);
75          if (aw_db_micro_hash_kv_search(&students_db, id, &stu) == 0) {
                                                        /* 学号已存在                    */
76              continue;
77          }
78          ret = aw_db_micro_hash_kv_add(&students_db, id, &stu);
79          if (ret < 0) {
80              return -1;
81          }
82          i++;                                        /* 成功添加了一个学生记录        */
83          aw_kprintf("add student: ");
84          student_info_printf(id, &stu);
85      }
86      memset(&stu, 0, sizeof(student_t));
                                                /* 清空学生信息,以便于进行查找操作 */
87
88      /* 查找最后添加的一个学生记录,此时的 ID 为最后添加学生记录的学号     */
89      ret = aw_db_micro_hash_kv_search(&students_db, id, &stu);
90      if (ret < 0) {
91          return -1;
92      }
93      ret = aw_db_micro_hash_kv_del (&students_db, id);
                                                    /* 删除最后添加的学生记录        */
94      if (ret < 0) {
95          return -1;
96      }
97      ret = aw_db_micro_hash_kv_search(&students_db, id, &stu);
                                                    /* 已删除,再次查找应该失败      */
98      if (ret < 0) {
99          // 查找失败,正确情况
100      } else {
101      // 删除后依然能查找到该记录,测试失败
102          return -1;
103      }
104      return aw_db_micro_hash_kv_deinit(&students_db);
105  }
```

```
106
107    int aw_main (void)
108    {
109        if (test_db_micro_hash_kv() < 0) {
110            printf("test failed! \r\n");
111        } else {
112            printf("test ok! \r\n");
113        }
114        while(1) {
115            aw_mdelay(100);
116        }
117    }
```

测试程序主要由 test_db_micro_hash_kv()完成，在 aw_min()主程序中，仅仅是简单调用了该函数。在 test_db_micro_hash_kv()函数中，首先初始化了一个数据库，然后向其中添加了 100 个学生记录(为了快捷地产生这些记录，以随机数的方式自动生成，随机数无实际意义，仅供测试使用。同时，为了保证添加的学生学号唯一，在添加记录前，通过搜索接口查看是否存在该学号的学生，若存在，则不再重复添加)。接着测试了查找接口，查找最后添加的学生记录。然后测试删除接口，删除了最后添加的学生记录，删除成功后，再次查找将会失败。最后，所有操作执行完毕，解初始化数据库。

第12章

AWBus - lite 总线框架

本章导读

在嵌入式系统中，硬件外设的种类非常繁多，例如，GPIO、ADC、UART、按键、数码管、RTC、LM75、EEPROM、SD卡、U盘等。正确使用各个外设的基础是平台中具有相应的驱动，随着外设种类的不断增加，驱动也越来越多，为了高效地管理众多的外设和驱动，AWorks推出了领先的轻量级总线管理框架：AWBus - lite。AWBus - lite作为AWorks中最重要的组件之一，负责管理系统中所有的硬件设备（或虚拟硬件设备），实现硬件外设和驱动的分离，使驱动可以最大限度地得到复用。

本章作为AWBus - lite的入门，主要介绍AWBus - lite的拓扑结构，以及基本的设备、总线、驱动相关的概念，重点从用户角度出发，讲述如何使用和配置AWBus - lite。

12.1 AWBus - lite简介

随着MCU的快速发展，越来越多的硬件外设集成到了MCU内部（片内外设），这部分外设可以直接通过CPU操作相应的寄存器，例如，i. MX28x中的GPIO、ADC、UART等。一些外设在MCU外部（片外外设），必须通过某种总线进行访问，比如，PCF85063需要通过I²C总线访问；SD卡需要通过SDIO总线访问。

为了使用统一的拓扑结构描述所有的片外和片内外设，在AWBus - lite中，把CPU直接控制的总线统称为PLB（Processor Local Bus，CPU本地总线），集成在MCU内部的外设就挂在该总线上。例如：在一个系统中，硬件设备连接示意图如图12.1(a)所示，其对应的AWBus - lite软件拓扑结构如图12.1(b)所示。

AWBus - lite提供了一种机制，使我们可以在软件环境里建立、还原系统的硬件总线拓扑结构。如图12.1所示，图12.1(a)为一个可能的系统总线的物理拓扑结构（仅作示例之用），图12.1(b)为在AWBus - lite中抽象出来的系统总线模型。由此可见，在软件中抽象出来的对象同真实世界的对象一一对应。

图12.1(a)仅作为一种示例，与实际硬件可能存在差异，整个硬件被分为了核心板（i. MX28x Pack Board）和用户板（User Board）两部分。核心板又分为MCU（i. MX28x）和外围器件（ICs）两个部分，MCU又分为内核（ARM）和片内外设两个部分。

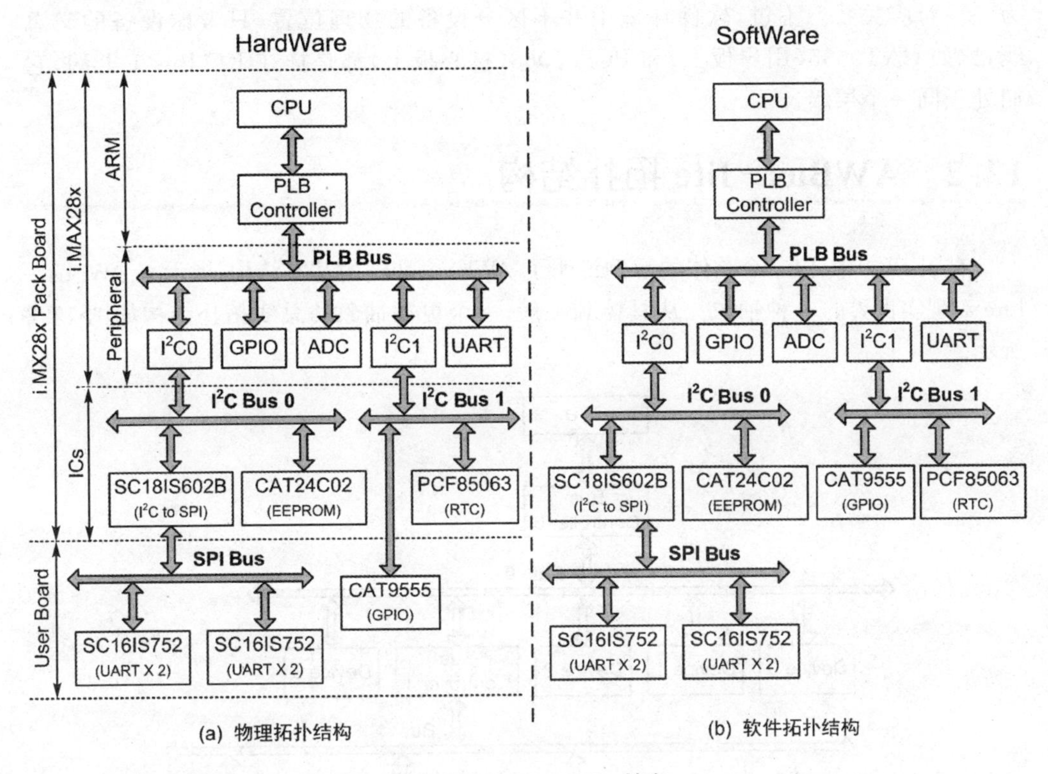

(a) 物理拓扑结构　　(b) 软件拓扑结构

图 12.1　AWBus - lite 抽象

内核的核心是 CPU,其可以直接控制片上外设,这里虚拟了一个 PLB 控制器,其产生了一条 PLB 总线,由 CPU 直接控制,片内外设均直接挂在 PLB 总线上。

片内外设集成在芯片内部,例如,GPIO、I²C、UART 等,它们挂在 PLB 总线上。其中部分片内外设又是总线控制器(比如 I²C),它们又可以扩展出一条总线到片外,例如,I²C0 扩展出一条总线 I²C Bus 0,I²C1 扩展出一条总线 I²C Bus 1。扩展的总线可以连接一些外围器件。这些器件可能处于核心板中,比如 SC18IS602B(一款 I²C 转 SPI 芯片,仅用作拓扑结构展示,无需深入了解)、CAT24C02(EEPROM)、PCF85063(RTC 芯片),也可能处于用户板上,比如 CAT9555(一款 I²C 转 GPIO 芯片,仅用作拓扑结构展示,无需深入了解)。

一些外围器件可能还是总线控制器,其又可以扩展出一条总线,比如 SC18IS602B,其为 I²C 转 SPI 芯片,可以扩展出 SPI 总线,在 SPI 总线上,又可以挂在其他 SPI 接口的器件,比如 SC16IS752(一款 SPI 转 UART 芯片,仅用作拓扑结构展示,无需了解具体细节)。特别地,若连接的芯片又是一个总线控制器,则可以继续扩展总线,从理论上讲,通过添加总线控制器,可以将系统的总线层次无限地增加,即系统的功能外设可无限扩展。

图 12.1(b)为对应的软件拓扑结构图,在软件环境中,外设对象与真实硬件设备

为一一对应关系。不过,软件环境中并不区分设备的物理位置,只考虑设备的父总线,比如 CAT9555(用户板上)和 PCF85063(核心板上)都是挂在 I^2C Bus 1 上的,它们处于同一个层级。

12.2 AWBus - lite 拓扑结构

在图 12.1 中,以一个具体的示例说明了 AWbus - lite 的基本结构,展示了 AWBus - Lite 对现实世界的一种抽象。从具体到一般,一个更加抽象的总线拓扑结构如图 12.2 所示。

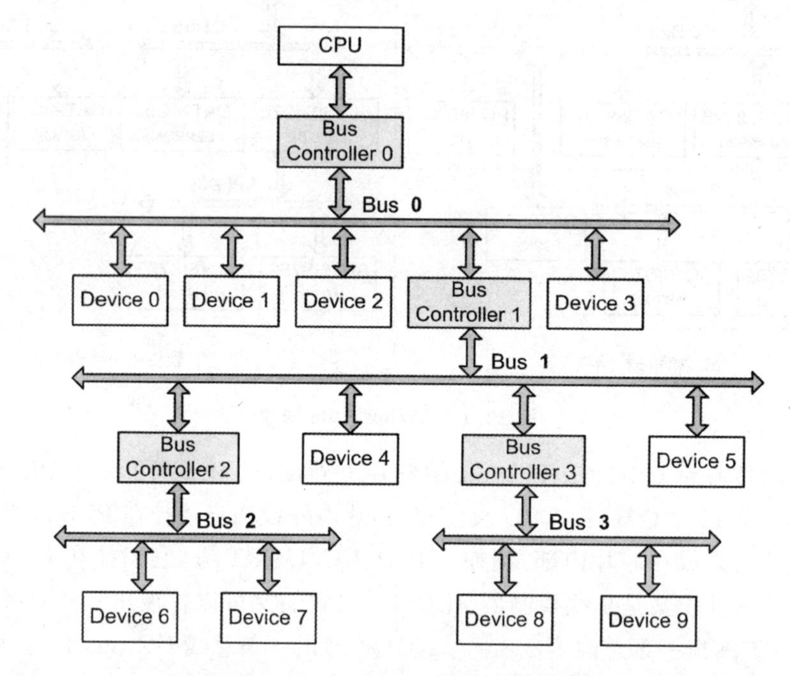

图 12.2 AWBus - lite 总线拓扑结构图

其中,Bus Controller 0 是由 CPU 直接控制的总线控制器,通常情况下,其为 PLB Controller,可以扩展出一条 PLB 总线。在总线拓扑结构图中,抽象了 3 个重要的概念:设备、总线控制器、总线。

(1) 设 备

设备是指挂在某条总线上的硬件外设(或虚拟外设),例如,图 12.1 中的 GPIO、CAT24C02、CAT9555 等。

(2) 总线控制器

总线控制器是一种特殊的设备,它可以扩展出一条下游总线,这条总线上又能挂其他设备(包括总线控制器),例如,图 12.1 中的 I^2C0、SC18IS602B 等。

(3) 总　线

任何设备或总线控制器都必须挂在一条总线上。AWBus - lite 不区分 CPU 的具体类型,把 CPU 直接控制的总线统称为 PLB,PLB 为根总线。其他总线由总线控制器产生,例如,图 12.1 中的 I^2C Bus 0、I^2C Bus 1、SPI Bus 等。

“设备”是最为核心的概念,其他概念都可以基于“设备”进行描述:“设备”挂在“总线”上,特殊“设备”(总线控制器设备)扩展出一条下游总线。

能够正常使用一个设备的前提是系统中具有设备相应的驱动,例如,要使用 i. MX28x 的 GPIO 去控制一个 LED,就必须具有相应的 GPIO 驱动,以设置 GPIO 的模式、输出电平等,最终达到控制 LED 的目的。也就是说,要使系统具有访问和控制设备的能力,就必须具有相应的驱动。这就需要掌握另外一个非常重要的概念:设备驱动。

设备驱动提供了访问和控制设备(包括特殊的设备——总线控制器)的能力,在 AWBus - lite 中,将设备和驱动进行了很好的分离,使驱动可以最大限度地得到复用。通常情况下,系统中可能存在多个相同类型的设备。例如,在 i. MX28x 中,存在 I^2C0 和 I^2C1 共两个 I^2C 总线控制器,它们的操作方法是完全相同的,这种情况下,I^2C0 和 I^2C1 设备可复用一份驱动,示意图如图 12.3 所示。

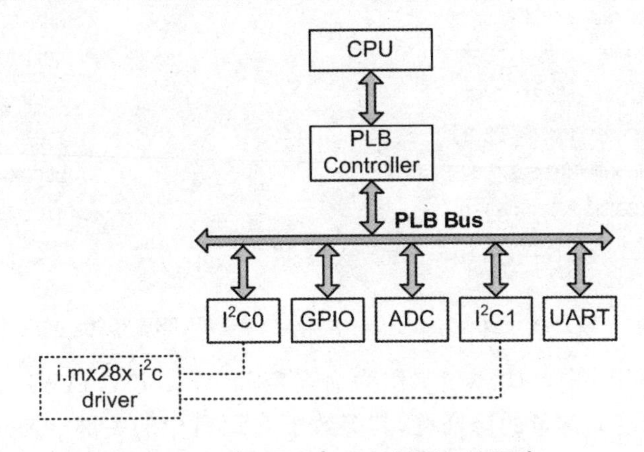

图 12.3　I^2C0 和 I^2C1 复用同一份驱动

其他片上外设或外围器件同样如此,多个同类型的设备可以复用一份驱动,这不仅极大地提高了代码复用率,缩小了程序占用的存储空间,而且还给代码的管理、维护、扩展带来了极大的便利。这是面向对象编程带来的好处,在这里,设备驱动就相当于一个类,而设备就是类的一个实例。

12.3　系统硬件资源

在开发实际应用程序前,首先要规划系统的硬件资源,即要构建出如图 12.1(a) 所示的硬件物理拓扑结构。接下来,就需要对系统软件进行配置,添加相应的设备,以搭建出与之对应的如图 12.1(b)所示的软件拓扑结构。通常情况下，AWorks SDK 提供的工程模板已经配置好了系统相应的硬件资源，完成了基础软件拓扑结构的搭建，对于不同的用户需求，可能需要添加或删除一些设备，这种情况下，可以直接在模板工程的基础上对系统硬件资源进行简要的调整。

12.3.1 硬件设备列表

AWBus-lite 使用名为 awbus_lite_hwconf_usrcfg.c 的硬件配置文件来定义系统的硬件资源，此文件存放于 AWorks SDK 提供的工程模板中。硬件配置文件的核心功能是为系统提供一个硬件列表，即一个名为 g_awbl_devhcf_list[]的数组，该数组的每一个成员都描述了系统中的一个硬件设备。一个简单的示例片段详见程序清单 12.1。

程序清单 12.1 硬件设备列表(awbus_lite_hwconf_usrcfg.c)

```
1   aw_const struct awbl_devhcf g_awbl_devhcf_list[] ={        // 硬件设备列表
2       AWBL_HWCONF_IMX28_INTC                                  // 中断控制器
3       AWBL_HWCONF_IMX28_GPIO                                  // GPIO
4       AWBL_HWCONF_IMX28_DMA                                   // DMA
5       AWBL_HWCONF_IMX28_DUART                                 // DUART 调试串口
6       AWBL_HWCONF_IMX28_AUART0                                // AUART 应用串口
7       AWBL_HWCONF_IMX28_I2C0                                  // I²C0
8       AWBL_HWCONF_IMX28_I2C1                                  // I²C1
9       AWBL_HWCONF_EP24CXX_0                                   // EEROM:EP24CXX
10      AWBL_HWCONF_PCF85063_0                                  // RTC: PCF85063
11      // ……其他硬件设备
12  };
13  aw_const size_t g_awbl_devhcf_list_count = AW_NELEMENTS(g_awbl_devhcf_list);
```

在 AWBus-lite 中，以“awbl_”作为命名空间，“awbl”是 AWBus-lite 的缩写。aw_const 是用于定义常量的修饰符，其等效于 C 语言中的关键字:const。

g_awbl_devhcf_list[]数组为定义的硬件设备列表，g_awbl_devhcf_list_count 定义了列表中设备的个数。AW_NELEMENTS()为获取数组元素个数的宏，其定义如下(aw_common.h)：

```
#define AW_NELEMENTS(array)  (sizeof (array) / sizeof ((array) [0]))
```

12.3.2 设备描述类型

由数组的定义可知，数组中每个元素的实际类型为 struct awbl_devhcf，其描述了一个硬件设备在系统总线拓扑结构中的位置以及设备的配置，具体类型定义详见程序清单 12.2。

程序清单 12.2 struct awbl_devhcf 类型定义(awbus_lite.h)

```
1   struct awbl_devhcf {
2       const char          * p_name;       // 设备名
3       uint8_t               unit;         // 设备单元号
4       uint8_t               bus_type;     // 设备所处总线的类型
5       uint8_t               bus_index;    // 设备所处总线的编号
6       struct awbl_dev     * p_dev;        // 指向设备实例内存
7       const void          * p_devinfo;    // 指向设备信息(常量)
8   };
```

1. 设备名

设备名为一个字符串，此名字需要与设备驱动的名字一致，系统将根据此名字查找该设备对应的驱动。在系统启动时，最重要的步骤之一就是将设备和设备驱动绑定，以便正确使用各个设备。要使系统能够正确查找到设备相应的驱动，设备名必须与相应的驱动名一致。

为确保一致性，在开发驱动时，往往使用宏定义的形式将驱动名定义在头文件中，在描述一个硬件设备时，直接使用该宏定义作为其设备名即可。

例如，i.MX28x 的片上 I²C 设备驱动，其对应的驱动头文件为 awbl_imx28_i2c.h，在该文件中，定义了驱动名为 AWBL_IMX28_I2C_NAME，其完整定义如下：

```
#define AWBL_IMX28_I2C_NAME                "imx28_i2c"
```

基于此，在描述 I²C 设备(如描述 I²C1 设备)时，其对应的设备名应该设定为 AWBL_IMX28_I2C_NAME。

又如，对于 PCF85063 设备驱动，其对应的驱动头文件为 awbl_pcf85063.h，在该文件中，定义了驱动名为 AWBL_PCF85063_NAME，其完整的定义如下：

```
#define  AWBL_PCF85063_NAME   "pcf85063"
```

基于此，在描述 PCF85063 设备时，其设备名应该设定为 AWBL_PCF85063_NAME。

2. 设备单元号

设备单元号用于区分系统中几个相同的硬件设备，它们的设备名一样，复用同一份驱动。AWBus - lite 建议设备单元号从 0 开始连续分配。

例如，在 i.MX28x 中，具有两个 I²C 片内外设，则 I²C0 的设备单元号为 0，I²C1 的设备单元号为 1。又如，对于 PCF85063 设备，若只外接了一个 PCF85063，则设备单元号为 0，若外接了两个 PCF85063，则设备单元号分别为 0、1。通常情况下，一个系统中只会使用一个外部 RTC，不会连接两个外部 RTC 芯片，此时，将设备单元号设置为 0 即可。

注意:在通用接口中,通常有一个用于指定设备的 ID,例如,在 RTC 接口中,使用 ID 指定要操作的 RTC 设备。设备单元号与该 ID 的概念是不同的,设备单元号用于区分几个使用同一驱动的设备,ID 用于区分同一类的设备(这些设备不一定使用相同的驱动)。

例如,i. MX28x 具有片上 RTC 外设,其挂在 PLB 总线上,显然,其驱动方法与挂在 I^2C 总线上的 PCF85063 是不一样的。若系统同时使用了片上 RTC 外设和一个片外 PCF85063,由于它们并不使用同一份驱动,因此,在描述这两个设备时,设备名是不一样的,设备单元号可各自独立分配,互不影响,均可设置为 0。但是,由于这两个设备均可以为系统 RTC 服务,可以使用 RTC 通用接口操作这两个设备,为了区分这两个设备,它们的 ID 必须统一编排,例如,为片上 RTC 外设分配编号 0,为 PCF85063 分配编号 1,不可设置为一样。ID 在一个设备对应的设备信息中配置,这部分内容将在后面详细介绍。

3. 设备父总线的类型

设备父总线的类型指出了设备挂接在哪种类型的总线上,例如,PLB、I^2C、SPI、USB、SDIO、PCI 等。各总线的类型已经在 awbus_lite. h 文件中定义,部分常用总线对应的宏定义如表 12.1 所列。

表 12.1 总线类型宏定义

总线类型	宏定义
PLB 处理器本地总线	AWBL_BUSID_PLB
I^2C 总线	AWBL_BUSID_I2C
SPI 总线	AWBL_BUSID_SPI
SDIO 总线	AWBL_BUSID_SDIO

例如,i. MX28x 的片上 I^2C1 设备,其由 CPU 直接控制,挂接在 PLB 总线上,因此,对于 I^2C1 设备,bus_type 的值为 AWBL_BUSID_PLB。

对于 PCF85063 设备,其作为一种 I^2C 从机器件,挂接在 I^2C 总线上,因此,对于 PCF85063 设备,bus_type 的值为 AWBL_BUSID_I2C。

4. 设备父总线的编号

设备父总线的编号用于区分系统中多条类型相同的总线。AWBus - lite 建议总线编号从 0 开始连续分配。

在 AWBus - lite 中,PLB 总线是一条特殊的虚拟总线,只有一条,因此,对于挂在 PLB 总线上的设备,比如 i. MX28x 的片上 I^2C1 设备,它们的设备父总线编号总是为 0。其他类型的总线可能有多条,例如,i. MX28x 具有两个 I^2C 片上外设:I^2C0、I^2C1,它们作为一种总线控制器,可以各自扩展出一条 I^2C 总线,致使系统中有两条 I^2C 总线,可将它们的总线编号分别设置为 0、1。对于 PCF85063,若其连接在 I^2C0 总线上,则 bus_index 的值为 0;若其连接在 I^2C1 总线上,则 bus_index 的值为 1。

5. 设备实例内存

设备驱动相当于定义了一个类,而具体的设备相当于这个类的一个实例,显然,实例需要占用一定的内存空间。而在 AWBus - lite 中,并不使用动态内存分配,因此,需要在描述一个设备的同时,完成设备实例的静态定义,为设备实例分配必要的内存空间。p_dev 为指向静态定义的设备实例的指针,其类型 struct awbl_dev 是 AWBus - lite 定义的基础设备类型,其具体定义用户无需关心。实际设备类型都是从基础设备类型派生而来的,例如,PCF85063 的设备类型可能定义为:

```
struct awbl_pcf85063_dev {
    struct awbl_devsuper;        // 继承自 AWBus 基础设备
    //其他数据成员
};
```

由于实际设备类型仅用于在描述设备时分配设备实例相关的内存,并不需要操作其中的成员,因此用户并不需要关心实际设备类型的具体定义(比如,具体包含哪些成员等)。用户只需要了解实际设备类型是从基础设备类型派生而来的,因而可以将实际设备类型的指针强转为基础设备类型的指针进行使用(子类转换为父类)。

例如,对于 i. MX28x 的片上 I^2C1 设备,在其对应的驱动头文件 awbl_imx28_i2c. h 中定义了 I^2C 设备的类型为 struct awbl_imx28_i2c_dev,使用该类型定义一个 I^2C1 设备实例,即可完成设备实例的内存分配,例如:

```
aw_local struct awbl_imx28_i2c_dev __g_imx28_i2c1_dev;
```

注意:aw_local 用于将函数作用域限制在文件内部,或将变量的作用域限制在文件或函数内部,同时,将 aw_local 修饰的变量存放在全局静态区域,在整个程序的生命周期均保持有效。其本质上等效于 C 语言中的关键字:static。

其地址 &__g_imx28_i2c1_dev 即可作为设备描述中 p_dev 的值。虽然其类型与 p_dev 的类型并不相同,但由于 struct awbl_imx28_i2c_dev 类型继承自 struct awbl_dev 类型,是基础设备类型的一个子类,可以将子类转换为父类使用,例如,将 p_dev 设置为:

```
(struct awbl_dev * ) &__g_imx28_i2c1_dev
```

同理,对于 PCF85063 设备,在其对应的驱动头文件 awbl_pcf85063. h 中定义了 PCF85063 的设备类型为 struct awbl_pcf85063_dev,使用该类型定义一个 PCF85063 设备实例,即可完成设备实例的内存分配,例如:

```
aw_local struct awbl_pcf85063_dev __g_pcf85063_0_dev;
```

其地址 &__g_pcf85063_0_dev 即可作为设备描述中 p_dev 的值,例如,将 p_dev 设置为:

```
(struct awbl_dev * )& __g_pcf85063_0_dev
```

6. 设备信息

设备信息描述了设备的一些配置信息,例如,设备的基地址、中断号等信息。设备信息的具体类型是由设备驱动定义的。用户需要根据实际设备信息的类型定义一个设备信息，并将其地址赋值给设备描述中的 p_devinfo。该信息最终会传递给驱动使用，以便正确地驱动相应设备。

(1) I²C1 设备信息定义范例

对于 i.MX28x 的片上 I²C1 设备，在其对应的驱动头文件 awbl_imx28_i2c.h 中定义了 I²C 设备信息类型为 struct awbl_imx28_i2c_devinfo，其具体定义详见程序清单 12.3。

程序清单 12.3　I²C 设备信息类型定义(awbl_imx28_i2c.h)

```
1    struct awbl_imx28_i2c_devinfo {
2        struct awbl_i2c_master_devinfo  i2c_master_devinfo;    // I²C 控制器相关信息
3        uint32_t                        regbase;               // I²C 模块寄存器基地址
4        int                             inum;                  // 中断号
5        uint32_t                        clkfreq;               // 输入时钟频率
6        void                            (* pfunc_plfm_init)(void);
                                                     // 平台初始化:开启时钟、初始化引脚
7    };
```

I²C 设备是一个 I²C 控制器，可以扩展出一条 I²C 总线，i2c_master_devinfo 即用于提供 I²C 总线相关的信息，比如：总线的编号、速率、超时时间等。其类型 struct awbl_i2c_master_devinfo 的定义详见程序清单 12.4。

程序清单 12.4　struct awbl_i2c_master_devinfo 类型定义(awbl_i2cbus.h)

```
1    struct awbl_i2c_master_devinfo {
2        uint8_t   bus_index;   // 控制器所对应的总线编号,扩展出的总线即为该编号
3        uint32_t  speed;       // 速率
4        int       timeout;     // 超时时间,表示一个 I²C 操作的最大等待时间
5    };
```

其中，bus_index 表示该 I²C 控制器扩展出的 I²C 总线对应的编号，若某一设备(如 PCF85063)在硬件上与 I²C1 连接，则在其设备描述中，父总线的编号应与该值保持一致。speed 表示该 I²C 总线的速率。通常情况下，为了便于配置，将总线编号和速率使用宏的形式定义在 aw_prj_param.h 文件中，例如，将总线 ID 定义为 1，速率定义为 200 kHz：

```
#define  IMX28_I2C1_BUSID           1
#define  AW_CFG_IMX28_I2C_BUS_SPEED200000
```

后续使用这两个宏分别作为 bus_index 和 speed 的值即可。

timeout 表示超时时间，若使用通用 I²C 接口在该总线上的某一操作(如读数据或写数据)超过了该处定义的超时时间，则相应接口将返回超时错误。特别地，若将该值设置为 AWBL_I2C_WAITFOREVER(其是在 awbl_i2cbus.h 文件中定义的

宏)，则表示永久等待，也可以设置为其他正整数值，例如，500 表示超时时间为 500 个 tick。

regbase 表示 I²C 设备的基地址，对于 i. MX28x，所有片内外设的基地址均在 imx28x_regbase. h 文件中定义，例如，I²C1 的基地址定义如下：

```
#define IMX28X_I2C1_BASE_ADDR            0x8005A000
```

由此可见，I²C1 设备的基地址为 0x8005A000，该值可以从 i. MX28x 的用户手册中获得。

inum 表示 I²C 设备的中断号，驱动可以使用该中断号使用系统中断资源，以使 I²C 设备可以基于中断机制进行数据通信。对于 i. MX28x，所有片内外设的中断号均在 imx28x_inum. h 文件中定义，例如，I²C1 设备的中断号定义如下：

```
#define INUM_I2C1_ERROR_IRQ          110
```

由此可见，I²C1 设备的中断号为 110，该值可以从 i. MX28x 的用户手册中获得。

clkfreq 表示 I²C 模块的输入时钟频率，在 i. MX28x 中，默认频率为 24 MHz，该值通常不需要修改。

pfunc_plfm_init 是一个函数指针，指向一个无参数、无返回值的平台初始化函数，用于完成平台相关的初始化操作，比如引脚配置等。例如，定义一个平台初始化函数，完成 I²C1 设备的 SCL 和 SDA 引脚配置，详见程序清单 12.5。

程序清单 12.5　实现一个平台初始化函数

```
1    aw_local void __imx28_i2c1_plfm_init (void)
2    {
3        aw_gpio_pin_cfg(PIO3_16, PIO3_16_I2C1_SCL |           // I²C1 的 SCL 引脚
4                                 AWBL_IMX28X_GPIO_3V3 |       // 3.3 V 引脚
5                                 AWBL_IMX28X_GPIO_12MA);      // 驱动能力 12 mA
6
7        aw_gpio_pin_cfg(PIO3_17, PIO3_17_I2C1_SDA |           // I²C1 的 SDA 引脚
8                                 AWBL_IMX28X_GPIO_3V3 |       // 3.3 V 引脚
9                                 AWBL_IMX28X_GPIO_12MA);      // 驱动能力 12 mA
10   };
```

其中，__imx28_i2c1_plfm_init 为实现的平台初始化函数，其可直接作为设备信息中 pfunc_plfm_init 的值。

基于上面对各个成员的描述，可以定义一个典型的设备信息，详见程序清单 12.6。

程序清单 12.6　I²C1 设备信息定义

```
1    aw_local aw_const struct awbl_imx28_i2c_devinfo    __g_imx28_i2c1_devinfo ={
2        {
3            IMX28_I2C1_BUSID,                  // 扩展出的 I²C 总线对应编号,默认为 1
4            AW_CFG_IMX28_I2C_BUS_SPEED,        // 控制器总线速度:默认为 200 kHz
5            AWBL_I2C_WAITFOREVER               // 超时时间:永久等待
6        },
7        IMX28X_I2C1_BASE_ADDR,                 // I²C1 外设基地址
8        INUM_I2C1_ERROR_IRQ,                   // I²C1 中断编号
9        24000000,                              // I²C1 输入时钟频率:24 MHz
10        __imx28_i2c1_plfm_init,               // 平台初始化函数
11   };
```

完成设备信息的定义后,其地址 &__g_imx28_i2c1_devinfo 即可作为设备描述中 p_devinfo 的值。

(2) PCF85063 设备信息定义范例

对于 PCF85063 设备,在其对应的驱动头文件 awbl_pcf85063.h 中定义了 PCF85063 的设备信息类型为 awbl_pcf85063_devinfo_t,其具体定义详见程序清单 12.7。

程序清单 12.7　PCF85063 设备信息类型定义(awbl_pcf85063.h)

```
1    typedef struct awbl_pcf85063_devinfo {
2        struct awbl_rtc_servinfo   rtc_servinfo;          // RTC 服务配置信息
3        uint8_t addr;                                     // 设备从机地址
4    } awbl_pcf85063_devinfo_t;
```

其中,rtc_servinfo 包含了 RTC 标准服务相关的信息,目前仅包含了 RTC 的编号,其类型定义详见程序清单 12.8。

程序清单 12.8　RTC 通用服务信息类型定义(awbl_rtc.h)

```
1    struct awbl_rtc_servinfo {
2        int rtc_id;                  // RTC ID
3    };
```

通过 RTC 通用接口的介绍可知,在使用通用接口操作 RTC 时,需要通过 rtc_id 指定使用的 RTC 设备,rtc_id 通常从 0 开始编号。rtc_servinfo 中的 rtc_id 即用于指定该设备对应的 ID 号,如果设置为 0,则用户在使用 RTC 通用接口时,将 rtc_id 参数设置为 0 即可操作到此处定义的硬件设备。

addr 为 PCF85063 的 7 位 I²C 从机地址,通过查看 PCF85063 的数据手册可知,PCF85063 的 7 位 I²C 从机地址为 0x51。

基于 rtc_id 和 addr 的值,可以完成 PCF85063 设备信息的定义,详见程序

清单 12.9。

程序清单 12.9　PCF85063 设备信息定义范例

```
1   aw_local aw_const struct awbl_pcf85063_devinfo __g_pcf85063_0_devinfo ={
2       {
3           0       // RTC 设备编号
4       },
5       0x51        // I²C 从机地址
6   };
```

完成设备信息的定义后，其地址 &__g_pcf85063_0_devinfo 即可作为设备描述中 p_devinfo 的值。

12.3.3　设备描述宏定义

在 g_awbl_devhcf_list[]数组中，每个元素都是以“AWBL_HWCONF_”作为前缀的一个宏。该宏本质上完成了一个设备描述的定义。

例如，对于 i. MX28x 的片上 I^2C1 设备，其对应的宏为 AWBL_HWCONF_IMX28_I2C0。基于前面介绍的设备描述中各个成员的值，可以完成该宏的定义，详见程序清单 12.10。

程序清单 12.10　I^2C1 设备描述宏定义

```
1   #define AWBL_HWCONF_IMX28_I2C1                          \
2       {                                                   \
3           AWBL_IMX28_I2C_NAME,                            \
4           0,                                              \
5           AWBL_BUSID_PLB,                                 \
6           0,                                              \
7           (struct awbl_dev * )&__g_imx28_i2c1_dev,        \
8           &(__g_imx28_i2c1_devinfo)                       \
9       },
```

对于 PCF85063 设备，其对应的宏为 AWBL_HWCONF_PCF8563_0，基于前面介绍的设备描述中各个成员的值，可以完成该宏的定义，详见程序清单 12.11。

程序清单 12.11　PCF85063 设备描述宏定义

```
1   #define AWBL_HWCONF_PCF85063_0                          \
2       {                                                   \
3           AWBL_PCF85063_NAME,                             \
4           0,                                              \
5           AWBL_BUSID_I2C,                                 \
6           IMX28_I2C1_BUSID,                               \
7           (struct awbl_dev * )&__g_pcf85063_0_dev,        \
8           &__g_pcf85063_0_devinfo                         \
9       },
```

通常情况下,为了保持 awbus_lite_hwconf_usrcfg.c 文件的简洁,将设备描述宏的定义(包括设备、设备信息的定义)单独存放到一个头文件中,I^2C1 设备描述宏定义相关的信息存放在 awbl_hwconf_imx28_i2c1.h 文件中,PCF85063 设备描述宏定义相关的信息存放在 awbl_hwconf_pcf85063_0.h 文件中。

这些文件已经在模板工程中提供,在硬件设备列表中,只需加入该宏即可,详见程序清单 12.1。通过设备的描述可知,I^2C1 设备挂在 PLB 上,PCF85063 设备挂在 I^2C1 总线上,设备描述与拓扑结构的关系如图 12.4 所示。

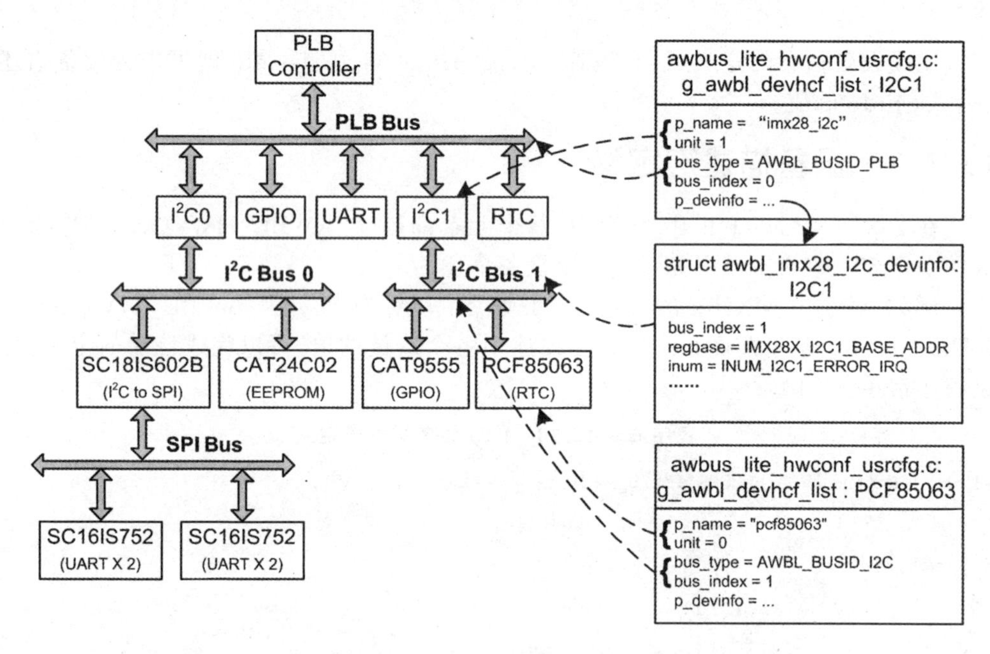

图 12.4 I^2C1 和 PCF85063 设备描述与拓扑结构的对应关系

12.3.4 设备的配置与裁剪

设备配置主要是基于工程模板中提供的配置文件,进行设备描述或设备信息的修改。用户若需修改硬件设备的配置,则只需找到该硬件设备相应的头文件,修改其中的相关信息即可。

例如,需要修改 PCF85063 的 rtc_id 为 1,仅需将程序清单 12.9 中的第 3 行修改为 1。若需调整设备在总线拓扑结构中的位置,一般来讲,一个设备的父总线类型是确定的,不会修改。如 PCF85063,其父总线类型必定为 AWBL_BUSID_I2C。调整设备在总线拓扑结构中的位置往往是修改父总线的编号,如要将 PCF85063 挂在 I^2C0 上,仅需将程序清单 12.11 中,第 6 行对应的父总线编号修改为 I^2C0 对应的总线编号,即 IMX28_I2C0_BUSID,

除简单的配置外,另外一种特殊的操作是裁剪,例如,用户不需要使用

PCF85063,则可以在硬件列表中删除该设备的描述宏:AWBL_HWCONF_PCF85063_0。为了便于用户裁剪,避免直接操作 g_awbl_devhcf_list[]数组,在 awbl_hwconf_pcf85063_0.h 文件中,使用了另外一个使能宏来控制 AWBL_HWCONF_PCF85063_0 宏的定义,详见程序清单 12.12。

程序清单 12.12 增加 PCF85063 设备使能宏(awbl_hwconf_pcf85063_0.h)

```
1     #ifdef AW_DEV_EXTEND_PCF85063_0
2     aw_local aw_const struct awbl_pcf85063_devinfo __g_pcf85063_0_devinfo ={
      // PCF85063 设备信息
3         {
4             0      // RTC 设备编号
5         },
6         0x51       // I2C 从机地址
7     };
8
9     aw_local struct awbl_pcf85063_dev __g_pcf85063_0_dev; // PCF85063 设备实例内
                                                          // 存静态分配
10
11    #define AWBL_HWCONF_PCF85063_0                        \
12        {                                                 \
13            AWBL_PCF85063_NAME,                           \
14            0,                                            \
15            AWBL_BUSID_I2C,                               \
16            IMX28_I2C1_BUSID,                             \
17            (struct awbl_dev *)&__g_pcf85063_0_dev,       \
18            &__g_pcf85063_0_devinfo                       \
19        },
20    #else
21    #define AWBL_HWCONF_PCF85063_0
22    #endif
```

程序中,增加了一个使能宏:AW_DEV_EXTEND_PCF85063_0。若该宏被有效定义,则 AWBL_HWCONF_PCF85063_0 宏的定义为完整的设备描述,此时,PCF85063 设备正常地加入到设备列表中;反之,若使能宏未被定义,则 AWBL_HWCONF_PCF85063_0 宏将是一个空的宏定义,同时,相关的设备实例、设备信息也不会被定义。此时,在设备列表中,将不存在 PCF85063 设备的描述,相当于裁剪掉了该设备。同理,可以新增一个 I^2C1 设备的使能宏,以便对 I^2C1 设备进行裁剪,详见程序清单 12.13。

程序清单 12.13　增加 I²C1 设备使能宏(awbl_hwconf_imx28_i2c1.h)

```
1   #ifdef AW_DEV_IMX28_I2C_1
2   aw_local void __imx28_i2c1_plfm_init (void)
3   {
4       aw_gpio_pin_cfg(PIO3_16, PIO3_16_I2C1_SCL |              // I²C1 的 SCL 引脚
5                                AWBL_IMX28X_GPIO_3V3 |          // 3.3 V 引脚
6                                AWBL_IMX28X_GPIO_12MA);         // 驱动能力 12 mA
7
8       aw_gpio_pin_cfg(PIO3_17, PIO3_17_I2C1_SDA |              // I²C1 的 SDA 引脚
9                                AWBL_IMX28X_GPIO_3V3 |          // 3.3 V 引脚
10                               AWBL_IMX28X_GPIO_12MA);         // 驱动能力 12 mA
11  };
12
13  aw_local aw_const struct awbl_imx28_i2c_devinfo   __g_imx28_i2c1_devinfo ={
14      {
15          IMX28_I2C1_BUSID,                   // 扩展出的 I²C 总线对应编号,默认为 1
16          AW_CFG_IMX28_I2C_BUS_SPEED,         // 控制器总线速度:默认为 200 kHz
17          AWBL_I2C_WAITFOREVER                // 超时时间:永久等待
18      },
19      IMX28X_I2C1_BASE_ADDR,                  // I²C1 外设基地址
20      INUM_I2C1_ERROR_IRQ,                    // I²C1 中断编号
21      24000000,                               // I²C1 输入时钟频率:24 MHz
22      __imx28_i2c1_plfm_init,                 // 平台初始化函数
23  };
24  #define AWBL_HWCONF_IMX28_I2C1                          \
25      {                                                   \
26          AWBL_IMX28_I2C_NAME,                            \
27          0,                                              \
28          AWBL_BUSID_PLB,                                 \
29          0,                                              \
30          (struct awbl_dev *)&__g_imx28_i2c1_dev,         \
31          &(__g_imx28_i2c1_devinfo)                       \
32      },
33
34  #else
35  #define AWBL_HWCONF_IMX28_I2C1
36  #endif
```

程序中,新增了 AW_DEV_IMX28_I2C_1 宏对 I²C1 设备是否使能进行控制。为便于查找,在 AWorks 中,类似的设备相关的使能宏均在模板工程下的 aw_prj_params.h 文件中进行统一的定义,详见程序清单 12.14。

程序清单 12.14 设备使能宏定义(aw_prj_params.h)

```
1    #define AW_DEV_EXTEND_PCF85063_0
2    #define AW_DEV_IMX28_I2C_1
```

若其中的某一个宏被用户注释掉了,则对应的设备就会被裁剪。通过查看 aw_prj_params.h 文件,用户可以了解哪些设备被使能了,哪些设备被禁能了,并根据需要,灵活的调整。例如,不再使用 PCF85063,则可以注释掉该宏,详见程序清单 12.15。

程序清单 12.15 设备裁剪范例(aw_prj_params.h)

```
1    // #define AW_DEV_EXTEND_PCF85063_0
2    #define AW_DEV_IMX28_I2C_1
```

值得注意的是,部分特殊的片上外设,例如,GPIO、中断控制器等,系统必须使用,不能被裁剪,此时,将不会在相应的配置文件中增加额外的使能宏。

12.3.5 注册设备驱动

在描述一个设备时,通过设备名指定了该设备对应的驱动,要使设备正常工作,系统中必须存在设备对应的驱动。AWorks 作为一个完备的软件平台,支持众多的芯片和外围器件,提供了许多的设备驱动,随着 AWorks 的进一步发展,提供的驱动还会越来越多。

显然,为了节省系统资源,并不能将所有驱动都加载到系统中,而应该只将使用到的驱动加载到系统中,驱动的加载在 aw_prj_config.c 文件中的 awbl_group_init()函数中完成,该函数在系统启动时被自动调用。

每个驱动都提供了一个驱动注册函数,要使用该驱动,则应在 awbl_group_init()函数中调用驱动提供的注册函数。例如,对于 PCF85063 设备驱动,其提供的驱动注册函数在驱动头文件 awbl_pcf85063.h 中声明,即

```
void awbl_pcf85063_drv_register (void);
```

如需使用 PCF85063,则应将该驱动加载到系统中,即

```
static void awbl_group_init( void )
{
    //其他设备驱动注册
    awbl_pcf85063_drv_register();              // 注册 PCF85063 设备驱动
}
```

一般来讲,新增的驱动都添加到函数尾部。同理,为了便于裁剪,不直接修改 aw_prj_config.c 文件,往往使用一个宏对是否注册相应驱动进行控制,只有当宏使能时,才进行相应的驱动注册,详见程序清单 12.16。

程序清单 12.16 通过宏控制驱动是否注册的原理

```
1  static void awbl_group_init( void )
2  {
3      // 其他设备驱动注册
4      #ifdef AW_DRV_AWBL_EXTEND_PCF85063_0
5          awbl_pcf85063_drv_register();
6      #endif
7  }
```

程序中,若定义了 AW_DRV_EXTEND_PCF85063_0 宏,则会调用驱动注册函数将驱动注册到系统之中;否则,驱动将不会被注册,相应的驱动代码就得到了裁剪。

为便于管理,在 AWorks 中,类似的驱动相关的使能宏均在模板工程下的 aw_prj_params.h 文件中进行统一的定义,例如:

```
#define AW_DRV_AWBL_EXTEND_PCF85063_0
```

实际中,只要使用 PCF85063 设备,就必须将 PCF85063 的设备驱动注册到系统之中,为了确保这一关系,在模板工程中,做了一个简单的自动定义操作,在设备和设备驱动的使能宏之间进行了恰当的关联,即

```
#ifdef AW_DEV_EXTEND_PCF85063_0
#define AW_DRV_AWBL_EXTEND_PCF85063_0
#endif
```

由此可见,只要 PCF85063 设备被使能,AW_DRV_AWBL_EXTEND_PCF85063_0 宏将被自动定义,使相应的驱动也随之注册到系统之中。

这里仅仅是简单地展示了设备驱动加载的原理,帮助用户更深入地理解 AWBus-lite。实际中,模板工程已经对此进行了恰当的处理,当一个设备被使能后,其相应的驱动会被一并使能,用户只需要控制设备的使能/禁能即可。

12.3.6 硬件设备的父总线设备

对于 PCF85063,其父总线类型为:AWBL_BUSID_I2C,即 PCF85063 挂在某一 I^2C 总线上,显然,I^2C 总线需要由 I^2C 总线控制器设备产生,比如在 i.MX28x 中,片上外设 I^2C0 和 I^2C1 均可以产生 I^2C 总线。

这也就意味着,要使用 PCF85063 设备,除使能 PCF85063 设备本身外,还必须使能其父总线对应的设备。如在 i.MX28x 中,I^2C0 和 I^2C1 设备对应的使能宏在 aw_prj_params.h 文件中定义为:

```
#define AW_DEV_IMX28_I2C_0                // iMX28 I²C0
#define AW_DEV_IMX28_I2C_1                // iMX28 I²C1
```

基于此,若 PCF85063 挂在 I^2C0 上,则必须使能 AW_DEV_IMX28_I2C_0 宏。

若挂在 I²C1 上，则必须使能 AW_DEV_IMX28_I2C_1 宏。

在 i.MX28x 中，I²C 设备又挂在 PLB 总线上，PLB 总线作为 CPU 本地总线，不需要额外使能，始终有效。特别地，若父总线设备又挂在另外一条总线上，而不是 PLB 总线上，则相应的父总线设备对应的控制器同样需要使能，以此类推，确保所有父总线设备均被使能。

例如，在程序清单 12.1(b)所示的结构图中，若需要使用 SC16IS752 设备，则必须使能 SC16IS752 设备的父总线设备：SC18IS602B 设备，同时，还需使能 SC18IS602B 设备的父总线设备：I²C0 设备。

12.4 访问设备

若系统硬件资源定义正确，并且所需的驱动也注册到了系统中，则可以通过 AWorks 定义的通用接口访问这些硬件设备。

12.4.1 通用接口

AWorks 为每一类设备都定义了一套精简强大的通用接口，不同的平台、不同的硬件，只要是通用接口支持的类型，都可以使用通用接口进行访问。例如，使用 RTC 通用接口访问 RTC 设备，使用 GPIO 通用接口访问 GPIO 设备，使用 LED 通用接口访问 LED。

无论硬件设备挂在何种总线上，处在 AWbus-lite 拓扑结构中的何种位置，对同一类硬件设备，均可使用相同的接口对它们进行访问。例如，在一个基于 i.MX28x 的系统中，使用了两个 RTC 设备：i.MX28x 片上 RTC 外设，外围器件 PCF85063。它们的编号分别为 0、1，使用通用接口对它们进行访问的示意图如图 12.5 所示。

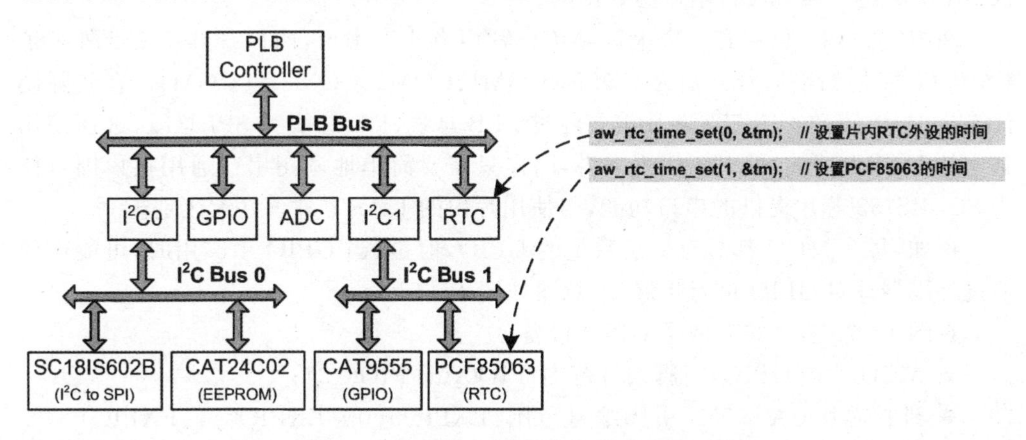

图 12.5 使用 RTC 通用接口访问 RTC 设备

由此可见，尽管它们处于不同的总线上，但却可以使用相同的接口进行操作。对

应用程序来说,硬件设备的具体位置并不会对应用程序产生任何影响。这就将硬件底层和应用层进行了很好的隔离,后续即使将 PCF85063 更换为其他 RTC 器件(例如,RX8025T、DS1302 等),应用程序也不需要做任何改动。

再以串口为例,查看一种更加复杂的拓扑结构,示意图如图 12.6 所示。

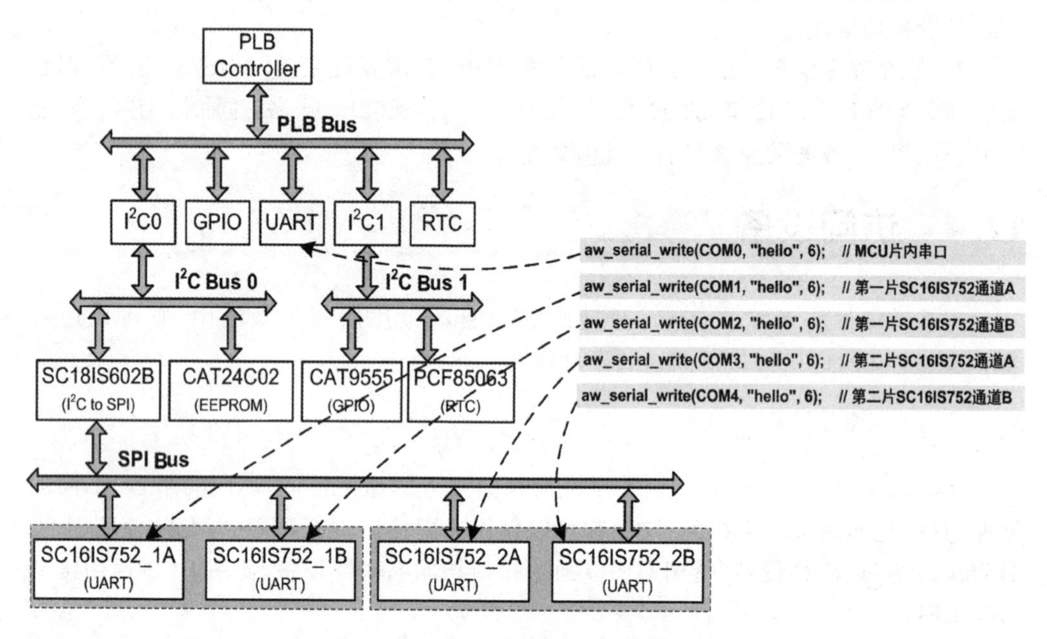

图 12.6 使用 RTC 通用接口访问 RTC 设备

在图 12.6 中,SC16IS752 是一种 SPI 转两路 UART 芯片。这里仅作为访问 UART 设备的一种示例,以便于用户理解,用户无需深入了解这款芯片,仅需知道 SC16IS752 是一种 SPI 转串口芯片即可。

在图 12.6 中,总共有 5 个串口:MCU 片内有 1 个串口,两片 SC16IS752 外扩了 4 个串口,它们的串口号分别为 COM0、COM1、COM2、COM3 和 COM4。在实际硬件连接中,访问 SC16IS752 芯片需要经过 PLB 总线、I²C 总线和 SPI 总线,进而使用其中的 UART 功能,但对于用户来讲,同样只需要简单地调用串行通用接口即可使用 SC16IS752 芯片提供的串口功能,与使用片内的 UART 外设并无区别。

再如,每个 MCU 都具有一定数量的 GPIO,但是,当 GPIO 不够用时,可能需要通过外围器件对 GPIO 进行扩展,示意图如图 12.7 所示。

在图 12.7 中,总共有两个 GPIO 设备:

- MCU 片内 GPIO,引脚编号范围:PIO0_0～PIO6_24;
- 外扩芯片 CAT9555,引脚编号范围:EXPIO0_0～EXPIO0_7、EXPIO1_0～EXPIO1_7。

它们同样可以使用相同的接口进行访问。

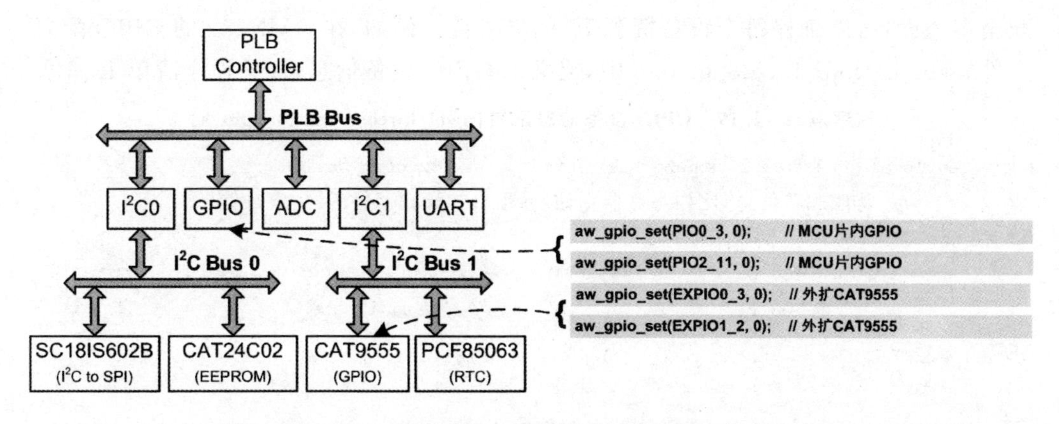

图 12.7　使用 GPIO 通用接口访问 GPIO 设备

12.4.2　资源 ID

在前面的例子中,一个系统中可能存在多个同类设备,它们之间使用"资源 ID"进行区分,通用接口则使用"资源 ID"指定要访问的设备。

通常情况下,"资源 ID"为 int 类型的整数,并从 0 开始顺序编号。为了便于管理以及增强程序的可读性,通常将这些资源 ID 定义为宏,通过宏名体现其真实的含义。例如,在 i. MX28x 的 I²C0 配置文件 awbl_hwconf_imx28_i2c0. h 中,定义了 I²C0 设备的设备信息,详见程序清单 12.17。

程序清单 12.17　I²C0 设备信息配置(awbl_hwconf_imx28_i2c0. h)

```
1    aw_local aw_const struct awbl_imx28_i2c_devinfo    __g_imx28_i2c0_devinfo ={
2        {
3            IMX28_I2C0_BUSID,                          // I²C0 总线编号
4            // …… 其他 I²C 总线相关信息,比如 I²C 速度等
5        },
6        // 其他配置信息,比如寄存器基地址、中断号等
7    };
```

在设备信息中,IMX28_I2C0_BUSID 即为 I²C0 总线的 ID 宏,默认情况下,该宏在 aw_prj_param. h 文件中定义为 0,详见程序清单 12.18。

程序清单 12.18　I²C0 设备对应的资源 ID 宏定义(aw_prj_param. h)

```
1    #define IMX28_I2C0_BUSID         0
```

后续要修改 I²C0 的 ID,仅需修改该宏的值即可。

需要注意的是,"资源 ID"的类型并不局限于 int 类型,只要用于区分同种类型下的多个设备,都可以视为一种"资源 ID",可以是指针类型、字符串类型等。

在同一个系统中,某类设备的资源 ID 必须统一分配,某一资源 ID 不能被重复分

配至多个设备，以确保每个设备资源 ID 的唯一性。例如，在 i. MX28x 的 GPIO 配置文件 awbl_hwconf_imx28_gpio. h 中，定义了 GPIO 设备信息，详见程序清单 12.19。

程序清单 12.19　GPIO 设备信息配置(awbl_hwconf_imx28_gpio. h)

```
1    aw_local struct awbl_imx28x_gpio_info __g_imx28x_gpio_devinfo ={
2        // 其他配置信息，比如寄存器基地址，平台初始化函数等
3        {
4                PIO0_0,                        // 起始编号
5                PIO6_24                        // 结束编号
6        },
7    };
```

其中，PIO0_0～PIO6_24 为 GPIO 资源 ID 宏，它们的定义详见程序清单 12.20。

程序清单 12.20　GPIO 设备资源 ID 宏定义(imx28x_pin. h)

```
1    #define PIO0_0            ( 0 )
2
3    #define PIO6_0            ( 192 )
4    #define PIO6_24           ( PIO6_0 + 24 )
```

由此可见，PIO0_0 的值为 0，PIO6_24 的值为 216，因此，i. MX28x 的片上 GPIO 占用的资源 ID 范围为：0～216。此时，若使用扩展芯片(比如：CAT9555)对 GPIO 进行了扩展，则为扩展芯片分配的资源 ID 范围就必须大于 216(不含)，以避免范围重叠。

第13章

深入理解 AWBus - lite

本章导读

在基于 AWBus - lite 总线拓扑结构的设备管理框架中，无论一个设备处于 AWBus - lite 总线拓扑结构中的哪个位置，只要其能够提供某种标准服务，就可以使用相应的通用接口对其进行访问。那么，这究竟是怎样实现的呢？本章将继续深入探讨 AWBus - lite，为您揭开 AWBus - lite 的神秘面纱，使您对 AWBus - lite 有更加深入的了解。在了解了这些知识后，您就能独立开发一些设备的驱动，当后续遇到一些 AWorks 暂不支持的设备时，可以自行开发相应设备的驱动。

13.1 通用接口的定义

合理的接口应该是简洁的、易阅读的、职责明确的，为了便于维护，通用接口由 ZLG 统一定义，用户通常不需要自行定义通用接口。目前，常用的功能都已经被标准化，定义了相应的通用接口。

作为一种了解，下面以 LED 为例，从接口的命名、参数和返回值三个方面阐述在 AWorks 中定义接口的一般方法。

13.1.1 接口命名

在 AWorks 中，所有通用接口均以“aw_”开头，紧接着是操作对象的名字，对于 LED 控制接口来说，所有接口都应该以“aw_led_”作为前缀。

在接口的前缀定义好之后，应该考虑需要定义哪些功能性接口，然后根据功能完善接口名。对于 LED 来说，核心的操作是控制 LED 的状态，点亮或熄灭 LED，为此，可以定义一个设置(set)LED 状态的函数，比如“aw_led_set”。

使用该接口可以设置 LED 的状态，显然，为了区分是点亮还是熄灭 LED，需要通过一个额外的参数来指定具体的操作。

每次开灯或关灯都需要传递额外的参数给 aw_led_set()接口，显得比较烦琐。为了简化操作，可以为常用的开灯和关灯操作定义专用的接口，这样就不需要额外的参数来对开灯和关灯操作进行具体的区分了。比如，使用 on 和 off 分别表示开灯和关灯，则可以定义开灯的接口名为“aw_led_on”，关灯的接口名为“aw_led_off”。

在一些特殊的应用场合中，比如，LED 闪烁，用户可能并不关心具体的操作是开灯还是关灯，它只需要 LED 的状态发生翻转。此时，可以定义一个用于翻转(toggle) LED 状态的专用接口，比如“aw_led_toggle”。

13.1.2 接口参数

在 AWorks 中，通用接口的第一个参数往往用于表示要操作的具体对象。显然，在一个系统中，可能存在多个 LED，为了区分各个 LED，可以为每个 LED 分配一个唯一编号，即 ID 号。ID 号是一个从 0 开始的整数，例如，系统中有两个 LED，则编号分别为 0、1。基于此，为了指定要操作的具体 LED，通用接口的第一个参数可以设定为 int 类型的 id。

对于 aw_led_set 接口，其除了使用 id 确定需要控制的 LED 外，还需要使用一个参数来区分是点亮 LED 还是熄灭 LED，这是一个二选一的操作，对应参数的类型可以使用布尔类型：aw_bool_t。当值为真(AW_TRUE)时，点亮 LED；当值为假(AW_FALSE)时，熄灭 LED。基于此，可以定义 aw_led_set()接口的原型为(还未定义返回值)：

```
aw_led_set (int id, aw_bool_t on);
```

对于 aw_led_on、aw_led_off 和 aw_led_toggle 接口来说，它们的职责单一，只需要指定控制的 LED，即可完成点亮、熄灭或翻转操作，无需其他额外的参数。对于这类接口，参数只需要 id，这些接口的原型可以定义如下(还未定义返回值)：

```
aw_led_on(int id);
aw_led_off(int id);
aw_led_toggle(int id);
```

13.1.3 返回值

对于用户来说，调用通用接口后，应该可以获取到本次执行的结果，是执行成功还是执行失败，或是一些其他的有用信息。比如，在调用接口时，如果指定的 id 超过了有效范围，由于没有与无效 id 对应的 LED 设备，那么操作必定会失败，此时必须通过返回值告知用户操作失败，且操作失败的原因是 id 不在有效范围内，无与之对应的 LED 设备。

在 AWorks 中，接口通常返回一个 aw_err_t 类型的返回值来表示接口执行的结果，返回值的含义已被标准化：若返回值为 AW_OK，则表示操作成功；若返回值为负数，则表示操作失败，此时，用户可根据具体的返回值，查找 aw_errno.h 文件中定义的宏，根据宏的含义确定失败的原因；若返回值为正数，则其含义与具体接口相关，由具体接口定义，无特殊说明表示不会返回正数。AW_OK 是在 aw_common.h 文件中定义的宏，其定义如下：

```
#define AW_OK   0
```

错误号在 aw_errno.h 文件中定义，几个常见错误号的定义如表 6.2 所列。比如，在调用 LED 通用接口时，若 id 不在有效范围内，则该 id 没有对应的 LED 设备，此时接口应该返回－AW_ENODEV。**注意**：AW_ENODEV 的前面有一个负号，以表示负值。

基于此，将所有 LED 通用接口的返回值类型定义为 aw_err_t，LED 控制接口的完整定义如表 13.1 所列，其对应的类图如图 13.1 所示。

表 13.1 LED 通用接口(aw_led.h)

函数原型	功能简介
aw_err_t aw_led_set(int id,aw_bool_t on);	设置 LED 的状态
aw_err_t aw_led_on(int id);	点亮 LED
aw_err_t aw_led_off(int id);	熄灭 LED
aw_err_t aw_led_toggle(int id);	翻转 LED 的状态

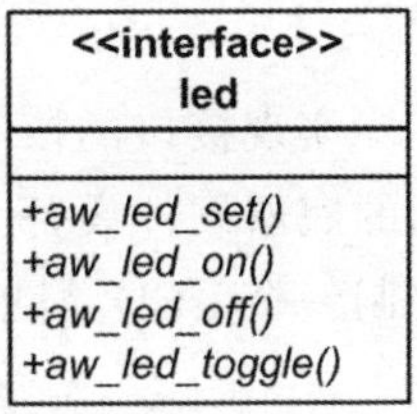

<<interface>> led
+aw_led_set() +aw_led_on() +aw_led_off() +aw_led_toggle()

图 13.1 LED 接口类图

这些接口都已经在 aw_led.h 文件中完成了定义，无需用户再自行定义。上述从接口命名、接口参数和返回值三个方面详细阐述了一套接口定义的方法，旨在让用户了解接口的由来，加深对接口的理解。实际中，定义接口并不是一件容易的事情，需要尽可能考虑到所有的情况，接口作为与用户交互的途径，一旦定义完成，如非必要，都应该避免再对接口进行修改。否则，所有依赖于该接口的应用程序都将受到影响。因此，当前并不建议用户自定义通用接口，通用接口的定义应由 ZLG 统一规划、定义、维护和管理。

13.2 接口的实现

作为一种范例，下面以实现 LED 接口为例，详细介绍 AWorks 中实现接口的一般方法。

13.2.1 实现接口初探

在 AWorks 中，硬件设备和驱动统一由 AWBus - lite 进行管理，因此，对于 LED 这一类硬件设备，其实现是属于 AWBus - lite 的一部分。LED 有 4 个通用接口函数，其中的 aw_led_on()和 aw_led_off()接口可以直接基于 aw_led_set()接口实现，详见程序清单 13.1。

程序清单13.1　aw_led_on()和aw_led_off()接口的实现

```
1    aw_err_t    aw_led_on (int id)
2    {
3        return  aw_led_set(id, AW_TRUE);
4    }
5
6    aw_err_t    aw_led_off (int id)
7    {
8        return  aw_led_set(id, AW_FALSE);
9    }
```

实现接口的核心是实现aw_led_set()和aw_led_toggle()这两个接口。对于不同的底层硬件设备,LED实际控制方式是不同的,比如,最常见的,通过GPIO直接控制一个LED,简单范例详见程序清单13.2。

程序清单13.2　aw_led_set()的实现(GPIO控制LED)

```
1    static const int g_led_pins[] ={PIO2_6, PIO2_5};
2    int aw_led_set  (int id, aw_bool_t on)
3    {
4        if (id >= sizeof(g_led_pins) / sizeof(g_led_pins[0])) {
5            return -AW_ENODEV;                        // 无此ID对应的LED
6        }
7        aw_gpio_set(g_led_pins[id], ! on);        // 假定GPIO输出低电平点亮LED
8        return AW_OK;
9    }
```

另外,也有可能是通过串口控制一个LED设备。例如,通过发送字符串命令控制LED的状态,命令格式为:set <id> <on>,其中,id为LED编号,on为设置LED的状态,要点亮LED0,则发送字符串:"set 0 1"。这种情况下,aw_led_set()的实现范例详见程序清单13.3。

程序清单13.3　aw_led_set()的实现(UART控制LED)

```
1    int aw_led_set  (int id, aw_bool_t on)
2    {
3        char       buf[15];
4        aw_snprintf(buf, 15, "set %d %d", id, on);
5        aw_serial_write(COM1, buf, strlen(buf));
6        return AW_OK;
7    }
```

总之,底层硬件设备是多种多样的,不同类型的LED设备对应的控制方式也会不同。定义通用接口的目的在于屏蔽底层硬件的差异性,即无论底层硬件如何变化,用户都可以使用通用接口控制 LED。显然，如果直接类似程序清单 13.2 和程序清单 13.3 这样实现一个通用接口，那么随着 LED 设备种类的增加，同一个接口的实现代码将有很多不同的版本。

在一个应用程序中，一个接口不能同时具有多种不同的实现，因此，这样的做法有着非常明显的缺点：多个不同种类的 LED 设备不能在一个应用中共存，更换硬件设备，就必须更换通用接口的实现，使用何种设备就加入相应设备的控制代码进行编译。例如，系统中有几个直接通过 GPIO 控制的 LED，同时也存在几个通过 UART 控制的 LED，那么，类似程序清单 13.2 和程序清单 13.3 这样直接实现通用接口的方法，就无法组织代码了，因为不可能同时将程序清单 13.2 和程序清单 13.3 所示的代码加入工程编译。显然，需要更好的办法来解决这个问题。

13.2.2 LED 抽象方法

在使用几种控制方式不同的 LED 硬件设备时，虽然它们对应的 aw_led_set()和 aw_led_toggle()接口的具体实现方法并不相同，但它们要实现的功能却是一样的，这是它们的共性：都要实现设置 LED 状态和翻转 LED 状态的功能。由于一个接口的实现代码只能有一份，因此，这些功能的实现不能直接作为通用接口的实现代码。为此，可以在通用接口和具体实现之间增加一个抽象层，以对共性进行抽象，将两种功能的实现抽象为如下两种方法：

```
aw_err_t (*pfn_led_set) (void *p_cookie, int id, aw_bool_t on);
aw_err_t (*pfn_led_toggle) (void *p_cookie, int id);
```

相对于通用接口来说，抽象方法多了一个 p_cookie 参数。在面向对象的编程语言中(如 C++)，对象中的方法都能通过隐式指针 p_this 访问对象自身，引用自身的一些私有数据。而在 C 语言中则需要显式的声明，这里的 p_cookie 就有类似的作用，当前设置为 void * 类型主要是由于具体对象的类型还并不确定。

为了节省内存空间，同时方便管理，可以将所有抽象方法放在一个结构体中，形成一张虚函数表，比如：

```
struct awbl_led_servfuncs {
    aw_err_t (*pfn_led_set)   (void *p_cookie, int id, bool_t on);
    aw_err_t (*pfn_led_toggle)(void *p_cookie, int id);
};
```

由于 LED 的实现属于 AWBus - lite 的一部分，因此，命名使用“awbl_”作为前缀。这里定义了一个虚函数表，包含了两种方法，分别用于设置 LED 的状态和翻转 LED。针对不同的硬件设备，都可以根据自身特性实现这两种方法。GPIO 控制 LED 的伪代码详见程序清单 13.4，UART 控制 LED 的伪代码详见程序清单 13.5。

程序清单 13.4　抽象方法的实现(GPIO 控制 LED)

```
1    static int __led_gpio_set (void * p_cookie, int id, aw_bool_t  on)
2    {
3        // 设置 LED 的状态,aw_gpio_set()
4        return AW_OK;
5    }
6
7    static int __led_gpio_toggle (void * p_cookie, int id)
8    {
9        // 翻转 LED, aw_gpio_toggle()
10        return AW_OK;
11    }
12    static const struct awbl_led_servfuncs __g_led_gpio_drv_funcs ={
13        __led_gpio_set,
14        __led_gpio_toggle
15    };
```

程序清单 13.5　抽象方法的实现(UART 控制 LED)

```
1    static int __led_uart_set (void * p_cookie, int id, aw_bool_t on)
2    {
3        // 发送相应命令,设置 LED 的状态
4        return AW_OK;
5    }
6
7    static int __led_uart_toggle (void * p_cookie, int id)
8    {
9        // 发送相应命令,翻转 LED 的状态
10        return AW_OK;
11    }
12
13    static const struct awbl_led_servfuncs __g_led_uart_drv_funcs ={
14        __led_uart_set,
15        __led_uart_toggle
16    };
```

显然,__g_led_gpio_drv_funcs 和__g_led_uart_drv_funcs 分别是使用 GPIO 和 UART 控制 LED 的具体实现,它们在形式上是两个不同的结构体常量,但在同一系统中是可以共存的。

13.2.3　抽象的 LED 服务

当对不同的 LED 硬件设备抽象了相同的 pfn_led_set 和 pfn_led_toggle 方法

后，在通用接口 aw_led_set()和 aw_led_toggle()的实现中，就无需再处理与硬件相关的具体事务，只需要找到相应设备提供的相应方法，然后调用这些具体硬件设备提供的方法即可。

在调用设备提供的方法时，由于方法的第一个参数为 p_cookie，p_cookie 代表了具体的设备对象，所以调用方法时，需要传递一个 p_cookie 给下层，用于在具体实现时，访问设备对象中的具体成员，起到“p_this”的作用。由于在 aw_led_set()接口的实现中，并不需要直接操作具体设备，因此，无需知道 p_cookie 的具体类型，仅需起到一个传递的作用：在调用相应的方法时，传递给下层驱动使用。

既然要传递 p_cookie，那么，必然要获得一个 p_cookie 并保存下来，显然，p_cookie 代表了具体设备，只能由具体设备提供，同时，抽象方法也是由具体设备提供的，为此，可以将抽象方法和 p_cookie 定义在一起，形成一个新的类型，以便在具体设备提供的抽象方法的实现时，将 p_cookie 一并提供，即

```
struct awbl_led_service {
    const struct awbl_led_servfuncs *p_servfuncs;          // 设备的驱动函数
    void                            *p_cookie;             // 驱动函数的 p_cookie 参数
};
```

为了便于描述，将其称为“LED 服务”。它包含了由驱动实现的抽象方法和传递给驱动函数的 p_cookie。其中，p_servfuncs 为指向驱动虚函数表的指针，如指向 __g_led_gpio_drv_funcs 或 __g_led_uart_drv_funcs；p_cookie 为指向具体设备的指针，即传递给驱动函数的第一个参数。此时，在 aw_led_set()接口的实现中，无需再完成底层硬件相关的操作，仅需调用 LED 服务中包含的 pfn_led_set 方法即可，其范例程序详见程序清单 13.6。

程序清单 13.6　aw_led_set()实现(1)

```
1     struct awbl_led_service  *__gp_led_serv;
2     int aw_led_set (int id, aw_bool_t on)
3     {
4         struct awbl_led_service *p_serv = __gp_led_serv;
5         if (p_serv == NULL) {
6             return -AW_ENODEV;
7         }
8         if (p_serv->p_servfuncs->pfn_led_set) {
9             return p_serv->p_servfuncs->pfn_led_set(p_serv->p_cookie, id, on);
10        }
11        return -AW_ENOTSUP;
12    }
```

程序中，使用了一个全局变量__gp_led_serv 指向当前一个有效的 LED 服务，显然，其只有在赋值后才能使用，暂不考虑其如何赋值，仅用以展示 pfn_led_set 方法的

调用形式。

实际中,具体的 LED 设备往往不只一个。比如,使用 GPIO 控制的 LED 设备和使用 UART 控制的 LED 设备,它们都可以向系统提供 LED 服务,这就需要系统具有管理多个 LED 服务的能力。由于 LED 设备的数目无法确定,可能动态变化,因此,选用单向链表进行动态管理。为此,在 struct awbl_led_service 中增加一个 p_next 成员,用于指向下一个 LED 服务,即

```
struct awbl_led_service {
struct awbl_led_service                    * p_next;          // 指向下一个 LED 服务
    const struct awbl_led_servfuncs  * p_servfuncs;   // 设备的驱动函数
    void                                   * p_cookie;        // 驱动函数的 p_cookie 参数
};
```

此时,系统中的多个 LED 服务使用链表的形式进行管理。那么,在通用接口的实现中,如何确定具体该使用哪个 LED 服务呢?在定义通用接口时,使用了 ID 号区分不同的 LED,ID 号是唯一的,显然,某一 ID 的 LED 必然属于某一确定的硬件设备,若一个硬件设备在提供 LED 服务时,包含了该硬件设备中所有 LED 的 ID 号信息,那么,在通用接口的实现中,就可以根据 ID 找到对应的 LED 服务,然后使用驱动中提供的方法完成 LED 的操作。为此,可以在 LED 服务中再增加一个 ID 信息,以表示对应硬件设备中所有 LED 的 ID 号。

在一个 LED 硬件设备中,可能包含多个 LED,例如,MiniPort - LED 扩展板,包含了 8 个 LED,但一般来讲,一个 LED 硬件设备中所有 LED 的编号是连续分配的。基于此,仅需知道一个硬件设备中 LED 的起始编号和结束编号,就可以获得该硬件设备中所有 LED 对应的编号,例如,一个硬件设备中 LED 的起始编号为 2,结束编号为 9,则表示在该硬件设备中,各个 LED 的编号分别为:2、3、4、5、6、7、8、9,共 8 个 LED。为此,可以定义一个 LED 服务信息结构体类型,专门用于提供 LED 服务相关的信息,例如:

```
struct awbl_led_servinfo {
    int start_id;                    // 本 LED 服务的起始 LED 编号
    int end_id;                      // 本 LED 服务的结束 LED 编号
};
```

由此可见,在 LED 服务信息中,当前仅包含起始编号和结束编号两个信息。LED 服务信息是与具体设备相关的,因此,可以在 LED 服务中新增一个指向 LED 服务信息的指针,以便具体设备在提供 p_cookie 和抽象方法的实现时,将设备支持的 LED 编号信息一并提供。LED 服务的完整定义详见程序清单 13.7。

程序清单 13.7 完整的 LED 服务类型定义(awbl_led.h)

```
1    struct awbl_led_service {
2        struct awbl_led_service           * p_next;       // 指向下一个 LED 服务
3        const struct awbl_led_servinfo    * p_servinfo;   //  LED 服务信息
4        const struct awbl_led_servfuncs   * p_servfuncs;  // 设备的驱动函数
5        void                              * p_cookie;     // 驱动函数的 p_cookie 参数
6    };
```

由于在 LED 服务中新增了 LED 编号信息,所以在通用接口的实现中,就可以根据设备提供的 LED 编号信息,找到 id 对应的 LED 服务。基于此,aw_led_set()函数的实现详见程序清单 13.8。

程序清单 13.8 aw_led_set()实现(2)

```
1    int aw_led_set (int id, aw_bool_t on)
2    {
3        struct awbl_led_service * p_serv = __led_id_to_serv(id);
                                                  // 获取该 ID 对应的 LED 服务
4        if (p_serv == NULL) {
5            return - ENODEV;
6        }
7        if (p_serv ->p_servfuncs ->pfn_led_set) {
8            return p_serv ->p_servfuncs ->pfn_led_set(p_serv ->p_cookie, id, on);
9        }
10       return - AW_ENOTSUP;
11   }
```

程序中,调用了__led_id_to_serv()函数以获取 ID 号对应的 LED 服务。__led_id_to_serv()函数通过遍历 LED 服务链表,将 id 与各个 LED 服务中的 ID 信息进行对比,直到找到 id 对应的 LED 服务(即 id 处于该 LED 服务的起始编号和结束编号之间),具体实现范例详见程序清单 13.9。

程序清单 13.9 获取 ID 号对应的 LED 服务

```
1    aw_local struct awbl_led_service * __gp_led_serv_head = NULL;
2    aw_local struct awbl_led_service * __led_id_to_serv (int id)
3    {
4        struct awbl_led_service * p_serv_cur = __gp_led_serv_head;
5        while (p_serv_cur != NULL) {
```

```
6            if ((id >= p_serv_cur->p_servinfo->start_id) && (id <= p_serv_cur->
                 p_servinfo->end_id)) {
7                return p_serv_cur;           // 找到 id 对应的 LED 服务,返回该 LED 服务
8            }
9            p_serv_cur = p_serv_cur->p_next;
10       }
11       return NULL;                         // 未找到 id 对应的 LED 服务,返回 NULL
12   }
```

其中,__gp_led_serv_head 是一个模块内部使用的全局变量,初始值为 NULL,表示初始时系统中无任何有效的 LED 服务。同理,可实现 aw_led_toggle()接口,详见程序清单 13.10。

程序清单 13.10 aw_led_toggle()实现

```
1    int aw_led_toggle (int id)
2    {
3        struct awbl_led_service *p_serv = __led_id_to_serv(id);
                                                          // 获取该 ID 对应的 LED 服务
4        if (p_serv == NULL) {
5            return -ENODEV;
6        }
7        if (p_serv->p_servfuncs->pfn_led_toggle) {
8            return p_serv->p_servfuncs->pfn_led_toggle(p_serv->p_cookie, id);
9        }
10       return -AW_ENOTSUP;
11   }
```

至此,实现了所有通用接口。显然,由于当前并不存在任何有效的 LED 服务,因此,__gp_led_serv_head 的值为 NULL,致使__led_id_to_serv()的返回值为 NULL,最终导致通用接口的返回值始终为－AM_ENODEV。

13.2.4 Method 机制

为了使通用接口能够操作具体有效的 LED,必须通过某种方法,将当前系统中所有 LED 设备提供的 LED 服务加入到以__gp_led_serv_head 为头的 LED 服务链表中。

AWBus-lite 提供了一种特殊的"Method 机制",它是一种系统上层和硬件底层相互"交流"的一种方式,可用于系统发现各个硬件设备提供的服务。AWBus-lite 提供了 Method 相关的宏,如表 13.2 所示。

表 13.2　Method 相关的宏(awbus_lite.h)

宏原型	功能简介
AWBL_METHOD_DEF(method, string)	定义一个 Method 类型
AWBL_METHOD(name, handler)	定义一个具体的 Method 对象
AWBL_METHOD_END	Method 对象列表结束标记
AWBL_METHOD_IMPORT(name)	导入(声明)一个在外部定义的 Method 类型
AWBL_METHOD_CALL(method)	得到一个已定义的 Method 类型的 ID

1. 定义一个 Method 类型

AWBL_METHOD_DEF()用于定义一个 Method 类型,其原型为:

```
AWBL_METHOD_DEF(method, string)
```

其中,method 为定义的 Method 类型名;string 为一个描述字符串,描述字符串仅在定义时对 method 类型进行描述,可以是任意字符串,其他地方不会被使用到。

Method 类型具有唯一性,不可定义两个相同的 Method 类型。Method 类型可以看作一个“唯一标识”,用于标记某一类操作,在底层驱动的实现中,凡是能够完成该类操作的设备,都可以使用该“唯一标识”标记一个入口函数,该入口函数即用于完成相应的操作,这样一来,系统就可以通过该“唯一标识”查找所有被标记的入口函数,并依次调用它们,完成某种特定功能。例如,对于 LED,为了获取当前系统中所有设备提供的 LED 服务,可以定义一个获取 LED 服务的 Method 类型,范例程序详见程序清单 13.11。

程序清单 13.11　定义 Method 类型范例程序

```
AWBL_METHOD_DEF(awbl_ledserv_get, "awbl_ledserv_get");
```

这样就定义了一个名为 awbl_ledserv_get 的 Method 类型,该 Method 类型即表示了一类操作:获取 LED 服务。后续在底层设备驱动的实现中,只要一个设备能够提供 LED 服务,则表示系统可以从中获取到一个 LED 服务,此时,该驱动就可以提供一个入口函数,用于获取 LED 服务,并使用该 Method 类型对入口函数进行标记。这样,在系统启动时,就可以通过查找系统中所有被该 Method 类型标记的入口函数,然后一一调用它们,以此获得所有设备提供的 LED 服务。

2. 定义一个具体的 Method 对象

定义 Method 对象的本质就是使用 Method 类型标记一个入口函数,使系统知道该入口函数可以完成某种特定的功能,以便系统在合适的时机调用。为便于描述,在 AWBus - lite 中,将使用 Method 类型标记的入口函数称为一个 Method 对象。AWBus - lite 提供了定义 Method 对象的辅助宏,其原型为:

```
AWBL_METHOD(name, handler)
```

其中,name 为使用 AWBL_METHOD_DEF()定义的 Method 类型名;handler 为用于完成某种特定功能的入口函数。例如,定义 awbl_ledserv_get 类型的目的是获取 LED 服务,因此,该类型的 Method 对象对应的 handler 应该能够获取到一个 LED 服务。handler 的类型为 awbl_method_handler_t,其定义如下(awbus_lite.h):

```
typedef aw_err_t ( * awbl_method_handler_t)(struct awbl_dev * p_dev, void * p_arg);
```

由此可见,awbl_method_handler_t 是一个函数指针类型,其指向的函数有两个形参:p_dev 和 p_arg,返回值为标准的错误号。p_dev 指向设备自身,同样起到一个 p_this 的作用,该 handler 运行在哪个设备上,传入 p_dev 的值就应该为指向该设备的指针。p_arg 为 void * 类型的参数,其具体类型与该入口函数需要完成的功能相关,如果功能为获取一个 LED 服务,则 p_arg 的实际类型就为 struct awbl_led_service **,即一个指向 LED 服务的指针的地址,以便在函数内部改变指向 LED 服务的指针的值,使其指向设备提供的 LED 服务,从而完成 LED 服务的获取。例如,在 GPIO 控制 LED 的设备中,其能够提供 LED 服务,则应在对应的驱动中,定义一个具体的 Method 对象,便于系统得到 LED 服务。范例程序详见程序清单 13.12。

程序清单 13.12 定义 Method 对象范例程序

```
1    aw_local aw_err_t __gpio_ledserv_get (struct awbl_dev * p_dev, void * p_arg)
2    {
3        // 准备好 LED 服务 : p_serv
4
5        * (struct awbl_led_service * * )p_arg = p_serv; // 将 p_serv 提供给系统上层
6        return AW_OK;
7    }
8
9    // Method 对象列表
10   aw_local aw_const struct awbl_dev_method __g_led_gpio_dev_methods[] ={
11       AWBL_METHOD(awbl_ledserv_get, __gpio_ledserv_get),
                                                    // 获取 LED 服务的 Method 对象
12       // ……其他 Method 对象
13   };
```

其中,__g_led_gpio_dev_methods 为该设备能够提供的 Method 对象列表,一个设备提供的 Method 对象统一存放在一个列表中。该列表的具体使用以及入口函数的具体实现,将在 LED 驱动的实现中进一步介绍。这里仅用于展示系统上层获取 LED 服务的原理。

3. Method 对象列表结束标记

在程序清单 13.12 中,将 Method 对象定义在了一个列表中,AWBL_METHOD_END 用于定义一个特殊的标志,表示 Method 对象列表的结束。其原型为:

```
AWBL_METHOD_END
```

该宏无需传入任何参数，其仅用于标识一个 Method 对象列表的结束。例如，GPIO 控制的 LED 设备只能提供一个 Method 对象，用于系统上层获取 LED 服务，那么，在该对象之后，应该使用 AWBL_METHOD_END 表示列表结束。范例程序详见程序清单 13.13。

程序清单 13.13 AWBL_METHOD_END 使用范例程序

```
1    // Method 对象列表
2    aw_local aw_const struct awbl_dev_method __g_led_gpio_dev_methods[] ={
3        AWBL_METHOD(awbl_ledserv_get, __gpio_ledserv_get),
                                                   // 获取 LED 服务的 Method 对象
4        AWBL_METHOD_END                           // 对象列表结束
5    };
```

4. 导入(声明)一个在外部定义的 Method 类型

当需要使用一个已定义的 Method 类型时，若 Method 类型是在其他文件中定义的，此时就需要在使用前对该 Method 类型进行声明，类似于 C 语言中的 extern。其原型为：

```
AWBL_METHOD_IMPORT(name)
```

其中，name 为使用 AWBL_METHOD_DEF()定义的 Method 类型名。例如，在程序清单 13.13 中，定义了 Method 对象列表，其中使用到了 Method 类型：awbl_ledserv_get。在使用前，需要对该 Method 类型进行声明，范例程序详见程序清单 13.14。

程序清单 13.14 AWBL_METHOD_IMPORT()使用范例程序

```
1    // 声明 Method 类型：awbl_ledserv_get
2    AWBL_METHOD_IMPORT(awbl_ledserv_get);
3
4    // Method 对象列表
5    aw_local aw_const struct awbl_dev_method __g_led_gpio_dev_methods[] ={
6        AWBL_METHOD(awbl_ledserv_get, __gpio_ledserv_get),
                                                   // 获取 LED 服务的 Method 对象
7        AWBL_METHOD_END                           // 对象列表结束
8    };
```

5. 得到一个已定义的 Method 类型的 ID

Method 类型相当于一个“唯一标识”，有时候，需要判断某一 Method 对象是否为指定的 Method 类型。为了便于比较判断，或将“Method 类型”作为参数传递给其他接口函数，可以通过该宏获得一个 Method 类型对应的 ID，ID 作为一个常量，可以用于比较或参数传递。获取 Method 类型的 ID 对应的宏原型为：

```
AWBL_METHOD_CALL(method)
```

其中，method 为使用 AWBL_METHOD_DEF()定义的 Method 类型名，返回值为该 Method 类型的 ID，其类型为：awbl_method_id_t，该类型的具体定义用户无需关心，ID 可以用作比较，只要两个 Method 类型的 ID 相同，就表示两个 Method 类型是相同的，ID 也可以作为参数传递给其他接口，以指定一种 Method 类型。

例如，在 AWBus - lite 中，提供了一个工具函数，用于查找设备中是否存在指定类型的 Method 对象，其函数原型为(awbus_lite. h)：

```
awbl_method_handler_t awbl_dev_method_get(struct awbl_dev      * p_dev,
                                          awbl_method_id_t     method);
```

其中，p_dev 指定了要查找的设备，即在该设备中查找是否存在指定类型的 Method 对象；method 用于指定 Method 类型的 ID。若查找到该 ID 对应的 method 对象，则返回该 method 对象的入口函数；否则，返回 NULL。

例如，有一个 p_dev 指向的设备，要查找其是否能够提供 LED 服务，则可以通过该接口实现，范例程序详见程序清单 13.15。

程序清单 13.15　AWBL_METHOD_ CALL()使用范例程序

```
1   awbl_method_handler_t       pfn_led_serv      =     NULL;
2   struct awbl_led_service     * p_led_serv      =     NULL;
3   pfn_led_serv = awbl_dev_method_get(p_dev, AWBL_METHOD_CALL(awbl_ledserv_get));
4   if (pfn_led_serv != NULL) {                       // 设备可以提供 LED 服务
5       pfn_led_serv(p_dev, &p_led_serv);             // 获取设备提供的 LED 服务
6       if (p_led_serv != NULL) {
7           // 得到了一个有效的 LED 服务
8       }
9   }
```

程序中，使用 AWBL_METHOD_ CALL()得到 Method 类型 awbl_ledserv_get 的 ID，然后传递给 awbl_dev_method_get()函数以查找设备中是否存在相应的 Method 对象，若存在，则得到了一个有效的入口函数，最后使用该入口函数即可得到一个 LED 服务。

13.2.5　LED 服务链表的初始化

通过程序清单 13.15 所示的一个流程，若一个设备能够提供 LED 服务，则可以从中获取到相应的 LED 服务。若对每个设备都执行一遍上述流程，并在获得一个设备提供的 LED 服务后，就将其添加到以__gp_led_serv_head 为头的 LED 服务链表中，则可以收集到系统中所有的 LED 服务，完成 LED 服务链表的初始构建。为了便

于对所有设备执行某一操作，AWBus - lite 提供了一个用于遍历所有设备的接口，其函数原型为：

```
aw_err_t awbl_dev_iterate(awbl_iterate_func_t  pfunc_action,
                          void                 * p_arg,
                          int                  flags);
```

其中，pfunc_action 表示要在每个设备上执行的操作；p_arg 为传递给 pfunc_action 的附加参数；flags 为遍历设备的标志。返回值为标准错误号。

pfunc_action 的类型为 awbl_iterate_func_t，该类型的具体定义如下（awbus_lite.h）：

```
aw_err_t ( * awbl_iterate_func_t)(struct awbl_dev * p_dev, void * p_arg);
```

由此可见，awbl_iterate_func_t 是一个函数指针类型，其指向的函数有两个形参：p_dev 和 p_arg，返回值为标准的错误号。p_dev 指向当前遍历到的设备，同样起到一个 p_this 的作用，当前遍历到哪个设备，就在哪个设备上运行 pfunc_action 函数，传入的 p_dev 就为指向该设备的指针；p_arg 为遍历时提供的附加参数，其值与调用 awbl_dev_iterate()函数时传入的 p_arg 参数相同。

flags 为遍历设备的标志，其决定了需要遍历哪些设备，以及 pfunc_action 函数的返回值是否能够终止遍历过程。遍历设备标志宏如表 13.3 所列。

表 13.3　遍历设备标志宏(awbus_lite.h)

标志宏	含　义
AWBL_ITERATE_INSTANCES	遍历所有实例
AWBL_ITERATE_ORPHANS	遍历所有孤儿设备
AWBL_ITERATE_INTRABLE	pfunc_action 的返回值可以终止遍历

其中，AWBL_ITERATE_INSTANCES 和 AWBL_ITERATE_ORPHANS 标志用于指定需要遍历的设备，即在哪些设备上执行 pfunc_action 函数。在硬件设备列表中，定义了当前系统中所有的硬件设备，当设备具有与之匹配的驱动时，才能够变成一个实例，被系统正常使用；而如果一个设备没有与之匹配的驱动，则该设备将变成一个孤儿设备，系统暂时无法使用。AWBL_ITERATE_INSTANCES 表示需要遍历所有实例，即具有相应驱动的设备。AWBL_ITERATE_ORPHANS 表示需要遍历所有的孤儿设备。若要遍历所有的实例和孤儿设备，则可以使用“或”运算同时设定这两个标志。

AWBL_ITERATE_INTRABLE 标志用于指定 pfunc_action 的返回值是否可以终止遍历，若设定了该标志，则在某一设备上运行 pfunc_action 函数的返回值将可以决定是否终止整个遍历过程：若返回值为 AW_OK，则不终止遍历，继续遍历其他设备；否则，遍历过程被终止，不会再继续遍历其他设备。若未设定该标志，则遍历过程不受返回值影响,直到遍历完所有需要遍历的设备后结束。

为了获得所有设备提供的 LED 服务,需要遍历所有实例,并在 pfunc_action 中执行如程序清单 13.15 所示的流程,并将各个设备提供的 LED 服务添加到以__gp_led_serv_head 为头的 LED 服务链表中。完整的范例程序详见程序清单 13.16。

程序清单 13.16 获取所有设备提供的 LED 服务

```
1   AWBL_METHOD_IMPORT(awbl_ledserv_get);            // 导入获取 LED 服务的 Method 类型
2
3   aw_local struct awbl_led_service * __gp_led_serv_head = NULL; // LED 服务链表头
4
5   // 在每个设备上运行该函数,以获取其提供的 LED 服务
6   aw_local aw_err_t __led_serv_alloc_helper (struct awbl_dev * p_dev, void * p_arg)
7   {
8       awbl_method_handler_t       pfn_led_serv     =     NULL;
9       struct awbl_led_service    * p_led_serv      =     NULL;
10
11  // 获取指定 Method 类型对象的入口函数,若存在类型对象,则返回入口函数,否则返回 NULL
12      pfn_led_serv = awbl_dev_method_get(p_dev, AWBL_METHOD_CALL(awbl_ledserv_get));
13
14      if (pfn_led_serv != NULL) {  // 存在该 Method 类型的对象,可以提供 LED 服务
15          pfn_led_serv(p_dev, &p_led_serv);          // 调用入口函数,获得 LED 服务
16          if (p_led_serv != NULL) {                            // 成功获得一个 LED 服务
17              p_led_serv->p_next    =  __gp_led_serv_head;
                                                 // 将新的 LED 服务添加至链表头部
18              __gp_led_serv_head    =  p_led_serv;      // 更新 p_serv 为新的链表头
19          }
20      }
21      return AW_OK;
22  }
23  void awbl_led_init (void)
24  {
25      __gp_led_serv_head = NULL;
26      awbl_dev_iterate(__led_serv_alloc_helper, NULL, AWBL_ITERATE_INSTANCES);
27      return AW_OK;
28  }
```

程序中,由于孤儿设备没有对应的驱动,无法正常使用,显然无法提供 LED 服务,因此仅需遍历所有实例,遍历标志设定为:AWBL_ITERATE_INSTANCES。该程序的目的是完成 LED 服务链表的初始构建,是一种初始化操作,因此,将其入口函

数命名为 awbl_led_init()，若需使用 LED，则应确保在系统启动时，该函数被自动调用。通常情况下，并不需要由用户手动调用该函数，而是将该函数的调用放在模板工程下的 aw_prj_config.c 文件中，具体位于 aw_prj_early_init() 函数中，该函数在系统启动时会被自动调用，从而使系统在启动时自动调用 awbl_led_init() 函数，详见程序清单 13.17。

程序清单 13.17　awbl_led_init()在系统启动时被自动调用的原理

```
1    void aw_prj_early_init( void )
2    {
3        // ……
4    #ifdef AW_COM_AWBL_LED
5        awbl_led_init();
6    #endif
7        // ……
8    }
```

在 aw_prj_params.h 工程配置文件中，只要使能了某一 LED 设备，比如，AW_DEV_GPIO_LED，就表示要使用 LED，此时，将自动完成 AW_COM_AWBL_LED 的定义，以确保当使用 LED 时，awbl_led_init() 会在系统启动过程中被自动调用。核心的原理性程序详见程序清单 13.18。

程序清单 13.18　自动定义 AW_COM_AWBL_LED 宏的原理(aw_prj_params.h)

```
1    #ifdef AW_DEV_GPIO_LED
2    #define AW_COM_AWBL_LED
3    #endif
```

至此，完成了 LED 服务链表的初始化，若系统中存在 LED 服务，则链表将不为空，在 LED 通用接口的实现中，只要传入的 id 正确，__led_id_to_serv() 的返回值就不为 NULL，进而返回一个有效的 LED 服务；接着，通过 LED 服务中实现的抽象方法，即可完成 LED 相关的操作，例如，设置 LED 状态、翻转 LED 状态等。

13.3　设备驱动

上面讨论了如何通过 Method 机制获得具体设备提供的 LED 服务，系统能够从某一设备获得 LED 服务的前提是，该硬件具有提供 LED 服务的能力。一个硬件设备相关的功能，需要通过设备驱动才能体现出来，进而为系统服务。为此，在 LED 设备驱动中，需要实现一个 LED 服务，以供上层获取。

13.3.1　基础驱动信息

AWBus - lite 对设备驱动进行了高度的抽象，定义了驱动的基本结构，一个设备驱动相关的信息统一使用一个结构体常量进行描述。其中包含了诸多信息,比如:驱动名、驱动初始化入口、驱动提供的 Method 对象等。开发驱动的核心即完成一个结构体常量的定义。

不同总线下的设备驱动需要提供的驱动信息可能不同,其对应的驱动信息类型也就不同。但无论什么总线下的设备驱动,其驱动信息类型均是从基础驱动信息类型派生而来的,也就是说,无论什么设备驱动,都需要提供 AWBus - lite 定义的基础驱动信息,即使需要扩展其他驱动信息,也只能在基础驱动信息的基础上进行扩展。

由于所有设备驱动均会提供基础驱动信息,因此,AWBus - lite 可以方便地对所有驱动进行统一的管理。基础驱动信息的类型为 struct awbl_drvinfo,具体定义详见程序清单 13.19。

程序清单 13.19　struct awbl_drvinfo 类型定义(awbl_lite.h)

```
1   struct awbl_drvinfo {
2       uint8_t                          awb_ver;                  // 支持的 AWBus 版本号
3       uint8_t                          bus_id;                   // 总线 ID
4       char                            * p_drvname;               // 驱动名
5       const struct awbl_drvfuncs      * p_busfuncs;              // 驱动入口点
6       const struct awbl_dev_method    * p_methods;               // Method 对象列表
7       bool_t  ( * pfunc_drv_probe) (awbl_dev_t * p_dev);         // 驱动探测函数
8   };
```

要实现一个驱动,需要定义一个该类型结构体,并完成各个成员的赋值。下面,首先对各个成员的含义作简要介绍。

1. AWBus - lite 版本号

awb_ver 表示该驱动支持的 AWBus - lite 版本号,当前 AWBus - lite 的版本号为:AWBL_VER_1,其在 awbus_lite.h 文件中定义如下:

```
#define AWBL_VER_1              1
```

在新开发驱动时,将 awb_ver 设置为 AWBL_VER_1 即可。

2. 总线 ID

bus_id 表示总线 ID,该值由总线类型和设备类型两部分组成。总线类型与设备描述中的总线类型概念一致,其表示了该驱动所驱动的设备挂在何种总线上,常见总线类型见表 12.1。实际中,在进行驱动和设备的匹配操作时,只有当驱动信息中的总线类型与设备描述中的总线类型一致时,才会继续判定设备名和驱动名是否一致,只有当两者完全相同时,驱动和设备才会判定为匹配。设备类型表明该驱动对应的设备是普通设备还是特殊设备(总线控制器),若是总线控制器,则其驱动的设备又会扩展出另外一条总线。设备类型可能的取值如表 13.4 所列。

表 13.4 设备类型宏定义

总线类型	宏定义
普通设备	AWBL_DEVID_DEVICE
特殊设备——总线控制器	AWBL_DEVID_BUSCTRL

bus_id 的值为总线类型和设备类型的“或”值(C 语言的“|”运算符)。特别地,若一个设备是普通设备,则设备类型可以省略,即 AWBL_DEVID_DEVICE 宏可以被省略。

例如,对于使用 GPIO 直接控制的 LED 设备驱动,GPIO 是一种片内外设,当前并没有将 GPIO 视为一种总线,在 AWBus - lite 中,由 GPIO 直接驱动的设备也视为挂在 PLB 上的一种设备。因而总线类型为 AWBL_BUSID_PLB,同时,LED 设备只是一个普通设备,并非总线控制器,因而设备类型为 AWBL_DEVID_DEVICE。bus_id 的值即为 AWBL_BUSID_PLB | AWBL_DEVID_DEVICE(或省略 AWBL_DEVID_DEVICE,直接设定为 AWBL_BUSID_PLB)。

对于 i.MX28x 的 I^2C 驱动,其驱动的设备是片内外设,挂在 PLB 总线上,因而总线类型为 AWBL_BUSID_PLB。同时,i.MX28x 中的 I^2C 设备又是一种总线控制器,可以扩展出一条 I^2C 总线,因而设备类型为 AWBL_DEVID_BUSCTRL。bus_id 的值即为 AWBL_BUSID_PLB | AWBL_DEVID_BUSCTRL。

对于 PCF85063 设备驱动,其驱动的设备挂在 I^2C 总线上,因而总线类型为 AWBL_BUSID_I2C。同时,PCF85063 是一个普通设备,并非总线控制器,因而设备类型为 AWBL_DEVID_DEVICE。bus_id 的值即为 AWBL_BUSID_I2C | AWBL_DEVID_DEVICE(或省略 AWBL_DEVID_DEVICE,直接设定为 AWBL_BUSID_I2C)。

3. 驱动名

p_drvname 表示该驱动的名字。在设备描述中,使用了“设备名”用来描述设备的名字,在系统启动时,会为每个设备寻找合适的驱动,当驱动的总线类型和设备描述中的总线类型一致时,将会把“驱动名”与“设备名”进行比对,完全一致时,将视为驱动与设备匹配,进而将该驱动和对应的设备进行绑定。在 AWBus - lite 中,当一个驱动和设备匹配后,驱动名和设备名势必是完全一致的,因而在匹配后可以直接将驱动名作为设备名。

对于使用 GPIO 控制的 LED 设备驱动,其驱动名可以定义为:

```
#define GPIO_LED_NAME      "gpio_led"
```

4. 驱动入口点

设备在使用前,需要完成必要的初始化操作,例如,对于使用 GPIO 控制的 LED 设备,需要在初始时将引脚配置为输出模式。作为设备驱动,必须提供相关的初始化函数以完成设备的初始化。驱动入口点 p_busfuncs 即用于提供初始化函数的入口,其为指向 struct awbl_drvfuncs 类型结构体常量的指针，struct awbl_drvfuncs 类型定义详见程序清单 13.20。

程序清单 13.20　struct awbl_drvfuncs 类型定义(awbus_lite.h)

```
1    struct awbl_drvfuncs {                                          // 驱动入口点结构体定义
2        void ( * pfunc_dev_init1) (struct awbl_dev * p_dev);
                                                                     // 初始化驱动和设备(第一阶段)
3        void ( * pfunc_dev_init2) (struct awbl_dev * p_dev);
                                                                     // 初始化驱动和设备(第二阶段)
4        void ( * pfunc_dev_connect) (struct awbl_dev * p_dev);
                                                                     // 初始化驱动和设备(第三阶段)
5    };
```

程序中包含了 3 个函数指针，分别对应了 AWBus - lite 中 3 个阶段的初始化动作。由此可见，为了完成一个设备的初始化，驱动需要提供三个初始化函数，分别用于完成设备不同阶段的初始化，各阶段对应的初始化函数将在系统启动过程中被依次调用。各阶段初始化函数的类型是完全一样的，都只有一个指向设备实例的指针作为形参，且均无返回值，即

```
void ( * ) (struct awbl_dev * p_dev);
```

例如，对于使用 GPIO 控制的 LED 设备驱动，为了完成设备的初始化，需要提供 3 个初始化函数，结构性范例程序详见程序清单 13.21。

程序清单 13.21　驱动初始化函数结构性范例程序

```
1     aw_local void __led_gpio_inst_init1(awbl_dev_t * p_dev)
2     {
3     }
4
5     aw_local void __led_gpio_inst_init2(awbl_dev_t * p_dev)
6     {
7     }
8
9     aw_local void __led_gpio_inst_connect(awbl_dev_t * p_dev)
10    {
11    }
12
13    aw_local aw_const struct awbl_drvfuncs __g_awbl_drvfuncs_led_gpio ={
14        __led_gpio_inst_init1,
15        __led_gpio_inst_init2,
16        __led_gpio_inst_connect
17    };
```

其中，__g_awbl_drvfuncs_led_gpio 的地址即可作为驱动入口点 p_busfuncs 的值。各初始化函数的实现将在后文进行详细介绍。

在系统启动时，将根据驱动信息中提供的驱动入口点信息，依次调用各阶段对应的初始化函数，进而完成一个设备的初始化。在调用各初始化函数时，传入形参 p_dev 的值为设备描述中 p_dev 的值，其本质上指向了静态定义的设备实例。

在 AWBus - lite 中，将设备的初始化分为了三个阶段：第一阶段、第二阶段、第三阶段。这样的划分有着极其重要的意义，各阶段对应的初始化函数被系统调用的时机并不相同。

(1) 第一阶段

第一阶段为设备初始化过程中最先进入的阶段，在该阶段中，系统总中断被关闭，OS 内核服务(如多任务管理)尚未提供，调试串口也尚未准备就绪。作为设备驱动，只能处理一些设备相关的最基本、最简单的操作，不可在本阶段中使用常见的其他服务，比如：执行连接中断、申请信号量、打印调试信息等操作。对于绝大部分普通设备驱动，该阶段对应的函数设置为空，不执行任何操作。

(2) 第二阶段

第二阶段为设备初始化的主要阶段，设备相关的绝大部分初始化操作均在该阶段中完成，在第二阶段中，系统相关的服务均已准备就绪，比如：中断、调试串口、信号量、多任务等，可以在第二阶段中使用这些服务。

(3) 第三阶段

第三阶段主要用于完成比较耗时的初始化操作，这一阶段相关的操作将在一个单独的任务中执行，不会影响系统的整体启动过程。在这一阶段，系统相关的服务同样已准备就绪，比如：中断、调试串口、信号量、多任务等。

例如，在某一设备的初始化过程中，有一个特殊的操作需要一分钟才能完成，为了不影响系统的启动效率，可以将该耗时较长的操作放在第三阶段中完成，这样系统同样可以快速启动，进而运行至应用程序入口，即 aw_main()。否则，若将该操作放在第二阶段中，则系统必须在第二阶段初始化完成后才能启动完成，接着才能运行至应用程序入口处，导致系统的整个启动过程变慢。

系统启动速度的快慢将直接影响用户体验，以数字示波器为例，传统示波器的开机时间几乎都在 30 s 甚至 1 min 以上，对于现场测试工程师来说，有可能会遗漏稍纵即逝的异常信号，几乎所有的示波器厂商都对这个需求熟视无睹，而 ZLG 的设计理念却与众不同，使用 AWorks 助力 ZDS 系列示波器，使用户从按下电源到开始使用，整个过程仅需要十余秒，其开机时间击败了几乎所有品牌的示波器。让用户从按下电源的那一刻起，就能感受到极致的体验。

在 AWBus - lite 中，巧妙地将一个设备的初始化过程分为了三个阶段，可以使系统的启动速度从结构上得到优化，在大多数中小系统中，系统启动时间都小于 1 s。

特别地，在一些设备的初始化过程中，可能并没有耗时较长的操作，此时，可以将第三阶段对应的函数设置为空,不执行任何操作。

5. Method 对象列表

每个设备都是为系统提供某种服务而存在的,其提供了相应的服务,才能被系统、用户所使用。如 LED 设备可以为系统提供 LED 服务,为了使系统能够获取到设备提供的 LED 服务,需要提供相应的 Method 对象,以指定获取 LED 服务对应的入口函数。定义一个 Method 对象的范例程序详见程序清单 13.22。

程序清单 13.22　定义 Method 对象范例程序

```
1    aw_local aw_err_t __gpio_ledserv_get (struct awbl_dev * p_dev, void * p_arg)
2    {
3        // 准备好 LED  服务 : p_serv
4
5        *(struct awbl_led_service * *)p_arg = p_serv;     // 将 p_serv 提供给系统上层
6        return AW_OK;
7    }
8
9    AWBL_METHOD(awbl_ledserv_get, __gpio_ledserv_get),  // 获取 LED 服务的 Method 对象
```

一些特殊设备,可能为系统提供多种服务,这时,对应驱动中将需要定义多个 Method 对象,每个 Method 对象用于获取某一种服务。

为此,AWBus - lite 将一个驱动定义的所有 Method 对象都存放在一个列表中,并以 AWBL_METHOD_END 表示列表的结束。驱动信息 p_methods 即用于指向 Method 对象列表,范例程序详见程序清单 13.23。

程序清单 13.23　定义 Method 对象列表范例程序

```
1    aw_local aw_const struct awbl_dev_method __g_led_gpio_dev_methods[] ={
2        AWBL_METHOD(awbl_ledserv_get, __gpio_ledserv_get),
                                                        // 获取 LED 服务的 Method 对象
3
4        // …… 若还有其他 Method 对象,则继续在此添加
5
6        AWBL_METHOD_END                                 // 对象列表结束
7    };
```

其中,__g_led_gpio_dev_methods 即可作为驱动信息中 p_methods 的值。Method 对象的具体定义将在后文详细介绍。

6. 驱动探测函数

在基础驱动信息中,pfunc_drv_probe 是一个函数指针,用于指向一个探测函数,探测驱动是否支持该设备。其类型为:

```
aw_bool_t (*)(awbl_dev_t *p_dev);
```

由此可见,其指向的函数具有一个 p_dev 形参,返回值为布尔类型的函数。

p_dev 是指向设备实例的指针,用于指定探测的设备。其返回值为布尔类型,当返回 AW_TRUE 时,探测成功;否则,探测失败。

前面曾提到过系统是如何判定设备与驱动是否匹配的。设备与驱动匹配的首要条件是设备描述中的总线类型与驱动信息中的总线类型一致。在总线类型一致的情况下,可以增加两种额外的判定条件。

一种条件是针对该总线类型的,在该总线类型下的设备和驱动,都必须满足该条件。不同总线类型对该条件的定义可能不同,但对于绝大部分总线来说,其判定条件都是:驱动名和设备名是否相同。这也是前面提到的系统中使用驱动名和设备名进行匹配判定的原因。需要用户注意的是,这种条件是与具体总线类型相关的,虽然绝大部分总线类型的判定条件都是驱动名和设备名是否相同,但也不排除可能出现某一类型的总线,其不要求设备名和驱动名一致,但这种情况极为少见,如果出现,则应该对该类总线作出非常重要的特殊说明。

另一种条件是针对某一特定驱动的,这种条件通过驱动提供探测函数来实现。若驱动不需要进行额外的判断,则将 pfunc_drv_probe 的值设置为 NULL。若需要进行额外的判断,则应提供一个有效的探测函数,在探测函数的实现中,若判定驱动和设备匹配,能够支持相应的设备,则应返回 AW_TRUE,以告知 AWBus - lite 系统,驱动和设备是匹配的,进而将设备和驱动进行绑定;若判定驱动和设备不匹配,驱动不支持该设备,则应该返回 AW_FALSE,以告知 AWBus - lite 系统,驱动和设备不匹配。

通常情况下,对于绝大部分驱动而言,并不需要进行的探测,此时,需将 pfunc_drv_probe 的值设置为 NULL。基于此,在通常情况下,只要驱动与设备的总线类型和名字一致,均可视为驱动和设备匹配。

以上仅对基础驱动信息中各成员的含义进行了简要的介绍,其中的初始化函数、Method 对象列表等还均未实际实现,后文将以开发 LED 设备驱动为例,进一步介绍设备类型的定义、设备信息类型的定义、初始化函数的实现、Method 对象的具体实现等。

13.3.2 实际驱动信息

在开发具体的设备驱动时,需要明确该驱动所对应的设备挂在何种总线上,不同总线下的设备对应驱动可能需要提供不同的驱动信息,此时,它们对应的驱动信息类型也是不同的。无论何种总线下的设备驱动,它们的驱动信息类型都是从基础驱动信息派生而来的,可以在基础驱动信息的基础上,扩展一些特殊的与总线相关的成员。但在实际中,常见的大多数总线下的设备驱动信息并没有扩展更多的成员,例如,PLB 总线下的设备驱动,其对应的驱动信息类型为 awbl_plb_drvinfo_t,其定义详见程序清单 13.24。

程序清单 13.24 awbl_plb_drvinfo_t 类型定义(awbl_plb.h)

```
1   typedef struct awbl_plb_drvinfo{
2       struct awbl_drvinfo super;                    // 继承自 AWBus - lite 基础驱动信息
3   } awbl_plb_drvinfo_t;
```

对于 I^2C 总线下的设备驱动,其对应的驱动信息类型为 awbl_i2c_drvinfo_t,其定义详见程序清单 13.25。

程序清单 13.25 awbl_i2c_drvinfo_t 类型定义(awbl_i2cbus.h)

```
1   typedef struct awbl_i2c_drvinfo {
2       struct awbl_drvinfo super;                // 继承自 AWBus - lite 基础驱动信息
3   } awbl_i2c_drvinfo_t;
```

由此可见,这些总线下的设备驱动,并没有扩展额外的成员,均是对基础驱动信息的简单继承。即使如此,出于结构性考虑,为了便于后续扩展,每种总线都单独定义了相应的驱动信息类型。用户仅需了解,开发不同总线下的设备驱动时,它们对应的驱动信息类型可能是不同的,需要查看总线对应的实际驱动信息类型,以判断在开发驱动时,除了提供基础驱动信息外,是否还需要提供其他额外的信息。

13.3.3 定义设备类型

通过前面对硬件设备列表的介绍可知,在硬件设备的描述中,需要使用驱动定义的具体设备类型定义一个设备实例,用于为设备分配必要的内存空间,设备相关的状态、变量、属性等相关数据都可以存放在该设备实例中。

在 AWBus - lite 中,所有具体设备类型均是从基础设备类型 struct awbl_dev 派生而来的,在定义设备类型时,基础设备类型的成员应该作为设备类型的第一个成员,基于此,可以定义 LED 设备类型为:

```
1   struct awbl_led_gpio_dev {
2   struct awbl_dev              dev;
3       // 其他成员
4   };
```

显然,要完成 LED 设备类型的定义,重点是考虑需要定义哪些其他成员。LED 设备的核心功能是为系统提供 LED 服务,回顾 LED 服务的具体类型定义,详见程序清单 13.26。

程序清单 13.26 LED 服务类型定义(awbl_led.h)

```
1   struct awbl_led_service {
2       struct awbl_led_service          * p_next;          // 指向下一个 LED 服务
3       const struct awbl_led_servinfo   * p_servinfo;      // LED 服务信息
4       const struct awbl_led_servfuncs  * p_servfuncs;     // 设备的驱动函数
5       void                             * p_cookie;        // 驱动函数的 p_cookie 参数
6   };
```

LED 服务类型作为一个结构体类型，显然，需要占用一定的内存空间，由于每个 LED 设备均能提供 LED 服务，因此，可以将 LED 服务作为 LED 设备类型的一个成员。当需要为系统上层提供 LED 服务时，只需要将 LED 服务中的各个成员正确赋值，提交给上层即可。基于此，可以更新 LED 设备类型的定义，详见程序清单 13.27。

程序清单 13.27 LED 设备类型的定义

```
1   struct awbl_led_gpio_dev {
2       struct awbl_dev           dev;          // 继承自 AWBus-lite 基础设备
3       struct awbl_led_service   led_serv;     // 该设备能够提供一个 LED 服务
4   };
```

当前仅从 LED 的主要功能出发，完成了 LED 设备类型的定义，若在开发过程中，发现需要在设备类型中增加新的成员，则可以随时动态添加。在设备描述中，如需定义一个设备实例，则直接使用该类型定义一个设备实例即可，例如：

```
aw_local struct awbl_led_gpio_dev   __g_led_gpio_dev;
```

13.3.4 定义设备信息类型

通过前面对硬件设备列表的介绍可知，在硬件设备的描述中，需要提供硬件设备信息。硬件设备信息的具体类型同样由相应的驱动定义。

在使用 LED 设备时，往往需要用户提供一些必要的信息，例如，在使用 GPIO 控制 LED 时，需要知道各个 LED 对应的引脚信息，即使用哪些 GPIO 引脚控制相应的 LED。同时，对于不同的硬件电路，点亮 LED 对应的 GPIO 输出电平可能是不同的，可能是输出低电平点亮 LED，也可能是输出高电平点亮 LED，此外，在不同硬件设备中，LED 的数目也可能存在差异，这些都是与具体硬件相关的。

为了便于对这些信息进行修改、配置，可以定义一个信息结构体类型，以包含所有需要由用户提供的信息，即

```
struct awbl_led_gpio_param {
    const uint16_t        * p_led_gpios;      // LED 对应的引脚
    uint8_t               num_leds;           // LED 的数目
    uint8_t               active_low; // LED 的极性,是否当引脚输出低电平时点亮 LED
};
```

特别地,在部分平台中,使用 GPIO 前,可能需要一些特殊平台的相关操作,比如:使能时钟、申请 GPIO 的使用权、配置 GPIO 的特殊模式等。由于具体平台的相关操作当前并不能确定,为此,可以由用户提供一个平台初始化函数,在必要时,可以通过该函数完成平台相关的初始化操作。基于此,在设备信息类型中新增一个函数指针成员,用以指向用户提供的平台初始化函数,即

```
struct awbl_led_gpio_param {
    const uint16_t        * p_led_gpios;              // LED 对应的引脚
    uint8_t               num_leds;                   // LED 的数目
    uint8_t               active_low;                 // LED 的极性
    void                  ( * pfn_plfm_init)(void);   // LED 设备的平台初始化函数
};
```

新增的 pfn_plfm_init 是一个函数指针,指向的函数是无参数、无返回值的函数,用于完成在使用 LED 前需要完成的与平台相关的初始化操作。在一些情况下,可能不需要执行任何与平台相关的初始化操作,则可以将其值设置为 NULL。

上面主要基于硬件层面定义了设备信息中的各个成员,此外,LED 的主要功能是提供 LED 服务,在 LED 服务中,需要提供的一个重要信息是 LED 服务信息,其主要包含了 LED 设备中各个 LED 的编号信息,LED 服务信息的定义详见程序清单 13.28。

程序清单 13.28 LED 服务信息类型定义

```
1  struct awbl_led_servinfo {
2      int start_id;          // 本 LED 服务的起始 LED 编号
3      int end_id;            // 本 LED 服务的结束 LED 编号
4  };
```

由此可见,LED 服务信息中包含了起始编号和结束编号,用户通过设定起始编号和结束编号,就可以为设备中的每个 LED 分配一个唯一 ID。为了存放用户分配的 ID 信息,可以在设备信息类型中新增一个 LED 服务信息成员,设备信息完整的定义详见程序清单 13.29。

程序清单 13.29　LED 设备信息类型完整定义

```
1    struct awbl_led_gpio_param {
2        const uint16_t                  * p_led_gpios;          // LED 对应的引脚
3        struct awbl_led_servinfo          led_servinfo;         // LED 服务信息
4        uint8_t                           num_leds;             // LED 的数目
5        uint8_t                           active_low;           // LED 的极性
6        void                           ( * pfn_plfm_init)(void); // LED 平台初始化函数
7    };
```

在 EPC - AW280 开发套件中，板载了两个 LED，标识分别为 RUN、Error，对应的引脚分别为 PIO2_6、PIO2_5，等效原理图如图 13.2 所示，由此可见，当 GPIO 输出低电平时，对应的 LED 点亮；当 GPIO 输出高电平时，对应的 LED 熄灭。若为两个 LED 分配的 ID 号分别为 0、1，则在设备描述中，LED 设备信息的定义范例详见程序清单 13.30。

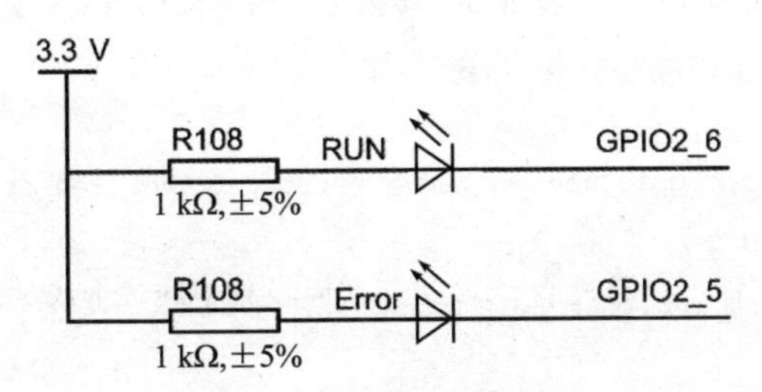

图 13.2　板载 LED 电路

程序清单 13.30　LED 设备信息定义范例

```
1     aw_local aw_const uint16_t    __g_led_gpios[] ={  // LED 设备对应的 GPIO 信息
2         PIO2_6,                                       // 标识为 RUN 的 LED 对应的引脚
3         PIO2_5                                        // 标识为 Error 的 LED 对应的引脚
4     };
5
6     aw_local aw_const struct awbl_led_gpio_param __g_led_gpio_param = {
                                                        // LED 设备信息
7         __g_led_gpios,                                // LED 对应的引脚
8         {
9             0,                                        // 起始编号
10            AW_NELEMENTS(__g_led_gpios) - 1 // 结束编号，LED 个数减 1，2 个 LED 时，值为 1
11        },
12        AW_NELEMENTS(__g_led_gpios),                  // LED 的数量，与引脚数目相同
13        AW_TRUE,                                      // GPIO 输出低电平时，LED 点亮
14        NULL                              // 暂时无需平台初始化相关操作，设定为 NULL
15    };
```

13.3.5 实现三个阶段的初始化函数

在一个设备使用前,需要完成设备相关的初始化操作,例如,对于 LED 驱动,可能需要将 GPIO 设置为输出模式等。在基础驱动信息中,使用了驱动入口点指定驱动提供的初始化函数,其结构性代码详见程序清单 13.21,共需实现 3 个初始化函数,分别对应 3 个阶段。

需要特别注意的是,虽然各阶段初始化函数的形参类型均为 awbl_dev_t *,但实际上,在系统调用各初始化函数时,传入形参 p_dev 的值为设备描述中 p_dev 的值,其本质上指向了静态定义的设备实例。对于 GPIO 控制型 LED 设备,其设备实例的实际类型为 struct awbl_led_gpio_dev(具体定义详见程序清单 13.27),在使用 p_dev 时,可以将其强制转换为指向实际设备实例的指针,以访问设备实例中的各个成员。其范例程序详见程序清单 13.31。

程序清单 13.31 将 p_dev 转换为指向实际设备实例的指针

```
1    aw_local void __led_gpio_inst_init2(awbl_dev_t * p_dev)
2    {
3        struct awbl_led_gpio_dev * p_this = (struct awbl_led_gpio_dev * )p_dev;
         // 类型转换
4        // 初始化设备,可以通过 p_this 访问实际设备中的各个成员
5    }
```

在初始化时,往往还需要获得用户为设备提供的相关信息,AWBus - lite 提供了通过 p_dev 获取硬件设备描述的宏:AWBL_DEVHCF_GET(),其返回值即为 const struct awbl_devhcf * 类型的指向硬件设备描述的指针,struct awbl_devhcf 类型的定义详见程序清单 12.2,其中包含了设备名、设备单元号、所处总线、设备信息等常见的信息,使用范例详见程序清单 13.32。

程序清单 13.32 AWBL_DEVHCF_GET()宏的使用范例程序

```
1    aw_local void __led_gpio_inst_init2(awbl_dev_t * p_dev)
2    {
3        const struct awbl_devhcf * p_devhcf = AWBL_DEVHCF_GET(p_dev);     // 获得设备描述
4        p_devhcf ->p_name            // 获得设备名
5        p_devhcf ->unit              // 获得设备单元号
6        p_devhcf ->bus_type          // 获得设备所处总线类型
7        p_devhcf ->bus_index         // 获得设备所处总线编号
8        p_devhcf ->p_devinfo         // 获得设备实例信息
9    }
```

程序中,只要获得了设备描述,即可通过指针获得设备描述中的其他成员信

息，但通常情况下，可能只需要获得设备描述中某一个成员的信息，此时，为了简化获取步骤，AWBus - lite 提供了直接获取设备描述中某一成员的辅助宏，如表 13.5 所列。

表 13.5　获取设备相关信息的辅助宏(awbus_lite.h)

宏原型	功能简介
AWBL_DEV_NAME_GET(p_dev)	获得设备名
AWBL_DEV_UNIT_GET(p_dev)	获得设备单元号
AWBL_DEV_BUS_TYPE_GET(p_dev)	获得设备所处总线类型
AWBL_DEV_BUS_INDEX_GET(p_dev)	获得设备所处总线编号
AWBL_DEVINFO_GET(p_dev)	获得设备实例信息

特别地，在设备描述中，设备实例信息的类型为 const void *，而实际上，p_devinfo 指向的是具体设备信息，对于 GPIO 控制型 LED 设备，其设备信息的实际类型为 struct awbl_led_gpio_param(具体定义详见程序清单 13.29)，因此，在使用设备实例信息时，可以将其强制转换为指向实际设备信息的指针，以便访问实际设备信息中的成员。例如：

```
1    aw_local void __led_gpio_inst_init2(awbl_dev_t * p_dev)
2    {
3        struct awbl_led_gpio_param * p_par = (struct awbl_led_gpio_param * )AWBL_
                                                  DEVINFO_GET(p_dev);
4        // 通过 p_par 获取设备实例信息，比如 p_par->active_low
5    }
```

1. 第一阶段初始化函数实现

第一阶段通常无需做任何操作，该阶段对应的始化函数往往为空，详见程序清单 13.33。

程序清单 13.33　第一阶段初始化函数实现范例

```
1    aw_local void __led_gpio_inst_init1(awbl_dev_t * p_dev)
2    {
3    }
```

2. 第二阶段初始化函数实现

第二阶段为初始化设备的主要阶段，可以在该阶段中完成 GPIO 模式设置、初始电平设置等初始化相关操作，范例程序详见程序清单 13.34。

程序清单 13.34　第二阶段初始化函数实现范例

```
1    aw_local void __led_gpio_inst_init2(awbl_dev_t * p_dev)
2    {
3        struct awbl_led_gpio_param * p_par = (struct awbl_led_gpio_param * )AWBL_
         DEVINFO_GET(p_dev);
4        int i = 0, gpio_pin = 0;
5        if (p_par->pfn_plfm_init != NULL) {     // 初始化前,若用户提供了平台初始化
                                                 //函数,则调用它
6            p_par->pfn_plfm_init();
7        }
8        for (i = 0; i < p_par->num_leds; i++) {
9            gpio_pin = p_par->p_led_gpios[i];                    // 获取引脚
10           aw_gpio_pin_cfg(gpio_pin, AW_GPIO_OUTPUT);           // 将引脚设置为输出
11           aw_gpio_set(gpio_pin, p_par->active_low);            // 初始时,熄灭 LED
12       }
13   }
```

程序中,将所有 LED 对应的引脚设置为了输出模式,并将初始电平设置为了设备信息中 active_low 的值,以使 LED 初始处于熄灭状态。例如,若 active_low 的值为 1,则表示引脚输出低电平时点亮 LED,而初始时,将输出电平设置为了 active_low 的值,即高电平,从而熄灭了 LED。为了更清楚地理解这个关系,可以列举出 active_low 的值和 GPIO 输出电平对 LED 状态的影响,如表 13.6 所列。由此可见,当 active_low 的值和 GPIO 输出电平相同时,LED 熄灭,否则,LED 点亮。因此,初始时,将 GPIO 输出电平设置为 active_low 的值,确保了 LED 初始处于熄灭状态。

表 13.6　LED 状态的影响因素

影响 LED 状态的因素		LED 状态
active_low	GPIO 输出	
0	0	熄灭
0	1	点亮
1	0	点亮
1	1	熄灭

3. 第三阶段初始化函数实现

第三阶段通常用于耗时较长的初始化操作,由于 LED 设备初始化中,并没有任何比较复杂、耗时的操作,因此,第三阶段无需做任务处理,设定为空即可,详见程序清单 13.35。

程序清单 13.35 第三阶段初始化函数实现范例

```
1   aw_local void __led_gpio_inst_connect(awbl_dev_t * p_dev)
2   {
3   }
```

在实现了各阶段初始化函数后,可以定义一个 struct awbl_drvfuncs 类型的常量,将所有初始化函数整合在一起,作为基础驱动信息中驱动入口点的值,详见程序清单 13.36。

程序清单 13.36 定义 struct awbl_drvfuncs 类型的常量

```
1   aw_local aw_const struct awbl_drvfuncs __g_awbl_drvfuncs_led_gpio ={
2       __led_gpio_inst_init1,
3       __led_gpio_inst_init2,
4       __led_gpio_inst_connect
5   };
```

其中,__g_awbl_drvfuncs_led_gpio 即可作为驱动入口点 p_busfuncs 的值。

为了简化程序,可以在定义 struct awbl_drvfuncs 类型的常量时,将空函数对应的指针直接设定为 NULL。例如,在程序清单 13.36 中,由于第一阶段和第三阶段对应的初始化函数是空函数,没有做任何操作,因此,可以将 pfunc_dev_init1 和 pfunc_dev_connect 的值设置为 NULL,更新后的 struct awbl_drvfuncs 类型常量定义详见程序清单 13.37。

程序清单 13.37 更新 struct awbl_drvfuncs 类型的常量定义

```
1   aw_local aw_const struct awbl_drvfuncs __g_awbl_drvfuncs_led_gpio ={
2       NULL,
3       __led_gpio_inst_init2,
4       NULL
5   };
```

13.3.6 实现 LED 服务

LED 设备的主要功能是为系统提供 LED 服务,在向系统提供 LED 服务前,需要实现一个 LED 服务,回顾 LED 服务类型的定义,详见程序清单 13.38。

程序清单 13.38 LED 服务类型定义(awbl_led.h)

```
1   struct awbl_led_service {
2       struct awbl_led_service           * p_next;       // 指向下一个 LED 服务
3       const struct awbl_led_servinfo    * p_servinfo;   // LED 服务信息
4       const struct awbl_led_servfuncs   * p_servfuncs;  // 设备的驱动函数
5       void                              * p_cookie;     // 驱动函数的 p_cookie 参数
6   };
```

在 LED 设备实例中,具有一个 struct awbl_led_service 类型的 led_serv 成员(详见程序清单 13.27)。实现 LED 服务的核心工作就是完成 led_serv 中各成员的赋值。

1. p_next 成员的赋值

在 LED 服务中,p_next 用于系统组织多个 LED 服务,使它们以链表的形式串接起来,便于统一管理。对于单个 LED 设备来讲,其仅能提供一个 LED 服务,p_next 的值应设置为 NULL。设置范例详见程序清单 13.39。

程序清单 13.39 LED 服务中 p_next 成员的赋值

```
1    struct awbl_led_gpio_dev    * p_this = (struct awbl_led_gpio_dev * )p_dev;
2    p_this ->led_serv.p_next = NULL;
```

2. p_servinfo 成员的赋值

在 LED 服务中,p_servinfo 用于指向 LED 服务信息,通过 LED 设备信息类型的定义可知,LED 服务信息由用户提供,因此,只需将 p_servinfo 指向设备信息中的 LED 服务信息,设置范例详见程序清单 13.40。

程序清单 13.40 LED 服务中 p_servinfo 成员的赋值

```
1    struct awbl_led_gpio_dev    * p_this = (struct awbl_led_gpio_dev * )p_dev;
2    struct awbl_led_gpio_param * p_par = (struct awbl_led_gpio_param * )AWBL_DEVINFO_
                                                GET(p_dev);
3
4    p_this ->led_serv.p_servinfo = &p_par ->led_servinfo;
```

3. p_servfuncs 成员的赋值

为了屏蔽底层硬件的差异性,系统为 LED 设备定义了两个抽象方法,回顾 struct awbl_led_servfuncs 类型的定义,详见程序清单 13.41。

程序清单 13.41 struct awbl_led_servfuncs 类型的定义(awbl_led.h)

```
1    struct awbl_led_servfuncs {
2        aw_err_t ( * pfn_led_set)   (void * p_cookie, int id, bool_t on);
3        aw_err_t ( * pfn_led_toggle)(void * p_cookie, int id);
4    };
```

在 LED 服务中,p_servfuncs 即为指向各抽象方法的具体实现列表。为了完成 p_servfuncs 成员的赋值,首先需要实现操作 LED 设备的两个抽象方法,然后将它们整合到一个 struct awbl_led_servfuncs 类型的结构体常量中,抽象方法的实现详见程序清单 13.42。

程序清单 13.42　LED 抽象方法的实现

```
1    aw_local aw_err_t __led_gpio_set (void * p_cookie, int id, bool_t on)
2    {
3        struct awbl_led_gpio_dev      * p_this = (struct awbl_led_gpio_dev * )p_cookie;
4        struct awbl_led_gpio_param * p_par = (struct awbl_led_gpio_param * ) AWBL_
         DEVINFO_GET(p_this);
5
6        int gpio_pin = id - p_par->led_servinfo.start_id;          // GPIO 引脚索引
7
8        aw_gpio_set(p_par->p_led_gpios[gpio_pin], on ^ p_par->active_low);
                                                                     // 设置 GPIO 输出
9
10       return AW_OK;
11   }
12
13   aw_local aw_err_t __led_gpio_toggle(void * p_cookie, int id)
14   {
15       struct awbl_led_gpio_dev      * p_this = (struct awbl_led_gpio_dev * )p_cookie;
16       struct awbl_led_gpio_param * p_par = (struct awbl_led_gpio_param * ) AWBL_
         DEVINFO_GET(p_this);
17
18       int gpio_pin = id - p_par->led_servinfo.start_id;
19
20       aw_gpio_toggle(p_par->p_led_gpios[gpio_pin]);           // 翻转 GPIO 输出电平
21
22       return AW_OK;
23   }
24
25   aw_local aw_const struct awbl_led_servfuncs __g_led_servfuncs ={
26       __led_gpio_set,
27       __led_gpio_toggle
28   };
```

在各个抽象方法的实现中，都将参数 p_cookie 直接视为了指向设备的指针，为了便于使用，将 p_cookie 的类型从 void * 强制转换为 struct awbl_led_gpio_dev * 。实际中，p_cookie 的值是由驱动自身决定的，在 p_cookie 成员的赋值中将做进一步介绍。

各函数完成的主要功能是根据需要控制 LED 对应引脚的输出电平，主要分为两个步骤：根据 LED 的 ID 得到引脚索引；通过引脚索引，控制相应引脚的输出电平。

LED 对应的引脚在设备信息的引脚数组中,数组的起始索引为 0,但 LED 的 ID 是从 LED 服务信息中指定的起始编号开始的,为了通过 LED 的 ID 获得其对应引脚在数组中的索引,应使用 ID 号减去起始编号,即

```
int gpio_pin = id - p_par->led_servinfo.start_id;
```

在__led_gpio_set()函数的实现中,其需要根据参数 on 的值决定是否点亮 LED,点亮 LED 的电平与设备信息中的 active_low 有关,为了更清楚地理解这个关系,可以列举出参数 on 和 active_low 的值对 GPIO 输出电平的影响,如表 13.7 所列。例如,当 active_low 为 0 时,表示 GPIO 输出高电平时点亮 LED,此时,若 on 为 1,则表示需要点亮 LED,GPIO 应输出高电平;若 on 为 0,则表示需要熄灭 LED,GPIO 应输出低电平。

表 13.7　GPIO 输出与 active_low 和 on 值的关系

影响 GPIO 输出电平的因素		GPIO 输出电平
active_low	on	
0	1	1
0	0	0
1	1	0
1	0	1

由此可见,当 active_low 和 on 的值相同时,GPIO 应该输出"0";而当 active_low 和 on 的值不同时,GPIO 应输出"1",即"相同为 0,相异为 1",这恰好是一种异或关系。因此,在设置 GPIO 输出电平时,直接将 active_low 和 on 的异或值作为 GPIO 的输出电平,即

```
aw_gpio_set(p_par->p_led_gpios[gpio_pin], on ^ p_par->active_low);  // 设置 GPIO 输出
```

在__led_gpio_toggle()函数的实现中,仅需翻转 GPIO 输出电平接口,与设备信息中 active_low 的值无关,即

```
aw_gpio_toggle(p_par->p_led_gpios[gpio_pin]);          // 翻转 GPIO 输出电平
```

至此,实现了 LED 服务中的两个抽象方法,并存放在了__g_led_servfuncs 常量中,该常量的地址即可直接作为 LED 服务中 p_servfuncs 的值,详见程序清单 13.43。

程序清单 13.43　p_servfuncs 成员的赋值

```
1    struct awbl_led_gpio_dev *p_this = (struct awbl_led_gpio_dev *)p_dev;
2    p_this->led_serv.p_servfuncs       = &__g_led_servfuncs;
```

4. p_cookie 成员的赋值

在 LED 服务中,p_cookie 用于系统在调用设备实现的抽象方法时,"原封不动"

地传递给各个抽象方法的 p_cookie 参数。这样一来，传入抽象方法中的 p_cookie 与 LED 服务中的 p_cookie 是完全相同的，换句话说，驱动为 LED 服务中的 p_cookie 设置了什么值，那么，在系统通过 LED 服务调用驱动实现的抽象方法时，传入 p_cookie 参数的值也为该值。

通常情况下，p_cookie 起到了一个 p_this 的作用，用于指向设备自身，为此，直接将 LED 服务中 p_cookie 的设置为 p_this，详见程序清单 13.44。

程序清单 13.44　p_cookie 成员的赋值

```
1    struct awbl_led_gpio_dev * p_this =      (struct awbl_led_gpio_dev * )p_dev;
2    p_this ->led_serv.p_cookie         =      (void * )p_this;
```

也正因为如此，在程序清单 13.42 所示的 LED 抽象方法的实现中，可以直接将 p_cookie 强制转换为指向设备自身的指针。

至此，清楚了 LED 服务中各成员应该设置的具体值，可以选择在初始化函数中完成各成员的赋值，比如将相关的赋值语句添加到第二阶段初始化函数中。也可以选择在系统获取 LED 服务时，再进行相关成员的赋值。显然，在系统获取 LED 服务时再进行相关成员的赋值，这种方式更优，因为系统不获取 LED 服务，就不会进行相关成员的赋值，这样就避免了不必要的操作，下面将对这种方法做进一步介绍。

13.3.7　定义 Method 对象

通过前面对 Method 机制的介绍可知，为了使 LED 设备可以向系统提供 LED 服务，需要定义 Method 对象，一个 Method 对象由 Method 类型标识和一个入口函数构成。已知获取 LED 服务的 Method 类型为：awbl_ledserv_get。因此，定义 Method 对象的关键在于实现一个用于系统获取 LED 服务的入口函数，范例程序详见程序清单 13.45。

程序清单 13.45　获取 LED 服务的入口函数实现范例

```
1    aw_local aw_err_t __gpio_ledserv_get (struct awbl_dev * p_dev, void * p_arg)
2    {
3        struct awbl_led_gpio_dev    * p_this = (struct awbl_led_gpio_dev * )p_dev;
4        struct awbl_led_gpio_param * p_par = (struct awbl_led_gpio_param * )AWBL_
                                              DEVINFO_GET(p_dev);
5
6        // LED 服务中各成员的赋值
7        p_this ->led_serv.p_next          =          NULL;
8        p_this ->led_serv.p_servinfo      =          &p_par ->led_servinfo;
9        p_this ->led_serv.p_cookie        =          (void * )p_this;
10       p_this ->led_serv.p_servfuncs     =          &__g_led_servfuncs;
11
12       * (struct awbl_led_service * * )p_arg = &(p_this ->led_serv);
                                                  // 将 LED 服务提供给系统上层
13       return AW_OK;
14   }
```

基于此,可以完成一个 Method 对象的定义,即

```
AWBL_METHOD(awbl_ledserv_get, __gpio_ledserv_get),     // 获取 LED 服务的 Method 对象
```

为了便于管理,一个驱动提供的所有 Method 对象应该存放在一个列表中,由于 LED 设备仅能提供 LED 服务,因此,Method 对象列表中仅包含一个用于获取 LED 服务的 Method 对象,详见程序清单 13.46。

程序清单 13.46 LED 设备驱动 Method 对象列表定义

```
1   AWBL_METHOD_IMPORT(awbl_ledserv_get);          // 声明获取 LED 服务的 Method 类型
2   // Method 对象列表
3   aw_local aw_const struct awbl_dev_method __g_led_gpio_dev_methods[] ={
4       AWBL_METHOD(awbl_ledserv_get, __gpio_ledserv_get),
                                                    // 获取 LED 服务的 Method 对象
5       AWBL_METHOD_END                            // 对象列表结束
6   };
```

其中,__g_led_gpio_dev_methods 即可作为基础驱动信息中 p_methods 的值。

13.3.8 注册驱动

通过前面的介绍,LED 设备驱动相关的函数均已实现,驱动已经基本开发完成,基于此,可以按照 AWBus - lite 的定义,使用相应驱动信息结构体类型完成一个驱动信息的定义,用于描述完整的 LED 驱动。

由 GPIO 直接控制的 LED 设备挂在 PLB 总线上,PLB 总线上的所有设备驱动对应的信息结构体类型为 awbl_plb_drvinfo_t,是直接从基础驱动信息类型派生而来的,其定义详见程序清单 13.47。

程序清单 13.47 awbl_plb_drvinfo_t 类型定义(awbl_plb.h)

```
1   typedef struct awbl_plb_drvinfo{
2       struct awbl_drvinfo super;          // 继承自基础驱动信息类型
3   } awbl_plb_drvinfo_t;
```

由此可见,其并未扩展任何其他新的成员,和基础驱动信息是完全一样的,可以定义用于描述 LED 驱动的信息常量,详见程序清单 13.48。

程序清单 13.48 定义描述 LED 驱动的信息常量

```
1   aw_local aw_const awbl_plb_drvinfo_t   __g_drvinfo_led_gpio ={
2       {
3           AWBL_VER_1,                        // AWBus - lite 版本号
4           AWBL_BUSID_PLB,                    // 驱动的设备挂在 PLB 总线上
5           GPIO_LED_NAME,                     // 驱动名
6           &__g_awbl_drvfuncs_led_gpio,       // 驱动初始化函数入口点
```

```
7           &__g_led_gpio_dev_methods[0],          // 驱动定义的 Method 对象列表
8           NULL                                   // 无探测函数
9       }
10  };
```

完成描述驱动的信息常量定义后，还需要将驱动注册到系统中，以便被系统中相应的设备所使用，AWBus - lite 提供了驱动注册函数，用于向系统中注册一个驱动，其函数原型为：

```
aw_err_t awbl_drv_register(const struct awbl_drvinfo * p_drvinfo);
```

其中，p_drvinfo 指向待注册的驱动信息，返回值为标准的错误号，若返回 AW_OK，则表示驱动注册成功；若返回－AW_ENOSPC，则表示内存空间不足，驱动注册失败；若返回－AW_ENOTSUP，则表示 AWbus - lite 不支持该驱动的版本，往往是由于驱动信息中的 awb_ver 版本号设置有误引起的。例如，注册 LED 驱动的范例程序详见程序清单 13.49。

程序清单 13.49　注册 LED 驱动范例程序

```
awbl_drv_register((struct awbl_drvinfo * )&__g_drvinfo_led_gpio);
```

由于__g_drvinfo_led_gpio 的类型是从基础驱动信息类型派生而来的，两者类型并不完全相同，为了避免警告，可以将__g_drvinfo_led_gpio 的地址转换为 struct awbl_drvinfo * 类型。

显然，是否注册驱动应该是由用户决定的，只有当需要使用某一设备时，才应将相应的驱动注册到系统中。为了使用户可以在需要使用 LED 驱动时再注册驱动，比较容易想到的方法可能是将__g_drvinfo_led_gpio 作为一个对外开放的全局变量，引出到驱动文件外部，当用户需要使用 LED 驱动时，再使用程序清单 13.49 所示的程序进行注册。但是，__g_drvinfo_led_gpio 作为一个结构体常量，可以看作驱动的一个数据，在面向对象的编程中，作为一种良好的编程习惯，应该尽可能避免将数据直接引出到对象外部供其他模块使用，对数据的操作都应该通过相关的接口实现。将过多的数据作为全局变量引出到文件外部，将严重破坏系统的可维护性。同时，对于用户来说，其并不需要访问驱动信息中的相关成员，将整个驱动信息开放给用户也是不必要的。

由于驱动信息仅用于在注册驱动时使用，为此，可以提供一个用于注册 LED 驱动的专用函数，其实现详见程序清单 13.50。

程序清单 13.50　注册 LED 驱动的专用函数

```
1   void awbl_led_gpio_drv_register(void)
2   {
3       awbl_drv_register((struct awbl_drvinfo * )&__g_drvinfo_led_gpio);
4   }
```

这样,驱动信息仅在内部被访问,做到了很好的“封装”。当用户需要使用 LED 驱动时,直接调用 awbl_led_gpio_drv_register()函数即可。

通常情况下,并不需要由用户手动调用该函数,而是将该函数的调用放在模板工程下的 aw_prj_config.c 文件中,具体位于 awbl_group_init()函数中,该函数在系统启动时会被自动调用,从而使系统在启动时自动调用 awbl_led_gpio_drv_register()函数完成驱动的注册,详见程序清单 13.51。

程序清单 13.51　系统启动时自动注册驱动的原理

```
1     static void awbl_group_init (void)
2     {
3         // ……
4
5     #ifdef AW_DRV_AWBL_GPIO_LED
6         awbl_led_gpio_drv_register();
7     #endif
8
9         // ……
10    }
```

由此可见,用户可以通过是否定义 AW_DRV_AWBL_GPIO_LED 宏来确定是否注册 LED 驱动,在 aw_prj_params.h 工程配置文件中,只要使能了 LED 设备,即定义了 AW_DEV_GPIO_LED 宏,就表示要使用 GPIO 驱动型 LED,此时,将自动完成 AW_DRV_AWBL_GPIO_LED 的定义,以此确保当使用 LED 时,相应驱动会在系统启动过程中被自动注册。核心的原理性程序详见程序清单 13.52。

程序清单 13.52　自动定义 AW_DRV_AWBL_GPIO_LED 宏的原理(aw_prj_params.h)

```
1    #ifdef AW_DEV_GPIO_LED
2    #define AW_DRV_AWBL_GPIO_LED
3    #endif
```

13.4　驱动开发的一般方法

上面以 LED 为例,从接口定义到驱动开发都进行了详细的介绍,对 AWBus - lite 中相关的概念有了更加深入的理解。完整的设备相关程序主要分为以下三个部分:

(1) 通用接口

通用接口位于最上层,与具体硬件无关,由应用程序直接访问,构成可以跨平台复用的应用程序。虽然通用接口看似简单,但要完成其完善的定义并不容易,往往需要经过大量项目的积累,从接口功能和设计原则等多个方面考虑,才能定义出既简洁又实用的通用接口,一般来讲,通用接口无需用户定义,由 ZLG 统一定义和维护。

(2) 接口实现

接口实现位于中间层,完成如抽象方法、LED 服务、Method 类型等的定义。中间层同样与具体硬件无关,主要使用抽象方法的形式实现上层定义的通用接口。该层往往在定义通用接口时由 ZLG 实现。对于驱动开发者,仅需了解这里定义的各个抽象方法,以便在开发具体驱动时,根据具体硬件实现各个抽象方法。

(3) 具体驱动实现

具体驱动实现位于最底层,根据具体硬件完成抽象方法的实现,定义 Method 对象列表,提供相应的服务。随着 AWorks 的不断发展和完善,迄今为止已经积累了大量的设备驱动,常见设备均已支持。由于实际硬件的千差万别,用户可能遇到 AWorks 暂不支持的设备(暂无对应驱动),此时,用户可以自行开发设备驱动。

在 LED 驱动开发的介绍中,由于很多概念初次遇到,因而花费了较多篇幅介绍这些基本概念,略显烦琐。实质上,驱动开发的核心就是完成一个驱动信息结构体常量的定义,比如 LED 驱动开发的结果,就是完成了结构体常量__g_drvinfo_led_gpio 的定义(详见程序清单 13.48)。下面,针对驱动开发进行简要的梳理,归纳出驱动开发的一般步骤如下:

① 定义驱动名;

② 确定总线类型和设备类型;

③ 定义实际设备类型;

④ 定义设备信息类型;

⑤ 实现三个阶段的初始化函数;

⑥ 实现设备要提供的服务,比如 LED 服务;

⑦ 定义 Method 对象,用于上层软件获取设备提供的服务(比如设备实现的 LED 服务);

⑧ 定义驱动结构体常量,实现驱动注册函数。

在上一章中,直接使用了 PCF85063 驱动定义的驱动名、设备类型、设备信息类型等,完成了 PCF85063 硬件资源的定义(详见程序清单 12.12)。下面,将按照驱动开发的一般步骤,尝试基于 AWorks 中现有的 RTC 架构,开发 PCF85063 实时时钟芯片的驱动。深入理解 PCF85063 驱动的具体由来。

PCF85063 是 NXP 半导体公司推出的一款低功耗实时时钟/日历芯片,它提供了实时时间的设置与获取、闹钟、可编程时钟输出、定时器中断输出、半分钟中断输出(每半分钟输出一次中断信号)、分钟中断输出(每分钟输出一次中断信号)等功能。引脚封装如图 13.3 所示,其中,SCL 和 SDA 为 I²C 接口引脚;VDD 和 VSS 分别为电源和地;OSCI 和 OSCO 为 32.768 kHz 的晶振连接引脚,作为 PCF85063 的时钟源;CLKOUT 为时钟信号输

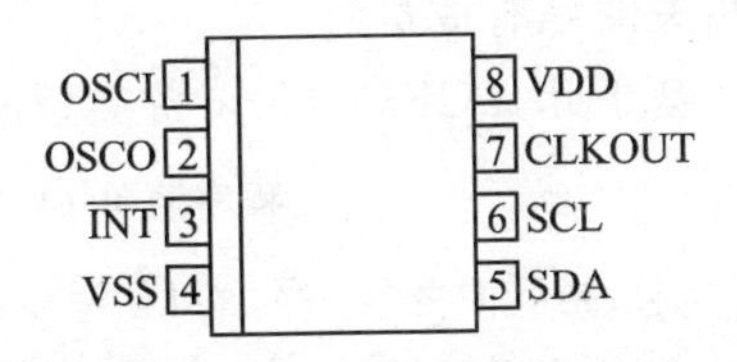

图 13.3 PCF85063 引脚定义

出,供其他外部电路使用;INT 为中断引脚,主要用于闹钟等功能。

13.4.1 定义驱动名

作为 PCF85063 的驱动,可以直接将驱动名定义为:"pcf85063",即

```
#define AWBL_PCF85063_NAME      "pcf85063"
```

基于此,基础驱动信息中 p_drvname 的值为:AWBL_PCF85063_NAME。

13.4.2 确定总线类型和设备类型

确定驱动所处的总线类型,对 PCF85063 做简要了解可知,该芯片通过 I^2C 总线访问,芯片所处总线的类型即为:AWBL_BUSID_I2C。总线类型是一个非常重要的信息,驱动结构体常量、设备类型的定义均与总线类型相关。

确定驱动对应设备的类型,是普通设备还是特殊的总线控制器设备。对于 PCF85063 设备,其不能再继续扩展下游总线,仅能提供 RTC 功能,是普通设备,即对应的设备类型为:AWBL_DEVID_DEVICE。

基于此,基础驱动信息中 bus_id 的值为:AWBL_BUSID_I2C | AWBL_DEVID_DEVICE(或省略 AWBL_DEVID_DEVICE,直接设置为 AWBL_BUSID_I2C)。

13.4.3 定义设备类型

实际设备类型是从基础设备类型派生而来的,以添加设备相关的私有成员。在 AWBus - lite 中,I^2C 总线上的设备基础类型定义为:struct awbl_i2c_device。其定义详见程序清单 13.53。

程序清单 13.53 struct awbl_i2c_device 类型定义

```
1    struct awbl_i2c_device {
2        struct awbl_dev super;          // 继承自 AWBus 设备
3    };
```

由此可见,struct awbl_i2c_device 类型是从 AWBus - lite 基础设备类型派生而来的,当前并未添加任何其他成员,主要是为了方便后续扩展,增加 I^2C 总线从机设备相关的私有成员。

基于此,PCF85063 设备类型的定义形式详见程序清单 13.54。

程序清单 13.54 PCF85063 设备类型定义(1)

```
1    typedef struct awbl_pcf85063_dev {
2        struct awbl_i2c_device super;       // 继承自 I²C device 设备
3        // 其他成员
4    } awbl_pcf85063_dev_t;
```

虽然 PCF85063 并未直接从 AWBus - lite 基础设备类派生,但本质上,其还是属

于 AWBus - lite 基础设备类型的派生类。PCF85063 设备类关系如图 13.4 所示。

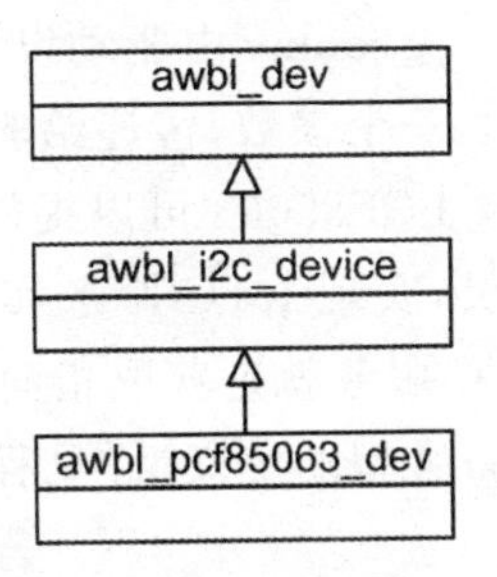

图 13.4 PCF85063 设备类关系

显然，要完成 PCF85063 设备类型的定义，重点是考虑需要增加哪些其他成员。PCF85063 设备的核心功能是为系统提供 RTC 服务，在 AWBus - lite 中，定义了 RTC 服务结构体类型 struct awbl_rtc_service，其具体定义详见程序清单 13.55。

程序清单 13.55 RTC 服务类型定义(awbl_rtc. h)

```
1    struct awbl_rtc_service {
2        struct awbl_rtc_service              * p_next;        // 指向下一个 RTC 服务
3        const struct awbl_rtc_servinfo       * p_servinfo;    // RTC 服务信息
4        const struct awbl_rtc_servopts       * p_servfuncs;   // 设备的驱动函数
5        void                                 * p_cookie;      // 驱动函数的 p_cookie 参数
6    };
```

其中，p_next 用于指向下一个 RTC 服务，使系统可以以链表的形式组织多个 RTC 服务。p_servinfo 为 RTC 服务相关的信息，提供 RTC 服务时，必须指定 RTC 服务的信息，其类型 struct awbl_rtc_servinfo 的定义详见程序清单 13.56。

程序清单 13.56 RTC 服务信息定义(awbl_rtc. h)

```
1    struct awbl_rtc_servinfo {
2        int rtc_id;    // RTC 服务编号
3    };
```

由此可见，RTC 服务信息中仅包含 ID 号信息。每个 RTC 服务都具有一个唯一 ID，当用户使用通用接口访问 RTC 服务时，需要传入一个 ID 号，用于指定需要使用的 RTC 服务。系统将传入的 ID 号与各个 RTC 服务对应的 ID 号一一比对，进而查找到指定的 RTC 服务。

p_servfuncs 指向一个虚函数表，其类型 struct awbl_rtc_servopts 包含了 RTC 服务定义的抽象方法，详见程序清单 13.57。

程序清单 13.57 RTC 抽象方法的定义(awbl_rtc. h)

```
1    struct awbl_rtc_servopts {
2        aw_err_t ( * time_get)(void * p_cookie, aw_tm_t * p_tm);       // 读取 RTC 时间
3        aw_err_t ( * time_set)(void * p_cookie, aw_tm_t * p_tm);       // 设置 RTC 时间
4        aw_err_t ( * dev_ctrl)(void * p_cookie, int req, void * arg);
                                                         // RTC 设备控制(保留)，暂未使用
5    };
```

显然，要使 PCF85063 能够提供 RTC 服务，驱动就必须实现这里定义的抽象方法，抽象方法的具体实现将在提供 RTC 服务小节中详细介绍。

p_cookie由驱动设置，系统在调用抽象方法时，将原封不动地将其作为抽象方法的第一个参数，传递给驱动使用。

PCF85063可以提供RTC服务，在设备类型中，应该包含一个RTC服务结构体成员，实现RTC服务实质上就是完成RTC服务中各个成员的赋值，系统上层获取RTC服务就是获取指向RTC服务结构体变量的指针。基于此，可以更新PCF85063设备类型的定义，详见程序清单13.58。

程序清单13.58 PCF85063设备类型定义(2)

```
1   typedef struct awbl_pcf85063_dev {
2       struct awbl_i2c_device          super;          // 继承自I²C device设备
3       struct awbl_rtc_service         rtc_serv;       // 该设备能够提供一个RTC服务
4   } awbl_pcf85063_dev_t;
```

当前仅从PCF85063的主要功能出发，完成了PCF85063设备类型的定义，若在开发过程中，发现需要在设备类型中增加新的成员，则可以随时动态添加。

13.4.4 定义设备信息类型

PCF85063可以提供RTC服务，提供RTC服务时，需要一并设置相应的RTC服务信息(为p_servinfo成员赋值)，以供系统使用。当前的RTC服务信息仅包含一个ID号(详见程序清单13.56)，ID号是一种唯一标识，不同设备提供的RTC服务对应的ID号是不同的，具体数值应由用户分配，为此，用户在使用PCF85063时，应该提供RTC服务信息，基于此，PCF85063设备信息类型的定义程序清单13.59。

程序清单13.59 PCF85063设备信息类型定义(1)

```
1   typedef struct awbl_pcf85063_devinfo {
2       struct awbl_rtc_servinfo   rtc_servinfo;        // RTC服务信息
3       // 其他成员
4   } awbl_pcf85063_devinfo_t;
```

此外，PCF85063是一种I^2C从机器件，I^2C从机器件具有一个从机地址，该地址可以由用户指定。为此，设备信息可以新增一个addr地址信息。完整的定义详见程序清单13.60。

程序清单13.60 PCF85063设备信息类型定义(2)

```
1   typedef struct awbl_pcf85063_devinfo {
2       struct awbl_rtc_servinfo   rtc_servinfo;        // RTC服务信息
3       uint8_t addr;                                   // 设备从机地址
4   } awbl_pcf85063_devinfo_t;
```

13.4.5 实现三个阶段的初始化函数

实现三个阶段的初始化函数，以便为基础驱动信息中的驱动入口点 p_busfuncs(详见程序清单 13.19)赋值。在具体实现前，可以先搭建好软件结构，详见程序清单 13.61。

程序清单 13.61 三个阶段初始化函数的结构性代码

```
1    aw_local void __pcf85063_inst_init1(awbl_dev_t * p_dev)
2    {
3    }
4    aw_local void __pcf85063_inst_init2(awbl_dev_t * p_dev)
5    {
6    }
7    aw_local void __pcf85063_inst_connect(awbl_dev_t * p_dev)
8    {
9    }
10   aw_local aw_const struct awbl_drvfuncs __g_pcf85063_drvfuncs ={
11       __pcf85063_inst_init1,
12       __pcf85063_inst_init2,
13       __pcf85063_inst_connect
14   };
```

其中，__g_pcf85063_drvfuncs 的地址即可作为驱动入口点 p_busfuncs 的值。

在实现各个初始化函数前，需要梳理出具体要执行哪些初始化操作。对于 PCF85063，本驱动仅使用其提供的通用实时时钟功能，即获取或设置当前时间(年、月、日、时、分、秒等时间信息)，闹钟、中断、时钟输出等功能均不使用。PCF85063 在上电后，其时间即会正常运行，闹钟等功能处于关闭状态，由此可见，时钟方面，并不需要做任何特殊的操作。

特别地，PCF85063 可以通过 CLKOUT 引脚输出时钟信号，信号的频率可以通过控制状态寄存器 2(寄存器地址为 0x01)的低三位(bit2～bit0)进行设定，如表 13.8 所列。这些信息更加详细的说明可以通过 PCF85063 的数据手册获得。

表 13.8 CLKOUT 控制值与输出频率的关系

控制值	输出频率/Hz	控制值	输出频率/Hz
000	32 768	100	2 048
001	16 384	101	1 024
010	8 192	110	1
011	4 096	111	0(保存低电平)

控制值的默认值为 000，即输出频率为 32 768 Hz。由于本驱动并未使用 CLKOUT 功能，因此，应该将其输出关闭，避免其对外部电路产生影响，这就需要将控制值修改为 111。

PCF85063需要通过I^2C总线对其中的寄存器值进行访问。在AWBus-lite中,提供了I^2C读/写函数,用于对I^2C从机设备进行读/写,接口原型如表13.9所列。

表13.9 I^2C标准接口函数

函数原型	功能简介
aw_err_t awbl_i2c_read (struct awbl_i2c_device * p_dev, uint16_t flags, uint16_t addr, uint32_t subaddr, void * p_buf, size_t nbytes);	I^2C读操作
aw_err_t awbl_i2c_write (struct awbl_i2c_device * p_dev, uint16_t flags, uint16_t addr, uint32_t subaddr, const void * p_buf, size_t nbytes);	I^2C写操作

在外设通用接口的介绍中,讲解了I^2C通用接口(见表7.14,接口命名前缀为"aw_"),对比可以发现,它们的形式非常类似,不同之处的仅有两点。

(1) 操作的对象类型不同

在这里,以"awbl_"为前缀的读/写接口操作的对象(第一个参数)是AWBus-lite中的I^2C从机设备,类型为struct awbl_i2c_device,该类型的从机设备挂载在AWBus-lite中,基于AWBus-lite拓扑结构,可以知道该从机设备挂载的位置,从而获得其对应的I^2C总线控制器,进而完成读/写操作。

以"aw_"为前缀的通用I^2C读/写接口操作的对象是用户使用aw_i2c_mkdev()接口定义的通用I^2C从机设备,类型为aw_i2c_device_t,这类设备是应用程序直接操作的设备,并没有挂载在AWBus-lite中,其对应的I^2C总线控制器无法通过AWBus-lite的拓扑结构获得,因而,在定义设备时,必须通过ID号指定该从机设备对应的总线ID,系统通过ID找到对应的I^2C总线控制器,进而完成读/写操作。

显然,在PCF85063驱动程序中,I^2C总线操作的对象是PCF85063。PCF85063设备类型是基于struct awbl_i2c_device类型派生而来的,而struct awbl_i2c_device类型是基于AWBus-lite基础设备类型派生而来的,因此,在各阶段初始化函数中,若要对PCF85063进行读/写操作,则可以将基础设备类型的p_dev指针(其实际指向的是PCF85063设备)直接强制转换为struct awbl_i2c_device类型的指针使用。

(2) 参数个数不同

在通用 I²C 读/写接口中,除 p_dev 外,仅有 subaddr、p_buf 和 nbytes 三个参数,分别表示寄存器子地址、读/写数据缓存、读/写数据字节数。而这里的读/写接口多了 flags 和 addr 两个参数,分别表示从机设备属性和从机设备地址,实际上,通用 I²C 接口也有这两个信息,不过是在使用 aw_i2c_mkdev()定义从机设备时,存储在了从机设备中,对于通用 I²C 接口,这两个信息在 aw_i2c_mkdev()接口中指定。本质上,它们表示的含义是完全相同的。

从机属性的定义见表 7.15,主要指定了从机地址的位数、是否忽略无应答和器件内子地址(通常又称之为"寄存器地址")的字节数;从机地址即 I²C 设备的从机地址。

例如,要将控制和状态寄存器 2(寄存器地址为 0x01)的低三位修改为 111,以禁能 CLKOUT 输出,范例程序详见程序清单 13.62。

程序清单 13.62 禁能 CLKOUT 输出的范例程序

```
1    aw_local void __pcf85063_inst_init (awbl_dev_t * p_dev)
2    {
3        struct awbl_pcf85063_dev       * p_this      =   (struct awbl_pcf85063_dev * )p_dev;
4        struct awbl_pcf85063_devinfo   * p_devinfo   =   (struct awbl_pcf85063_devinfo * )
5                                                             AWBL_DEVINFO_GET(p_dev)
6        uint8_t data[1];
7        if (AW_OK != awbl_i2c_read((struct awbl_i2c_device * )p_this,
8                                   AW_I2C_ADDR_7BIT | AW_I2C_SUBADDR_1BYTE,
9                                   p_devinfo->addr,
10                                  0x01,                // 寄存器地址
11                                  data,
12                                  1)) {
13           return;
14       }
15       if ((data[0] & 0x07) != 0x07) {                // 若低三位不为 111, 则修改为 111
16           data[0] |= 0x07;
17           awbl_i2c_write((struct awbl_i2c_device * )p_this,
18                          AW_I2C_ADDR_7BIT | AW_I2C_SUBADDR_1BYTE,
19                          p_devinfo->addr,
20                          0x01,                          // 寄存器地址
21                          data,
22                          1);
23       }
24   }
```

程序中，首先将 p_dev 转换为了 PCF85063 设备类型指针，并通过 p_dev 获得了设备信息，以获取其中的从机地址信息。然后使用读取接口读取出地址 0x01 的值，若其低三位不为 111，则修改为 111 并重新写入寄存器中。

该段程序作为 PCF85063 的初始化程序，应该处于哪一阶段呢，由于 I^2C 是一种相对低速的通信接口，读/写数据往往比较耗时(毫秒级别)，因此，建议放在第三阶段中。为此，可以完善第三阶段初始化函数的实现，详见程序清单 13.63。

程序清单 13.63　第三阶段初始化函数的实现

```
1    #define __PCF85063_REG_CS2                  0x01 // 控制和状态寄存器 2 地址定义
2
3    /* 辅助宏，通过基础设备指针获得具体设备指针 */
4    #define __PCF85063_DEV_DECL(p_this, p_dev)  struct awbl_pcf85063_dev * p_this = \
5                    (struct awbl_pcf85063_dev * )(p_dev)
6
7    /* 辅助宏，通过基础设备指针获得设备信息指针 */
8    #define __PCF85063_DEVINFO_DECL(p_devinfo, p_dev)\
       struct awbl_pcf85063_devinfo * p_devinfo = \
9    (struct awbl_pcf85063_devinfo * )AWBL_DEVINFO_GET(p_dev)
10
11   aw_local void __pcf85063_inst_connect(awbl_dev_t * p_dev)
12   {
13       __PCF85063_DEV_DECL(p_this, p_dev);
14       __PCF85063_DEVINFO_DECL(p_devinfo, p_this);
15       uint8_t data[1];
16
17       if (AW_OK != awbl_i2c_read((struct awbl_i2c_device * )p_this,
18                                  AW_I2C_ADDR_7BIT | AW_I2C_SUBADDR_1BYTE,
19                                  p_devinfo->addr,
20                                  __PCF85063_REG_CS2,
21                                  data,
22                                  1)) {
23           return;
24       }
25
26       if ((data[0] & 0x07) != 0x07) {
27           data[0] |= 0x07;
28           awbl_i2c_write((struct awbl_i2c_device * )p_this,
29                          AW_I2C_ADDR_7BIT | AW_I2C_SUBADDR_1BYTE,
30                          p_devinfo->addr,
31                          __PCF85063_REG_CS2,
32                          data,
33                          1);
34       }
35   }
```

程序中,为了程序的简洁和可读性,使用宏的形式对 p_dev 的强制转换、设备信息的获取以及寄存器地址常量进行了定义。

由于不再需要执行其他初始化操作,因此,第一阶段和第二阶段的初始化函数可以为空。

13.4.6 实现通用服务

PCF85063 可以提供 RTC 服务,在提供 RTC 服务前,需要完成设备中 rtc_serv 的赋值,其类型为 struct awbl_rtc_service,回顾其具体定义,详见程序清单 13.64。

程序清单 13.64 RTC 服务类型定义(awbl_rtc.h)

```
1   struct awbl_rtc_service {
2       struct awbl_rtc_service             * p_next;        // 指向下一个 RTC 服务
3       const struct awbl_rtc_servinfo      * p_servinfo;    // RTC 服务信息
4       const struct awbl_rtc_servopts      * p_servfuncs;   // 设备的驱动函数
5       void                                * p_cookie;      // 驱动函数的 p_cookie 参数
6   };
```

1. p_next 成员的赋值

p_next 用于系统组织多个 RTC 服务,对于单个 RTC 服务的提供者,其值设置为 NULL,详见程序清单 13.65。

程序清单 13.65 p_next 成员的赋值

```
1   __PCF85063_DEV_DECL(p_this, p_dev);
2   p_this->rtc_serv.p_next = NULL;
```

2. p_servinfo 成员的赋值

p_servinfo 用于指向 RTC 服务信息,RTC 服务信息由用户通过设备信息提供,基于此,其值直接设置为指向设备信息中的 rtc_servinfo 即可,详见程序清单 13.66。

程序清单 13.66 p_servinfo 成员的赋值

```
1   __PCF85063_DEV_DECL(p_this, p_dev);
2   __PCF85063_DEVINFO_DECL(p_devinfo, p_this);
3   p_this->rtc_serv.p_servinfo   = &p_devinfo->rtc_servinfo;
```

3. p_servopts 成员的赋值

p_servopts 是实现 RTC 服务的核心,其定义了 RTC 抽象方法,驱动需要实现这些抽象方法, struct awbl_rtc_servopts 类型的定义详见程序清单 13.57,其中定义了三个抽象方法:

- time_get:获取时间;
- time_set:设置时间;

● dev_ctrl:控制函数,当前未使用,保留给后续扩展,设置为 NULL 即可。

在具体实现前,可以先搭建好软件结构,详见程序清单 13.67。

程序清单 13.67　实现 RTC 服务中定义的抽象方法结构性代码

```
1   aw_local aw_err_t __pcf85063_time_get (void * p_cookie, aw_tm_t * p_tm)
2   {
3       // 从 PCF85063 中获取时间值,为 p_tm 细分时间中的各个成员赋值
4       return AW_OK;
5   }
6
7   aw_local aw_err_t __pcf85063_time_set (void * p_cookie, aw_tm_t * p_tm)
8   {
9       // 根据 p_tm 细分时间中各个成员的值,设置 PCF85063 的当前时间
10      return AW_OK;
11  }
12
13  aw_local aw_const struct awbl_rtc_servopts __g_pcf85063_servopts ={
14      __pcf85063_time_get,
15      __pcf85063_time_set,
16      NULL
17  };
```

其中,__g_pcf85063_servopts 的地址即可作为 RTC 服务中 p_servopts 的值。接下来,需要具体实现时间获取和时间设置函数。

在 PCF85063 中,地址 0x04～0x0A 的寄存器存储了时间信息,如表 13.10 所列。对这些寄存器的读/写即可完成时间信息的获取和设置。

表 13.10　时间信息相关的寄存器地址含义

寄存器地址	含　义
0x04	低 7 位存储秒值,有效范围：0～59
0x05	低 7 位存储分钟值,有效范围：0～59
0x06	低 6 位存储小时值,有效范围：0～23
0x07	低 6 位存储日期值,有效范围:1～31
0x08	低 3 位存储星期值,有效范围:0～6
0x09	低 5 位存储月份值,有效范围:1～12
0x0A	8 位全部用于存储年份值,有效范围:0～99

注意:在寄存器中,数值的存储形式是 BCD 格式,即数值的十位和个位分别使用 4 位二进制数(一位十六进制数)进行表示。例如,秒值为 23,则十位 2 使用 4 位二进制表示,即 0010,个位 3 使用 4 位二进制表示,即 0011,最终的结果即为 0010 0011。对于秒值,由于十位的最大值为 5,需要使用 3 位二进制表示,因此,秒值占用的实际

有效位为 7 位(十位占用 3 位,个位占用 4 位)。不同秒值对应的寄存器值如表 13.11 所列。

表 13.11 秒值对应的寄存器值

秒 值	寄存器位(Bit)						
	6	5	4	3	2	1	0
0	0	0	0	0	0	0	0
1	0	0	0	0	0	0	1
⋮	…						
11	0	0	1	0	0	0	1
⋮	…						
58	1	0	1	1	0	0	0
59	1	0	1	1	0	0	1

分值与秒值的有效范围相同,占用 7 位有效位;对于小时值,PCF85063 支持 24 小时制(默认)和 12 小时制,但在 AWorks 平台中,细分时间统一使用了 24 小时制,基于此,PCF85063 也仅使用默认的 24 小时制,此时,小时值的有效范围为 0～23,由于十位的最大值为 2,需要使用 2 位二进制表示,因此,小时值占用的实际有效位为 6 位(十位占用 2 位,个位占用 4 位);对于日期值,其有效范围为 1～31,十位最大值为 3,需要使用 2 位二进制表示,因此,日期值占用的实际有效位为 6 位(十位占用 2 位,个位占用 4 位);对于星期值,其有效范围为 0～6,仅包含个位,且最大值为 6,只需要使用 3 位二进制数即可表示,因此,星期值占用的实际有效位为 3 位(仅个位占用 3 位);对于月份值,其有效范围为 1～12,十位最大值为 1,需要使用 1 位二进制表示,因此,月份值占用的实际有效位为 5 位(十位占用 1 位,个位占用 4 位);对于年份值,8 位寄存器值全部用于表示年份值,十位和个位均占用 4 位,对于 BCD 码,使用 4 位二进制表示一位十进制数,个位和十位的最大值均为 9,因此,年份值的有效范围为0～99。

为便于 BCD 码数据和实际数值之间相互转换,在 AWorks 中,定义了两个宏辅助宏,详见程序清单 13.68。

程序清单 13.68 BCD 码转换辅助宏(aw_common.h)

```
1    #define AW_BCD_TO_HEX(val)  (((val) & 0x0f) + ((val) >> 4) * 10)
                                                    // BCD 码转换为实际数值
2    #define AW_HEX_TO_BCD(val)  ((((val) / 10) << 4) + (val) % 10)
                                                    // 实际数值转换为 BCD 码
```

对于获取时间,可以读取出各个寄存器的值,然后为 p_tm 细分时间结构体中的各个成员赋值,范例程序详见程序清单 13.69。

程序清单 13.69 时间获取函数的实现范例

```
1     #define __PCF85063_REG_SEC        0x04           // 秒值寄存器地址定义
2
3    aw_local aw_err_t __pcf85063_time_get (void * p_cookie, aw_tm_t * p_tm)
4    {
5        uint8_t data[7];
6        __PCF85063_DEV_DECL(p_this, p_cookie);
7        __PCF85063_DEVINFO_DECL(p_devinfo, p_cookie);
8        if (AW_OK != awbl_i2c_read((struct awbl_i2c_device *)p_this,
9                                 AW_I2C_ADDR_7BIT | AW_I2C_SUBADDR_1BYTE,
10                                p_devinfo->addr,
11                                __PCF85063_REG_SEC,
12                                data,
13                                7)) {
14           return -AW_EIO;
15       }
16       p_tm->tm_sec      =    AW_BCD_TO_HEX(data[0] & ~0x80);
17       p_tm->tm_min      =    AW_BCD_TO_HEX(data[1] & ~0x80);
18       p_tm->tm_hour     =    AW_BCD_TO_HEX(data[2] & ~0xC0);
19       p_tm->tm_mday     =    AW_BCD_TO_HEX(data[3] & ~0xC0);
20       p_tm->tm_mon      =    AW_BCD_TO_HEX(data[5] & ~0xE0) - 1;
21       p_tm->tm_year     =    AW_BCD_TO_HEX(data[6]);
22       if (p_tm->tm_year < 70) {
23           p_tm->tm_year += 100;
24       }
25       return AW_OK;
26   }
```

程序中，将 p_cookie 强制转换为指向设备自身的指针。这是由于在为 RTC 服务中的 p_cookie 成员赋值时，往往将其赋值为指向设备自身的指针，在 p_cookie 成员的赋值中将详细介绍。

读取时间信息时，直接从秒寄存器开始，连续读取了 7 个寄存器的值，以便一次性读取出所有时间信息。读取的时间值为 BCD 码，在为细分时间赋值前需要将其转换为实际数值。特别地，在细分时间中，tm_year 是从 1900 年开始计算的，而 PCF85063 的年份值有效范围为 0～99，实际年份的表示范围则为 1 900～1 999，满足不了实际需求。为了扩大表示范围，当 tm_year 小于 70 时(即 PCF85063 中年份值寄存器的值小于 70 时)，将 tm_year 的值增加 100。这样当年份值寄存器的值为 0～69 时，实际表示的年份值为 100～169，当值为 70～99 时，表示的年份值依旧就是 70～99，使得年份值的范围扩大到了 70～169，对应的年份范围即为 1 970～2 069，

1 970 也是很多操作系统中的时间起点。

时间设置是一个相反的过程，即将细分时间中的值设置到 PCF85063 的相应寄存器中，范例程序详见程序清单 13.70。

程序清单 13.70 时间设置函数的实现范例

```
1   aw_local aw_err_t __pcf85063_time_set (void * p_cookie, aw_tm_t * p_tm)
2   {
3       uint8_t data[7];
4
5       __PCF85063_DEV_DECL(p_this, p_cookie);
6       __PCF85063_DEVINFO_DECL(p_devinfo, p_cookie);
7
8       data[0]    =    AW_HEX_TO_BCD(p_tm ->tm_sec);
9       data[1]    =    AW_HEX_TO_BCD(p_tm ->tm_min);
10      data[2]    =    AW_HEX_TO_BCD(p_tm ->tm_hour);
11      data[3]    =    AW_HEX_TO_BCD(p_tm ->tm_mday);
12      data[4]    =    AW_HEX_TO_BCD(p_tm ->tm_wday);
13      data[5]    =    AW_HEX_TO_BCD(p_tm ->tm_mon + 1);
14      data[6]    =    AW_HEX_TO_BCD(p_tm ->tm_year % 100);
15
16      if ((p_tm ->tm_year < 70) || (p_tm ->tm_year > 170)) {
17          return  AW_ETIME;
18      }
19
20      if (awbl_i2c_write((struct awbl_i2c_device * )p_this,
21                          AW_I2C_ADDR_7BIT | AW_I2C_SUBADDR_1BYTE,
22                          p_devinfo ->addr,
23                          __PCF85063_REG_SEC,
24                          data,
25                          7) != AW_OK) {
26          return - AW_EIO;
27      }
28
29      return AW_OK;
30  }
```

程序中，首先将细分时间值依次存储到 data 数组中，然后一次性写入所有时间信息。值得注意的是，在细分时间中，tm_mon 表示月份，其值为实际月份减一（有效值为 0～11）。而在 PCF85063 中，月份寄存器中的有效值为 1～12，表示的是实际月份，因此，在将细分时间值写入 PCF85063 的寄存器时，需要做加 1 操作，以将 tm_mon 转换为实际月份。特别地，在驱动中，将 tm_year 的范围限制在了 70～169，以表示年份 1970—2069。若 tm_year 的值超过该范围,则表示是无效时间。年份值寄存器的有效范围为 0~99,根据规则(小于 70 时加上 100),年份值为 100~169 时,寄存器的值应为 0~69 ;年份值为 70~99 时,寄存器的值保持不变,同样为 70~99。年份值寄存器的值不能超过 100,大于 100 时,应该减去 100,程序中,巧妙地将 tm_year 的值对 100 取余作为最终年份值寄存器的值,完成了这一操作。

4. p_cookie 成员的赋值

p_cookie 用于系统在调用设备实现的抽象方法时,"原封不动"地传递给各个抽象方法的 p_cookie 参数。这样一来,传入抽象方法中的 p_cookie 与 RTC 服务中的 p_cookie 是完全相同的。通常情况下,p_cookie 都起到一个 p_this 的作用,用于指向设备自身,基于此,直接将 RTC 服务中 p_cookie 设置为 p_this,详见程序清单 13.71。

程序清单 13.71 p_cookie 成员的赋值

```
1    __PCF85063_DEV_DECL(p_this, p_dev);
2    p_this->rtc_serv.p_cookie = (void *)p_this;
```

正因为如此,在程序清单 13.69 和程序清单 13.70 所示的 RTC 抽象方法的实现中,可以直接将 p_cookie 强制转换为指向设备自身的指针。

至此,清楚了 RTC 服务中各成员应该设置的具体值,可以在系统获取 RTC 服务时,再进行相关成员的赋值。

13.4.7 定义 Method 对象

已知获取 RTC 服务的 Method 类型为:awbl_rtcserv_get。为了使 PCF85063 可以向系统提供 RTC 服务,需要使用该类型定义 Method 对象,核心需要实现一个用于系统获取 RTC 服务的入口函数,范例程序详见程序清单 13.72。

程序清单 13.72 获取 RTC 服务的入口函数实现范例

```
1    aw_local aw_err_t __pcf85063_rtcserv_get (struct awbl_dev *p_dev, void *p_arg)
2    {
3        __PCF85063_DEV_DECL(p_this, p_dev);
4        __PCF85063_DEVINFO_DECL(p_devinfo, p_dev);
5        struct awbl_rtc_service *p_serv = &p_this->rtc_serv;
6        p_serv->p_next       = NULL;
7        p_serv->p_servinfo   = &p_devinfo->rtc_servinfo;
8        p_serv->p_servopts   = &__g_pcf85063_servopts;
9        p_serv->p_cookie     = (void *)p_dev;
10       *(struct awbl_rtc_service **)p_arg = p_serv;
11       return AW_OK;
12   }
```

基于此,可以完成一个 Method 对象的定义,即

```
AWBL_METHOD(awbl_rtcserv_get, __pcf85063_rtcserv_get),  // 获取 RTC 服务的 Method 对象
```

一个驱动提供的所有 Method 对象应该存放在一个列表中,由于 PCF85063 设备仅能提供 RTC 服务,因此,Method 对象列表中仅包含一个用于获取 RTC 服务的 Method 对象,详见程序清单 13.73。

程序清单 13.73　PCF85063 设备驱动 Method 对象列表定义

```
1   AWBL_METHOD_IMPORT(awbl_rtcserv_get);        // 声明获取 RTC 服务的 Method 类型
2   // Method 对象列表
3   aw_local aw_const struct awbl_dev_method __g_pcf85063_dev_methods[] ={
4       AWBL_METHOD(awbl_rtcserv_get, __pcf85063_rtcserv_get),
                                                 // 获取 RTC 服务的 Method 对象
5       AWBL_METHOD_END                          // 对象列表结束
6   };
```

其中,__g_pcf85063_dev_methods 即可作为基础驱动信息中 p_methods 的值。

13.4.8　定义驱动结构体常量,实现驱动注册函数

驱动信息常量的实际类型与设备所处的总线类型相关。PCF85063 设备挂在 I^2C 总线上,I^2C 总线上的所有设备驱动对应的信息结构体类型为 awbl_i2c_drvinfo_t,其是直接从基础驱动信息类型派生而来的,具体定义详见程序清单 13.74。

程序清单 13.74　awbl_i2c_drvinfo_t 类型定义(awbl_i2cbus.h)

```
1   typedef struct awbl_i2c_drvinfo{
2       struct awbl_drvinfo super;        // 继承自基础驱动信息类型
3   } awbl_i2c_drvinfo_t;
```

由此可见,其并未扩展任何其他新的成员,与基础驱动信息是完全一样的,可以定义用于描述 PCF85063 驱动的信息常量,详见程序清单 13.75。

程序清单 13.75　定义描述 PCF85063 驱动的信息常量

```
1   aw_local aw_const awbl_i2c_drvinfo_t __g_pcf85063_drv_registration ={
2       {
3           AWBL_VER_1,                          // AWBus - lite 版本号
4           AWBL_BUSID_I2C,                      // 驱动的设备挂在 I²C 总线上
5           AWBL_PCF85063_NAME,                  // 驱动名
6           &__g_pcf85063_drvfuncs,              // 驱动初始化函数入口点
7           &__g_pcf85063_dev_methods[0],        // 驱动定义的 Method 对象列表
8           NULL                                 // 无探测函数
9       }
10  };
```

用户若需使用该驱动，还需要将驱动注册到系统中，可以提供一个用于注册 PCF85063 驱动的专用函数，其实现详见程序清单 13.76。

程序清单 13.76　注册 PCF85063 驱动的专用函数

```
1    void awbl_pcf85063_drv_register (void)
2    {
3        awbl_drv_register((struct awbl_drvinfo *)&__g_pcf85063_drv_registration);
4    }
```

为便于查阅，PCF85063 完整的驱动文件详见程序清单 13.77 和程序清单 13.78。

程序清单 13.77　PCF85063 驱动头文件(awbl_pcf85063.h)

```
1    #ifndef __AWBL_PCF85063_H
2    #define __AWBL_PCF85063_H
3
4    #ifdef __cplusplus
5    extern "C" {
6    #endif
7
8    #include "awbl_rtc.h"
9    #include "awbl_i2cbus.h"
10
11   #define AWBL_PCF85063_NAME    "pcf85063"     // PCF85063 驱动名
12
13   /* PCF85063 设备信息类型定义 */
14   typedef struct awbl_pcf85063_devinfo {
15       struct awbl_rtc_servinfo  rtc_servinfo;  // RTC 服务配置信息
16       uint8_t addr;                           // 设备从机地址
17   } awbl_pcf85063_devinfo_t;
18
19   /* PCF85063 设备类型定义 */
20   typedef struct awbl_pcf85063_dev {
21       struct awbl_i2c_device     super;       // 继承自 AWBus I2C device 设备
22       struct awbl_rtc_service    rtc_serv;    // 可以提供 RTC 服务
23   } awbl_pcf85063_dev_t;
24
25   /* PCF85063 驱动注册函数 */
26   void awbl_pcf85063_drv_register (void);
27
28   #ifdef __cplusplus
29   }
30   #endif
31
32   #endif
```

程序清单 13.78　PCF85063 驱动源文件(awbl_pcf85063.c)

```
1    #include "apollo.h"
2    #include "awbus_lite.h"
3    #include "awbl_i2cbus.h"
4    #include "awbl_rtc.h"
5    #include "driver/rtc/awbl_pcf85063.h"
6    #include "time.h"
7
8    #define __PCF85063_REG_CS2        0x01      // 控制和状态寄存器 2 寄存器地址定义
9    #define __PCF85063_REG_SEC        0x04      // 秒值寄存器地址定义
10
11   /* 辅助宏,通过基础设备指针获得具体设备指针 */
12   #define __PCF85063_DEV_DECL(p_this, p_dev)  struct awbl_pcf85063_dev * p_this = \
13                (struct awbl_pcf85063_dev * )(p_dev)
14
15   /* 辅助宏,通过基础设备指针获得设备信息指针 */
16   #define __PCF85063_DEVINFO_DECL(p_devinfo, p_dev)\
       struct awbl_pcf85063_devinfo
       * p_devinfo = \
17   (struct awbl_pcf85063_devinfo * )AWBL_DEVINFO_GET(p_dev)
18
19   aw_local aw_err_t __pcf85063_time_get (void * p_cookie, aw_tm_t * p_tm)
20   {
21       uint8_t data[7];
22       __PCF85063_DEV_DECL(p_this, p_cookie);
23       __PCF85063_DEVINFO_DECL(p_devinfo, p_cookie);
24       if (AW_OK != awbl_i2c_read((struct awbl_i2c_device * )p_this,
25                                  AW_I2C_ADDR_7BIT | AW_I2C_SUBADDR_1BYTE,
26                                  p_devinfo->addr,
27                                  __PCF85063_REG_SEC,
28                                  data,
29                                  7)) {
30           return - AW_EIO;
31       }
32       p_tm->tm_sec        =      AW_BCD_TO_HEX(data[0] & ~0x80);
33       p_tm->tm_min        =      AW_BCD_TO_HEX(data[1] & ~0x80);
34       p_tm->tm_hour       =      AW_BCD_TO_HEX(data[2] & ~0xC0);
35       p_tm->tm_mday       =      AW_BCD_TO_HEX(data[3] & ~0xC0);
36       p_tm->tm_mon        =      AW_BCD_TO_HEX(data[5] & ~0xE0) - 1;
```

```
37        p_tm->tm_year      =      AW_BCD_TO_HEX(data[6]);
38
39        if (p_tm->tm_year < 70) {
40            p_tm->tm_year += 100;
41        }
42        return AW_OK;
43    }
44
45    aw_local aw_err_t __pcf85063_time_set (void *p_cookie, aw_tm_t *p_tm)
46    {
47        uint8_t data[7];
48        __PCF85063_DEV_DECL(p_this, p_cookie);
49        __PCF85063_DEVINFO_DECL(p_devinfo, p_cookie);
50        data[0]     =     AW_HEX_TO_BCD(p_tm->tm_sec);
51        data[1]     =     AW_HEX_TO_BCD(p_tm->tm_min);
52        data[2]     =     AW_HEX_TO_BCD(p_tm->tm_hour);
53        data[3]     =     AW_HEX_TO_BCD(p_tm->tm_mday);
54        data[4]     =     AW_HEX_TO_BCD(p_tm->tm_wday);
55        data[5]     =     AW_HEX_TO_BCD(p_tm->tm_mon + 1);
56        data[6]     =     AW_HEX_TO_BCD(p_tm->tm_year % 100);
57
58        if ((p_tm->tm_year < 70) || (p_tm->tm_year > 170)) {
59            return  AW_ETIME;
60        }
61
62        if (awbl_i2c_write((struct awbl_i2c_device *)p_this,
63                           AW_I2C_ADDR_7BIT | AW_I2C_SUBADDR_1BYTE,
64                           p_devinfo->addr,
65                           __PCF85063_REG_SEC,
66                           data,
67                           7) != AW_OK) {
68            return -AW_EIO;
69        }
70
71        return AW_OK;
72    }
73
74    aw_local void __pcf85063_inst_init1(awbl_dev_t *p_dev)
75    {
76    }
77
```

```
78    aw_local void __pcf85063_inst_init2(awbl_dev_t * p_dev)
79    {
80    }
81
82    aw_local void __pcf85063_inst_connect(awbl_dev_t * p_dev)
83    {
84        __PCF85063_DEV_DECL(p_this, p_dev);
85        __PCF85063_DEVINFO_DECL(p_devinfo, p_this);
86        uint8_t data[1];
87
88        if (AW_OK != awbl_i2c_read((struct awbl_i2c_device *)p_this,
89                                   AW_I2C_ADDR_7BIT | AW_I2C_SUBADDR_1BYTE,
90                                   p_devinfo->addr,
91                                   __PCF85063_REG_CS2,
92                                   data,
93                                   1)) {
94            return;
95        }
96        if ((data[0] & 0x07) != 0x07) {
97            data[0] |= 0x07;
98            awbl_i2c_write((struct awbl_i2c_device *)p_this,
99                           AW_I2C_ADDR_7BIT | AW_I2C_SUBADDR_1BYTE,
100                          p_devinfo->addr,
101                          __PCF85063_REG_CS2,
102                          data,
103                          1);
104       }
105   }
106
107   /* Method Handler,用于获取 RTC 服务 */
108   aw_local aw_err_t __pcf85063_rtcserv_get (struct awbl_dev * p_dev, void * p_arg)
109   {
110       __PCF85063_DEV_DECL(p_this, p_dev);
111       __PCF85063_DEVINFO_DECL(p_devinfo, p_dev);
112       struct awbl_rtc_service * p_serv = &p_this->rtc_serv;
113
114       p_serv->p_next       = NULL;
115       p_serv->p_servinfo   = &p_devinfo->rtc_servinfo;
116       p_serv->p_servopts   = &__g_pcf85063_servopts;
117       p_serv->p_cookie     = (void *)p_dev;
118
```

```
119         *(struct awbl_rtc_service **)p_arg = p_serv;
120         return AW_OK;
121     }
122     aw_local aw_const struct awbl_drvfuncs __g_pcf85063_drvfuncs ={
123         __pcf85063_inst_init1,
124         __pcf85063_inst_init2,
125         __pcf85063_inst_connect
126     };
127 
128     aw_local aw_const struct awbl_rtc_servopts __g_pcf85063_servopts ={
129         __pcf85063_time_get,
130         __pcf85063_time_set,
131         NULL
132     };
133 
134     AWBL_METHOD_IMPORT(awbl_rtcserv_get);
135     aw_local aw_const struct awbl_dev_method __g_pcf85063_dev_methods[] ={
136         AWBL_METHOD(awbl_rtcserv_get, __pcf85063_rtcserv_get),
137         AWBL_METHOD_END
138     };
139 
140     aw_local aw_const awbl_i2c_drvinfo_t __g_pcf85063_drv_registration ={
141         {
142             AWBL_VER_1,                          // AWBus-lite 版本号
143             AWBL_BUSID_I2C,                      // 驱动的设备挂在 I²C 总线上
144             AWBL_PCF85063_NAME,                  // 驱动名
145             &__g_pcf85063_drvfuncs,              // 驱动初始化函数入口点
146             &__g_pcf85063_dev_methods[0],        // 驱动定义的 Method 对象列表
147             NULL                                 // 无探测函数
148         }
149     };
150 
151     void awbl_pcf85063_drv_register (void)
152     {
153         awbl_drv_register((struct awbl_drvinfo *)&__g_pcf85063_drv_registration);
154     }
```

第14章

信号采集及接口扩展模块

✍ **本章导读**

AWorks平台作为IoT物联网生态系统，底层需要大量的基础硬件模块，以实现对外部世界的感知，如温度、电压和电流的采集等。为此，经过长期的调研、分析和开发，ZLG推出了一系列自主研发的通用模块，主要有：温度检测模块、能效检测模块、信号调理模块等。在实际应用中，这些信号采集模块都需要通过某种接口（如I^2C、SPI、UART等）与控制器相连，当使用的模块过多时，MCU控制器本身提供的接口可能不够，基于此，ZLG还推出了一系列接口扩展模块，以实现对MCU接口的扩展。

为使用户可以快速将模块应用到实际项目中，ZLG推出的一系列模块都提供了对应的AWorks驱动，使用户可以跳过从寄存器开始开发的步骤，直接基于接口使用这些模块。各类模块的使用方法类似，因而本章仅从每一类模块中选择一个典型模块进行介绍，其型号分别为：TPS02R（温度检测模块）、EMM400（能效检测模块）、TPS08U（信号调理模块）和RTM11AT（接口扩展模块）。

14.1 温度检测模块——TPS0xR/T

TPS0xR/T系列温度检测模块是ZLG精心设计的隔离温度测量模块。TPS0xR/T包含了一系列型号，主要根据通道数目、通信接口（I^2C或SPI）以及支持的传感器类型（PT100热电阻或热电偶）进行划分，选型表如表14.1所列。

表14.1 TPS0xR/T系列热电阻、热电偶温度检测模块

资　源	模块型号			
	TPS02R	TPS08R	TPS02T	TPS08T
采集通道数量	2通道	8通道	2通道	8通道
采集信号类型	PT100热电阻		J、K、T、E、N、R、S、B热电偶	
温度测量范围	−200～+850 ℃	−200～+850 ℃	与热电偶类型有关，见表14.2	
温度测量精度	0.02%T±0.1 ℃		与热电偶类型相关，见表14.2	
冷端测量精度	—	—	0.05%fs电压测量（内部测温1 ℃）	
ADC分辨率	24位	24位	24位	24位

续表 14.1

资　源	模块型号			
	TPS02R	TPS08R	TPS02T	TPS08T
采样速率	0.75 采样点/s	6.25 采样点/s	12.5 采样点/s	12.5 采样点/s
带宽	2 Hz	2 Hz	2 Hz	2 Hz
激励电流源	1 mA	1 mA	—	—
输入接线方式	三线制	三线制	—	—
供电电源	3.3 V	3.3 V	3.3 V	3.3 V
功耗	0.3 W	0.5 W	0.3 W	0.5 W
通信接口电气隔离	2 500 V,AC	2 500 V,AC	2 500 V,AC	2 500 V,AC
通信接口类型	I^2C	SPI	I^2C	SPI
通信接口电平	3.3 V	3.3 V	3.3 V	3.3 V
工作温度范围	−40～+85 ℃	−40～+85 ℃	−40～+85 ℃	−40～+85 ℃
封装形式	DIP16	DIP24	DIP16	DIP24
机械尺寸	24.98 mm×16.90 mm×7.10 mm	27.94 mm×20.3 mm×9.5 mm	24.98 mm×16.90 mm×7.10 mm	27.94 mm×20.3 mm×9.5 mm

表 14.2　TPS0xT 测温范围和精度与热电偶类型的关系

热电偶类型	测温范围/ ℃	测温精度
J	−200～1 200	−200～0 ℃:0.35%T±0.5 ℃;0～1 200 ℃:0.15%T±0.5 ℃
K	−200～1 372	−200～0 ℃:0.35%T±0.5 ℃;0～1 372 ℃:0.15%T±0.5 ℃
T	−250～400	−250～0 ℃:0.35%T±0.5 ℃;0～400 ℃:0.15%T±0.5 ℃
E	−200～1 200	−200～0 ℃:0.35%T±0.5 ℃;0～1 200 ℃:0.15%T±0.5 ℃
N	−200～1 300	−200～0 ℃:0.7%T±0.7 ℃;0～1 300 ℃:0.15%T±0.7 ℃
R	0～1 768	0.3%T±1 ℃
S	0～1 768	0.3%T±1 ℃
B	400～ 1 820	0.3%T±1 ℃

在 AWorks 中,TPS0xR/T 系列模块的使用方法都是类似的,本节将以 TPS02R 模块为例,讲解该系列温度检测模块在 AWorks 中的使用方法。

14.1.1　TPS02R 简介

TPS02R 模块是一款隔离热电阻温度测量模块,只需接入 PT100 热电阻,即可完成温度的采集,采用标准 I^2C 接口直接输出以摄氏度(℃)为单位的温度数据。模块内置电气隔离,保障测量结果不受干扰。采用超小的体积设计,更易于集成到各种测温设备中。

1. 产品特性

TPS02R 产品特性如下:

- 两通道 PT100 热电阻测量，I^2C 通信接口；
- −200～850 ℃测温范围；
- 0.01 ℃测温分辨率，±(0.02%T+0.1 ℃)测温误差；
- 工作环境 −40～+85 ℃；
- 3.3 V 供电电压；
- 温度报警输出；
- 隔离耐压(有效值)2 500 V。

2. 引脚分布

TPS02R 具有 12 个外部引脚，其引脚定义如图 14.1 所示，引脚功能描述如表 14.3 所列。

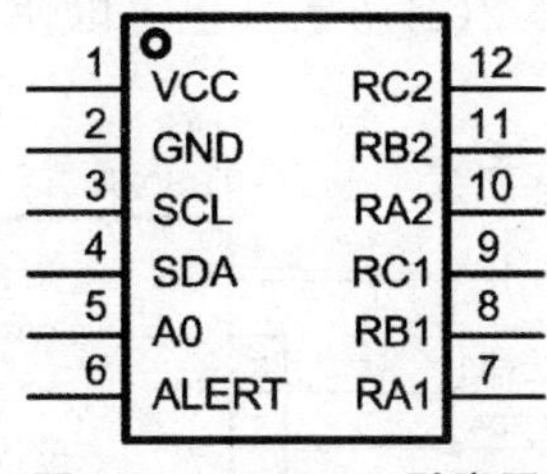

图 14.1　TPS02R 引脚图

表 14.3　TPS02R 引脚功能表

引脚序号	引脚名称	功能描述
1	VCC	供电电源，3.3 V 供电
2	GND	接地端
3	SCL	I^2C 总线时钟信号，内部上拉
4	SDA	I^2C 总线数据信号，内部上拉
5	A0	I^2C 地址选择引脚，接地(0x48)，接 VCC 或悬空(0x49)
6	ALERT	报警信号输出引脚
7	RA1	外部热电阻 PT100 接口，外接 1 通道热电阻 A 端
8	RB1	外部热电阻 PT100 接口，外接 1 通道热电阻 B 端
9	RC1	外部热电阻 PT100 接口，外接 1 通道热电阻 C 端
10	RA2	外部热电阻 PT100 接口，外接 2 通道热电阻 A 端
11	RB2	外部热电阻 PT100 接口，外接 2 通道热电阻 B 端
12	RC2	外部热电阻 PT100 接口，外接 2 通道热电阻 C 端

TPS02R 的通信接口为标准的 I^2C 接口，主控芯片可以通过 I^2C 总线读取两路通道的温度值。需要特别注意的是，A0(5＃)引脚决定了该模块的 7 位 I^2C 从机地址。若该引脚接地，则从机地址为 0x48；若该引脚连接到 VCC 或者直接悬空，则从机的地址为 0x49。

TPS02R 的 ALERT 引脚为报警信号输出引脚，ALERT 引脚可以与一路温度值关联，当该路温度状态异常时(超过上限或低于下限温度值时)报警，以及时通知主控进行处理。

3. 应用电路

TPS02R 为两通道的热电阻测量模块，其中 RA1、RB1 和 RC1 为通道 1 的接口，

RA2、RB2 和 RC2 为通道 2 的接口。若用户只用一个通道，比如通道 1，则仅需将通道 1 的相关引脚(RA1、RB1 和 RC1)与一路三线制热电阻 PT100 相连。对于未使用的通道 2，为了避免影响通道 1 的采集，应将 RA2、RB2 和 RC2 这 3 个引脚短接，如图 14.2(a)所示。也可以使用通道 2，而不使用通道 1，如图 14.2(b)所示。

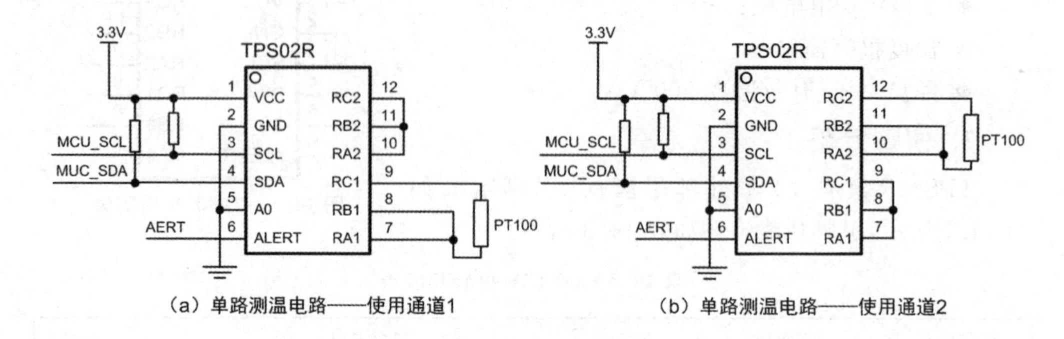

图 14.2　单路测温电路

若用户使用两路通道，则相应的应用电路如图 14.3 所示。该电路为典型的双路测温电路，其中，将 RA1、RB1 和 RC1 与一路三线制热电阻 PT100 相连；同时将 RA2、RB2 和 RC2 与另一路三线制热电阻 PT100 相连。

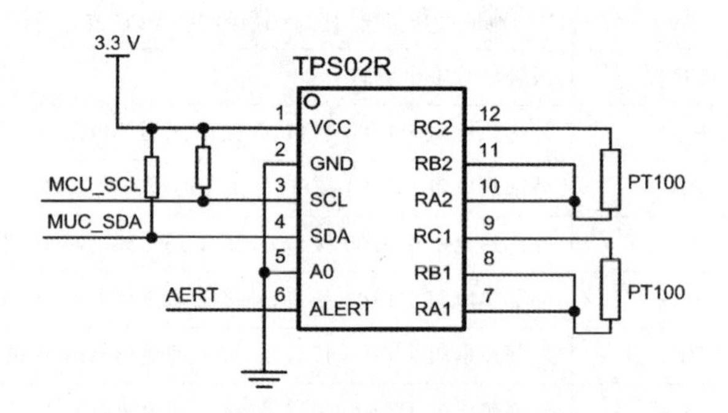

图 14.3　双路测温电路

注意：在各个典型应用电路中，A0 引脚均直接接地，因此，模块的 7 位 I^2C 从机地址地址为 0x48。

14.1.2　添加 TPS02R 硬件设备

通过对 AWBus - lite 的介绍可知，在 AWorks 中，所有硬件设备均由 AWBus - lite 统一管理，在使用某一硬件设备前，必须在硬件设备列表(详见程序清单 12.1)中添加该硬件设备。一个硬件设备由 struct awbl_devhcf 类型的结构体常量进行描述。回顾该类型的定义，详见程序清单 14.1。

程序清单 14.1 struct awbl_devhcf 类型定义(awbus_lite.h)

```
1   struct awbl_devhcf {
2       const char              * p_name;        // 设备名
3       uint8_t                   unit;          // 设备单元号
4       uint8_t                   bus_type;      // 设备所处总线的类型
5       uint8_t                   bus_index;     // 设备所处总线的编号
6       struct awbl_dev         * p_dev;         // 指向设备实例内存
7       const void              * p_devinfo;     // 指向设备信息(常量)
8   };
```

1. 设备名

设备名一般与驱动名一致，TPS02R 的驱动名在对应的驱动头文件(awbl_tps02r.h)中定义，详见程序清单 14.2。

程序清单 14.2 TPS02R 驱动名定义(awbl_tps02r.h)

```
1    #define AWBL_TPS02R_NAME        "awbl_tps02r"
```

基于此，设备名应为：AWBL_TPS02R_NAME。

2. 设备单元号

设备单元号用于区分系统中几个相同的硬件设备，它们的设备名一样，复用同一份驱动。若当前系统仅使用了一个 TPS02R 模块，则设置为 0 即可。

3. 设备父总线的类型

TPS02R 的通信接口为 I^2C，是一种 I^2C 从机器件，其对应的父总线类型为：AWBL_BUSID_I2C。

4. 设备父总线的编号

设备父总线的编号取决于实际硬件中 TPS02R 的 I^2C 接口与哪条 I^2C 总线相连，每条 I^2C 总线对应的编号在 aw_prj_params.h 文件中定义，例如，在 i.MX28x 硬件平台中，默认有 3 条 I^2C 总线：硬件 I^2C0、I^2C1 和 GPIO 模拟 I^2C，它们对应的总线编号分别为 0、1、2。I^2C 总线编号定义详见程序清单 14.3。

程序清单 14.3 I^2C 总线编号定义

```
1    #define IMX28_I2C0_BUSID            0// 硬件 I2C0
2    #define IMX28_I2C1_BUSID            1// 硬件 I2C1
3    #define GPIO_I2C0_BUSID             2// GPIO 模拟 I2C0
```

若 TPS02R 连接在 GPIO 模拟 I^2C0 上，则该设备的父总线编号为：GPIO_I2C0_BUSID。

5. 设备实例

在 awbl_tps02r.h 文件中，定义了 TPS02R 的设备类型为：struct awbl_tps02r_

dev。基于该类型，可以定义一个设备实例，详见程序清单 14.4。

程序清单 14.4 定义 TPS02R 设备实例

```
struct awbl_tps02r_dev __g_tps02r_dev_0;
```

其中，__g_tps02r_dev_0 的地址即可作为 p_dev 的值。

6. 设备信息

在 awbl_tps02r.h 文件中，定义了 TPS02R 的设备信息类型为：struct awbl_tps02r_devinfo，其定义详见程序清单 14.5。

程序清单 14.5 struct awbl_tps02r_devinfo 定义

```
1    struct awbl_tps02r_devinfo {
2        int      start_id;                   /* 通道的起始 id  */
3        int      alert_pin;                  /* 报警引脚       */
4        uint8_t i2c_addr;                    /* I²C7 位设备地址 */
5    };
```

其中，start_id 表示为 TPS02R 设备分配的传感器通道起始 id。为了区分各个传感器通道，需要为每个通道分配一个 id。对于特定的传感器，其可以为系统提供的传感器通道数是固定不变的，例如，TPS02R 可以为系统提供 2 路温度传感器通道：PT100 通道 1 和 PT100 通道 2。为了简单起见，用户仅需提供一个通道起始 id，其他通道按顺序依次进行编号，TPS02R 的 2 路温度通道 ID 即为 start_id 和(start_id+1)，若 start_id 为 1，则 TPS02R 两个通道占用的 ID 即为 1 和 2。通道 ID 用于区分系统中所有的传感器通道，不同传感器设备占用的传感器通道必须不同。为了便于传感器通道 id 的管理，避免重复分配，统一将设备提供的一系列传感器通道的起始 id 定义在 aw_pri_params.h 文件中，例如，TPS02R 提供的 2 路传感器通道的起始 id 可以定义为：

```
#define SENSOR_TPS02R_0_START_ID1             /* 总共 2 个通道，占用了 1、2 两个 ID */
```

基于此，start_id 的值可以设置为 SENSOR_TPS02R_0_START_ID，后续若需修改起始 id，仅需修改对应的宏值即可。

alert_pin 表示与 TPS02R 的 ALERT 引脚相连接的主控引脚号。TPS02R 具有温度报警输出功能，ALERT 引脚可以与某一路温度关联，当该路温度超过上限温度值或低于下限温度值时，TPS02R 将通过 ALERT 引脚通知主控，以便使主控可以及时处理报警事件。若使用 i.MX28x 的 PIO2_14 与 TPS02R 的 ALERT 引脚相连，则 alert_pin 的值应设置为 PIO2_14。特别地，若用户不需要使用报警功能，则只需将 alert_pin 设置为－1 即可。

i2c_addr 表示 TPS02R 的 7 位 I^2C 从机地址。该值与具体的应用电路有关，在典型应用电路中，TPS02R 的 A0 引脚与 GND 连接，因此，若直接使用典型应用电路,则从机地址为 0x48,此时,将 i2c_addr 设置为 0x48 即可。

基于以上信息,可以定义完整的设备信息,范例详见程序清单 14.6。

程序清单 14.6　TPS02R 设备信息定义范例

```
1   aw_local aw_const struct awbl_tps02r_devinfo __g_tps02r_devinfo_0 ={
2       SENSOR_TPS02R_0_START_ID,
3       PIO2_14,
4       0x48
5   };
```

综合上述设备名、设备单元号、父总线类型、父总线编号、设备实例和设备信息,可以完成一个 TPS02R 硬件设备的描述,其定义详见程序清单 14.7。

程序清单 14.7　TPS02R 硬件设备宏的详细定义(awbl_hwconf_tps02r_0.h)

```
1    #ifdef AW_DEV_EXTEND_TPS02R_0
2
3    #include "driver/sensor/awbl_tps02r.h"
4
5    /* TPS02R 设备信息 */
6    aw_local aw_const struct awbl_tps02r_devinfo __g_tps02r_devinfo_0 ={
7        SENSOR_TPS02R_0_START_ID,
8        PIO2_14,
9        0x48
10   };
11
12   /* TPS02R 设备实例内存静态分配 */
13   aw_local struct awbl_tps02r_dev __g_tps02r_dev_0;
14
15   #define AWBL_HWCONF_TPS02R_0                              \
16       {                                                     \
17           AWBL_TPS02R_NAME,                                 \
18           0,                                                \
19           AWBL_BUSID_I2C,                                   \
20           GPIO_I2C0_BUSID,                                  \
21           (struct awbl_dev *)&__g_tps02r_dev_0,             \
22           &__g_tps02r_devinfo_0                             \
23       },
24   #else
25   #define AWBL_HWCONF_TPS02R_0
26   #endif
```

程序中定义了硬件设备宏:AWBL_HWCONF_TPS02R_0,为便于裁剪,使用了一个使能宏 AW_DEV_EXTEND_TPS02R_0 对其具体内容进行了控制,仅当使能宏被有效定义时,AWBL_HWCONF_TPS02R_0才表示一个有效的硬件设备。在硬件设备列表中,加入该宏即可完成设备的添加,详见程序清单14.8。

程序清单14.8 在硬件设备列表中添加设备

```
1  aw_const struct awbl_devhcf g_awbl_devhcf_list[] ={        // 硬件设备列表
2      // ……其他硬件设备
3      AWBL_HWCONF_TPS02R_0                                   // TPS02R
4      // ……其他硬件设备
5  };
```

实际上,在模板工程的硬件设备列表中,AWBL_HWCONF_TPS02R_0宏默认已添加,同时,定义该宏的文件(awbl_hwconf_tps02r_0.h)也以配置模板的形式提供在模板工程中,用户无需从零开始自行开发。

14.1.3 使用TPS02R模块

TPS02R可以采集两路温度,因而可以为系统提供两路温度传感器通道。在添加TPS02R设备时,将TPS02R提供的传感器通道的起始id定义为:SENSOR_TPS02R_0_START_ID,该值默认为1,TPS02R为系统提供的传感器通道资源如表14.4所列。

表14.4 TPS02R为系统提供的传感器通道资源

通道id	通道类型	对应的物理通道
1(起始ID)	AW_SENSOR_TYPE_TEMPERATURE	TPS02R的通道1
2	AW_SENSOR_TYPE_TEMPERATURE	TPS02R的通道2

基于此,应用程序即可使用“通用传感器接口”(见表6.6)操作id为1和2的传感器通道,并从这些通道中获取温度值。例如,每隔一秒读取TPS02R通道1(id为1)或通道2(id为2)的温度数据,并将温度值通过串口打印出来。范例程序详见程序清单14.9。

程序清单14.9 使用TPS02R的范例程序

```
1   #include "aworks.h"
2   #include "aw_delay.h"
3   #include "aw_vdebug.h"
4   #include "aw_sensor.h"
5
6   int aw_main (void)
7   {
8       const int              id[2] ={1, 2};     // 读取2个通道:1、2
9       aw_sensor_val_t        buf[2];            // 存储2个通道数据的缓存
10      int                i;
11
```

```
12        aw_sensor_group_enable(id, 2, buf);
13        while(1) {
14            aw_sensor_group_data_get(id, 2, buf);
15            for (i = 0; i < 2; i++) {
16                if (AW_SENSOR_VAL_IS_VALID(buf[i])) { // 该通道数据有效,可以正常使用
17                    // 单位转换为 AW_SENSOR_UNIT_MICRO,以打印显示 6 位小数
18                    aw_sensor_val_unit_convert(&buf[i], 1, AW_SENSOR_UNIT_MICRO);
19                    aw_kprintf("The temp of chan %d is : %d.%06d ℃\r\n", id[i],
20                                                        (buf[i].val) / 1000000,
21                                                        (buf[i].val) % 1000000);
22                } else {                                // 该通道数据无效,数据获取失败
23                    aw_kprintf("The temp of chan id %d get failed! \r\n", id[i]);
24                }
25            }
26            aw_mdelay(1000);
27        }
28    }
```

由于 TPS02R 精度可达到 0.000 122 ℃,因此,在打印温度时,显示了 6 位小数,为便于打印显示,打印前将温度单位转换为了 AW_SENSOR_UNIT_MICRO(即−6)。

14.2 能效检测模块——EMM400x

EMM400x 是 ZLG 精心设计的系列能效检测模块。EMM400x 包含了一系列型号,型号主要根据通道数目进行划分,选型表如表 14.5 所列。

表 14.5 EMM400x 系列能效检测模块选型表

资　源	模块型号	
	EMM400A	EMM400B
采集通道数量	单相(含 1 通道电压、1 通道电流)	单相(含 1 通道电压、2 通道电流)
采集信号类型	电压、电流、功率、电量	电压、电流、功率、电量、频率
电压测量范围(有效值)与精度	80～260 V(2%fs)	0～260 V(0.1%fs)
电流测量范围(有效值)与精度	0.010～1.5 A(2%fs)	内部:0～1.5 A(0.1%fs) 外部:根据分流电阻阻值
功率测量范围与精度	0.8～390 W(2%fs)	0.8～390 W(0.2%fs)

续表 14.5

资 源	模块型号	
	EMM400A	EMM400B
电量测量精度	2%	0.2%
ADC 分辨率	14 位	22 位
采样速率	10 采样点/s	20 采样点/s
供电电源	3.3 V	3.3 V
功耗	0.2 W	0.35 W
通信接口电气隔离	2 500 V,AC	2 500 V,AC
通信接口类型	UART	UART
通信接口电平	3.3 V	3.3 V
工作温度范围	−40～+85 ℃	−40～+85 ℃
封装形式	DIP10	DIP16
机械尺寸	19.90 mm×16.90 mm×7.05 mm	24.98 mm×16.90 mm×7.10mm

在 AWorks 中,EMM400x 系列模块的使用方法都是类似的,本节将以 EMM400A 模块为例,讲解该系列能效检测模块在 AWorks 中的使用方法。

14.2.1 EMM400A 简介

EMM400A 是 ZLG 针对板级电路推出的能效管理模块,集电量测量单元、DC-DC 隔离电源、通信信号隔离电路于一体,可独立完成市电电压、电流、有功功率和电能的测量,使主设备对用电设备做出有效管控,精度高达 2%,内置 2 500 V 电器隔离电路,可有效隔离市电与板内弱电。该模块采用超小体积设计,在保证 PCB 紧凑的同时,为用户提供最便捷的能效管理方案。该产品无需外围元器件,使用方便,接法简单。通信方式采用单串口通信,用户只需要接收数据,不需要发送数据以操作模块寄存器,大大节省了程序使用资源。

1. 产品特性

EMM400A 产品特性如下:

- 免校准单相电能计量;
- 数据传输方式:串口,波特率 4 800 bps;
- 有效输入电压(有效值):80～260 V,精度 2%;
- 有效输入电流(有效值):0.010～1.5 A,精度 2%;
- 输入有功功率:0.8～390 W,精度 2%,绝对误差 0.06 W;
- 隔离耐压 2 500 V,DC;
- 工作温度:−40～+85 ℃。

2. 引脚分布

EMM400 为 DIP－6 封装，其引脚定义如图 14.4 所示，引脚功能描述如表 14.6 所列。

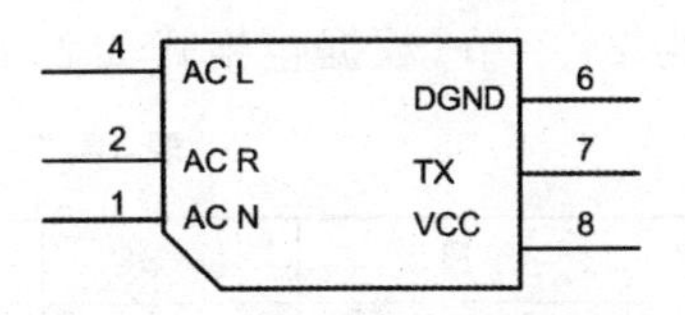

图 14.4　EMM400A 引脚定义

表 14.6　EMM400A 引脚功能描述

引　脚	名　称	功能描述
1	AC N	电网零线接入引脚
2	AC R	负载低端接入引脚
4	AC L	电网火线及负载高端接入引脚
6	DGND	单片机地
7	TX	UART 发送引脚
8	VCC	3.3 V 输入

3. 应用电路

EMM400A 外部接线如图 14.5 所示，无需外围元器件，只需按照推荐电路进行接线：引脚 1 接电网的零线，引脚 2 接负载的低端，引脚 4 接电网的火线；引脚 6 接单片机的数字地，引脚 7 接 MCU 的 RX 接收引脚，引脚 8 接 3.3 V 电源输入。

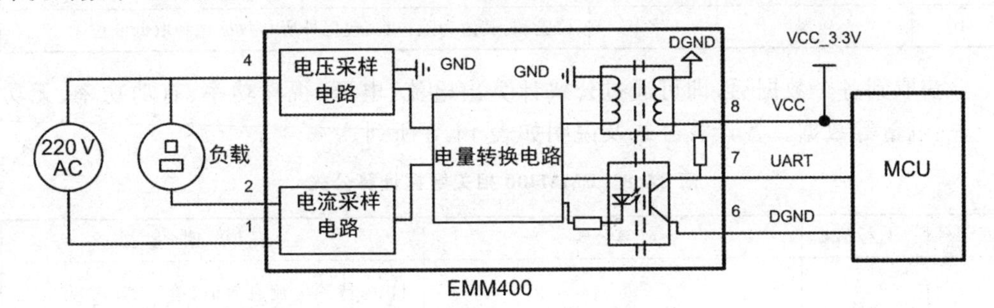

图 14.5　EMM400A 外围电路接法

在该推荐电路的使用中，外部电路的搭接应注意高压侧的布线安全，在高压线的高端和低端最好应满足 EN60950 上推荐的电气间隙，即至少距离 3 mm；同时，PCB 线路应设计得尽量宽、尽量短，使线路阻抗尽量小，减小线损。

4. 通信方式说明

EMM400 作为单相多功能计量模块，其自身提供高频脉冲用于电能计量。EMM400 使用串口进行通信，用户可以通过串口直接读取电压、电流、有功功率的相关计算参数，如校准系数、信号周期等。

串口相关参数固定为：4 800 bps，8 位数据位，1 位偶校验，1 位停止位。EMM400 上电后，每隔 50 ms 自动将包含电压系数、电压周期、电流系数、电流周期、功率系数、功率周期、校准次数、CF 脉冲个数的数据包通过串口发送出去。一个数据包固定为 24 字节,数据包格式如表 14.7 所列。

表 14.7　EMM400 数据包格式

序　号	字　段	长　度	说　明
1	包头	2 字节	通常情况下,包头固定为 0x55 0x5A。若包头 1 不为 0x55,则表示电源设备可能空载或者未接入;若包头 2 不为 0x5A,则表示未做出厂校准
2	电压系数	3 字节	3 字节合并为一个 24 位整数(大端格式:高字节在前,低字节在后),例如,连续接收到的 3 字节数据为 02 D3 70,则电压系数为 0x02 D370,对应的十进制数为 185 200
3	电压周期	3 字节	数据格式同电压系数,表示电压周期
4	电流系数	3 字节	数据格式同电压系数,表示电流系数
5	电流周期	3 字节	数据格式同电压系数,表示电流周期
6	功率系数	3 字节	数据格式同电压系数,表示功率系数
7	功率周期	3 字节	数据格式同电压系数,表示功率周期
8	校准次数	1 字节	表示校准次数,其最高位表示脉冲个数是否溢出,每次溢出,最高位的值将会发生变化
9	CF 脉冲个数	2 字节	当前脉冲个数,可用于电量计算
10	包尾	1 字节	校验和,其值为除包头、包尾外所有数据之和取低 8 位

获取到各个数据后,即可通过公式计算出电流、电压、视在功率、有功功率、无功功率、电量等数据。各计算公式及说明如表 14.8 所列。

表 14.8　EMM400 相关数据计算公式

序　号	目标值	计算公式	说　明
1	电流	$I_X = \frac{I_a}{I_t \cdot 20}$	I_X 为待测电流有效值,单位 A;I_a 为电流系数;I_t 为电流周期
2	电压	$I_X = \frac{V_a}{V_t} \cdot 1.497$	V_X 为待测电压有效值,单位 V;V_a 为电压系数;V_t 为电压周期
3	视在功率	$P_S = I_X \cdot V_X$	P_s 为视在功率,单位 V・A;I_X 为电流有效值;V_X 为电压有效值
4	有功功率	$P_X = \frac{P_a}{P_t} \cdot 0.074\,85$	P_X 为有功功率,单位 W;P_a 为功率系数;P_t 为功率周期
5	无功功率	$P_r = \sqrt{P_S^2 - P_X^2}$	P_r 为无功功率,单位 var;P_s 为视在功率;P_X 为有功功率

续表 14.8

序　号	目标值	计算公式	说　明
6	电量	$E=\frac{(N \cdot 65\,536+F) \cdot P_a \cdot 1.497}{20 \cdot 3\,600 \cdot 10^9}$	E 为当前用电量，单位：kW·h。N 为 EMM400 自身高频脉冲的溢出次数，校准次数的最高位用于表示脉冲是否溢出，脉冲每次溢出，该位取反一次。F 为当前脉冲个数，P_a 为功率系数

上述通信协议和计算公式仅供了解，在实际应用中，AWorks 已经提供了 EMM400 的驱动，无需用户通过串口获取各个计算参数再代入公式中运算，用户可以直接使用通用传感器接口获取电流、电压、视在功率、有功功率、无功功率、电量等数据。

14.2.2 添加 EMM400 硬件设备

在 AWorks 中，硬件设备由 AWBus-lite 统一管理，向 AWBus-lite 中添加一个硬件设备需要确认 6 点信息：设备名、设备单元号、父总线类型、父总线编号、设备实例和设备信息。

1. 设备名

设备名往往与驱动名一致，EMM400 驱动名在 EMM400 的驱动头文件（awbl_emm400.h）中定义，详见程序清单 14.10。

程序清单 14.10 EMM400 驱动名定义（awbl_emm400.h）

```
1 #define AWBL_EMM400_NAME    "awbl_emm400"
```

基于此，设备名应为 AWBL_EMM400_NAME。

2. 设备单元号

设备单元号用于区分系统中几个相同的硬件设备，它们的设备名一样，复用同一份驱动。若系统仅使用了一个 EMM400，则设置为 0 即可。

3. 设备父总线的类型

EMM400 模块需要通过串口通信，在当前系统中，串口仅作为简单的数据传输模块，并没有视为一个独立的总线类型，因而 EMM400 视为由 CPU 直接控制，挂在 PLB 总线上。基于此，bus_type 的值为 AWBL_BUSID_PLB。

4. 设备父总线的编号

EMM400 设备挂在 PLB 总线上，系统仅有一条 PLB 总线，bus_index 的值只能为 0。

5. 设备实例

在 awbl_emm400.h 文件中，定义了 EMM400 的设备类型为 struct awbl_

emm400_dev。基于该类型,可以定义一个设备实例,详见程序清单 14.11。

程序清单 14.11 定义 EMM400 设备实例

```
1struct awbl_emm400_dev __g_emm400_dev0;
```

其中,__g_emm400_dev0 的地址即可作为 p_dev 的值。

6. 设备信息

设备信息的具体类型是由设备驱动定义的。在 awbl_emm400.h 文件中,定义了 EMM400 的设备信息类型为 awbl_emm400_devinfo_t,其定义详见程序清单 14.12。

程序清单 14.12 设备信息类型(awbl_emm400.h)

```
1    typedef struct awbl_emm400_devinfo {
2        int        start_id;                  // 传感器设备起始 ID
3        int        com_id;                    // COM ID
4    } awbl_emm400_devinfo_t;
```

其中,start_id 表示为 EMM400A 设备分配的传感器通道起始 id。EMM400 可以为系统提供 6 路的传感器通道,它们按顺序分别用于获取电压有效值、电流有效值、视在功率、有功功率、无功功率和用电量。起始 id 标识了 6 个通道的起始 id, EMM400 占用的 id 范围即为:start_id~(start_id + 6-1)。例如,start_id 为 3,则占用的 id 范围为:3~8。为了便于传感器通道 id 的管理,统一将设备提供的一系列传感器通道的起始 id 在 aw_pri_params.h 中定义,例如,EMM400 提供的 6 路传感器通道的起始 id 可以定义为:

```
#define SENSOR_EMM400_0_START_ID          3          // EMM400 总共占用 6 个通道,即 3~8
```

基于此,start_id 的值可以设置为 SENSOR_EMM400_0_START_ID,后续若需修改起始 id,仅需修改对应的宏值即可。

com_id 为与 EMM400 模块通信的串口号,可用串口号与具体使用的硬件平台相关,在 aw_prj_params.h 文件中定义。例如,在 i.MX28x 硬件平台中,支持 6 个串口,包括一个调试串口和 5 个应用串口,它们的串口号定义详见程序清单 14.13。

程序清单 14.13 串口号定义

```
1    #define        IMX28_DUART_COMID        COM0
2    #define        IMX28_AUART0_COMID       COM1
3    #define        IMX28_AUART1_COMID       COM2
4    #define        IMX28_AUART2_COMID       COM3
5    #define        IMX28_AUART3_COMID       COM4
6    #define        IMX28_AUART4_COMID       COM5
```

若使用 AUART0 与 EMM400 通信,则 com_id 的值为 IMX28_AUART0_COMID。

至此,可以定义完整的设备信息,范例详见程序清单14.14。

程序清单14.14 EMM400设备信息定义范例

```
1    aw_local aw_const awbl_emm400_devinfo_t __g_emm400_dev0info ={
2        SENSOR_EMM400_0_START_ID,
3        IMX28_AUART0_COMID
4    };
```

综合上述设备名、设备单元号、父总线类型、父总线编号、设备实例和设备信息,可以完成一个EMM400硬件设备的描述,其定义详见程序清单14.15。

程序清单14.15 EMM400硬件设备宏的详细定义(awbl_hwconf_emm400_0.h)

```
1    #ifndef __AWBL_HWCONF_EMM400_0_H
2    #define __AWBL_HWCONF_EMM400_0_H
3
4    #ifdef AW_DEV_EXTEND_EMM400_0
5
6    #include "driver/energy/awbl_emm400.h"
7
8    /* emm400 设备信息 */
9    aw_local aw_const awbl_emm400_devinfo_t __g_emm400_dev0info ={
10       SENSOR_EMM400_0_START_ID,
11       IMX28_AUART0_COMID
12   };
13
14   /* emm400 设备实例内存静态分配 */
15   aw_local awbl_emm400_dev_t __g_emm400_dev0;
16
17   #define AWBL_HWCONF_EMM400_0             \
18       {                                    \
19           AWBL_EMM400_NAME,                \
20           0,                               \
21           AWBL_BUSID_PLB,                  \
22           0,                               \
23           &(__g_emm400_dev0.dev),          \
24           &__g_emm400_dev0info             \
25       },
26   #else
27   #define AWBL_HWCONF_EMM400_0
28   #endif
29
30   #endif
```

程序中定义了硬件设备宏:AWBL_HWCONF_EMM400_0,为便于裁剪,使用了一个使能宏 AW_DEV_EXTEND_EMM400_0 对其具体内容进行了控制,仅当使能宏被有效定义时,AWBL_HWCONF_EMM400_0 才表示一个有效的硬件设备。在硬件设备列表中,加入该宏即可完成设备的添加,详见程序清单 14.16。

程序清单 14.16　在硬件设备列表中添加设备

```
1   aw_const struct awbl_devhcf g_awbl_devhcf_list[] ={      // 硬件设备列表
2       // …… 其他硬件设备
3       AWBL_HWCONF_EMM400_0                                  // EMM400
4       // …… 其他硬件设备
5   };
```

实际上,在模板工程的硬件设备列表中,AWBL_HWCONF_EMM400_0 宏默认已添加,同时,定义该宏的文件(awbl_hwconf_emm400_0.h)也以配置模板的形式提供在模板工程中,无需用户从零开始自行开发。

14.2.3　使用 EMM400 模块

EMM400 可以采集 6 路传感器信号:电压有效值、电流有效值、视在功率、有功功率、无功功率和用电量。在添加 EMM400 设备时,将 EMM400 提供的传感器通道的起始 id 定义为 SENSOR_EMM400_0_START_ID,该值默认为 3,EMM400 为系统提供的传感器通道资源如表 14.9 所列。

表 14.9　EMM400 为系统提供的传感器通道资源

通道 id	通道类型	对应的物理通道
3(起始 ID)	AW_SENSOR_TYPE_VOLTAGE	EMM400 的电压通道
4	AW_SENSOR_TYPE_CURRENT	EMM400 的电流通道
5	AW_SENSOR_TYPE_POWER	EMM400 的视在功率通道
6	AW_SENSOR_TYPE_POWER	EMM400 的有功功率通道
7	AW_SENSOR_TYPE_POWER	EMM400 的无功功率通道
8	AW_SENSOR_TYPE_ELECTRIC_CONSUMPTION	EMM400 的用电量通道

基于此,应用程序即可使用“通用传感器接口”(见表 6.6)操作 id 为 3~8 的传感器通道,从这些通道中获取相应的传感器值。例如,每隔一秒打印一次所有通道的值,范例程序详见程序清单 14.17。

程序清单 14.17 使用 EMM400 的范例程序

```
1    #include "aworks.h"
2    #include "aw_delay.h"
3    #include "aw_vdebug.h"
4    #include "aw_sensor.h"
5
6    int aw_main (void)
7    {
8        const int           id[6] =  {3, 4, 5, 6, 7, 8};   // 读取 6 个通道：3～8
9        aw_sensor_val_t     buf[6];                       // 存储 6 个通道数据的缓存
10       int                 i;
11
12       /*
13        * 列出 6 个通道(电压、电流、视在功率、有功功率、无功功率、用电量)数据的名字和单位
14        * 字符串，便于打印。
15        */
16       const char *data_name_string[] ={"voltage",     "current",      "apparent power",
17                                        "active power", "reactive power",
                                          "electricity consumption"};
18       const char *data_unit_string[] ={"V", "A", "VA", "W", "Var", "kWh"};
19
20       aw_sensor_group_enable(id, 6, buf);
21       while(1) {
22           aw_sensor_group_data_get(id, 6, buf);
23           for (i = 0; i < 6; i++) {
24               if (AW_SENSOR_VAL_IS_VALID(buf[i])) {  // 该通道数据有效，可以正常使用
25                   // 单位转换为 AW_SENSOR_UNIT_MICRO，以打印显示 6 位小数
26                   aw_sensor_val_unit_convert(&buf[i], 1, AW_SENSOR_UNIT_MICRO);
27                   aw_kprintf("The %s is : %d.%06d %s.\r\n", data_name_string[i],
28                                                  (buf[i].val) / 1000000,
29                                                  (buf[i].val) % 1000000,
30                                                  data_unit_string[i]);
31               } else {                            // 该通道数据无效，数据获取失败
32                   aw_kprintf("The %s get failed! \r\n", data_name_string[i]);
33               }
34           }
35           aw_mdelay(1000);
36       }
37   }
```

14.3 信号调理模块——TPS0xU

TPS0xU 是 ZLG 采用 24 位 ADC 精心设计的系列信号调理模块，用以采集 4～20 mA/0～5 V 工业标准传感器输出信号。TPS0xU 包含了一系列型号，型号主要根据通道数目和通信接口(I^2C 或 SPI)进行划分，选型表如表 14.10 所列。

表 14.10 TPS0xU 系列信号调理模块产品选型表

资　源	TPS02U	TPS08U
采集通道数量	2 通道	8 通道
采集通道类型	差分输入	差分输入
采集信号类型	电流：4～20 mA； 电压：0～5 V	电流：4～20 mA； 电压：0～5 V
采集精度	0.1%fs	0.1%fs
分辨率	24 位	24 位
采样速率	12.5 采样点/s(总共)	12.5 采样点/s(总共)
输入阻抗	1 GΩ	1 GΩ
带宽	13 Hz	13 Hz
供电电源	3.3 V	3.3 V
功耗	0.35 W	0.46 W
通信接口电气隔离	2 500 V,AC	2 500 V,AC
通信接口类型	I^2C	SPI
通信接口电平	3.3 V	3.3 V
工作温度范围	－40～＋85 ℃	－40～＋85 ℃
封装形式	DIP16	DIP24
机械尺寸	24.98 mm×16.90 mm×7.10 mm	27.94 mm×20.3 mm×9.5 mm

在 AWorks 中，TPS0xU 系列信号调理模块的使用方法都是类似的，本节将以 TPS08U 模块为例，讲解该系列信号调理模块在 AWorks 中的使用方法。

14.3.1 TPS08U 简介

TPS08U 是一款测量标准工业信号的 8 通道数据采集模块，可同时测量电压电流信号。电压量程 0～5 V，满量程精度 0.1%(±5 mV)，电流量程 4～20 mA，整个量程内精度 0.1%。模块采用 sigma－delta 型 24 位 ADC，抗干扰能力较强，且拥有较好的分辨率。TPS08U 数据输出速率为 12.5 sps，每个通道均分数据输出速率，即若只用两个通道，则每个通道的输出速率为 6.25 sps。通信采用 SPI 总线方式，与微控制器的接口仅需 4 根信号线。

1. 产品特性

TPS08U 产品特性如下：

- 标准工业信号采集；
- 每两个通道为一组，每组通道可自由配置为电压通道或电流通道；
- 电压量程：0～5 V，满量程精度 0.1%(±5 mV)；
- 电流量程：4～20 mA，读数精度 0.1%；
- 接触静电 4 kV；
- 空气静电 8 kV；
- 隔离耐压 2 500 V，AC；
- 工作温度：－40～＋85 ℃；
- 与微控制器之间采用 SPI 串行总线接口进行通信，只需 4 根信号线，节省 I/O 资源。

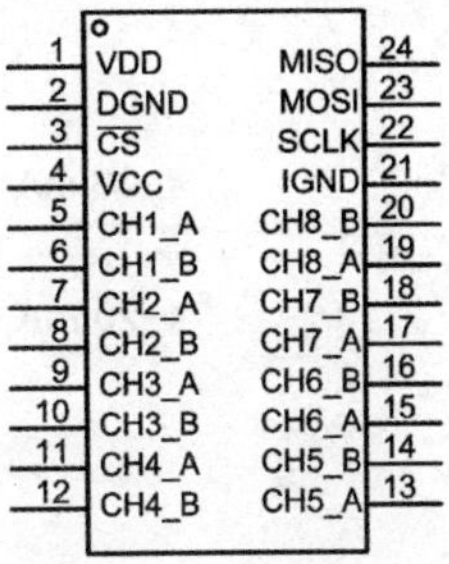

2. 引脚分布

TPS08U 共 24 个引脚，引脚分布如图 14.6 所示。其相应的引脚功能说明如表 14.11 所列。

图 14.6 TPS08U 引脚图

表 14.11 引脚功能表

引脚序号	引脚名称	功能描述
1	VDD	3.3 V 电源输入
2	DGND	数字地
3	CS	片选，低电平有效
4	VCC	5.2 V 电源输出
5、7、9、11、13、15、17、19	CH1_A～CH8_A	通道输入信号高电位引脚
6、8、10、12、14、16、18、20	CH1_B～CH8_B	通道输入信号低电位引脚
21	IGND	模拟通道的地，与 DGND 隔离
22	SCLK	SPI 通信时钟
23	MOSI	SPI 数据通信引脚
24	MISO	SPI 数据通信引脚

3. 应用电路

TPS08U 典型应用电路如图 14.7 所示，由于标准信号的接入通道属于悬浮状态，所以通道上必须要有上拉、下拉电阻，用来提供标准信号的参考电位。上拉、下拉电阻均使用 1 MΩ 电阻，电源和地引脚均从模块引脚引出。同时，由于共模电位抬高，提升了通道的抗干扰能力。

TPS08U 支持 8 个通道：CH1～CH8，每个通道都有单独的使能开关。通道采集的信号类型(电压或者电流)可以按组分别单独配置，8 个通道分为 4 组：CH1 与 CH2、CH3 与 CHCH5 与 CH6、CH7 与 CH8。每组的两个通道采集的信号类型是相同的。

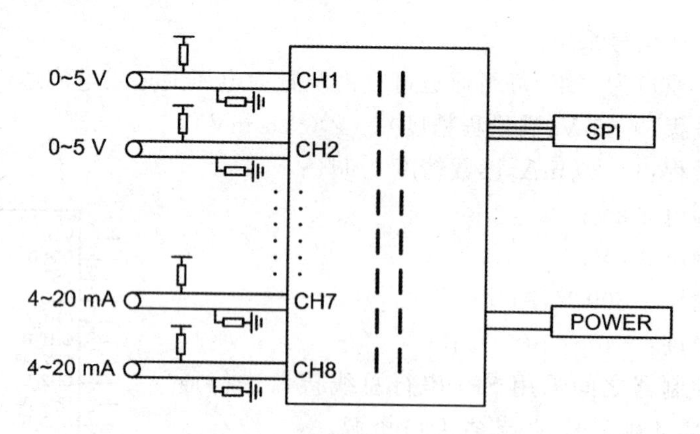

图 14.7 TPS08U 典型应用电路

14.3.2 添加 TPS08U 硬件设备

在 AWorks 中,硬件设备由 AWBus - lite 统一管理,向 AWBus - lite 中添加一个硬件设备需要确认 6 点信息:设备名、设备单元号、父总线类型、父总线编号、设备实例和设备信息。

1. 设备名

设备名往往与驱动名一致,TPS08U 的驱动名在对应的驱动头文件(awbl_tps08u.h)中定义,详见程序清单 14.18。

程序清单 14.18 TPS08U 驱动名定义

```
1    #define AWBL_TPS08U_NAME        "awbl_tps08u"
```

基于此,设备名应为:AWBL_TPS08U_NAME。

2. 设备单元号

设备单元号用于区分系统中几个相同的硬件设备,它们的设备名一样,复用同一份驱动。若当前系统中仅使用了一个 TPS08U 硬件设备,则单元号设置为 0 即可。

3. 设备父总线的类型

TPS08U 的通信接口为 SPI,是一种 SPI 从机器件,其对应的父总线类型为 AWBL_BUSID_SPI。

4. 设备父总线的编号

设备父总线的编号取决于实际硬件中 TPS08U 的 SPI 接口与哪条 SPI 总线相连,每条 SPI 总线对应的编号在 aw_prj_params.h 文件中定义,例如,在 i.MX28x 硬件平台中,默认有 5 条 SPI 总线:硬件 SSP0～SSP3、GPIO 模拟 SPI0,它们对应的总线编号分别为 0、1、2、3、4,详见程序清单 14.19。

程序清单 14.19　SPI 总线编号定义

```
1   #define   IMX28_SSP0_BUSID    0
2   #define   IMX28_SSP1_BUSID    1
3   #define   IMX28_SSP2_BUSID    2
4   #define   IMX28_SSP3_BUSID    3
5   #define   GPIO_SPI0_BUSID     4
```

若 TPS08U 连接在硬件 SSP0 上，则该设备的父总线编号为 IMX28_SSP0_BUSID。

5. 设备实例

在 awbl_tps08u.h 文件中，定义了 TPS08U 的设备类型为 struct awbl_tps08u_dev。基于该类型，可以定义一个设备实例，详见程序清单 14.20。

程序清单 14.20　定义 TPS08U 设备实例

```
1   struct  awbl_tps08u_dev __g_tps08u_dev;
```

其中，__g_tps08u_dev 的地址即可作为 p_dev 的值。

6. 设备信息

在 awbl_tps08u.h 文件中，定义了 TPS08U 的设备信息类型为 struct awbl_tps08u_devinfo，其定义详见程序清单 14.21。

程序清单 14.21　struct awbl_tps08u_devinfo 定义

```
1   struct awbl_sensor_tps08u_devinfo {
2       int            start_id;      /* 传感器起始 ID      */
3       uint32_t       sclk_freq;     /* SPI 时钟频率       */
4       int            cs_pin;        /* SPI 片选引脚号     */
5       uint8_t        chan_mode;     /* 通道模式           */
6   };
```

其中，start_id 表示为 TPS08U 设备分配的传感器通道起始 id。TPS08U 可以为系统提供 8 路的传感器通道，每个通道可以采集电压信号或电流信号（具体采集的信号类型由 chan_mode 成员决定），起始 id 标识了 8 个通道的起始 id，TPS08U 占用的 id 范围即为：start_id～(start_id + 8 − 1)。例如，start_id 为 9，则占用的 id 范围为 9～16。为了便于传感器通道 id 的管理，统一将设备提供的一系列传感器通道的起始 id 在 aw_pri_params.h 中定义，例如，TPS08U 提供的 8 路传感器通道的起始 id 可以定义为：

```
1 #define SENSOR_TPS08U_0_START_ID    9// TPS08U 总共占用 8 个通道，即 9～16
```

基于此，start_id 的值可以设置为 SENSOR_TPS08U_0_START_ID，后续若需修改起始 id，仅需修改对应的宏值即可。

sclk_freq 为 SPI 时钟频率，单位为 Hz。TPS08U 最高支持 6 MHz 的 SPI 时钟频率，因此，可以将 sclk_freq 设置为 6 000 000。

cs_pin 表示与 TPS08U 的片选引脚相连接的主控引脚号。若使用 i.MX28x 的 PIO2_27 与 TPS08U 的片选引脚相连，则 cs_pin 的值为 PIO2_27。需要注意的是，TPS08U 不支持将片选引脚直接连接到低电平，必须按照标准的 4 线制 SPI 协议，在每次传输前将片选引脚拉低，传输结束后将片选引脚拉高。

chan_mode 为通道模式，用于指定各个通道采集的信号类型。TPS08U 支持 8 个通道：CH1～CH8，通道采集的信号类型(电压或电流)可以按组进行配置，每两个通道为一组，共分为 4 组：CH1 与 CH2、CH3 与 CH4、CH5 与 CH6、CH7 与 CH8。每组的两个通道采集的信号类型是相同的。若某组通道采集的信号为电压信号，则该组对应的模式宏为：AWBL_TPS08U_MODE_CHx_y_V(其中，x，y 为该组对应的两个通道号，y 值恒为 x+1)，例如，第一组通道(CH1 和 CH2)需采集电压信号，则该组对应的模式宏为：AWBL_TPS08U_MODE_CH1_2_V；若某组通道采集的信号为电流信号，则该组对应的模式为：AWBL_TPS08U_MODE_CHx_y_C，例如，第一组通道(CH1 和 CH2)需采集电流信号，则该组对应的模式宏为：AWBL_TPS08U_MODE_CH1_2_C。chan_mode 的值即为 4 组对应模式宏的“或”值(C 语言中的“|”运算符)。TPS08U 模式宏如表 14.12 所列。

表 14.12 TPS08U 模式宏

组 号	包含的通道	宏	采集信号的类型
1	CH1、CH2	AWBL_TPS08U_MODE_CH1_2_V	电压
		AWBL_TPS08U_MODE_CH1_2_C	电流
2	CH3、CH4	AWBL_TPS08U_MODE_CH3_4_V	电压
		AWBL_TPS08U_MODE_CH3_4_C	电流
3	CH5、CH6	AWBL_TPS08U_MODE_CH5_6_V	电压
		AWBL_TPS08U_MODE_CH5_6_C	电流
4	CH7、CH8	AWBL_TPS08U_MODE_CH7_8_V	电压
		AWBL_TPS08U_MODE_CH7_8_C	电流

例如，将前 2 组通道(CH1～CH4)设置为采集电压信号，后 2 组通道(CH5～CH8)设置为采集电流信号，则 chan_mode 的值应设置为：

```
AWBL_TPS08U_MODE_CH1_2_V | AWBL_TPS08U_MODE_CH3_4_V | \
AWBL_TPS08U_MODE_CH5_6_C | AWBL_TPS08U_MODE_CH7_8_C
```

对于特定的一组通道，采集的信号类型只能为电压或电流，若同时设置了电压和电流模式宏，例如，AWBL_TPS08U_MODE_CH1_2_V | AWBL_TPS08U_MODE_CH1_2_C，则该组通道采集的信号类型为电流，用户应该避免这种错误的设置方法。此外，若某一组通道未设定相应的宏，则其采用默认设置(采样电压信号)。

基于以上信息，可以定义完整的设备信息，详见程序清单 14.22。

程序清单 14.22 TPS08U 设备信息定义范例

```
1   aw_local aw_const struct awbl_tps08u_devinfo __g_tps08u_devinfo ={
2       SENSOR_TPS08U_0_START_ID,
3       6000000,
4       PIO2_27,
5       AWBL_TPS08U_MODE_CH1_2_V | AWBL_TPS08U_MODE_CH3_4_V | \
6       AWBL_TPS08U_MODE_CH5_6_C | AWBL_TPS08U_MODE_CH7_8_C
7   };
```

综合上述设备名、设备单元号、父总线类型、父总线编号、设备实例和设备信息，可以完成一个 TPS08U 硬件设备的描述，其定义详见程序清单 14.23。

程序清单 14.23 TPS08U 硬件设备宏的详细定义(awbl_hwconf_tps08u_0.h)

```
1    #ifndef __AWBL_HWCONF_TPS08U_0_H
2    #define __AWBL_HWCONF_TPS08U_0_H
3
4    #ifdef AW_DEV_TPS08U_0
5
6    #include "driver/sensor/awbl_tps08u.h"
7    #include "aw_spi.h"
8    #include "aw_gpio.h"
9
10   aw_local aw_const struct awbl_tps08u_devinfo __g_tps08u_devinfo ={
                                                        /* TPS08U 设备信息 */
11       SENSOR_TPS08U_0_START_ID,
12       6000000,
13       PIO2_27,
14       AWBL_TPS08U_MODE_CH1_2_V | AWBL_TPS08U_MODE_CH3_4_V | \
15       AWBL_TPS08U_MODE_CH5_6_C | AWBL_TPS08U_MODE_CH7_8_C
16   };
17
18   aw_local struct awbl_tps08u_dev __g_tps08u_dev;          /* TPS08U 设备实例 */
19
20   #define AWBL_HWCONF_TPS08U_0       \
21       {                              \
22           AWBL_TPS08U_NAME,          \
23           0,                         \
24           AWBL_BUSID_SPI,            \
25           IMX28_SSP0_BUSID,          \
```

```
26              &__g_tps08u_dev.dev,            \
27              &__g_tps08u_devinfo             \
28          },
29      #else
30      #define AWBL_HWCONF_TPS08U_0
31      #endif
32
33      #endif
```

程序中定义了硬件设备宏:AWBL_HWCONF_TPS08U_0,为便于裁剪,使用了一个使能宏 AW_DEV_TPS08U_0 对其具体内容进行了控制,仅当使能宏被有效定义时,AWBL_HWCONF_TPS08U_0 才表示一个有效的硬件设备。在硬件设备列表中,加入该宏即可完成设备的添加,详见程序清单 14.24。

程序清单 14.24 在硬件设备列表中添加设备

```
1   aw_const struct awbl_devhcf g_awbl_devhcf_list[] ={      /* 硬件设备列表      */
2       /* …… 其他硬件设备 */
3       AWBL_HWCONF_TPS08U_0                                  /* TPS08U           */
4       /* …… 其他硬件设备 */
5   };
```

实际上,在模板工程的硬件设备列表中,AWBL_HWCONF_TPS08U_0 宏默认已添加,同时,定义该宏的文件(awbl_hwconf_tps08u_0.h)也以配置模板的形式提供在模板工程中,无需用户从零开始自行开发。

14.3.3 使用 TPS08U 模块

TPS08U 可以采集 8 路传感器信号(电压或电流)。在添加 TPS08U 设备时,将 TPS08U 提供的传感器通道的起始 id 定义为 SENSOR_TPS08U_0_START_ID,该值默认为 9。此外,还将 8 路通道采集的信号类型设定为前 2 组(CH1~CH4)采集电压信号,后 2 组(CH4~CH8)采集电流信号,TPS08U 为系统提供的传感器通道资源如表 14.13 所列。

表 14.13 TPS08U 为系统提供的传感器通道资源

通道 id	通道类型	对应的物理通道
9(起始 ID)	AW_SENSOR_TYPE_VOLTAGE	TPS08U 的 CH1
10	AW_SENSOR_TYPE_VOLTAGE	TPS08U 的 CH2
11	AW_SENSOR_TYPE_VOLTAGE	TPS08U 的 CH3
12	AW_SENSOR_TYPE_VOLTAGE	TPS08U 的 CH4
13	AW_SENSOR_TYPE_CURRENT	TPS08U 的 CH5
14	AW_SENSOR_TYPE_CURRENT	TPS08U 的 CH6
15	AW_SENSOR_TYPE_CURRENT	TPS08U 的 CH7
16	AW_SENSOR_TYPE_CURRENT	TPS08U 的 CH8

基于此，应用程序即可使用“通用传感器接口”（见表 6.6）操作 id 为 9～16 的传感器通道，从这些通道中获取相应的传感器值。例如，每隔一秒打印一次所有通道的值，范例程序详见程序清单 14.25。

程序清单 14.25　使用 TPS08U 的范例程序

```
1    #include "aworks.h"
2    #include "aw_delay.h"
3    #include "aw_vdebug.h"
4    #include "aw_sensor.h"
5
6    int aw_main (void)
7    {
8        const int              id[8] =  {9, 10, 11, 12, 13, 14, 15, 16};
                                                       // 读取 8 个通道：9～16
9        aw_sensor_val_t        buf[8];                // 存储 8 个通道数据的缓存
10       int                    i;
11
12       aw_sensor_group_enable(id, 8, buf);
13       while(1) {
14           aw_sensor_group_data_get(id, 8, buf);
15           for (i = 0; i < 4; i++) {           // 前 4 个通道为电压通道，打印电压值
16               if (AW_SENSOR_VAL_IS_VALID(buf[i])) {
17                   // 单位转换为 AW_SENSOR_UNIT_MICRO，以打印显示 6 位小数
18                   aw_sensor_val_unit_convert(&buf[i], 1, AW_SENSOR_UNIT_MICRO);
19                   aw_kprintf("The voltage of chan %d is : %d.%06d V.\r\n", id[i],
20                                                    (buf[i].val) / 1000000,
21                                                   (buf[i].val) % 1000000);
22               } else {
23                   aw_kprintf("The voltage of chan %d get failed! \r\n", id[i]);
24               }
25           }
26           for (i = 4; i < 8; i++) {           // 后 4 个通道为电流通道，打印电流值
27               if (AW_SENSOR_VAL_IS_VALID(buf[i])) {
28                   aw_sensor_val_unit_convert(&buf[i], 1, AW_SENSOR_UNIT_MICRO);
29                   aw_kprintf("The current of chan %d is : %d.%06d A.\r\n",    id[i],
30                                                    (buf[i].val) / 1000000,
31                                                   (buf[i].val) % 1000000);
32               } else {
33                   aw_kprintf("The current of chan %d get failed! \r\n", id[i]);
```

```
34                  }
35              }
36              aw_mdelay(1000);
37          }
38      }
```

14.4 接口扩展模块——RTM11AT

RTM11AT 模块是一款隔离 SPI 转 485 收发器模块。它是集微处理器、RS485 收发器、DC-DC 隔离电源、信号隔离于一体的通信模块。该模块可以实现通过 1 路 SPI 接口扩展出 2 路 485 接口。产品实物图如图 14.8所示。

该产品可以很方便地嵌入到具有 SPI 接口的设备中,在不需改变原有硬件结构的前提下使设备获得 RS485 通信接口,实现 SPI 设备和 RS485 网络之间的数据通信。

图 14.8 RTM11AT 实物图

14.4.1 RS485 简介

通过对 UART 总线的介绍可知,UART 协议规定了数据串行传输的方式,定义了帧格式(包含起始位、数据位、校验位、停止位等概念)。实际传输时,数据帧还必须经由某种特定的物理线路,按位传输数据 0 或 1,不同的通信标准定义了不同的电气特性。

通常情况下,UART 控制器都集成在 MCU 内部,MCU 可以直接通过 UART 控制器(即 MCU 的 UART 外设)的引脚实现串行数据输出,此时,信号电平为 TTL 电平,MCU 引脚输出高电平表示逻辑"1",输出低电平表示逻辑"0"。这种通信方式非常简单,无需增加额外的硬件电路,但其抗干扰能力弱,通信距离近,通常仅用于扩展外围模块,例如,增加一个 UART 转 Wi-Fi 模块,使产品获得 Wi-Fi 功能。

RS485 协议是一种使用得十分广泛的通信总线,有着通信距离远、抗干扰能力强、支持多结点组网等功能。其不直接使用 TTL 电平,而是采用差分信号进行数据的传输。由于 MCU 直接输出的信号是 TTL 电平,并非 RS485 定义的差分信号,因此,通常情况下,要使 MCU 接入 RS485 网络,必须在 UART 外部增加电平转换芯片(即 RS485 收发器)。RS485 收发器示意图如图 14.9 所示。

图中 A、B 两根信号线为差分信号线,常使用双绞线。通常情况下,RS485 仅使用 A、B 两根信号线进行数据的传输,但由于其使用的是差分信号,两根信号线实际只能传输一路信号,但 UART 具有 TX 和 RX 两路信号,因此,RS485 通常工作在半

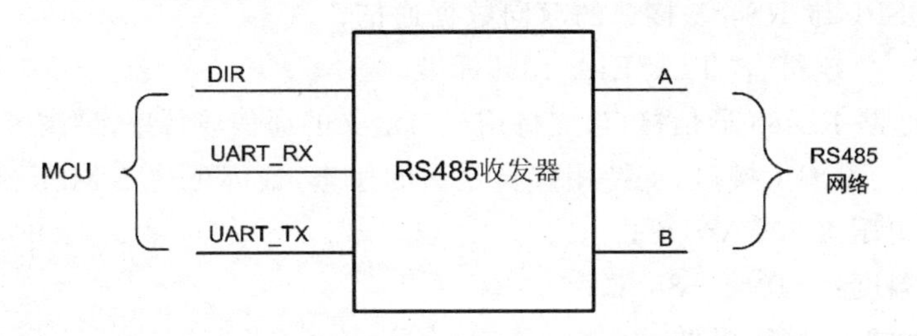

图 14.9 RS485 收发器示意图

双工模式,即使用一个 DIR 信号进行方向的控制,使其处于发送模式(将 TX 信号转换至差分信号输出端)或接收模式(将差分信号转换至 RX 信号)。

由于这种特性,RS485 可以很容易实现多结点组网,直接将多结点的 RS485 通信端口 A、B 分别连接在一起(所有 A 连接在一起,所有 B 连接在一起)即可。RS485 示意图如图 14.10 所示。

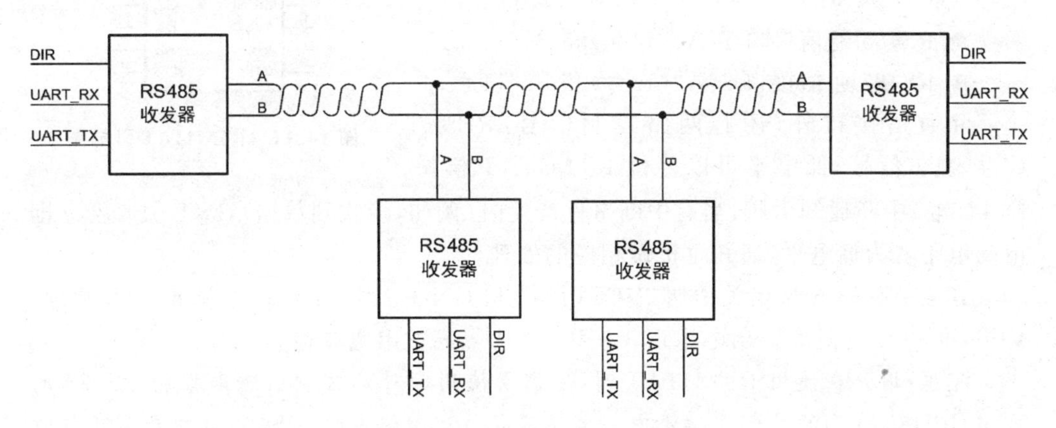

图 14.10 RS485 网络示意图

当多个结点连接在一起时,为避免冲突,同一时刻只能有一个模块处于发送模式,其余所有模块处于接收模式。这就要求必须定义良好的应用层通信协议,确定好各个模块可以发送数据的时机,避免冲突。基于此,在多结点组网模式下,通常工作在“一主多从”模式,即一个模块扮演主机角色,主动与其他从机模块发起通信,从机模块只有在收到主机发送的信息后,才能根据情况选择回应消息。

RTM11AT 模块内部集成了 RS485 收发器,因此,当使用 RTM11AT 模块时,无需再外接 RS485 收发器。

14.4.2 RTM11AT 简介

1. 产品特性

RTM11AT 产品特性如下:

- 实现 SPI 与 RS485 接口的双向数据通信;
- RS485 总线符合"TIA/EIA-485"标准;
- 集成 2 路 RS485 通信接口,支持用户自定义的通信波特率,最高可达 500 kbps;
- 集成 1 路 SPI 接口,支持用户自定义的速率,最高可达 5 Mbit/s;
- 隔离耐压 2 500 V,DC;
- 工作温度:−40～+85 ℃;
- 电磁辐射 EME 极低;
- 电磁抗干扰 EMS 极高。

2. 引脚分布

RTM11AT 共有 16 个引脚,引脚分布如图14.11 所示,具有 3 路通信接口:

- 标准的 4 线 SPI 接口(只支持模式 0): MOSI(5#)、MISO(6#)、CLK(4#)、CS(7#);
- RS485 通信接口 1:A1(14#)和 B1(15#);
- RS485 通信接口 2:A2(10#)和 B2(11#)。

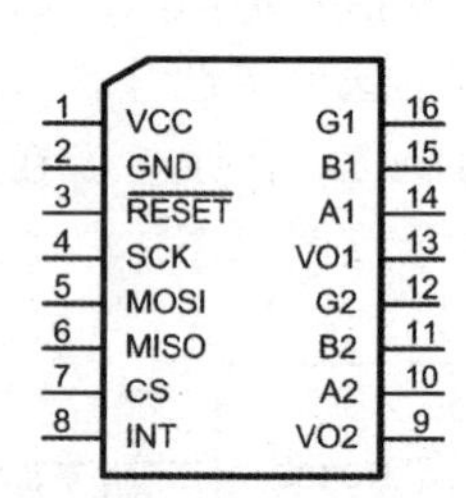

图 14.11 RTM11AT 引脚图

除通信接口外,还有两路控制信号:RESET(3#)复位信号,低电平可以复位 RTM11AT 模块;INT(8#)中断通知引脚,当有中断事件产生时(例如,接收到数据),INT 引脚会立即由高电平变为低电平,通知主机做相应的处理。

其余引脚为电源相关引脚,VCC(1#)和 GND(2#)为输入电源正和电源地;VO1 和 VO2 为隔离输出电源正,G1 和 G2 为隔离输出电源地。

注意:用户在使用 RTM11AT 时,不需要使用额外的控制引脚来控制 RS485 的方向,RS485 方向的控制在模块内部自动完成。空闲状态时,RS485 收发器处于接收模式;当发送数据时,RS485 收发器自动切换为输出模式,发送完毕后重新返回空闲状态。

3. 应用电路

由于模块内部 A/B 线自带上拉、下拉电阻和 ESD 保护器件,因此一般用户在应用环境良好的场合时无需再加上拉、下拉电阻和 ESD 保护器件,典型应用电路如图 14.12 所示。

但考虑到实际工业应用环境中可能出现的各种干扰,甚至是比较恶劣的干扰(比如:高压电力、雷击等),通常不建议用户直接使用图 14.12 所示电路,而要增加一系列保护措施:在模块 SPI 端加 NUP4202W1T2G,模块 A/B 线端外加 TVS 管、共模电感、防雷管、屏蔽双绞线或同一网络单点接大地等。推荐应用电路如图 14.13 所示。

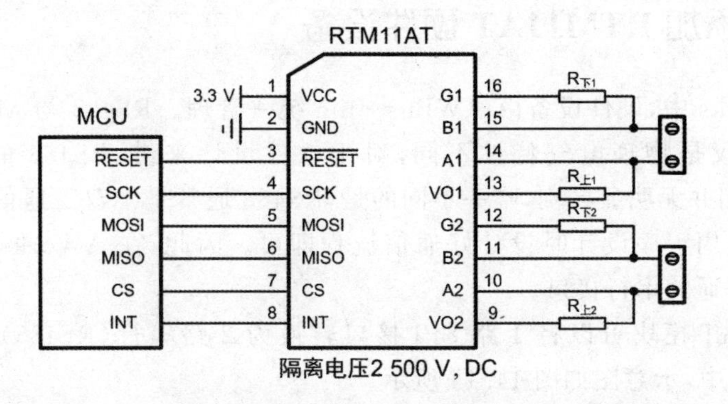

图 14.12　典型应用电路

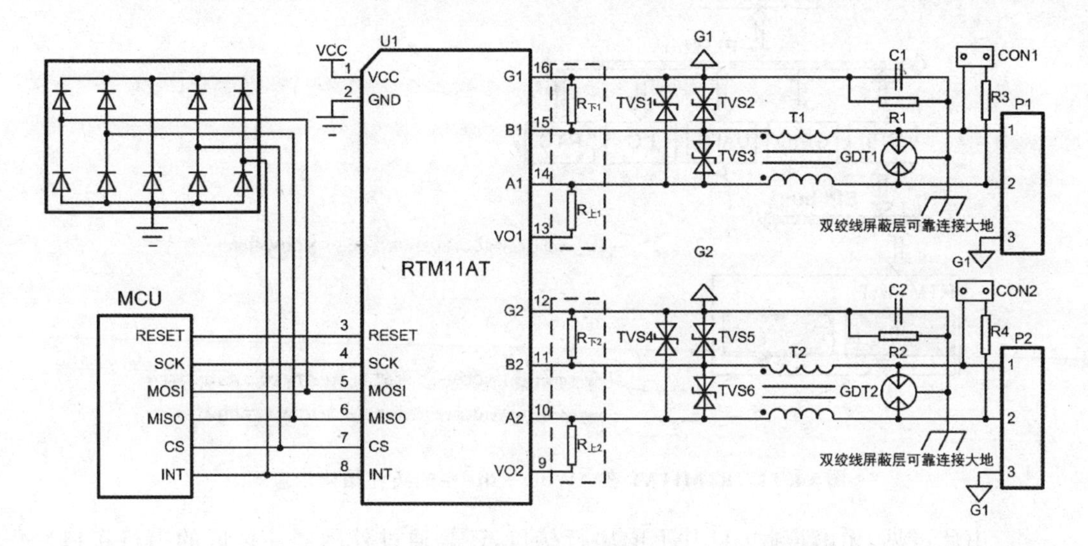

图 14.13　推荐应用电路

器件推荐参数如表 14.14 所列。推荐电路及器件参数仅供参考,应根据实际情况进行调整。

表 14.14　推荐参数表

标　号	型　号	标　号	型　号
C1,C2	102,2 kV,1206	T1,T2	B82793S0513N201
R1,R2	1 MΩ,1206	TVS3,TVS6	SMBJ12CA
R3,R4	120 Ω,1206	TVS1,TVS2,TVS4,TVS5	SMBJ6.5CA
GDT1,GDT2	B3D090L	R上,R下	选择合适的阻值
U1	RTM 模块	U2	NUP4202W1T2G

14.4.3 添加 RTM11AT 硬件设备

在 AWorks 中,硬件设备由 AWBus-lite 统一管理。RS485 与 MCU 直接控制的 UART 仅仅是物理电气特性不同,对于软件设计来讲,RS485 的使用和一般 UART 的使用并无明显区别,唯一不同的是,RS485 通常是半双工通信,而半双工通信只需要在应用程序设计时设计好通信流程即可。因此,在 AWorks 中,RS485 同样视为一个普通的串行接口。

RTM11AT 模块可以将 1 路 SPI 接口转换为 2 路串行(RS485)接口,映射到 AWBus-lite 中,示意图如图 14.14 所示。

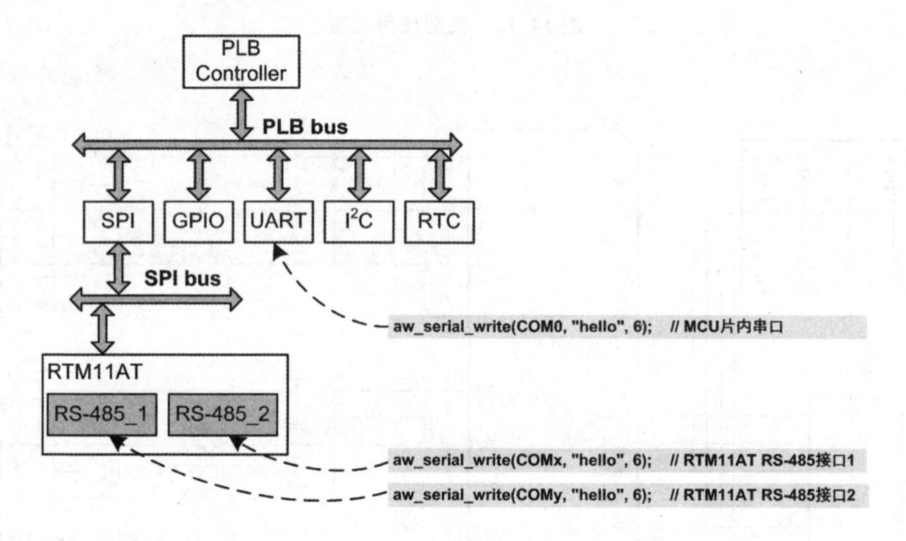

图 14.14 RTM11AT 在 AWBus-lite 中的拓扑结构示意图

由此可见,无论是 MCU 片上的串行接口,还是通过外围器件扩展的串行接口,都可以使用通用串行接口(比如 aw_serial_write())进行访问。为了区分各个硬件串行接口,每个串行接口都对应了一个唯一的 COM 号。在示意图中,RTM11AT 扩展的两路串行接口编号分别为 COMx 和 COMy,它们对应的实际编号在添加 RTM11AT 设备时指定。

为了将 RTM11AT 硬件设备添加到 AWBus-lite 中,需要确认 6 点信息:设备名、设备单元号、父总线类型、父总线编号、设备实例和设备信息。

1. 设备名

设备名往往与驱动名一致,RTM11AT 的驱动名在对应的驱动头文件(awbl_rtm11at.h)中定义,详见程序清单 14.26。

程序清单 14.26　RTM11AT 驱动名定义(awbl_rtm11at.h)

```
#define AWBL_RTM11AT_NAME          "awbl_rtm11at"
```

基于此,设备名应为 AWBL_RTM11AT_NAME。

2. 设备单元号

设备单元号用于区分系统中几个相同的硬件设备,它们的设备名一样,复用同一份驱动。若当前系统仅使用了一个 RTM11AT 模块,则设置为 0 即可。

3. 设备父总线的类型

RTM11AT 的通信接口为 SPI,是一种 SPI 从机器件,其对应的父总线类型为 AWBL_BUSID_SPI。

4. 设备父总线的编号

设备父总线的编号取决于实际硬件中 RTM11AT 的 SPI 接口与哪条 SPI 总线相连,每条 SPI 总线对应的编号在 aw_prj_params.h 文件中定义,例如,在 i.MX28x 硬件平台中,默认有 5 条 SPI 总线:硬件 SSP0、SSP1、SSP2、SSP3 和 GPIO 模拟 SPI,它们对应的总线编号分别为 0、1、2、3、4,详见程序清单 14.27。

程序清单 14.27　SPI 总线编号定义

```
1    #define        IMX28_SSP0_BUSID            0
2    #define        IMX28_SSP1_BUSID            1
3    #define        IMX28_SSP2_BUSID            2
4    #define        IMX28_SSP3_BUSID            3
5    #define        GPIO_SPI0_BUSID             4
```

若 RTM11AT 连接在硬件 SSP2 上,则该设备的父总线编号为 IMX28_SSP2_BUSID。

5. 设备实例

在 awbl_rtm11at.h 文件中,定义了 RTM11AT 的设备类型为 struct awbl_rtm11at_dev。基于该类型,可以定义一个设备实例,详见程序清单 14.28。

程序清单 14.28　定义 RTM11AT 设备实例

```
struct awbl_rtm11at_dev __g_rtm11at_0_dev;
```

其中,__g_rtm11at_0_dev 的地址即可作为 p_dev 的值。

6. 设备信息

在 awbl_rtm11at.h 文件中,定义了 RTM11AT 的设备信息类型为 struct awbl_rtm11at_devinfo,其定义详见程序清单 14.29。

程序清单 14.29 struct awbl_rtm11at_devinfo 定义

```
1   struct awbl_rtm11at_devinfo {
2       uint8_t      uart_comid[2];            /* 两个串口的 ID 号     */
3       uint32_t     uart_base_clk;            /* 串口的时钟频率       */
4       uint32_t     speed_hz;                 /* SPI 的速度           */
5       int          cs_pin;                   /* RTM11AT 片选引脚     */
6       int          int_pin;                  /* RTM11AT 中断引脚     */
7       int          reset_pin;                /* RTM11AT 复位引脚     */
8   };
```

uart_comid[2]表示两个串口设备的 ID 号。为了区分各个串口,需要为各个串口设备分配一个唯一的编号,以便在调用通用串行接口时区分使用哪个串行设备。RTM11AT 模块可以将 1 路 SPI 接口转换为 2 路串行(RS485)接口,当添加一个 RTM11AT 设备时,就相当于添加了两个串行设备,因此,需要为 RTM11AT 设备分配两个串口 ID。在 i.MX28x 硬件平台中,默认有 6 个串口设备,分别为它们分配了 COM0~COM5 这个 6 个 ID 号,因此,RTM11AT 设备的串口 ID 可以分配为 COM6 和 COM7,其定义详见程序清单 14.30。

程序清单 14.30 串口 ID 分配(aw_prj_params.h)

```
1   #define IMX28_DUART_COMID          COM0
2   #define IMX28_AUART0_COMID         COM1
3   #define IMX28_AUART1_COMID         COM2
4   #define IMX28_AUART2_COMID         COM3
5   #define IMX28_AUART3_COMID         COM4
6   #define IMX28_AUART4_COMID         COM5
7   #define RTM11AT_UART0_COMID        COM6
8   #define RTM11AT_UART1_COMID        COM7
```

基于此,uart_comid 数组的两个成员可以分别赋值为 RTM11AT_UART0_COMID 和 RTM11AT_UART1_COMID。

uart_base_clk 表示串口的输入时钟频率,单位为 Hz,其有效范围为:10 019 569~20 000 000。RTM11AT 中的两个串口共用一个输入时钟,虽然两个串口的波特率可以不同,但是它们均由串口输入时钟频率通过整数(该整数必须是 16 的倍数,例如,16、32、64 等)分频得到,因此,两个串口的波特率不能是任意值,必须可以经由输入时钟分频得到。也就是说,输入时钟的频率必须是两个串口波特率的整数倍。通常情况下,为了使两个串口可以自由地使用常用波特率:9 600、19 200、115 200 等(比如,串口 1 设置为 9 600,串口 2 设置为 115 200),可以将 uart_base_clk 设置为 11 059 200(11 059 200= 9 600 × 1 152;11 059 200 = 19 200 × 576;11 059 200= 115 200 × 96)。这样常用波特率均可通过输入时钟分频得到。RTM11AT 的串口波特率最高可以支持 500 kbps,由于 11 059 200 不是 500 000 的整数倍,因此,若需使用最高波特率，串口输入时钟频率就不能设置为 11 059 200，可以设置为 16 000 000（16 000 000＝ 500 000 × 32），此时，由于输入时钟频率为 16 000 000，不再为常用的波特率（例如，9 600、19 200、115 200）的整数倍，因此，串口 1 和串口 2 均不能使用常用波特率，但可以使用 500k、250k、125k 等波特率。

speed_hz 表示 SPI 接口使用的时钟频率，对于 RTM11AT，其支持的最高频率为 5 MHz，实际使用时，可以保留一定的余量，例如，将 SPI 时钟频率设置为 2 MHz，即 2 000 000。

cs_pin 表示与 RTM11AT 的 CS 引脚相连接的主控引脚号，其值与具体硬件相关，若使用 PIO2_19 与 CS 引脚相连，则 spi_cs_pin 的值为 PIO2_19。

int_pin 表示与 RTM11AT 的中断引脚相连接的主控引脚号，其值与具体硬件相关，若使用 PIO3_4 与 INT 引脚相连，则 int_pin 的值为 PIO3_4。

rst_pin 表示与 RTM11AT 的复位引脚相连接的主控引脚号，其值与具体硬件相关，若使用 PIO3_5 与 RESET 引脚相连，使得可以通过 PIO3_5 输出低电平复位 RTM11AT，则 rst_pin 的值为 PIO3_5。特别地，若在硬件电路设计时，rst_pin 未与主控相连，而是固定接到了高电平（即不使用引脚复位功能），则仅需将 rst_pin 设置为－1 即可。

基于以上信息，可以定义完整的设备信息，范例详见程序清单 14.31。

程序清单 14.31　RTM11AT 设备信息定义范例

```
1   aw_local aw_const struct awbl_rtm11at_devinfo __g_rtm11at_devinfo_0 ={
2       { RTM11AT_UART0_COMID, RTM11AT_UART1_COMID},
3       11059200,
4       2000000,
5       PIO2_19,
6       PIO3_4,
7       PIO3_5,
8   };
```

综合上述设备名、设备单元号、父总线类型、父总线编号、设备实例和设备信息，可以完成一个 RTM11AT 硬件设备的描述，其定义详见程序清单 14.32。

程序清单 14.32　RTM11AT 硬件设备宏的详细定义(awbl_hwconf_rtm11at_0.h)

```
1    #ifdef AW_DEV_RTM11AT_0
2
3    #include "driver/rtc/awbl_rtm11at.h"
4    #include "aw_prj_params.h"
5
6    /* RTM11AT 设备信息  */
7    aw_local aw_const struct awbl_rtm11at_devinfo __g_rtm11at_devinfo_0 ={
8        { RTM11AT_UART0_COMID, RTM11AT_UART1_COMID},
```

```
9       2000000,
10      11059200
11      PIO2_19,
12      PIO3_4,
13      PIO3_5,
14  };
15
16  /* RTM11AT 设备实例内存静态分配 */
17  aw_local struct awbl_rtm11at_dev __g_rtm11at_dev0;
18
19  #define AWBL_HWCONF_RTM11AT_0                          \
20      {                                                  \
21          AWBL_RTM11AT_NAME,                             \
22          0,                                             \
23          AWBL_BUSID_SPI,                                \
24          IMX28_SSP2_BUSID,                              \
25          (struct awbl_dev *)&__g_rtm11at_dev0,          \
26          &__g_rtm11at_devinfo_0                         \
27      },
28  #else
29  #define AWBL_HWCONF_RTM11AT_0
30  #endif
```

程序中定义了硬件设备宏:AWBL_HWCONF_RTM11AT_0,为了便于裁剪,使用了一个使能宏 AW_DEV_RTM11AT_0 对其具体内容进行了控制,仅当使能宏被有效定义时,AWBL_HWCONF_RTM11AT_0 才表示一个有效的硬件设备。在硬件设备列表中,加入该宏即可完成设备的添加,详见程序清单 14.33。

程序清单 14.33　在硬件设备列表中添加设备

```
1  aw_const struct awbl_devhcf g_awbl_devhcf_list[] ={     // 硬件设备列表
2      // …… 其他硬件设备
3      AWBL_HWCONF_RTM11AT_0                               // RTM11AT
4      // …… 其他硬件设备
5  };
```

实际上,在模板工程的硬件设备列表中,AWBL_HWCONF_RTM11AT_0 宏默认已添加,同时,定义该宏的文件(awbl_hwconf_rtm11at_0.h)也以配置模板的形式提供在模板工程中,无需用户从零开始自行开发。

14.4.4　使用 RTM11AT 模块

在添加 RTM11AT 硬件设备时,为其分配的两个串口 ID 为 RTM11AT_UART0_COMID 和 RTM11AT_UART1_COMID,它们的默认值分别为:COM6 和

COM7。

基于此,应用程序即可使用"通用串行接口"(见表 7.18)操作 com 号为 COM6 和 COM7 的串行口,通过 COM6 和 COM7 发送数据或者接收来自 COM6 和 COM7 的数据。

基于通用串行接口,可以实现一个简单的测试程序:从 RTM11AT 模块的第一路串行口(COM6)接收数据,若接收到数据,则将数据原封不动地发送回 RTM11AT 的第二路串行口(COM7),范例程序详见程序清单 14.34。

程序清单 14.34 RTM11AT 简单使用范例程序

```
1     #include "aworks.h"
2     #include "aw_serial.h"
3     #include "aw_delay.h"
4     #include "aw_vdebug.h"
5     #include "aw_ioctl.h"
6
7     #define  TEST_COM_RX              COM6
8     #define  TEST_COM_TX              COM7
9
10    int aw_main()
11    {
12        char    buf[10];
13        int     len = 0;
14
15        aw_serial_ioctl(TEST_COM_RX, SIO_BAUD_SET, (void *)115200); // 波特率:115 200
16        aw_serial_ioctl(TEST_COM_TX, SIO_BAUD_SET, (void *)115200); // 波特率:115 200
17        aw_serial_ioctl(TEST_COM_RX, AW_TIOCRDTIMEOUT, (void *)10); // 接收超时:10 ms
18        while(1) {
19            len = aw_serial_read(TEST_COM_RX, buf, 10);          // 接收数据
20            if (len > 0) {
21                aw_serial_write(TEST_COM_TX, buf, len); // 将数据发送至另一个串行口
22            }
23            aw_mdelay(100);
24        }
25    }
```

第15章 常用外围器件

本章导读

开发者最大的问题常常是核心域和非核心域不分，其大部分时间都在编写不可重用的非核心域的代码，而没有专注于提升产品竞争力的核心域知识，比如，需求、算法、用户体验和软件工程方法等，从而导致代码维护的成本远远大于初期的开发投入。

那些做出优秀产品的团队，不仅员工队伍非常稳定，而且收入也很高，甚至连精神面貌都与其他团队不一样。这是因为他们使用了正确的开发策略和方法，因此他们在短时间内掌握的技术远胜于那些所谓的“老程序员”。虽然每个企业都有拿高薪的员工，但为何不是你？别人开发的产品大卖，而你开发的产品却卖不掉？这不仅浪费了来之不易的资金，而且还导致你失去了更多创造更大价值的机会。

十几年前，作者也面临同样的问题，于是毫不犹豫地投身于软硬件标准化平台技术的开发，因为只有方法的突破才能开创未来。AWorks 就是在这样的背景下诞生的，其定义了外围器件的软件接口标准，“按需定制”为用户提供有价值的服务也就成为了可能。

基于此，ZLG 为用户提供了大量标准的外设驱动及相关的协议组件，意在建立完整的生态系统。无论你选择什么 MCU，只要支持 AWorks，都可实现“一次编程、终生使用”，其好处是你再也不需要重新发明“轮子”。

本章讲述了一些典型外围器件的使用方法，它们在本质上都可使用跨平台复用的通用接口进行访问。同类外围器件使用的通用接口是完全相同的，因此，硬件上同类器件的相互替换不会对应用程序产生任何影响。

15.1 EEPROM 存储器

EEPROM(Electrically Erasable Programable Read - Only Memory，电可擦除可编程只读存储器)是一种掉电后数据不丢失的存储芯片，本节以 FM24C02 为例详细介绍在 AWorks 中如何使用类似的非易失存储器。

15.1.1 器件简介

FM24C02 是复旦微半导体推出的 EEPROM 存储芯片。总容量为 2K(2 048)

bits，即 256(2 048/8)字节。每字节对应一个存储地址，因此其存储数据的地址范围为 0x00～0xFF。FM24C02 的页(page)大小为 8 字节，每次写入的数据不能越过页边界，即地址 0x08、0x10、0x18……，当写入的数据越过页边界时，必须分多次写入，其组织结构如表 15.1 所列。

FM24C02 的通信接口为标准的 I^2C 接口，仅需 SDA 和 SCL 两根信号线。这里以 8PIN SOIC 封装为例，其引脚定义如图 15.1 所示。其中的 WP 为写保护，当该引脚接高电平时，将阻止一切写入操作。一般来说，该引脚接地，以便芯片正常读/写。

表 15.1　FM24C02 存储器组织结构

页　号	地址范围	
	起始地址	结束地址
0	0x00	0x07
1	0x08	0x0F
⋮	⋮	⋮
30	0xF0	0xF7
31	0xF8	0xFF

图 15.1　FM24C02 引脚定义

A2、A1、A0 决定了 FM24C02 器件的 I^2C 从机地址，在 AWorks 中，由于用户无需关心 I^2C 从机读/写方向位的控制，因此，从机地址不包含读/写方向位。FM24C02 的从机地址使用 7 位地址表示。从机地址的值如表 15.2 所列。

表 15.2　FM24C02 的 7 位 I^2C 从机地址

地址位	6	5	4	3	2	1	0
值	1	0	1	0	A_2	A_1	A_0

由此可见，7 位从机地址为 101 $0A_2A_1A_0$。

ZLG 推出了 EEPROM 扩展板：MicroPort - EEPROM，可以通过 MicroPort 接口将其与工控主板相连，原理图如图 15.2 所示，其中的 A2、A1、A0 直接接地，因此，7 位从机地址为 0x50。

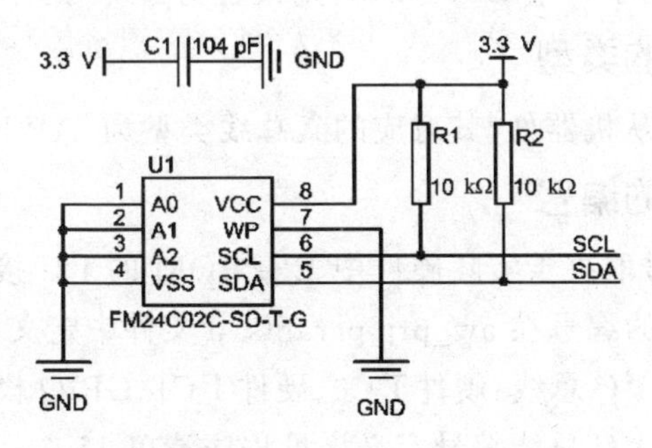

图 15.2　EEPROM 电路原理图

15.1.2　添加 EEPROM 硬件设备

通过对 AWBus - lite 的介绍可知，在 AWorks 中，所有硬件设备均由 AWBus -

lite 统一管理,要使用某一硬件设备,需要在硬件设备列表中(详见程序清单 12.1)添加该硬件设备。一个硬件设备由 struct awbl_devhcf 类型的结构体常量进行描述。回顾该类型的定义,详见程序清单 15.1。

程序清单 15.1　struct awbl_devhcf 类型定义(awbus_lite.h)

```
1    struct awbl_devhcf {
2        const char          *p_name;        // 设备名
3        uint8_t              unit;          // 设备单元号
4        uint8_t              bus_type;      // 设备所处总线的类型
5        uint8_t              bus_index;     // 设备所处总线的编号
6        struct awbl_dev     *p_dev;         // 指向设备实例内存
7        const void          *p_devinfo;     // 指向设备信息(常量)
8    };
```

1. 设备名

设备名往往与驱动名一致,EEPROM 驱动名在 EEPROM 的驱动头文件(awbl_ep24cxx.h)中定义,详见程序清单 15.2。

程序清单 15.2　EEPROM 驱动名定义(awbl_ep24cxx.h)

```
1    #define AWBL_EP24CXX_NAME    "ep24cxx"
```

基于此,设备名应为:AWBL_EP24CXX_NAME。**注意**:AWorks 提供的 ep24cxx 驱动是一种非常通用的 EEPROM 驱动,不仅支持这里使用的 FM24C02 芯片,还支持众多不同厂家、不同容量的 EEPROM 芯片。

2. 设备单元号

设备单元号用于区分系统中几个相同的硬件设备,它们的设备名一样,复用同一份驱动。若系统仅使用了一个 EEPROM,则设置为 0 即可。

3. 设备父总线的类型

EEPROM 为 I^2C 从机器件,其对应的父总线类型为:AWBL_BUSID_I2C。

4. 设备父总线的编号

设备父总线的编号取决于实际硬件中 EEPROM 的 I^2C 接口与哪条 I^2C 总线相连,每条 I^2C 总线对应的编号在 aw_prj_params.h 文件中定义,例如,在 i.MX28x 硬件平台中,默认有 3 条 I^2C 总线:硬件 I^2C0、硬件 I^2C1、GPIO 模拟 I^2C,它们对应的总线编号分别为 0、1、2。I^2C 总线编号定义详见程序清单 15.3。

程序清单 15.3　I^2C 总线编号定义

```
1    #define    IMX28_I2C0_BUSID    0
2    #define    IMX28_I2C1_BUSID    1
3    #define    GPIO_I2C0_BUSID     2
```

若EEPROM连接在硬件 I^2C1 上，则该设备的父总线编号为：IMX28_I2C1_BUSID。

5. 设备实例

在awbl_ep24cxx.h文件中，定义了EEPROM的设备类型为：struct awbl_ep24cxx_dev。基于该类型，可以定义一个设备实例，详见程序清单15.4。

程序清单15.4 定义设备实例

```
1    struct awbl_ep24cxx_dev __g_ep24cxx_dev;
```

其中，__g_ep24cxx_dev的地址即可作为p_dev的值。

6. 设备信息

设备信息的具体类型是由设备驱动定义的。在awbl_ep24cxx.h文件中，定义了EEPROM的设备信息类型为：struct awbl_ep24cxx_devinfo，定义详见程序清单15.5。

程序清单15.5 设备信息类型(awbl_ep24cxx.h)

```
1    struct awbl_ep24cxx_devinfo {
2        uint8_t                              addr;              // 设备从机地址
3        uint32_t                             type;              // 芯片型号
4        const struct awbl_nvram_segment * p_seglst;          // 非易失性存储段配置列表
5        size_t                               seglst_count;
                                                  // 非易失性存储段配置列表中的条目数
6    };
```

其中，addr表示设备从机地址，由FM24C02器件简介可知，对于MicroPort-EEPROM模块，其对应的7位从机地址为：0x50。type表示芯片的型号，型号主要包含了芯片容量大小，页大小等信息。在FM24CXX系列的EEPROM芯片中，型号末尾的数值表示了容量的大小，单位为：Kbits。例如，FM24C02，尾数为02，表示容量共计2 Kbits，即256(2 048/8)字节。FM24CXX系列芯片的容量如表15.3所列。

表15.3 FM24CXX系列芯片容量

型　号	容　量	型　号	容　量	型　号	容　量	型　号	容　量
FM24C02	256 B	FM24C16	2 KB	FM24C128	16 KB	FM24C1024	128 KB
FM24C04	512 B	FM24C32	4 KB	FM24C256	32 KB		
FM24C08	1 KB	FM24C64	8 KB	FM24C512	64 KB		

在ep24cxx驱动中，为各种型号的芯片对应的宏值，实际使用时，仅需将相应宏作为设备信息中type成员的值即可，如表15.4所列。

表 15.4　FM24CXX 系列芯片对应的芯片型号宏

型　号	宏	型　号	宏
FM24C02	AWBL_EP24CXX_EP24C02	FM24C64	AWBL_EP24CXX_EP24C64
FM24C04	AWBL_EP24CXX_EP24C04	FM24C128	AWBL_EP24CXX_EP24C128
FM24C08	AWBL_EP24CXX_EP24C08	FM24C256	AWBL_EP24CXX_EP24C256
FM24C16	AWBL_EP24CXX_EP24C16	FM24C512	AWBL_EP24CXX_EP24C512
FM24C32	AWBL_EP24CXX_EP24C32	FM24C1024	AWBL_EP24CXX_EP24C1024

例如,对于 FM24C02,type 的值应设置为 AWBL_EP24CXX_EP24C02。

p_seglst 和 seglst_count 表示了该存储器提供的存储段信息,p_seglst 指向存储段列表,seglst_count 指定了列表中存储段的个数。在 AWorks 中,定义了抽象的存储段概念,屏蔽了底层存储硬件的差异性,在应用中,数据的读取与存储均是针对存储段操作,因此,应用程序仅与存储段相关,与具体的物理存储器无关,当底层物理存储器发生变化时,只要存储段保持不变,应用程序就可以保持不变,使得应用程序可以很容易地跨平台复用。

存储段的类型为 struct awbl_nvram_segment,具体定义详见程序清单 15.6。

程序清单 15.6　存储段类型定义(awbl_nvram.h)

```
1    struct awbl_nvram_segment {
2        char              *p_name;      // 存储段名字
3        int                unit;        // 存储段的单元号,用于区分多个名字相同的存储段
4        uint32_t           seg_addr;    // 存储段在存储器件中的起始地址
5        uint32_t           seg_size;    // 存储段的大小
6    };
```

其中,p_name 为存储段的名字,unit 为存储段的单元号,名字和单元号可以唯一确定一个存储段,当名字相同时,可使用单元号区分不同的存储段。存储段的名字使得每个存储段都被赋予了实际的意义,比如,名为“ip”的存储段表示保存 IP 地址的存储段,名为“temp_limit”的存储段表示保存温度上限值的存储段。seg_addr 为该存储段在实际存储器中的起始地址,seg_size 为该存储段的容量大小。

根据需要,一个物理存储器(比如:FM24C02)可以提供多个存储段。例如,将 FM24C02 划分为 5 个存储段,分别存储 IP 信息、温度上限、系统参数和测试信息等,存储段列表的定义范例详见程序清单 15.7。

程序清单 15.7　存储段定义范例

```
1    aw_const struct awbl_nvram_segment __g_ep24cxx_seglst[] ={
2        {"ip",          0,    0x00,    0x04},   // IP 地址存储段 0,起始地址 0x00,长度 4
3        {"ip",          1,    0x04,    0x04},   // IP 地址存储段 1,起始地址 0x04,长度 4
4        {"temp_limit",  0,    0x08,    0x08},   // 温度上限值存储段,起始地址 0x08,长度 8
5        {"system",      0,    0x10,    0x80},   // 系统参数存储段,起始地址 0x0C,长度 128
6        {"test",        0,    0x90,    0x70},   // 用于测试,起始地址 0x30,长度 112
7    };
```

基于此，在设备信息中，p_seglst 的值应设置为 &__g_ep24cxx_seglst[0]。seglst_count 的值应设置为 5，也可使用获取数组元素个数的宏：AW_NELEMENTS(__g_ep24cxx_seglst)。

基于以上信息，可以定义完整的设备信息，范例详见程序清单 15.8。

程序清单 15.8　设备信息定义范例

```
1   aw_local aw_const struct awbl_ep24cxx_devinfo __g_ep24cxx_devinfo ={
2       0x50,                                  // I2C 从机地址
3       AWBL_EP24CXX_EP24C02,                  // 芯片型号
4       &__g_ep24cxx_seglst[0],                // 非易失性存储段配置列表
5       AW_NELEMENTS(__g_ep24cxx_seglst)       // 非易失性存储段配置列表中的条目数
6   };
```

综合上述设备名、设备单元号、父总线类型、父总线编号、设备实例和设备信息，可以完成一个 EEPROM 硬件设备的描述，其定义详见程序清单 15.9。

程序清单 15.9　EEPROM 硬件设备宏的详细定义(awbl_hwconf_ep24cxx_0.h)

```
1    #ifndef __AWBL_HWCONF_EP24CXX_0_H
2    #define __AWBL_HWCONF_EP24CXX_0_H
3
4    #ifdef AW_DEV_EXTEND_EP24CXX_0
5
6    #include "driver/nvram/awbl_ep24cxx.h"
7
8    aw_const struct awbl_nvram_segment __g_ep24cxx_seglst[] ={
9        {"ip",          0,  0x00,    0x04},  // IP 地址存储段 0，起始地址 0x00，长度 4
10       {"ip",          1,  0x04,    0x04},  // IP 地址存储段 1，起始地址 0x04，长度 4
11       {"temp_limit",  0,  0x08,    0x08},  // 温度上限值存储段，起始地址 0x08，长度 8
12       {"system",      0,  0x10,    0x80},  // 系统参数存储段，起始地址 0x0C，长度 128
13       {"test",        0,  0x90,    0x70},  // 用于测试，起始地址 0x30，长度 112
14   };
15
16   aw_local aw_const struct awbl_ep24cxx_devinfo __g_ep24cxx_devinfo ={
17       0x50,                                 // I2C 从机地址
18       AWBL_EP24CXX_EP24C256,                // 芯片型号
19       &__g_ep24cxx_seglst[0],               // 非易失性存储段配置列表
20       AW_NELEMENTS(__g_ep24cxx_seglst)      // 非易失性存储段配置列表中的条目数
21   };
22
```

```
23    aw_local struct awbl_ep24cxx_dev __g_ep24cxx_dev; // EP24CXX 设备实例内存静态分配
24
25    // 硬件设备宏
26    #define AWBL_HWCONF_EP24CXX_0                             \
27        {                                                     \
28            AWBL_EP24CXX_NAME,                                \
29            0,                                                \
30            AWBL_BUSID_I2C,                                   \
31            IMX28_I2C1_BUSID,                                 \
32            (struct awbl_dev *)&__g_ep24cxx_dev,              \
33            &__g_ep24cxx_devinfo                              \
34        },
35
36    #else
37    #define AWBL_HWCONF_EP24CXX_0
38    #endif
39
40    #endif
```

程序中定义了硬件设备宏:AWBL_HWCONF_EP24CXX_0,为便于裁剪,使用了一个使能宏 AW_DEV_EXTEND_EP24CXX_0 对其具体内容进行了控制,仅当使能宏被有效定义时,AWBL_HWCONF_EP24CXX_0 才表示一个有效的硬件设备。在硬件设备列表中,加入该宏即可完成设备的添加,详见程序清单 15.10。

程序清单 15.10　在硬件设备列表中添加设备

```
1    aw_const struct awbl_devhcf g_awbl_devhcf_list[] ={      // 硬件设备列表
2        // …… 其他硬件设备
3        AWBL_HWCONF_EP24CXX_0                                // EEPROM:EP24CXX
4        // …… 其他硬件设备
5    };
```

实际上,在模板工程的硬件设备列表中,AWBL_HWCONF_EP24CXX_0 宏默认已添加,同时,定义该宏的文件(awbl_hwconf_ep24cxx_0.h)也以配置模板的形式提供在模板工程中,无需用户从零开始自行开发。对于用户来讲,若需使用 EEPROM 设备,则实际要做的工作很少,只需根据实际情况,对设备信息做简要的修改,比如:修改存储段配置信息、EEPROM 从机地址等。同时,确保该设备对应的使能宏(即 AW_DEV_EXTEND_EP24CXX_0)在 aw_prj_params.h 文件中进行了定义。

15.1.3 NVRAM 通用接口

在 EEPROM 的设备信息中,为系统提供了一个存储段列表(详见程序清单 15.7),其包含了 5 个存储段,它们的名字、单元号和大小如表 15.5 所列。

表 15.5 定义的 NVRAM 存储段

存储段序号	名 字	单元号	大 小
1	ip	0	4
2	ip	1	4
3	temp_limit	0	8
4	system	0	128
5	test	0	112

只要 EEPROM 设备被使能,应用程序就可以使用这些存储段存储数据。在 AWorks 中,可以使用 NVRAM 通用接口访问这些存储段。NVRAM 通用接口的原型如表 15.6 所列。

表 15.6 NVRAM 通用接口(aw_nvram.h)

函数原型	功能简介
aw_err_t aw_nvram_set (char *p_name, int unit, char *p_buf, int offset, int len);	写入数据
aw_err_t aw_nvram_get (char *p_name, int unit, char *p_buf, int offset, int len);	读取数据

1. 写入数据

写入数据的函数原型为:

```
aw_err_t aw_nvram_set (char * p_name, int unit, char * p_buf, int offset, int  len);
```

其中,p_name 和 unit 分别表示存储段的名字和单元号,用于确定数据写入的存储段;p_buf 指向待写入数据的首地址;offset 表示从存储段指定的偏移(相对于该存储段的起始位置)开始写入数据;len 为写入数据的长度。若返回值为 AW_OK,则表明写入成功;否则,写入失败。例如,要将一个 IP 地址保存到 IP 存储段,范例程序详见程序清单 15.11。

程序清单 15.11 写入数据范例程序

```
1    unit8_t ip[4] ={192, 168, 40, 12};
2    aw_nvram_set("ip", 0, &ip[0], 0, 4);                   // 写入非易失性数据"ip"
```

2. 读取数据

读取数据的函数原型为:

```
aw_err_t  aw_nvram_get (char * p_name, int unit, char * p_buf,int offset,int len);
```

其中,p_name 和 unit 分别为存储段的名字和单元号,用于确定数据读取的存储段;p_buf 指向一个数据缓存,用于存储从存储段中读取的数据;offset 表示从存储段指定的偏移开始读取数据;len 为读取数据的长度。若返回值为 AW_OK,则表明读取成功;否则,读取失败。例如,要从 IP 存储段中读取出 IP 地址,范例程序详见程序清单 15.12。

程序清单 15.12 读取数据范例程序

```
1    unit8_t ip[4];
2    aw_nvram_get("ip", 0, &ip[0], 0, 4);          // 读取非易失性数据"ip"
```

可以编写一个 NVRAM 通用接口的简单测试程序,来验证 NVRAM 存储段是否工作正常。虽然测试程序仅仅是一个简单的应用,但基于模块化编程思想,还是将测试相关程序在一个文件中单独实现,程序实现和对应接口的声明详见程序清单 15.13 和程序清单 15.14。

程序清单 15.13 测试程序实现(app_test_nvram.c)

```
1     #include "ametal.h"
2     #include "am_nvram.h"
3     #include "app_test_nvram.h"
4
5     int app_test_nvram (char * p_name, uint8_t unit)
6     {
7         int      i;
8         char     data[20];
9
10        for (i = 0; i < 20; i ++)                                //填充数据
11            data[i] = i;
12        aw_nvram_set(p_name, unit, &data[0], 0, 20);
                                                  // 向"test"存储段中写入 20 字节数据
13        for (i = 0; i < 20; i ++)                                // 清零数据
14            data[i] = 0;
15        aw_nvram_get(p_name, unit, &data[0], 0, 20);
                                                  // 从"test"存储段中读取 20 字节数据
16        for (i = 0; i < 20; i ++) {                              // 比较数据
17            if (data[i] != i) {
18                return AW_ERROR;
19            }
20        }
21        return AW_OK;
22    }
```

程序清单 15.14 接口声明(app_test_nvram.h)

```
1    #pragma once
2    #include "ametal.h"
3
4    int app_test_nvram(char * p_name, uint8_t unit);
```

将待测试的存储段(段名和单元号)通过参数传递给测试程序,测试程序使用NVRAM通用接口对测试段进行读/写数据操作。若读取数据与写入数据完全相同,则返回 AW_OK;否则,返回 AW_ERROR。

由此可见,应用程序的实现不包含任何器件相关的语句,仅调用了 NVRAM 通用接口读/写指定的存储段,该应用程序是跨平台的,在任何 AWorks 平台中均可使用。添加主程序,完整的测试程序范例详见程序清单 15.15。

程序清单 15.15 NVRAM 通用接口测试范例程序

```
1    #include "aworks.h"
2    #include "aw_delay.h"
3    #include "aw_led.h"
4    #include "app_test_nvram.h"
5
6    int aw_main (void)
7    {
8        if (app_test_nvram("test", 0) != AM_OK) {
9            aw_led_on(1);                          // 测试失败,点亮 LED1
10           while(1);
11       }
12       while (1) {
13           aw_led_toggle(0);                      // 测试成功,LED0 闪烁
14           aw_mdelay(100);
15       }
16   }
```

15.2 SPI NOR Flash 存储器

EEPROM 往往用于少量数据的存储,当存在大量需要存储的数据时,可以使用 SPI NOR Flash 存储器。SPI NOR Flash 是一种 SPI 接口的非易失闪存芯片,本节以台湾旺宏电子的 MX25L1606 为例详细介绍在 AWorks 中如何使用类似的 Flash 存储器。

15.2.1 器件简介

MX25L1606 的总容量为 16 Mbit(16×1 024×1 024),即 2 MB(16 Mbit/8)。每字节对应一个存储地址,因此其存储数据的地址范围为 0x00 0000~0x1F FFFF。在 MX25L1606 中,存储器有块(block)、扇区(sector)和页(page)的概念。页大小为 256 B,每个扇区包含 16 页,扇区大小为 4 KB(4 096),每个块包含 16 个扇区,块的大小为 64 KB(65 536),其组织结构如表 15.7 所列。

表 15.7 MX25L1606 存储器组织结构

块号(block)	扇区号(sector)	页号(page)	地址范围	
			起始地址	结束地址
0	0	0	0x00 0000	0x00 00FF
		⋮	⋮	⋮
		15	0x00 0F00	0x00 0FFF
	⋮	⋮	⋮	⋮
	15	240	0x00 F000	0x00 F0FF
		⋮	⋮	⋮
		255	0x00 FF00	0x00 FFFF

MX25L1606 的通信接口为标准的 4 线 SPI 接口(支持模式 0 和模式 3),SPI 信号线包括:CS、MOSI、MISO、CLK,这里以 8PIN SOP 封装为例,其引脚定义如图 15.3 所示。其中,CS(1#)、MISO(2#)、MOSI(5#)、SCLK(6#)分别为 SPI 的 CS、MISO、MOSI 和 CLK 信号引脚;VCC(8#)和 GND(4#)分别为电源和地;特别地,WP(3#)用于写保护,HOLD(7#)用于暂停数据传输。一般来说,这两个引脚不会使用,可通过上拉电阻上拉至高电平。

ZLG 推出了 SPI NOR Flash 扩展板:MicroPort - Flash,可以通过 MicroPort 接口将其与工控主板相连,原理图如图 15.4 所示。其中,0 Ω 电阻 R3 和 R4 默认未焊接,使 WP 引脚和 HOLD 引脚分别通过 R2 和 R1 上拉至高电平。nWP 和 HOLD 信号均未使用,使用该模块仅需通过 SPI 标准的 4 根信号线。

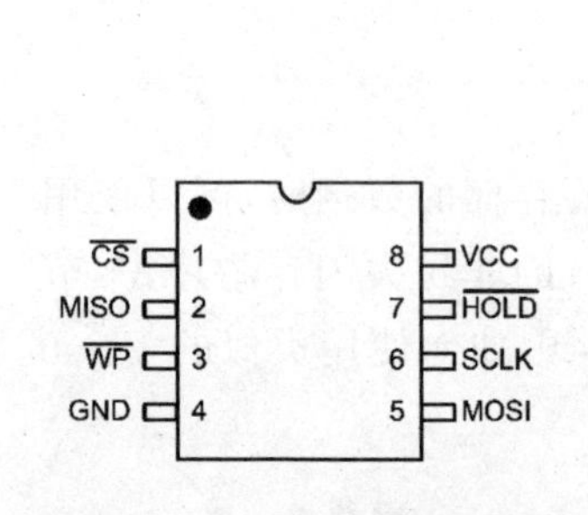

图 15.3 MX25L1606 引脚图

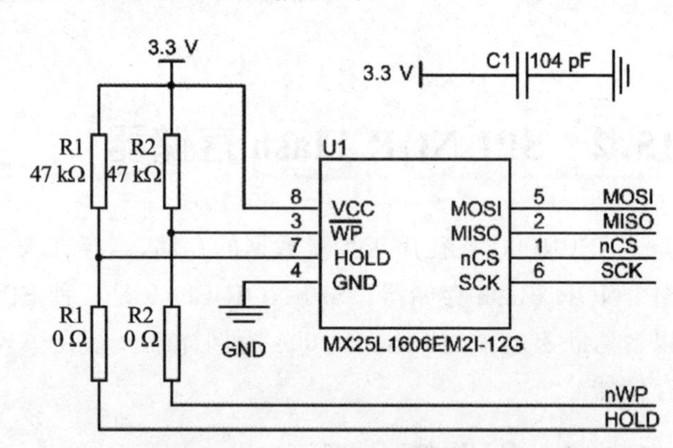

图 15.4 SPI Flash 电路原理图

15.2.2 添加 SPI NOR Flash 硬件设备

在 AWorks 中,硬件设备由 AWBus - lite 统一管理,向 AWBus - lite 中添加一个硬件设备需要确认 6 点信息:设备名、设备单元号、父总线类型、父总线编号、设备实例和设备信息。

1. 设备名

设备名往往与驱动名一致,SPI NOR Flash 的驱动名在对应的驱动头文件(awbl_spi_flash.h)中定义,详见程序清单 15.16。

程序清单 15.16 SPI NOR Flash 驱动名定义(awbl_spi_flash.h)

```
1    #define  AWBL_SPI_Flash_NAME    "awbl_spi_flash"
```

基于此,设备名应为 AWBL_SPI_Flash_NAME。

注意:AWorks 提供的 SPI Flash 驱动是一种非常通用的驱动,不仅支持这里使用的 MX25L1606 芯片,还支持众多不同厂家、不同容量的存储芯片。

2. 设备单元号

设备单元号用于区分系统中几个相同的硬件设备,它们的设备名一样,复用同一份驱动。若系统仅使用了一个 SPI NOR Flash 芯片,则设置为 0 即可。

3. 设备父总线的类型

MX25L1606 的通信接口为 SPI,是一种 SPI 从机器件,其对应的父总线类型为 AWBL_BUSID_SPI。

4. 设备父总线的编号

设备父总线的编号取决于实际硬件中 MX25L1606 的 SPI 接口与哪条 SPI 总线相连,每条 SPI 总线对应的编号在 aw_prj_params.h 文件中定义,例如,在 i.MX28x 硬件平台中,默认有 5 条 SPI 总线:硬件 SSP0、SSP1、SSP2、SSP3 和 GPIO 模拟 SPI,它们对应的总线编号分别为 0、1、2、3、4,详见程序清单 15.17。

程序清单 15.17 SPI 总线编号定义

```
1    #define IMX28_SSP0_BUSID         0
2    #define IMX28_SSP1_BUSID         1
3    #define IMX28_SSP2_BUSID         2
4    #define IMX28_SSP3_BUSID         3
5    #define GPIO_SPI0_BUSID          4
```

若 MX25L1606 连接在硬件 SSP2 上,则该设备的父总线编号为 IMX28_SSP2_BUSID。

5. 设备实例

在 awbl_spi_flash.h 文件中,定义了 SPI NOR Flash 的设备类型为 struct awbl_spi_flash_dev。基于该类型,可以定义一个设备实例,详见程序清单 15.18。

程序清单 15.18 定义设备实例

```
1    struct awbl_spi_flash_dev __g_spi_flash_dev0;
```

其中,__g_spi_flash_dev0 的地址即可作为 p_dev 的值。

6. 设备信息

在 awbl_spi_flash.h 文件中,定义了 SPI NOR Flash 的设备信息类型为 struct awbl_spi_flash_devinfo,其详细定义详见程序清单 15.19。

程序清单 15.19 设备信息类型(awbl_spi_flash.h)

```
1    struct awbl_spi_flash_devinfo {
2        const char                           * name;          //设备名称
3        uint_t                                block_size;     // 块大小
4        uint_t                                nblocks;        // 块数量
5        uint_t                                page_size;      // 页大小
6        uint16_t                              spi_mode;       // SPI 接口通信模式
7        int                                   spi_cs_pin;     // SPI 片选引脚
8        uint32_t                              spi_speed;      // SPI 接口速度
9        const struct awbl_spi_flash_mtd_ex   * p_mtd_ex;      // MTD 接口扩展信息
10       const void                           * p_nvram_info;  // NVRAM 接口扩展数据
11       void                          (* pfunc_plfm_init)(void); // 平台初始化函数
12   };
```

设备信息成员较多,为了便于介绍,将设备信息分为 4 大类(存储设备基础信息、SPI 接口基础信息、MTD 设备相关信息,NVRAM 存储段相关信息)如表 15.8 所列。

表 15.8 设备信息分类

类 别	包含成员
存储设备基础信息	name
	block_size
	nblocks
	page_size
SPI 接口基础信息	spi_mode
	spi_cs_pin
	spi_speed
MTD 设备相关信息	p_mtd_ex
NVRAM 存储段相关信息	p_nvram_info
平台初始化	pfunc_plfm_init

(1) 存储设备基础信息

存储设备基础信息主要用于指定实际存储器相关的信息,主要包括:name、block_size、nblocks 和 page_size。

其中,name 用于指定设备名。设备名为一个字符串,通常情况下,任意定义一个可识别的名字即可,例如,定义设备名为:“/sflash0”。设备名的具体使用方法将在后文介绍。

block_size 用于指定块大小。由器件简介中的 MX25L1606 物理结构可知，其物理块大小为 64 KB，每个块包含 16 个扇区，扇区大小为 4 KB，每个扇区包含 16 页，页大小为 256 KB。block_size 指定的块大小并非物理块大小（64 KB），而是指 SPI NOR Flash 最小擦除单元的大小。SPI NOR Flash 具有特殊的物理结构，其不能像 EEPROM 那样直接对某一地址单元进行任意值的写入操作，其数据写入操作（又称为页编程）只能将存储单元相应位的值从“1”变为“0”，而不能从“0”变为“1”。为了确保数据正确写入，在写入数据前，需要将相应区域中存储单元的值全部变为“1”，此时，在进行数据写入操作时，若写入数据为 0，则将存储单元对应位从“1”变为“0”，若写入数据为 1，则保持存储单元的值不变，以此完成数据的正确写入。将某一区域中存储单元的值全部变为 1 的操作即为擦除操作，擦除操作的最小单元为扇区，即每次只能擦除单个或多个扇区，对于 MX25L1606，其扇区大小（最小擦除单元）为 4 KB（4 096 KB），基于此，block_size 的值应设置为扇区大小，即 4 096。

nblocks 指定了最小擦除单元的数目，对于 MX25L1606，其总容量为 2 MB，最小擦除单元（扇区）的大小为 4 KB，基于此，最小擦除单元的数目为 512（2×1 024×1 024/4 096）。

page_size 指定了页大小，SPI NOR Flash 的数据写入以页为单位，单次最多写入 1 页数据，若需写入多页数据，则应分多次写入。对于 MX25L1606，其页大小为 256 B，page_size 的值应设置为 256。

（2）SPI 接口基础信息

SPI 接口基础信息主要用于指定 SPI 通信接口相关的信息，主要包括：spi_mode、spi_cs_pin 和 spi_speed。

其中，spi_mode 用于指定 SPI 使用的模式，MX25L1606 支持模式 0 和模式 3（模式对应的宏定义见表 7.13），若使用模式 0，则 spi_mode 的值为 AW_SPI_MODE_0。

spi_cs_pin 表示主控 MCU 与 MX25L1606 的 CS 引脚相连接的 I/O 引脚号，与具体硬件相关，若 PIO2_19 与 CS 引脚相连，则 spi_cs_pin 的值为 PIO2_19。

spi_speed 表示 SPI 接口时钟线的频率，对于 MX25L1606，其支持的最高频率为 86 MHz，实际使用时，可以保留一定的余量，例如，将 SPI 时钟频率设置为 28 MHz，即 28 000 000。

（3）MTD 设备相关信息

SPI NOR Flash 作为一种典型的存储设备，可以利用通用的内存技术设备（MTD：Memory Technology Device）管理框架对其进行管理，使其成为一个通用的存储设备，被系统上层所使用，例如，系统上层可以直接在 MTD 设备上构建文件系统，使得可以在 SPI NOR Flash 上运行文件系统，用户使用起来将极为方便。若要将其作为通用的 MTD 设备，则需要提供必要的信息。p_mtd_ex 即用于指向 MTD 的相关信息，struct awbl_spi_flash_mtd_ex 类型定义详见程序清单 15.20。

程序清单 15.20 struct awbl_spi_flash_mtd_ex 类型定义(awbl_spi_flash.h)

```
1    struct awbl_spi_flash_mtd_ex {
2        void              * p_mtd;                                    // MTD 对象句柄
3        const void        * p_info;                                   // MTD 对象信息
5        aw_err_t ( * pfn_init) (struct awbl_spi_flash_dev * p_flash, // 设备初始化函数
6                               void                       * p_mtd,
7                               const void                 * p_info);
8    };
```

其中,p_mtd 用于指向一个 MTD 设备实例,分配 MTD 设备相关的内存。其实际类型为 struct awbl_spi_flash_mtd,该类型的具体定义用户无需关心,只需使用该类型定义一个 MTD 设备实例即可,详见程序清单 15.21。

程序清单 15.21 定义 MTD 设备实例

```
1    struct awbl_spi_flash_mtd __g_fmtd0;
```

其中,__g_fmtd0 的地址即可作为 p_mtd 的值。

p_info 用于提供将 SPI NOR Flash 用作 MTD 设备时的必要信息,其实际类型为 struct awbl_spi_flash_mtd_info,定义详见程序清单 15.22。

程序清单 15.22 struct awbl_spi_flash_mtd_info 类型定义(awbl_spi_flash_mtd.h)

```
1    struct awbl_spi_flash_mtd_info {
2        uint_t      start_blk;                          // 起始块号
3        uint_t      nblks;                              // 使用的块数目
4    };
```

该信息指定了将 SPI NOR Flash 的哪些存储空间用作 MTD 设备,start_blk 指定了起始块,nblks 指定了块的数目。例如,对于 MX25L1606,共有 512 个块(擦除单元:扇区),序号为 0~511,若起始块为 0,块数目为 256,则表示仅将前 256 块存储空间用作 MTD 设备进行管理。此时,后 256 块存储空间将不受 MTD 管理,可以用作其他用途,比如用于提供 NVRAM 存储段(下面将介绍如何提供 NVRAM 存储段)。MTD 存储空间的定义范例详见程序清单 15.23。

程序清单 15.23 MTD 存储空间信息定义范例

```
1    aw_local aw_const struct awbl_spi_flash_mtd_info __g_fmtd_info0   ={
2        0,                                      // 起始块号为 0
3        256                                     // 使用 256 个块数目
4    };
```

根据此信息,总共分配了 256 个块作为 MTD 设备,每个块的大小为 4 KB,由此可见,此处定义的 MTD 设备总容量为 1 MB。

pfn_init 用于指向一个初始化函数,以将 SPI NOR Flash 中指定的存储空间初

始化为 MTD 设备使用。该初始化函数 AWorks 已经提供,其函数原型为:

```
aw_err_t awbl_spi_flash_mtd_init (
    struct awbl_spi_flash_dev        *p_flash,
    void                             *p_obj,
    const void                       *p_info);
```

该函数无需用户直接调用,实际使用时,仅需将函数名作为 pfn_init 的值即可。

基于此,完整的 MTD 信息定义范例详见程序清单 15.24。

程序清单 15.24 MTD 信息定义范例

```
1   struct awbl_spi_flash_mtd_ex __g_fmtd_ex0 ={
2       &__g_fmtd0,                  // MTD设备实例
3       &__g_fmtd_info0,             // MTD设备存储空间信息
4       awbl_spi_flash_mtd_init      // MTD设备初始化函数
5   };
```

其中,__g_fmtd_ex0 的地址即可作为设备信息中 p_mtd_ex 的值。特别地,若不需要将 SPI NOR Flash 设备作为通用的 MTD 存储设备使用,则可以将 p_mtd_ex 的值设置为 NULL。

基于该描述信息,系统中将增加一个名为"/sflash0"(基础设备信息中定义的设备名),容量为 1 MB 的通用 MTD 设备。下面将详细介绍如何使用该 MTD 设备。

(4) NVRAM 存储段相关信息

SPI NOR Flash 作为一种存储器件,同样可以为系统提供通用的 NVRAM 存储段,使应用程序使用 NVRAM 接口进行数据的存取。p_nvram_info 用于指向 NVRAM 存储段相关信息,存储段信息的实际类型为:struct awbl_spi_flash_nvram_info,定义详见程序清单 15.25。

程序清单 15.25 NVRAM 信息结构体类型(awbl_spi_flash_nvram.h)

```
1   struct awbl_spi_flash_nvram_info {
2       const struct awbl_nvram_segment       *p_seglst;
3       uint_t                                 seglst_count;
4       uint8_t                               *p_blk_buf;
5   };
```

其中,p_seglst 和 seglst_count 表示了该存储器提供的存储段信息,p_seglst 指向存储段列表,seglst_count 指定了列表中存储段的个数。在这里,仅提供一个用于测试的段,占用最后一个扇区(MX25L1606 共 512 个扇区,序号为 0～511,序号为 511 的扇区即为最后一个扇区,其起始地址为:511×4 096,大小为 4 096),详见程序清单 15.26。

程序清单 15.26　SPI NOR Flash 提供的存储段定义范例

```
1    aw_const struct awbl_nvram_segment __g_ep24cxx_seglst[] ={
2        {"spi_nor_flash_nvram_test", 0, 511 * 4096, 4096},          // 用于测试的段
3    };
```

实际应用中,用户可以根据需要定义多个存储段。但应该特别注意的是,NVRAM 存储段占用的存储空间应该与 MTD 设备占用的存储空间(详见程序清单 15.23)相互独立,互不重叠,避免 MTD 设备和 NVRAM 使用同一段存储空间时出现冲突。

在 NVRAM 通用接口中,并没有擦除的概念,数据写入时,直接使用 aw_nvram_set()接口向存储段中写入数据即可。但对于 MX25L1606 存储器,在数据写入前,需要对相应区域执行擦除操作,显然,擦除操作的处理应在驱动内部完成,并不需要由用户干预,使 MX25L1606 存储器用起来就和 EEPROM 一样。在 MX25L1606 的物理结构上,擦除操作是以扇区为单位的,每次仅可擦除单个或多个扇区,并不能擦除任意字节数的空间。在这种情况下,若用户写入数据的存储空间范围不是一个完整的扇区,例如,用户只写入 1 KB 数据,但扇区大小为 4 KB,若不加处理地擦除整个 4 KB 空间,在写入用户的 1 KB 数据后,扇区中原来存储的其他 3 KB 数据将由于擦除而丢失,显然,这是不允许的。为此,需要用户根据实际擦除单元的大小提供一个缓存给驱动,驱动在擦除某一扇区的数据前,先将扇区中的数据读取出来,存储到缓存中,然后根据用户需要,修改缓存中的数据(即用户数据先写到缓存中),最后,将整个缓存的数据写入 MX25L1606 中,以此避免因擦除操作丢失数据。

p_blk_buf 即用于指向用户提供的缓存,缓存大小应该与擦除单元大小一致,即与设备信息中 block_size 的值一致。对于 MX25L1606,擦除单元大小为扇区大小,即 4 096。

基于此,可以定义 NVRAM 存储段相关的信息,详见程序清单 15.27。

程序清单 15.27　NVRAM 存储段相关信息定义范例

```
1    uint8_t __g_snvram_buf0[4096] ={0};                                   // 4 KB 缓存
2
3    aw_local aw_const struct awbl_spi_flash_nvram_info __g_fnvram_info0 ={
4        __g_snvram_seglst0,                                                // 存储段列表
5        AW_NELEMENTS(__g_snvram_seglst0),                                  // 存储段数目
6        __g_snvram_buf0
7    };
```

其中,__g_fnvram_info0 的地址即可作为设备信息中 p_nvram_info 的值。特别地,若不需要使 SPI NOR Flash 设备提供 NVRAM 存储段,则可以将 p_nvram_info 的值设置为 NULL。

(5) 平台初始化

pfunc_plfm_init 用于指向一个初始化函数,以完成平台相关的初始化动作,比如:特殊的时钟、GPIO 初始化等。通常情况下,无需做任何特殊的平台初始化动作,pfunc_plfm_init 的值设置为 NULL 即可。

至此,可以定义完整的设备信息,范例详见程序清单 15.28。

程序清单 15.28　MX25L1606 设备信息定义范例

```
1    aw_local aw_const struct awbl_spi_flash_devinfo __g_spi_flash_devinfo0 ={
2            "/sflash0",                    // Flash 注册成块设备的名字
3            4096,                          // Flash 擦除操作的块大小(擦除单元大小)
4            2048,                          // Flash 对应块数量
5            256,                           // Flash 写操作的页大小
6            AW_SPI_MODE_0,                 // SPI 模式
7            PIO2_19,                       // 片选引脚
8            28000000,                      // SPI 总线时钟
9            &__g_fmtd_ex0,
10           &__g_fnvram_info0,             // 提供的 NVRAM 存储段信息
11           NULL                           // 平台初始化
12   };
```

综合上述设备名、设备单元号、父总线类型、父总线编号、设备实例和设备信息,可以完成一个 SPI NOR Flash 硬件设备的描述,其定义详见程序清单 15.29。

程序清单 15.29　MX25L1606 硬件设备宏的详细定义(awbl_hwconf_spi_flash0.h)

```
1     #ifndef __AWBL_HWCONF_SPI_Flash0_H
2     #define __AWBL_HWCONF_SPI_Flash0_H
3
4     #ifdef  AW_DEV_SPI_Flash0
5
6     #include "aw_gpio.h"
7     #include "aw_spi.h"
8     #include "driver/norflash/awbl_spi_flash.h"
9
10    aw_local aw_const struct awbl_spi_flash_devinfo __g_spi_flash_devinfo0 ={
11        // 设备信息的定义详见程序清单 15.28
12    };
13
14    aw_local struct awbl_spi_flash_dev __g_spi_flash_dev0;  // 设备实例内存静态分配
15
16    // 硬件设备宏
17    #define AWBL_HWCONF_SPI_Flash0          \
18        {                                   \
19            AWBL_SPI_Flash_NAME,            \
```

```
20          0,                                          \
21          AWBL_BUSID_SPI,                             \
22          IMX28_SSP2_BUSID,                           \
23          &(__g_spi_flash_dev0.spi.super),            \
24          &__g_spi_flash_devinfo0                     \
25      },
26
27  #else
28  #define AWBL_HWCONF_SPI_Flash0
29  #endif
30
31  #endif
```

程序中定义了硬件设备宏:AWBL_HWCONF_SPI_Flash0,为便于裁剪,使用了一个使能宏 AW_DEV_SPI_Flash0 对其具体内容进行了控制,仅当使能宏被有效定义时,AWBL_HWCONF_SPI_Flash0 才表示一个有效的硬件设备。在硬件设备列表中,加入该宏即可完成设备的添加,详见程序清单 15.30。

程序清单 15.30　在硬件设备列表中添加设备

```
1   aw_const struct awbl_devhcf g_awbl_devhcf_list[] ={      // 硬件设备列表
2       // …… 其他硬件设备
3       AWBL_HWCONF_SPI_Flash0                        // SPI NOR Flash:MX25L1606
4       // …… 其他硬件设备
5   };
```

实际上,在模板工程的硬件设备列表中,AWBL_HWCONF_SPI_Flash0 宏默认已添加,同时,定义该宏的文件(awbl_hwconf_spi_flash0.h)也以配置模板的形式提供在模板工程中,无需用户从零开始自行开发。

15.2.3　使用 MTD 存储器

在 MX25L1606 的设备信息中,为系统提供了一个名为"/sflash0",容量为 1 MB 的通用 MTD 设备。基于通用的 MTD 设备,用户可直接在此基础上构建文件系统。

对于 SPI Flash,有专为此类设备设计的文件系统,典型的如 JFFS2、YAFFS、UFFS 等,后缀 FFS 即表示 Flash 文件系统(Flash file system)。这里以使用 UFFS 为例进行介绍,若要使用 UFFS 文件系统,则应确保 UFFS 文件系统被使能,即在 am_prj_param.h 文件中,AW_COM_FS_UFFS 宏被有效定义(未被注释),详见程序清单 15.31。

程序清单 15.31　使能 UFFS 文件系统(am_prj_param.h)

```
1   #define AW_COM_FS_UFFS                      // 使能 UFFS 文件系统
```

在第 11 章“文件系统”中，详细介绍了文件系统的使用方法，在使用 aw_open()、aw_write()、aw_read()、aw_close()进行文件操作前，需要完成硬件设备的格式化和挂载。

1. 格式化

格式化存储设备，用于指定使用的文件系统，存储一些与文件系统相关的初始数据。回顾格式化操作的函数原型如下：

```
int aw_make_fs (const char                    * dev_name,      // 设备名
               const char                    * fs_name,       // 文件系统名
               const struct aw_fs_format_arg  * fmt_arg);      // 格式化文件系统的参数
```

例如，这里要格式化名为“/sflash0”的设备，并指定使用“uffs”文件系统，则 dev_name 的值为“/sflash0”，fs_name 的值为“uffs”。格式化参数 fmt_arg 与具体使用的文件系统相关，回顾类型 struct aw_fs_format_arg 的定义，详见程序清单 15.32。

程序清单 15.32　struct aw_fs_format_arg 类型定义(fs/aw_fs_type.h)

```
1    struct aw_fs_format_arg {
2        const char        * vol_name;       // 卷名
3        size_t             unit_size;      // 单元大小
4        uint_t             flags;          // 标志
5    };
```

对于 UFFS 文件系统，卷名未使用，设置为 NULL 即可；单元大小即为设备的块大小，对于 MX25L1606，块大小(最小擦除单元的大小，即扇区大小)为 4 096；当前仅一个 flags 可用标志，即 AW_FS_FMT_FLAG_LOW_LEVEL。若使用该标志，则表示在格式化前，需要擦除整个 MTD 设备(即硬件底层的完全格式化)；若未使用该标志，则仅格式化文件系统的初始数据(如文件目录、索引等)。一般来讲，首次格式化时，均设置该标志。基于此，格式化参数的定义详见程序清单 15.33。

程序清单 15.33　UFFS 文件系统格式化参数定义范例

```
1    const struct aw_fs_format_arg fmt ={                // 格式化信息
2        NULL,                                           // 无需卷名，设置为 NULL
3        4096,                                           // 设备块大小为 4 096
4        AW_FS_FMT_FLAG_LOW_LEVEL                        // 格式化前需擦除整个块
5    };
```

完整的格式化范例程序详见程序清单 15.34。

程序清单 15.34　格式化范例程序

```
1   #include "aworks.h"
2   #include "aw_delay.h"
3   #include "aw_vdebug.h"
4   #include "fs/aw_mount.h"
5
6   int aw_main()
7   {
8       aw_err_t err;
9       const struct aw_fs_format_arg fmt ={          // 格式化信息
10          NULL,                                     // 无需卷名,设置为 NULL
11          4096,                                     // 设备块大小为 4 096
12          AW_FS_FMT_FLAG_LOW_LEVEL                  // 格式化前需擦除整个块
13      };
14      ret = aw_make_fs("/sflash0", "uffs", &fmt);   // 格式化
15      if (ret != AW_OK) {
16          aw_kprintf("SPI - Flash make UFFS failed %d.\r\n", ret);
17      } else {
18          aw_kprintf("SPI - Flash make UFFS done.\r\n");
19      }
20      while(1) {
21          aw_mdelay(1000);
22      }
23  }
```

格式化仅需执行一次,若本次格式化成功,则后续再进行其他操作时,无需再格式化。

2. 挂　载

为了使用目录树结构管理文件,必须将存储设备挂载到某一指定目录。回顾挂载操作的函数原型如下:

```
int aw_mount (const char      * mnt,              // 挂载点
              const char      * dev,              // 设备名
              const char      * fs,               // 文件系统名
              unsigned          flags);           // 挂载标志,通常为 0
```

例如,要将名为"/sflash0"的设备,挂载到"/sf"目录下,则 dev_name 的值为"/sflash0",fs_name 的值为"uffs"。同时,由于设备使用的是 UFFS 文件系统,因此,fs 的值为指定使用"uffs"文件系统。基于此,设备挂载的范例程序详见程序清单 15.35。

程序清单 15.35 挂载 MTD 设备范例程序

```
1   #include "aworks.h"
2   #include "aw_delay.h"
3   #include "aw_vdebug.h"
4   #include "fs/aw_mount.h"
5
6   int aw_main(void)
7   {
8       if  (aw_mount("/sf", "/sflash0", "uffs", 0) != AW_OK) {
9           aw_kprintf("mount failed! \r\n");
10      } else {
11          aw_kprintf("mount OK! \r\n");
12      }
13      while(1) {
14          aw_mdelay(1000);
15      }
16  }
```

3. 文件读/写测试

完成设备的挂载后，可以使用通用文件操作接口进行文件相关的操作，范例程序详见程序清单 15.36。

程序清单 15.36 基于 SPI NOR Flash 的文件系统读/写测试

```
1    #include "aworks.h"
2    #include "aw_delay.h"
3    #include "aw_led.h"
4    #include "aw_vdebug.h"
5    #include "fs/aw_mount.h"
6    #include "io/aw_fcntl.h"
7    #include "io/aw_unistd.h"
8
9    aw_local aw_err_t __fs_rw_test (void)
10   {
11       aw_err_t        ret;
12       int             fd, i;
13       static char     buf[512];
14
15       fd = aw_open("/sf/test.txt", O_RDWR | O_CREAT | O_TRUNC, 0777);
                                                  // 打开文件，不存在则创建
16       if (fd < 0) {
17           aw_kprintf("SPI - Flash create file failed %d.\r\n", ret);
```

```
18              return AW_ERROR;
19          }
20          aw_kprintf("SPI - Flash create file done.\r\n");
21
22          for (i = 0; i < sizeof(buf); i++) {                 // 设定写入数据
23              buf[i] = (char)(i & 0xFF);
24          }
25
26          ret = aw_write(fd, buf, sizeof(buf));               // 写入数据
27          if (ret != sizeof(buf)) {
28              aw_close(fd);
29              aw_kprintf("SPI - Flash write file failed %d.\r\n", ret);
30              return AW_ERROR;
31          }
32          aw_kprintf("SPI - Flash write file done.\r\n");
33
34          aw_close(fd);                                       // 关闭文件
35          aw_kprintf("SPI - Flash close file.\r\n");
36
37          fd = aw_open("/sf/test.txt", O_RDONLY, 0777);       // 以只读方式打开文件
38          if (fd < 0) {
39              aw_kprintf("SPI - Flash open file failed %d.\r\n", ret);
40              return AW_ERROR;
41          }
42          aw_kprintf("SPI - Flash open file done.\r\n");
43
44          ret = aw_read(fd, buf, sizeof(buf));                // 读回数据
45
46          if (ret != sizeof(buf)) {
47              aw_close(fd);
48              aw_kprintf("SPI - Flash read file failed %d.\r\n", ret);
49              return AW_ERROR;
50          }
51          aw_kprintf("SPI - Flash read file done.\r\n");
52
53          aw_close(fd);                                       // 关闭文件
54          aw_kprintf("SPI - Flash close file.\r\n");
55
56          for (i = 0; i < sizeof(buf); i++) {
57              if (buf[i] != (char)(i & 0xFF)) {
58                  aw_kprintf("SPI - Flash verify file data failed at %d.\r\n", i);
59                  return AW_ERROR;
```

```
60              }
61          }
62          aw_kprintf("SPI - Flash verify file data successfully.\r\n");
63          return AW_OK;
64      }
65
66      int aw_main()
67      {
68          if (aw_mount("/sf", "/sflash0", "uffs", 0) != AW_OK) {
69               aw_kprintf("mount failed! \r\n");
70          } else {
71              aw_kprintf("mount OK! \r\n");
72              if (__fs_rw_test() != AW_OK) {
73                  aw_led_on(1);    // 测试失败,点亮 LED1
74                  while(1);
75              }
76          }
77          while(1) {
78              aw_led_toggle(0);     // 测试成功,LED0 闪烁
79              aw_mdelay(1000);
80          }
81      }
```

程序中,首先对设备进行了挂载操作(假定该设备已使用程序清单 15.34 所示的程序进行了格式化操作),然后使用文件系统典型的打开、读/写、关闭接口完成了文件系统的测试,通过读取数据是否与写入数据一致来判断读/写测试是否成功,若测试成功,则 LED0 闪烁,否则,LED1 常亮。

15.2.4 使用 NVRAM 存储段

在 MX25L1606 的设备信息中,为系统提供了一个存储段列表(详见程序清单 15.26),当前仅包含 1 个存储段,其段名为"spi_nor_flash_nvram_test";单元号为 0;大小为 4 096。

用户可以使用 NVRAM 通用接口访问该存储段,实现数据的存储。作为测试,可以继续使用程序清单 15.13 所示的 NVRAM 测试程序对该存储段进行简单的测试,相比于程序清单 15.15,要测试的存储段名由"test"变为"spi_nor_flash_nvram_test",基于此,只需在程序清单 15.15 基础上,做简要修改即可形成新的测试主程序,范例程序详见程序清单 15.37。

程序清单 15.37　SPI NOR Flash 的 NVRAM 存储段测试范例程序

```
1    #include "aworks.h"
2    #include "aw_delay.h"
3    #include "aw_led.h"
4    #include "app_test_nvram.h"
5
6    int aw_main (void)
7    {
8        if (app_test_nvram("spi_nor_flash_nvram_test", 0) != AM_OK) {
9            aw_led_on(1);                              // 测试失败,点亮 LED1
10           while(1);
11       }
12       while (1) {
13           aw_led_toggle(0);                          // 测试成功,LED0 闪烁
14           aw_mdelay(100);
15       }
16   }
```

15.3　RTC 实时时钟

前面详细介绍了 PCF85063 设备的添加、设备驱动的开发,并描述了使用 RTC 通用接口对 RTC 器件的访问。实际中,RTC 芯片多种多样,不同芯片可能使用不同的驱动程序,但对于应用程序来讲,均可使用通用 RTC 接口对这些器件进行访问。下面,首先基于 RTC 通用接口实现一个应用程序,然后介绍另外两个型号的 RTC 芯片:RX8025T 和 DS1302,使读者看到芯片的切换将不对应用程序的核心逻辑产生影响,体会同一应用程序跨平台使用的便利性。RX8025T 和 DS1302 同 PCF85063 一样,均为 RTC 实时时钟芯片,这三个芯片的主要区别如表 15.9 所列。

表 15.9　RTC 芯片对比

功能/特点	芯片名		
	PCF85063	RX8025T	DS1302
通信接口	I^2C	I^2C	3 线串行接口
中断引脚	1 个	1 个	无
实时时钟(RTC)	√	√	√
闹钟功能	√	√	×
RAM	1 字节	1 字节	31 字节
定时器	√	√	×
时钟输出	√	√	×
软件复位	√	√	×
晶振	使用外部晶振	内部带数字温度补偿的晶振	使用外部晶振

注:"√"表示对应器件支持该功能,"×"表示对应器件不支持该功能。

15.3.1 基于 RTC 通用接口的应用程序

在第 8 章“时间管理”中，介绍了 RTC 通用接口，仅包含设置时间和获取时间两个接口。回顾两个接口的原型，如表 15.10 所列。

表 15.10 RTC 通用接口函数(aw_rtc.h)

函数原型	功能简介
aw_err_t aw_rtc_time_get (int rtc_id, aw_tm_t * p_tm);	获取时间
aw_err_t aw_rtc_time_set (int rtc_id, aw_tm_t * p_tm);	设置时间

其中，rtc_id 表示 RTC 的 ID 号；p_tm 用于设置时间或获取时间，时间的表示形式为细分时间。通过 PCF85063 设备驱动的开发可知，每个 RTC 设备提供的 RTC 服务都有一个唯一 ID，该 ID 由用户通过设备信息(在硬件设备列表中添加 RTC 设备时定义)指定 RTC 设备对应的 ID。如 PCF85063 对应 ID 的分配详见程序清单 12.9。

基于 RTC 通用接口，可以编写一个通用的时间显示应用程序：每隔 1 s 通过调试串口打印当前的时间值。应用程序的实现和接口声明分别详见程序清单 15.38 和程序清单 15.39。

程序清单 15.38 RTC 时间显示应用程序(app_rtc_time_show.c)

```
1   #include "aworks.h"
2   #include "aw_rtc.h"
3   #include "aw_vdebug.h"
4   #include "aw_delay.h"
5
6   int app_rtc_time_show (int rtc_id)
7   {
8       // 设定时间初始值为 2016 年 8 月 26 日 09:32:30
9       aw_tm_t tm ={30, 32, 9, 26, 8 - 1, 2016 - 1900, 0, 0, -1};
10
11      // 设置时间为 2016 年 8 月 26 日 09:32:30
12      aw_rtc_time_set(rtc_id, &tm);
13      while(1) {
14          aw_rtc_time_get(rtc_id, &tm);
15          aw_kprintf("%04d-%02d-%02d %02d:%02d:%02d \r\n",
16                     tm.tm_year + 1900, tm.tm_mon + 1, tm.tm_mday,
17                     tm.tm_hour,        tm.tm_min,      tm.tm_sec);
18          aw_mdelay(1000);
19      }
20      return 0;
21  }
```

程序清单 15.39 RTC 时间显示接口声明(app_rtc_time_show.h)

```
1    #pragma once
2    #include "aworks.h"
3
4    int app_rtc_time_show (int rtc_id);
```

启动应用程序时,需要通过 rtc_id 参数指定该应用程序使用的 RTC 设备。若 PCF85063 对应的 RTC ID 为 0,则基于 PCF85063 启动该应用程序的主程序范例详见程序清单 15.40。

程序清单 15.40 启动 RTC 应用程序(基于 PCF85063)

```
1    #include "aworks.h"
2    #include "aw_delay.h"
3    #include "app_rtc_time_show.h"
4
5    int aw_main (void)
6    {
7        app_rtc_time_show(0);
8        while(1) {
9            aw_mdelay(1000);
10       }
11   }
```

15.3.2 RX8025T

1. 器件简介

RX8025T 是一款内置高稳定度的 32.768 kHz 的 DTCXO(数字温度补偿晶体振荡器) I^2C 总线接口方式的实时时钟芯片。它提供了时间日期的设置与获取、闹钟中断、时间更新中断、固定周期中断、温度补偿等功能。所有地址和数据通过 I^2C 总线来传输,最大总线速率可达到400 kbps。

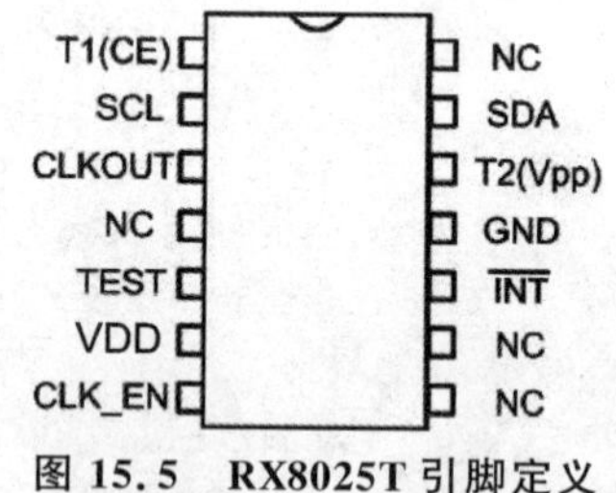

图 15.5 RX8025T 引脚定义

RX8025T 引脚封装如图 15.5 所示,其中的 SCL 和 SDA 为 I^2C 接口引脚,VDD 和 VSS 分别为电源和地;CLKOUT 为时钟输出引脚,可用于输出时钟信号;T1(CE)、TEST、T2(Vpp)引脚仅供厂家测试使用,NC 为无需连接的引脚,实际使用时,这些引脚直接悬空即可;INT 为中断引脚,主要用于闹钟等功能;CLK_EN 为时钟输出使能引脚,用于控制 CLKOUT 时钟的输出。需要注意的是,RX8025T 的 7 位 I^2C 从机地址为固定为 0x32。

ZLG 推出了 RX8025T 扩展板：MicroPort－RX8025T，可通过 MicroPort 接口将其与工控主板相连，原理图如图 15.6 所示。

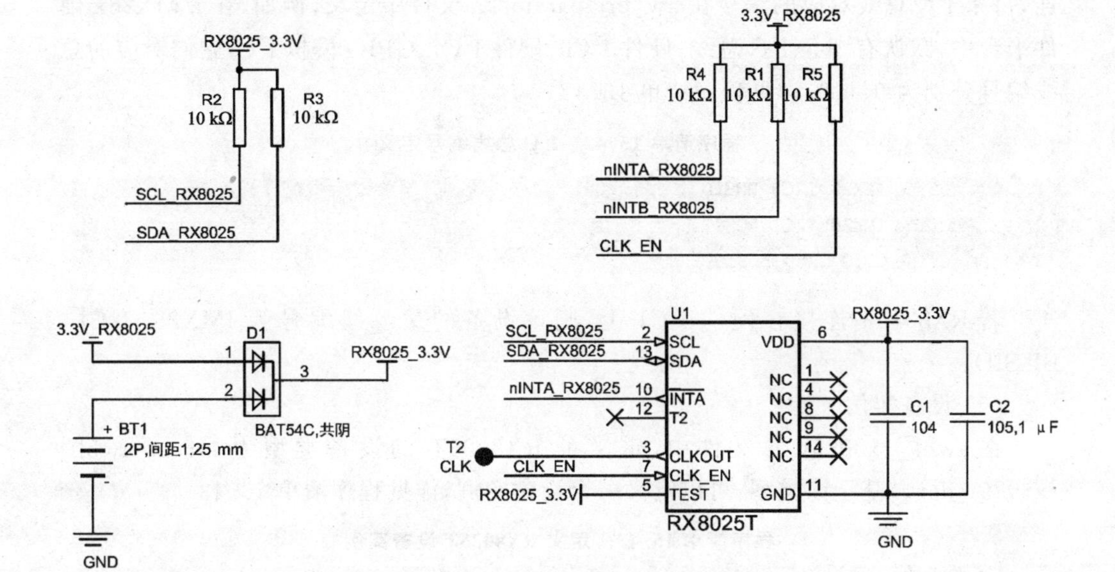

图 15.6　RX8025T 模块电路

2. 添加 RX8025T 硬件设备

在 AWorks 中，硬件设备由 AWBus－lite 统一管理，向 AWBus－lite 中添加一个硬件设备需要确认 6 点信息：设备名、设备单元号、父总线类型、父总线编号、设备实例和设备信息。

(1) 设备名

设备名往往与驱动名一致，RX8025T 的驱动名在对应的驱动头文件(awbl_rx8025t.h)中定义，详见程序清单 15.41。

程序清单 15.41　RX8025T 驱动名定义(awbl_rx8025t.h)

```
1 #define AWBL_RX8025T_NAME    "rx8025t"
```

基于此，设备名应为 AWBL_RX8025T_NAME。

(2) 设备单元号

设备单元号用于区分系统中几个相同的硬件设备，其设备名一样，复用同一份驱动。若系统仅使用一个 RX8025T 芯片，则设置为 0 即可。

(3) 设备父总线的类型

RX8025T 的通信接口为 I^2C，是一种 I^2C 从机器件，其对应的父总线类型为 AWBL_BUSID_I2C。

(4) 设备父总线的编号

设备父总线的编号取决于实际硬件中 RX8025T 的 I^2C 接口与哪条 I^2C 总线相连，每条 I^2C 总线对应的编号在 aw_prj_params. h 文件中定义，例如，在 i. MX28x 硬件平台中，默认有 3 条 I^2C 总线：硬件 I^2C0、硬件 I^2C1、GPIO 模拟 I^2C，它们对应的总线编号分别为 0、1、2，详见程序清单 15.42。

程序清单 15.42　I^2C 总线编号定义

```
1    #define IMX28_I2C0_BUSID            0
2    #define IMX28_I2C1_BUSID            1
3    #define GPIO_I2C0_BUSID             2
```

若 RX8025T 连接在硬件 I^2C1 上，则该设备的父总线编号为 IMX28_I2C1_BUSID。

(5) 设备实例

在 awbl_rx8025t. h 文件中，定义了 RX8025T 的设备类型为 struct awbl_rx8025t_dev。基于该类型，可以定义一个设备实例，详见程序清单 15.43。

程序清单 15.43　定义 RX8025T 设备实例

```
1    struct awbl_rx8025t_dev __g_rx8025t_dev0;
```

其中，__g_rx8025t_dev0 的地址即可作为 p_dev 的值。

(6) 设备信息

在 awbl_rx8025t. h 文件中，定义了 RX8025T 的设备信息类型为 struct awbl_rx8025t_devinfo，其详细定义详见程序清单 15.44。

程序清单 15.44　RX8025T 设备信息类型定义(awbl_rx8025t. h)

```
1    typedef struct awbl_rx8025t_devinfo {
2        struct awbl_rtc_servinfo         rtc_servinfo;                // RTC 服务配置信息
3        uint8_t                          addr;                        // 设备从机地址
4    } awbl_rx8025t_devinfo_t;
```

其中，rtc_servinfo 包含了 RTC 标准服务相关的信息，用于指定 RTC 的编号，其类型定义详见程序清单 15.45。

程序清单 15.45　RTC 通用服务信息类型定义(awbl_rtc. h)

```
1    struct awbl_rtc_servinfo {
2        int rtc_id;              // RTC ID
3    };
```

rtc_id 指定了 RX8025T 设备提供的 RTC 服务 ID 号，通用接口使用该 ID 号即可访问 RX8025T 设备。在定义 PCF85063 设备时，将其对应的 RTC ID 定义为 0(详见程序清单 12.9)，为了区分，在这里，可以将 RX8025T 对应的 RTC ID 定义为 1。

addr 为 RX8025T 的 7 位 I^2C 从机地址，通过查看 RX8025T 的数据手册可知，RX8025T 的 7 位 I^2C 从机地址为 0x32。确定了 rtc_id 和 addr 的值，即可完成 RX8025T 设备信息的定义，范例详见程序清单 15.46。

程序清单 15.46　RX8025T 设备信息定义范例

```
1    aw_local aw_const struct awbl_rx8025t_devinfo __g_rx8025t_0_devinfo ={
2        {
3            1                              // RTC 设备编号
4        },
5        0x32                               // I2C 从机地址
6    };
```

其中，__g_rx8025t_0_devinfo 的地址即可作为设备描述中 p_devinfo 的值。

综合上述设备名、设备单元号、父总线类型、父总线编号、设备实例和设备信息，可以完成一个 RX8025T 硬件设备的描述，其定义详见程序清单 15.47。

程序清单 15.47　RX8025T 硬件设备宏的详细定义(awbl_hwconf_rx8025t_0.h)

```
1    #ifndef __AWBL_HWCONF_RX8025T_0_H
2    #define __AWBL_HWCONF_RX8025T_0_H
3
4    #ifdef  AW_DEV_EXTEND_RX8025T_0
5    #include "aw_i2c.h"
6    #include "driver/rtc/awbl_rx8025t.h"
7    aw_local aw_const struct awbl_rx8025t_devinfo __g_rx8025t_0_devinfo ={
8        {
9            1                                              // RTC 设备编号
10       },
11       0x32                                               // I2C 从机地址
12   };
13   aw_local struct awbl_rx8025t_dev __g_rx8025t_dev0;     // 设备实例内存静态分配
14
15   #define AWBL_HWCONF_RX8025T_0                         \
16       {                                                 \
17           AWBL_RX8025T_NAME,                            \
18           0,                                            \
19           AWBL_BUSID_I2C,                               \
20           IMX28_I2C1_BUSID,                             \
21           (struct awbl_dev *)&__g_rx8025t_dev0,         \
22           &__g_rx8025t_0_devinfo                        \
23   },
24
25   #else
26   #define AWBL_HWCONF_RX8025T_0
27   #endif
28
29   #endif
```

程序中定义了硬件设备宏:AWBL_HWCONF_RX8025T_0,为便于裁剪,使用了一个使能宏 AW_DEV_EXTEND_RX8025T_0 对其具体内容进行了控制,仅当使能宏被有效定义时,AWBL_HWCONF_RX8025T_0 才表示一个有效的硬件设备。在硬件设备列表中,加入该宏即可完成设备的添加,详见程序清单 15.48。

程序清单 15.48 在硬件设备列表中添加 RX8025T 设备

```
1    aw_const struct awbl_devhcf g_awbl_devhcf_list[] ={        // 硬件设备列表
2        // …… 其他硬件设备
3        AWBL_HWCONF_RX8025T_0                                  // RTC:RX8025T
4        // …… 其他硬件设备
5    };
```

实际上,在模板工程的硬件设备列表中,AWBL_HWCONF_RX8025T_0 宏默认已添加,同时,定义该宏的文件(awbl_hwconf_rx8025t_0.h)也以配置模板的形式提供在模板工程中,无需用户从零开始自行开发。

3. 使用 RX8025T

在添加 RX8025T 硬件设备时,其对应的 RTC ID 设置为 1,基于此,将程序清单 15.40 中的 RTC ID 修改为 1,就可使用 RX8025T 进行 RTC 测试,范例程序详见程序清单 15.49。

程序清单 15.49 启动 RTC 应用程序(基于 RX8025T)

```
1    #include "aworks.h"
2    #include "aw_delay.h"
3    #include "app_rtc_time_show.h"
4
5    int aw_main (void)
6    {
7        app_rtc_time_show(1);                        // 使用 ID 为 1 的 RTC 设备
8        while(1) {
9            aw_mdelay(1000);
10       }
11   }
```

实际中,系统往往只会使用一个 RTC 器件,PCF85063 和 RX8025T 通常不会并存,只是简单地相互更换,也就是说,它们对应的设备使能宏在同一时刻下只有一个被使能,不会同时使能。这种情况下,在定义 RX8025T 设备时,可以将其对应的 RTC ID 也定义为 0,这样程序清单 15.40 所示的应用程序将无需做任何修改。

15.3.3 DS1302

1. 器件简介

DS1302 是一款涓流充电计时芯片，它包含一个实时时钟和 31 字节的静态 RAM，能够提供年、月、日、时、分、秒等信息，具有闰年校正功能。DS1302 被设计工作在非常低的功耗下，在低于 1 μW 时还能保持数据和时钟信息。除了基本计时功能以外，DS1302 还具有其他一些特点，比如：双引脚主电源和备用电源，可编程涓流充电器 VCC1 等。

DS1302 的引脚封装图如图 15.7 所示。其中，X1(2＃)和 X2(3＃)为外接晶振的引脚，需要连接标准的 32.768 kHz 石英晶体。

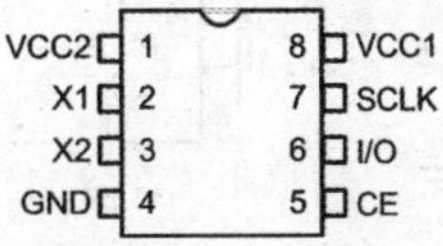

图 15.7 DS1302 引脚定义

CE(5＃)、I/O(6＃)、SCLK(7＃)为与微处理器进行串行通信的相关引脚。DS1302 通过简单的串行接口与微处理器通信，使用同步串行通信简化了 DS1302 与微处理器的接口，使得通信只需要三根线。CE 为通信使能引脚，高电平有效，通信过程中，CE 必须保持高电平，通信结束后，恢复低电平（**注意：**旧版本的数据手册中，CE 引脚又被称为 RST 引脚，用作低电平复位通信的功能，本质上，引脚功能并未变化，仍然表示高电平正常通信，只是名称发生了变化）。I/O 为数据输入/输出口，SCLK 为时钟信号，在时钟信号的同步下，数据通过 I/O 引脚输入或输出。主机可以使用三线制 SPI 完成与 DS1302 的通信。其中，SCLK 与 SPI 主机的 SCLK 相连，CE 与 SPI 主机的 CS 相连，I/O 用作输入/输出，与主机的 MOSI 和 MISO 相连，示意图如图 15.8(a)所示。特别地，在部分支持三线制 SPI 的 MCU 中，在三线制模式下，MOSI 和 MISO 可能直接映射到同一个引脚上，这样，外部电路就可以少占用一个引脚，示意图如图 15.8(b)所示。

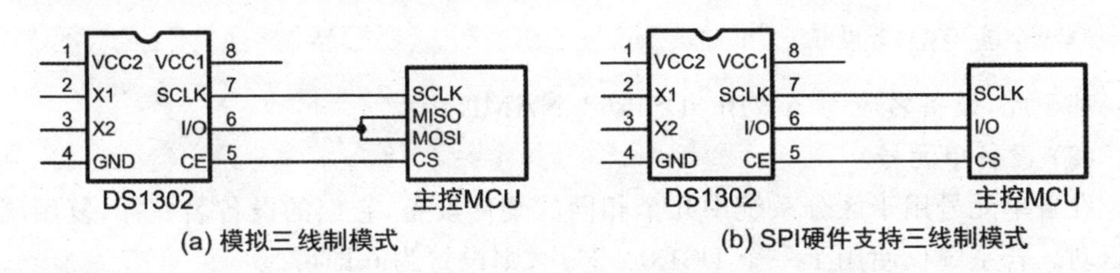

图 15.8 主控 MCU 与 DS1302 通信接口连接示意图

在三线制 SPI 中，标准的 MOSI 和 MISO 信号合并至了一个引脚，这种情况下，SPI 主机只能工作在半双工模式，即同一时刻只能发送数据（此时，主机仅使用 MOSI，DS1302 的 I/O 引脚处于接收模式，接收来自主机的数据）或接收数据（此时，主机仅使用 MISO，DS1302 的 I/O 引脚处于输出模式，发送数据至主机）。

GND（4＃）为电源地，VCC1(8＃)和 VCC2(1＃)为电源引脚，这也是 DS1302 具有特色的地方，即双引脚主电源和备用电源，在双引脚中，VCC2 是主电源，VCC1 是备用电源,一般接充电电池。DS1302 是由 VCC1 或 VCC2 两者中的较大者供电。当 VCC2 大于 VCC1+0.2 V 时,VCC2 给芯片供电。当 VCC2 小于 VCC1 时,芯片由 VCC1 供电。当芯片由 VCC2 供电时,VCC1 不供电,同时,还可以通过可编程涓流充电器,使 VCC2 向 VCC1 流入很小的电流,以便为连接到 VCC1 的电池充电。当然,VCC1 也可以不接可充电电池,此时,只需要通过控制可编程涓流充电器,使 VCC2 不向 VCC1 流入电流即可。ZLG 推出了 DS1302 扩展板:MicroPort - DS1302,可以通过 MicroPort 接口将其与工控主板相连,原理图如图 15.9 所示。

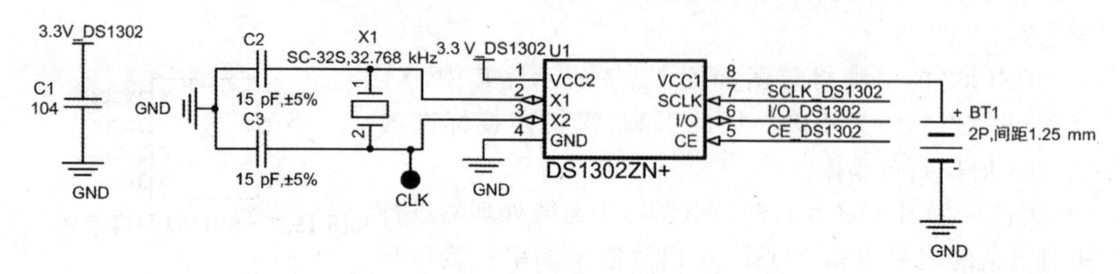

图 15.9　DS1302 模块电路

2. 添加 DS1302 硬件设备

在 AWorks 中,硬件设备由 AWBus - lite 统一管理,向 AWBus - lite 中添加一个硬件设备需要确认 6 点信息:设备名、设备单元号、父总线类型、父总线编号、设备实例和设备信息。

(1) 设备名

设备名往往与驱动名一致,DS1302 的驱动名在对应的驱动头文件(awbl_ds1302.h)中定义,详见程序清单 15.50。

程序清单 15.50　DS1302 驱动名定义(awbl_ds1302.h)

```
#define AWBL_DS1302_NAME   "ds1302"
```

基于此,设备名应为 AWBL_DS1302_NAME。

(2) 设备单元号

设备单元号用于区分系统中几个相同的硬件设备,它们的设备名一样,复用同一份驱动。若系统仅使用了一个 DS1302 芯片,则设置为 0 即可。

(3) 设备父总线的类型

DS1302 的通信接口为三线制 SPI 串行通信接口,其可以直接挂在支持三线制模式的 SPI 总线上,对应父总线类型即为 AWBL_BUSID_SPI。

(4) 设备父总线的编号

设备父总线的编号取决于实际硬件中 DS1302 的通信接口与哪条 SPI 总线相连,每条 SPI 总线对应的编号在 aw_prj_params.h 文件中定义,例如,在 i.MX28x 硬件平台中,默认有 5 条 SPI 总线:硬件 SSP0、SSP1、SSP2、SSP3 和 GPIO 模拟 SPI,它们对应的总线编号分别为 0、1、2、3、4,详见程序清单 15.51。

程序清单 15.51 SPI 总线编号定义

```
1    #define    IMX28_SSP0_BUSID    0
2    #define    IMX28_SSP1_BUSID    1
3    #define    IMX28_SSP2_BUSID    2
4    #define    IMX28_SSP3_BUSID    3
5    #define    GPIO_SPI0_BUSID     4
```

DS1302 是通过三线制 SPI 进行通信,部分 SPI 总线可能不支持。在 AWorks 中,使用 GPIO 模拟的 SPI 总线是支持三线制模式的。若 DS1302 与 GPIO 模拟 SPI 总线 0 相连,则该 DS1302 设备的父总线编号为 GPIO_SPI0_BUSID。

(5) 设备实例

在 awbl_ds1302.h 文件中,定义了 DS1302 的设备类型为 struct awbl_ds1302_dev。基于该类型,可以定义一个设备实例,详见程序清单 15.52。

程序清单 15.52 定义 DS1302 设备实例

```
1    struct awbl_ds1302_dev __g_ds1302_dev0;
```

其中,__g_ds1302_dev0 的地址即可作为 p_dev 的值。

(6) 设备信息

在 awbl_ds1302.h 文件中,定义了 DS1302 的设备信息类型为 awbl_ds1302_devinfo_t,其定义详见程序清单 15.53。

程序清单 15.53 DS1302 设备信息类型定义(awbl_ds1302.h)

```
1    typedef struct awbl_ds1302_devinfo {
2        struct awbl_rtc_servinfo     rtc_servinfo;     // RTC 服务配置信息
3        uint32_t                     spi_speed;        // SPI 速率
4        uint32_t                     ce_pin;           // CE 对应的 I/O 引脚号
5    } awbl_ds1302_devinfo_t;
```

其中,rtc_servinfo 包含了 RTC 标准服务相关的信息,用于指定 RTC 的编号,其类型定义详见程序清单 15.54。

程序清单 15.54 RTC 通用服务信息类型定义(awbl_rtc.h)

```
1    struct awbl_rtc_servinfo {
2        int rtc_id;                     // RTC ID
3    };
```

rtc_id 用于指定 DS1302 设备提供的 RTC 服务 ID 号,通用接口使用该 ID 号即可访问 DS1302 设备。为避免与 PCF85063 和 RX8025T 冲突,DS1302 对应的 RTC ID 可以定义为 2。

spi_speed 表示 SPI 接口时钟线的频率,对于 DS1302,其支持的最高频率为

2 MHz(VCC 为 5 V 时)和 0.5 MHz(VCC 为 2 V 时),实际使用时,可以保留一定的余量,例如,将 SPI 时钟频率设置为 0.3 MHz,即 300 000。

ce_pin 表示主控 MCU 与 DS1302 的 CE 引脚相连接的 I/O 引脚号,CE 引脚用作 SPI 的片选引脚。其值与具体硬件相关,若 PIO2_19 与 CE 引脚相连,则 spi_cs_pin 的值为 PIO2_19。

基于此,设备信息的定义详见程序清单 15.55。

程序清单 15.55　DS1302 设备信息定义范例

```
1    aw_local aw_const awbl_ds1302_devinfo_t __g_ds1302_0_devinfo ={
2        {
3            2                                              // RTC 设备编号
4        },
5        300000,
6        PIO2_15,                                           // CE 引脚
7    };
```

完成设备信息的定义后,其地址 &__g_ds1302_0_devinfo 即可作为设备描述中 p_devinfo 的值。综合上述设备名、设备单元号、父总线类型、父总线编号、设备实例和设备信息,可以完成一个 DS1302 硬件设备的描述,其定义详见程序清单 15.56。

程序清单 15.56　DS1302 硬件设备宏的详细定义(awbl_hwconf_ds1302_0.h)

```
1     #ifndef __AWBL_HWCONF_DS1302_0_H
2     #define __AWBL_HWCONF_DS1302_0_H
3
4     #ifdef  AW_DEV_EXTEND_DS1302_0
5     #include "driver/rtc/awbl_ds1302.h"
6     aw_local aw_const awbl_ds1302_devinfo_t __g_ds1302_0_devinfo ={
7         {
8             2                                              // RTC 设备编号
9         },
10        300000,
11        PIO2_15,                                           // CE 引脚
12    };
13    aw_local struct awbl_ds1302_dev __g_ds1302_dev0;      // 设备实例内存静态分配
14
15    #define AWBL_HWCONF_DS1302_0                       \
16        {                                              \
17            AWBL_DS1302_NAME,                          \
18            0,                                         \
19            AWBL_BUSID_PLB,                            \
20            0,                                         \
21            (struct awbl_dev *)&__g_ds1302_dev0,       \
```

```
22              &__g_ds1302_0_devinfo                  \
23      },
24      #else
25      #define AWBL_HWCONF_DS1302_0
26      #endif
27
28      #endif
```

程序中定义了硬件设备宏:AWBL_HWCONF_DS1302_0,为便于裁剪,使用了一个使能宏 AW_DEV_EXTEND_DS1302_0 对其具体内容进行了控制,仅当使能宏被有效定义时,AWBL_HWCONF_DS1302_0 才表示一个有效的硬件设备。在硬件设备列表中,加入该宏即可完成设备的添加,详见程序清单 15.57。

程序清单 15.57 在硬件设备列表中添加 DS1302 设备

```
1    aw_const struct awbl_devhcf g_awbl_devhcf_list[] ={      // 硬件设备列表
2        // …… 其他硬件设备
3        AWBL_HWCONF_DS1302_0                                 // RTC:DS1302
4        // …… 其他硬件设备
5    };
```

实际上,在模板工程的硬件设备列表中,AWBL_HWCONF_DS1302_0 宏默认已添加,同时,定义该宏的文件(awbl_hwconf_ds1302_0.h)也以配置模板的形式提供在模板工程中,无需用户从零开始自行开发。

3. 使用 DS1302

在添加 DS1302 硬件设备时,其对应的 RTC ID 定义为 2,基于此,只需将程序清单 15.40 中的 RTC ID 号修改为 2,就可使用 DS1302 完成 RTC 的测试。范例程序详见程序清单 15.58。

程序清单 15.58 启动 RTC 应用程序(基于 DS1302)

```
1    #include "aworks.h"
2    #include "aw_delay.h"
3    #include "app_rtc_time_show.h"
4
5    int aw_main (void)
6    {
7        app_rtc_time_show(2);                        // 使用 ID 为 2 的 RTC 设备
8        while(1) {
9            aw_mdelay(1000);
10       }
11   }
```

同理,若 PCF85063 和 DS1302 不是并存于系统中,它们对应的设备使能宏在同一时刻下只有一个被使能,则在定义 DS1302 设备时,可以将其对应的 RTC ID 也定义为 0,这样程序清单 15.40 所示的应用程序将无需做任何修改。

15.4 ZLG72128——数码管与键盘管理

ZLG72128 是 ZLG 自行设计的数码管显示驱动及键盘扫描管理芯片,其能够直接驱动 12 位共阴式数码管(或 96 只独立的 LED),同时还可以扫描管理多达 32 只按键,其中有 8 只按键还可以作为功能键使用,就像计算机键盘上的 Ctrl、Shift、Alt 键一样;通信采用 I^2C 总线方式,与微控制器的接口仅需两根信号线;该芯片为工业级芯片,抗干扰能力强,在工业测控中已有大量应用。

15.4.1 ZLG72128 简介

1. 芯片特点

ZLG72128 的主要特性如下:

- 直接驱动 12 位共阴式数码管(1 in 以下,1 in=2.54 cm)或 96 只独立的 LED;
- 能够管理多达 32 只按键,自动消除抖动,其中有 8 只可以作为功能键使用;
- 利用功率电路可以方便地驱动 1 in 以上的大型数码管;
- 具有位闪烁、位消隐、段点亮、段熄灭、功能键、连击键、计数等强大功能;
- 提供有 10 种数字和 21 种字母的译码显示功能,或者直接向显示缓存写入显示数据;
- 与微控制器之间采用 I^2C 串行总线接口进行通信,只需两根信号线,节省 I/O 资源;
- 工作电压范围:3.0~5.5 V;
- 工作温度范围:−40~+85 ℃;
- 封装:TSSOP28。

2. 引脚分布

如图 15.10 所示为 ZLG72128 的引脚排列图,其相应的引脚功能说明如表 15.11 所列。

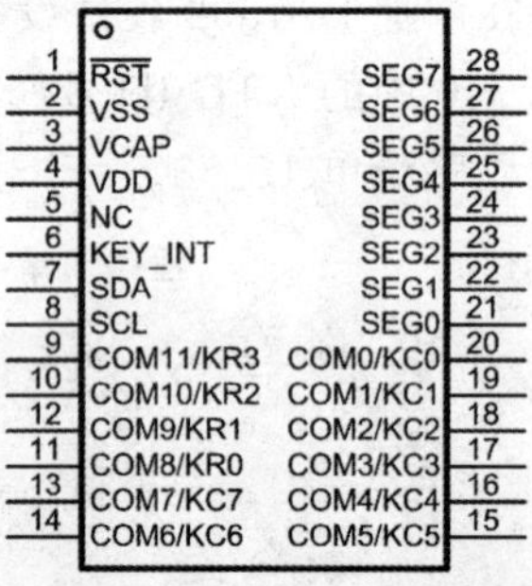

图 15.10 ZLG72128 引脚图

表 15.11 引脚功能表

引脚序号	引脚名称	功能描述
1	RST	复位信号,低电平有效
2	VSS	接地
3	VCAP	外置电容端口
4	VDD	电源

续表 15.11

引脚序号	引脚名称	功能描述
5	NC	未定义
6	KEY_INT	键盘中断输出，低电平有效
7	SDA	I^2C 总线数据信号
8	SCL	I^2C 总线时钟信号
9～12	COM11～COM8 / KR3～KR0	数码管位选信号 11～8 / 键盘行信号 3～0
13～20	COM7～COM0 / KC7～KC0	数码管位选信号 7～0 / 键盘列信号 7～0
21～28	SEG0～SEG7	数码管 a～dp 段

3. 典型应用电路

如图 15.11 所示为按键电路，ZLG72128 能够管理多达 32 个按键(4 行 8 列)，行线分别连接 COM8(KR0)～COM11(KR3)，列线分别连接 COM0(KC0)～COM7(KC7)。特别地，前 3 行按键(共计 24 个按键)是普通按键，按键按下时会通过 INT 引脚通知用户，按键释放时不做任何通知。最后一行按键(共计 8 个按键)是功能键，其以一个 8 位数据表示 8 个键值的状态，F0～F7 分别对应 bit0～bit 7。按下时相应位为 0，释放时相应位为 1，只要表示这 8 个按键的 8 位数据值发生变化，就会通过 INT 引脚通知用户，因此对于功能按键，按键按下或释放用户均能够得到通知。

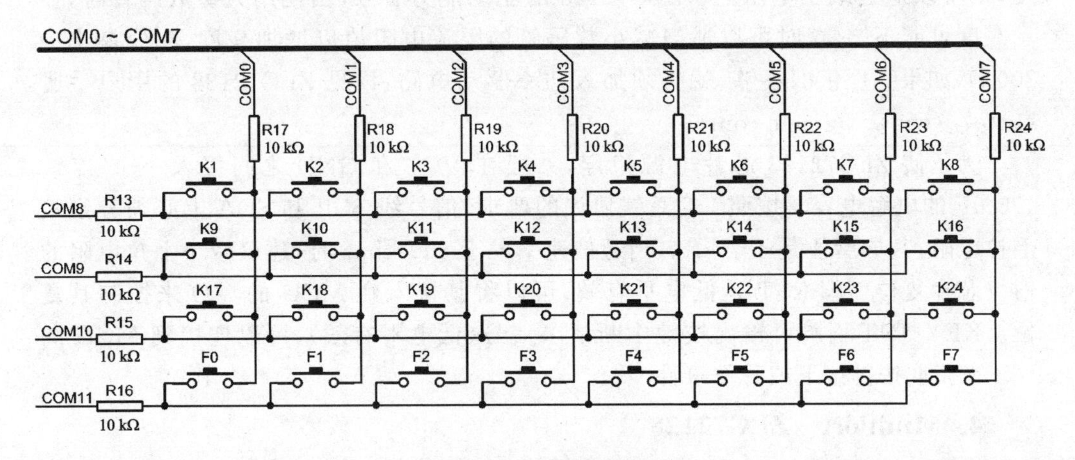

图 15.11 按键电路

在键盘电路与 ZLG72128 芯片引脚之间需连接一个电阻，其典型值为 10 kΩ。在多数应用中可能不需要这么多的键，这时既可以按行也可以按列裁剪键盘。需要注意的是，该按键电路对于 3 个或 3 个以上的按键同时按下的情况是不适用的。

如图 15.12 所示是针对 2 个或 2 个以上功能键与普通键搭配使用情况下的按键电路，在功能键与普通键之间加了一个二极管。**注意**：二极管应该尽量选择导通压降较小的。

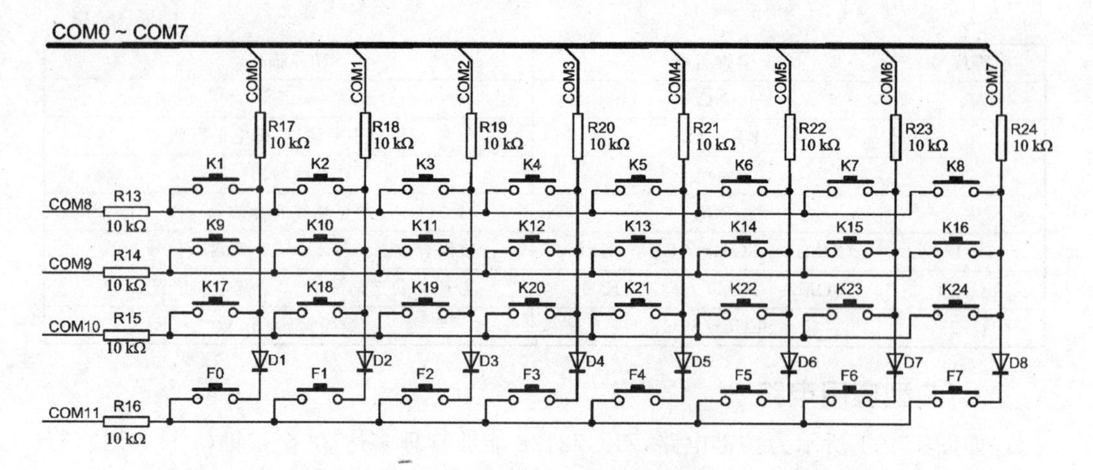

图 15.12 多个功能键复用按键电路

如图 15.13 所示为 ZLG72128 的典型应用电路原理图,用户在使用芯片驱动数码管与管理按键时,可参考该电路进行电路设计。

ZLG72128 只能直接驱动 12 位共阴式数码管驱动,在数码管的段与 ZLG72128 芯片引脚之间需要接一个限流电阻,其典型值为 270 Ω。如果需要增大数码管的亮度,则可以适当减小电阻值。ZLG72128 的驱动能力有限,当使用大型数码管时,显示亮度可能不够,这时可以适当减小数码管的限流电阻值以增加亮度,阻值最小为 200 Ω,如果亮度依旧不够,就必须加入功率驱动电路,详见 ZLG72128 的用户手册(http://www.zlgmcu.com)。

为了使 ZLG72128 芯片电源稳定,一般在 VCC 和 GND 之间接入一个 47~470 μF 的电解电容。按照 I^2C 总线协议的要求,信号线 SCL 和 SDA 上必须分别接上拉电阻,其典型值是 4.7 kΩ。当通信速率大于 100 kbps 时,建议减小上拉电阻的值。芯片复位引脚 RST 是低电平有效,可以将其接入到 MCU 的 I/O 来控制其复位。KEY_INT 引脚可输出按键中断请求信号(低电平有效),可以连接到 MCU 的 I/O 来获取按键按下或释放事件。

4. MiniPort - ZLG72128

虽然 ZLG72128 支持高达 12 个数码管和 32 只按键,但在实际应用中,可能不会用到全部的数码管和按键,此时,在设计硬件电路时,就可以根据实际情况进行裁剪。键盘应按照整行和整列的方式进行裁剪,即部分行线和列线引脚不使用,以减少矩阵键盘的行数和列数,进而达到减少按键数量的目的。数码管对应的位选引脚为 COM0~COM11,如果不需要使用全部的 12 位数码管,则只需要从 COM0 开始,根据实际使用的数码管个数,依次将各个数码管的位选线与 COMx 引脚相连即可,例如,使用 8 个数码管,则 COM0~COM7 作为 8 个数码管的位选线。

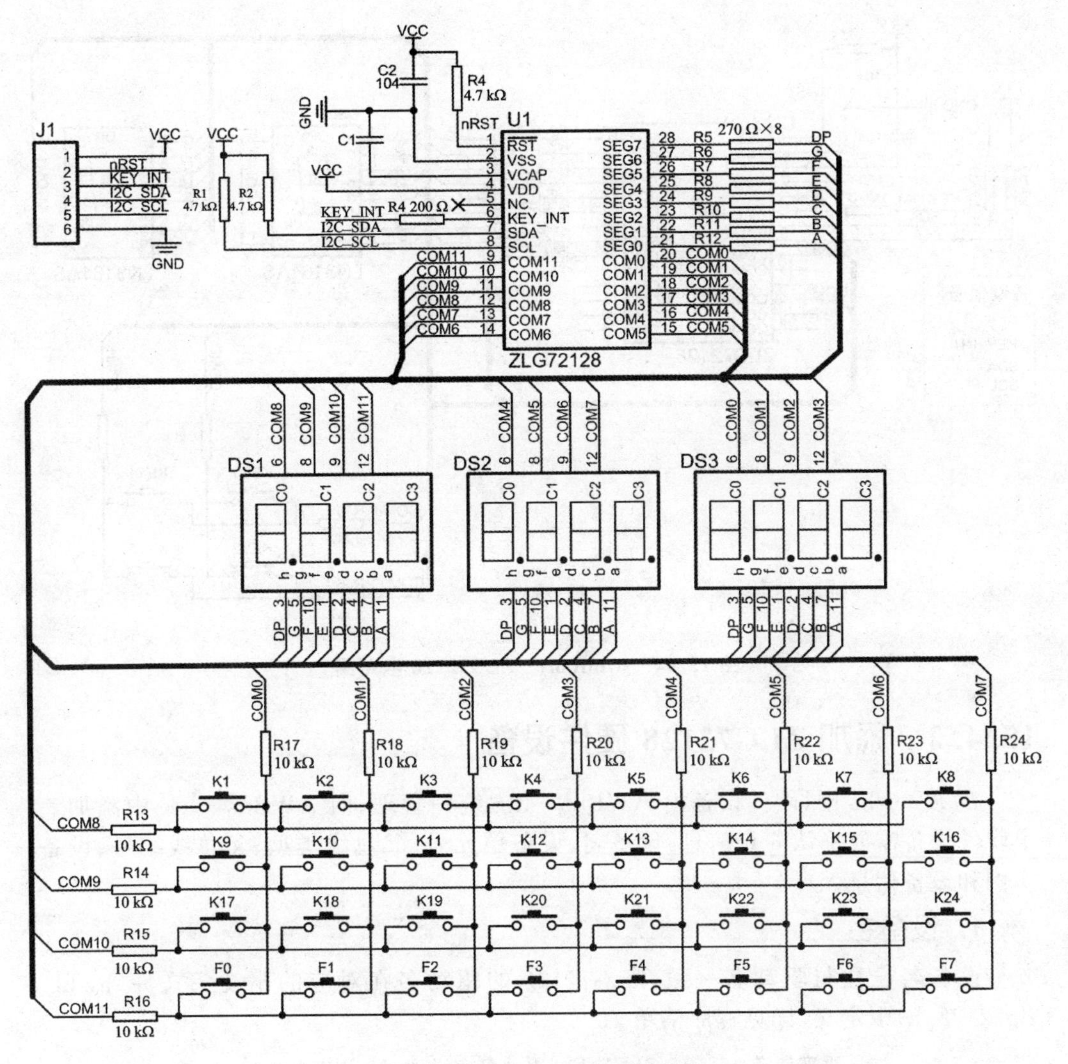

图 15.13　ZLG72128 典型应用电路

ZLG 设计了相应的 MiniPort - ZLG72128 配板，可以直接与带有 MiniPort 硬件接口的主板连接使用。作为示例，MiniPort - ZLG72128 配板仅使用了 2 个数码管和 4 个按键(2 行 2 列)，其电路图如图 15.14 所示。未使用的 COM 口可以直接悬空。

主控可以通过 4 个 I/O 口完成对 MiniPort - ZLG72128 的控制，分别为 RST、KEY_INT、SDA 和 SCL。其中，RST 用于复位 ZLG72128；KEY_INT 用于 ZLG72128 检测到按键时，通过 INT 引脚通知主机；SDA 和 SCL 用于 I^2C 通信。

下面，就以使用 MiniPort - ZLG72128 为例，介绍在 AWorks 中 ZLG72128 的使用方法。

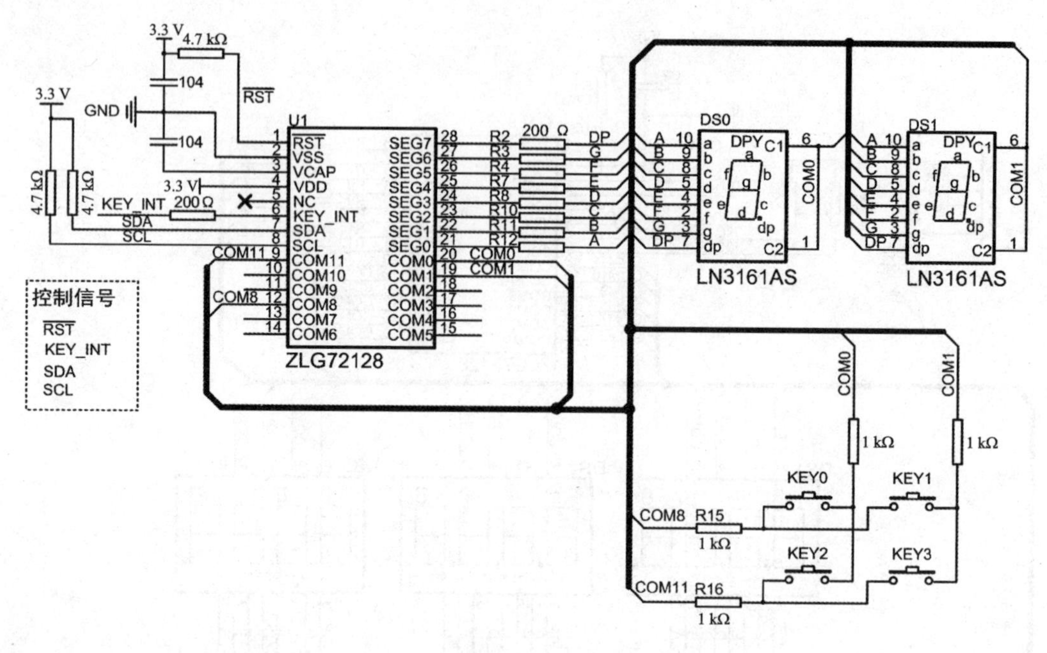

图 15.14 MiniPort－ZLG72128 电路图

15.4.2 添加 ZLG72128 硬件设备

在 AWorks 中，硬件设备由 AWBus－lite 统一管理，向 AWBus－lite 中添加一个硬件设备需要确认 6 点信息：设备名、设备单元号、父总线类型、父总线编号、设备实例和设备信息。

1. 设备名

设备名往往与驱动名一致，ZLG72128 的驱动名在对应的驱动头文件(awbl_zlg72128.h)中定义，详见程序清单 15.59。

程序清单 15.59 ZLG72128 驱动名定义(awbl_zlg72128.h)

```
1    #define    AWBL_ZLG72128_NAME        "awbl_zlg72128"
```

2. 设备单元号

设备单元号用于区分系统中几个相同的硬件设备，它们的设备名一样，复用同一份驱动。若当前系统中仅使用了一个 ZLG72128 硬件设备，则单元号设置为 0 即可。

3. 设备父总线的类型

ZLG72128 的通信接口为 I^2C，是一种 I^2C 从机器件，其对应的父总线类型为 AWBL_BUSID_I2C。

4. 设备父总线的编号

设备父总线的编号取决于实际硬件中 ZLG72128 的 I^2C 接口与哪条 I^2C 总线相

连，每条 I^2C 总线对应的编号在 aw_prj_params.h 文件中定义，例如，在 i.MX28x 硬件平台中，默认有 3 条 I^2C 总线：硬件 I^2C0、硬件 I^2C1、GPIO 模拟 I^2C，它们对应的总线编号分别为 0、1、2，详见程序清单 15.60。

程序清单 15.60 I^2C 总线编号定义

```
1    #define IMX28_I2C0_BUSID         0
2    #define IMX28_I2C1_BUSID         1
3    #define GPIO_I2C0_BUSID          2
```

若 ZLG72128 连接在硬件 I^2C0 上，则该设备的父总线编号为 IMX28_I2C0_BUSID。

5. 设备实例

在 awbl_zlg72128.h 文件中，定义了 ZLG72128 的设备类型为 struct awbl_zlg72128_dev。基于该类型，可以定义一个设备实例，详见程序清单 15.61。

程序清单 15.61 定义设备实例

```
1    struct  awbl_zlg72128_dev __g_miniport_zlg72128_dev;
```

其中，__g_miniport_zlg72128_dev 的地址即可作为 p_dev 的值。

6. 设备信息

在 awbl_zlg72128.h 文件中，定义了 ZLG72128 的设备信息类型为 struct awbl_zlg72128_devinfo，其定义详见程序清单 15.62。

程序清单 15.62 struct awbl_zlg72128_devinfo 定义

```
1    struct awbl_zlg72128_devinfo {
2        int            digitron_disp_id;     /* 数码管显示器 ID                  */
3        int            rst_pin;              /* ZLG72128 复位引脚                */
4        int            int_pin;              /* ZLG72128 中断引脚                */
5        uint16_t       interval_ms;          /* 读取键值状态的时间间隔           */
6        uint8_t        digitron_num;         /* 实际使用的数码管个数             */
7        uint16_t       blink_on_time;        /* 一个闪烁周期内，点亮的时间(ms)   */
8        uint16_t       blink_off_time;       /* 一个闪烁周期内，熄灭的时间(ms)   */
9        uint8_t        key_use_row_flags;    /* 实际使用的行标志                 */
10       uint8_t        key_use_col_flags;    /* 实际使用的列标志                 */
11       const int     *p_key_codes;          /* 按键编码                         */
12   };
```

其中，digitron_disp_id 为数码管显示器编号。在一个系统中，可能存在多个数码管显示器，每个数码管显示器都需要一个唯一 ID 加以区分。在使用数码管通用接口（见表 6.4）操作数码管时，需使用 ID 指定要操作的数码管显示器，当传入通用接口中的 ID 与这里设置的 digitron_disp_id 相同时，表明操作的数码管即为当前添加的 ZLG72128 数码管设备。ID 通常从 0 开始顺序编号。若仅使用 MiniPort - ZLG72128,则系统中只有一个数码管显示器,此时,可以将 digitron_disp_id 赋值为 0。

rst_pin 表示与 ZLG72128 的复位引脚连接的主控引脚号,若使用 i.MX28x 的 PIO1_17 与 ZLG72128 的复位引脚相连,使得可以通过 PIO1_17 输出低电平复位 ZLG72128,则 rst_pin 的值为 PIO1_17。特别地,若在硬件电路设计时,rst_pin 未与主控相连,而是固定接到了高电平(即不使用引脚复位功能),则仅需将 rst_pin 设置为-1 即可。

int_pin 表示与 ZLG72128 的 KEY_INT 相连的主控引脚号。当 ZLG72128 检测到按键事件时,将通过 KEY_INT 引脚输出低电平信号通知主控。基于此,主控可以使用一个 I/O 引脚与 ZLG72128 的 KEY_INT 相连,并设置相应的中断触发模式,这样只要 ZLG72128 检测到按键事件,就可以通过 I/O 口触发中断,以便立即将该事件通知到主控,进而使主控可以迅速执行读取键值、处理键值等一系列操作。若使用 i.MX28x 的 PIO1_18 与 ZLG72128 的 KEY_INT 相连,则 int_pin 的值即为 PIO1_18。

interval_ms 用于指定轮询键值的时间间隔。使用 ZLG72128 的 KEY_INT 引脚触发中断的方式来接收按键事件,虽然效率很高,但却需要耗费一个 I/O 口。若 I/O 资源紧张,为了节省 I/O 资源,则可以不使用 ZLG72128 的 KEY_INT 引脚(硬件电路设计时,KEY_INT 引脚悬空,此时 int_pin 的值应设置为-1),换成主控轮询的方式,即主控每隔一定时间通过 I^2C 接口查询一次 ZLG72128,看是否有按键事件产生。interval_ms 指定了轮询的时间间隔,例如,若需要每 20 ms 查询一次,则将 interval_ms 的值设置为 20。驱动程序通过 int_pin 的值决定是使用中断模式还是查询模式,若 int_pin 的值有效,不为-1,则使用中断模式,将通过该引脚接收 ZLG72128 输出的中断事件,此时,interval_ms 的值无效;若 int_pin 的值为-1,则使用查询模式,此时,interval_ms 的值有效,表示了查询的时间间隔。

digitron_num 表示实际使用的数码管个数,虽然 ZLG72128 可支持高达 12 位共阴式数码管,但实际中用户不一定使用这么多。若使用 MiniPort - ZLG72128,则由于其只有两个数码管,所以 digitron_num 需设置为 2。

blink_on_time 和 blink_off_time 用于配置数码管的闪烁属性。blink_on_time 为一个闪烁周期内,数码管点亮的时间;blink_off_time 为一个闪烁周期内,数码管熄灭的时间。它们的有效值为 150、200、…、800、850、900,即 150~900 ms,且时间间隔为 50 ms。若用户设置为其他值,则系统将选择一个最接近的值。例如,需要 MiniPort - ZLG72128 的数码管在闪烁时的闪烁频率为 1 Hz,点亮和熄灭的时间相等,则可以将 blink_on_time 和 blink_off_time 均设置为 500。

虽然 ZLG72128 能够管理多达 32 只按键(4×8 的矩阵按键),但实际应用中,用户可能使用不到 32 只按键,此时,在硬件电路设计时,就可以只使用部分行线和部分列线，以此减少按键的实际数目。例如，在 MiniPort - ZLG72128 中，只使用了 4 个按键（2 行 2 列），见图 15.14。行线使用的是 COM8（KR0）和 COM11（KR3），即第 0 行和第 3 行，列线使用的是 COM0（KL0）和 COM1（KL1），即第 0 列和第 1 列。

key_use_row_flags 为行标志，用于指定实际使用了哪几行按键，第 0 行至第 3 行对应的宏标志为 AWBL_ZLG72128_IF_KEY_ROW_0～AWBL_ZLG72128_IF_KEY_ROW_3。若硬件电路设计时，使用到了某一行，即 ZLG72128 的行线引脚 COM8（KR0）～COM11（KR3）连接到了实际的矩阵键盘行线，则在 key_use_row_flags 中就需要包含相应行对应的宏标志。使用了多行时，多个标志使用 C 语言“或”（“|”）运算符进行连接。例如，对于 MiniPort - ZLG72128，其使用了第 0 行和第 3 行，因此 key_use_row_flags 的值为：

```
AWBL_ZLG72128_KEY_ROW_0 | AWBL_ZLG72128_KEY_ROW_3
```

key_use_col_flags 为列标志，用于指定实际使用了哪几列按键，第 0 列至第 7 列对应的宏标志为 AWBL_ZLG72128_IF_KEY_COL_0～AWBL_ZLG72128_IF_KEY_COL_7。若硬件电路设计时，使用到了某一列，即 ZLG72128 的列线引脚 COM0（KL0）～COM7（KL7）连接到了实际的矩阵键盘列线，则在 key_use_col_flags 中就需要包含相应行对应的宏标志。使用了多列时，多个标志使用 C 语言“或”（“|”）运算符进行连接。例如，对于 MiniPort - ZLG72128，其使用了第 0 列和第 1 列，因此 key_use_col_flags 的值为：

```
AWBL_ZLG72128_KEY_COL_0 | AWBL_ZLG72128_KEY_COL_1
```

p_key_codes 用于指向按键编码数组，为了区分 ZLG72128 的各个按键，对不同的按键做出不同的处理，需要对按键进行编码。p_key_codes 指向的数组大小与实际使用的按键个数相等。例如，对于 MiniPort - ZLG72128，共有 4 个按键，则需要对 4 个按键分别编码。标准的按键编码值在 aw_input_code.h 中定义，任意挑选出 4 个分别作为 4 个按键的编码即可，若将 4 个按键的编码设置为：KEY0～KEY3，则编码数组的定义详见程序清单 15.63。

程序清单 15.63 按键编码数组定义

```
1   aw_local aw_const int __g_key_codes[] ={
2       KEY_0, KEY_1,
3       KEY_2, KEY_3
4   };
```

其中，__g_key_codes 即可作为 p_key_codes 的值。

基于以上信息，可以定义完整的设备信息，详见程序清单 15.64。

程序清单 15.64　ZLG72128 设备信息定义范例

```
1      /* 按键编码 */
2      aw_local aw_const int __g_key_codes[] ={
3          KEY_0, KEY_1,
4          KEY_2, KEY_3
5      };
6
7      aw_local aw_const
8      struct awbl_zlg72128_if_devinfo __g_miniport_zlg72128_devinfo ={
9         0,                              /* 显示器编号                        */
10        PIO1_17,                        /* 复位引脚                          */
11        PIO1_18,                        /* 中断引脚                          */
12        20,                             /* 查询时间间隔                      */
13        2,                              /* 数码管个数为 2                    */
14        500,                            /* 一个闪烁周期内,点亮的时间为 500 ms */
15        500,                            /* 一个闪烁周期内,熄灭的时间为 500 ms */
16        AWBL_ZLG72128_KEY_ROW_0  |\
17        AWBL_ZLG72128_KEY_ROW_3,        /* 使用了行线:KR0、KR3               */
18        AWBL_ZLG72128_KEY_COL_0  |\
19        AWBL_ZLG72128_KEY_COL_1,        /* 使用了列线:KL0、KL1               */
20        __g_key_codes,                  /* 按键编码, KEY_0~KEY3              */
21  };
```

综合上述设备名、设备单元号、父总线类型、父总线编号、设备实例和设备信息,可以完成一个 ZLG72128 硬件设备的描述,其定义详见程序清单 15.65。

程序清单 15.65　ZLG72128 硬件设备宏的详细定义(awbl_hwconf_miniport_zlg72128_0.h)

```
1      #ifndef __AWBL_HWCONF_MINPORT_ZLG72128_0_H
2      #define __AWBL_HWCONF_MINPORT_ZLG72128_0_H
3
4      #ifdef AW_DEV_MINIPORT_ZLG72128
5
6      #include "aw_types.h"
7      #include "driver/digitron_key/awbl_zlg72128.h"
8
9      /* 按键编码 */
10     aw_local aw_const int __g_key_codes[] ={
11         KEY_0, KEY_1,
12         KEY_2, KEY_3
13     };
14
15     aw_local aw_const
```

```
16    struct awbl_zlg72128_devinfo __g_miniport_zlg72128_devinfo ={
17        0,                           /* 显示器编号                              */
18        PIO1_17,                     /* 复位引脚                                */
19        PIO1_18,                     /* 中断引脚                                */
20        20,                          /* 查询时间间隔                            */
21        2,                           /* 数码管个数为 2                          */
22        500,                         /* 一个闪烁周期内,点亮的时间为 500 ms      */
23        500,                         /* 一个闪烁周期内,熄灭的时间为 500 ms      */
24        AWBL_ZLG72128_KEY_ROW_0  | \
25        AWBL_ZLG72128_KEY_ROW_3,     /* 使用了行线:KR0、KR3                     */
26        AWBL_ZLG72128_KEY_COL_0  | \
27        AWBL_ZLG72128_KEY_COL_1,     /* 使用了列线:KL0、KL1                     */
28        __g_key_codes,               /* 按键编码, KEY_0～KEY3                   */
29    };
30
31    aw_local struct awbl_zlg72128_dev __g_miniport_zlg72128_dev;
                                       /* 设备实例内存静态分配                    */
32
33    #define AWBL_HWCONF_MINIPORT_ZLG72128_0                        \
34        {                                                          \
35            AWBL_ZLG72128_NAME,                                    \
36            0,                                                     \
37            AWBL_BUSID_I2C,                                        \
38            IMX28_I2C0_BUSID,                                      \
39            (struct awbl_dev *)&__g_miniport_zlg72128_dev,         \
40            &(__g_miniport_zlg72128_devinfo)                       \
41        },
42
43    #else
44    #define AWBL_HWCONF_MINIPORT_ZLG72128_0
45    #endif
46
47    #endif
```

程序中定义了硬件设备宏:AWBL_HWCONF_MINIPORT_ZLG72128_0,为便于裁剪,使用了一个使能宏 AW_DEV_MINIPORT_ZLG72128 对其具体内容进行了控制,仅当使能宏被有效定义时,AWBL_HWCONF_MINIPORT_ZLG72128_0 才表示一个有效的硬件设备。在硬件设备列表中,加入该宏即可完成设备的添加,详见程序清单 15.66。

程序清单 15.66　在硬件设备列表中添加设备

```
1    aw_const struct awbl_devhcf g_awbl_devhcf_list[] ={      // 硬件设备列表
2        // …… 其他硬件设备
3        AWBL_HWCONF_MINIPORT_ZLG72128_0                      // MiniPort - ZLG72128
4        // …… 其他硬件设备
5    };
```

实际应用中,AWBL_HWCONF_MINIPORT_ZLG72128_0 在模板工程中已经添加,定义该宏的文件(awbl_hwconf_miniport_zlg72128_0.h)也以配置模板的形式提供在模板工程中,无需用户从零开始自行开发。

15.4.3　使用 ZLG72128 数码管功能

在第 6 章"通用设备接口"中,介绍了通用数码管接口,见表 6.4,以在指定位置显示一个字符为例,简要回顾一下通用数码管接口,在指定位置显示一个字符的函数原型为:

```
aw_err_t  aw_digitron_disp_char_at (int id, int index, const char ch);
```

其中,id 为数码管显示器编号,在 ZLG72128 的设备信息中(详见程序清单 15.62),使用了 digitron_disp_id 指定 ZLG72128 对应的数码管显示器编号,若需使用 ZLG72128,则在调用通用接口时,传入 id 的值应该与 digitron_disp_id 保持一致。index 为数码管索引,在一个数码管显示器中,可能存在多位数码管,index 用于对数码管位进行索引。如 MiniPort - ZLG72128 存在两个数码管,则 index 的有效值即为 0、1。ch 为显示的字符。例如,在位置 1 显示一个字符 'H' 的范例程序详见程序清单 15.67。

程序清单 15.67　aw_digitron_disp_char_at()范例程序

```
1    aw_digitron_disp_char_at (0, 1, 'H');
```

在讲述数码管通用接口时,编写了一个简单的 60 s 倒计时应用程序,特别地,当倒计时还剩 5 s 时,数码管闪烁。具体实现详见程序清单 15.68(与程序清单 6.29 完全相同,这里仅作回顾之用)。

程序清单 15.68　倒计时应用程序

```
1    #include "aworks.h"
2    #include "aw_delay.h"
3    #include "aw_vdebug.h"
4    #include "aw_digitron_disp.h"
5
6    #define      __DIGITRON_ID          0          // 本应用使用的数码管显示器编号
```

```
7
8     static void __digitron_show_num (int id, int num)
9     {
10        char buf[3];
11        aw_snprintf(buf, 3, "%2d", num);
12        aw_digitron_disp_str(id, 0, 2, buf);
13    }
14
15    int aw_main()
16    {
17        unsigned int num = 60;                          // 60 s 倒计时,初始值为 60
18        aw_digitron_disp_decode_set(__DIGITRON_ID, aw_digitron_seg8_ascii_decode);
19        while(1) {
20            __digitron_show_num(__DIGITRON_ID, num);    // 显示 count 值
21            if (num < 5) {                              // 小于 5 时,开启闪烁
22                aw_digitron_disp_blink_set(__DIGITRON_ID, 1, AW_TRUE);
23            } else {
24                aw_digitron_disp_blink_set(__DIGITRON_ID, 1, AW_FALSE);
25            }
26            if (num) {                                  // count 值不为 0,则减 1
27                num--;
28            } else {                                   // count 值为 0,重新赋值为 60
29                num = 60;
30            }
31            aw_mdelay(1000);
32        }
33    }
```

程序中,使用了 ID 为 0 的数码管进行显示。因此,若 MiniPort - ZLG72128 对应的数码管显示器编号也为 0,则应用程序无需做任何改动,这就是通用接口“跨平台”的便利性。底层硬件由 MiniPort - View 更换为 MiniPort - ZLG72128,应用程序无需做任何改动!

15.4.4 使用 ZLG72128 按键功能

在第 6 章“通用设备接口”中,介绍了通用键盘接口,仅包含一个注册输入事件处理器的接口,其函数原型为:

```
aw_err_t aw_input_handler_register (
    aw_input_handler_t          *p_input_handler,
    aw_input_cb_t                pfn_cb,
    void                        *p_usr_data);
```

其中,p_input_handler 为指向输入事件处理器的指针;pfn_cb 为指向用户自定义的输入事件处理函数的指针;p_usr_data 为按键处理函数的用户参数。

MiniPort - ZLG72128 共有 4 个按键,在定义设备信息时,分别为各个按键定义了唯一编码:KEY_0、KEY_1、KEY_2、KEY_3。

基于这 4 个编码的按键,可以实现一个简单的应用:

- 按下一个按键,两位数码管显示按键编号的二进制,例如,按下 KEY0,数码管显示“00”,按下 KEY3 显示“11”。
- 偶数编号时,数码管闪烁,奇数编号时,数码管不闪烁。

范例程序详见程序清单 15.69。

程序清单 15.69 ZLG72128 简单使用范例程序

```
1     #include "aworks.h"
2     #include "aw_delay.h"
3     #include "aw_vdebug.h"
4     #include "aw_digitron_disp.h"
5     #include "aw_input.h"
6
7     /* 按键事件处理函数 */
8     aw_local void __input_key_proc (aw_input_event_t *p_input_data, void *p_usr_data)
9     {
10        if (AW_INPUT_EV_KEY == p_input_data->ev_type) {  /* 仅处理按键事件   */
11            aw_input_key_data_t *p_key_data = (aw_input_key_data_t *)p_input_data;
12            if (p_key_data->key_state != 0) {              /* 按键按下          */
13                switch (p_key_data->key_code) {
14                case KEY_0:                                /* 显示 00,数码管闪烁*/
15                    aw_digitron_disp_char_at(0, 0, '0');
16                    aw_digitron_disp_char_at(0, 1, '0');
17                    aw_digitron_disp_blink_set(0, 0, AW_TRUE);
18                    aw_digitron_disp_blink_set(0, 1, AW_TRUE);
19                    break;
20                case KEY_1:                              /* 显示 01,数码管不闪烁 */
21                    aw_digitron_disp_char_at(0, 0, '0');
22                    aw_digitron_disp_char_at(0, 1, '1');
23                    aw_digitron_disp_blink_set(0, 0, AW_FALSE);
24                    aw_digitron_disp_blink_set(0, 1, AW_FALSE);
25                    break;
26                case KEY_2:                                /* 显示 10,数码管闪烁 /
27                    aw_digitron_disp_char_at(0, 0, '1');
```

```
28                  aw_digitron_disp_char_at(0, 1, '0');
29                  aw_digitron_disp_blink_set(0, 0, AW_TRUE);
30                  aw_digitron_disp_blink_set(0, 1, AW_TRUE);
31                  break;
32              case KEY_3:                               /* 显示 11,数码管不闪烁 */
33                  aw_digitron_disp_char_at(0, 0, '1');
34                  aw_digitron_disp_char_at(0, 1, '1');
35                  aw_digitron_disp_blink_set(0, 0, AW_FALSE);
36                  aw_digitron_disp_blink_set(0, 1, AW_FALSE);
37                  break;
38              default :
39                  break;
40              }
41          }
42      }
43  }
44
45  int aw_main (void)
46  {
47      aw_local  aw_input_handler_t     input_handler;
48      aw_input_handler_register(&input_handler, __input_key_proc, NULL);
49      AW_FOREVER {
50          aw_mdelay(1000);
51      }
52  }
```

在第 6 章“通用设备接口”中,设计并实现了一个简易的温控器,完整实现详见程序清单 6.41。对于该温控器,使用到了 1 个数码管显示器(显示器编号为 0)和 4 个按键(编码分别为 KEY_0、KEY_1、KEY_2、KEY_3),这些硬件资源可以通过单个 MiniPort - ZLG72128 提供,当 MiniPort - ZLG72128 对应的设备信息中,显示器编号为 0 且按键编码为 KEY0～KEY3 时(默认配置),则温控器应用程序无需做任何改动,就可以将底层硬件替换为 MiniPort - ZLG72128。这再一次体现了 AWorks“跨平台”的优越性!

15.5 ADS131E0x——A/D 转换芯片

虽然越来越多的 MCU 内部都集成了 ADC(比如 i. MX 28x 内部集成了 LRADC 和 HSADC 两个 A/D 转换器),但精度通常不会很高(i. MX28x 内部集成的 ADC 为 12 位),仅用于一些基本的应用场合。在一些特殊应用场合中,可能对 ADC 的精度要求很高,此时,就可以外接专用的 A/D 转换芯片,本节将以 ADS131E0x 系列芯片为例进行说明。

15.5.1 器件简介

ADS131E0x是一系列多通道同步采样A/D转换芯片，位宽高达24位，采样速率高达64 ksps，内置可编程增益放大器(PGA)、基准源和振荡器。由于高位宽和优越的性能，其受到了工业电源检测、测试和测量等应用的青睐。该系列芯片按照通道数目的不同划分为了多个型号，如表15.12所列。

表15.12 ADS131E0x选型表

模块型号	封 装	通道数目	操作温度范围/℃
ADS131E04	TQFP-64	4	−40～105
ADS131E06	TQFP-64	6	−40～105
ADS131E08	TQFP-64	8	−40～105

在AWorks中，ADS131E0x系列A/D转换芯片的使用方法都是类似的，本节将以8通道的ADS131E08芯片为例，讲解该系列A/D转换芯片在AWorks中的使用方法。

1. 产品特性

ADS131E08产品特性如下：

- 8路差分信号输入；
- 动态范围：1 ksps时为118 dB；
- 串扰：−110 dB；
- 总谐波失真(THD)：50 Hz和60 Hz时为−90 dB；
- 低功耗：每通道2 mW；
- 数据速率：1 ksps、2 ksps、4 ksps、8 ksps、16 ksps、32 ksps和64 ksps；
- SPI数据通信接口；
- 4个通用输入输出接口(GPIO)；
- 温度范围：−40～+105 ℃。

2. 引脚分布

ADS131E08共有64个引脚，引脚分布如图15.15所示引脚功能简介如表15.13所列。

表15.13 ADS131E08引脚功能简介

引脚名	引脚编号	功 能
DVDD	48,50	数字电路供电电源
DGND	33,49,51	数字电源地
AVDD	19,21,22,56,59	模拟电路供电电源

续表 15.13

引脚名	引脚编号	功 能
AVSS	20,23,32,57,58	模拟电源地
AVDD1	54	电荷泵(Charge Pump)模拟供电电源
AVSS1	53	电荷泵模拟电源地
VCAP1～VCAP4	28,30,55,26	模拟旁路电容,外部通过电容接至 AVSS
IN1N～IN8N	15,13,11,9,7,5,3,1	差分信号输入通道 1～8 的 N 端
IN1P～IN8P	16,14,12,10,8,6,4,2	差分信号输入通道 1～8 的 P 端
$\overline{\text{DRDY}}$	47	数据就绪信号,低电平有效
DIN	34	SPI 通信使用引脚,输入,接 MOSI
DOUT	43	SPI 通信使用引脚,输出,接 MISO
$\overline{\text{CS}}$	39	SPI 通信使用引脚,片选
SCLK	40	SPI 通信使用引脚,时钟
START	38	开始转换信号
GPIO1～GPIO4	42,44,45,46	通用输入/输出引脚
CLK	37	主时钟输入/输出,未使用时接 DGND
CLKSEL	52	主时钟选择:低电平时芯片工作使用外部时钟(通过 CLK 引脚输入);高电平时选择使用内部时钟(可由程序控制是否通过 CLK 引脚将内部时钟信号输出)
DAISY_IN	41	链式结构输入,用于多个芯片级联(前一个芯片的 DOUT 输出连接至后一个芯片的 DAISY_IN,如此一来,主机仅需使用一个片选引脚,针对最后一个芯片连续读取数据即可,可以节省片选引脚),较少使用,未使用时接 DGND
$\overline{\text{PWDN}}$	35	进入掉电模式,低电平有效
$\overline{\text{RESET}}$	36	复位引脚,低电平有效
VREFN	25	参考电压负端,连接至 AVSS
VREFP	24	参考电压正端
RESV1	31	保留,接 DGND
TESTN、TESTP	17、18	模拟信号测试引脚,通常可悬空处理
OPAMPN	61	运放输入信号(反向),通常悬空处理
OPAMPP	60	运放输入信号(不反向),通常悬空处理
OPAMPOUT	63	运放输出信号(反向),通常悬空处理
NC	27,29,62,64	未使用引脚,悬空,上拉、下拉均可

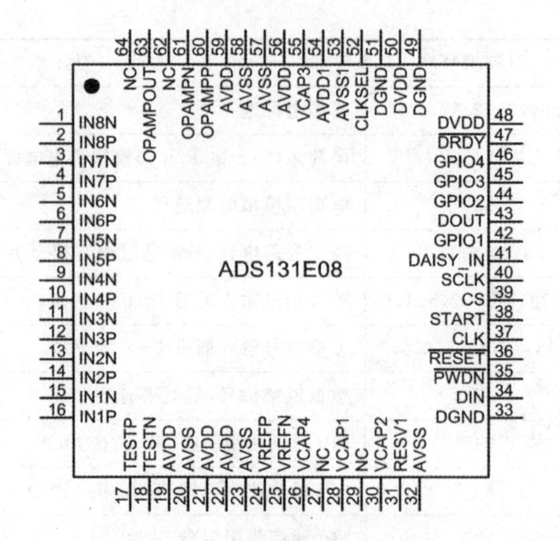

图 15.15　ADS131E08 引脚图

3. 应用电路

ADS131E08 有 8 路 ADC 通道，为了提高电路的抗干扰能力，保证采样数据的准确性。电路中的数字地和模拟地必须做分割处理。ADS131E08 的典型应用电路如图 15.16 所示。

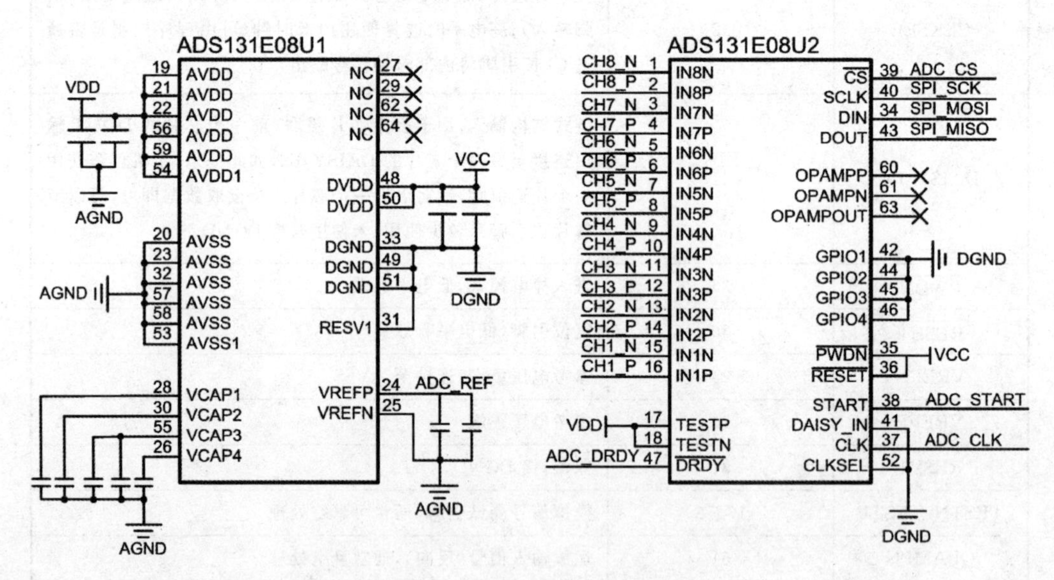

图 15.16　ADS131E08 应用电路

注意：该原理图的设计采用了分区布局的方式，将一片 ADS131E08 芯片分成了两个部分(左右两部分都属于同一个芯片)，使设计更为直观，布线更加方便、美观。

15.5.2 添加 ADS131E08 硬件设备

在 AWorks 中,硬件设备由 AWBus-lite 统一管理,向 AWBus-lite 中添加一个硬件设备需要确认 6 点信息:设备名、设备单元号、父总线类型、父总线编号、设备实例和设备信息。

1. 设备名

设备名往往与驱动名一致,ADS131E08 驱动名在 ADS131E08 的驱动头文件(awbl_adc_ ads131e08.h)中定义,详见程序清单 15.70。

程序清单 15.70 ADS131E08 驱动名定义

```
1    #define    AWBL_ADS131E08_NAME        "awbl_adc_ads131e08"
```

基于此,设备名应为 AWBL_ADS131E08_NAME。

2. 设备单元号

设备单元号用于区分系统中几个相同的硬件设备,它们的设备名一样,复用同一份驱动。若当前系统中仅使用了一个 ADS131E08 硬件设备,则单元号设置为 0 即可。

3. 设备父总线的类型

ADS131E08 的通信接口为 SPI,是一种 SPI 从机器件,其对应的父总线类型为 AWBL_BUSID_SPI。

4. 设备父总线编号

设备父总线的编号取决于实际硬件中 ADS131E08 的 SPI 接口与哪条 SPI 总线相连,每条 SPI 总线对应的编号都在 aw_prj_params.h 文件中定义,例如,在 i.MX28x 硬件平台中,默认有 5 条 SPI 总线:硬件 SSP0~SSP3,GPIO 模拟 SPI0,它们对应的总线编号分别为 0、1、2、3、4。SPI 总线编号定义详见程序清单 15.71。

程序清单 15.71 SPI 总线编号定义

```
1    #define          IMX28_SSP0_BUSID        0
2    #define          IMX28_SSP1_BUSID        1
3    #define          IMX28_SSP2_BUSID        2
4    #define          IMX28_SSP3_BUSID        3
5    #define          GPIO_SPI0_BUSID         4
```

若 ADS131E08 连接在硬件 SSP3 上,则该设备的父总线编号为 IMX28_SSP3_BUSID。

5. 设备实例

在 awbl_adc_ads131e08.h 文件中,定义了 ADS131E08 的设备类型为 struct awbl_adc_ads131e08_dev。基于该类型,可以定义一个设备实例,详见程序清单 15.72。

程序清单 15.72　定义 ADS131E08 设备实例

```
aw_local  struct  awbl_adc_ads131e08_dev    __g_adc_ads131e08_dev;
```

其中,__g_adc_ads131e08_dev 的地址即可作为 p_dev 的值。

6. 设备信息

在 awbl_adc_ads131e08.h 文件中,定义了 ADS131E08 的设备信息类型为 struct awbl_adc_ads131e08_devinfo,其定义详见程序清单 15.73。

程序清单 15.73　struct awbl_adc_ads131e08_devinfo 定义

```
1   typedef  struct  awbl_adc_ads131e08_devinfo {
2       struct  awbl_adc_servinfo      *adc_servinfo;          // ADC 服务相关信息
3       uint32_t                        vref;                  // ADC 的参考电压
4       const uint8_t                  *p_pga_gain;            // 各通道增益配置
5       uint32_t                        spi_speed;             // 速率
6       int                             spi_cs_pin;            // SPI CS 引脚
7       int                             ready_pin;             // 数据准备就绪引脚
8       int                             start_pin;             // ADC 采集启动引脚
9       uint8_t                         data_bits_rate;        // 数据速率设置
10      void                          (*pfn_plfm_init)(void);  // 平台初始化函数
11  } awbl_adc_ads131e08_devinfo_t;
```

其中,adc_servinfo 为 ADC 服务相关信息,里面主要包含了该芯片各 ADC 通道对应的通道号(该通道号即用于 ADC 通用接口中的 ch 通道号参数),struct awbl_adc_servinfo 的类型定义详见程序清单 15.74。

程序清单 15.74　struct awbl_adc_servinfo 定义

```
1   struct awbl_adc_servinfo {
2       aw_adc_channel_t         ch_min;
3       aw_adc_channel_t         ch_max;
4   };
```

ch_min 表示该设备中所有 ADC 通道的最小通道号,ch_max 表示该设备中所有 ADC 通道的最大通道号。一个设备中各通道对应通道号应该是连续的。ADS131E08 支持 8 个通道,可以为用户提供 8 个通道的 A/D 转换服务,为此,可以通过该信息为 ADS131E08 分配 8 个通道号,如分配 0～7,则 ch_min 的值为 0,ch_max 的值为 7。

注意:若有多个 A/D 转换器,则各个 A/D 转换器占用的通道号应该是相互独立的,范围互不重叠。在介绍 ADC 接口时提到,i.MX28x 内部集成了两个 A/D 转换器:LRADC 和 HSADC,共支持 24 个通道,占用了通道号 0～23,因此,为避免冲突,ADS131E08 的通道号不能再使用 0～23 这个区间,一般地,可以紧接着分配,如分配 24～31,此时,ch_min 的值为 24,ch_max 的值为 31。

vref 为 ADC 的参考电压(单位:mV)。ADS131E08 内置基准源,其输出电压可配置为 2.4 V 或 4 V,例如,需要基准源输出的输出电压 2.4 V,则 V_{ref} 应设置为 2 400。需要特别注意的是,只有当模拟电源(AVDD)的电压为 5 V 时,才能设置基准源输出电压为 4 V。

p_pga_gain 用于配置各通道的增益值。ADS131E08 为每个通道都内置了一个可编程增益放大器(可选增益为:1、2、4、8、12),增益放大器可用于放大输入信号,例如,V_{ref} 为 2.4 V,表明 A/D 转换的电压范围为:0~2.4 V,若一个信号的电压范围为 0~1.2 V,则可以将增益放大器的值设置为 2,使最终输入 A/D 转换器的电压依然保持 0~2.4 V。微弱信号受干扰的影响较大(例如,0.1 mV 的干扰对于 0.5 mV 的信号源相当于 20%的干扰,而对于 5 V 的信号源仅相当于 0.2%的干扰),信号放大后再执行 A/D 转换,可以提高微弱信号的转换精度。p_pga_gain 指向一个大小为 8 的数组,分别对应 8 个通道的增益值,例如,需要设置 8 个通道的增益值分别为:1、1、2、2、4、4、8、12,则可以定义如下数组:

```
uint8_t    pga_gain[8] = {1, 1, 2, 2, 4, 4, 8, 12};
```

其中,数组名 pga_gain 即可作为成员 p_pga_gain 的值。特别地,若所有通道的增益值都使用默认值 1,则 p_pga_gain 可直接设置为 NULL。需要说明的是,当增益不为 1 时,信号将被放大,A/D 转换器转换的是放大后的信号,此时,若按照参考电压 V_{ref} 的值计算转换结果对应的电压值,即

$$V_{ol} = \frac{\text{采样值}}{2^{bits}} \times V_{ref}$$

得到的结果将是信号放大后的电压,真实的电压值还必须除以增益值(GAIN),即

$$V_{ol\text{真实值}} = \frac{\text{采样值}}{2^{bits}} \times V_{ref} \div \text{GAIN}$$

在通用 ADC 接口中,并没有提到过增益的概念,即用户无法通过通用接口获取某一通道的增益值。为了使用户通过标准接口可以计算得到真实的输入电压值,可以将用户获取到的 V_{ref} 缩小 1/GAIN 倍,即当用户调用 aw_adc_vref_get()获取某一通道的参考电压时,获取的值是实际 V_{ref} 缩小 1/GAIN 倍后的值:V_{ref}/GAIN。这样在使用通用接口时,无需关心增益的设置,按照标准计算方法将采样值转换为电压值,同样可以得到正确的结果。

spi_speed 为 SPI 传输速率,ADS131E08 支持的最高速率为 20 MHz(2.7 V≤DVDD≤3.6 V)或 15 MHz(1.7 V≤DVDD≤2.0 V),受硬件电路、MCU 等性能的影响,支持的 SPI 速率不一定能达到最大值,在测试阶段,可设置一个相对保守的值,比如 6 MHz,即 6000 000 Hz。后续可根据实际需求,逐步增大 SPI 的传输速率。

spi_cs_pin 表示与芯片 CS 引脚(39#)相连接的主控引脚号。CS 引脚是 SPI 通信接口的片选引脚,若使用 i.MX28x 的 PIO2_27 与 CS 引脚相连,则 spi_cs_pin 的

值为 PIO2_27。

ready_pin 表示与芯片 DRDY 引脚(47#)相连接的主控引脚号。ADS131E08 数据准备就绪时(采样完成),DRDY 引脚会输出低电平,以通知主控及时读取采样数据,其通常与 MCU 主控的中断引脚相连,若使用 i.MX28x 的 PIO0_27 与 ADS131E08 的 DRDY 引脚相连,则 ready_pin 的值为 PIO0_27。

start_pin 表示与芯片 START 引脚(#38)相连接的主控引脚号。START 引脚用于启动 A/D 转换,主控可以通过该引脚控制 A/D 转换器的启动或停止。若使用 i.MX28x 的 PIO0_28 与 START 引脚相连,则 start_pin 的值为 PIO0_28。

data_bits_rate 表示了芯片输出数据的速率和位宽。ADS131E08 的数据位数高达 24 位,但也可以配置为 16 位(以使用更高的采样率)。24 位输出模式下,速率最高只能达到 16 ksps(samples per second);但在 16 位输出模式下,速率最高可以达到 64 ksps。速率和位宽共有 8 种不同的组合模式,以使用宏的形式进行了定义,如表 15.14 所列。

表 15.14 ADS131E08 支持的速率和位宽组合

宏 名	位宽/bits	速率/ksps
AWBL_ADC_ADS131E0X_16BIT_64KSPS	16	64
AWBL_ADC_ADS131E0X_16BIT_32KSPS	16	32
AWBL_ADC_ADS131E0X_24BIT_16KSPS	24	16
AWBL_ADC_ADS131E0X_24BIT_8KSPS	24	8
AWBL_ADC_ADS131E0X_24BIT_4KSPS	24	4
AWBL_ADC_ADS131E0X_24BIT_2KSPS	24	2
AWBL_ADC_ADS131E0X_24BIT_1KSPS	24	1

例如,若需将位宽设置为 24 位,输出速率设置为 16 ksps,则 data_bits_rate 的值应设置为 AWBL_ADC_ADS131E0X_24BIT_16KSPS。

pfn_plfm_init 为平台初始化函数,其指向用户自定义接口,指向的函数将在设备初始化之前被调用。用户可以使用该平台初始化函数执行用户自定义程序。通常情况下,若无特殊需求,无需提供平台初始化函数,该值设置为 NULL。

基于以上信息,可以定义完整的设备信息,ADS131E08 设备信息定义范例详见程序清单 15.75。

程序清单 15.75 ADS131E08 设备信息定义范例

```
1    static const uint8_t __g_gain_pga[] = {1, 1, 2, 2, 4, 4, 8, 12};
                                          // 各通道增益值,根据实际信号调整
2
3    aw_local aw_const struct  awbl_adc_ads131e08_devinfo   __g_adc_ads131e08_devinfo = {
4        {
5            24,                                // 最小通道号
6            31                                 // 最大通道号
7        },
```

```
8       2400,                                  // ADC 的参考电压
9       __g_gain_pga,                          // 各通道增益值,全部使用默认值 1
10       6000000,                              // SPI 速率
11       PIO2_27,                              // SPI CS 引脚
12       PIO0_27,                              // ADC RDYIN 引脚
13       PIO0_28,                              // START 引脚
14       AWBL_ADC_ADS131E0X_24BIT_16KSPS,     // 数据位宽和速率:24 位数据, 16 ksps
15       NULL
16   };
```

综合上述设备名、设备单元号、父总线类型、父总线编号、设备实例和设备信息，可以完成一个 ADS131E08 硬件设备的描述，其定义详见程序清单 15.76。

程序清单 15.76　ADS131E08 硬件设备宏的详细定义(awbl_hwconf_adc_ads131e08.h)

```
1    #ifndef __AWBL_HWCONF_ADC_ADS131E08_H
2    #define __AWBL_HWCONF_ADC_ADS131E08_H
3    #ifdef AW_DEV_ADC_ADS131E08
4
5    #include "driver/adc/awbl_adc_ads131e08.h"
6
7    #define ADC_SPI_DEV_CS_PIN    PIO2_27        // 定义 ADC 芯片使用的 SPI CS 引脚
8    #define ADC_RDYIN_PIN         PIO0_27        // 定义 ADC 芯片使用的 DRDY 引脚
9    #define ADC_START_PIN         PIO0_28        // 定义 ADC 芯片使用的 START 引脚
10
11   static const uint8_t __g_gain_pga[] = {1, 1, 2, 2, 4, 4, 8, 12};
                                               // 各通道增益值,根据实际信号调整
12
13   /* 设备信息 */
14   aw_local aw_const struct  awbl_adc_ads131e08_devinfo  __g_adc_ads131e08_devinfo = {
15       {
16           24,                               // 最小通道号
17           31                                // 最大通道号
18       },
19       2400,                                 // ADC 的参考电压
20       __g_gain_pga,                         // 各通道增益值,全部使用默认值 1
21       6000000,                              // SPI 速率
22       PIO2_27,                              // SPI CS 引脚
23       PIO0_27,                              // ADC RDYIN 引脚
24       PIO0_28,                              // START 引脚
25       AWBL_ADC_ADS131E0X_24BIT_16KSPS,     // 数据位宽和速率:24 位数据, 16 ksps
26       NULL
```

```
27    };
28
29    /* 设备实例内存静态分配 */
30    aw_local struct awbl_adc_ads131e08_dev __g_adc_ads131e08_dev;
31
32    #define AWBL_HWCONF_ADC_ADS131E08                        \
33    {                                                        \
34        ADC_ADS131E08_NAME,                                  \
35        0,                                                   \
36        AWBL_BUSID_SPI,                                      \
37        IMX28_SSP3_BUSID,                                    \
38        (struct awbl_dev *)&__g_adc_ads131e08_dev,           \
39        &(__g_adc_ads131e08_devinfo)                         \
40    },
41
42    #else
43    #define AWBL_HWCONF_ADC_ADS131E08
44    #endif
45
46    #endif
```

其中,定义了硬件设备宏:AWBL_HWCONF_ADC_ADS131E08,为便于裁剪,使用了一个使能宏 AW_DEV_ADC_ADS131E08 对其具体内容进行了控制,仅当使能宏被有效定义时,AWBL_HWCONF_ADC_ADS131E08 才表示一个有效的硬件设备。在硬件设备列表中,加入该宏即可完成设备的添加,其范例程序详见程序清单 15.77。

程序清单 15.77　在硬件设备列表中添加设备

```
1    aw_const struct awbl_devhcf g_awbl_devhcf_list[] = {    /* 硬件设备列表 */
2        /*…… 其他硬件设备 */
3        AWBL_HWCONF_ADC_ADS131E08                           /* ADS131E08 */
4        /*…… 其他硬件设备 */
5    };
```

实际上,在模板工程的硬件设备列表中,AWBL_HWCONF_ADC_ADS131E08 宏默认已添加,同时,定义该宏的文件(awbl_hwconf_adc_ads131e08.h)也以配置模板的形式提供在模板工程中,无需用户从零开始自行开发。

15.5.3　使用 ADS131E08

添加 ADS131E08 硬件设备后,将可以通过通用 ADC 接口(见表 7.23)使用该芯片,利用相应通道进行 A/D 转换,并获取相应通道的采样值。在设备配置中,将

ADS131E08 中 8 个 A/D 通道的通道号定义为了 24～31，基于此，只要使用通用 ADC 接口操作通道号为 24～31 的通道，即会使用到 ADS131E08 芯片。

在通用 ADC 接口中，介绍了两种采样方式(同步和异步)，下面分别使用这两种方式进行采样。

1. 使用同步模式获取单个通道的采样值

在程序清单 7.47 中，使用了通道 0 采集电压，为了使用 ADS131E08 芯片进行 A/D 转换，可以将通道 0 改为通道 24（ADS131E08 起始通道），进而采集 ADS131E08 中 IN1 端的输入电压，范例程序详见程序清单 15.78。

程序清单 15.78 使用 ADS131E08 单个通道进行同步采集范例程序

```
1   #include "aworks.h"
2   #include "aw_delay.h"
3   #include "aw_vdebug.h"
4   #include "aw_adc.h"
5
6   #define  N_SAMPLES_PER_READ       100                    // 每次读取 100 个采样值
7
8   static uint32_t   __g_adc_val[N_SAMPLES_PER_READ];     // 定义存储采样值的缓冲区
9
10  int aw_main()
11  {
12      uint32_t    sum = 0;
13      uint32_t    code;
14      int         vol;
15      int             i;
16      int         bits      =    aw_adc_bits_get(24);
17      int         vref      =    aw_adc_vref_get(24);
18
19      if  ((bits < 0) || vref < 0) {
20          aw_kprintf("ADC info get failed! \r\n");
21          while (1) {
22              aw_mdelay(1000);
23          }
24      }
25      while (1) {
26          aw_adc_sync_read(24, __g_adc_val, N_SAMPLES_PER_READ, FALSE);
```

```
27          sum = 0;
28          for (i = 0; i < 100; i++) {
29              sum += __g_adc_val[i];
30          }
31          code = sum / 100;
32          vol  = (float)(code * vref) / (float)(1 << bits);
33          aw_kprintf("The vol of channel 24 is : %d mV \r\n", vol);
34          aw_mdelay(1000);
35      }
36  }
```

将该程序与程序清单 7.47 对比可以发现，绝大部分程序是完全相同的，仅将通道 0 改为了通道 24，同时，由于采样位数为 24 位，因此，在存储数据时，使用了 32 位的缓存进行存储，即将第 8 行的 uint16_t 修改为了 uint32_t。

若将该程序看作一个应用程序，则可以对程序进行优化，将通道号直接通过参数传入应用程序，使应用程序与具体硬件平台无关，应用程序范例详见程序清单 15.79。

程序清单 15.79　ADC 同步采样应用程序(app_adc_sync_read.c)

```
1   #include "aworks.h"
2   #include "aw_delay.h"
3   #include "aw_vdebug.h"
4   #include "aw_adc.h"
5
6   #define  N_SAMPLES_PER_READ       100                    // 每次读取 100 个采样值
7
8   static uint32_t   __g_adc_val[N_SAMPLES_PER_READ];     // 定义存储采样值的缓冲区
9
10  int app_adc_sync_read (int ch)
11  {
12      uint32_t    sum = 0;
13      uint32_t    code;
14      int         vol;
15      int         i;
16      int          bits     =     aw_adc_bits_get(ch);
17      int          vref     =     aw_adc_vref_get(ch);
18
19      if ((bits < 0) || vref < 0) {
20          aw_kprintf("ADC info get failed! \r\n");
21          return -AW_EIO;
22      }
```

```
23      while (1) {
24          aw_adc_sync_read(ch, __g_adc_val, N_SAMPLES_PER_READ, FALSE);
25          sum = 0;
26
27          /* 求和,访问缓存的实际类型与 ADC 实际位数相关 */
28          if (bits <= 8) {
29              for (i = 0; i < 100; i++) {
30                  sum += ((uint8_t *)__g_adc_val)[i];
31              }
32          } else if (bits <= 16) {
33              for (i = 0; i < 100; i++) {
34                  sum += ((uint16_t *)__g_adc_val)[i];
35              }
36          } else {
37              for (i = 0; i < 100; i++) {
38                  sum += ((uint32_t *)__g_adc_val)[i];
39              }
40          }
41          code = sum / 100;
42          vol   = (float)(code * vref) / (float)(1 << bits);
43          aw_kprintf("The vol of channel %d is : %d mV \r\n", ch, vol);
44          aw_mdelay(1000);
45      }
46  }
```

程序中,为了简便,在分配采样值的缓存空间时,直接按照最大位宽(32 位)进行了分配,在访问缓存时,再根据实际位数对缓存进行访问(将 if 语句放在 for 循环外面可以减少判断次数,提高运行效率)。为便于使用,可以将应用程序入口函数声明到一个头文件中,详见程序清单 15.80。

程序清单 15.80　ADC 同步采样应用程序接口声明(app_adc_sync_read.h)

```
1   #pragma once
2   #include "aworks.h"
3
4   int app_adc_sync_read (int ch);
```

该应用程序仅仅是一个简易的 demo,实际应用往往会复杂得多,但无论如何,该应用程序仅与一个通道号相关,无论何种硬件平台,只要其能提供一个 ADC 通道号,就可以启动该应用程序。换句话说,该应用程序可以“跨平台”复用,无论是更换了 MCU,还是 A/D 转换芯片,应用程序无需修改任何一行代码(即 app_adc_sync_read.c 文件无需修改)。

例如,使用 i.MX28x 内部 ADC 提供的通道 0 启动该应用程序,范例程序详见程序清单 15.81。

程序清单 15.81 启动 ADC 应用程序(基于通道 0)

```
1   #include "aworks.h"
2   #include "aw_delay.h"
3   #include "app_adc_sync_read.h"
4
5   int aw_main (void)
6   {
7       app_adc_sync_read(0);
8       while(1) {
9           aw_mdelay(1000);
10      }
11  }
```

若在使用 i.MX28x 的 ADC 过程中,发现精度不够,需要使用外部 A/D 转换芯片(比如 ADS131E08),则应用程序无需修改,仅需使用新的通道号启动应用程序即可,范例程序详见程序清单 15.82。

程序清单 15.82 启动 ADC 应用程序(基于通道 24)

```
1   #include "aworks.h"
2   #include "aw_delay.h"
3   #include "app_adc_sync_read.h"
4
5   int aw_main (void)
6   {
7       app_adc_sync_read(24);
8       while(1) {
9           aw_mdelay(1000);
10      }
11  }
```

实际中,若确定要更换为外部 A/D 转换芯片,则可以关闭其他 A/D 转换设备,仅保留外部 A/D 转换芯片,此时,外部 A/D 转换芯片的通道号即可设定为 0~7(仅使用一个 A/D 转换芯片,通道号不会冲突),则启动应用程序时,同样可以使用通道 0 启动,也就是说,主程序也无需修改。

2. 使用异步模式同时获取多个通道的采样值

对于 ADS131E08 芯片,在数据准备就绪(DRDY 引脚输出低电平)后,主控可以一次性从中读取出 8 个通道的采样值,相当于每次准备就绪时,都已经完成了 8 个通道的 A/D 转换,对于用户来讲,可以看作其同时完成了 8 个通道的转换(每次都可以获取到 8 个通道的值)。为了同时获取 8 个通道的值,可以使用 ADC 异步接口实现,详见程序清单 15.83。

程序清单 15.83 使用异步模式同时获取 8 个通道的采样值

```
1    #include "aworks.h"
2    #include "aw_adc.h"
3
4    static aw_adc_client_t          __g_client[8];
5    static aw_adc_buf_desc_t        __g_buf_desc[8];
6    static uint16_t                 __g_buf[8][100];
                                //8 个大小为 100 的缓存,24 位 ADC 使用 uint32_t 类型
7
8    static void __buf_complete (void * p_cookie, aw_err_t state)
9    {
10       int ch = (int)p_cookie;  // 初始化缓冲区描述符时,p_arg 设置为了通道号
11
12       // 通道 ch 转换完成,处理其中的数据:__g_buf[ch - 24]
13       // 数据处理完成,再次启动
14       aw_adc_client_start(&__g_client[ch - 24], &__g_buf_desc[ch - 24], 1,  1);
15   }
16
17   int aw_main (void)
18   {
19       int i;
20       for (i = 0; i < 8; i++) {
21           aw_adc_client_init(&__g_client[i], i, FALSE);// 将客户端与各个通道关联
22           // 初始化缓冲区描述符
23           aw_adc_mkbufdesc(&__g_buf_desc[i], __g_buf[i], 100, __buf_complete,
             (void *)(24 + i));
24           aw_adc_client_start(&__g_client[i], &__g_buf_desc[i], 1,  1);
25       }
26        // 其他处理
27   }
```

程序中,使用了 8 个客户端,每个客户端对应一个通道,负责该通道采样值的获取。各个客户端可以同时运行,多个通道均在采样中,在数据准备就绪(DRDY 引脚输出低电平)时,主控将一次性从中读取出 8 个通道的采样值,分别填充至 8 个客户端对应的缓存中。对于用户来讲,8 个客户端对应缓存的填充可以看作是同时完成的。

程序仅作示意,实际中,__buf_complete 回调函数的运行环境通常是中断环境,不建议耗时过长,以避免影响系统的实时性。通常可以使用操作系统提供的同步方式(信号量、邮箱、消息队列等)进行处理,__buf_complete 中仅发送消息,实际采样值的处理放在任务环境中。由于在回调函数中有通道信息(当前哪个通道转换完成)需

要传递给实际处理的程序，因此，可以使用消息队列(仅通道号，消息很小)的机制进行同步，范例程序详见程序清单 15.84。

程序清单 15.84　ADC 采样过程中，使用消息队列进行同步

```
1    #include "aworks.h"
2    #include "aw_adc.h"
3    #include "aw_msgq.h"
4
5    AW_MSGQ_DECL_STATIC(msgq_adc, 20, sizeof(int));
                                              // 定义消息队列实体，消息是通道号
6
7    static aw_adc_client_t          __g_client[8];
8    static aw_adc_buf_desc_t        __g_buf_desc[8];
9    static uint16_t                 __g_buf[8][100];
                                 //8 个大小为 100 的缓存,24 位 ADC 使用 uint32_t 类型
10
11   static void __buf_complete (void * p_cookie, aw_err_t state)
12   {
13       int ch = (int)p_cookie;        // 初始化缓冲区描述符时,p_arg 设置为了通道号
14           AW_MSGQ_SEND(msgq_adc,
15                        &ch,
16                        sizeof(int),
17                        AW_MSGQ_NO_WAIT,
18                        AW_MSGQ_PRI_NORMAL);
19   }
20
21   int aw_main (void)
22   {
23       int ch;
24       int err;
25       int i;
26
27       AW_MSGQ_INIT(msgq_adc, 20, sizeof(int), AW_MSGQ_Q_PRIORITY);
28       for (i = 0; i < 8; i++) {
29           aw_adc_client_init(&__g_client[i], 24 + i, FALSE);
                                                 // 与各个通道关联，起始通道 24
30           // 初始化缓冲区描述符
31           aw_adc_mkbufdesc(&__g_buf_desc[i], __g_buf[i], 100, __buf_complete,
             (void *)(24 + i));
32           aw_adc_client_start(&__g_client[i], &__g_buf_desc[i], 1,  1);
33       }
34
```

```
35      while(1) {
36          err = AW_MSGQ_RECEIVE(msgq_adc, &ch, sizeof(int), AW_MSGQ_WAIT_FOREVER);
37          if (err = = AW_OK) {                                    // 通道 ch 采样完成
39              // 处理其中的数据：__g_buf[ch - 24]
40              // 数据处理完成,再次启动
41                  aw_adc_client_start(&__g_client[ch - 24], &__g_buf_desc[ch -
                    24], 1,  1);
42          }
43      }
44  }
```

程序中,回调函数__buf_complete()仅发送了一条消息(通道号)至消息队列中,在主任务中,再从消息队列中取出消息(当前采样完成的通道号)进行处理,有效避免了回调函数占用过多的时间。

15.6 AD5689R——D/A 转换芯片

在 7.7 节中详细介绍了 D/A 转换器及相关接口。但 i. MX28x 系列 MCU 并不具有 DAC 片上外设,因此,在使用 i. MX28x 系列 MCU 时,若应用需要使用 DAC 功能,则可以通过外接 DAC 芯片来实现数/模转化。本节将介绍使用外接 AD5689R 芯片实现 D/A 转换。

15.6.1 器件简介

AD5689R 是一款低功耗、双通道、16 位 D/A 转换器。数字通信接口为 SPI,时钟速率最高可达 50 MHz。

1. 产品特性

AD5689R 产品特性如下：

- 高相对精度(INL)：16 位时最大±2 LSB；
- 内置低漂移 2.5 V 基准电压源：2×10^{-6}/℃(典型值)；
- 总不可调整误差(TUE)：±0.1% FSR(最大值)；
- 失调误差：±1.5 mV(最大值)；
- 增益误差：±0.1% FSR(最大值)；
- 高驱动能力：20 mA,0.5 V(供电轨)；
- 用户可选增益：1 或 2(GAIN 引脚)；
- 兼容 1.8 V 逻辑电路；
- 复位默认输出电平可设置(0 或中间电平)；
- 低毛刺：0.5 nV(每秒)；
- 低功耗：3.3 mW (3 V)；

- 2.7～5.5 V 电源；
- 温度范围：－40～＋105 ℃；
- 封装：16 - lead LFCSP、TSSOP。

2. 引脚分布

AD5689R 共有 16 个引脚，以 TSSOP 封装为例，引脚分布如图 15.17 所示，引脚功能简介如表 15.15 所列。

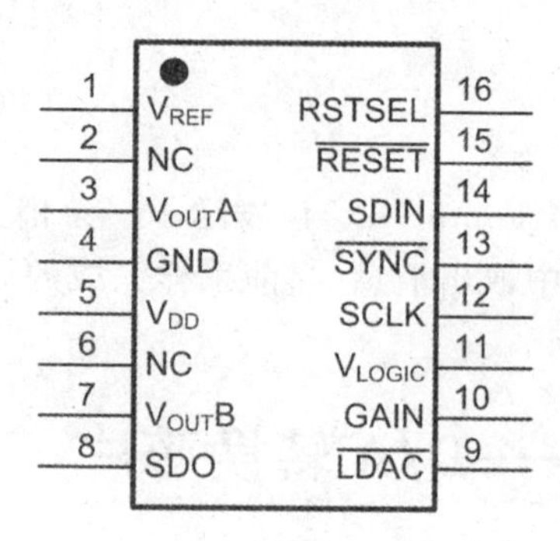

图 15.17 AD5689R 芯片引脚示意图

表 15.15 AD5689R 引脚功能简介

引脚名称	引脚编号	功 能
V_{REF}	1	AD5689R 内置基准源，但也可选择使用外部基准源。当使用内部基准源时，该引脚为输出引脚，用于输出基准电压；当使用外部基准源时，该引脚为输入引脚，用于外部基准源的输入
GND	4	电源地
V_{DD}	5	供电电源输入，2.7～5.5 V
V_{out}A	3	DAC 模拟信号输出通道 A
V_{out}B	7	DAC 模拟信号输出通道 B
SDO	8	数据输出。可用于多个芯片级联(前一个芯片的 SDO 输出连接至后一个芯片的 SDIN，这样主机仅需使用一个片选引脚，针对第一个芯片连续写入待转换的数据即可，数据可通过 SDO 依次输出到后续芯片)
SDIN	14	数据输入
$\overline{SYNC}$	13	同步信号，接 SPI 片选引脚
SCLK	12	时钟信号
V_{LOGIC}	11	数字供电电源，1.62～5.5 V
GAIN	10	增益选择引脚，接 GND 时，增益为 1，输出电压范围 0～V_{ref}，相当于参考电压为 V_{ref}；接 V_{LOGIC} 时，增益为 2，输出电压翻倍，输出电压范围扩展至 0～2×Vref，相当于参考电压为 2×V_{ref}

续表 15.15

引脚名称	引脚编号	功　能
$\overline{\text{LDAC}}$	9	用于两通道同步输出。修改 DAC 输入寄存器的值后，通过该引脚输出一个低脉冲将使修改后的值生效，可用于两个通道的输出值改动同步生效（先分别修改，然后利用该引脚使 DAC 的两个通道同步更新），不使用时，该引脚直接接地（任何修改都会立即生效，两个通道不再同步）
$\overline{\text{RESET}}$	15	复位引脚
RSTSEL	16	复位电平选择，接 GND 时，复位后 DAC 的两个通道均输出 0；接 V_{LOGIC} 时，复位后 DAC 的两个通道均输出中间电平
NC	2、6	空引脚，悬空即可

3. 应用电路

AD5689R 为两通道的 D/A 转换芯片，可选择使用内部基准源或外部基准源。一般情况下，使用内部基准源即可，应用电路如图 15.18 所示。

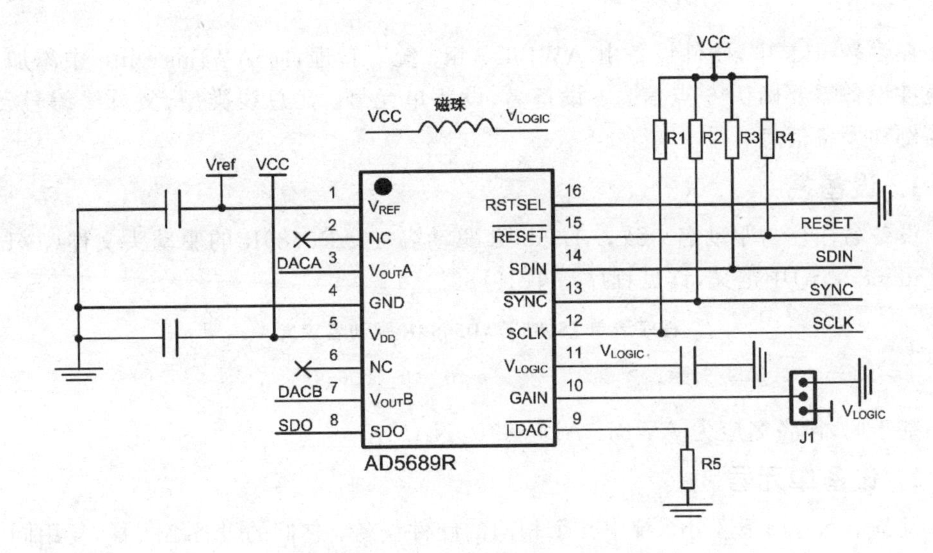

图 15.18　AD5689R 应用电路

图 15.18 中，V_{LOGIC} 直接使用了 VCC 电源，它们直接增加了一个磁珠作为简单的隔离。J1 口可用于增益配置，若 GAIN 与 GND 相连，则增益为 1；若 GAIN 与 V_{LOGIC} 相连，则增益为 2。

4. 通信方式说明

AD5689R 与主控 MCU 之间通过三线制串行 SPI 接口（SYNC、SCLK 和 SDIN）通信（不读取数据，仅进行 D/A 数字量的写入，因而可不使用 SDO 引脚），通信数据格式为 24 位数据包，如图 15.19 所示 。

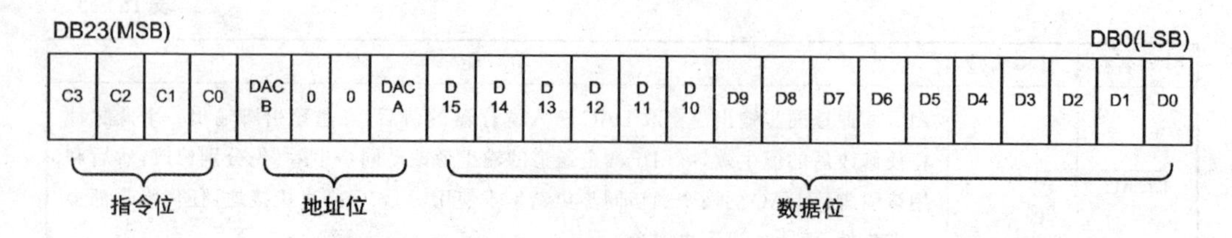

图 15.19　AD5689R 数据格式

在 24 位数据中，MSB 优先(DB23)传输，前 4 位是命令位(C0～C3)，然后是由 DAC A 、DAC B 和两个无关位(必须设为 0)组成的 4 位 DAC 地址，最后是 16 位 DAC 输入数据。该格式仅供用户了解，实际中，AWorks 已经提供了 AD5689R 的驱动，用户无需关心通信细节(例如，命令位的含义等)，直接使用 DAC 通用接口设置 DAC 输出值即可。下面将进一步介绍在 AWorks 中如何使用 AD5689R。

15.6.2　添加 AD5689R 硬件设备

在 AWorks 中，硬件设备由 AWBus－lite 统一管理，向 AWBus－lite 中添加一个硬件设备需要确认 6 点信息：设备名、设备单元号、父总线类型、父总线编号、设备实例和设备信息。

1. 设备名

设备名往往与驱动名一致，AD5689R 驱动名在 AD5689R 的驱动头文件(awbl_dac_ad5689r.h)中定义，详见程序清单 15.85。

程序清单 15.85　AD5689R 驱动名定义

```
1    #define    AWBL_AD5689R_NAME         "awbl_dac_ad5689r"
```

基于此，设备名应为 AWBL_AD5689R_NAME。

2. 设备单元号

设备单元号用于区分系统中几个相同的硬件设备，它们的设备名一样，复用同一份驱动。若当前系统中仅使用了一个 AD5689R 硬件设备，则单元号设置为 0 即可。

3. 设备父总线的类型

AD5689R 的通信接口为 SPI，是一种 SPI 从机器件，其对应的父总线类型为 AWBL_BUSID_SPI。

4. 设备父总线编号

设备父总线的编号取决于实际硬件中 AD5689R 的 SPI 接口与哪条 SPI 总线相连，每条 SPI 总线对应的编号都在 aw_prj_params.h 文件中定义，例如，在 i.MX28x 硬件平台中，默认有 5 条 SPI 总线：硬件 SSP0～SSP3，GPIO 模拟 SPI0，它们对应的总线编号分别为 0、1、2、3、4，SPI 总线编号定义详见程序清单 15.86。

程序清单 15.86　SPI 总线编号定义

```
1    #define    IMX28_SSP0_BUSID        0
2    #define    IMX28_SSP1_BUSID        1
3    #define    IMX28_SSP2_BUSID        2
4    #define    IMX28_SSP3_BUSID        3
5    #define    GPIO_SPI0_BUSID         4
```

若使用 GPIO 模拟的 SPI 总线进行通信，则设备的父总线编号为 GPIO_SPI0_BUSID。

5. 设备实例

在 awbl_dac_ad5689r.h 文件中，定义了 AD5689R 的设备类型为：struct awbl_dac_ad5689r_dev。基于该类型，可以定义一个设备实例，详见程序清单 15.87。

程序清单 15.87　定义 AD5689R 设备实例

```
1  aw_local   struct   awbl_dac_ad5689r_dev   __g_dac_ad5689r_dev;
```

其中，__g_dac_ad5689r_dev 的地址即可作为 p_dev 的值。

6. 设备信息

在 awbl_dac_ad5689r.h 文件中，定义了 AD5689R 的设备信息类型为 struct awbl_dac_ad5689r_devinfo，其定义详见程序清单 15.88。

程序清单 15.88　struct awbl_dac_ad5689r_devinfo 定义

```
1    typedef  struct  awbl_dac_ad5689r_devinfo {
2        struct  awbl_dac_servinfo     dac_servinfo;                 // DAC 服务相关信息
3        uint8_t                       bits;                         // DAC 转换位数
4        uint32_t                      e_vref;
                                         // 外部参考电压(mV),使用内部基准源时设置为 0
5        int                           gain;        // 增益,1 或 2,与 GAIN 引脚的连接相关
6        uint32_t                      spi_speed;                    // SPI 速率
7        int                           spi_cs_pin;                   // SPI CS 引脚
8        void                          (* pfn_plfm_init) (void);     // 平台初始化函数
9    } awbl_dac_ad5689r_devinfo_t;
```

其中，dac_servinfo 为 DAC 服务相关信息，里面主要包含了该芯片各 DAC 通道对应的通道号（该通道号即用于 DAC 通用接口中的 ch 通道号参数），struct awbl_dac_servinfo 的类型定义详见程序清单 15.89。

程序清单 15.89 struct awbl_dac_servinfo 定义

```
1   struct awbl_dac_servinfo {
2       aw_dac_channel_t ch_min;
3       aw_dac_channel_t ch_max;
4   };
```

ch_min 表示该设备中所有 DAC 通道的最小通道号,ch_max 表示该设备中所有 DAC 通道的最大通道号。一个设备中各通道对应的通道号应该是连续的。AD5689R 支持两个通道,可以为用户提供两个通道的 DAC 输出,为此,可以通过该信息为 AD5689R 分配两个通道号,如分配 0 和 1,则 ch_min 的值应为 0,ch_max 的值应为 1。

注意:若有多个 DAC 芯片,则各个通道对应的通道号应该是独立的,范围互不重叠。例如,系统中使用了两个 AD5689R 芯片,若其中一个 AD5689R 使用的通道为 0～1,则另一个 AD5689R 使用的通道不应再使用 0 或 1,通常应使用 2～3。

bits 为 DAC 的转换位数,AD5689R 支持的转换位数为 16 位,该值应设置为 16。

e_vref 为外部参考电压,单位为 mV。虽然 AD5689R 具有内部基准源,但也可以选择使用外部基准源,若使用外部基准源,则 e_vref 的值应设置为实际外部基准源的输出电压;若使用内部基准源,则将 e_vref 设置为 0。通常情况下,都选择使用内部基准源(2.5 V)。

gain 表示增益大小。在芯片内部的 D/A 转换器输出后,还有一级可编程增益放大器,用于放大原输出信号,进而对输出电压的范围进行扩展,例如,当增益为 1 时(不放大),输出电压范围为 0～V_{ref},而当增益为 2 时,由于将范围为 0～V_{ref} 的输出电压扩大了两倍,因此,输出电压范围将变为 0～$2\times V_{ref}$。实际增益大小与 GAIN 引脚(10＃)的电平相关,若 GAIN 接 GND,则增益为 1;若 GAIN 接 V_{LOGIC},则增益为 2。DAC 实际输出的电压为:

$$V_{out}=\frac{\text{数字量}}{2^{bits}}\times V_{ref}\times \text{GAIN}$$

在通用 DAC 接口中,并没有提到过增益的概念,即用户无法通过通用接口获取某一通道的增益值。为了使用户通过标准接口可以输出正确的电压值,可以将用户获取到的 V_{ref} 扩大 GAIN 倍,即当用户调用 aw_dac_vref_get()获取某一通道的参考电压时,获取的值是实际 V_{ref} 扩大 GAIN 倍后的值:$V_{ref}\times$ GAIN。本质上,基准电压表示了 D/A 输出的最大值,这与通用接口定义的 V_{ref} 含义是一致的。这样在使用通用接口时,无需关心增益的设置,按照标准计算方法将电压值转换为数字量,同样可以输出正确的结果。

spi_speed 为 SPI 传输速率,AD5689R 支持的最大传输速率为 50 MHz,原则上可将 spi_speed 设置为 50 000 000,但受硬件电路、MCU 等性能的影响,支持的 SPI 速率不一定能达到最大值,在测试阶段,可设置一个相对保守的值,比如 6 MHz,即

6 000 000 Hz。后续可根据实际需求,逐步增大 SPI 的传输速率。

spi_cs_pin 表示与 AD5678R 的片选引脚(SYNC,13#)相连接的主控引脚号。若使用 i.MX28x 的 PIO2_19 与 AD5689R 的片选引脚相连,则 cs_pin 的值为 PIO2_19。

pfn_plfm_init 为平台初始化函数,其指向用户自定义接口,指向的函数将在设备初始化之前被调用。用户可以使用该平台初始化函数执行用户自定义程序。通常情况下,若无特殊需求,无需提供平台初始化函数,该值设置为 NULL。

基于以上信息,可以定义完整的设备信息,其范例详见程序清单 15.90。

程序清单 15.90　AD5689R 设备信息定义范例

```
1     aw_local  aw_const  struct awbl_dac_ad5689r_devinfo   __g_dac_ad5689r_devinfo = {
2         {
3             0,                              // 最小通道号
4             1                               // 最大通道号
5         },
6         16,                                 // DAC 转换精度 16 位
7         0,                                  // 使用内部基准源,外部参考电压值为 0
8         1                                   // 假定 GAIN 与 GND 连接,增益为 1
9         6000000,                            // SPI 速率
10        PIO2_19,                            // SPI CS 引脚
11        NULL
12    };
```

综合上述设备名、设备单元号、父总线类型、父总线编号、设备实例和设备信息,可以完成一个 AD5689R 硬件设备的描述,其定义详见程序清单 15.91。

程序清单 15.91　AD5689R 硬件设备宏的详细定义(awbl_hwconf_dac_ad5689r.h)

```
1     #ifndef   __AWBL_HWCONF_DAC_AD5689R_H
2     #define   __AWBL_HWCONF_DAC_AD5689R_H
3     #ifdef  AW_DEV_DAC_AD5689R
4
5     #include  "driver/dac/awbl_dac_ad5689r.h"
6
7     #define  DAC_SPI_DEV_CS_PIN    PIO2_19     // 定义 DAC 芯片使用的 SPI CS 引脚
8
9     aw_local  aw_const  struct awbl_dac_ad5689r_devinfo   __g_dac_ad5689r_devinfo = {
10        {
```

```
11          0,                                  // 最小通道号
12          1                                   // 最大通道号
13      },
14      16,                                     // DAC 转换精度 16 位
15      0,                                      // 使用内部基准源,外部参考电压值为 0
16      1                                       // 假定 GAIN 与 GND 连接,增益为 1
17      6000000,                                // SPI 速率
18      DAC_SPI_DEV_CS_PIN,                     // SPI CS 引脚
19      NULL
20  };
21
22  /* 设备实例内存静态分配 */
23  aw_local struct awbl_dac_ad5689r_dev __g_dac_ad5689r_dev;
24
25  #define AWBL_HWCONF_DAC_AD5689R                          \
26  {                                                        \
27      DAC_AD9689R_NAME,                                    \
28      0,                                                   \
29      AWBL_BUSID_SPI,                                      \
30      IMX1050_LPSPI4_BUSID,                                \
31      (struct awbl_dev *)&__g_dac_ad5689r_dev,             \
32      &(__g_dac_ad5689r_devinfo)                           \
33  },
34  #else
35  #define AWBL_HWCONF_DAC_AD5689R
36  #endif  /* AW_DEV_DAC_AD5689R */
37
38  #endif /* __AWBL_HWCONF_DAC_AD5689R_H */
```

其中,定义了硬件设备宏:AWBL_HWCONF_DAC_AD5689R,为便于裁剪,使用了一个使能宏 AW_DEV_DAC_AD5689R 对其具体内容进行了控制,仅当使能宏被有效定义时,AWBL_HWCONF_DAC_AD5689R 才表示一个有效的硬件设备。在硬件设备列表中,加入该宏即可完成设备的添加,其范例详见程序清单 15.92。

程序清单 15.92　在硬件设备列表中添加设备

```
1  aw_const struct awbl_devhcf g_awbl_devhcf_list[]  = {  /*  硬件设备列表   */
2      /*……  其他硬件设备  */
3      AWBL_HWCONF_DAC_AD5689R                           /*  AD5689R        */
4      /*……  其他硬件设备  */
5  };
```

实际上,在模板工程的硬件设备列表中,AWBL_HWCONF_DAC_AD5689R 宏

默认已添加，同时，定义该宏的文件(awbl_hwconf_dac_ad5689r.h)也以配置模板的形式提供在模板工程中，无需用户从零开始自行开发。

15.6.3 使用 AD5689R

添加 AD5689R 硬件设备后，将可通过"通用 DAC 接口"(详见表 7.24)使用该芯片，利用相应通道进行 D/A 转换，输出模拟电压值。在设备配置中，将 AD5689R 中 2 个 D/A 通道的通道号定义为了 0 和 1，基于此，只要使用通用 DAC 接口操作通道号为 0 或 1 的通道，即会使用到 AD5689R 芯片，范例程序详见程序清单 15.93。

程序清单 15.93　AD5689R 综合范例

```
1     #include "aworks.h"
2     #include "aw_vdebug.h"
3     #include "aw_delay.h"
4     #include "aw_dac.h"
5
6     int  aw_main(void)
7     {
8         uint8_t      bits = 0;
9         int          vref = 0;
10
11        aw_dac_enable(0);             // 使能 DAC 通道 0
12        aw_dac_enable(1);             // 使能 DAC 通道 0
13        bits = aw_dac_bits_get(0);    // 使能 DAC 位数
14        vref = aw_dac_vref_get(0);    // 获取 DAC 参考电压
15
16        aw_kprintf("The DAC bits is %d  \r\n", bits);
17        aw_kprintf("The DAC vref is %d  \r\n", vref);
18
19        aw_dac_mv_set(0, 1000);       // 设置 DAC 通道 0 输出电压值为 1 V
20        aw_dac_mv_set(1, 2000);       // 设置 DAC 通道 0 输出电压值为 2 V
21
22        aw_mdelay(10 * 1000);         // 延时 10 s
23
24        aw_dac_disable(0);            // 禁能 DAC 通道 0
25        aw_dac_disable(1);            // 禁能 DAC 通道 1
26
27        while(1) {
28            // 其他操作
29        }
30
```

参考文献

[1] 周立功.新编计算机基础教程[M].北京:北京航空航天大学出版社,2011.

[2] 周立功.C程序设计高级教程[M].北京:北京航空航天大学出版社,2013.

[3] 李先静.系统程序员成长计划[M].北京:人民邮电出版社,2010.

[4] 王咏武,王咏刚.道法自然——面向对象实践指南[M].北京:电子工业出版社,2004.

[5] (日)花井志生. C现代编程[M].杨文轩,译.北京:人民邮电出版社,2016.

[6] (日)前桥和弥.征服C指针[M].吴雅明,译.北京:人民邮电出版社,2013.

[7] (美)Grady Booch,等.面向对象分析与设计[M].北京:电子工业出版社,2016.

[8] (美)King K N. C语言程序设计现代方法[M].吕秀锋,译.北京:人民邮电出版社,2010.

[9] Matt Weisfeld.写给大家看的面向对象编程书[M].张雷生,等译.北京:人民邮电出版社,2009.

[10] Roberts Eric S. C语言的科学与艺术[M].翁惠玉,等译.北京:机械工业出版社,2005.